STERNVERZEICHNIS

ENTHALTEND

ALLE STERNE BIS ZUR 6.5TEN GRÖSSE

FÜR DAS JAHR 1900.0

BEARBEITET AUF GRUND DER GENAUEN KATALOGE
UND ZUSAMMENGESTELLT

VON

J. UND R. AMBRONN

MIT EINEM ERLÄUTERNDEN VORWORT VERSEHEN
UND HERAUSGEGEBEN

VON

DR. L. AMBRONN
PROFESSOR DER ASTRONOMIE AN DER UNIVERSITÄT GÖTTINGEN

Springer-Verlag Berlin Heidelberg GmbH
1907

Additional material to this book can be downloaded from http://extras.springer.com
ISBN 978-3-642-98885-1 ISBN 978-3-642-99700-6 (eBook)
DOI 10.1007/978-3-642-99700-6

Softcover reprint of the hardcover 1st edition 1907

Vorwort.

1. Plan und Zweck des Sternverzeichnisses.

In den letzten 50 Jahren sind eine große Anzahl Sternverzeichnisse erschienen, die die Örter der Gestirne im allgemeinen bis 9. oder 10. Größe herab so genau angeben, als es unsere heutigen Beobachtungsmethoden und die Kenntnis der astronomischen Konstanten sowie der Eigenbewegungen der Gestirne gestatten. Das sind vor allem für den nördlichen und einen Teil des südlichen Himmels vom 80. Grad nördl. Breite bis zum 23. Grad südl. Breite der in seinem nördlichen Teile fast vollendete „Katalog der Astronomischen Gesellschaft" (A.G.K.) und für den südl. Himmel der auf den Beobachtungen zu Cordoba beruhende „Generalkatalog" sowie die Verzeichnisse, welche in geringerem oder größerem Umfange die Beobachtungsergebnisse der Kapsternwarte in Katalogform angeben. Es besteht kein Zweifel, daß diese Kataloge und noch eine Reihe anderer und für schwächere Sterne auch die Spezialkatatoge für enger begrenzte Teile des Himmels, eventuell auch die auf photographischem Wege erlangten benutzt werden müssen, sobald es sich um strenge Anforderungen astronomischer Beobachtungen handelt. Wir besitzen aber heute kein Sternverzeichnis, welches in einheitlicher, handlicher und auch wegen seines Umfanges allgemein benutzbarer Weise die Positionen der Gestirne für beide Hemisphären mit einer Genauigkeit darbietet, wie sie zu einer großen Anzahl von Beobachtungen, Berechnungen und besonders zur scharfen Identifizierung der Gestirne ausreicht, soweit diese etwa dem bloßen Auge oder in kleinen, transportabelen Instrumenten sichtbar sind. Wohl haben Argelander in seiner „Uranometria nova", Heis in seinem „Atlas coelestis" und Behrmann in seinem „Atlas des südlichen gestirnten Himmels" und in den zu diesen Atlanten gehörigen Verzeichnissen die Orte dieser Gestirne auch nach Rektaszension und Deklination gegeben; doch sind diese Orte nur etwa bis auf die Bogenminute genau, und außerdem liegen die Epochen dieser Verzeichnisse um mehr als ein halbes Jahrhundert zurück, sie können also ohne weitere Umrechnung den oben gestellten Anforderungen nicht mehr genügen, schon aus dem einfachen Grunde nicht, als sie durchaus nicht einheitlich geordnet sind. Auch die Bonner Durchmusterung Argelanders und die ihr entsprechende südliche Durchmusterung Goulds erfüllen die von mir angestrebten Bedingungen nicht, da sie erstens viel zu umfangreich und zu teuer sind, und auch in ihren Epochen zu weit zurückliegen. Von mehreren Seiten ist der Wunsch nach einem Sternverzeichnis der oben angedeuteten

Art laut geworden, und auch mir selbst hat sich häufig der Mangel eines solchen fühlbar gemacht, da für viele Zwecke die in den Jahrbüchern mit genauesten Positionen gegebenen Sterne, zumal in den höheren nördlichen und südlichen Breiten, an Zahl nicht ausreichten, um z. B. für Breitenbestimmungen in gleichen Zenithdistanzen, wie das für Lehrzwecke so häufig der Fall ist, schnell eine geeignete Auswahl zu treffen ohne das umständliche und zeitraubende Aufsuchen in fünf bis sechs großen Katalogen.

Diese Umstände haben mich veranlaßt, vor einigen Jahren den Plan der Herausgabe eines Sternverzeichnisses zu fassen, welches die Örter aller Sterne bis zur 6.5ten Größe enthält und diese mit einer Genauigkeit gibt, die etwa einer einzelnen guten Beobachtung mit einem Meridiankreise entspricht. Es wurde demgemäß als Genauigkeitsangabe für die Rektaszensionen die Zehntelzeitsekunde und für die Deklination die Bogensekunde festgesetzt. Als Epoche wurde 1900.0 gewählt, und obgleich wir diese jetzt schon sechs Jahre überschritten haben, so glaubte ich doch daran festhalten zu sollen, da schon seit Jahren alle vorbereitenden Arbeiten darauf bezogen waren und weil das volle Jahrhundert auch aus manchen anderen Gründen Vorteile bietet. Es war zunächst beabsichtigt, alle Sterne, welche sich bei Argelander, Heis und Behrmann in den oben genannten Verzeichnissen und auf deren Atlanten finden, auf Grund der neuen, genauen Kataloge für 1900.0 reduziert aufzunehmen, diese aber nicht nach Sternbildern, sondern so, wie es für den praktischen Gebrauch allein zweckmäßig ist, nach Rektaszensionen zu ordnen. Diesen Daten für 1900.0 sollten die Präzessionen mit einer für etwa 20—30 Jahre genügenden Schärfe beigefügt werden, und außerdem sollte der Katalog möglichst genaue, auf photometrischen Messungen beruhende Helligkeitsangaben, sowie Bemerkungen über Duplizität, Veränderlichkeit usw. enthalten.

Es stellte sich bald heraus, daß bei strengem Anschluß an die drei genannten Verzeichnisse erhebliche Ungleichförmigkeiten entstanden sein würden, ja sogar eine größere Anzahl von hierhergehörigen Sternen weggeblieben wäre; denn die neueren photometrischen und auch gewöhnlichen okularen Messungen zeigen, daß die Helligkeitsangaben von Argelander, Heis und Behrmann erheblicher Berichtigung bedürftig waren. Aus diesen Gründen zog ich es vor, die untere Grenze für die Mitnahme der Sterne streng auf 6.5 festzusetzen. Dadurch wurde allerdings eine völlige Gleichmäßigkeit auch nicht erzielt, da für die Helligkeitsangaben auch verschiedene Quellen herangezogen werden mußten, aber immerhin hoffe ich, daß wenigstens keine Sterne, welche mit bloßem Auge sichtbar sind, fehlen werden. Eine nicht unerhebliche Zahl der schwachen Heisschen Sterne mußte aber nunmehr weggelassen werden. Ich werde die Örter dieser aber in Form eines Anhanges noch nachträglich geben, so daß in gewisser Hinsicht ein Vergleich mit diesem Katalog möglich bleibt. Für die nördliche Hemisphäre war durch die vollständige Potsdamer photometrische Durchmusterung ein scharfer Anhalt für die aufzusuchenden Sterne gegeben, da Herr Prof. G. Müller die besondere Liebenswürdigkeit hatte, mir aus der noch unpublizierten Zone die Sterne bis zur Größe 6.5 handschriftlich mitzuteilen.

Für die südliche Halbkugel wurden die Angaben der Harvard-Photometrie, und wo diese nicht ausreichten, die Schätzungen des Cordoba-General-Kataloges benutzt. Naturgemäß kann durch die letztere Notwendigkeit vielleicht eine geringe

Ungleichförmigkeit hervorgebracht worden sein, was sich auch in der später zu gebenden Statistik über die Verteilung der in vorliegendem Kataloge enthaltenen Sterne zu zeigen scheint.

Nachdem sich so in mancher Beziehung eine Abweichung von dem ursprünglichen, einfachen Plane notwendig gemacht hatte, wurde auch beschlossen, die Daten des Verzeichnisses zugleich noch nach anderer Seite hin zu vervollständigen. Es sind daher auch die Nachweise für die Identität der Sterne erheblich erweitert worden, indem außer den Bayerschen Buchstaben, den Flamsteedschen Zahlen vor den Namen der Sternbilder auch noch die Nr. d. (B.D.) und die Bradley-Nummer beigegeben wurden. Ferner sind die Daten über die Duplizität schärfer numerisch mit verzeichnet, sowie die Nr. nach Struve, nach Herschel und nach Burnham usw. angeführt worden, und schließlich ist in einem besonderen Verzeichnis für alle Fundamentalsterne, für die Bradleysterne und für eine größere Anzahl anderer die Eigenbewegung gegeben in allen den Fällen, in denen eine solche sicher bekannt ist und dieselbe in etwa 25 Jahren die Genauigkeitsgrenzen der Katalogorte überschreiten kann. Durch diese und einige andere noch später zu erwähnende Hinzufügungen hoffe ich, daß der Inhalt des Verzeichnisses nunmehr auch strengeren Anforderungen genügen kann, als zuerst beabsichtigt war. Eine ganz erheblich größere Arbeitsleistung ist natürlich daraus erwachsen, die zu bewältigen mir ganz unmöglich gewesen wäre, wenn nicht die wesentlichsten Berechnungen der Reduktion auf 1900.0 zum größten Teil von meiner Frau und die Ordnung des gesamten Materials, sowie die Beifügung der großen Anzahl von ergänzenden Daten, sowie die endgültige Fertigstellung des Druckmanuskriptes, von meinem Sohne ausgeführt worden wären. Ihrer Ausdauer ist es daher zumeist zu verdanken, wenn der vorliegende Katalog den Umfang und die Vollständigkeit aufweist, die ihn, wie ich hoffe, zu vielen Zwecken des Astronomen und des Liebhabers der Sternenkunde brauchbar und nützlich machen soll.

2. Allgemeine Erläuterungen der Anordnung des Kataloges und Angaben über die benutzten Quellenwerke.

Die erste Spalte enthält die fortlaufende Nummer der Sterne des Kataloges. Ist dieser Nummer ein Sternchen beigefügt, so findet sich in den Anmerkungen eine besondere Angabe über diesen Stern.

Die zweite Spalte gibt die Bezeichnung des Sternes, und zwar den Namen des Sternbildes, dem das Gestirn zugerechnet zu werden pflegt, unter Beifügung der Bayerschen Buchstaben und der Flamsteedschen Zahlen, soweit solche vorhanden sind.

Als Norm für die oft wechselnde Bezeichnung des Sternbildes gilt für die nördliche Hemisphäre die Potsdamer Photometrie, die verschiedenen Jahrbücher und die Heissche Einordnung. Für die Sterne im Süden des Äquators die Bezeichnung nach dem Generalkatalog von Cordoba.

In der dritten Spalte finden sich die Helligkeitsangaben. Dieselben sind aus folgenden Katalogen entnommen und dementsprechend mit unterscheidenden Merkmalen versehen.

Für die nördlichen Sterne liegt fast ausnahmslos die Potsdamer Photometrische Durchmusterung zugrunde. Einige Angaben sind der Harvard-Photometrie entnommen; dieselben sind durch Klammern kenntlich gemacht. Für die südlichen Sterne (0°—10°) sind benutzt:

a) die „Uranometria nova Oxoniensis" von Pritchard, soweit dieselbe reicht (kursiver Druck),

b) die übrigen südlichen Sterne sind aus der photometrischen Durchmusterung des Harvard College (Band 34 und 45) entnommen.

Die mit einem Sternchen versehenen Zahlen mußten den Schätzungen, wie sie der Generalkatalog von Gould gibt, entnommen werden.

Die nun folgenden vier Spalten enthalten die Positionen des Sternes und die jährlichen Präzessionen in beiden Koordinaten.

Rektaszensionen und Deklinationen sind für die nördliche Halbkugel aus den Katalogen der Astronomischen Gesellschaft entnommen. Für die Zone 70°—75° (Dorpat), die leider noch nicht erschienen ist, und für die Sterne nördlich des 80. Grades mußten andere Kataloge benutzt werden. Für Zone 79°—81° konnten die Hamburger Beobachtungen verglichen werden. (Katalog von 344 Sternen zwischen 79° 50 und 81° 10 nördl. Deklination 1855 für das Äquinoktium 1900.0 von R. Schorr und A. Scheller. Mitteilungen der Hamburger Sternwarte Nr. 7.) Die meisten nördlicheren Sterne sind dem „Second Ten Year Catalogue 1890.0" und den neuesten Jahreskatalogen des Greenwicher Observatoriums entnommen worden.

Für die Südsterne wurde in der Hauptsache der Cordoba Generalkatalog benutzt, wo es möglich war, sind außerdem die Cape-Kataloge zugrunde gelegt worden.

Sämtliche in den Jahrbüchern (Berliner Jahrbuch, Nautical Almanac, Connaissance des Temps) für 1900 enthaltenen Positionen wurden aus diesen direkt für 1900.0 entnommen. Außerdem sind die Positionen des in den Astronomischen Nachrichten Nr. 3431 veröffentlichten „Kataloges von 480 Anhaltssternen für die Zonenbeobachtungen zwischen —20° und —80° und weiteren 19 südlichen Fundamentalsternen", nebst den dazu in Nr. 4020 erschienenen Korrektionen verwertet. (Südl. Fundamentalkatalog.)

Bei den Reduktionen von 1875.0 auf 1900.0 ist die Eigenbewegung nur bei den Fundamentalsternen berücksichtigt und in die Angabe für Präzession mit eingeschlossen, so daß dort in der Spalte für Präzession die „jährliche Veränderung" steht.

Die Rektaszension ist auf $0^s.1$, die Deklination auf 1″ abgerundet gegeben. Die Präzession in Rektaszension ist auf drei Dezimalen, die in Deklination auf zwei Dezimalen abgerundet. Findet sich in der am Ende des Kataloges gegebenen Liste für den betreffenden Stern eine Eigenbewegung angegeben, so ist das in Spalte 4 durch ein e angezeigt.

In Spalte 8 ist der Nachweis für die Position des Sternes gegeben. Es sind hier die folgenden Abkürzungen angewendet:

Br. Auwers-Bradley.

Yar. Yarnall. Catalogue of stars, observ. at the U. S. Naval Observatory 1845—1877 (1860.0).

Romb. Romberg. Katalog von 5634 Sternen für 1875.0 aus den Beobachtungen am Pulkowaer Meridiankreise 1874—1880.

Madras. Madras General Catalogue of 5303 stars for the epoch 1875.0.

Cordob. Catalogo generale Argentino. Resultate des National-Observatoriums in Cordoba (1875.0).

Kataloge der Astronomischen Gesellschaft, I. Abteilung (1875.0) und zwar:

	° ′	° ′	
Kas.	74 40—	80 70	Kasan.
Christ.	64 50—	70 10	Christiania.
Hels.	54 55—	65 10	Helsingfors u. Gotha.
Camb. U.S.	49 50—	55 10	Harvard College.
Bonn	39 50—	50 10	Bonn.
Lund	34 50—	40 10	Lund.
Leid.	29 50—	35 10	Leiden.
Camb. E.	24 15—	30 57	Cambridge Engl..
Berl. B.	20 0—	25 10	Berlin nördl. Teil.
Berl. A.	14 50—	20 10	„ südl. „
Leipz. I.	10 0—	15 15	Leipzig nördl. Teil.
Leipz. II.	4 42—	10 0	„ südl. „
Alb.	0 50—	5 10	Albany.
Nic.	—2 10—	+1 10	Nicolajew.

II. Wash. C.: The Second Washington Catalogue of stars. 1875.0. Washington 1898.

II. Ten. Y.C.: Second Ten Year Catalogue of 6892 stars for the epoch 1890.0 made at the Royal Observatory, Greenwich.

Cap. 90. A Catalogue of 3007 stars for the equinox 1890.0 from observations made at the Royal Observatory Cape of Good Hope. 1885—1895.

Radcliffe Radcliffe, Catalog of 6424 stars for 1890 by Stone. Oxford 1894.

Jährlicher Katalog des Greenwicher Observatoriums für 1898, 1899 usw.

Greenw. 98,	Greenw. 01,
Greenw. 99,	Greenw. 02,
Greenw. 00,	Greenw. 03.

W.-Ott. Katalog der Astronomischen Gesellschaft, II. Abteilung. II. Stück. Wien-Ottakring.

Fd. K. Berliner Jahrbuch für 1900.

Fd. K. s. Mittlere Örter von 303 Sternen nach dem vorläufigen Fundamentalkatalog für die südl. Zonen der Astronomischen Gesellschaft.

S. Fd. K. Katalog von 480 Anhaltssternen für Zonenbeobachtungen zwischen —20° —80° und weiteren 19 südl. Fundamentalsternen (unter Berücksichtigung der in Nr. 4020 der Astr. Nachr. veröffentlichten Korrektionen).

Naut. Al. Nautical Almanac. 1900.

C. d. T. Connaissance des Temps. 1900.

Hamb. Katalog von 344 Sternen zwischen 70° 50′ und 81° 10′ nördl. Deklination (1900.0) nach Beobachtungen in Hamburg (siehe oben).

In der neunten Spalte ist die Nr. d. (B. D.), sowie die der südlichen Durchmusterung von Schönfeld (S. D.) gegeben.

In der Spalte „Bemerkungen“ finden sich die Nachweise für die Doppelsterne mit den Bezeichnungen:

Σ^1 W. Struve: Catalogus generalis, Petersburg 1832.

Σ W. Struve: Catalogus novus, Dorpat 1827.

σ W. Struve; Catalogus 795 stellarum duplicium etc. Dorpater Beob. Vol. III.

$O\Sigma, O\Sigma^2$ Nouveaux Catalogues d'étoiles doubles, St. Petersburg 1843.

h weist auf die Herschel Cataloge in d. Mem. of the R. A. Soc. und in d. Results of astron. Observations made at the Cape of good Hope hin.

Hh Herschels Catalog im Vol. XXXV d. Mem. of the Roy. A. Soc.

β Burnhams Katalog in den Astronom. Nachrichten und im Astronom. Journal (vgl. Bd. 124 d. Astr. Nachr. S. 49).

Δ James Dunlop; Aproximate places of 253 double and triple stars in the southern hemisphere, observed at Paramata in 1825—27. — Mem. R. A. Soc. Vol. III.

Br. Catalogue of 7385 stars from observ. at the Brisbane observatory, Paramata 1825.

S. C. C. Smith, „Celestial Cycle“ II. vol. (Bedfort Catalogue).

A. C. Alvan Clarke
R. Charles Rümcker
D. Dawes
I. Innes
} Die genauen Angaben über diese Kataloge befinden sich in Mem. Roy. Soc. Vol. XL.

Am Fuße der Seiten sind für die bemerkenswerteren Doppelsterne Distanzen und Positionswinkel angegeben, im Falle bekannter Bahnen finden sich deren Elemente nach Lick Observatory Bulletin Nr. 84 am Ende des Verzeichnisses zusammengestellt. Die Distanzen und Positionswinkel für die Struvesterne sind nach dem Verzeichnis in Dunecht Observatory, Bd. I, Mensural mikrometrical; von O. Struve, Innes, Reverence Catalogue, H. Struve und den Greenwicher Jahreskatalogen von 1899—1902. Die Doppelsterne mit starker Veränderung im Positionswinkel und Distanz sind nach Flamarions Zusammenstellung extrapoliert.

Angaben über Farben der Gestirne, wenn dieselben auffallend sind, befinden sich ebenfalls in der Spalte „Bemerkungen“, und zwar bedeutet:

G gelb; GO orangegelb; O orange; GR gelbrot; RG rotgelb; OR orangerot; R rot und RR sehr rot.

Den Angaben sind die Kataloge von Müller und Kempf, Potsdam, derjenige von Krüger und der Cordoba-Generalkatalog zugrunde gelegt.

Das Verzeichnis der jährlichen Eigenbewegungen enthält dieselben für etwa 2130 Sterne, bei denen sie in Rektaszension $0^s.004$ und in Deklination $0''.04$ übersteigen. Dieselben sind entnommen dem Fundamentalkatalog von Auwers, weiterhin dessen Bearbeitung der Bradleyschen Beobachtungen, sodann den den Pariser Katalogen vorangehenden Untersuchungen, den Public. of the Cincinnati Observatory XII. Catal. of 1340 stars of remarc. pr. motions und den Katalogen der Astronomischen Gesellschaft, soweit sich dort noch Bemerkungen über Eigenbewegungen finden. Für diese Sterne ist hier auch die mittlere Epoche der Beobachtung angegeben, auf welche die Daten des Hauptkataloges gegründet sind.

3. Statistisches.

Es dürfte nicht uninteressant sein, über die Verteilung der dem bloßen Auge sichtbaren Sterne, wie sie unser Katalog enthält, hier noch einige Angaben zu machen:

Die nachfolgende Tabelle gibt davon eine allgemeine Übersicht. Die Sterne sind darin nach Stunden zusammengestellt und für jede Stunde wieder nach Größenklassen geordnet. Außerdem ist die Verteilung der Katalogsterne auf die beiden Halbkugeln (nördl. und südl.) angegeben und die Anzahl der auf jede Stunde entfallenden Sternhaufen und Nebelflecke, sowie die der variabeln Sterne. Aus den Zahlen betreffs die Verteilung auf die beiden Hemisphären geht hervor, daß der Katalog 246 oder 6.5% südl. Sterne mehr enthält als nördl. des Äquators stehende.

	Gesamtzahl der Objekte	Zahl der nördl. Objekte	Zahl der südl. Objekte	Anzahl der Sterne von der Größe: – 1.5	1.6 – 2.5	2.6 – 3.5	3.6 – 4.5	4.6 – 5.5	5.6 – 6.0	6.1 u. schwächer	Anzahl der Fd. Sterne	Anzahl der Sternhaufen und Nebel	Anzahl der variablen Sterne
h m h m													
0.0—1.0	268	143	125	—	4	5	17	59	70	111	53	1	1
1.0—2.0	285	157	128	1	3	8	14	63	68	126	46	1	1
2.0—3.0	282	149	133	—	1	4	22	56	71	124	46	1	3
3.0—4.0	301	175	126	—	1	7	31	56	84	118	48	1	3
4.0—5.0	331	200	131	1	—	5	29	79	84	129	35	—	4
5.0—6.0	415	193	222	2	6	10	28	96	88	181	46	—	4
6.0—7.0	433	169	264	2	3	6	20	96	102	198	54	2	4
7.0—8.0	418	188	230	2	3	4	27	109	108	159	32	2	4
8.0—9.0	370	132	238	—	3	6	26	85	86	160	52	—	5
9.0—10.0	296	113	183	—	4	7	20	76	69	115	49	—	5
10.0—11.0	289	118	171	—	2	7	24	68	50	132	56	1	5
11.0—12.0	243	96	147	—	—	5	21	63	50	101	48	3	—
12.0—13.0	276	121	155	2	3	13	19	58	67	110	53	1	3
13.0—14.0	287	120	167	2	2	7	16	51	68	135	44	3	3
14.0—15.0	279	116	163	1	2	10	21	65	61	114	55	—	4
15.0—16.0	323	128	195	—	—	14	31	81	76	116	41	—	5
16.0—17.0	322	135	187	1	2	10	23	78	67	139	55	1	1
17.0—18.0	338	156	182	1	5	17	21	53	82	149	60	2	8
18.0—19.0	403	180	223	1	2	5	26	91	92	179	52	1	6
19.0—20.0	368	206	162	1	—	8	23	94	77	160	57	1	4
20.0—21.0	340	207	133	—	3	5	18	76	85	150	49	—	3
21.0—22.0	317	166	151	—	—	7	19	60	70	154	48	3	4
22.0—23.0	333	171	162	1	2	6	32	76	70	142	60	—	4
23.0—24.0	291	142	149	—	—	2	17	73	69	127	51	—	3
Summe	7808	3781	4027	18	51	178	545	1762	1814	3329	1190	24	87

Das stimmt mit den Abzählungen Houzeaus und den Vergleichungen zwischen Argelanders und Goulds Durchmusterungen nicht überein. Der Grund dafür dürfte hier wohl darin zu suchen sein, daß die Schätzungen des Cordoba-Generalkataloges und die Messungen der Harvard-Photometrie mit den sorgfältigen Bestimmungen der Potsdamer Beobachter nicht ganz vergleichbar sind, daß vielmehr im Süden, durch verschiedene Umstände veranlaßt, die Sterne etwas heller eingeschätzt oder gemessen zu werden pflegen. Eine genauere Untersuchung dieser

Tatsache soll vielleicht später an anderer Stelle noch erfolgen; für die nächsten Zwecke des vorliegenden Verzeichnisses mag nur diese Andeutung genügen.

Ein Einfluß der Nähe der Milchstraße tritt in der Verteilung der Sterne der ersten drei Größenklassen wie bekannt nicht hervor, dagegen macht sich derselbe bei den schwächeren Sternen schon merkbar, und in der Gesamtheit ist derselbe doch recht ausgesprochen vorhanden, wie im allgemeinen die hier gegebene Kurve erkennen läßt.

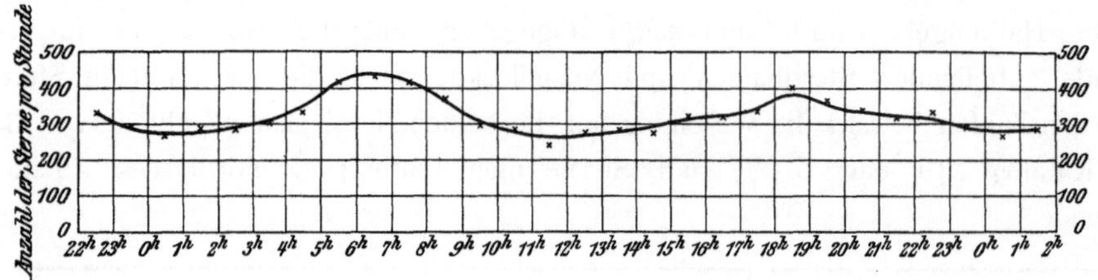

Weitere Untersuchungen daran zu knüpfen, reicht natürlich das Material der ersten sechs bis sieben Größenklassen nicht aus, auch könnte das nur geschehen auf Grund einer noch schärferen Bestimmung der Helligkeitsangaben in ihren gegenseitigen Beziehungen zueinander.

Um eine Vergleichung der Katalogdaten mit denjenigen für frühere oder spätere Epochen zu ermöglichen, ist eine kurze Tafel der Präzessionen für zwei bis zwanzig Jahre von Jahr zu Jahr und von da bis 45 Jahre von fünf zu fünf Jahren am Schlusse beigegeben.

Göttingen, im Oktober 1906.

L. Ambronn.

Inhalt.

STERNVERZEICHNIS.

Kat. Nr.	Bezeichnung des Sternes	Gr.		Mittl. A. R. für 1900.0	Jährl. Veränd.	Mittl. Dekl. für 1900.0	Jährl. Veränd.	Nachweis	B. D.	Bemerkungen	
				h m s	s	° ′ ″	″		°		
1	33 Piscium	*4.8*	e	0 0 13.0	+ 3.073	− 6 16 2	+ 20.05	Cordob. 32431	− 6.6357		
2	86 Pegasi	5.8		0 33.8	3.074	+ 12 50 22	20.05	Leipz. I. 9544	+ 12.5063		G
3*	Cassiopeia	6.1		1 1.0	3.070	+ 57 52 44	20.05	Hels. 14675	+ 57.2865	Σ 3062	
4	Phoenix	5.6		1 7.1	3.062	− 49 37 50	20.05	Cordob. 32446			
5	10 Cassiopeiae	5.8		1 14.4	3.087	+ 63 38 23	20.05	Hels. 14680	+ 63.2107		
6	Andromed.	6.4		1 25.2	3.077	+ 28 28 11	20.05	II. Ten. J. C. 8	+ 28.4704		
7	Cetus	6.1		1 42.9	3.067	− 23 39 46	20.05	Cordob. 7			
8	Cetus	6.1		2 11.9	3.068	− 17 56 39	20.05	Cordob. 14	− 18.6428		G
9	4 Ceti	*6.5*		2 36.7	3.072	− 3 6 19	20.08	**Fd. K. s. 1**	− 3.2		
10	Cetus	5.9		2 40.2	3.064	− 23 3 51	20.05	Cordob. 27			
11	Sculptor	5.8		0 2 58.7	+ 3.059	− 34 5 10	+ 20.05	Cordob. 30			R
12	Pisces	6.3		3 4.9	3.072	− 3 0 14	20.05	Cordob. 31	− 3.3		
13	Cetus	6.1		3 11.0	3.070	− 9 22 46	20.05	Cordob. 34	− 9.5		G
14*	21 α Andromed.	2.4	e	3 13.0	3.092	+ 28 32 18	19.90	**Fd. K. 1**	+ 28.4	Σ¹ 2874; h 1937	
15	Cetus	6.3		3 27.1	3.066	− 18 7 59	20.05	Cordob. 40	− 18.3		G
16	Andromed.	6.5		3 32.1	3.088	+ 36 4 28	20.05	Lund 15	+ 35.8		
17	Pegasus	6.4		3 42.1	3.083	+ 24 54 16	20.05	Berl. B. 12	+ 24.3		
18*	Cepheus	6.3	e	3 47.5	3.147	+ 79 9 34	20.05	Kas. 4	+ 78.1	Σ 2	
19	11 β Cassiopeiae	2.6	e	3 50.3	3.175	+ 58 35 53	19.86	**Fd. K. 2**	+ 58.3	Σ¹ 2	
20	87 Pegasi	5.7	e	3 52.6	3.080	+ 17 39 22	20.05	Berl. A. 15	+ 17.7		
21	Phoenix	6.4		0 3 59.7	+ 3.041	− 54 33 33	+ 20.05	Cordob. 50			
22*	$\varkappa^1$ Sculptoris	5.5		4 15.1	3.059	− 28 32 39	20.05	Cordob. 56		β 391	
23	ε Phoenicis	4.1	e	4 20.2	3.056	− 46 17 57	19.84	**S. Fd. K. 1**			
24*	34 Piscium	5.8		4 53.8	3.078	+ 10 35 20	20.05	Leipz. I. 21	+ 10.8	Σ 5	
25	22 Andromed.	5.3		5 7.3	3.105	+ 45 30 56	20.03	**Fd. K. 337**	+ 45.17		
26	Pisces	*6.2*		5 11.7	3.070	− 5 48 13	20.05	Cordob. 70	− 6.11		
27	19 γ^3 Octantis	5.2	e	5 30.6	2.817	− 82 46 49	20.05	Cordob. 78			
28	Cetus	6.0		5 35.3	3.064	− 13 8 7	20.05	Cordob. 77	− 13.13		
29	6 f Ceti	*4.6*	e	6 10.5	3.062	− 16 0 54	20.05	Cordob. 88	− 16.17		
30	$\varkappa^2$ Sculptoris	5.6		6 29.8	3.054	− 28 21 24	20.05	**S. Fd. K. 2**			R
31	ϑ Sculptoris	5.2	e	0 6 39.0	+ 3.054	− 35 41 35	+ 20.16	**S. Fd. K. 3**			
32	Andromed.	6.2		6 45.0	3.116	+ 47 35 46	20.04	Bonn 90	+ 47.21		G
33	Cetus	5.4		7 4.1	3.060	− 18 29 38	20.04	Cordob. 101	− 18.14		G
34	88 γ Pegasi	3.3		8 5.1	3.084	+ 14 37 39	20.03	**Fd. K. 3**	+ 14.14	Σ¹ 6	
35	Andromed.	6.5		8 13.5	3.097	+ 26 25 57	20.04	Camb. E. 62	+ 26.13	OΣ 2; h 1007	
36	23 Andromed.	5.8	e	8 19.4	3.114	+ 40 29 3	20.04	Bonn 116	+ 40.29		
37	Sculptor	6.2		8 37.8	3.048	− 26 34 33	20.04	Cordob. 122			
38	Sculptor	6.4		8 40.4	3.046	− 26 50 30	20.04	Cordob. 124			
39	Andromed.	6.4		8 50.7	3.106	+ 32 39 2	20.04	Leid. 57	+ 32.21		
40*	Cetus	*5.5*		9 20.8	3.066	− 8 20 12	20.04	Cordob. 135	− 8.26	β 486	R
41	89 χ Pegasi	5.0	e	0 9 25.5	+ 3.092	+ 19 39 2	+ 20.04	Berl. A. 38	+ 19.27		G
42	40 Octantis	5.8		9 31.5	2.356	− 85 34 4	20.03	Cordob. 147			
43	7 Ceti	*4.3*	e	9 33.7	3.050	− 19 29 13	19.97	**Fd. K. s. 2**	− 19.21		O
44	Pegasus	6.5		9 45.3	3.095	+ 21 43 43	20.03	Berl. B. 43	+ 21.13		
45	Cetus	5.9		9 48.3	3.057	− 10 7 30	20.03	Cordob. 146	− 10.30		
46*	35 Piscium	6.1	e	9 49.7	3.081	+ 8 15 56	20.03	Leipz. II. 48	+ 8.19	Σ 12	
47	Andromed.	6.4		9 54.9	3.102	+ 30 58 48	20.03	Leid. 63	+ 30.26		G
48	Sculptor	6.3		9 55.3	3.032	− 35 27 37	20.03	Cordob. 149			
49	Cepheus	6.5	e	10 32.4	3.308	+ 76 23 42	20.01	**Fd. K. 338**	+ 76.5	Σ 13	
50	Sculptor	5.5		0 11 5.2	+ 3.032	− 32 0 4	+ 20.03	Cordob. 167			

Nr. 3. Σ **3062**; Hauptstern gelb, Begl. 7.5m olivengrun; d = 1″.5, p = 340°. Siehe Tabelle „Bahnen von Doppelsternen“ Nr. 29.

Nr. 14. α Androm. = ***Sirah.***

Nr. 18. Σ **2**; Hptst. gelb, Begl. 6.6m gelb; d = 0″.5, p = 150°. Siehe Tabelle „Bahnen von Doppelsternen“ Nr. 34.

Nr. 22. β 391, Begl. 6.8m; d = 1″, p = 270°.

Nr. 24. Σ 5, Begl. 10.5m; d = 8″, p = 160°.

Nr. 40. β 486, Begl. 10.5m; d = 3″, p = 5°

Nr. 46. Σ 12, Begl. 7.8m; d = 11″, p = 150°.

Kat. Nr.	Bezeichnung des Sternes	Gr.	Mittl. A. R. für 1900.0	Jährl. Veränd.	Mittl. Dekl. für 1900.0	Jährl. Veränd.	Nachweis	B. D.	Bemerkungen
			h m s	s	° ′ ″	″		°	
51	Andromed.	6.4	0 11 6.4	+ 3.133	+ 43 2 24	+ 20.03	Bonn 166	+ 42.41	h 1947
52	36 Piscium	6.3	e 11 25.8	3.081	+ 7 41 5	20.03	Leipz. II. 59	+ 7.27	
53	Cassiopeia	5.9	11 34.7	3.194	+ 60 58 39	20.03	Hels. 170	+ 60.21	β 392
54	Cetus	6.5	e 11 38.0	3.048	— 20 45 56	20.03	Cordob. 180	— 21.24	
55	24 ϑ Andromed.	4.7	11 52.0	3.127	+ 38 7 35	20.03	Lund 77	+ 37.34	
56	Cassiopeia	6.2	11 52.4	3.148	+ 47 23 30	20.03	Bonn 179	+ 47.50	
57	Cassiopeia	6.2	12 24.7	3.141	+ 50 52 40	20.02	Camb. US. 98	+ 50.46	
58	Cetus	6.5	12 28.2	3.047	— 19 36 23	20.02	Cordob. 194	— 19.30	
59	Cetus	6.5	e 12 50.4	3.053	— 14 0 41	20.02	Cordob. 201	— 14.42	
60	Pisces	6.4	e 12 56.0	3.742	+ 1 7 56	20.02	Nic. 37	+ 0.28	
61	25 σ Andromed.	4.7	e 0 13 6.1	+ 3.129	+ 36 13 52	+ 20.02	Lund. 93	+ 35.44	
62	Pisces	6.2	13 8.5	3.087	+ 10 39 6	20.02	Leipz. I. 69	+ 10.25	
63	Andromed.	6.1	13 24.7	3.120	+ 30 57 43	20.02	Leid. 79	+ 30.35	
64	26 Andromed.	6.1	13 25.6	3.146	+ 43 14 7	20.02	Bonn 202	+ 42.48	ΟΣ 5
65	Cetus	6.5	13 32.5	3.061	— 8 36 15	20.02	Cordob. 211	— 8.38	
66	Phoenix	6.3	13 43.7	3.996	— 43 47 29	20.02	Cordob. 218		
67	8 ι Ceti	3.7	14 19.9	3.056	— 9 22 42	19.98	**Fd. K. 4**	— 9.48	h1953;S.C.C.9
68	Andromed.	6.4	14 26.2	3.144	+ 40 10 29	20.01	Bonn 216	+ 39.56	
69	ζ Tucanae	4.3	e 14 51.7	3.152	— 65 27 45	21.15	**S. Fd. K. 4**		
70	Andromed.	6.2	15 10.8	3.125	+ 30 22 51	20.01	Leid. 86	+ 30.42	
71	41 d Piscium	5.5	0 15 27.1	+ 3.084	+ 7 38 6	+ 20.01	Leipz. II. 89	+ 7.36	G
72	Andromed.	5.9	15 31.7	3.130	+ 32 21 23	20.01	Leid. 89	+ 32.45	G
73	27 ϱ Andromed.	5.4	e 15 51.1	3.143	+ 37 24 54	20.00	Lund 109	+ 37.45	
74	π Tucanae	5.2	16 1.0	2.814	— 70 10 48	20.00	Cordob. 253		
75	ι Sculptoris	5.4	16 29.6	3.017	— 29 32 5	20.00	Cordob. 263		
76	Hydrus	6.4*	17 12.6	2.602	— 77 58 54	20.00	Cordob. 279		
77	42 Piscium	6.5	e 17 14.9	3.096	+ 12 55 39	20.00	Greenw. (00) 77	+ 12.25	Σ 27; h 4 G
78	9 Ceti	6.3	e 17 44.3	3.076	— 12 45 57	20.06	**Fd. K. s. 4**	— 13.60	
79	Sculptor	6.4	18 12.3	3.007	— 31 35 27	19.99	Cordob. 296		
80	Cassiopeia	5.8	18 52.3	3.211	+ 51 27 57	19.98	Camb. US. 154	+ 51.62	
81	12 Cassiopeiae	5.6	0 19 15.9	+ 3.277	+ 61 16 37	+ 19.98	Hels. 285	+ 61.69	
82	Pisces	6.3	19 23.1	3.067	— 2 46 19	19.98	Cordob. 316	— 3.49	
83*	ξ Tucanae	4.5	19 38.4	2.706	— 72 38 10	19.98	Cordob. 322		cum. N. G. K.
84	Cassiopeia	6.0	19 41.6	3.222	+ 52 29 35	19.98	Camb. US. 164	+ 52.61	[104
85	44 Piscium	5.9	e 20 16.5	3.073	+ 1 23 9	19.96	**Naut. Al.**	+ 1.57	
86	β Hydri	2.9	e 20 30.1	3.218	— 77 49 4	20.28	**S. Fd. K. 5**		
87	ϰ Phoenicis	3.7	21 16.9	2.953	— 44 14 6	19.97	Cordob. 351		
88	Cetus	6.5	21 19.0	3.029	— 19 14 49	19.96	Cordob. 352	— 19.58	
89	α Phoenicis	2.4	e 21 20.5	2.974	— 42 50 57	19.56	**S. Fd. K. 6**		R
90	10 Ceti	6.4	21 29.6	3.071	— 0 36 13	19.96	Cordob. 356	— 0.63	
91	Sculptor	6.0	0 22 14.0	+ 3.009	— 26 6 1	+ 19.96	Cordob. 363		
92	47 Piscium	5.2	e 22 49.8	3.114	+ 17 20 20	19.95	Berl. A. 109	+ 17.55	RG
93	Andromed.	5.4	22 50.9	3.200	+ 43 50 29	19.95	Bonn 345	+ 43.92	
94	η Sculptoris	5.1	22 58.2	2.983	— 33 33 33	19.95	Cordob. 377		
95	48 Piscium	6.2	23 0.8	3.111	+ 15 53 32	19.95	Berl. A. 112	+ 15.63	G
95a	Pisces	6.3	23 9.8	3.094	+ 9 38 35	19.95	Leipz. II. 136	+ 9.47	
96	Cetus	6.5	e 23 20.2	3.010	— 20 53 7	19.84	**Fd. K. s. 5**	— 21.57	
97	Phoenix	5.4	23 30.6	2.957	— 40 28 3	19.95	Cordob. 390		
98	Andromed.	6.5	23 38.0	3.174	+ 36 20 49	19.94	Lund 168	+ 36.66	
99	Phoenix	6.5*	23 52.6	2.900	— 51 5 8	19.94	Cordob. 398		
100	Cepheus	6.4	e 0 24 28.3	+ 3.665	+ 76 28 4	+ 19.94	Kas. 62	+ 76.10	

Nr. 83. N. G. K. 104. Bemerkenswerter, heller, dichter, in der Mitte sehr gedrängter Sternhaufen.

Kat. Nr.	Bezeichnung des Sternes	Gr.		Mittl. A. R. für 1900.0	Jährl. Veränd.	Mittl. Dekl. für 1900.0	Jährl. Veränd.	Nachweis	B. D.	Bemerkungen
				h m s	s	° ′ ″	″		°	
101	Cassiopeia	6.0		0 24 45.0	+ 3.316	+ 59 25 30	+ 19.94	Hels. 378	+ 59.68	β 1094
102	Cetus	6.3		24 47.8	3.033	— 15 24 58	19.94	Cordob. 413	— 15.84	
103	28 Andromed.	5.4	e	24 50.7	3.154	+ 29 12 2	19.93	Camb. E. 267	+ 28.75	β 1095
104*	12 Ceti	6.0		24 56.1	3.061	— 4 30 36	19.92	**Fd. K. 339**	— 4.54	h 322
105	Cetus	5.2	e	25 22.7	3.002	— 24 20 27	19.96	**Fd. K. s. 7**		
106	Phoenix	6.5*		25 34.8	2.940	— 41 29 36	19.93	Cordob. 425		
107	13 Cassiopeiae	6.4		25 39.8	3.408	+ 65 58 3	19.93	Christ. 87	+ 65.67	
108	Phoenix	4.5		25 42.6	2.903	— 48 45 52	19.93	Cordob. 427		
109	Andromed.	6.0		26 6.8	3.172	+ 33 1 47	19.92	Leid. 156	+ 32.80	h 5451
110	Cassiopeia	5.8		26 12.6	3.270	+ 52 17 16	19.92	Camb. US. 211	+ 52.92	G
111*	14 λ Cassiopeiae	4.9	e	0 26 15.0	+ 3.283	+ 53 58 12	+ 19.92	Camb. US. 213	+ 53.82	OΣ 12
112	λ^1 Phoenicis	4.8	e	26 35.6	2.901	— 49 21 24	19.92	**S. Fd. K. 8**		
113*	β Tucanae	4.5		26 57.5	2.757	— 63 30 31	19.91	Cordob. 451		Δ 1
114*	51 Piscium	5.9		27 14.2	3.090	+ 6 24 11	19.91	Leipz. II. 158	+ 6.64	Σ 36; Hh 7
115	15 ϰ Cassiopeiae	4.4		27 18.8	3.377	+ 62 22 47	19.89	**Fd. K. 5**	+ 62.102	Σ^1 30
116	52 Piscium	5.6	e	27 20.5	3.130	+ 19 44 38	19.91	Berl. A. 145	+ 19.79	h 1982
117	Cassiopeia	6.1		27 37.1	3.297	+ 54 20 41	19.91	Camb. US. 226	+ 54.101	G
118	Tucana	5.1		28 10.1	2.742	— 63 34 54	19.90	Cordob. 467		
119	Sculptor	5.6	e	28 44.2	2.970	— 30 6 33	19.86	**S. Fd. K. 9**		
120	ϑ Tucanae	6.0	e	29 8.4	2.557	— 71 49 3	19.89	Cordob. 491		
121	Phoenix	5.4	e	0 29 42.3	+ 2.864	— 52 55 33	+ 19.89	**S. Fd. K. 10**		
122	13 Ceti	*5.8*	e	30 5.9	3.084	— 4 8 36	19.84	**C. d. T.**	+ 4.62	β 490
123	14 Ceti	5.4	e	30 24.6	3.070	— 1 3 16	19.88	Cordob. 508	— 1.68	
124	Cassiopeia	5.3		30 34.1	3.314	+ 53 37 3	19.87	Camb. US. 248	+ 53.102	
125	Pisces	6.5		30 44.2	3.113	+ 12 39 45	19.87	Leipz. I. 147	+ 12.59	
126	Cassiopeia	6.0		30 46.1	3.379	+ 59 46 32	19.87	Hels. 478	+ 59.84	
127	Phoenix	5.8		30 53.4	2.813	— 55 22 16	19.87	Cordob. 518		
128	λ^2 Phoenicis	5.4		30 55.0	2.869	— 48 32 54	19.87	Cordob. 519		
129	Cetus	6.2		31 8.5	2.994	— 23 23 29	19.87	Cordob. 524		
130	Andromed.	5.4		31 20.2	3.248	+ 43 56 13	19.86	Bonn. 463	+ 43.113	
131	17 ζ Cassiopeiae	4.1		0 31 23.8	+ 3.320	+ 53 20 48	+ 19.85	**Fd. K. 6**	+ 53.105	
132	29 π Andromed.	4.5		31 32.2	3.192	+ 33 10 8	19.86	**Fd. K. 7**	+ 32.101	Σ^1 42; OΣ^2 4
133	53 Piscium	6.1		31 34.7	3.121	+ 14 40 53	19.86	Leipz. I. 151	+ 14.76	
134	Andromed.	6.4		31 51.2	3.153	+ 23 27 55	19.86	Berlin B. 180	+ 23.84	G
135	Andromed.	5.7		31 59.8	3.202	+ 34 50 56	19.86	Leid. 197	+ 34.86	
136*	82 Ceti	5.6	e	32 12.5	3.084	— 25 19 3	19.85	**S. Fd. K. 11**		β 395
137	Cetus	6.4	e	32 21.4	3.081	+ 2 35 13	19.85	Alb. 128	+ 2.80	G
138	Phoenix	6.4		32 38.7	2.802	— 54 56 38	19.85	Cordob. 555		
139	30 ε Andromed.	4.6	e	33 16.2	3.160	+ 28 46 8	19.59	**Fd. K. 8**	+ 28.103	
140	Cassiopeia	5.6		33 38.1	3.296	+ 48 48 18	19.84	Bonn 503	+ 48.192	h 1041; OΣ16 [G
141	31 δ Andromed.	3.5	e	0 33 58.8	+ 3.198	+ 30 18 50	+ 19.76	**Fd. K. 9**	+ 30.91	β491; S.C.C. [19
142	54 Piscium	6.1	e	34 10.1	3.148	+ 20 42 47	19.83	Berlin B. 193	+ 20.85	
143*	55 Piscium	5.5		34 39.6	3.149	+ 20 53 24	19.82	Berlin B. 198	+ 20.87	Σ 46
144*	18 α Cassiopeiae	var.	e	34 49.7	3.376	+ 55 59 20	19.78	**Fd. K. 10**		Σ^1 45; Hh 11 [G
145	Phoenix	6.4*		35 6.0	2.867	— 45 20 46	19.82	Cordob. 602		
146	Cetus	6.5		35 27.5	3.009	— 17 3 53	19.81	Cordob. 607	— 17.109	
147	Cetus	6.3	e	35 29.5	2.980	— 24 20 31	19.81	Cordob. 608		
148	Cetus	*6.2*	e	35 36.9	3.055	— 4 54 1	19.81	Cordob. 612	— 5.101	h 323
149	Tucana	5.7		35 41.6	2.714	— 60 1 9	19.81	Cordob. 617		
150	32 Andromed.	5.6		0 35 41.9	+ 3.240	+ 38 54 35	+ 19.81	Lund 262	+ 38.90	

Nr. 104. h 322; Hptst. gelb, Begl. 10.9m blau; d = 9″.5, p = 189° (01.8).

Nr. 111. Begl. 6.0m; d = 0″.5. p = 149° (1902.4).

Nr. 113. Δ 1. Besteht aus zwei gleichen Komponenten; d = 27″, p = 351° Die nachfolgende Komponente ist doppelt mit d = circa 0″.5.

Nr. 114. Σ 36, Begl. 9m; d = 27″, p = 82°.

Nr. 136. β 395. Besteht aus zwei gleichhellen Komponenten. (1898.7) d = 0″.7, p = 97°.5 Siehe Tabelle: „Bahnen von Doppelsternen“ Nr. 6.

Nr. 143. Σ 46; Hptst. gelb, Begl. 8.2m tiefblau; d = 6″.3; p = 192°.

Nr. 144. Σ 45, Begl. 9m; d = 62″, p = 280°. Var. Max. 2.3m; Min. 2.8m; gelblichrot. α Cassiopeiae = ***Schedir.***

Kat. Nr.	Bezeichnung des Sternes	Gr.		Mittl. A. R. für 1900.0	Jährl. Veränd.	Mittl. Dekl. für 1900.0	Jährl. Veränd.	Nachweis	B. D.	Bemerkungen
				h m s	s	° ′ ″	″		°	
151	Cassiopeia	5.9		0 36 5.7	+ 3.535	+ 65 35 58	+ 19.80	Christ. 120	+ 65.83	
152	Andromed.	6.4	e	36 17.6	3.167	+ 24 4 51	19.80	Berl. B. 208	+ 23.94	
153	19 ξ Cassiopeiae	5.1		36 29.0	3.325	+ 49 57 51	19.80	Bonn 540	+ 49.164	
154	μ Phoenicis	4.9	e	36 36.0	2.842	− 46 38 3	19.77	**S. Fd. K. 12**		
155	Cassiopeia	6.5	e	36 45.7	3.417	+ 58 12 19	19.79	Hels. 561	+ 57.132	
156*	ξ Phoenicis	5.8		37 12.8	2.740	− 57 3 6	19.79	Cordob. 633		h 3387
157	33 Andromed.	neb.		37 16.8	3.259	+ 40 43 15	19.79	Bonn 553		
158	Cetus	6.5		37 47.8	3.033	− 10 28 10	19.78	Cordob. 641	− 10.140	
159	λ^1 Sculptoris	5.9		37 54.2	2.895	− 39 0 41	19.78	Cordob. 645		
160	20 π Cassiopeiae	5.3		37 55.9	3.305	+ 46 28 38	19.78	Bonn 558	+ 46.146	
161	Tucana	5.8		0 38 11.8	+ 2.676	− 60 48 34	+ 19.78	Cordob. 652		
162	ϱ Tucanae	5.4		38 12.0	2.574	− 66 1 3	19.77	Cordob. 653		RG
163	Tucana	7*		38 25.9	2.568	− 66 9 24	19.77	Cordob. 658		
164*	16 β Ceti	*2.4*	e	38 34.2	3.012	− 18 32 9	19.80	**Fd. K. 540**	− 18.115	S.C.C. 26 G
165	Cetus	6.1		38 48.0	3.024	− 12 33 14	19.77	Cordob. 661	− 12.126	
166	η Phoenicis	4.5		38 51.7	2.710	− 58 0 42	19.75	**S. Fd. K. 13**		h 3391
167	Cassiopeia	5.9	e	38 52.9	3.317	+ 47 18 58	19.76	Bonn 573	+ 47.181	
168	21 Cassiopeiae	6.0	e	39 2.2	3.878	+ 74 26 29	19.73	**Fd. K. 340**	+ 74.27	Σ^1 50; Hh 12
169	17 φ^1 Ceti	4.9	e	39 8.8	3.029	− 11 9 14	19.76	Cordob. 664	− 11.128	
170	22 o Cassiopeiae	4.9		39 8.9	3.322	+ 47 44 13	19.74	**Fd. K. 341**	+ 47.183	β 231
171	λ^2 Sculptoris	6.0	e	0 39 22.0	+ 2.901	− 38 58 22	+ 19.88	**S. Fd. K. 14**		
172	Cassiopeia	5.6	e	39 35.2	3.397	+ 54 40 29	19.75	Camb. US. 318	+ 54.143	β 492
173	Cetus	5.3	e	39 47.5	2.971	− 22 33 21	19.84	**S. Fd. K. 15**	− 22.127	
174	Phoenix	6.4*		40 13.6	2.854	− 43 13 18	19.74	Cordob. 681		
175	Cetus	6.4		40 18.6	3.052	− 5 10 38	19.74	Cordob. 683	− 5.120	
176	Phoenix	6.4*		40 23.4	2.747	− 54 15 44	19.74	Cordob. 686		
177	18 Ceti	6.0	e	40 27.4	3.017	− 13 25 17	19.74	Cordob. 685	− 13.128	
178	Andromed.	6.3		40 38.5	3.303	+ 44 18 55	19.74	Bonn 595	+ 44.160	
179	Cetus	6.3		40 41.8	3.001	− 16 58 16	19.74	Cordob. 688	− 17.132	
180	Cassiopeia	6.5		40 52.6	3.468	+ 59 1 41	19.73	Hels. 625	+ 58.101	G
181	Phoenix	5.7		0 41 3.8	+ 2.807	− 48 6 5	+ 19.73	Cordob. 702		
182	23 Cassiopeiae	5.7		41 5.0	3.921	+ 74 18 5	19.73	Greenw. (01) 132	+ 74.29	
183	Cetus	5.6		41 13.3	2.971	− 23 4 7	19.73	Cordob. 704		
184	57 Piscium	5.5	e	41 19.0	3.137	+ 14 55 49	19.73	Leipz. I. 204	+ 14.111	RG
185	Cassiopeia	6.0		41 36.9	3.821	+ 72 7 39	19.72	Greenw.(01) 137	+ 71.37	
186	58 Piscium	5.7		41 48.3	3.122	+ 11 25 42	19.72	Leipz. I. 208	+ 11.96	
187	59 Piscium	6.4	e	41 56.3	3.156	+ 19 1 56	19.72	Berl. A. 209	+ 18.101	
188	34 ζ Andromed.	4.4	e	42 2.2	3.171	+ 23 43 24	19.64	**Fd. K. 11**	+ 23.106	O
189	60 Piscium	6.2		42 13.3	3.099	+ 6 11 42	19.71	Leipz. II. 262	+ 5.104	
190	Cetus	5.9		42 44.2	2.988	− 18 36 31	19.70	Cordob. 725	− 18.127	
191*	24 η Cassiopeiae	3.7	e	0 43 2.5	+ 3.595	+ 57 17 9	+ 19.22	**Fd. K. 12**	+ 57.150	Σ 60; Hh 16
192	Cetus	5.4		43 4.1	2.971	− 22 16 4	19.70	Cordob. 731	− 22.134	
193	62 Piscium	6.0	e	43 6.0	3.102	+ 6 45 14	19.70	Leipz. II. 267	+ 6.105	G
194	Pisces	5.9	e	43 7.7	3.132	+ 4 45 58	18.51	**C. d. T.**	+ 4.123	
195	25 ν Cassiopeiae	5.1	e	43 9.8	3.375	+ 50 25 23	19.71	Camb. US. 354	+ 50.147	
196	63 δ Piscium	4.7	e	43 29.6	3.107	+ 7 2 27	19.66	**Fd. Kat. 342**	+ 6.107	G
197	64 Piscium	5.4	e	43 43.4	3.147	+ 16 24 9	19.69	Berl. A. 220	+ 16.76	
198	35 ν Andromed.	4.8		44 17.5	3.290	+ 40 32 4	19.66	**C. d. T.**	+ 40.171	
199	Cetus	6.0		44 18.1	2.955	− 24 40 48	19.68	Cordob. 743		
200	Phoenix	6.1		0 44 18.5	+ 2.794	− 47 14 37	+ 19.68	Cordob. 745		

Nr. 156. h 3387, Begl. 10.2m; d = 13″, p = 255°.
Nr. 164. β Ceti = ***Deneb Kaitos.***

Nr. 191. Σ 60, Begl. 7.6m; purpurfarben; Hptst. gelb. Siehe Tabelle „Bahnen von Doppelsternen" Nr. 42. 1902: d = 5″.6, p = 223°.

Kat. Nr.	Bezeichnung des Sternes	Gr.		Mittl. A. R. für 1900.0	Jährl. Veränd.	Mittl. Dekl. für 1900.0	Jährl. Veränd.	Nachweis	B. D.	Bemerkungen	
				h m s	s	° ′ ″	″		°		
201	Cetus	5.7		0 44 24.0	+ 3.008	− 14 6 13	+ 19.68	Cordob. 746	− 14.145	β 1160	
202*	65 *i* Piscium	5.7	e	44 30.7	3.205	+ 27 9 57	19.67	Camb. E. 487	+ 26.131	Σ 61; Hh 17	
203	Cetus	6.2		44 38.1	2.958	− 23 54 26	19.67	Cordob. 749			
204	Cassiopeia	5.6		44 39.1	3.593	+ 63 42 11	19.65	**Fd. K. 343**	+ 63.99		
205	Andromed.	6.4		44 43.1	3.327	+ 44 27 25	19.67	Bonn 666	+ 44.176		
206	19 φ^2 Ceti	5.2	e	45 7.0	3.003	− 11 10 58	19.44	**Fd. K. s. 10**	− 11.153		
207	λ Hydri	5.0	e	45 7.4	2.090	− 75 28 4	19.66	**S. Fd. K. 16**			
208	Cassiopeia	6.1		45 17.6	3.551	+ 61 15 39	19.66	Hels. 697	+ 61.178		OR
209	Phoenix	6.3		45 22.8	2.820	− 43 56 24	19.66	Cordob. 759			
210	Cepheus	5.8	e	45 29.8	5.271	+ 83 9 52	19.66	Greenw. (99) 151	+ 82.20		
211	Cassiopeia	6.4		0 45 51.4	+ 3.401	+ 51 1 40	+ 19.65	Camb. US. 370	+ 50.164		
212	ϱ Phoenicis	5.0		46 8.0	2.736	− 51 31 57	19.65	Cordob. 769			
213	Pisces	6.5	e	46 9.3	3.085	+ 2 50 34	19.65	Alb. 217	+ 2.118		
214	18 Hev. Cassiopeia	5.1	e	47 6.0	3.556	+ 60 34 28	19.63	Hels. 727	+ 60.124	β 497	
215*	Cetus	5.6		47 46.0	2.947	− 24 33 2	19.62	Cordob. 791		β 734	
216	20 Ceti	*5.2*		47 53.7	3.062	− 1 41 14	19.61	**Naut. Al.**	− 1.114		RG
217	Andromed.	6.2		47 58.6	3.281	+ 36 52 35	19.61	Lund 350	+ 36.148		
218	Cassiopeia	6.5		48 1.2	3.431	+ 52 8 50	19.61	Camb. US. 395	+ 51.179	Σ 70	
219*	Cetus	6.4		48 17.8	2.940	− 25 19 18	19.61	Cordob. 799			
220	Cetus	6.5		48 35.7	3.048	− 5 4 5	19.60	Cordob. 805	− 5.147		
221	26 υ^1 Cassiopeiae	5.0	e	0 49 3.8	+ 3.535	+ 58 15 54	+ 19.59	Hels. 755	+ 58.134	β 1098	G
222	21 Ceti	6.3	e	49 14.8	3.026	− 9 16 53	19.59	Cordob. 818	− 9.181		
223*	66 Piscium	6.0		49 17.4	3.169	+ 18 38 47	19.59	Berl. A. 243	+ 18.122	OΣ 20	
224	Cassiopeia	6.3		49 24.2	3.392	+ 48 8 12	19.59	Bonn 735	+ 47.242		G
225	Tucana	5.6		49 28.2	2.501	− 63 24 51	19.59	Cordob. 825			
226*	36 Andromed.	5.6	e	49 36.6	3.195	+ 23 5 13	19.58	II. Ten. Y.C. 307	+ 22.146	Σ 73	
227	Pisces	6.4		49 53.4	3.201	+ 24 0 55	19.58	Berl. B. 285	+ 23.126		G
228	Cassiopeia	6.4		50 16.2	3.529	+ 57 28 9	19.57	Hels. 770	+ 57.172		G
229	67 *k* Piscium	6.3		50 38.2	3.320	+ 26 40 1	19.56	Camb. E. 551	+ 26.151		
230	Cetus	6.0		50 39.2	3.032	− 7 53 16	19.56	Cordob. 840	− 8.167		
231	27 γ Cassiopeiae	2.5		0 50 40.1	+ 3.585	+ 60 10 30	+ 19.55	**Fd. K. 13**	+ 59.144	β 499; β 1028	
232	28 υ^2 Cassiopeiae	4.9	e	50 42.6	3.554	+ 58 38 28	19.56	Hels. 780	+ 58.138		G
233	Cassiopeia	5.8		50 45.3	3.578	+ 59 49 18	19.56	Hels. 783	+ 59.146	β 1099	
234	22 φ^3 Cetus	5.5	e	51 0.6	3.006	− 11 48 29	19.54	**Fd. K. s. 11**	− 12.162		GR
235	Sculptor	6.3		51 4.4	2.914	− 28 19 4	19.56	Cordob. 854			
236	37 μ Andromed.	4.1	e	51 12.1	3.318	+ 37 57 26	19.60	**Fd. K. 14**	+ 37.175	h 1057	
237	λ^2 Tucanae	5.4	e	51 16.1	2.245	− 70 4 4	19.50	**S. Fd. K. 17**		I 2	
238	38 η Andromed.	4.6	e	51 52.0	3.199	+ 22 52 41	19.54	Berl. B. 292	+ 22.153		G
239	Andromed.	6.2		51 59.8	3.376	+ 45 17 54	19.54	Bonn 766	+ 45.237		
240	Cassiopeia	6.1	e	52 10.8	3.745	+ 65 48 42	19.53	Christ. 181	+ 65.115		
241	68 *h* Piscium	5.7		0 52 25.3	+ 3.237	+ 28 27 6	+ 19.53	Camb. E. 569	+ 28.157		
242	Pisces	6.5		52 39.6	3.144	+ 13 9 18	19.52	Leipz. I. 256	+ 12.119		
243	Andromed.	6.1		52 45.2	3.274	+ 33 24 47	19.52	Leid. 328	+ 33.140		
244	23 φ^4 Ceti	5.9		53 43.5	3.007	− 11 55 10	19.50	Cordob. 900	− 12.173		
245	α Sculptoris	4.3		53 47.2	2.891	− 29 53 53	19.48	**S. Fd. K. 18**			
246	Tucana	6.3*		54 12.9	2.501	− 61 14 14	19.49	Cordob. 910			
247*	Andromed.	6.4		54 23.9	3.378	+ 44 10 27	19.49	Bonn 802	+ 43.193	Σ 79	
248	Pisces	6.3		54 38.6	3.106	+ 5 56 37	19.49	Leipz. II. 338	+ 5.131		G
249	2 Ursae min.	4.4	e	55 1.4	7.391	+ 85 43 15	19.47	**Fd. K. 344**	+ 85.19		G
250	ξ Sculptoris	5.5		0 56 37.9	+ 2.805	− 39 27 25	+ 19.44	Cordob. 943			

Nr. 202. Σ 61, Begl. 6.0m; d = 4″.2, p = 300°.

Nr. 215. β 734, Begl. 10m; d = 11″, p = 345°.

Nr. 219. [Washington (1.)] Begl. 8.6m; d = 5″.5, p = 10°.

Nr. 223. OΣ 20, Begl. 7m; Hptst. gelblich; Begl. bläulich; d = 0″.4, p = 317° (1902.9). Schnelle Abnahme von p.

Nr. 226. Σ 73, Begl. 6.6m; beide Sterne goldfarbig; d = 1″; p = 18° (1900). p nimmt jährlich etwa + 1° zu. Der Hptst. ist vielleicht veränderlich, weder Heis noch Argelander haben ihn gesehen. Lalande gibt 4½. und 6. Größe an.

Nr. 247. Σ 79, Begl. 7.4m; d = 7″.9, p = 190°.

Kat. Nr.	Bezeichnung des Sternes	Gr.	Mittl. A. R. für 1900.0	Jährl. Veränd.	Mittl. Dekl. für 1900.0	Jährl. Veränd.	Nachweis	B. D.	Bemerkungen
			h m s	s	° ′ ″	″		°	
251	39 Andromed.	6.1	e 0 57 17.0	+ 3.358	+ 40 48 28	+ 19.43	Bonn 849	+ 40.209	h 1064
252	69 σ Piscium	5.7	57 20.4	3.274	+ 31 16 3	19.43	Leid. 358	+ 31.168	
253	Cassiopeia	6.2	57 27.3	3.660	+ 60 32 13	19.43	Hels. 874	+ 60.157	β 396
254	σ Sculptoris	5.4	57 39.8	2.865	− 32 5 25	19.43	Cordob. 953		
255	71 ε Piscium	4.7	e 57 45.1	3.109	+ 7 21 7	19.46	**Fd. K. 15**	+ 7.153	
256	ω Phoenicis	5.9	e 57 48.0	2.540	− 57 32 28	19.42	**S. Fd. K. 19**		
257	25 Ceti	*6.0*	e 57 59.2	3.041	− 5 22 16	19.41	Cordob. 958	− 5.177	
258	Cassiopeia	6.0	58 8.9	3.679	+ 61 2 38	19.41	Hels. 884	+ 60.158	
259	Andromed.	6.2	e 58 9.6	3.501	+ 51 58 2	19.41	Camb. US. 486	+ 51.220	G
260	Phoenix	5.2	58 18.9	2.713	− 46 56 6	19.41	Cordob. 965		R
261	Sculptor	6.4	0 58 31.4	+ 2.877	− 30 3 43	+ 19.40	Cordob. 968		
262*	26 Ceti	6.2	e 58 40.2	3.084	+ 0 49 51	19.37	**Fd. K. s. 13**	+ 0.174	Σ 84; Hh 19
263	Pisces	6.4	58 59.5	3.262	+ 29 7 33	19.39	Camb. E. 631	+ 28.174	
264	Cepheus	6.3	e 59 6.0	8.833	+ 86 36 47	19.39	Greenw. (00) 219	+ 86.17	G
265	73 Piscium	6.1	59 41.7	3.103	+ 5 7 13	19.38	Alb. 281	+ 4.172	G
266	72 Piscium	5.9	e 59 48.5	3.161	+ 14 24 27	19.37	Leipz. I. 280	+ 14.163	h 1068
267*	Sculptor	6.5	0 59 49.8	2.840	− 34 4 7	19.37	Cordob. 987		β 735
268*	74 ψ^1 Piscium	5.6	1 0 19.2	3.206	+ 20 56 16	19.36	Berl. B. 331	+ 20.156	Σ 88; Hh 21
269*	Pisces	5.9	0 19.9	3.206	+ 20 55 48	19.36	Berl. B. 332	+ 20.157	
270	Cetus	6.2	0 36.2	3.008	− 10 30 51	19.36	Cordob. 998	− 10.229	
271*	77 Piscium	6.6	e 1 0 38.7	+ 3.699	+ 4 22 35	+ 19.36	Alb. 286	+ 4.175	Σ 90; $O\Sigma^2$ 10
272	Cepheus	6.4	e 0 39.7	4.954	+ 79 28 42	19.35	Kas. 179	+ 79.29	
273	76 Piscium	6.5	0 41.0	3.288	+ 31 38 48	19.35	Leid. 384	+ 31.180	Σ^1 85 G
274	Cassiopeia	6.5	0 55.3	3.601	+ 56 24 13	19.35	Hels. 929	+ 56.196	G
275	28 Ceti	5.5	1 4.0	3.008	− 10 22 29	19.35	Cordob. 1009	− 10.230	G
276	Cassiopeia	6.4	1 12.5	3.540	+ 52 57 48	19.34	Camb. US. 513	+ 52.262	σ 26 OR
277	Cetus	6.3	1 17.2	2.912	− 24 31 36	19.34	Cordob. 1017		
278	75 Piscium	6.3	e 1 18.0	3.151	+ 12 25 10	19.34	Leipz. I. 293	+ 12.135	
279	30 μ Cassiopeiae	5.3	e 1 36.8	3.957	+ 54 25 49	17.80	**C. d. T.**	+ 54.223	
280	β Phoenicis	3.4	e 1 37.3	2.683	− 47 15 16	19.32	**S. Fd. K. 20**		h 3417
281	Sculptor	6.5	1 1 45.2	+ 2.814	− 36 11 43	+ 19.33	Cordob. 1025		
282	41 Andromed.	5.2	e 2 16.1	3.412	+ 43 24 35	19.32	Bonn 927	+ 43.234	
283	Cetus	6.3	2 21.6	2.908	− 24 31 48	19.32	Cordob. 1038		
284	Cassiopeia	6.1	2 25.8	3.642	+ 57 43 47	19.31	Hels. 949	+ 57.200	
285	78 Piscium	6.4	e 2 28.7	3.293	+ 31 28 44	19.31	Leid. 399	+ 31.185	
286	79 ψ^2 Piscium	5.8	e 2 35.0	3.205	+ 20 12 29	19.31	Berl. A. 315	+ 19.185	
287	30 Ceti	5.8	e 2 44.5	3.007	− 10 19 14	19.31	Cordob. 1044	− 10.238	
288	80 e Piscium	5.8	e 3 13.4	3.105	+ 5 7 17	19.30	Alb. 305	+ 4.190	
289	υ Phoenicis	5.0	3 13.7	2.745	− 42 1 20	19.30	Cordob. 1052		
290	ι Tucanae	5.2	e 3 21.0	2.371	− 62 18 34	19.28	**S. Fd. K. 21**		R
291	31 η Ceti	*3.5*	e 1 3 33.5	+ 3.016	− 10 42 45	+ 19.16	**Fd. K. 541**	− 10.240	S. C. C. 42
292	44 Hev. Cephei	5.8	e 3 37.2	5.013	+ 79 8 29	19.27	**Fd. K. 345**	+ 78.34	
293	42 φ Andromed.	4.4	3 41.8	3.462	+ 46 42 32	19.28	Bonn 950	+ 46.275	
294	31 Cassiopeiae	5.6	e 3 53.1	3.994	+ 68 14 48	19.28	Christ. 222	+ 68.77	hH 25
295*	43 β Andromed.	2.3	e 4 7.9	3.346	+ 35 5 26	19.19	**Fd. K. 16**	+ 34.198	Σ^1 89 OG
296*	ζ Phoenicis	4.1	4 10.9	2.530	− 55 46 50	19.27	Cordob. 1069		h 3419
297	81 ψ^3 Piscium	5.8	4 28.3	3.201	+ 19 7 30	19.26	Berl. A. 324	+ 18.153	
298	44 Andromed.	5.9	e 4 38.3	3.402	+ 41 33 0	19.26	Bonn 969	+ 41.219	
299	Pisces	6.1	4 53.2	3.174	+ 15 8 29	19.25	Leipz. 318	+ 14.175	
300	Pisces	5.9	e 1 4 53.8	+ 3.246	+ 24 55 43	+ 19.25	Berl. B. 355	+ 24.186	G

Nr. 262. Σ 84, Begl. 9.0m; d = 16″, p = 252°.
Nr. 267. β 735, Begl. 10.0m; d = 8″.5, p = 220°.
Nr. 268 u. 269. Σ 88, Begl. 6m; d = 30″, p = 160°.

Nr. 271. Σ 90, Begl. 7.5m; d = 33″, p = 83°.
Nr. 295. β Andromedae = ***Mirach.***
Nr. 296. h 3419; Hptst. gelb, Begl. 8.4m rötlich; d = 6″, p = 245°.

Kat. Nr.	Bezeichnung des Sternes	Gr.		Mittl. A. R. für 1900.0	Jährl. Veränd.	Mittl. Dekl. für 1900.0	Jährl. Veränd.	Nachweis	B. D.	Bemerkungen
				h m s	s	° ′ ″	″		°	
301	Cassiopeia	5.8		1 4 57.4	+ 3.828	+ 63 40 17	+ 19.25	Hels. 980	+ 63.149	
302	33 ϑ Cassiopeiae	4.6	e	5 0.0	3.599	+ 54 37 6	19.25	Camb. US. 541	+ 54.236	
303*	32 Cassiopeiae	*5.8*		5 10.1	3.858	+ 64 29 13	19.25	Hels. 983	+ 64.127	Σ^1 90
304	33 Ceti	6.2		5 24.8	3.085	+ 1 54 49	19.24	Alb. 318	+ 1.221	
305	45 Andromed.	6.1		5 33.0	3.359	+ 37 11 32	19.24	Lund 501	+ 36.201	
306*	82 g Piscium	5.4		5 35.8	3.298	+ 30 53 35	19.24	Leid. 421	+ 30.181	OΣ 25
307	84 χ Piscium	4.7		6 4.6	3.215	+ 20 30 11	19.22	Berl. B. 361	+ 20.172	G
308	83 τ Piscium	4.6	e	6 9.1	3.293	+ 29 33 32	19.21	**Fd. K. 17**	+ 29.190	
309	34 Ceti	6.1		6 38.3	3.053	− 2 46 55	19.21	Cordob. 1104	− 3.161	
310	Andromed.	6.2		6 46.6	3.454	+ 44 48 20	19.21	Bonn 1006	+ 44.261	RG
311	Pisces	6.4		1 7 28.9	+ 3.293	+ 29 32 3	+ 19.19	Camb. E. 698	+ 29.195	OΣ26; h1073
312	Cepheus	6.5		7 39.7	5.145	+ 79 22 45	19.19	Kas. 199	+ 79.36	
313	Sculptor	6.3		7 39.7	2.836	− 31 19 50	19.19	Cordob. 1123		
314	Phoenix	5.9		8 9.0	2.759	− 38 23 11	19.14	**S. Fd. K. 22**		
315*	85 φ Piscium	4.8		8 19.1	3.248	+ 24 3 15	19.17	Berl. B. 373	+ 23.158	Σ 99
316*	86 ζ Piscium	5.5	e	8 30.2	3.129	+ 7 2 47	19.11	**Naut. Al.**	+6.174 175	Σ 100; β 1029
317	Pisces	6.5		8 35.1	3.282	+ 28 0 4	19.16	Camb. E. 712	+ 27.196	RG
318	87 Piscium	6.3	e	8 48.9	3.183	+ 15 36 17	19.15	Berl. A. 347	+ 15.177	
319	Cassiopeia	6.1	e	9 0.2	4.238	+ 71 12 53	19.15	Greenw.(99) 241	+ 70.90	RG
320*	37 Ceti	*5.2*	e	9 21.5	3.013	− 8 27 42	19.14	Cordob. 1149	− 8.216	Σ^1 98; Hh 29
321	88 Piscium	6.2		1 9 30.2	+ 3.118	+ 6 27 58	+ 19.14	Leipz. II. 442	+ 6.181	
322	38 Ceti	*6.0*	e	9 42.8	3.064	− 1 30 36	19.13	Cordob. 1156	− 1.162	
323	ν Phoenicis	4.9	e	10 39.3	2.652	− 46 4 0	19.11	Cordob. 1174		R
324	Andromed.	6.2		10 44.1	3.332	+ 32 35 16	19.11	Leid. 466	+ 32.223	
325	Andromed.	6.2		11 15.6	3.473	+ 44 22 32	19.09	Bonn 1064	+ 44.271	G
326	39 Ceti	*5.8*	e	11 31.6	3.042	− 3 1 35	19.02	**Fd. K. s. 15**	− 3.172	
327	Andromed.	6.5		11 51.1	3.323	+ 31 13 1	19.08	Leid. 471	+ 30.196	
328	Cepheus	6.4		11 59.3	4.867	+ 77 2 32	19.07	Kas. 211	+ 76.40	G
329	Andromed.	6.4	e	12 16.3	3.516	+ 46 53 34	19.07	Bonn 1083	+ 46.319	G
330*	ϰ Tucanae	4.9	e	12 21.0	1.968	− 69 24 29	19.06	Cordob. 1210		h 3423
331	89 f Piscium	5.6	e	1 12 38.5	+ 3.095	+ 3 5 17	+ 19.05	Alb. 354	+ 2.185	
332*	Tucana	6.2		13 35.4	2.083	− 66 55 31	19.03	Cordob. 1231		h 3426
333	34 φ Cassiopeiae	5.2		13 47.1	3.742	+ 57 42 22	19.02	Hels. 1130	+ 57.260	Hh 30 G
334	90 υ Piscium	5.0		13 58.1	3.286	+ 26 44 19	19.01	**Fd. K. 18**	+ 26.220	
335*	42 Ceti	*6.5*		14 41.5	3.066	− 1 2 3	19.00	Cordob. 1241	− 1.171	Σ 113
336	Cepheus	6.2		14 57.0	5.127	+ 78 12 9	18.99	Kas. 218	+ 77.49	
337	Cetus	6.4		15 29.9	3.044	− 3 46 19	18.98	Cordob. 1258	− 4.185	
338	Cetus	6.3		15 30.1	2.983	− 11 45 41	18.98	Cordob. 1259	− 11.248	
339	91 l Piscium	5.3	e	15 35.5	3.305	+ 28 12 57	18.97	Camb. E. 762	+ 27.215	
340*	Phoenix	7.6*		16 0.7	2.380	− 57 52 32	18.96	Cordob. 1274		h 3430 a
341	46 ξ Andromed.	5.0		1 16 27.0	+ 3.510	+ 45 0 17	+ 18.96	Bonn 1148	+ 44.287	G
342*	Phoenix	7.1*		16 28.8	2.380	− 57 51 57	18.96	Cordob. 1280		h 3430 b
343	Phoenix	6.4*		17 13.2	2.518	− 51 27 38	18.93	Cordob. 1293		
344	Cetus	6.5		17 27.9	3.065	− 0 58 21	18.92	Nic. 255	− 1.179	
345	Cetus	6.3		17 28.0	3.082	+ 1 12 16	18.92	Alb. 372	+ 0.223	G
346*	Cetus	6.4		17 39.6	2.914	− 19 36 9	18.91	Cordob. 1299	− 19.229	h 2043
347	Andromed.	6.4		17 56.7	3.370	+ 33 43 8	18.90	Leid. 509	+ 33.220	
348	47 Andromed.	5.8	e	17 57.1	3.411	+ 37 11 35	18.90	Lund 584	+ 36.237	
349	Pisces	6.0		18 0.7	3.235	+ 19 56 48	18.90	Berl. A. 395	+ 19.226	G
350	Sculptor	6.0	e	1 18 51.7	+ 2.792	− 31 28 1	+ 18.81	**S. Fd. K. 23**		

Nr. 303. Potsd. D. M. gibt diesen Stern als var. an.

Nr. 306. OΣ 25, Begl. 10^m; d = 2″.5, p = 2°.

Nr. 315. Σ 99, Begl. 10^m; d = 8″, p = 230°.

Nr. 316. Σ 100, Begl. 6.4^m; d = 24″, p = 64°.

Nr. 320. Σ^1 98, Begl. 8.2^m; d = 50″, p = 330°.

Nr. 330. h 3423, Begl. 7.7^m purpurfarben; d = 6″, p = 350°.

Nr. 332. h 3426, Begl. 9.3^m; d = 2″, p = 340°.

Nr. 335. Σ 113, Begl. 7.5^m; d = 1″.4, p = 355°.

Nr. 340. h 3430, Begl. 10.2^m; d = 2″, p = 230°.

Nr. 340 u. 342. Große von Nr. 340 und 342 zusammen 6.1^m (h 3430). 342 selbst doppelt; d = 2″.8, p = 237° (1900).

Nr. 346. h 3043, Begl. 9.4^m; d = 5″.5, p = 75°.

Kat. Nr.	Bezeichnung des Sternes	Gr.	Mittl. A. R. für 1900.0	Jährl. Veränd.	Mittl. Dekl. für 1900.0	Jährl. Veränd.	Nachweis	B. D.	Bemerkungen
			h m s	s	° ' "	"		°	
351*	36 ψ Cassiopeiae	5.0	e 1 18 51.7	+ 4.178	+ 67 36 28	+ 18.89	**Fd. K. 346**	+ 67.123	Σ117; β 1101
352	45 ϑ Ceti	*3.4*	e 19 1.5	2.997	— 8 41 57	18.68	**Fd. K. 21**	— 8.244	β 505 [G
353	37 δ Cassiopeiae	3.0	e 19 16.2	3.887	+ 59 42 57	18.83	**Fd. K. 20**	+ 59.248	Σ^1 112
354*	Cetus	*6.0*	19 18.8	3.013	— 7 26 11	18.86	Cordob. 1330	— 7.223	β 1163
355	Cetus	6.4	19 43.8	3.046	— 3 22 10	18.85	Cordob. 1336	— 3.195	
356	Cetus	6.2	19 45.7	2.940	— 16 10 53	18.85	Cordob. 1339	— 16.237	
357	Sculptor	6.5	20 4.2	2.756	— 34 39 45	18.84	Cordob. 1344		
358	Pisces	6.5	20 7.8	3.267	+ 22 59 29	18.84	Berl. B. 433	+ 22.226	
359	Phoenix	5.3	20 15.2	2.660	— 42 0 47	18.83	Cordob. 1345		
360	Phoenix	6.3	20 21.4	2.612	— 45 2 56	18.83	Cordob. 1347		
361	Andromed.	6.3	1 20 25.6	+ 3.500	+ 42 56 20	+ 18.83	Bonn 1200	+ 42.302	
362	46 Ceti	5.2	20 42.1	2.949	— 15 7 8	18.82	Cordob. 1349	— 15.266	GR
363	93 ϱ Piscium	5.5	e 20 51.9	3.229	+ 18 39 6	18.82	Berl. A. 409	+ 18.187	
364	94 Piscium	5.7	e 21 17.4	3.230	+ 18 43 22	18.80	Berl. A. 415	+ 18.189	G
365	Cetus	6.5	21 20.2	3.065	— 0 55 6	18.80	Nic. 272	— 1.189	
366	Pisces	6.4	21 24.8	3.385	+ 33 51 30	18.80	Leid. 532	+ 33.234	
367	Hydrus	5.8	21 37.8	2.075	— 64 53 22	18.77	**S. Fd. K. 24**		
368	48 ω Andromed.	5.0	e 21 39.4	3.537	+ 44 53 27	18.79	Bonn 1222	+ 44.307	β 82; β 999
369	47 Ceti	5.5	21 55.5	2.960	— 13 34 36	18.78	Cordob. 1370	— 13.262	
370*	α Ursae min.	2.3	e 22 33.5	5.222	+ 88 46 27	18.76	**Fd. K. 19**	+ 88.8	Σ 93
371*	Cetus	6.2	1 22 47.3	+ 2.977	— 11 25 16	+ 18.76	Cordob. 1385	— 11.272	β 399
372	Pisces	6.5	23 8.1	3.135	+ 7 26 35	18.75	Leipz. II. 540	+ 7.213	$O\Sigma^2$ 19 G
373	38 Cassiopeiae	6.2	e 23 46.1	4.367	+ 69 45 2	18.73	Christ. 279	+ 69.102	
374	Cassiopeia	6.4	e 23 52.4	4.126	+ 65 34 54	18.72	Christ. 281	+ 65.175	
375	γ Phoenicis	3.5	e 24 1.3	2.608	— 43 49 49	18.51	**S. Fd. K. 25**		R
376	49 A Andromed.	5.4	e 24 6.1	3.578	+ 46 29 28	18.72	Bonn 1266	+ 46.370	
377	Sculptor	6.4	24 9.8	2.746	— 34 16 50	18.72	Cordob. 1414		
378	97 Piscium	6.2	24 28.7	3.228	+ 17 50 18	18.70	Berl. A. 424	+ 17.210	
379	48 Ceti	5.1	24 48.3	2.878	— 22 8 48	18.69	**Fd. K. s. 17**	— 22.254	
380	98 μ Piscium	5.1	e 24 56.5	3.120	+ 5 37 42	18.69	Leipz. II. 555	+ 5.194	
381	Sculptor	6.5	1 24 59.2	+ 2.834	— 26 6 17	+ 18.69	Cordob. 1425		
382	Sculptor	6.0	25 40.0	2.828	— 26 43 27	18.67	Cordob. 1435		β 1230
383	99 η Piscium	4.1	26 7.8	3.202	+ 14 49 49	18.65	**Fd. K. 22**	+ 14.231	β 506
384	Cassiopeiae	5.8	26 56.1	3.859	+ 57 48 47	18.63	Hels. 1327	+ 57.320	G
385	δ Phoenicis	3.9	e 27 5.2	2.479	— 49 35 32	18.78	**S. Fd. K. 27**		
386	Sculptor	5.9	27 5.9	2.777	— 30 47 45	18.62	Cordob. 1461		
387	39 χ Cassiopeiae	4.8	e 27 23.7	3.891	+ 58 43 9	18.61	Hels. 1337	+ 58.260	
388	Phoenix	6.3*	27 24.3	2.556	— 46 5 26	18.61	Cordob. 1469		
389	Cetus	6.5	28 4.4	2.988	— 9 31 43	18.59	Cordob. 1482	— 9.298	
390	Sculptor	5.6	28 27.8	2.689	— 37 22 42	18.58	Cordob. 1493		
391	Andromed.	6.2	1 28 30.1	+ 3.448	+ 36 43 28	+ 18.58	Lund 676	+ 36.277	
392	Phoenix	6.4*	28 30.7	2.467	— 50 14 20	18.58	Cordob. 1499		
393	Cetus	*6.2*	28 40.7	3.007	— 7 32 9	18.58	Cordob. 1497	— 7.256	
394	Pisces	6.0	29 24.2	3.237	+ 17 57 1	18.55	Berl. A. 461	+ 17.224	G
395*	Triangulum	neb.	29 38.9	3.369	+ 30 9 35	18.54	II. Ten. Y. C. 559	+ 29.261	
396	49 Ceti	5.6	e 29 44.6	2.926	— 16 11 19	18.54	Cordob. 1515	— 16.265	
397	Andromed.	6.5	29 58.2	3.511	+ 40 33 54	18.53	Bonn 1340	+ 40.328	
398	Cetus	6.5	30 7.3	2.843	— 24 11 45	18.52	Cordob. 1523		
399	Sculptor	6.2	30 17.3	2.747	— 32 24 10	18.52	Cordob. 1527		
400	Perseus	6.2	e 1 30 20.5	+ 3.647	+ 48 12 44	+ 18.52	Bonn 1346	+ 47.460	G

Nr. 351. 2 Begleiter. B = 8.9m; C = 9.5m; B, d = 27", p = 108°; B—C; d = 2".9, p = 255° (98.5).

Nr. 354. β 1163, Begl. 6.9m; d = 0".2, p = 190° (90).

Nr. 370. Σ 93, Begl. 9.0m; d = 18".5, p = 215°.

Nr. 371. β 399, Begl. 9.7m; d = 2", p = 300°.

Nr. 395. Nebel; sehr ausgedehnt (30'), aber ziemlich schwach. Interessant wegen seiner Form. (N. G. K. 598.)

Kat. Nr.	Bezeichnung des Sternes	Gr.	Mittl. A. R. für 1900.0	Jährl. Veränd.	Mittl. Dekl. für 1900.0	Jährl. Veränd.	Nachweis	B. D.	Bemerkungen
			h m s	s	° ′ ″	″		°	
401	Eridanus	6.3*	1 30 27.0	+ 2.265	− 57 30 49	+ 18.51	Cordob. 1536		
402	Pisces	6.3	e 30 29.6	3.229	+ 16 55 18	18.51	Berl. A. 464	+ 16.176	
403	40 Cassiopeiae	5.5	e 30 30.9	4.702	+ 72 31 49	18.49	**Fd. K. 347**	+ 72.86	
404	50 υ Andromed.	4.3	e 30 55.8	3.520	+ 40 54 26	18.50	Bonn 1359	+ 40.332	
405	50 Ceti	5.5	31 6.3	2.925	− 15 54 42	18.50	**Fd. K. s. 18**	− 16.270	
406	Hydrus	6.1	31 29.3	2.219	− 58 38 59	18.48	Cordob. 1551		
407*	τ Sculptoris	5.7	31 31.2	2.768	− 30 25 10	18.48	Cordob. 1547		h 3447
408	Cassiopeia	5.7	31 35.1	3.888	+ 57 28 6	18.47	Hels. 1412	+ 57.349	G
409	102 π Piscium	5.8	e 31 47.9	3.180	+ 11 37 46	18.47	Leipz. I. 471	+ 11.205	
410	υ Persei	3.8	e 31 51.0	3.659	+ 48 7 18	18.35	**Fd. K. 23**	+ 47.467	
411	Andromed.	6.5	1 32 30.4	+ 3.596	+ 44 53 26	+ 18.44	Bonn 1390	+ 44.341	
412	Cetus	6.5	e 32 37.4	2.981	− 9 54 58	18.44	Cordob. 1569	− 10.343	
413	Hydrus	6.0	e 32 59.2	0.341	− 79 0 45	18.27	**S. Fd. K. 28**		h 3453
414	Hydrus	6.0	33 4.9	2.201	− 58 46 50	18.42	Cordob. 1580		
415	52 χ Andromed.	5.2	e 33 21.1	3.582	+ 43 52 38	18.41	Bonn 1403	+ 43.343	
416	Perseus	6.5	33 51.5	3.788	+ 53 21 40	18.39	Camb. U.S. 754	+ 53.363	R
417*	α Eridani	0.5	e 33 59.5	2.237	− 57 44 41	18.35	**S. Fd. K. I.**		
418	Sculptor	5.9	34 1.0	2.671	− 37 2 1	18.39	Cordob. 1590		
419	Cetus	5.7	34 4.9	2.859	− 21 47 5	18.39	Cordob. 1588	− 22.272	
420	Sculptor	6.4	34 8.4	2.817	− 25 31 51	18.39	Cordob. 1593		
421	105 Piscium	6.3	1 34 16.8	+ 3.225	+ 15 53 55	+ 18.38	Berl. A. 473	+ 15.245	G
422	Andromed.	6.0	34 39.6	3.569	+ 42 47 30	18.37	Bonn 1416	+ 42.345	
423	53 τ Andromed.	5.3	34 40.5	3.524	+ 40 4 14	18.37	Lund 736	+ 39.378	
424	Eridanus	6.8*	34 53.4	2.333	− 53 56 41	18.36	Cordob. 1606		Δ 4
425	43 Cassiopeiae	5.8	e 34 55.6	4.381	+ 67 32 14	18.35	**Fd. K. 348**	+ 67.149	
426	42 Cassiopeiae	5.4	e 35 9.8	4.563	+ 70 7 2	18.35	Christ. 316	+ 69.114	
427	Andromed.	5.3	e 35 40.2	3.561	+ 42 6 45	18.33	Bonn 1434	+ 41.328	
428	Aries	6.4	35 43.5	3.328	+ 25 14 28	18.33	Camb. E. 931	+ 25.276	Σ 145
429*	6 p Eridani	5.3	35 59.3	2.245	− 56 42 10	18.32	Cordob. 1633		Δ 5
430	Triangulum	6.1	36 0.1	3.381	+ 29 32 29	18.32	Camb. E. 932	+ 29.286	
431	ν Piscium	4.7	e 1 36 13.5	+ 3.117	+ 4 58 54	+ 18.32	**Fd. K. 349**	+ 4.293	
432	Triangulum	5.8	36 16.4	3.451	+ 34 44 27	18.31	Leid. 625	+ 34.297	
433	44 Cassiopeiae	6.0	e 36 33.3	4.021	+ 60 2 50	18.30	Hels. 1492	+ 59.307	β 1103
434*	χ Ceti	5.7	36 48.6	2.958	− 11 48 57	18.29	Cordob. 1643	− 12.315	Σ 147
435	Sculptor	5.9	37 3.9	2.633	− 38 38 25	18.28	Cordob. 1648		
436	107 Piscium	5.4	e 37 4.6	3.270	+ 19 47 16	18.28	Berl. A. 490	+ 19.279	h 2071
437	Andromed.	6.5	37 11.1	3.619	+ 44 49 6	18.28	Bonn 1459	+ 44.354	G
438	φ Persei	4.3	37 23.3	3.735	+ 50 11 6	18.24	**Fd. K. 24**	+ 49.444	
439	π Sculptoris	5.2	37 37.9	2.716	− 32 49 53	18.26	Cordob. 1660		
440	Sculptor	5.7	e 37 38.5	2.646	− 37 20 12	18.22	**S. Fd. K. 29**		
441	Cetus	*5.6*	1 37 40.1	+ 3.033	− 4 11 36	+ 18.26	Cordob. 1656	− 4.260	
442	Cassiopeia	6.3	37 41.3	3.925	+ 57 2 3	18.26	Hels. 1520	+ 56.330	
443	Cassiopeia	6.4	38 11.1	3.914	+ 56 35 10	18.24	Hels. 1531	+ 56.334	
444	Andromed.	6.4	38 20.5	3.641	+ 45 38 14	18.24	Bonn 1476	+ 45.432	G
445	Hydrus	5.5	38 22.6	2.057	− 61 17 33	18.23	Cordob. 1677		
446	q^1 Eridani	5.5	38 37.6	2.297	− 54 14 28	18.23	Cordob. 1681		
447	Cetus	6.3	38 52.7	3.021	− 5 16 5	18.21	Cordob. 1679	− 5.309	
448	52 τ Ceti	*3.1*	e 39 25.3	2.784	− 16 27 51	19.05	**Fd. K. 542**	− 16.295	
449*	Cetus	6.5	39 43.4	3.001	− 7 16 7	18.18	Cordob. 1692	− 7.287	β 6
450	110 ο Piscium	4.6	e 1 40 6.7	+ 3.162	+ 8 39 16	+ 18.22	**Fd. K. 25**	+ 8.273	

Nr. 407. h 3447, Begl. 7.1m; d = 2″, p = 95°.
Nr. 417. α Eridani = ***Achernar.***
Nr. 429. Δ 5, beide Komponenten 6.0m; d = 8″, p = 223° (1900.9)
Nr. 434. Σ 147, Begl. 7.5m, d = 3″.5, p = 90°.
Nr. 449. β 6, Begl. 9.9m; d = 2″.6, p = 167°.

Kat. Nr.	Bezeichnung des Sternes	Gr.		Mittl. A. R. für 1900.0	Jährl. Veränd.	Mittl. Dekl. für 1900.0	Jährl. Veränd.	Nachweis	B. D.	Bemerkungen
				h m s	s	° ′ ″	″		°	
451	Cassiopeia	5.8		1 40 29.0	+ 4.204	+ 63 21 38	+ 18.17	Hels. 1576	+ 63.238	
452	Hydrus	5.9	e	40 32.8	− 1.898	− 83 29 3	18.15	Cap. (90) 228		
453*	ε Sculptoris	5.4	e	40 57.6	+ 2.809	− 25 33 9	18.07	**Fd. K. 543**		h 3461
454	Cetus	*5.9*		40 58.1	+ 3.010	− 6 14 1	18.11	**Fd. K. s. 20**	− 6.336	
455	τ^1 Hydri	6.1	e	41 17.4	− 0.044	− 79 39 8	18.14	**S. Fd. K. 31**		h 3467
456	Fornax	6.4		41 23.4	+ 2.770	− 27 50 53	18.12	Cordob. 1720		
457	Andromed.	6.4		41 39.6	3.661	+ 45 43 56	18.11	Bonn 1517	+ 45.447	
458	Phoenix	5.4		42 10.6	2.354	− 51 18 58	18.09	Cordob. 1733		
459	q^2 Eridani	5.1	e	42 17.5	2.287	− 54 1 27	18.14	**S. Fd. K. 32**		
460	Andromed.	6.2		42 44.5	3.517	+ 37 27 19	18.07	Lund 793	+ 37.372	
461	4 Arietis	6.2		1 42 45.2	+ 3.244	+ 16 27 29	+ 18.07	Berl. A. 512	+ 16.203	
462	Triangulum	6.1	e	42 58.1	3.438	+ 32 10 52	18.06	Leid. 668	+ 31.316	
463	Phoenix	6.4*		43 2.6	2.545	− 42 15 40	18.06	Cordob. 1750		R
464	Perseus	6.3		43 3.0	+ 3.705	+ 47 23 56	18.06	Bonn 1543	+ 47.508	Σ 162
465	584 *Lc.* Octantis	5.6	e	43 8.0	− 3.942	− 85 16 29	18.09	**S. P. C. (B)**		
466	Pisces	6.1		43 15.2	+ 3.105	+ 3 11 10	18.05	Alb. 512	+ 2.270	G
467	Phornax	6.3		43 26.0	2.622	− 37 39 33	18.04	Cordob. 1756		
468	Perseus	6.1		44 32.6	3.811	+ 51 26 28	18.00	Camb. U.S. 846	+ 51.416	
469*	1 Arietis	6.1		44 36.9	3.308	+ 21 46 44	18.00	Berl. B. 545	+ 21.243	Σ 174; Hh 39
470	53 χ Ceti	*4.7*	e	44 40.6	2.957	− 11 10 50	18.00	Cordob. 1779	− 11.352	
471	Phornax	6.5		1 44 48.0	+ 2.711	− 31 34 8	+ 17.99	Cordob. 1782		
472	1 Persei	5.8		45 25.0	3.909	+ 54 39 8	17.97	Camb. U.S. 854	+ 54.396	
473	Phornax	6.2	e	45 30.0	2.593	− 38 54 31	17.97	Cordob. 1791		h 3469
474	54 Ceti	6.2	e	45 33.7	3.182	+ 10 32 54	17.96	Leipz. I. 554	+ 10.252	
475	2 Persei	6.0		45 47.6	3.790	+ 50 17 55	17.95	Camb. U.S. 862	+ 50.379	
476	Phoenix	6.4*		46 19.2	2.402	− 48 18 50	17.93	Cordob. 1806		
477	Perseus	6.5		46 27.0	3.812	+ 50 58 52	17.93	Camb. U.S. 868	+ 50.381	
478*	55 ζ Ceti	*3.5*		46 31.4	2.958	− 10 49 45	17.90	**Fd. K. 544**	− 11.359	
479	Phoenix	5.9		47 1.9	2.338	− 50 42 4	17.91	Cordob. 1816		
480	45 ε Cassiopeiae	3.7	e	47 11.7	4.268	+ 63 10 40	17.88	**Fd. K. 26**	+ 62.320	Σ^1 161
481	55 Andromed.	5.5		1 47 17.4	+ 3.583	+ 40 14 10	+ 17.90	Bonn 1595	+ 40.394	[70 G h 1094; S.C.C.
482	2 α Trianguli	3.6	e	47 22.8	3.409	+ 29 5 30	17.66	**Fd. K. 27**	+ 28.312	S. C. C. 71
483*	5 γ Arietis	4.2	e	48 2.4	3.283	+ 18 48 13	17.78	**Kd. K. 28**	+ 18.243	Σ 180; Hh 43
484	Cetus	5.7		48 3.6	2.882	− 17 25 14	17.86	Cordob. 1833	− 17.336	
485	46 ω Cassiopeiae	5.3		48 13.5	4.592	+ 68 11 39	17.86	Christ. 343	+ 67.169	
486	111 ξ Piscium	4.9		48 22.6	3.102	+ 2 41 38	17.87	**Fd. K. 29**	+ 2.290	
487	126 Andromed.	7.1		48 37.4	+ 3.588	+ 40 9 51	17.84	Lund 847	+ 39.431	
488	τ^2 Hydri	6.0		48 42.8	− 0.644	− 80 40 13	17.84	Cap. (90) 240		
489	Andromed.	6.3	e	48 52.5	+ 3.590	+ 40 12 45	17.83	Lund 853	+ 39.434	
490	Triangulum	6.4		49 2.9	3.528	+ 36 38 14	17.83	Lund 856	+ 36.346	
491	Phornax	6.1		1 49 4.9	+ 2.575	− 39 5 19	+ 17.82	Cordob. 1854		
492	6 β Arietis	3.0	e	49 6.8	3.305	+ 20 19 9	17.72	**Fd. K. 30**	+ 20.306	S. C. C. 73
493	ψ Phoenicis	4.1	e	49 38.2	2.404	− 46 47 33	17.66	**S. Fd. K. 33**		R
494	Triangulum	6.0	e	49 59.4	3.534	+ 36 47 14	17.79	Lund 868	+ 36.354	
495	η^1 Hydri	var.		50 2.9	1.508	− 68 25 52	17.79	Cordob. 1878		
496	56 Andromed.	5.8	e	50 12.6	3.534	+ 36 45 41	17.79	Lund 870	+ 36.355	S. C. C. 74
497	φ Phoenicis	5.0		50 13.2	2.497	− 42 59 14	17.78	Cordob. 1871		
498	7 Arietis	6.0		50 16.3	3.336	+ 23 5 14	17.77	Berl. B. 575	+ 22.284	GR
499	Pisces	6.3	e	50 43.5	3.087	+ 1 21 44	17.76	Greenw. (00) 369	+ 1.347	
500	Cassiopeia	6.3		1 51 27.6	+ 4.210	+ 61 12 36	+ 17.73	Hels. 1731	+ 60.398	

Nr. 453. h 3461, Begl. 9.2ᵐ; d = 5″, p = 50°.

Nr. 469. Σ 174, Begl. 7.4ᵐ blau, Hptst. goldgelb; d = 2″.5, p = 170°.

Nr. 478. Photom. Oxon. vermutet Veränderlichkeit = ***Baten Kaitos.***

Nr. 483. Σ 180, d = 8″.6, p = 360°. α d. Mitte, δ d. südl. Sternes = ***Mesarthim.***

Kat. Nr.	Bezeichnung des Sternes	Gr.	Mittl. A. R. für 1900.0	Jährl. Veränd.	Mittl. Dekl. für 1900.0	Jährl. Veränd.	Nachweis	B. D.	Bemerkungen
			h m s	s	° ′ ″	″		°	
501	Andromed.	6.5	1 51 43.5	+ 3.735	+ 46 36 24	+ 17.72	Bonn 1656	+ 46.485	G
502	8 ι Arietis	5.3	51 53.1	3.268	+ 17 19 47	17.71	Berl. A. 559	+ 17.289	
503	56 Ceti	5.0	51 59.1	2.806	− 23 0 54	17.71	Cordob. 1895		
504	Triangulum	6.0	52 2.8	3.397	+ 27 19 6	17.70	Camb. E. 1069	+ 27.310	
505	χ Eridani	3.6	e 52 3.9	2.333	− 52 6 24	17.96	**S. Fd. K. 34**		h 3473 R
506*	Hydrus	6.5*	52 5.8	1.948	− 60 48 3	17.70	Cordob. 1908		h 3475
507	Fornax	6.5	52 7.7	2.670	− 32 37 38	17.70	Cordob. 1903		
508	3 Persei	5.8	52 12.1	3.788	+ 48 42 54	17.70	Bonn 1672	+ 48.576	G
509	Cassiopeia	5.6	52 15.0	4.370	+ 64 8 6	17.70	Hels. 1744	+ 63.265	
510	Cetus	6.5	e 52 17.2	2.954	− 10 43 21	17.69	Cordob. 1904	− 10.403	
511	Eridanus	6.4*	1 52 18.4	+ 2.316	− 50 19 34	+ 17.69	Cordob. 1911		
512*	9 λ Arietis	5.0	e 52 21.4	3.341	+ 23 6 31	17.69	Berl. B. 586	+ 22.288	$O\Sigma^2$21; $\Sigma^1$175
513	η^2 Hydri •	4.6	e 52 24.0	1.515	− 68 8 21	17.74	**S. Fd. K. 35**		
514	Hydrus	6.3*	52 34.8	1.918	− 61 21 9	17.68	Cordob. 1925		
515	Cepheus	6.1	52 49.1	5.906	+ 77 25 55	17.73	Kas. 299	+ 77.73	
516	Eridanus	6.0	53 10.4	2.254	− 52 15 47	17.66	Cordob. 1932		
517	Phoenix	4.6	53 12.2	2.373	− 47 52 26	17.66	Cordob. 1931		
518	48 *A* Cassiopeiae	4.7	e 53 44.0	4.862	+ 70 25 20	17.63	Greenw.(99) 380	+ 70.153	β 513
519	Fornax	6.3	54 1.8	2.650	− 33 33 11	17.62	Cordob. 1944		
520	Aries	6.1	e 54 2.4	3.312	+ 20 34 23	17.62	Berl. B. 597	+ 20.322	
521	Aries	6.4	1 54 4.6	+ 3.206	+ 11 48 36	+ 17.62	Leipz. I. 593	+ 11.261	
522*	Cassiopeia	6.4	54 18.8	5.213	+ 73 22 1	17.61	Greenw. (01) 411	+ 73.108	Σ 191
523	50 Cassiopeiae	4.2	e 54 53.2	5.032	+ 71 56 15	17.60	**Fd. K. 31**	+ 71.117	
524	112 Piscium	6.2	e 54 56.7	3.102	+ 2 37 14	17.58	Alb. 560	+ 2.311	
525	57 Cetus	5.6	55 3.9	2.822	− 21 18 38	17.57	Cordob. 1962	− 21.356	RG
526	47 Cassiopeiae	5.4	e 55 5.0	5.814	+ 76 48 4	17.57	Kas. 306	+ 76.63	σ 49; Hh 46
527	Hydrus	6.4*	55 10.4	1.632	− 65 54 39	17.57	Cordob. 1972		
528	59 υ Ceti	*3.6*	e 55 17.5	2.824	− 21 33 45	17.55	**Fd. K. 545**	− 21.358	RG
529	52 Cassiopeiae	6.2	55 25.2	4.420	+ 64 25 6	17.56	Hels. 1793	+ 64.282	
530	Cetus	*6.0*	55 28.9	2.971	− 9 0 29	17.56	Cordob. 1967	− 9.380	h 3476 G
531	Phoenix	5.4	1 55 31.5	+ 2.481	− 42 30 47	+ 17.56	Cordob. 1973		
532	53 Cassiopeiae	5.8	55 35.9	4.392	+ 63 54 26	17.55	Hels. 1794	+ 63.274	
533	α Hydri	3.0	e 55 37.1	1.889	− 62 3 23	17.56	**S. Fd. K. 37**		
534	4 *g* Persei	5.2	55 38.2	3.962	+ 54 0 15	17.55	Camb. U.S. 941	+ 53.439	
535	49 Cassiopeiae	5.3	e 55 57.6	+ 5.602	+ 75 38 4	17.54	Kas. 309	+ 75.86	β 785
536	σ Hydri	6.3*	56 0.5	− 0.212	− 78 50 15	17.54	Cap. (90) 253		
537	π Fornacis	5.2	56 46.8	+ 2.689	− 30 28 57	17.50	Cordob. 1998		
538*	113 α Piscium	4.1	56 52.3	3.094	+ 2 16 50	17.50	Alb. 572	+ 2.317	Σ 202
539	Hydrus	6.3*	57 3.6	1.565	− 66 33 4	17.49	Cordob. 2009		
540	Cepheus	6.3	1 57 4.4	+ 7.116	+ 80 49 3	+ 17.49	Hamb. 34	+ 80.64	
541	3 ε Trianguli	5.8	1 57 7.4	+ 3.494	+ 32 48 8	+ 17.49	Leid. 769	+ 32.369	Σ201, Bgl. 11^m
542	Aries	6.2	57 12.0	3.224	+ 12 59 40	17.49	Leipz. I. 607	+ 12.271	G
543	χ Phoenicis	4.9	57 41.8	2.411	− 45 11 42	17.47	Cordob. 2016		
544*	57 γ Andromed.	2.4	e 57 45.5	3.663	+ 41 51 0	17.41	**Fd. K. 32**	+ 41.395	Σ205, OΣ38 G
545*	10 Arietis	5.9	e 57 58.5	3.386	+ 25 27 9	17.45	Camb. E. 1114	+ 25.341	Σ 208
546	Fornax	6.3	57 59.6	2.691	− 30 8 53	17.45	Cordob. 2024		
547	60 Ceti	*5.7*	58 3.8	3.069	− 0 21 12	17.45	Cordob. 2019	− 0.307	
548	Cetus	6.0	58 9.7	2.886	− 15 47 15	17.45	Cordob. 2026	− 16.356	
549	Aries	6.4	58 13.5	3.284	+ 17 46 22	17.44	Berl. A. 587	+ 17.307	G
550	Fornax	6.5	1 58 14.8	+ 2.775	− 24 22 3	+ 17.44	Cordob. 2027		

Nr. 506. h 3475, Begl. 7.4^m; d = 5″, p = 50°.

Nr. 512. Σ^1 175, Begl. 8^m blau; d = 38″, p = 45°.

Nr. 522. Σ 191, Begl. 8.5^m blau; d = 5″.5, p = 190°.

Nr. 538. Σ 202, Hptst. grünlichweiß, Begl. 3.9^m blau; d = 2″.5, p = 320°. Langsame Abnahme von p und d.

Nr. 544. Hptst. goldfarbig, Begl. 6^m blau; d = 10″, p = 63°. OΣ 38, Begl. selbst ist ein sehr enger Doppelstern $6.7^m + 8.5^m$. Siehe Tabelle „Bahnen von Doppelsternen“ Nr. 18. ***Alamak.***

Nr. 545. Σ 208, Begl. 8.4^m grau; d = 0″.6, p = 72° (01.7).

Kat. Nr.	Bezeichnung des Sternes	Gr.	Mittl. A. R. für 1900.0	Jährl. Veränd.	Mittl. Dekl. für 1900.0	Jährl. Veränd.	Nachweis	B. D.	Bemerkungen
			h m s	s	° ′ ″	″		°	
551	Cetus	5.9	58 38.3	3.021	− 4 34 55	17.43	Cordob. 2036	− 4.324	
552	61 Ceti	6.0	e 1 58 41.0	3.067	− 0 49 11	17.36	**Fd. K. s. 25**	− 1.285	
553	ν Fornacis	4.8	2 0 0.5	2.689	−29 46 36	17.36	**S. Fd. K. 38**		
554	Aries	6.4	0 55.4	3.165	+ 7 46 15	17.33	Leipz. II. 795	+ 7.324	G
555	12 κ Arietis	5.4	0 58.1	3.347	+22 10 18	17.32	Berl. B. 631	+21.279	
556	Aries	6.3	1 9.0	3.391	+25 13 40	17.32	Berl. B. 633	+25.349	
557	Cetus	6.3	1 21.7	3.067	− 0 26 32	17.31	Cordob. 2090	− 0.318	
558	Ursa min.	6.5	e 1 25.0	8.648	+83 5 30	17.30	Greenw. (00) 399	+82.51	
559	13 α Arietis	2.2	e 1 32.0	3.372	+22 59 23	17.16	**Fd. K. 33**	+22.306	Σ^1 193
560	Cassiopeia	5.9	1 41.5	4.154	+57 56 52	17.29	Hels. 1895	+57.494	
561	58 Andromed.	5.0	e 2 2 26.8	+3.593	+37 23 6	+17.26	Leid. 997	+37.486	
562	Perseus	6.5	e 3 25.0	3.995	+53 22 15	17.21	Camb. U.S. 997	+53.460	
563	Cetus	6.5	3 32.9	2.987	− 7 9 14	17.21	Cordob. 2131	− 7.366	
564	4 β Trianguli	3.3	e 3 35.5	3.556	+34 30 52	17.17	**Fd. K. 34**	+34.381	
565*	14 Arietis	5.2	e 3 43.6	3.400	+25 28 2	17.21	Camb. E. 1152	+25.355	$O\Sigma^2$ 23
566	Cetus	6.3	e 4 1.1	2.842	−18 15 11	17.12	**Fd. K. s. 27**	−18.374	
567	Phoenix	6.5*	4 1.7	2.444	−42 21 17	17.19	Cordob. 2146		
568	Cassiopeia	6.4	e 4 7.7	5.408	+73 33 26	17.18	Greenw. (00) 409	+73.121	
569*	59 Andromed.	6.5	e 4 48.7	3.625	+38 34 4	17.15	Lund 1028	+38.425	Σ 222
570	Fornax	6.4	5 0.0	2.753	−24 49 3	17.14	Cordob. 2164		
571	15 Arietis	5.9	e 2 5 4.8	+3.312	+19 1 44	+17.14	Berl. A. 611	+18.277	G
572	Phoenix	5.8	5 9.9	2.403	−43 59 21	17.13	Cordob. 2174		
572a	16 Arietis	6.2	5 30.7	3.404	+25 27 56	17.12	Camb. E. 1166	+25.362	
573	5 Trianguli	6.5	5 34.2	3.492	+31 3 18	17.12	Leid. 811	+30.347	
574	64 Ceti	*5.9*	e 6 4.4	3.172	+ 8 6 8	17.09	Leipz. II. 828	+ 7.347	
575	Phoenix	6.5*	6 5.6	2.390	−44 17 18	17.09	Cordob. 2193		
576	Eridanus	6.4*	e 6 18.6	2.198	−51 19 6	17.08	Cordob. 2201		
577	Cetus	6.2	6 28.0	2.943	−10 31 4	17.08	Cordob. 2197	−10.447	
578	63 Ceti	*6.2*	6 31.1	3.045	− 2 17 43	17.07	Cordob. 2198	− 2.375	
579*	6 ι Trianguli	5.1	e 6 34.2	3.475	+29 50 6	17.07	Camb. E. 1173	+29.371	Σ 227
580	55 Cassiopeiae	6.2	6 37.7	4.651	+66 3 21	17.06	**Fd. K. 350**	+65.239	S. C. C. 88
581	60 b Andromed.	5.0	e 2 6 56.9	+3.746	+43 45 44	+17.06	Bonn 1887	+43.447	O
582	6 Persei	5.4	e 6 57.0	3.964	+50 36 5	16.88	**Fd. K. 351**	+50.481	σ 60
583	Aries	6.0	6 58.0	3.382	+23 41 53	17.05	Berl. B. 660	+23.297	
584	17 η Arietis	5.4	e 7 11.8	3.340	+20 44 28	17.04	Berl. B. 661	+20.348	R. 2
585	19 Arietis	5.9	e 7 36.3	3.260	+14 48 39	17.02	II. Ten. Y. C. 738	+14.357	G
586	Andromed.	6.1	7 38.0	3.831	+47 1 3	17.02	Bonn 1895	+46.536	Σ 228
587*	66 Ceti	5.6	e 7 40.4	3.037	− 2 51 38	17.02	Cordob. 2218	− 3.336	Σ 231
588	65 ξ^1 Ceti	4.7	7 41.8	3.174	+ 8 22 39	17.02	**Naut. Al.**	+ 8.345	
589	Cetus	6.0	8 21.2	2.794	−21 28 13	16.99	Cordob. 2234	−21.396	
590	μ Phornacis	5.2	8 30.2	2.641	−31 11 36	16.97	**Fd. K. 546**		
591	Andromed.	6.5	2 9 29.9	+3.850	+47 20 53	+16.94	Bonn 1928	+47.590	G
592	7 Trianguli	5.7	10 1.4	3.537	+32 53 40	16.91	Leid. 832	+32.409	
593	21 Arietis	5.7	e 10 1.9	3.401	+24 34 48	16.91	Berl. B. 681	+24.329	
594	20 Arietis	6.0	e 10 2.1	3.413	+25 19 9	16.91	Camb. E. 1205	+25.373	
595	Phoenix	5.8	e 10 29.1	2.425	−41 37 57	16.85	**S. Fd. K. 40**		
596	Cetus	6.5	10 33.6	2.647	− 9 55 57	16.89	Cordob. 2270	−10.460	
597	8 Persei	5.9	e 10 54.8	4.204	+57 26 11	16.87	Hels. 2057	+57.535	G
598	8 δ Trianguli	5.1	e 10 55.2	3.556	+33 46 3	16.87	Leid. 840	+33.395	σ 66
599	7 χ Persei	6.1	11 2.2	4.189	+57 3 9	16.86	Hels. 2061	+56.486	S 409; σ 65;
600	9 γ Trianguli	4.3	2 11 22.0	+3.553	+33 23 5	+16.18	**Fd. K. 352**	+33.397	[β 1170

Nr. 565. Dreifach, 2 Begl. B, 8.9^m; d=93″, p=36°. C, 7^m; d=106″, p=278°.5.

Nr. 569. Σ 222, Begl. 7.2^m; d=16″.5. p=35°.

Nr. 579. Σ 227, Begl. 6.4^m blau, Hptst. gelb; d=4″, p=75°.

Nr. 587. Σ 231, Begl. 7.8^m blau; d=16″.6, p=230°.

Kat. Nr.	Bezeichnung des Sternes	Gr.	Mittl. A. R. für 1900.0	Jährl. Veränd.	Mittl. Dekl. für 1900.0	Jährl. Veränd.	Nachweis	B. D.	Bemerkungen
			h m s	s	° ′ ″	″		°	
601	67 Ceti	*5.8*	e 2 11 59.7	+ 2.988	− 6 52 58	+ 16.71	**Fd. K. 353**	− 7.393	
602*	*h* Persei	6.8	12 2.8	4.180	+ 56 40 23	16.82	Hels. 2088	+ 56.522	h 1114
603	π^1 Hydri	5.4	12 8.8	1.241	− 68 18 30	16.81	Cordob. 2331		
604	22 ϑ Arietis	5.9	12 33.7	3.328	+ 19 26 19	16.80	**Fd. K. 354**	+ 19.340	
605	Andromed.	6.5	12 45.8	3.831	+ 46 0 40	16.78	Bonn 1973	+ 45.589	
606	Cetus	5.8	e 12 49.2	3.089	+ 1 16 58	16.78	Alb. 648	+ 1.410	
607	62 *c* Andromed.	5.6	e 12 49.6	3.856	+ 46 55 7	16.78	Bonn 1976	+ 46.552	
608	φ Eridani	3.7	e 12 56.2	2.143	− 51 58 30	16.73	**S. Fd. K. 41**		Δ 6
609	10 Trianguli	5.6	13 9.2	3.466	+ 28 10 52	16.76	Camb. E. 1229	+ 27.360	h 1115
610	π^2 Hydri	5.4	13 23.2	1.235	− 68 12 35	16.75	Cordob. 2352		
611	Andromed.	6.4	2 14 13.0	+ 3.861	+ 46 51 5	+ 16.71	Bonn 1983	+ 46.557	
612*	68 *o* Ceti	var.	e 14 17.6	3.026	− 3 25 55	16.48	**Fd. K. 35**	− 3.355	ΣI 221 RG
613	63 Andromed.	5.8	14 20.7	3.944	+ 49 41 34	16.70	Bonn 1984	+ 49.640	
614	Fornax	6.4	e 14 30.2	2.706	− 26 25 19	16.70	Cordob. 2362		
615	Cetus	6.5	e 14 39.2	3.010	− 4 48 21	16.69	Cordob. 2363	− 5.438	
616	9 *i* Persei	5.4	15 23.0	4.151	+ 55 23 18	16.66	Hels. 2168	+ 55.598	β 875
617	Cetus	6.5	16 34.3	2.794	− 20 22 22	16.60	Cordob. 2402	− 20.440	
618	Andromed.	6.1	16 37.0	3.724	+ 40 56 36	16.60	Bonn 2011	+ 40.500	
619	Horologium	5.4	16 39.8	1.944	− 56 24 14	16.59	Cordob. 2412		h 3497 R
620	69 Ceti	*5.9*	16 49.1	3.072	− 0 3 39	16.58	Cordob. 2405	− 0.355	RG
621	Perseus	6.4	2 16 54.1	+ 4.143	+ 54 54 34	+ 16.58	Camb. U.S. 1107	+ 54.535	
622	70 Ceti	*5.9*	e 17 6.7	3.055	− 1 20 24	16.57	Cordob. 2411	− 1.322	
623	Cetus	5.6	e 17 7.8	2.924	− 11 13 53	16.57	Cordob. 2415	− 11.448	
624	Cetus	6.1	17 22.3	2.826	− 18 7 0	16.56	Cordob. 2420	− 18.409	
625	64 Andromed.	5.4	e 17 46.0	3.960	+ 49 33 11	16.54	Bonn 2028	+ 49.649	
626	$\varkappa$ Fornacis	5.4	e 17 58.0	2.747	− 24 16 15	16.47	**Fd. K. s. 30**		
627	10 Persei	6.5	18 12.1	4.203	+ 56 9 21	16.52	Hels. 2217	+ 55.612	
628	Cetus	6.5	18 15.0	2.814	− 18 48 21	16.51	Cordob. 2440	− 19.444	
629	Phoenix	6.5*	18 16.4	2.349	− 43 39 26	16.51	Cordob. 2446		
630	65 Andromed.	4.8	18 57.0	3.975	+ 49 49 34	16.48	Bonn 2042	+ 49.656	G
631	Eridanus	5.9	2 19 23.5	+ 2.111	− 51 32 56	+ 16.46	Cordob. 2475		
632	24 ξ Arietis	5.8	19 27.4	3.210	+ 10 9 28	16.45	Leipz. II. 897	+ 9.316	
633	Fornax	6.5	19 50.5	2.695	− 26 18 4	16.43	Cordob. 2483		
634	71 Ceti	6.3	19 55.2	3.030	− 3 13 57	16.43	Cordob. 2482	− 3.374	
635	δ Hydri	4.2	e 19 58.0	1.052	− 69 6 52	16.43	**S. Fd. K. 43**		R
636	Phoenix	6.3*	20 32.3	2.397	− 41 17 49	16.40	Cordob. 2499		
637*	35 H. ι Cassiopeiae	4.8	e 20 49.2	4.880	+ 66 57 10	16.38	**Fd. K. 36**	+ 66.213	Σ 262
638	72 ϱ Ceti	4.9	21 7.1	2.895	− 12 44 29	16.37	**Fd. K. s. 31**	− 12.451	
639	66 Andromed.	6.4	e 21 9.0	3.997	+ 50 7 22	16.45	Bonn 2066	+ 49.666	
640	Cetus	5.9	21 15.2	2.854	− 15 47 25	16.36	Cordob. 2514	− 15.426	ΣI 238, Bgl. 9^m
641	Aries	6.3	2 21 20.5	+ 3.459	+ 26 33 53	+ 16.36	Camb. E. 1314	+ 26.409	G
642	11 Trianguli	5.8	21 32.3	3.544	+ 31 21 9	16.35	Leid. 913	+ 31.427	G
643	Cetus	6.1	21 56.2	2.783	− 20 29 46	16.33	Cordob. 2529	− 20.455	
644	λ Horologii	5.4	e 22 6.1	1.675	− 60 45 33	16.18	**S. Fd. K. 44**		
645	$\varkappa$ Hydri	6.0	e 22 16.1	0.313	− 74 5 56	16.29	**S. Fd. K. 45**		
646	12 Trianguli	5.5	e 22 18.1	3.507	+ 29 13 24	16.31	Camb. E. 1323	+ 29.417	
647	73 ξ^2 Ceti	4.5	22 50.4	3.184	+ 8 0 43	16.28	**Fd. K. 37**	+ 7.388	
648	13 Trianguli	6.3	e 22 56.4	3.514	+ 29 28 54	16.28	Camb. E. 1332	+ 29.423	ΣI 240
649	$\varkappa$ Eridani	4.3	23 19.1	2.198	− 48 9 8	16.24	**S. Fd. K. 46**		
650	Aries	6.5	2 23 31.4	+ 3.406	+ 23 1 21	+ 16.25	Berl. B. 748	+ 22.354	

Nr. 602. N. G. C. Hellster Stern im Sternhaufen *h* Persei, der in seiner Gesamtheit etwa 15′ Durchmesser hat.

Nr. 612. *o* Ceti wurde als erster veranderlicher Stern von D. Fabricius 1596 beobachtet. Der Stern ist rot. Die mittlere Periodenlänge beträgt nach Argelander etwa 331 Tage. (Mira Ceti). Ein Stern 9^m in d = 118″, p = 85° begleitet den Hauptstern als wahrscheinlich physischer Begleiter.

Nr. 637. Σ 262 dreifach, 2 Begl. B, 7.1^m blau; d = 2″, p = 82°. C, 8.1^m blau; d = 7″, p = 110°. Hptst. gelb.

Kat. Nr.	Bezeichnung des Sternes	Gr.		Mittl. A. R. für 1900.0	Jährl. Veränd.	Mittl. Dekl. für 1900.0	Jährl. Veränd.	Nachweis	B. D.	Bemerkungen	
				h m s	s	° ′ ″	″		°		
651	φ Fornacis	5.2		2 23 47.8	+ 2.538	− 34 15 33	+ 16.23	Cordob. 2565			
652	Cetus	6.2		24 15.0	3.199	+ 9 7 9	16.21	Leipz. II. 926	+ 8.385	β 518	
653	· Triangulum	6.4		24 15.4	3.591	+ 33 23 24	16.21	Leid. 929	+ 33.445		
654	Fornax	6.1		24 17.1	2.591	− 31 32 55	16.21	Cordob. 2576			
655	Aries	6.2		24 47.0	3.437	+ 24 47 32	16.18	Camb. E. 1343	+ 24.358	Σ 271	
656	26 Arietis	6.4	e	25 1.7	3.351	+ 19 24 42	16.17	Berl. A. 687	+ 19.365		
657	Cetus	6.5		25 21.3	2.735	− 23 7 42	16.15	Cordob. 2598		h 3502	
658	27 Arietis	6.5	e	25 21.4	3.319	+ 17 15 44	16.15	Berl. A. 688	+ 17.380		
659	Cetus	6.0		25 38.2	3.070	− 0 11 12	16.14	Cordob. 2604	− 0.378		
660	Fornax	6.5	e	25 43.8	2.692	− 25 37 56	16.13	Cordob. 2608			
661	Horologium	6.3		2 25 44.2	+ 1.390	− 64 44 47	+ 16.13	Cordob. 2622			
662	Cetus	6.4		25 59.2	2.735	− 22 59 19	16.12	Cordob. 2613			
663	14 Trianguli	5.3		25 59.8	3.644	+ 35 42 13	16.12	Lund 1231	+ 35.497		G
664	Cetus	5.4		26 19.7	3.098	+ 1 49 26	16.10	Alb. 705	+ 1.438		RG
665	Triangulum	5.9		26 50.4	3.614	+ 34 6 3	16.08	Leid. 947	+ 33.454		
666	75 Ceti	*5.8*		27 4.0	3.052	− 1 28 34	16.06	Cordob. 2630	− 1.353		
667	76 σ Ceti	4.8	e	27 20.8	2.842	− 15 41 1	15.94	**Fd. K. s. 32**	− 15.449		
668	29 Arietis	6.4	e	27 25.4	3.282	+ 14 35 29	16.04	Leipz. I. 739	+ 14.419		
669	Fornax	6.3		28 7.5	2.469	− 36 52 9	16.01	Cordob. 2662			
670	36 Hev. Cassiopeiae	5.4	e	28 31.1	5.609	+ 72 22 51	16.00	**Fd. K. 38**	+ 72.140		G
671	λ¹ Fornacis	5.9	e	2 28 56.8	+ 2.498	− 35 5 23	+ 15.96	**S. Fd. K. 47**			
672	Cetus	6.4		29 3.4	2.771	− 20 26 20	15.96	Cordob. 2680	− 20.480		
673	Cassiopeia	5.9		29 25.6	4.837	+ 65 18 33	15.94	Christ. 460	+ 65.280		O
674*	ω Fornacis	4.8		29 27.9	2.628	− 28 40 17	15.94	Cordob. 2693		h 3506	
675	Perseus	5.8		29 29.1	3.681	+ 36 52 29	15.94	Lund 1258	+ 36.519	Σ 279	G
676	15 Trianguli	5.6	e	29 42.5	3.626	+ 34 15 6	15.92	Leid. 973	+ 34.469		G
677	Cetus	6.3		29 46.4	3.173	+ 7 2 11	15.92	Leipz. II. 956	+ 6.392		G
678	77 Ceti	6.0	e	29 46.5	2.954	− 8 17 46	15.92	W.-Ott. 571	− 8.484		G
679	Horologium	6.5*		30 30.3	2.046	− 51 31 52	15.88	Cordob. 2725			
680	Cetus	6.1		30 34.0	3.164	+ 6 24 12	15.88	Leipz. II. 961	+ 6.398		
681*	78 ν Ceti	5.1	e	2 30 37.6	+ 3.146	+ 5 9 25	+ 15.87	Alb. 724	+ 4.418	Σ 281	G
682	Perseus	6.1		30 42.2	3.718	+ 38 18 12	15.87	Lund 1273	+ 38.515		
683	Triangulum	6.2		30 45.4	3.567	+ 31 10 18	15.87	Leid. 980	+ 30.418		
684	80 Ceti	*5.8*	e	31 4.6	2.954	− 8 15 58	15.85	W.-Ott. 579	− 8.489		
685	Triangulum	6.4		31 5.1	3.593	+ 32 27 15	15.85	Leid. 981	+ 32.473		
686	31 Arietis	6.0	e	31 10.1	3.247	+ 12 0 52	15.84	Leipz. I. 759	+ 11.360		
687*	30 Arietis	6.2	e	31 11.4	3.441	+ 24 12 46	15.84	Berl. B. 787	+ 24.375/6	Σ¹ 253	
688	Cetus	6.2		31 17.2	3.178	+ 7 17 42	15.84	Leipz. II. 965	+ 7.402		
689	ι¹ Fornacis	5.9		31 50.7	2.589	− 30 28 51	15.81	Cordob. 2752			
690	Perseus	6.4		32 6.7	3.700	+ 37 17 40	15.80	Lund 1293	+ 37.588	β 305	
691	81 Ceti	*5.7*		2 32 39.5	+ 3.020	− 3 49 44	+ 15.74	**Fd. K. s. 33**	− 4.436		
692	λ² Fornacis	5.7	e	32 49.5	2.494	− 35 0 12	15.76	Cordob. 2775			
693	32 ν Arietis	5.7		33 8.2	3.398	+ 21 31 45	15.73	**Fd. K. 355**	+ 21.562		
694	Cepheus	5.9	e	33 21.1	8.323	+ 81 1 29	15.73	Hamb. 41	+ 80.86		
695	Cetus	6.5		33 24.5	+ 3.116	+ 3 0 37	15.72	Alb. 733	+ 2.406		G
696	μ Hydri	5.3	e	33 46.9	− 1.393	− 79 32 45	15.66	**S. Fd. K. 48**			
697	ι² Fornacis	5.8		33 59.9	+ 2.581	− 30 37 29	15.69	Cordob. 2797			
698	η Horologii	5.1	e	34 6.3	1.971	− 52 58 34	15.64	**S. Fd. K. 49**			
699	82 δ Ceti	*4.2*		34 21.4	3.072	− 0 6 11	15.67	**Fd. K. 39**	− 0.406		
700	Fornax	6.5		2 34 22.7	+ 2.412	− 38 25 13	+ 15.67	Cordob. 2806			

Nr. 674. h 3506, Begl. 7.9m blau; d = 11″, p = 242°.
Nr. 681. Σ 281, Hptst. gelb, Begl. 9.6m grau; d = 7″.7, p = 83°.
N. 687. Σ¹ 253, Begl. 7.1m; d = 39″, p = 273°.

Kat. Nr.	Bezeichnung des Sternes	Gr.		Mittl. A. R. für 1900.0	Jährl. Veränd.	Mittl. Dekl. für 1900.9	Jährl. Veränd.	Nachweis	B. D.	Bemerkungen
				h m s	s	° ′ ″	″		°	
701	83 ε Ceti	*4.5*	e	2 34 43.5	+ 2.891	− 12 17 42	+ 15.65	Cordob. 2810	− 12.501	
702*	33 Arietis	5.7	e	34 50.3	3.492	+ 26 37 54	15.65	Camb. E. 1406	+ 26.443	Σ 289; Hh 72
703	Cetus	6.0	e	35 20.5	2.927	− 9 52 50	15.62	W.-Ott. 595	− 10.525	
704	11 Persei	6.1	e	35 53.2	4.259	+ 54 40 46	15.59	Camb. U.S. 1245	+ 54.598	
705	12 Persei	5.2	e	35 56.1	3.773	+ 39 46 18	15.59	Lund 1339	+ 39.610	
706	Perseus	6.0		35 56.4	4.193	+ 53 6 0	15.59	Camb. U.S. 1247	+ 52.616	
707	s Eridani	4.2		35 59.0	2.280	− 43 19 18	15.58	Cordob. 2838		
708*	Perseus	cum.		36 --	3.83	+ 42 21 —	15.6	N. G. K. 1039		(h 1126)
709*	84 Ceti	6.2	e	36 6.4	3.056	− 1 7 14	15.57	Nic. 549	− 1.377	Σ 295
710	Cassiopeia	6.2	e	36 12.9	5.096	+ 67 23 59	15.53	**Fd. K. 356**	+ 67.224	
711	Perseus	6.4		2 36 19.0	+ 4.003	+ 47 50 16	+ 15.57	Bonn 2308	+ 47.683	β 521 G
712	ι Eridani	3.9	e	36 43.2	2.364	− 40 17 0	15.51	**S. Fd. K. 50**		R
713	34 μ Arietis	6.0	e	36 43.5	3.373	+ 19 35 10	15.54	Berl. A. 729	+ 19.403	β 522
714	Cetus	6.1		36 46.2	3.020	− 3 38 30	15.54	Cordob. 2847	− 3.421	
715	Cetus	6.0		36 49.4	2.846	− 14 58 44	15.54	Cordob. 2850	− 15.478	
716*	13 ϑ Persei	4.4	e	37 22.0	4.074	+ 48 48 20	15.42	**Fd. K. 40**	+ 48.746	Σ 296; Hh 74
717	Horologium	6.5		37 22.6	1.278	− 64 42 41	15.51	Cordob. 2868		
718	ζ Horologii	5.2		37 32.9	1.862	− 54 58 42	15.50	Cordob. 2866		
719	14 Persei	5.6		37 34.3	3.888	+ 43 52 20	15.50	Bonn 2307	+ 43.566	G
720	35 Arietis	4.9		37 34.8	3.508	+ 27 16 54	15.49	**Fd. K. 357**	+ 27.424	G
721	ε Hydri	4.2	e	2 38 3.0	+ 0.906	− 68 41 44	+ 15.47	**S. Fd. K. 51**		
722*	86 γ Ceti	3.8	e	38 7.0	3.103	+ 2 48 52	15.31	**Fd. K. 41**	+ 2.422	Σ 299
723	Fornax	6.0		38 7.8	2.389	− 38 48 37	15.47	Cordob. 2872		
724	Eridanus	6.4*		38 32.3	2.161	− 46 56 50	15.44	Cordob. 2885		
725	37 ο Arietis	6.1		39 2.2	3.300	+ 14 53 19	15.42	Leipz. I. 801	+ 14.457	
726	ι Horologii	5.3		39 8.4	2.008	− 51 13 59	15.41	Cordob. 2898		
727	89 π Ceti	*4.0*		39 21.7	2.852	− 14 16 56	15.39	**Fd. K. 547**	− 14.519	
728*	Eridanus	6.2		39 27.3	2.330	− 40 57 12	15.39	Cordob. 2905		h 3527
729	38 Arietis	5.4	e	39 30.4	3.255	+ 12 1 31	15.39	Leipz. I 803	+ 11.377	
730	87 μ Ceti	4.4	e	39 32.0	3.236	+ 9 41 31	15.37	**Fd. K. 42**	+ 9.359	
731	Cetus	6.5		2 40 6.1	+ 3.137	+ 4 17 27	+ 15.36	Alb. 772	+ 4.437	
732	ϑ Fornacis	6.1		40 8.9	2.516	− 32 56 49	15.35	Cordob. 2919		
733	1 τ¹ Eridani	4.5	e	40 25.5	2.776	− 18 59 43	15.34	Cordob. 2924	− 19.518	G
734	Perseus	6.5		40 47.4	3.670	+ 35 33 48	15.32	Lund 1397	+ 35.553	
735	ϑ Horologii	6.1		40 58.2	1.928	− 52 59 33	15.31	Cordob. 2935		
736	Horologium	6.2		41 41.4	1.018	− 67 8 5	15.27	Cordob. 2965		
737	39 Arietis	4.8	e	41 56.9	3.551	+ 28 49 58	15.25	Camb. E. 1452	+ 28.462	G
738	Perseus	6.4		42 7.8	4.394	+ 56 40 1	15.24	Hels. 2532	+ 56.718	G
739	Eridanus	6.5		42 12.2	2.720	− 22 3 34	15.24	Cordob. 2962	− 22.479	
740	Eridanus	6.5		42 40.9	2.704	− 22 54 10	15.21	Cordob. 2970		
741	40 Arietis	6.1		2 42 55.4	+ 3.354	+ 17 52 2	+ 15.20	Berl. A. 759	+ 17.442	G
742	Aries	6.2	e	42 56.9	3.475	+ 24 46 15	15.19	Berl. B. 838	+ 24.396	
743	Cassiopeia	6.1		43 2.9	5.276	+ 68 28 28	15.19	Christ. 500	+ 68.200	
744	γ Horologii	5.6		43 19.3	1.270	− 64 7 27	15.17	Cordob. 2992		
745*	15 η Persei	3.9		43 23.9	4.346	+ 55 28 49	15.14	**Fd. K. 43**	+ 55.714	Σ 307 RG
746	η¹ Fornacis	6.5		43 30.4	2.438	− 35 58 2	15.16	Cordob. 2989		
747*	42 π Arietis	5.6		43 42.6	3.341	+ 17 2 54	15.15	Berl. A. 763	+ 16.355	Σ 311; Hh 77
748	ζ Hydri	4.8		43 59.6	0.898	− 68 2 13	15.14	Cordob. 3003		
749*	41 c Arietis	3.7	e	44 5.7	3.520	+ 26 50 54	15.01	**Fd. K. 44**	+ 26.471	Σ¹277; OΣ47
750	16 Persei	4.5	e	2 44 16.0	+ 3.757	+ 37 54 26	+ 15.12	Lund 1432	+ 37.646	[Hh 78

Nr. 702. Σ 289, Begl. 8.7^{m}; d = 28″, p = 360°.

Nr. 708. N. G. K. 1039. Sternhaufen von etwa 15′ Durchmesser von über 100 Sternen bis 10.5^{m}.

Nr. 709. Σ 295, Hptst. gelb, Begl. 8.8^{m} grau; d = 4″.3, p = 320°. d und p nehmen ab.

Nr. 716. Σ 296, Begl. 10^{m}; d = 17″.3, p = 300°. Ein physisches Paar.

Nr. 722. Σ 299, Hptst. gelb, Begl. 6.8^{m} grau d = 2″.5, p = 290°.

Nr. 728. h 3527, Begl. 7.1^{m}; d = 1″.5, p = 44°.

Nr. 745. Σ 307, Begl. 8.5^{m} blau; d = 28″, p = 300°.

Nr. 747. Σ 311, 2 Begl B, 8.4^{m}; d = 3″.3, p = 120°. C, 10.2^{m}; d = 25″, p = 110°.

Nr. 749. OΣ 47, 3 schwache Begleiter.

Kat. Nr.	Bezeichnung des Sternes	Gr.	Mittl. A. R. für 1900.0	Jährl. Veränd.	Mittl. Dekl. für 1900.0	Jährl. Veränd.	Nachweis	B. D.	Bemerkungen
			h m s	s	° ′ ″	″		°	
751	β Fornacis	4.5	e 2 44 54.3	+ 2.509	− 32 49 33	+ 15.23	**S. Fd. K. 52**		
752	Perseus	6.0	45 0.0	3.999	+ 46 25 48	15.08	Bonn 2436	+ 46.648	
753	17 Persei	4.7	e 45 21.0	3.683	+ 34 38 55	15.06	Leid. 1070	+ 34.527	
754	γ^1 Fornacis	6.3	45 25.2	2.661	− 24 58 18	15.05	Cordob. 3017		β 877
755*	γ^2 Fornacis	5.4	45 34.2	2.596	− 28 21 25	15.04	Cordob. 3022		h 3535
756	43 σ Arietis	5.8	e 45 58.2	3.304	+ 14 40 13	15.02	Leipz. I. 839	+ 14.480	
757*	η^2 Fornacis	5.7	46 12.1	2.423	− 36 15 28	15.01	Cordob. 3030		h 3536
758	2 τ^2 Eridani	4.9	e 46 30.1	2.718	− 21 24 59	14.97	**Fd. K. 548**	− 21.509	
759	Perseus	6.3	46 32.3	4.065	+ 48 9 36	14.99	Bonn 2455	+ 47.732	$O\Sigma$ 48
760	η^3 Fornacis	5.5	46 38.0	2.425	− 36 5 14	14.98	Cordob. 3039		
761	ε Horologii	5.3	2 46 48.1	+ 1.311	− 63 13 18	+ 14.97	Cordob. 3054		
762	Eridanus	6.3	46 55.7	2.318	− 40 20 42	14.96	Cordob. 3045		
763	18 τ Persei	4.2	47 9.8	4.226	+ 52 21 12	14.94	**Fd. K. 45**	+ 52.641	
764*	20 Persei	5.7	e 47 23.8	3.768	+ 37 55 49	14.94	Lund 1477	+ 37.655	Σ 318; β 524
765	Aries	6.5	e 47 37.4	3.330	+ 16 4 33	14.92	Berl. A. 777	+ 15.400	
766	Fornax	6.3	47 42.2	2.532	− 31 13 42	14.92	Cordob. 3061		
767	Eridanus	6.2	e 47 42.3	2.864	− 13 10 26	14.92	Cordob. 3058	− 13.544	
768	Eridanus	6.1	47 58.0	2.917	− 9 51 9	14.90	W.-Ott. 646	− 10.569	
769	Camelopard.	5.8	48 0.7	4.694	+ 61 6 45	14.90	Hels. 2604	+ 60.591	
770	Camelopard.	6.2	48 7.2	4.902	+ 63 55 33	14.89	Hels. 2605	+ 63.369	OR
771	Eridanus	6.1	2 49 5.0	+ 2.695	− 22 46 55	+ 14.84	Cordob. 3091	− 22.503	
772	ψ Fornacis	5.8	49 39.2	2.347	− 38 50 46	14.82	Cordob. 3103		
773	Perseus	6.2	49 47.9	4.032	+ 46 45 32	14.80	Bonn 2491	+ 46.658	Σ 324 G
774	Perseus	6.4	49 49.9	4.181	+ 50 51 27	14.79	Camb. U.S. 1332	+ 50.665	G
775	Horologium	6.4*	50 9.8	1.274	− 63 19 6	14.78	Cordob. 3128		RR
776	45 ϱ Arietis	6.1	50 11.3	3.365	+ 17 55 36	14.77	Berl. A. 787	+ 17.457	RG
777*	R Horologii	var.	50 33.1	1.977	− 50 17 51	14.75	Cap. (99)		
778	46 Arietis	6.0	e 50 46.8	3.365	+ 17 37 35	14.77	Berl. A. 788	+ 17.458	
779	Horologium	5.9	50 52.2	1.941	− 51 16 40	14.73	Cordob. 3141		
780	Cetus	6.2	e 50 52.8	+ 3.200	+ 7 58 47	14.73	Leipz. II. 1092	+ 7.450	
781*	ν Hydri	4.7	2 51 7.0	− 0.432	− 75 28 32	+ 14.72	Cordob. 3171		R
782	21 Persei	5.4	51 13.0	+ 3.630	+ 31 31 55	14.71	Leid. 1105	+ 31.509	
783	3 η Eridani	*3.9*	e 51 32.5	2.928	− 9 17 46	14.49	**Fd. K. 46**	− 9.553	S. C. C. 121
784	Eridanus	*5.2*	51 36.6	3.008	− 4 6 51	14.69	Cordob. 3148	− 4.502	
785	Perseus	6.2	51 41.9	3.790	+ 38 12 47	14.68	Lund 1514	+ 38.599	G
786	Cetus	6.3	51 50.2	3.138	+ 4 5 48	14.68	Alb. 837	+ 3.410	RG
787	47 Arietis	6.1	e 52 21.4	3.410	+ 20 16 5	14.65	Berl. B. 863	+ 20.480	
788	22 π Persei	4.9	52 21.8	3.819	+ 39 15 46	14.64	Lund 1518	+ 39.681	
789	Horologium	6.4	52 27.0	1.128	− 64 50 26	14.64	Cordob. 3189		
790*	47 Hev. Cephei	5.5	e 52 46.8	7.779	+ 79 1 26	14.63	**Fd. K. 358**	+ 78.103	Σ 320 G
791	Horologium	6.5	2 52 48.4	+ 1.163	− 64 24 37	+ 14.62	Cordob. 3198		
792	24 Persei	5.2	52 51.9	3.708	+ 34 46 56	14.61	Leid. 1116	+ 34.550	
793	4 Eridani	6.4	e 52 56.8	2.660	− 24 15 46	14.61	Cordob. 3185		
794	Fornax	6.3	52 59.1	2.538	− 30 15 26	14.61	Cordob. 3188		
795	Perseus	5.6	53 2.7	4.049	+ 46 49 13	14.60	Bonn 2530	+ 46.669	
796	Perseus	5.9	53 12.1	3.859	+ 40 38 6	14.60	Bonn 2531	+ 40.639	
797*	48 ε Arietis	4.8	53 29.5	3.424	+ 20 56 26	14.58	Berl. B. 869	+ 20.484	Σ 333; dpl. [med.
798	Fornax	6.2	53 38.7	2.340	− 38 35 33	14.57	Cordob. 3209		
799	6 Eridani	6.0	53 38.7	2.663	− 24 0 31	14.57	Cordob. 3206		
800	Eridanus	*5.4*	e 2 53 39.8	+ 3.022	− 3 10 51	+ 14.57	Cordob. 3201	− 3.470	

Nr. 755. h 3535, Begl. 6.6^m; d = 2″, p = 317°.

Nr. 757. h 3536, Begl. 10.5^m; d = 5″, p = ,13° (1901).

Nr. 764. Σ 318, 2 Begl. B, 7^m; d = 0″.3 p = 210°. Siehe Tabelle „Bahnen von Doppelsternen“ Nr. 10. C, 10^m; d = 14″, p = 237°.

Nr. 777. Var. Max. 5.8^m—6.2^m, Min. 10.0^m; P = 371^d.

Nr. 781. Angaben über die Größe schwanken zwischen 4. und 7. Größe.

Nr. 790. Σ 320, Hptst. goldgelb, Begl. 9^m blau; d = 4″.7, p = 228°.

Nr. 797. Σ 333, Begl. 6.0^m; d = 1″.2, p = 202°.

Kat. Nr.	Bezeichnung des Sternes	Gr.	Mittl. A. R. für 1900.0	Jährl. Veränd.	Mittl. Dekl. für 1900.0	Jährl. Veränd.	Nachweis	B. D.	Bemerkungen
			h m s	s	° ′ ″	″		°	
801*	Perseus	5.7	2 53 44.4	+ 4.247	+ 51 57 16	+ 14.56	Camb. U.S. 1353	+ 51.665	Σ 331; Hh 81
802	Perseus	6.3	53 51.8	3.784	+ 37 44 2	14.55	Lund 1530	+ 37.675	
803	Eridanus	6.2	53 56.4	2.904	− 10 10 33	14.55	Cordob. 3210	− 10.585	
804	91 λ Ceti	5.0	54 21.2	3.211	+ 8 30 32	14.52	Leipz. II. 1115	+ 8.455	
805*	ϑ Eridani	3.0	e 54 28.1	2.272	− 40 42 19	14.55	**S. Fd. K. II.**		Δ 9
806	5 Eridani	*5.3*	54 38.2	3.027	− 2 51 46	14.51	Cordob. 3218	− 3.475	
807	Fornax	6.2	54 51.1	2.555	− 29 18 16	14.49	Cordob. 3229		
808	ζ Fornacis	6.5	55 11.9	2.628	− 25 40 30	14.47	Cordob. 3237		
809	Aries	6.7	55 18.5	3.244	+ 10 28 28	14.47	Leipz. I. 895	+ 10.410	G
810	Fornax	6.4	55 31.0	2.473	− 32 54 18	14.45	Cordob. 3245		
811	Eridanus	6.3	2 55 48.5	+ 3.020	− 3 16 31	+ 14.44	Cordob. 3247	− 3.478	O
812	49 Arietis	6.2	56 0.5	3.527	+ 26 4 1	14.42	Camb. E. 1550	+ 25.477	
813	Cepheus	6.0	e 56 11.2	8.997	+ 81 5 2	14.41	Hamb. 48	+ 80.97	Σ 327
814	ϱ¹ Eridani	5.9	56 15.0	2.941	− 8 3 24	14.41	W.-Ott. 682	− 8.562	
815	Cetus	6.4	56 36.3	3.153	+ 4 56 25	14.39	Alb. 857	+ 4.485	
816	β Horologii	5.0	e 56 54.3	1.121	− 64 28 9	14.33	**S. Fd. K. 54**		
817*	92 α Ceti	2.9	e 57 3.0	3.130	+ 3 41 51	14.29	**Fd. K. 47**	+ 3.419	Σ¹ 300 G
818	Eridanus	6.0	57 5.3	2.903	− 10 21 20	14.36	Cordob. 3268	− 10.594	
819	93 Ceti	5.9	57 8.2	3.137	+ 3 57 29	14.36	Alb. 861	+ 3.420	
820	Eridanus	6.3	e 57 12.4	2.960	− 6 53 6	14.35	W.-Ott. 685	− 7.537	
821	ε Fornacis	6.0	e 2 57 18.4	+ 2.566	− 28 28 18	+ 14.34	Cordob. 3273		
822	23 γ Persei	3.2	57 33.0	4.317	+ 53 6 54	14.33	**Fd. K. 48**	+ 52.654	S. C. C. 124
823*	9 ϱ² Eridani	5.5	57 47.7	2.940	− 8 4 43	14.32	W.-Ott. 688	− 8.568	β 11
824	11 τ³ Eridani	4.1	e 57 59.0	2.643	− 24 0 59	14.27	**Fd. K. s. 39**		
825	k Persei	4.9	58 1.5	4.478	+ 56 18 46	14.30	Hels. 2737	+ 56.767	G
826	Perseus	6.3	58 12.0	4.446	+ 55 40 46	14.29	Hels. 2739	+ 55.738	
827*	25 ϱ Persei	var.	e 58 45.9	3.830	+ 38 27 11	14.17	**Fd. K. 49**	+ 38.630	GR
828	Perseus	6.2	58 53.0	3.868	+ 40 11 32	14.25	Bonn 2599	+ 40.664	G
829	Cassiopeia	6.2	58 56.6	4.973	+ 63 40 9	14.24	Hels. 2747	+ 63.390	
830	10 ϱ³ Eridani	*5.7*	59 21.7	2.940	− 7 59 31	14.22	W.-Ott. 695	− 8.572	
831	Cetus	6.2	2 59 27.8	3.097	+ 1 28 23	+ 14.21	Alb. 871	+ 1.534	G
832	Eridanus	5.7	59 30.7	2.046	− 47 22 1	14.20	**S. Fd. K. 56**		
833*	52 Arietis	5.9	2 59 34.7	3.510	+ 24 51 58	14.20	Berl. B. 895	+ 24.431	Σ 346
834	Perseus	6.5	3 0 52.9	4.279	+ 51 49 42	14.12	Camb. US. 1388	+ 51.681	
835	Aries	5.9	0 54.3	3.288	+ 12 48 6	14.12	Leipz. I. 925	+ 12.436	G
836	Perseus	6.5	0 56.4	4.088	+ 46 55 21	14.12	Bonn 2622	+ 46.692	
837	Cassiopeia	5.1	e 1 5.2	6.388	+ 74 0 49	14.11	Greenw. (99) 594	+ 73.168	
838	μ Horologii	5.1	e 1 15.3	1.406	− 60 7 32	14.04	**S. Fd. K. 57**		
839	Eridanus	*5.7*	1 36.6	2.965	− 6 28 30	14.08	W.-Ott. 705	− 6.606	G
840*	26 β Persei	var.	1 39.5	3.886	+ 40 34 14	14.09	**Fd. K. 50**		β 526
841	53 Arietis	6.5	3 1 47.9	+ 3.373	+ 17 29 39	+ 14.07	Berl. A. 827	+ 17.493	
842	ι Persei	4.3	e 1 50.8	4.305	+ 49 13 53	14.01	**Fd. K. 51**	+ 49.857	
843	ϑ Hydri	5.4	2 2.8	0.089	− 72 17 35	14.05	**S. Fd. K. 58**		
844	54 Arietis	6.3	2 40.8	3.391	+ 18 24 41	14.01	Berl. A. 831	+ 18.414	RG
845	27 κ Persei	4.0	e 2 44.4	4.012	+ 44 28 46	14.01	Bonn 2645	+ 44.631	G
846	Fornax	6.1	3 34.4	2.558	− 28 12 51	13.96	Cordob. 3380		
847	55 Arietis	6.1	3 35.6	3.598	+ 28 41 42	13.96	Camb. E. 1587	+ 28.499	
848	Aries	6.5	3 35.9	3.429	+ 20 22 44	13.96	Berl. B. 919	+ 20.514	
849	Aries	6.1	4 30.7	3.553	+ 26 30 47	13.90	Camb. E. 1595	+ 26.516	G
850	28 ω Persei	4.7	e 3 4 49.9	+ 3.861	+ 39 13 55	+ 13.88	Lund 1634	+ 39.724	

Nr. 801. Σ 331, Begl. 7.3m blau; d = 12″, p = 85°.

Nr. 805. Δ 9, Begl. 4.8m; d = 8″.2, p = 85°.

Nr. 817. ***Menkar.***

Nr. 823. β 11, Begl. 9.6m (var.?); d = 2″.6, p = 85°.

N. 827. Var. Max. 3.4m, Min. 4.2m gelbrot, irregulär, Spektrum mit breiten, tiefen Banden.

Nr. 833. Σ 346, 2 Begl. B, 6.5m; d = 0″.5, p = 90°. C, 11m; d = 5″.3, p = 360°.

Nr. 840. Var. Max. 2.3m, Min. 3.4m. P = 2d 20h 49m mit periodischen Ungleichheiten. Dauer der Lichtzunahme 4h.5, der Lichtabnahme 5h.8. ***Algol.***

Kat. Nr.	Bezeichnung des Sternes	Gr.	Mittl. A. R. für 1900.0	Jährl. Veränd.	Mittl. Dekl. für 1900.0	Jährl. Veränd.	Nachweis	B. D.	Bemerkungen
			h m s	s	° ' "	"		°	
851	Aries	6.3	3 5 11.0	+ 3.269	+ 11 29 38	+ 13.85	Leipz. I. 950	+ 11.445	
852	Perseus	6.3	5 31.0	4.123	+ 47 21 2	13.83	Bonn 2674	+ 47.779	RG
853	Perseus	6.3	5 33.2	3.944	+ 41 59 53	13.83	Bonn 2676	+ 41.631	
854	Aries	6.3	5 52.4	3.291	+ 12 40 7	13.81	Leipz. I. 956	+ 12.452	
855	57 δ Arietis	4.7	e 5 54.5	3.423	+ 19 20 55	13.81	**Fd. K. 359**	+ 19.477	G
856	Eridanus	6.4	6 11.0	2.638	— 24 7 7	13.79	Cordob. 3423		
857	56 Arietis	6.0	6 16.7	3.565	+ 26 52 48	13.78	Camb. E. 1600	+ 26.523	
858	Eridanus	6.4	6 18.4	3.002	— 4 11 20	13.78	Cordob. 3422	— 4.540	β 400 G
859	Eridanus	6.5	6 21.2	2.837	— 13 38 35	13.78	Cordob. 3426	— 13.604	
860	Perseus	6.2	6 27.1	4.144	+ 47 48 5	+ 13.78	Bonn 2689	+ 47.782	G
861	Eridanus	6.3	3 6 37.9	+ 2.786	— 16 24 8	13.76	Cordob. 3436	— 16.587	
862	Hydrus	6.0	7 2.5	0.447	— 69 38 47	13.74	Cordob. 3465		R
863	g Tauri	5.8	7 8.0	3.180	+ 6 17 3	13.73	Leipz. II. 1198	+ 6.496	
864	Horologium	6.0	7 12.2	1.947	— 49 6 42	13.73	Cordob. 3454		
865	48 Hev. Cepheus	5.7	e 7 36.8	7.431	+ 77 22 3	13.66	**Fd. K. 360**	+ 77.115	β 1176
866	94 Ceti	*5.3*	7 40.2	3.058	— 1 34 12	13.62	**Fd. K. s. 40**	— 1.457	h 663; S.C.C.
867*	α Fornacis	4.0	e 7 49.4	2.547	— 29 22 53	14.34	**Fd. K. 549**		h 3555 [129
868	Perseus	5.9	8 8.0	4.566	+ 56 46 4	13.67	Hels. 2856	+ 56.798	
869	Perseus	6.2	8 18.4	3.958	+ 42 7 49	13.66	Bonn 2714	+ 41.638	
870	Cepheus	5.8	e 8 34.6	13.359	+ 84 33 25	13.64	Greenw. (00) 610	+ 84.59	
871*	Eridanus	5.9	3 8 54.8	+ 2.097	— 44 47 41	+ 13.62	Cordob. 3487		h 3556
872	Perseus	5.1	9 3.2	4.267	+ 50 33 59	13.61	Camb. U.S. 1429	+ 50.729	G
873	Fornax	6.2	9 6.5	2.351	— 36 19 4	13.61	Cordob. 3490		
874	58 ζ Arietis	5.1	e 9 9.1	3.443	+ 20 40 27	13.60	Berl. B. 950	+ 20.527	
875	Perseus	5.9	9 15.0	3.644	+ 30 11 5	13.60	Leid. 1223	+ 30.512	
876	Perseus	6.2	9 16.7	4.055	+ 44 58 34	13.60	Bonn 2725	+ 44.648	RG
877	Fornax	6.2	9 27.6	2.500	— 30 10 39	13.58	Cordob. 3496	·	
878	Perseus	6.5	9 36.2	3.699	+ 32 29 5	13.57	Leid. 1227	+ 32.591	h 332
879	Perseus	6.5	9 45.7	3.745	+ 34 19 9	13.56	Leid. 1228	+ 34.610	
880	Horologium	5.7	10 1.1	1.511	— 57 41 46	13.52	**S. Fd. K. 60**		R
881	Perseus	6.1	3 10 25.5	+ 3.685	+ 31 49 2	+ 13.52	Leid. 1235	+ 31.576	
882	Eridanus	6.2	10 42.2	+ 2.581	— 26 28 15	13.50	Cordob. 3520		
883	Hydrus	5.6	10 55.2	— 2.196	— 79 22 10	13.49	Cordob. 3568		
884	13 ζ Eridani	*4.8*	e 10 58.5	+ 2.910	— 9 11 28	13.53	**Fd. K. s. 41**	— 9.624	
885	30 Persei	5.6	e 11 3.5	4.017	+ 43 39 28	13.48	Bonn 2747	+ 43.674	
886*	Eridanus	*6.4*	11 4.2	2.964	— 6 17 18	13.48	W.-Ott. 755	— 6.636	β 84
887	1 Hev. Camelopard.	5.0	e 11 11.1	5.224	+ 65 17 12	13.47	Christ. 569	+ 65.340	OΣ 52
888	Perseus	6.3	11 16.8	3.872	+ 38 54 57	13.47	Lund 1697	+ 38.690	
889	Eridanus	6.5	11 24.6	2.967	— 6 5 56	13.46	W.-Ott. 757	— 6.638	GR
890	29 Persei	5.4	11 30.2	4.248	+ 49 51 22	13.45	Bonn 2752	+ 49.899	
891	14 Eridani	*6.1*	3 11 44.8	+ 2.906	— 9 31 29	+ 13.43	W.-Ott. 759	— 9.627	
892	31 Persei	5.3	12 0.6	4.248	+ 49 43 48	13.42	Bonn 2757	+ 49.902	
893	Fornax	6.5	12 3.9	2.470	— 31 11 48	13.41	Cordob. 3555		
894	Perseus	5.0	12 28.5	3.740	+ 33 51 25	13.39	Leid. 1247	+ 33.619	
895*	95 Ceti	*5.8*	e 13 14.9	3.050	— 1 17 38	13.34	Cordob. 3573	— 1.469	A. C. 2
896	Phornax	5.9	13 49.6	2.514	— 29 9 43	13.30	Cordob. 3585		
897*	15 Eridani	5.0	13 56.8	2.650	— 22 52 36	13.29	Cordob. 3588		
898	59 Arietis	6.1	e 13 57.3	3.576	+ 26 42 36	13.29	Camb. E. 1646	+ 26.540	
899	96 κ Ceti	5.2	e 14 6.6	3.125	+ 3 0 13	13.28	Alb. 957	+ 2.518	
900*	Eridanus	5.8	3 14 6.9	+ 2.729	— 18 55 20	+ 13.28	Cordob. 3591	— 19.651	h 3565

Nr. 867. h 3555, Begl. 6.9m; d = 1″.5, p = 335°. p nimmt zu, d nimmt ab. (Oft auch mit 12 Eridani bezeichnet.)

Nr. 871. h 3556, 2 Begl. B, 7.0m; d = 1″.0, p = 180°. B-C, 10.1m; d = 2″.5, p = 220°.

Nr. 886. β 84, Begl. 7.2m; d = 1″, p = 20°.

Nr. 895. A. C. 2, Begl. 8.3m; enger dplst. P = 6—7a. Größte Distanz etwa 0″.5—0″.7.

Nr. 897. Begl. 7.8m; d = 0″.3, p = 290°.

Nr. 900. h 3565, Begl. 8.7m grünlich; d = 6″, p = 117°.

Kat. Nr.	Bezeichnung des Sternes	Gr.		Mittl. A. R. für 1900.0	Jährl. Veränd.	Mittl. Dekl. für 1900.0	Jährl. Veränd.	Nachweis	B. D.	Bemerkungen	
				h m s	s	° ′ ″	″		°		
901	Horologium	5.8		3 14 11.1	+ 1.956	− 48 7 6	+ 13.27	Cordob. 3598			R
902	Aries	4.5		14 17.3	3.621	+ 28 41 9	13.27	Camb. E. 1649	+ 28.516		
903	60 *c* Arietis	6.3	e	14 29.8	3.547	+ 25 18 11	13.25	Camb. E. 1651	+ 25.536		G
904	32 *l* Persei	5.2	e	14 44.6	4.008	+ 42 58 6	13.24	Bonn 2796	+ 42.750		
905	Perseus	6.1		14 46.4	4.216	+ 48 42 44	13.24	Bonn 2794	+ 48.893		
906*	16 τ^4 Eridani	3.8	e	15 4.0	2.665	− 22 7 18	13.25	**Fd. K. s. 42**	− 22.584	S. C. C. 130	
907	Phornax	6.0		15 13.2	2.613	− 24 29 6	13.21	Cordob. 3609			R
908	61 τ Arietis	5.6		15 27.1	3.455	+ 20 47 12	13.19	Berl. B. 992	+ 20.543		
909	ζ^1 Reticuli	6.0*	e	15 31.0	1.098	− 62 57 46	13.19	Cordob. 3626			
910	97 Ceti	5.9	e	15 52.8	3.131	+ 3 18 56	13.16	Alb. 967	+ 3.461		
911	*e* Eridani	4.3	e	3 15 56.1	+ 2.392	− 43 27 8	+ 13.91	**S. Fd. K. 62**			
912	ζ^2 Reticuli	5.5	e	15 57.4	1.098	− 62 53 33	13.16	Cordob. 3634			
913	Camelopard.	5.2		15 59.3	5.162	+ 64 13 43	13.16	Hels. 2958	+ 64.391		G
914	Perseus	5.6		16 7.9	4.228	+ 48 51 20	13.15	Bonn 2811	+ 48.899		
915	62 Arietis	5.8		16 11.5	3.593	+ 27 14 54	13.14	Camb. E. 1662	+ 27.500		
916	Reticulum	6.1		16 50.6	0.655	− 67 17 24	13.10	Cordob. 1651			
917	63 Arietis	5.2	e	16 59.9	3.447	+ 20 23 4	13.09	Berl. B. 1000	+ 20.551		G
918	Eridanus	5.7		17 1.9	2.621	− 23 59 36	13.09	Cordob. 3641			
919*	33 α Persei	2.2		17 10.8	4.261	+ 49 30 19	13.04	**Fd. K. 52**	+ 49.917	Σ1 330	
920	Eridanus	6.5		17 12.4	2.690	− 20 40 58	13.08	Cordob. 3644	− 20.625	h 3570	
921	Phornax	6.4		3 17 58.3	+ 2.578	− 25 56 44	+ 13.03	Cordob. 3656			
922	Perseus	6.0		18 14.4	3.738	+ 33 10 54	13.01	Leid. 1289	+ 33.636	h 333; Σ 382	
923	64 Arietis	5.6	e	18 24.0	3.534	+ 24 22 13	13.00	Berl. B. 1005	+ 24.481		
924	Eridanus	6.3	e	18 24.7	+ 2.927	− 8 8 39	13.00	W.-Ott. 785	− 8.643	h 331	
925	ι Hydri	5.5	e	18 26.6	− 1.585	− 77 45 13	13.05	**S. Fd. K. 63**			
926	Taurus	6.2		18 39.9	+ 3.294	+ 12 16 31	12.98	Leipz. I. 999	+ 12.473		
927	65 Arietis	6.3	e	18 40.0	3.453	+ 20 26 56	12.98	Berl. B. 1008	+ 20.556		
928	Perseus	6.3		18 51.2	4.236	+ 48 46 6	12.97	Bonn 2861	+ 48.913		
929	1 o Tauri	3.9	e	19 25.8	3.223	+ 8 40 37	12.86	**Fd. K. 53**	+ 8.511	σ 91	
930	Camelopard.	6.5		19 56.8	6.135	+ 71 30 56	12.89	II. Ten. Y.C. 1043	+ 71.201		G
931	Perseus	5.2	e	3 20 56.3	+ 4.244	+ 48 42 50	+ 12.83	Bonn 2894	+ 48.920		
932*	2 Hev. Camelopard.	4.4		20 58.0	4.822	+ 59 35 31	12.84	**Fd. K. 361**	+ 59.660	Σ 385	
933*	Horologium	6.6*		21 38.0	1.782	− 51 24 55	12.78	Cordob. 3740		h 3575	
934	Perseus	5.9		21 41.9	4.279	+ 49 30 4	12.77	Bonn 2908	+ 49.944		
935	2 ξ Tauri	4.0	e	21 44.9	3.246	+ 9 23 2	12.72	**Fd. K. 54**	+ 9.439		
936	Camelopard.	4.7		21 55.6	4.758	+ 58 31 55	12.76	Hels. 3022	+ 58.607		
937	Perseus	6.0		22 3.7	3.755	+ 33 27 41	12.75	Leid. 1320	+ 33.656		
938	χ^1 Fornacis	6.2		22 3.9	2.316	− 36 16 16	12.75	Cordob. 3744			
939*	Camelopard.	6.5		22 7.1	4.754	+ 59 1 17	12.75	Hels. 3025	+ 58.608	Σ 389	
940	Fornax	5.9		22 9.1	2.531	− 27 40 10	12.75	Cordob. 3743			
941	34 Persei	4.9		3 22 12.8	+ 4.267	+ 49 9 47	+ 12.74	Bonn 2917	+ 49.945	β 1179	
942*	Camelopard.	5.2	e	22 22.4	4.554	+ 55 6 23	12.73	Camb. U.S. 1506	+ 54.684	Σ 390	
943	Perseus	6.5		22 27.6	4.165	+ 46 35 31	12.72	Bonn 2921	+ 46.760	$O\Sigma$ 55	
944	66 Arietis	6.2	e	22 35.7	3.500	+ 22 27 36	12.71	Berl. B. 1024	+ 22.495	β 878	
945	Eridanus	6.5*		22 37.3	2.142	− 41 59 16	12.71	Cordob. 3757			
946	Eridanus	5.9		23 14.8	2.860	− 11 37 56	12.67	Cordob. 3767	− 11.667		
947	35 σ Persei	4.5		23 31.3	4.211	+ 47 39 0	12.67	**Fd. K. 362**	+ 47.843		G
948	Perseus	6.0	e	23 33.2	4.215	+ 47 45 34	12.65	Bonn 2940	+ 47.844		
949	Hydrus	6.4		23 36.6	0.227	− 69 58 35	12.65	Cordob. 3801			
950	χ^2 Fornacis	5.8		3 23 40.8	+ 2.318	− 36 1 45	+ 12.64	Cordob. 3778			

Nr. 906. S.C.C. 130, Begl. 9.6m; d=6″, p=288°.

Nr. 919. ***Algenib.***

Nr. 932. Σ 385, Begl. 9.0m; d=2″.5, p=160°.

Nr. 933. h 3575, Begl. 9m; d=32″, p=41°.

Nr. 939. Σ 389, Begl. 8m purpurrot; d=3″.8, p=95°.

Nr. 942. Σ 390, Begl. 9.2m; d 15″, p=160°.

Kat. Nr.	Bezeichnung des Sternes	Gr.	Mittl. A. R. für 1900.0	Jährl. Veränd.	Mittl. Dekl. für 1900.0	Jährl. Veränd.	Nachweis	B. D.	Bemerkungen
			h m s	s	° ′ ″	″		°	
951	χ^3 Fornacis	6.4	3 24 20.0	+ 2.311	− 36 11 57	+ 12.60	Cordob. 3793		
952	Perseus	6.5	24 20.9	4.264	+ 48 52 1	12.60	Bonn 2952	+ 48.938	
953	Eridanus	*6.2*	e 24 45.3	2.942	− 7 8 47	12.57	W.-Ott. 815	− 7.606	
954	Eridanus	5.6	24 52.5	2.829	− 13 1 9	12.58	**Fd. K. s. 43**	− 13.662	
955	4 s Tauri	5.5	24 56.5	3.275	+ 10 59 38	12.56	Leipz. I. 1027	+ 10.452	
956	Perseus	5.7	25 4.4	4.218	+ 47 40 57	12.55	Bonn 2967	+ 47.847	
957	Hydrus	5.9	25 8.2	0.254	− 69 41 12	12.54	Cordob. 3830		
958*	Taurus	6.1	25 17.6	3.610	+ 27 13 50	12.53	Camb. E. 1719	+ 27.515	Σ 401
959	5 f Tauri	4.5	25 21.0	3.306	+ 12 35 39	12.54	**Fd. K. 55**	+ 12.486	
960	Taurus	6.1	25 26.7	3.180	+ 5 50 47	12.52	Leipz. II. 1289	+ 5.502	
961	36 Persei	5.5	e 3 25 30.6	+ 4.144	+ 45 43 7	+ 12.52	Bonn 2975	+ 45.778	
962	17 v Eridani	*4.7*	25 39.3	2.974	− 5 25 4	12.51	**Fd. K. s. 44**	− 5.674	
963	Camelopard.	6.5	25 46.3	4.715	+ 57 31 42	12.50	Hels. 3060	+ 57.730	
964	Camelopard.	6.2	e 26 2.0	4.532	+ 54 38 8	12.48	Camb. U.S. 1531	+ 54.693	
965	Perseus	6.2	26 17.9	3.809	+ 35 7 18	12.46	Leid. 1334	+ 34.674	
966	Eridanus	5.9	26 26.2	2.097	− 42 58 36	12.45	Cordob. 3840		
967	Eridanus	6.4*	26 39.8	2.138	− 41 42 27	12.44	Cordob. 3846		
968	Perseus	6.2	26 59.4	3.940	+ 39 33 44	12.41	Lund 1836	+ 39.811	
969	6 t Tauri	6.0	e 27 11.3	3.240	+ 9 2 8	12.40	Leipz. II. 1299	+ 8.528	
970	Camelopard.	6.4	e 27 21.4	7.110	+ 75 24 25	12.39	Kas. 520	+ 75.143	
971	Horologium	5.9	3 27 24.4	+ 1.917	− 47 43 0	+ 12.39	Cordob. 3864		
972	Fornax	6.3	27 36.9	2.560	− 25 57 10	12.37	Cordob. 3862		
973	κ Reticuli	4.8	e 27 37.7	1.030	− 63 17 24	12.72	**S. Fd. K. 64**		h 3580
974	18 ε Eridani	*3.5*	e 28 13.1	2.823	− 9 47 49	12.34	**Fd. K. 56**	− 9.697	Bgl. 9^m.7″sdl.
975	Aries	6.5	e 28 26.2	3.406	+ 17 30 27	12.32	Berl. A. 951	+ 17.575	
976*	7 Tauri	6.1	e 28 31.2	3.546	+ 24 7 45	12.31	Berl. B. 1057	+ 23.473	Σ 412; Hh 91
977	19 τ^5 Eridani	4.3	29 22.2	2.647	− 21 58 5	12.23	**S. Fd. K. 65**	− 22.628	
978	37 ψ Persei	4.6	e 29 22.7	4.242	+ 47 51 37	12.25	Bonn 3028	+ 47.857	
979	Horologium	5.6	e 29 35.7	1.780	− 50 43 4	12.30	**S. Fd. K. 66**		
980	Eridanus	6.2	29 48.9	2.883	− 10 12 9	12.22	Cordob. 3905	− 10.704	
981	[Reticulum	5.7	3 29 50.1	+ 0.595	− 66 49 41	+ 12.22	Cordob. 3932		
982	Fornax	6.1	29 54.6	2.424	− 31 25 4	12.21	Cordob. 3913		
983	Camelopard.	6.5	30 27.9	4.684	+ 56 36 13	12.18	Hels. 3103	+ 56.826	
984	Fornax	6.5	30 33.1	2.403	− 32 12 32	12.17	Cordob. 3931		
985	Fornax	6.5	30 36.2	2.556	− 25 35 4	12.17	Cordob. 3930		
986	Eridanus	5.7	31 11.6	2.856	− 11 31 42	12.12	Cordob. 3942	− 11.696	
987*	Taurus	6.3	e 31 39.4	3.078	+ 0 15 43	12.09	Nic. 769	+ 0.616	Σ 422
988	20 Eridani	5.2	31 44.0	2.730	− 17 47 53	12.09	**Fd. K. s. 46**	− 17.699	
989	10 Tauri	*4.5*	e 31 46.2	3.070	+ 0 5 8	12.08	Nic. 770	− 0.572	
990	Camelopard.	5.1	e 33 28.4	5.165	+ 62 53 35	12.02	**Fd. K. 363**	+ 62.597	G
991	y Eridani	4.5	3 33 30.3	+ 2.150	− 40 36 9	+ 11.94	**S. Fd. K. 67**		Δ 13
992	Eridanus	*6.2*	33 36.2	2.927	− 7 43 2	11.96	W.-Ott. 865	− 7.647	
993	Mensa	5.6	33 37.0	− 2.292	− 78 41 12	11.96	Cap. (90) 452		
994	Taurus	6.4	33 46.2	+ 3.385	+ 16 12 42	11.94	Berl. A. 980	+ 16.484	
995	Cepheus	6.0	33 55.2	19.833	+ 86 19 57	11.93	Greenw. (00) 672	+ 86.51	
996	21 Eridani	6.0	e 34 4.9	2.961	− 5 56 46	11.92	W.-Ott. 867	− 6.713	
997	Camelopard.	5.8	34 28.1	4.910	+ 59 38 51	11.90	Hels. 3152	+ 59.699	G
998	Perseus	5.8	34 37.2	3.892	+ 37 15 27	11.88	Lund 1899	+ 37.811	
999	Eridanus	*6.5*	34 37.9	3.003	− 3 42 56	11.88	Cordob. 4019	− 3.591	
1000	τ Fornacis	6.1	3 34 38.0	+ 2.494	− 28 16 11	+ 11.88	Cordob. 4022		

Nr. 958. Σ 401, Begl. 7.0^m; d=11″, p=270°.

Nr. 976. Σ 412, 2 Begl. B, 6.7^m; d=0″.12, p=5° (99.5). C, 10^m; d=22″, p=60°.

Nr. 987. Σ 422, Hptst. goldgelb, Begl. 8.5^m blau; d=6″.5, p=250°.

Die Plejaden:

Nr. 1023. 16 Tauri = ***Celano.***

Nr. 1024. 17 Tauri = ***Elektra.***

Nr. 1028. 19 Tauri = *q* Plejadum = ***Taygeta.***

Nr. 1033. 20 Tauri = *c* Plejadum = ***Maja.***

Nr. 1034. 21 Tauri = *k* Plejadum = ***Asterope.***

Nr. 1045. 25 η Tauri = ***Alcyone.*** Hauptstern der Plejaden.

Nr. 1056. 27 Tauri = *f* Plejadum = ***Atlas.***

Nr. 1058. 28 Tauri = *h* Plejadum = ***Plejone.***

Kat. Nr.	Bezeichnung des Sternes	Gr.	Mittl. A. R. für 1900.0	Jährl. Veränd.	Mittl. Dekl. für 1900.0	Jährl. Veränd.	Nachweis	B. D.	Bemerkungen
			h m s	s	° ′ ″	″		°	
1001	12 Tauri	5.9	e 3 34 38.6	+ 3.124	+ 2 43 54	+ 11.88	Alb. 1064	+ 2.581	
1002	11 *U* Tauri	6.2	34 47.8	3.575	+ 25 0 22	11.87	Greenw. (00) 676	+ 24.529	
1003	Eridanus	6.2	34 54.4	3.046	− 1 26 46	11.86	Nic. 787	− 1.519	
1004	Eridanus	6.4	35 34.1	2.772	− 15 32 59	11.82	Cordob. 4034	− 15.634	
1005	22 Eridani	*5.4*	35 41.3	2.969	− 5 31 59	11.81	Cordob. 4037	− 5.715	
1006	39 δ Persei	3.3	e 35 48.1	4.252	+ 47 28 4	11.76	**Fd. K. 57**	+ 47.876	Σ¹ 363
1007*	40 ο Persei	5.2	36 2.3	3.792	+ 33 38 39	11.78	Leid. 1386	+ 33.698	Σ 431; β 535
1008	Eridanus	6.5	36 29.0	2.841	− 12 7 30	11.75	Cordob. 4056	− 12.689	
1009	Camelopard.	5.9	36 32.4	5.612	+ 66 53 20	11.75	Christ. 623	+ 66.284	
1010	13 Tauri	6.0	36 32.8	3.454	+ 19 22 49	11.75	Berl. A. 990	+ 19.578	
1011	Eridanus	6.5	3 36 54.3	+ 2.680	− 19 54 19	+ 11.72	Cordob. 4067	− 20.687	
1012	Perseus	6.1	36 55.8	4.286	+ 48 12 20	11.72	Bonn 3113	+ 48.984	β 1182 G
1013	Camelopard.	4.9	37 17.3	5.207	+ 63 1 46	11.70	Hels. 3169	+ 62.604	
1014	Perseus	6.4	37 40.1	4.190	+ 45 47 1	11.66	Bonn 3125	+ 45.804	
1015	14 Tauri	6.4	e 37 59.9	3.455	+ 19 20 58	11.64	Berl. A. 996	+ 19.582	G
1016*	38 ο Persei	3.8	38 2.7	3.751	+ 31 58 17	11.63	**Fd. K. 58**	+ 31.642	β 535
1017	Perseus	5.7	38 3.0	3.868	+ 36 8 40	11.64	Lund 1929	+ 36.742	
1018	δ Fornacis	4.9	38 16.2	2.382	− 32 15 28	11.62	**S. Fd. K. 68**		
1019	41 ν Persei	4.0	38 23.9	4.061	+ 42 15 45	11.60	**Fd. K. 59**	+ 42.815	
1020	23 δ Eridani	3.7	e 38 27.4	2.870	− 10 6 7	12.35	**Fd. K. 550**	− 10.728	
1021	Eridanus	5.8	3 38 47.2	+ 2.865	− 10 48 7	+ 11.59	Cordob. 4108	− 10.729	
1022	Camelopard.	5.6	38 49.2	6.165	+ 70 33 41	11.58	Greenw. (02) 622	+ 70.257	
1023	16 Tauri	5.9	e 38 51.4	3.558	+ 23 58 31	11.58	Berl. B. 1119	+ 23.505	
1024	17 Tauri	4.1	e 38 56.1	3.554	+ 23 47 56	11.54	**Fd. K. 60**	+ 23.507	Σ¹ 371
1025	Perseus	5.9	38 59.4	4.178	+ 45 22 6	11.58	Bonn 3141	+ 45.811	β 1183
1026	v⁷ Eridani	4.7	39 7.6	2.230	− 37 37 45	11.56	Cordob. 4121		R
1027	18 Tauri	6.1	e 39 11.6	3.571	+ 24 31 32	11.56	Berl. B. 1128	+ 25.546	
1028	19 *q* Tauri	4.6	e 39 15.2	3.563	+ 24 9 14	11.56	Berl. B. 1129	+ 25.547	Σ¹ 372
1029	24 Eridanus	*5.4*	39 25.7	3.043	− 1 28 42	11.55	**Fd. K. s. 48**	− 1.526	
1030	Camelopard.	6.2	39 41.7	4.671	+ 55 36 39	11.52	Hels. 3195	+ 55.824	
1031	γ Camelopard.	4.8	3 39 47.6	+ 6.254	+ 71 1 27	+ 11.47	**Fd. K. 364**	+ 70.259	h 2200
1032	25 Eridani	5.9	39 49.6	3.061	− 0 36 40	11.51	Cordob. 4127	− 0.593	G
1033	20 Tauri	4.2	e 39 52.4	3.561	+ 24 3 20	11.51	Berl. B. 1142	+ 23.516	
1034	21 Tauri	6.2	39 56.8	+ 3.566	+ 24 14 32	11.50	II. Ten. Y. C. 1158	+ 24.553	
1035	Mensa	6.0	40 18.3	− 2.385	− 78 38 46	11.48	Cordob. 4181		
1036	22 μ Tauri	5.6	40 21.6	+ 3.183	+ 5 44 13	11.48	Leipz. II. 1379	+ 5.539	h 2204
1037	Camelopard.	4.5	40 21.8	5.447	+ 65 13 1	11.48	Christ. 638	+ 65.369	RG
1038	23 Tauri	4.4	e 40 23.3	3.552	+ 23 38 14	11.47	Berl. B. 1152	+ 23.522	S. C. C. 140
1039	Taurus	6.1	40 49.2	3.198	+ 6 29 33	11.44	Leipz. II. 1381	+ 6.583	
1040	Camelopard.	6.1	40 50.1	5.226	+ 62 59 23	11.44	Hels. 3206	+ 62.612	
1041*	Perseus	6.4	3 41 0.3	+ 4.402	+ 50 25 48	+ 11.43	Camb. U.S. 1601	+ 50.825	OΣ 63
1042*	Camelopard.	6.5	41 21.0	4.754	+ 56 48 38	11.41	Hels. 3215	+ 56.846	OΣ² 39
1043	26 π Eridani	4.7	e 41 24.8	2.831	− 12 24 54	11.40	Cordob. 4159	− 12.707	G
1044*	25 η Tauri	3.1	e 41 32.3	3.557	+ 23 47 46	11.35	**Fd. K. 61**	+ 23.541	OΣ² 42; Σ¹ [380
1045	Perseus	6.5	41 32.5	3.752	+ 31 53 12	11.39	Leid. 1416	+ 31.650	
1046	Camelopard.	6.5	41 52.7	5.826	+ 68 12 9	11.37	Greenw. (03) 943	+ 68.286	
1047*	Reticulum	6.2	42 0.9	1.523	− 54 35 22	11.36	Cordob. 4185		h 3592; λ 30
1048	Horologium	5.6	42 9.4	1.862	− 47 40 17	11.35	Cordob. 4187		
1049	Perseus	6.2	42 14.3	4.125	+ 43 39 16	11.34	Bonn 3185	+ 43.818	
1050	σ Fornacis	6.0	3 42 22.7	+ 2.444	− 29 38 56	+ 11.33	Cordob. 4184		

Nr. 1007. Σ 431, Hptst. grünlich, Begl. 9.5ᵐ; d = 20″, p = 240°.

Nr. 1016. β 535, Begl. 8.5ᵐ; d = 1″, p = 50°.

Nr. 1041. OΣ 63, Begl. 7ᵐ; d = 7″, p = 270°.

Nr. 1042. OΣ² 39, Begl. 6.7ᵐ + 7.4ᵐ; d = 104″ p = 81°.5.

Nr. 1044. OΣ² 42, 2 Begl. B, 7.0ᵐ; d = 120″, p = 290°. C, 7ᵐ; d = 117″ p = 344°.

Nr 1047. h 3592, 2 Begl. B, 7.5ᵐ; d = 0″.6, p = 290°. C, 9.2ᵐ blau; d = 5″.5, p = 13°.

Kat. Nr.	Bezeichnung des Sternes	Gr.	Mittl. A. R. für 1900.0	Jährl. Veränd.	Mittl. Dekl. für 1900.0	Jährl. Veränd.	Nachweis	B. D.	Bemerkungen
			h m s	s	° ′ ″	″		°	
1051	Taurus	5.9	e 3 42 25.5	+ 3.544	+ 23 6 51	+ 11.33	Berl. B. 1186	+ 22.563	
1052	27 τ^6 Eridani	4.3	e 42 32.7	2.579	— 23 32 44	10.88	**Fd. K. 551**		
1053*	30 *e* Tauri	5.3	42 47.1	3.284	+ 10 50 9	11.30	Leipz. I. 1104	+ 10.486	Σ452; Hh100
1054	*β* Reticuli	3.8	e 42 56.6	0.737	— 65 7 18	11.35	**S. Fd. K. 70**		R
1055	Perseus	5.8	43 6.7	4.165	+ 44 39 47	11.28	Bonn 3192	+ 44.801	
1056*	27 Tauri	4.0	e 43 12.8	3.559	+ 23 44 51	11.22	**Fd. K. 62**	+ 23.557	Σ 453
1057	42 *n* Persei	5.4	e 43 13.3	3.785	+ 32 47 5	11.27	Leid. 1429	+ 32.667	
1058	28 Tauri	5.5	e 43 14.2	3.561	+ 23 49 52	11.27	Berl. B. 1196	+ 23.558	
1059	Fornax	6.4	43 15.4	2.429	— 30 12 31	11.27	Cordob. 4205		
1060	28 τ^7 Eridani	5.2	e 43 21.5	2.577	— 24 11 4	11.26	Cordob. 4208		
1061	Eridanus	6.1	3 43 31.0	+ 3.071	— 0 4 44	+ 11.25	Cordob. 4204	— 0.602	
1062	Taurus	6.4	e 43 47.4	3.552	+ 23 24 27	11.23	Berl. B. 1207	+ 23.563	
1063	*ϱ* Fornacis	5.7	e 43 53.6	2.422	— 30 28 4	11.22	Cordob. 4219		
1064	Taurus	6.3	44 2.2	3.519	+ 21 56 26	11.21	Berl. B. 1213	+ 21.535	
1065	Eridanus	6.1	44 3.9	2.255	— 36 24 50	11.21	Cordob. 4225		
1066	Eridanus	6.1	44 11.6	2.645	— 21 12 31	11.20	Yar. 1736	— 21.703	
1067*	Taurus	5.6	44 18.1	3.597	+ 25 16 42	11.19	Camb. E. 1867	+ 25.624	OΣ 65
1068*	*f* Eridani	4.3	44 54.1	2.206	— 37 55 42	11.15	Cordob. 4241		Δ 16
1069	Eridanus	6.5	45 11.3	3.037	— 1 49 39	11.13	Nic. 822	— 1.544	*β* 401
1070	Perseus	6.1	45 30.0	3.825	+ 34 3 27	11.10	Leid. 1449	+ 33.728	
1071	Camelopard.	6.0	3 45 35.7	+ 4.832	+ 57 40 43	+ 11.10	Hels. 3254	+ 57.752	
1072	*g* Eridani	4.1	e 45 42.7	2.243	— 36 30 11	11.04	**S. Fd. K. 71**		R
1073	Perseus	6.5	45 49.7	+ 3.733	+ 30 52 8	11.08	Leid. 1450	+ 30.582	
1074	Hydrus	6.4*	45 54.6	— 0.342	— 71 58 4	11.08	Cordob. 4289		
1075	Perseus	6.0	46 23.5	+ 4.328	+ 48 21 7	11.04	Bonn 3233	+ 48.1015	
1076	31 Tauri	6.1	46 40.3	3.195	+ 6 14 4	11.02	Leipz. II. 1426	+ 6.594	
1077	Taurus	6.3	e 47 26.5	3.415	+ 17 1 47	10.96	Berl. A. 1032	+ 16.523	
1078*	30 Eridani	*5.4*	47 45.2	2.959	— 5 39 35	10.93	**Fd. K. s. 50**	— 5.769	h 338
1079*	44 *ζ* Persei	3.1	47 50.6	3.761	+ 31 35 12	10.93	**Fd. K. 63**	+ 31.666	Σ 464
1080	Eridanus	6.3	48 23.5	2.691	— 18 43 55	10.89	Cordob. 4320	— 18.691	
1081	Camelopard.	5.2	3 48 35.7	+ 5.256	+ 62 46 46	+ 10.88	Hels. 3278	+ 62.628	
1082*	9 Hev. Camelopard.	5.1	48 36.4	5.082	+ 60 48 58	10.88	**Fd. K. 365**	+ 60.768	OΣ 67 G
1083	Perseus	5.6	48 45.9	+ 4.292	+ 47 34 40	10.87	Bonn 3257	+ 47.912	
1084	*γ* Hydri	3.1	e 48 47.1	— 0.983	— 74 32 44	10.97	**S. Fd. K. 72**		R
1085*	*X* Persei	var.	49 8.0	+ 3.742	+ 30 45 6	10.84	Leid. 1474	+ 30.591	
1086	43 *A* Persei	5.5	e 49 9.9	4.433	+ 50 24 24	10.84	Camb. U.S. 1654	+ 50.860	$Σ^1$ 387
1087*	32 *w* Eridani	*4.8*	49 16.1	3.009	— 3 14 59	10.83	Cordob. 4327	— 3.631	Σ 470
1088	33 τ^8 Eridani	4.8	49 27.2	2.550	— 24 54 28	10.81	Cordob. 4336		
1089	v^5 Eridani	5.1	49 50.2	2.283	— 35 1 40	10.79	Cordob. 4346		
1090	Perseus	5.7	50 1.9	3.856	+ 34 47 19	10.77	Leid. 1480	+ 34.768	*σ* 110
1091	Horologium	5.8	3 50 27.4	+ 1.856	— 47 11 15	+ 10.74	Cordob. 4363		
1092	Eridanus	6.0	50 34.0	2.825	— 12 23 27	10.73	Cordob. 4357	— 12.752	
1093	Eridanus	5.6	50 53.1	2.103	— 40 39 6	10.71	Cordob. 4368		
1094	32 Tauri	5.9	e 50 57.4	3.534	+ 22 11 26	10.70	Berl. B. 1258	+ 22.605	
1095	33 Tauri	6.3	e 51 8.0	3.550	+ 22 53 7	10.69	Berl. B. 1261	+ 22.607	
1096*	45 *ε* Persei	3.2	51 8.4	4.013	+ 39 43 16	10.67	**Fd. K. 64**	+ 39.895	Σ 471
1097	Taurus	6.3	51 27.5	3.581	+ 24 10 20	10.67	Berl. B. 1266	+ 24.599	
1098	Taurus	6.4	51 42.4	3.187	+ 5 45 7	10.65	Leipz. II. 1451	+ 5.564	
1099	Perseus	6.5	51 49.9	3.969	+ 38 33 11	10.64	Lund 2026	+ 38.827	
1100	Eridanus	6.2	3 51 50.2	+ 2.872	— 10 2 28	+ 10.64	Cordob. 4381	— 10.793	

Nr. 1053. Σ 452, Hptst. bläulichgrün, Begl. 9.6m; d = 9″, p = 60°.
Nr. 1056. Σ 453, Begl. 8m; d = 1″, p = 110°.
Nr. 1067. OΣ 65, Begl. 7m; d = 0″.5, p = 20°.
Nr. 1068. Δ 16, Begl. 5.6m; d = 8″, p = 207°.
Nr. 1078. h 338, Begl. 10.2m; d = 8″, p = 135°.
Nr. 1079. Σ 464, Hptst. grünlich, Begl. 9.3m grau; d = 12″.5, p = 210°.
Nr. 1082. OΣ 67, Begl. 8.5m; d = 2″, p = 40°.
Nr. 1085. Var. Max. 6.3m, Min. 6.9m lange Periode.
Nr. 1087. Σ 470, Hptst. gelb, Begl. 6.4m blau; d = 6″.7, p = 345°. Die Farben sind sehr intensiv.
Nr. 1096. Σ 471, Begl. 8.3m bläulich, Hptst. grün; d = 9″, p = 9°.

Kat. Nr.	Bezeichnung des Sternes	Gr.	Mittl. A. R. für 1900.0	Jährl. Veränd.	Mittl. Dekl. für 1900.0	Jährl. Veränd.	Nachweis	B. D.	Bemerkungen
			h m s	s	° ′ ″	″		°	
1101	Dorado	6.3	e 3 51 56.3	+ 1.570	− 52 58 55	+ 10.57	**S. Fd. K. 73**		
1102	46 ξ Persei	4.3	52 28.5	3.882	+ 35 30 12	10.58	**Fd. K. 65**	+ 35.775	
1103*	Cepheus	5.3	53 17.0	9.816	+ 80 25 26	10.53	Hamb. 62	+ 80.125	Σ 460
1104	34 γ Eridani	3.4	e 53 21.8	2.796	− 13 47 35	10.42	**Fd. K. 552**	− 13.781	h 3608 O
1105	Eridanus	*6.1*	e 53 56.6	2.958	− 5 45 2	10.48	W.-Ott. 969	− 5.789	
1106	Reticulum	6.0	54 45.9	0.756	− 63 45 12	10.42	Cordob. 4444		
1107	Eridanus	5.9	54 48.7	2.817	− 12 51 27	10.42	Cordob. 4430	− 12.766	
1108	Taurus	6.2	e 55 2.7	3.442	+ 17 54 43	10.40	Berl. A. 1063	+ 17.666	
1109*	35 λ Tauri	var.	55 8.3	3.319	+ 12 12 28	10.38	**Fd. K. 66**		
1110	36 τ⁹ Eridani	4.7	55 39.6	2.555	− 24 17 59	10.37	**S. Fd. K. 74**		
1111	Camelopard.	5.9	3 56 0.6	+ 5.967	+ 68 24 12	+ 10.33	Christ. 663	+ 68.303	
1112	Camelopard.	5.3	56 7.0	4.971	+ 58 52 41	10.32	Hels. 3339	+ 58.690	
1113	Taurus	6.0	56 18.7	3.269	+ 9 43 3	10.30	Leipz. II. 1485	+ 9.528	OΣ 70; Bgl. 12m
1114	35 Eridani	*5.1*	56 27.9	3.036	− 1 49 47	10.29	Cordob. 4458	− 1.572	
1115	Reticulum	6.4*	56 34.0	1.280	− 57 23 10	10.29	Cordob. 4476		
1116	Eridanus	5.9	56 41.1	2.389	− 30 46 20	10.28	Cordob. 4468		
1117	δ Reticuli	4.3	57 9.6	0.937	− 61 40 57	10.22	**S. Fd. K. 75**		
1118	Camelopard.	6.3	57 17.2	5.566	+ 65 14 49	10.23	Christ. 668	+ 65.391	
1119	Eridanus	*5.6*	e 57 29.0	3.062	− 0 32 19	10.22	Cordob. 4480	− 0.632	
1120	38 ν Tauri	4.2	57 50.2	3.188	+ 5 42 43	10.18	**Fd. K. 67**	+ 5.581	
1121	36 Tauri	5.7	3 58 22.8	+ 3.582	+ 23 49 50	+ 10.15	Berl. B. 1309	+ 23.609	β 544
1122	40 Tauri	5.8	58 26.4	3.177	+ 5 9 35	10.14	Leipz. II. 1501	+ 5.584	
1123	Taurus	5.8	e 58 31.6	3.233	+ 7 55 13	10.14	Leipz. II. 1502	+ 7.592	
1124	37 A Tauri	4.5	e 58 46.8	3.534	+ 21 48 32	10.12	Berl. B. 1314	+ 21.585	
1125	Camelopard.	6.5	e 58 48.9	4.646	+ 53 44 23	10.12	Camb. U.S. 1712	+ 53.732	G
1126	Taurus	5.6	e 58 55.9	3.124	+ 2 33 22	10.11	Alb. 1186	+ 2.645	
1127	Eridanus	6.4	59 0.4	2.643	− 20 25 10	10.10	Cordob. 4514	− 20.769	
1128*	Camelopard.	cum.	59 0.7	5.250	+ 62 3 44	10.10	Hels. 3369	+ 61.676	Σ 484, 485
1129	47 λ Persei	4.5	59 7.9	4.453	+ 50 4 48	10.09	Bonn 3378	+ 49.1101	
1130	39 A² Tauri	6.2	e 59 24.7	3.534	+ 21 44 23	10.07	Berl. B. 1319	+ 21.587	
1131	γ Reticuli	4.4	3 59 26.9	+ 0.858	− 62 26 19	+ 10.07	Cordob. 4545		R
1132	Eridanus	6.5	59 35.5	2.722	− 16 51 40	10.06	Cordob. 4531	− 16.770	
1133	ι Reticuli	4.8	59 40.7	0.954	− 61 21 35	10.05	Cordob. 4550		
1134	Eridanus	5.8	3 59 42.0	2.805	− 13 4 0	10.05	Cordob. 4534	− 13.806	
1135	Eridanus	6.2	4 0 17.0	2.637	− 20 59 15	10.01	Cordob. 4548	− 20.774	
1136	41 Tauri	5.4	e 0 28.2	3.672	+ 27 19 50	9.99	Camb. E. 1991	+ 27.633	
1137	42 ψ Tauri	5.4	e 0 49.5	+ 3.709	+ 28 43 51	9.96	Camb. E. 1995a	+ 28.619	
1138*	Mensa	6.4	0 54.7	−11.867	− 85 33 32	9.96	Cap. (90) 516		Russell. 38
1139	Camelopard.	6.4	0 59.3	+ 5.054	+ 59 38 28	9.95	Hels. 3389	+ 59.759	G
1140	Eridanus	6.1	1 7.4	2.886	− 9 7 36	9.94	W.-Ott. 1006	− 9.811	
1141	Eridanus	6.4	4 1 23.5	+ 2.632	− 20 46 59	+ 9.92	Cordob. 4577	− 20.780	
1142	48 c Persei	4.4	1 23.9	4.339	+ 47 26 44	9.89	**Fd. K. 69**	+ 47.939	
1143	Camelopard.	6.4	e 1 28.3	4.706	+ 54 33 54	9.91	Camb. U.S. 1731	+ 54.740	
1144	Eridanus	5.5	e 1 30.1	2.470	− 27 55 32	10.01	**S. Fd. K. 76**		
1145	49 Persei	6.3	e 1 38.8	3.964	+ 37 27 56	9.90	II. Ten. Y.C. 1263	+ 37.881	G
1146	50 Persei	5.7	e 1 50.4	3.974	+ 37 46 44	9.88	Lund 2122	+ 37.882	
1147*	Taurus	6.4	2 2.1	3.382	+ 14 53 43	9.87	Leipz. I. 1207	+ 14.657	Σ 495
1148*	Taurus	6.0	2 15.7	3.430	+ 17 4 20	9.85	Berl. A. 1090	+ 16.560	OΣ 72 G
1149	Camelopard.	6.3	2 34.0	6.630	+ 71 51 58	9.83	Greenw. (02) 688	+ 71.239	
1150	Camelopard.	6.1	4 2 47.9	+ 5.993	+ 68 14 20	+ 9.81	Christ. 681	+ 68.310	

Nr. 1103. Σ 460, Hptst. gelb, Begl. 7.0m bläulich; d = 1″, p = 50°. Bewegung in p und d.

Nr. 1109. Var. Algoltypus. Max. 3.4m, Min. 4.2m; P 3d 22h 82m. Dauer der Lichtzunahme 5h.5, der Lichtabnahme 4h.5.

Nr. 1128. Σ 485: A = 6.1m, B = 6.2m; d = 18″, p 300°. Σ 484: A_1 = 9m, B_1 = 9.5m, C_1 = 9m; A_1—B_1: d 5″, p = 130°, A_1—C_1: d = 23″, p = 335°; A_1—B: d 49″, p = 245°.

Nr. 1138. Begl. 7.9m; d 2″.3, p = 245°.

Nr. 1147. Σ 495, Begl 8.8m blaulich; d = 4″, p 220°.

Nr. 1148. OΣ 72, Begl. 12m.

Kat. Nr.	Bezeichnung des Sternes	Gr.	Mittl. A. R. für 1900.0	Jährl. Veränd.	Mittl. Dekl. für 1900.0	Jährl. Veränd.	Nachweis	B. D.	Bemerkungen	
			h m s	s	° ′ ″	″		°		
1151	43 Tauri	5.8	e 4 3 20.1	+ 3.482	+ 19 20 43	+ 9.77	Berl. A. 1094	+ 19.672		G
1152	Taurus	6.3	3 26.4	3.345	+ 13 8 0	9.76	Leipz. I. 1212	+ 13.648		
1153	Perseus	6.0	4 33.8	3.833	+ 33 19 30	9.68	Leid. 1582	+ 33.807		G
1154	44 *p* Tauri	5.6	e 4 44.4	3.645	+ 26 13 13	9.67	Camb. E. 2008	+ 26.686		
1155	Eridanus	5.6	4 45.4	2.723	− 16 38 58	9.66	Cordob. 4631	− 16.796		
1156	Cepheus	5.9	4 59.4	13.463	+ 83 33 52	9.65	Greenw. (00) 774	+ 83.104		
1157	Cepheus	6.7	5 5.5	17.307	+ 85 17 28	9.65	**Fd. K. 68**	+ 85.63		
1158	Eridanus	5.8	5 29.8	2.925	− 7 11 7	9.61	W.-Ott. 1036	− 7.758		GR
1159	Eridanus	6.0	5 58.7	2.885	− 9 4 50	9.57	W.-Ott. 1037	− 9.837		
1160	45 Tauri	6.0	e 6 0.8	3.181	+ 5 15 46	9.57	Leipz. II. 1536	+ 5.601		
1161	Taurus	6.3	e 4 6 47.0	+ 3.433	+ 17 1 12	+ 9.51	Berl. A. 1107	+ 16.569		G
1162	Camelopard.	6.2	6 49.4	4.899	+ 57 12 18	9.50	Hels. 3434	+ 57.785		
1163	Taurus	6.4	6 55.3	3.552	+ 22 9 23	9.50	II. Ten. Y.C. 1284	+ 22.649		
1164	38 o^1 Eridani	*4.1*	e 6 59.0	2.925	− 7 5 54	9.58	**Fd. K. 366**	− 7.764		
1165	Eridanus	6.5	7 2.8	2.232	− 35 31 57	9.49	Cordob. 4678			
1166	Eridanus	5.9	7 12.7	2.630	− 20 36 58	9.47	Cordob. 4677	− 20.801		
1167	*δ* Horologii	4.8	7 28.5	2.002	− 42 15 17	9.46	Cordob. 4686			
1168	Eridanus	6.5	7 29.9	2.700	− 17 31 49	9.45	Cordob. 4682	− 17.816		
1169*	51 *μ* Persei	4.2	7 33.2	4.389	+ 48 9 19	9.45	Bonn 3477	+ 48.1063	*OΣ* 73	G
1170	Cepheus	5.7	7 59.3	12.824	+ 83 5 59	9.42	Greenw. (00) 782	+ 82.113		
1171	Camelopard.	6.0	4 8 4.5	+ 5.256	+ 61 35 57	+ 9.41	Hels. 3439	+ 61.687		
1172	52 *f* Persei	4.8	8 4.8	4.071	+ 40 13 50	9.41	Bonn 3489	+ 40.912		G
1173	46 Tauri	5.5	8 10.0	3.227	+ 7 27 38	9.40	Leipz. II. 1550	+ 7.617		
1174*	Taurus	6.4	8 15.8	3.335	+ 12 29 57	9.39	Leipz. I. 1239	+ 12.564	dpl.	G
1175*	47 Tauri	5.0	8 30.0	3.259	+ 9 0 37	9.37	Leipz. II. 1551	+ 8.652	*β* 547	
1176	Eridanus	6.3	8 33.4	3.044	− 1 24 16	9.37	Nic. 908	− 1.600		
1177	Camelopard.	5.9	8 51.4	4.937	+ 57 36 41	9.35	Hels. 3449	+ 57.787		
1178	Camelopard.	5.4	e 8 54.9	4.663	+ 53 21 40	9.34	Camb. U.S. 1777	+ 53.750		
1179	Taurus	5.4	9 8.3	3.276	+ 9 45 32	9.32	Leipz. II. 1555	+ 9.550		
1180	Cepheus	5.6	9 37.2	10.218	+ 80 35 9	9.29	Hamb. 66	+ 80.133		G
1181*	39 *A* Eridani	4.9	e 4 9 38.2	+ 2.851	− 10 30 16	+ 9.13	**Fd. K. s. 55**	− 10.867	*Σ* 516	G
1182	49 *μ* Tauri	4.6	10 6.2	3.253	+ 8 38 32	9.25	Leipz. II. 1562	+ 8.657		
1183	Taurus	6.5	10 9.7	3.196	+ 5 56 22	9.25	Leipz. II. 1564	+ 5.614	*OΣ*² 45	
1184*	40 o^2 Eridani	*4.5*	e 10 40.3	2.766	− 7 48 30	5.77	**C. d. T.**	− 7.780	*Σ* 518	
1185	*α* Horologii	3.8	e 10 41.2	1.983	− 42 32 27	8.98	**S. Fd. K. 77**			
1186	*b* Persei	4.9	e 10 43.2	4.491	+ 50 3 0	9.20	Bonn 3514	+ 49.1150	*Σ*¹ 418	
1187	Perseus	6.4	11 12.6	4.140	+ 41 53 44	9.17	Bonn 3525	+ 41.844		
1188	Camelopard.	5.5	11 15.9	5.611	+ 64 53 48	9.16	Hels. 3468	+ 64.433		
1189	50 *ω* Tauri	5.2	e 11 24.0	3.514	+ 20 19 58	9.15	Berl. B. 1377	+ 20.724		
1190	Perseus	5.7	11 42.5	4.482	+ 49 48 20	9.13	Bonn 3528	+ 49.1155		
1191	Eridanus	*6.2*	4 12 25.8	+ 2.932	− 6 43 6	+ 9.07	W.-Ott. 1069	− 6.862		
1192	51 Tauri	5.9	e 12 27.9	3.538	+ 21 20 6	9.07	Berl. B. 1389	+ 21.618		
1193	Perseus	5.8	e 12 37.0	4.529	+ 50 40 43	9.05	Camb. U.S. 1799	+ 50.973		
1194	Camelopard.	5.5	13 5.3	5.183	+ 60 29 56	9.02	Hels. 3489	+ 60.800		G
1195*	*α* Reticuli	3.4	e 13 8.1	0.760	− 62 43 27	9.06	**S. Fd. K. 78**		h 3638	
1196	Perseus	6.1	13 20.0	4.132	+ 41 34 0	9.00	Bonn 3548	+ 41.852		
1197	*γ* Doradus	4.3	e 13 24.3	1.565	− 51 44 20	9.16	**S. Fd. K. 79**			
1198*	Reticulum	5.3	13 29.3	0.783	− 62 26 36	8.99	Cordob. 4820		h 3641	R
1199	53 Tauri	5.8	13 32.3	3.529	+ 20 54 2	8.98	Berl. B. 1389	+ 20.733		
1200	56 Tauri	5.7	4 13 41.4	+ 3.544	+ 21 31 56	+ 8.97	Berl. B. 1391	+ 21.623		

Nr. 1169. *OΣ* 73, Begl. 8.5ᵐ; d=90″, p=230°.
Nr. 1174. Leipzig I gibt einen Begl. 9ᵐ; d=2″, p=250°?
Nr. 1175. *β* 547, Begl. 8ᵐ; d=1″, p=3° (1900).
Nr. 1181. *Σ* 516, Begl. 9ᵐ blau; d=6″.4, p=150°.
Nr. 1184. *Σ* 518, Hptst. stark gelb, Begl. 9.1ᵐ; d=80″, p=105°. Begl. sdst. dpl. 9.2ᵐ+11ᵐ; d=3″. Siehe Tabelle „Bahnen von Doppelsternen“ Nr. 35.
Nr. 1195. h 3638, Begl. 12ᵐ; d=40″, p=354°.
Nr. 1198. h 3641, Begl. 10.8ᵐ; d=8″.4, p=255°.

Kat. Nr.	Bezeichnung des Sternes	Gr.		Mittl. A. R. für 1900.0	Jährl. Veränd.	Mittl. Dekl. für 1900.0	Jährl. Veränd.	Nachweis	B. D.	Bemerkungen	
				h m s	s	° ′ ″	″		°		
1201	Camelopard.	6.1		4 13 43.3	+ 4.863	+ 56 15 58	+ 8.97	Hels. 3496	+ 56.905		
1202	Perseus	6.3		13 47.9	3.812	+ 31 42 42	8.96	Leid. 1647	+ 31.757		G
1203	Eridanus	6.4		13 54.5	2.615	— 20 57 34	8.96	Cordob. 4813	— 21.831		R
1204	54 Persei	5.2		13 54.9	3.886	+ 34 19 31	8.95	**Fd. K. 367**	+ 34.860		
1205	54 γ Tauri	4.0	e	14 6.1	3.409	+ 15 23 10	8.91	**Fd. K. 70**	+ 15.612		
1206	41 υ^4 Eridani	3.8		14 6.6	2.267	— 34 2 33	8.94	**S. Fd. K. III.**		h 3636	
1207	Taurus	6.4		14 9.0	3.281	+ 9 52 49	8.93	Leipz. II. 1585	+ 9.562		G
1208*	52 φ Tauri	5.1	e	14 12.2	3.685	+ 27 6 43	8.93	Camb. E. 2047	+ 27.655	Σ^1 423	
1209	53 d Persei	5.0	e	14 19.0	4.324	+ 46 15 37	8.92	Bonn 3560	+ 46.872		
1210	57 h Tauri	5.8	e	14 19.4	3.367	+ 13 47 38	8.92	Leipz. I. 1264	+ 13.663		
1211	Eridanus	6.2		4 14 21.0	+ 2.560	— 23 12 47	+ 8.92	Cordob. 4822			
1212	Camelopard.	6.3		14 25.1	5.096	+ 59 22 47	8.91	Hels. 3504	+ 59.793		
1213	Taurus	6.4	e	14 36.1	3.474	+ 18 30 11	8.90	Berl. A. 1140	+ 18.624		
1214	ε Reticuli	4.4	e	14 45.6	1.034	— 59 32 29	8.89	Cordob. 4840			
1215	Reticulum	6.4		14 50.2	0.891	— 61 11 40	8.88	Cordob. 4845			
1216	58 Tauri	5.5	e	14 55.8	3.391	+ 14 51 21	8.87	Leipz. I. 1266	+ 14.682	S. C. C. 159	
1217	Taurus	6.4	e	15 15.0	3.364	+ 13 37 31	8.85	Leipz. I. 1268	+ 13.665		
1218*	Eridanus	6.3		15 16.9	2.259	— 34 8 46	8.85	Cordob. 4841		h 3642	
1219	Taurus	6.0		15 21.4	3.197	+ 5 53 33	8.84	Leipz. II. 1595	+ 5.631		
1220	Eridanus	*6.3*		15 44.1	2.936	— 6 29 1	8.81	W.-Ott. 1077	— 6.875		O
1221	d Eridani	*5.8*		4 15 51.8	+ 2.908	— 7 49 54	+ 8.80	W.-Ott. 1079	— 7.798		
1222	Horologium	5.0		16 6.7	1.892	— 44 30 28	8.78	Cordob. 4859		h 3643	
1223	Dorado	5.9		16 11.9	1.472	— 53 6 13	8.77	Cordob. 4868			
1224	Eridanus	5.3	e	16 17.2	2.615	— 20 52 40	8.82	**Fd. K. s. 56**	— 20.831		
1225	60 Tauri	6.0	e	16 25.2	3.369	+ 13 50 26	8.76	Leipz. I. 1274	+ 13.668		
1226*	59 χ Tauri	5.5		16 29.7	3.644	+ 25 23 37	8.75	Camb. E. 2059	+ 25.707	Σ 528	
1227	Taurus	6.1		16 29.7	3.524	+ 20 35 5	8.75	Berl. B. 1402	+ 20.744		R
1228*	ϑ Reticuli	6.1		16 33.1	0.660	— 63 29 55	8.75	Cordob. 4880		R. 3	
1229*	Perseus	6.5		16 38.1	4.164	+ 42 11 38	8.74	Bonn 3580	+ 42.946	$O\Sigma$ 80	
1230	61 δ^1 Tauri	4.2	e	17 10.0	3.455	+ 17 18 29	8.67	**Fd. K. 71**	+ 17.712		
1231*	Eridanus	5.9		4 17 22.0	+ 2.486	— 25 57 49	+ 8.68	Cordob. 4883		β 744; h 3644	
1232	Taurus	6.4		17 38.7	3.529	+ 20 44 57	8.66	Berl. B. 1413	+ 20.751		
1233	Taurus	6.0		17 40.5	3.431	+ 16 32 40	8.66	Berl. A. 1155	+ 16.586		
1234	55 Persei	6.1	e	17 59.7	3.884	+ 33 53 58	8.63	Leid. 1673	+ 33.853		
1235*	56 Persei	6.2	e	18 8.3	3.874	+ 33 43 48	8.62	Leid. 1675	+ 33.854	$O\Sigma$ 81	
1236	64 δ^2 Tauri	5.1	e	18 19.6	3.447	+ 17 12 46	8.61	Berl. A. 1158	+ 17.714		
1237	66 r Tauri	5.4		18 24.7	3.269	+ 9 13 42	8.60	Leipz. II. 1612	+ 9.570		
1238	42 ξ Eridani	*5.4*	e	18 42.0	2.984	— 3 58 35	8.53	**Fd. K. s. 57**	— 4.818		
1239	Camelopard.	6.5		18 42.5	4.959	+ 57 21 25	8.58	Hels. 3544	+ 57.800		
1240	Eridanus	6.2		18 54.8	2.505	— 25 7 29	8.56	Cordob. 4911			R
1241	Taurus	6.3	e	4 19 7.1	+ 3.485	+ 18 48 44	+ 8.54	Berl. A. 1166	+ 18.633		
1242	65 $\varkappa$ Tauri	4.6	e	19 24.4	3.563	+ 22 3 55	8.52	Berl. B. 1424	+ 21.642	Hh 116	
1243	67 Tauri	5.6	e	19 27.3	3.561	+ 21 58 17	8.52	Berl. B. 1425	+ 21.643		
1244	Eridanus	6.5		19 27.7	2.201	— 35 46 40	8.52	Cordob. 4926		I. 384	
1245	68 δ^3 Tauri	4.6	e	19 42.0	3.459	+ 17 41 58	8.50	Berl. A. 1170	+ 17.719	Hh 117	
1246	Perseus	5.4		19 44.1	3.802	+ 31 12 51	8.50	Leid. 1683	+ 31.776		
1247	43 d Eridani	3.9	e	20 16.8	2.251	— 34 14 56	8.50	**S. Fd. K. 81**			R
1248	69 υ^2 Tauri	4.5	e	20 19.2	3.577	+ 22 35 14	8.45	Berl. B. 1429	+ 22.696		
1249	71 Tauri	4.8	e	20 38.6	3.407	+ 15 23 30	8.42	Berl. A. 1175	+ 15.625		
1250	η Reticuli	5.2	e	4 20 48.4	+ 0.636	— 63 37 25	+ 8.55	**S. Fd. K. 82**			

Nr. 1208. Σ^1 423, Begl. 8m blau; d = 50″, p = 250°.
Nr. 1218. h 3642, Begl. 8.9m rötlich; d = 6″, p = 160°.
Nr. 1226. Σ 528, Begl. 7.8m bläulich-weiß; d = 19″, p 25°.
Nr. 1228. Rümker 3, Begl. 8.4m; d = 5″, p = 4°.
Nr. 1229. $O\Sigma$ 80, Begl. 7.0m; d = 0″.5, p = 180°.
Nr. 1231. β 744, Begl. 7.0m; d = 0″.8, p = 310°.
Nr. 1235. $O\Sigma$ 81, Begl. 9.5m; d = 4″.5, p = 40°.

Kat. Nr.	Bezeichnung des Sternes	Gr.	Mittl. A. R. für 1900.0	Jährl. Veränd.	Mittl. Dekl. für 1900.0	Jährl. Veränd.	Nachweis	B. D.	Bemerkungen
			h m s	s	° ′ ″	″		°	
1251	Taurus	6.5	4 20 55.6	+ 3.251	+ 8 21 48	+ 8.40	Leipz. II. 1627	+ 8.687	
1252	73 π Tauri	5.0	20 57.3	3.386	+ 14 29 16	8.40	Leipz. I. 1295	+ 14.697	
1253	72 Tauri	5.8	21 18.6	3.583	+ 22 46 16	8.37	Berl. B. 1434	+ 22.699	G
1254	Taurus	6.4	21 48.7	3.112	+ 1 51 19	8.33	Alb. 1308	+ 1.753	
1255	Camelopard.	6.2	21 54.7	6.887	+ 72 18 46	8.32	Greenw. (01) 918	+ 72.227	h 2228
1256	Taurus	6.2	21 57.5	3.309	+ 10 59 16	8.32	Leipz. I. 1298	+ 10.577	β 1186
1257	Taurus	6.0	e 22 4.4	3.549	+ 21 23 49	8.31	Berl. B. 1437	+ 21.647	
1258	Caelum	6.0	22 10.6	1.882	− 44 23 25	8.30	Cordob. 4974		
1259*	Taurus	6.6	22 33.0	3.780	+ 30 8 22	8.27	Leid. 1696	+ 30.665	Σ 548
1260	76 Tauri	6.2	e 22 43.2	3.388	+ 14 31 7	8.26	Leipz. I. 1301	+ 14.702	
1261	75 Tauri	5.2	e 4 22 43.3	+ 3.425	+ 16 8 9	+ 8.26	Berl. A. 1186	+ 16.605	G
1262*	Eridanus	6.1	22 44.6	2.522	− 24 18 21	8.26	Cordob. 4982		β 311
1263	74 ε Tauri	3.9	e 22 46.6	3.498	+ 18 57 31	8.22	**Fd. K. 72**	+ 18.640	
1264*	77 ϑ¹ Tauri	4.0	e 22 51.5	3.416	+ 15 44 25	8.25	Berl. A. 1189	+ 15.631	S. C. C. 163 G
1265	Taurus	6.4	22 52.4	3.107	+ 1 38 6	8.25	Alb. 1311	+ 1.755	G
1266*	78 ϑ² Tauri	3.8	e 22 56.9	3.414	+ 15 38 57	8.24	Berl. A. 1190	+ 15.632	
1267	79 b Tauri	5.3	e 23 13.8	3.350	+ 12 49 33	8.22	Leipz. I. 1306	+ 12.598	
1268	44 Eridani	5.8	23 21.9	3.097	+ 1 9 33	8.21	Alb. 1314	+ 1.757	
1269	Reticulum	6.4*	23 42.0	0.828	− 61 27 52	8.18	Cordob. 5016		
1270*	1 Camelopard.	6.2	24 6.5	4.738	+ 53 41 37	8.14	**Fd. K. 368**	+ 53.779	Σ 550
1271	Caelum	6.2	e 4 24 9.5	+ 1.758	− 47 9 40	+ 8.14	Cordob. 5017		
1272	Perseus	6.4	24 13.3	3.843	+ 32 14 23	8.14	Leid. 1703	+ 32.806	OΣ 83
1273	Eridanus	6.2	24 15.0	2.635	− 19 40 34	8.14	Cordob. 5013	− 19.931	
1274*	80 Tauri	6.0	e 24 26.7	3.410	+ 15 25 11	8.12	Berl. A. 1199	+ 15.636	Σ 554
1275	Eridanus	5.6	24 27.6	+ 2.756	− 13 16 6	8.12	Cordob. 5014	− 13.893	
1276	δ Mensae	5.6	e 24 43.9	− 4.189	− 80 26 53	8.19	**S. Fd. K. 83**		
1277	Taurus	5.0	e 24 49.9	+ 3.423	+ 15 58 36	8.09	Berl. A. 1200	+ 15.637	
1278	81 Tauri	5.9	e 24 56.2	3.409	+ 15 28 29	8.08	Berl. A. 1202	+ 15.639	
1279	83 Tauri	5.6	e 24 59.3	3.367	+ 13 30 25	8.08	Leipz. I. 1313	+ 13.690	
1280	84 Tauri	6.5	e 25 26.5	3.398	+ 14 53 23	8.04	Leipz. I. 1315	+ 14.711	GR
1281	Eridanus	6.4	4 25 33.2	+ 2.771	− 13 48 37	+ 8.03	Cordob. 5039	− 13.896	
1282	85 Tauri	6.3	e 26 9.0	3.416	+ 15 38 13	7.98	Greenw. (00) 834	+ 15.645	
1283	Caelum	6.5*	26 22.4	1.769	− 46 44 4	7.97	Cordob. 5066		
1284*	57 m Persei	6.3	e 26 22.7	4.211	+ 42 51 2	7.97	Bonn 3682	+ 42.990	Σ′ 50
1285	Reticulum	6.1*	26 36.3	0.689	− 62 44 27	7.95	Cordob. 5081		
1286	45 Eridani	*5.1*	26 45.7	3.066	− 0 15 30	7.92	**Fd. K. s. 58**	− 0.713	R
1287	Eridanus	6.1	26 48.9	2.771	− 13 51 27	7.93	Cordob. 5067	− 13.904	
1288	Camelopard.	6.1	27 1.8	5.597	+ 64 3 10	7.91	Hels. 3614	+ 63.515	
1289	Eridanus	6.0	27 1.8	2.185	− 35 52 14	7.91	Cordob. 5078		h 3659
1290	Eridanus	5.7	27 37.3	3.000	− 3 25 18	7.87	Cordob. 5084	− 3.809	
1291*	Taurus	6.5	4 27 45.5	+ 3.468	+ 17 48 21	+ 7.85	Berl. A. 1215	+ 17.750	Σ 559
1292	δ Caeli	5.3	27 46.3	1.833	− 45 10 6	7.83	**S. Fd. K. 84**		
1293	86 ϱ Tauri	4.9	e 28 10.1	3.394	+ 14 38 4	7.82	Leipz. I. 1327	+ 14.720	
1294	Taurus	6.3	28 20.7	3.272	+ 9 12 14	7.81	Leipz. II. 1676	+ 9.600	
1295	Taurus	6.1	28 22.5	3.748	+ 28 45 7	7.80	Camb. E. 2111	+ 28.666	h 5461
1296	Eridanus	6.2	28 38.6	2.833	− 10 59 49	7.78	Cordob. 5117	− 11.900	GR
1297	Taurus	6.1	28 49.3	3.188	+ 5 21 32	7.77	Leipz. II. 1680	+ 5.679	
1298	46 Eridani	*5.4*	29 2.2	2.922	− 6 56 55	7.75	W.-Ott. 1150	− 7.838	β 881
1299	Eridanus	6.4	e 29 22.0	2.920	− 7 2 45	7.72	W.-Ott. 1153	− 7.841	
1300	47 Eridani	*5.2*	e 4 29 22.6	+ 2.890	− 8 26 26	+ 7.72	W.-Ott. 1154	− 8.887	R

Nr. 1259. Σ 548, Begl. 8m; d = 14″.2, p = 36°.

Nr. 1262. β 311, Begl. 7.2m; d = 0″.7, p = 153°.

Nr. 1264 und 1266. ϑ¹ und ϑ² Tauri bilden zusammen ein physisches System.

Nr. 1270. Σ 550, Begl. 6.2m; d = 10″, p = 310°.

Nr. 1274. Σ 554, Begl. 9.0m; d = 2″, p = 13°. d nimmt ab. Die angegebene Distanz ist von Σ gemessen, seit 1872 ist der Stern nur noch einfach gesehen.

Nr. 1284. Σ¹ 50, Begl. 7m; d = 115″, p = 200°.

Nr. 1291. Σ 559, Begl. 7m; d = 3″.3, p = 100°.

Kat. Nr.	Bezeichnung des Sternes	Gr.		Mittl. A. R. für 1900.0	Jährl. Veränd.	Mittl. Dekl. für 1900.0	Jährl. Veränd.	Nachweis	B. D.	Bemerkungen
				h m s	s	° ′ ″	″		°	
1301	Eridanus	*6.0*		4 29 24.5	+ 2.873	− 9 10 34	+ 7.72	W.-Ott. 1155	− 9.930	O
1302	50 ν^1 Eridani	4.6	e	29 35.3	2.361	− 29 58 0	7.71	Cordob. 5137		
1303	58 *e* Persei	4.4		29 45.6	+ 4.148	+ 41 3 34	7.69	Bonn 3721	+ 40.1000	G
1304	ν Mensae	5.8		29 49.1	− 5.503	− 81 48 29	7.69	Cordob. 5219		
1305*	88 *d* Tauri	4.4	e	30 9.5	+ 3.290	+ 9 57 20	7.66	Leipz. II. 1690	+ 9.607	$O\Sigma^2$ 52
1306*	87 α Tauri	1.2	e	30 10.9	3.438	+ 16 18 30	7.47	**Fd. K. 73**	+ 16.629	Σ1455; β550; [β1019 RG
1307	Taurus	6.2	e	30 27.5	3.601	+ 23 8 14	7.64	Berl. B. 1472	+ 23.715	
1308*	Eridanus	6.3		30 28.1	2.856	− 9 56 33	7.64	W.-Ott. 1160	− 10.959	Σ 570
1309	Eridanus	6.2		30 37.8	2.620	− 20 7 48	7.62	Cordob. 5154	− 20.880	
1310	Eridanus	6.3		31 2.4	2.989	− 3 48 59	7.59	Cordob. 5163	− 3.830	Σ 571
1311	48 *r* Eridani	*4.0*		4 31 19.2	+ 2.993	− 3 33 24	+ 7.58	**Fd. K. 74**	− 3.834	
1312	52 ν^2 Eridani	3.8	e	31 39.7	2.329	− 30 46 1	7.54	**S. Fd. K. 85**		
1313	α Doradus	3.5	e	31 50.2	1.290	− 55 15 5	7.52	**S. Fd. K. 86**		h 3668
1314	3 Camelopard.	5.2		32 2.1	4.711	+ 52 52 50	7.51	Camb. U.S. 1905	+ 52.865	β 1043 G
1315*	2 Camelopard.	5.6	e	32 2.3	4.734	+ 53 16 36	7.51	Camb. U.S. 1904	+ 53.794	Σ 566
1316	49 Eridani	5.6		32 4.5	3.090	+ 0 47 44	7.51	Nic. 1024	+ 0.798	
1317	Taurus	6.1		32 21.8	3.536	+ 20 29 0	7.48	Berl. B. 1476	+ 20.785	
1318	89 Tauri	6.1	e	32 25.7	3.425	+ 15 49 58	7.48	Berl. A. 1246	+ 15.661	
1319	Reticulum	6.0		32 31.7	0.633	− 63 1 46	7.47	Cordob. 5223		h 3670 R
1320	90 c^1 Tauri	4.7	e	32 33.8	3.343	+ 12 18 36	7.47	Leipz. I. 1345	+ 12.618	
1321	51 *c* Eridani	*5.5*	e	4 32 34.0	+ 3.015	− 2 40 22	+ 7.47	Cordob. 5199	− 2.963	β 88
1322	Eridanus	6.4		32 58.1	2.329	− 30 55 9	7.43	Cordob. 5215		
1323	Taurus	6.4		33 17.2	3.653	+ 25 1 11	7.41	Berl. B. 1481	+ 24.674	
1324	91 σ^1 Tauri	5.3	e	33 26.5	3.420	+ 15 36 11	7.39	Berl. A. 1252	+ 15.665	
1325	92 σ^2 Tauri	4.9	e	33 33.0	3.423	+ 15 43 11	7.38	Berl. A. 1254	+ 15.666	
1326	53 *l* Eridani	4.1	e	33 35.9	2.744	− 14 29 59	7.22	**Fd. K. 553**	− 14.933	
1327	Taurus	5.6		33 41.1	3.240	+ 7 40 20	7.37	Leipz. II. 1720	+ 7.681	
1328	Perseus	5.9		33 56.4	2.459	+ 48 6 24	7.35	Bonn 3769	+ 48.1128	
1329	Caelum	6.5*		34 3.9	1.950	− 42 4 30	7.35	Cordob. 5244		
1330	Eridanus	5.1		34 13.8	2.801	− 12 19 16	7.33	Cordob. 5239	− 12.955	
1331	93 c^2 Tauri	5.9		4 34 29.2	+ 3.337	+ 12 0 5	+ 7.31	Leipz. II. 1353	+ 11.639	
1332	Eridanus	6.2		34 42.2	3.047	− 1 14 56	7.29	Nic. 1042	− 1.689	
1333	Eridanus	5.7	e	34 43.5	2.749	− 14 33 7	7.29	Cordob. 5250	− 14.936	
1334	Perseus	6.1	e	35 2.2	4.049	+ 38 5 21	7.26	Lund 2327	+ 37.954	
1335	Taurus	6.0		35 4.1	3.747	+ 28 26 16	7.26	Camb. E. 2143	+ 28.680	h 346
1336	Camelopard.	6.2	e	35 22.3	7.995	+ 75 45 34	7.11	**Fd. K. 369**	+ 75.189	
1337*	*R* Doradus	var.		35 36.0	0.699	− 62 16 25	7.22	Cordob. 5276		h 3679 R
1338	Perseus	6.1		35 45.4	4.548	+ 49 46 57	7.21	Bonn 3780	+ 49.1230	
1339	Eridanus	5.4	e	35 57.2	2.493	− 24 40 40	7.20	**S. Fd. K. 87**		
1340	59 Persei	5.5	e	35 48.6	4.243	+ 43 10 30	7.20	Bonn 3782	+ 43.1043	
1341	54 Eridani	4.7	e	4 36 4.0	+ 2.622	− 19 51 47	+ 7.10	**Fd. K. s. 61**	− 19.988	OR
1342*	94 τ Tauri	4.5		36 14.5	3.596	+ 22 45 55	7.16	**Fd. K. 370**	+ 22.739	$O\Sigma^2$ 54
1343	95 Tauri	6.4		37 10.4	3.627	+ 23 53 58	7.09	Berl. B. 1505	+ 23.733	
1344	Perseus	6.3		37 17.5	4.145	+ 40 35 54	7.08	Bonn 3797	+ 40.1032	
1345	α Caeli	4.6	e	37 20.3	1.930	− 42 3 17	6.99	**S. Fd. K. 88**		
1346	β Caeli	5.0	e	38 31.2	2.117	− 37 20 27	6.98	Cordob. 5313		
1347*	55 Eridani	*6.0*		38 46.9	2.875	− 8 58 53	6.96	W.-Ott. 1203	− 9.969	Σ 590
1348	Orion	5.0		38 53.0	3.315	+ 10 57 35	6.95	Leipz. I. 1367	+ 10.621	
1349	56 Eridani	*5.8*		39 17.0	2.881	− 8 41 26	6.92	W.-Ott. 1207	− 8.929	
1350	Caelum	5.6		4 39 17.5	+ 2.320	− 30 57 3	+ 6.92	Cordob. 5328		

Nr. 1305. $O\Sigma^2$ 52, Begl. 7.5ᵐ; d = 69″, p = 300°.
Nr. 1306. α Tauri = ***Aldebaran.***
Nr. 1308. Σ 570, Begl. 8ᵐ bläulich; d = 23″, p = 260°.
Nr. 1315. Σ 566, Begl. 7.4ᵐ bläulich; d = 1″.5, p = 310°.

Nr. 1337. Var. Max. 5.7ᵐ, Min. 6.7ᵐ.
Nr. 1342. $O\Sigma^2$ 54, Begl. 7.2ᵐ; d = 63″, p = 213°.
Nr. 1347. Σ 590, Begl. 7.1ᵐ; d = 9″, p = 316°.

Kat. Nr.	Bezeichnung des Sternes	Gr.	Mittl. A. R. für 1900.0	Jährl. Veränd.	Mittl. Dekl. für 1900.0	Jährl. Veränd.	Nachweis	B. D.	Bemerkungen
			h m s	s	° ′ ″	″		°	
1351	Taurus	6.5	4 39 40.2	+ 3.617	+ 23 26 40	+ 6.89	Berl. B. 1513	+ 23.739	
1352	4 Camelopard.	5.5	e 39 40.2	4.979	+ 56 34 46	6.73	**Fd. K. 371**	+ 56.973	
1353	Eridanus	5.6	39 43.0	2.644	− 18 51 7	6.88	Cordob. 5334	− 18.906	
1354	Perseus	6.2	39 50.4	4.132	+ 40 7 51	6.87	Bonn 3831	+ 40.1045	
1355	λ Pictoris	5.3	40 2.8	1.539	− 50 40 11	6.84	Cordob. 5350		
1356	Taurus	6.2	e 40 26.3	3.495	+ 18 33 16	6.82	Berl. A. 1293	+ 18.719	G
1357	Caelum	6.5*	40 27.0	1.970	− 41 15 3	6.82	Cordob. 5351		
1358	Orion	5.6	40 27.8	3.329	+ 11 31 22	6.82	Leipz. I. 1373	+ 11.646	
1359	57 μ Eridani	*4.1*	40 30.1	2.997	− 3 26 16	6.82	**Fd. K. 75**	− 3.876	
1360	Eridanus	6.1	40 46.0	2.579	− 21 28 0	6.80	Cordob. 5354	− 21.966	
1361	Orion	6.3	4 41 23.5	+ 3.004	− 3 8 3	+ 6.74	Cordob. 5362	− 3.884	
1362	Cepheus	5.3	41 37.4	11.049	+ 81 1 40	6.72	Hamb. 76	+ 80.155	G
1363	Eridanus	6.2	42 26.2	2.396	− 28 16 5	6.66	Cordob. 5394		
1364	Caelum	6.1	42 32.8	2.031	− 39 32 13	6.65	Cordob. 5397		
1365	Camelopard.	5.6	42 43.3	5.585	+ 63 20 4	6.63	Hels. 3766	+ 63.543	G
1366	Auriga	5.7	42 48.2	3.839	+ 31 15 52	6.63	Leid. 1779	+ 31.816	G
1367	ϰ Doradus	5.4	e 42 50.5	0.894	− 59 54 58	6.66	**S. Fd. K. 89**		
1368	Auriga	6.2	42 50.8	+ 3.874	+ 32 24 46	6.62	Leid. 1780	+ 32.840	
1369	Mensa	6.4*	42 54.0	− 2.786	− 77 50 41	6.62	Cordob. 5453		
1370	58 Eridani	5.5	e 43 6.6	+ 2.685	− 17 7 6	6.60	Cordob. 5405	− 17.954	
1371	1 Aurigae	5.0	e 4 43 10.7	+ 4.035	+ 37 18 42	+ 6.60	Lund 2375	+ 37.969	G
1372	Orion	6.2	43 29.6	3.148	+ 3 24 45	6.57	Alb. 1424	+ 3.681	G
1373	Auriga	5.7	43 38.3	4.504	+ 48 34 6	6.56	Bonn 3880	+ 48.1162	G
1374	Eridanus	6.0	e 43 39.6	2.944	− 5 50 36	6.56	W.-Ott. 1229	− 5.1044	
1375	ζ Caeli	6.2	43 55.5	2.337	− 30 12 0	6.54	Cordob. 5431		
1376	96 Tauri	6.3	44 0.7	3.429	+ 15 43 47	6.53	Berl. A. 1318	+ 15.687	β 551 RG
1377	59 Eridani	5.8	e 44 2.5	+ 2.698	− 16 30 25	6.53	Cordob. 5430	− 16.956	RG
1378	μ Mensae	5.8	44 3.7	− 0.623	− 71 6 52	6.56	**S. Fd. K. 90**		
1379	9 ϑ Camelopard.	4.6	44 6.3	+ 5.933	+ 66 10 22	6.52	**Fd. K. 76**	+ 66.358	Σ1 472
1380	1 π^3 Orionis	3.5	e 44 24.2	3.223	+ 6 47 11	6.50	Leipz. II. 1810	+ 6.762	
1381	Eridanus	6.2	4 45 7.3	+ 2.759	− 13 56 14	+ 6.44	Cordob. 5448	− 14.970	
1382	2 π^2 Orionis	4.7	45 9.7	3.267	+ 8 43 44	6.43	Leipz. II. 1821	+ 8.777	
1383	97 ι Tauri	5.4	e 45 31.2	3.501	+ 18 40 12	6.40	Berl. A. 1326	+ 18.743	
1384	60 Eridani	5.3	e 45 41.1	2.702	− 16 23 27	6.45	**Fd. K. s. 64**	− 16.964	R
1385	Auriga	5.9	45 43.8	4.229	+ 42 25 2	6.39	Bonn 3913	+ 42.1081	
1386	3 π^4 Orionis	4.0	45 52.7	3.192	+ 5 26 3	6.38	**Fd. K. 77**	+ 5.745	
1387	2 Aurigae	4.9	45 56.3	4.012	+ 36 32 3	6.37	Lund 2392	+ 36.952	G
1388	Taurus	6.5	46 11.2	3.377	+ 13 29 10	6.35	Leipz. I. 1397	+ 13.728	β 552
1389	Orion	6.4	46 13.9	3.292	+ 9 48 19	6.34	Leipz. II. 1837	+ 9.668	
1390	Taurus	6.2	46 32.2	3.740	+ 27 43 49	6.32	Camb. E. 2201	+ 27.701	
1391	5 Camelopard.	5.8	4 46 52.4	+ 4.892	+ 55 5 40	+ 6.29	Hels. 3795	+ 55.941	β 1187
1392	4 o^1 Orionis	4.8	e 46 52.5	3.391	+ 14 5 4	6.29	Leipz. I. 1402	+ 14.777	GR
1393*	Caelum	5.9	47 1.1	1.950	− 41 29 38	6.28	Cordob. 5510		h 3697
1394	Auriga	6.3	47 40.5	4.296	+ 43 53 54	6.22	Bonn 3939	+ 43.1116	
1395	Caelum	5.9	47 49.9	2.181	− 35 4 25	6.21	Cordob. 5524		
1396	61 ω Eridani	*4.3*	e 47 58.9	2.948	− 5 37 12	6.20	Cordob. 5518	− 5.1068	
1397	5 Orionis	5.5	48 9.8	3.125	+ 2 20 34	6.18	Alb. 1459	+ 2.800	RG
1398	Camelopard.	6.0	48 11.5	4.743	+ 52 42 24	6.18	Camb. U.S. 2010	+ 52.898	
1399*	ι Pictoris	5.6	48 41.7	1.344	− 53 37 57	6.14	Cordob. 5555		Δ 18
1400	8 π^5 Orionis	4.0	4 49 2.5	+ 3.123	+ 2 16 37	+ 6.10	**Fd. K. 78**	+ 2.810	

Nr. 1393. h 3697, Begl. 8.6m; d=15″, p=281°.

Nr. 1399. Δ 18, Begl. 6.9m grün; d=12″, p=58°.

Kat. Nr.	Bezeichnung des Sternes	Gr.	Mittl. A. R. für 1900.0	Jährl. Veränd.	Mittl. Dekl. für 1900.0	Jährl. Veränd.	Nachweis	B. D.	Bemerkungen
			h m s	s	° ′ ″	″		°	
1401	6 g Orionis	5.6	4 49 14.1	+ 3.326	+ 11 15 46	+ 6.09	Leipz. I. 1416	+ 11.675	
1402	7 Camelopard.	4.7	e 49 16.2	4.800	+ 53 35 32	6.09	Camb. U.S. 2014	+ 53.829	Σ 610
1403	Orion	5.6	e 49 23.4	3.243	+ 7 37 2	6.08	Leipz. II. 1867	+ 7.755	G
1404	7 π¹ Orionis	4.9	e 49 23.4	3.297	+ 9 59 32	6.08	Leipz. II. 1866	+ 9.683	
1405	Auriga	6.3	49 39.6	3.999	+ 36 0 30	6.06	Lund 2419	+ 35.930	
1406	Camelopard.	6.1	49 38.5	7.551	+ 74 6 53	6.06	II. Ten. Y.C. 1503	+ 74.229	G
1407	Orion	6.3	49 42.6	3.079	+ 0 18 18	6.05	Nic. 1130	+ 0.893	
1408	Taurus	6.1	50 8.6	3.412	+ 14 52 49	6.02	Leipz. I. 1422	+ 14.787	
1409	3 ι Aurigae	2.9	50 28.8	3.902	+ 33 0 28	5.99	**Fd. K. 79**	+ 32.855	Σ¹ 487 G
1410	Eridanus	5.9	50 38.1	2.685	− 16 54 5	5.98	Cordob. 5581	− 16.991	R
1411	9 o² Orionis	4.3	e 4 50 45.0	+ 3.376	+ 13 21 24	+ 5.98	Leipz. I. 1426	+ 13.740	β 553 RG
1412	R Eridani	var.	50 49.2	2.693	− 16 34 47	5.96	Cordob. 5583	− 16.992	RR
1413*	62 b Eridani	5.7	51 28.7	2.955	− 5 19 46	5.90	Cordob. 5601	− 5.1091	h 1840; Hh 1
1414	Caelum	5.8	51 33.9	2.007	− 39 47 22	5.90	Cordob. 5610		
1415	Taurus	5.7	51 35.7	3.463	+ 16 59 49	5.90	Berl. A. 1356	+ 16.672	G
1416	99 Tauri	6.0	51 44.5	3.636	+ 23 47 34	5.89	Berl. B. 1580	+ 23.777	β 1045
1417	Camelopard.	6.3	51 45.0	7.419	+ 73 36 56	5.89	II. Ten. Y.C. 1514	+ 73.264	G
1418	8 Camelopard.	6.2	e 51 48.4	4.769	+ 53 0 7	5.88	Camb. U.S. 2024	+ 52.906	G
1419	98 k Tauri	6.1	e 52 2.1	3.666	+ 24 53 47	5.86	Berl. B. 1581	+ 24.717	
1420*	Camelopard.	6.4	52 3.1	7.508	+ 73 55 10	5.86	Greenw. (02) 820	+ 73.265	OΣ 89
1421	Orion	6.2	4 52 12.8	+ 3.046	− 1 13 22	+ 5.85	Cordob. 5615	− 1.762	
1422*	4 ω Aurigae	5.1	e 52 28.0	4.063	+ 37 44 22	5.82	Lund 2441	+ 37.1005	Σ 616
1423	Camelopard.	6.2	52 36.4	5.375	+ 60 56 0	5.81	Hels. 3831	+ 60.853	
1424	Camelopard.	6.4	e 52 41.9	6.042	+ 66 41 9	5.80	Christ. 811	+ 66.370	
1425	Orion	6.4	53 8.7	3.021	− 2 22 3	5.77	Cordob. 5634	− 2.1080	h 689
1426	Eridanus	6.0	53 10.1	2.745	− 14 23 10	5.77	Cordob. 5640	− 14.1003	
1427	Dorado	6.4*	53 14.3	0.967	− 58 42 29	5.76	Cordob. 5657		
1428*	Orion	6.5	53 18.9	3.401	+ 14 23 24	5.75	Leipz. I. 1439	+ 14.796	OΣ²58; Σ¹499
1429*	10 π⁶ Orionis	4.6	53 21.9	3.108	+ 1 33 38	5.75	Alb. 1513	+ 1.872	Σ 622 R
1430*	5 Aurigae	6.1	53 25.8	4.119	+ 39 14 36	5.74	Lund 2448	+ 39.1133	OΣ 92
1431	6 Aurigae	6.4	4 53 29.6	+ 4.129	+ 39 30 13	+ 5.74	Lund 2449	+ 39.1134	RG
1432*	10 Camelopard.	4.2	54 31.3	5.321	+ 60 17 46	5.64	**Fd. K. 80**	+ 60.856	OΣ²57; Σ¹495
1433*	Eridanus	5.7	54 33.2	2.692	− 16 31 57	5.65	Cordob. 5673	− 16.1013	β 314
1434	Mensa	6.4*	54 45.9	1.016	− 72 34 32	5.63	Cordob. 5719		
1435*	7 ε Aurigae	var.	54 47.5	4.296	+ 43 40 31	5.62	**Fd. K. 81**	+ 43.1166	β 554 G
1436*	R Leporis	var.	55 3.2	2.730	− 14 57 25	5.61	Cordob. 5682	− 15.1015	RR
1437	63 Eridani	5.7	e 55 6.4	+ 2.837	− 10 24 31	5.60	Cordob. 5684	− 10.1066	
1438	Mensa	6.4*	55 15.8	− 1.106	− 72 55 19	5.59	Cordob. 5730		
1439*	64 S Eridani	6.0	e 55 16.9	+ 2.784	− 12 41 5	5.49	**Fd. K. s. 66**	− 12.1047	
1440	8 ζ Aurigae	3.9	55 29.2	4.186	+ 40 55 48	5.56	**Fd. K. 82**	+ 40.1142	Σ¹ 501 G
1441	Orion	6.3	4 55 37.5	+ 3.024	− 2 12 52	+ 5.56	Cordob. 5692	− 2.1095	
1442	Eridanus	6.4	55 50.9	2.941	− 5 52 12	5.54	W.-Ott. 1303	− 5.1123	R
1443	Auriga	6.3	56 17.9	4.202	+ 41 17 48	5.50	Bonn 4073	+ 41.1044	
1444	65 ψ Eridani	4.8	56 35.4	2.908	− 7 19 15	5.48	W.-Ott. 1310	− 7.948	R
1445	Orion	6.2	56 41.6	3.086	+ 0 34 40	5.47	Nic. 1180	+ 0.923	O
1446	Lepus	4.9	57 5.2	2.601	− 20 11 50	5.44	Cordob. 5736	− 20.990	
1447	102 ι Tauri	4.9	e 57 7.0	3.582	+ 21 26 50	5.39	**Fd. K. 372**	+ 21.751	
1448	11 Camelopard.	5.2	57 26.7	5.201	+ 58 49 59	5.41	Hels. 3865	+ 58.804	
1449	Camelopard.	6.0	57 27.2	5.399	+ 61 1 59	5.40	Hels. 3864	+ 60.857	
1450	12 Camelopard.	6.1	4 57 30.0	+ 5.205	+ 58 52 58	+ 5.40	Hels. 3867	+ 58.805	G

Nr. 1413. h 1840, Begl. 8m; d = 66″, p = 75°.
Nr. 1420. OΣ 89, sehr enger Dpst. d = 0″.5.
Nr. 1422. Σ 616, Hptst. grünlich, Begl. 7.9m bläulich; d = 6″, p = 354°.
Nr. 1428. OΣ² 58, Hptst. grünlich, 2 Begl. B, 7m bläulich; d = 40″, p = 305°. C, 8m; d = 55″, p = 90°.
Nr. 1429. Σ 622, Begl. 8m; d = 2″.6, p = 180°.
Nr. 1430. OΣ 92, Begl. 10m; d = 3″, p = 250°.
Nr. 1432. OΣ² 57, Begl. 7.5m; d = 80″, p = 300°.
Nr. 1433. β 314, Begl. 6.8m; d = 1″, p = 330° (1898.2).
Nr. 1435. Var. Max. 3.0m, Min. 4.5m.
Nr. 1436. Var. Max. 6—7m, Min. 8.5m; P = 436d.
Nr. 1439. In Cordob. und anderen Katalogen als var. bezeichnet.

Kat. Nr.	Bezeichnung des Sternes	Gr.	Mittl. A. R. für 1900.0	Jährl. Veränd.	Mittl. Dekl, für 1900.0	Jährl. Veränd.	Nachweis	B. D.	Bemerkungen
			h m s	s	° ′ ″	″		°	
1451	Eridanus	6.0	4 57 47.5	+ 2.976	− 4 21 13	+ 5.38	Cordob. 5750	− 4.1019	
1452	η Mensae	5.2	58 3.4	− 1.766	−75 5 28	5.35	Cordob. 5787		
1453	Lepus	5.0	e 58 5.7	+ 2.433	−26 24 58	5.35	Cordob. 5755		R
1454	Caelum	6.0	58 14.8	1.995	−39 51 49	5.34	Cordob. 5764		
1455	Taurus	6.4	58 24.0	3.571	+21 8 16	5.32	Berl. B. 1628	+ 21.755	
1456	11 Leporis	5.9	e 58 31.6	2.527	−22 56 18	5.31	Cordob. 5766		
1457	Caelum	6.1	58 35.7	2.269	−31 55 2	5.31	Cordob. 5768		
1458*	9 Aurigae	5.2	e 58 50.7	4.692	+ 51 27 59	5.29	Camb. U. S. 2081	+ 51.1024	Hh146; β1046
1459	11 Orionis	5.1	58 51.2	3.425	+ 15 15 54	5.29	Berl. A. 1382	+ 15.732	
1460	Lepus	6.3	59 18.2	2.739	− 14 30 38	5.25	Cordob. 5776	− 14.1027	
1461	10 η Aurigae	3.5	e 4 59 30.1	+ 4.201	+ 41 5 58	5.17	**Fd. K. 83**	+ 41.1058	Σ^1 512
1462	Auriga	6.5	59 40.9	4.278	+ 43 2 18	5.22	Bonn 4125	+ 42.1170	
1463	Lepus	5.5	59 44.6	2.485	− 24 31 37	5.21	Cordob. 5785		
1464	Camelopard.	5.7	59 45.3	7.521	+ 73 49 3	5.21	Greenw. (00) 935	+ 73.274	
1465	Orion	*6.0*	4 59 54.3	3.002	− 3 10 42	5.20	Cordob. 5784	− 3.998	
1466	η^1 Pictoris	5.4	5 0 11.9	1.573	− 49 17 34	5.17	Cordob. 5798		
1467*	W Orionis	var.	0 13.9	3.096	+ 1 2 24	5.17	Nic. 1193	+ 0.939	GR
1468	Caelum	6.5*	0 42.3	1.915	− 41 53 18	5.13	Cordob. 5806		
1469*	γ^1 Caeli	4.6	0 48.6	2.147	− 35 37 11	5.12	Cordob. 5807		β 750
1470	γ^2 Caeli	6.3	0 51.8	2.139	− 35 50 41	5.12	Cordob. 5810		
1471	Lepus	5.9	5 1 12.6	+ 2.434	− 26 17 13	+ 5.09	Cordob. 5817		
1472	2 ε Leporis	3.4	e 1 13.6	2.537	− 22 30 20	5.02	**Fd. K. 554**	− 22.1000	O
1473	104 m Tauri	5.2	e 1 31.2	3.506	+ 18 30 39	5.06	Berl. A. 1399	+ 18.779	
1474	66 Eridani	5.1	1 48.9	2.964	− 4 47 20	5.04	Cordob. 5823	− 4.1044	Σ 642
1475	106 l Tauri	5.5	1 53.4	3.551	+ 20 17 12	5.03	Berl. B. 1643	+ 20.885	
1476	105 Tauri	6.2	1 56.6	3.584	+ 21 34 21	5.03	Berl. B. 1644	+ 21.766	Hh147; S.466
1477	Lepus	6.1	1 59.6	2.768	− 13 15 26	5.02	Cordob. 5830	− 13.1063	
1478	103 Tauri	5.7	2 1.0	3.653	+ 24 8 0	5.02	Berl. B. 1645	+ 24.755	
1479	13 Orionis	6.4	e 2 9.5	3.286	+ 9 21 5	5.01	Leipz. II. 2001	+ 9.736	
1480	η^2 Pictoris	4.9	2 22.5	1.548	− 49 42 47	4.98	**S. Fd. K. 92**		R
1481*	14 i Orionis	5.6	e 5 2 26.1	+ 3.263	+ 8 22 6	+ 4.98	Leipz. II. 2002	+ 8.866	OΣ 98 med.
1482	Lepus	6.0	2 45.4	2.783	− 12 37 11	4.96	Cordob. 5846	− 12.1076	
1483	67 β Eridani	*2.8*	e 2 56.0	2.948	− 5 12 56	4.88	**Fd. K. 84**	− 5.1162	Σ 647
1484	Auriga	5.9	e 3 15.9	4.455	+ 46 50 22	4.91	Bonn 4168	+ 46.970	
1485*	Taurus	6.2	3 28.3	3.759	+ 27 55 3	4.90	Camb. E. 2315	+ 27.732	Σ 645; β1047
1486*	Auriga	6.2	3 32.7	4.056	+ 37 10 29	4.89	Lund 2549	+ 37.1067	Σ 644 med.
1487	Eridanus	5.7	e 3 32.8	2.872	− 8 47 42	4.89	W.-Ott. 1353	− 8.1037	
1488	68 Eridani	*5.3*	3 46.2	2.969	− 4 35 9	4.87	Cordob. 5872	− 4.1056	
1489	ζ Doradus	4.7	e 3 47.7	1.020	− 57 36 33	4.98	**S. Fd. K. 93**		
1490	16 h Orionis	5.8	e 3 49.5	3.294	+ 9 42 4	4.87	Leipz. II. 2019	+ 9.743	
1491	Camelopard.	6.4	5 3 52.9	+ 5.484	+ 61 43 32	+ 4.86	Hels. 3919	+ 61.766	
1492	15 Orionis	5.2	3 58.5	+ 3.432	+ 15 28 12	4.84	Berl. A. 1410	+ 15.752	(OΣ 99)
1493	β Mensae	5.2	e 4 0.4	− 0.797	− 71 27 3	4.89	**S. Fd. K. 94**		
1494	69 λ Eridani	*4.3*	4 21.6	+ 2.870	− 8 52 56	4.82	**Fd. K. 85**	− 8.1040	Σ^1 526
1495	Orion	*6.4*	4 57.4	3.057	− 0 41 24	4.77	Cordob. 5899	− 0.867	R
1496	Camelopard.	6.1	5 52.8	7.365	+ 73 9 11	4.69	Greenw. (00) 958	+ 73.280	
1497	Orion	6.3	e 5 55.4	3.020	− 2 22 24	4.69	Cordob. 5927	− 2.1161	
1498	Orion	5.3	5 56.8	3.443	+ 15 55 19	4.68	Berl. A. 1420	+ 15.759	G
1499*	19 Hev. Camelopard.	5.2	e 6 4.0	9.797	+ 79 6 59	4.82	**Fd. K. 373**	+ 79.169	Σ 634
1500	Orion	*6.1*	5 6 17.1	+ 3.013	− 2 36 51	+ 4.66	Cordob. 5936	− 2.1165	

Nr. 1458. β 1046, Begl. 8.7m; d = 90″, p = 61°.
Nr. 1467. Var. Max. 6m, Min. 7m. P. Ph. D. gibt 6.08m rg.
Nr. 1469. β 750, Begl. 9.6m; d = 3″, p = 310°. 2 Begl. 9m; d = 89″.9, p = 60°.8.
Nr. 1481. OΣ 98, Begl. 7.0m; d = 0″.8, p = 180°. p und d nehmen ab.

Nr. 1485. Σ 645, Begl. 8.2m grau; d = 12″, p = 27°.
Nr. 1486. Σ 644, Begl. 7.0m bläulich-rot; d = 1″.6, p = 220°. Hptst. goldgelb.
Nr. 1499. Σ 634, Begl. 8.5m; d = 16″ p = 10°. Beträchtliche Bewegung in p und d.

Kat. Nr.	Bezeichnung des Sternes	Gr.		Mittl. A. R. für 1900.0	Jährl. Veränd.	Mittl. Dekl. für 1900.0	Jährl. Veränd.	Nachweis	B. D.	Bemerkungen
				h m s	s	° ′ ″	″		°	
1501	Camelopard.	6.4		5 6 23.6	+ 5.262	+ 59 17 16	+ 4.65	Hels. 3940	+ 59.857	
1502	11 μ Aurigae	5.0	e	6 35.0	4.098	+ 38 21 58	4.56	**Fd. K. 374**	+ 38.1063	
1503*	Orion	6.1		6 35.9	3.093	+ 0 54 53	4.63	Alb. 1602	+ 0.975	Σ 652
1504	Lepus	6.5		6 40.8	2.438	− 26 2 7	4.62	Cordob. 5950		
1505	Auriga	6.3		6 42.8	4.805	+ 53 5 42	4.62	Camb. U. S. 2116	+ 53.872	
1506	Lepus	6.0	e	6 42.8	2.797	− 11 58 25	4.62	Cordob. 5948	− 12.1092	GR
1507	Dorado	5.2		6 47.0	0.461	− 63 31 31	4.62	Cordob. 5971		
1508*	3 ι Leporis	4.5		7 37.9	2.796	− 11 59 20	4.54	Cordob. 5968	− 12.1095	Σ 655
1509	Orion	6.0		7 54.7	2.932	− 6 10 33	4.52	W.-Ott. 1380	− 6.1109	
1510*	17 ϱ Orionis	4.7		8 3.8	+ 3.135	+ 2 44 32	4.50	Alb. 1608	+ 2.888	Σ 654
1511	Mensa	6.4*		5 8 9.8	− 1.233	− 73 10 3	+ 4.50	Cordob. 6006		
1512	5 μ Leporis	3.3		8 26.3	+ 2.691	− 16 19 26	4.46	**Naut. Al.**	− 16.1072	
1513*	4 κ Leporis	4.4		8 36.9	2.771	− 13 3 34	4.46	Cordob. 5987	− 13.1092	Σ 661
1514	Orion	6.2		8 44.8	2.883	− 8 15 56	4.45	W.-Ott. 1387	− 8.1059	
1515	Columba	6.5		8 51.8	2.400	− 27 17 46	4.44	Cordob. 5996		
1516*	14 Aurigae	5.1		8 53.6	3.906	+ 32 34 18	4.43	Leid. 1933	+ 32.922	Σ 653
1517*	*R* Aurigae	var.		9 13.4	4.834	+ 53 28 26	4.41	Camb. U.S. 2132	+ 53.882	RR
1518*	13 α Aurigae	0.5	e	9 18.0	4.426	+ 45 53 47	3.98	**Fd. K. 86**	+ 45.1077	Σ^1 529
1519	Orion	5.7		9 25.1	3.188	+ 5 2 25	4.39	Alb. 1623	+ 4.877	G
1520	Lepus	6.2		9 26.8	2.730	− 14 43 24	4.39	Cordob. 6002	− 14.1074	
1521	108 Tauri	6.5		5 9 27.0	+ 3.604	+ 22 10 13	+ 4.39	Berl. B. 1689	+ 22.864	
1522	Auriga	6.1		9 41.7	3.959	+ 34 11 51	4.36	Leid. 1942	+ 34.980	
1523*	19 β Orionis	*1.0*		9 43.9	+ 2.881	− 8 19 2	4.37	**Fd. K.**	− 8.1063	Σ 668; β 555
1524	ξ Mensae	5.9	e	10 14.7	− 6.997	− 82 36 15	4.32	**S. Fd. K. 95**		
1525	Orion	*6.2*		10 14.9	+ 3.038	− 1 31 26	4.32	Cordob. 6019	− 1.837	
1526	18 Orionis	5.9		10 30.8	3.332	+ 11 13 45	4.30	Leipz. I. 1574	+ 11.756	
1527	15 Camelopard	6.4		10 50.3	5.164	+ 58 0 36	4.27	Hels. 3971	+ 57.874	
1528	Columba	5.8		10 56.7	2.121	− 36 5 30	4.26	Cordob. 6038		
1529	Camelopard	5.7		11 2.4	5.587	+ 62 32 50	4.25	Hels. 3972	+ 62.742	G
1530	Auriga	5.7		11 7.2	+ 4.278	+ 42 41 2	4.25	Bonn 4316	+ 42.1239	G
1531*	Mensa	*		5 11 16.5	− 2.909	− 77 40 35	+ 4.23	Cordob. 6091		
1532	Lepus	5.1		11 23.6	+ 2.405	− 27 3 18	4.22	Cordob. 6043		
1533	Lepus	6.5		11 29.7	2.807	− 11 27 51	4.21	Cordob. 6042	− 11.1117	
1534*	16 Aurigae	4.6	e	11 36.8	3.930	+ 33 16 6	4.20	Leid. 1962	+ 33.1000	OΣ 103
1535	Auriga	6.3	e	11 41.4	4.184	+ 40 21 26	4.19	Bonn 4327	+ 40.1240	G
1536	17 Aurigae	6.4		11 44.0	3.943	+ 33 39 33	4.19	Leid. 1966	+ 33.1002	
1537*	15 λ Aurigae	4.8	e	12 5.8	4.171	+ 40 0 44	4.16	Lund 2637	+ 39.1248	Σ′ 545
1538	Lepus	6.5		12 21.5	2.666	− 17 15 7	4.14	Cordob. 6061	− 17.1069	
1539	Auriga	5.6		12 25.1	3.943	+ 33 38 32	4.13	Leid. 1978	+ 33.1008	
1540	20 τ Orionis	*4.0*		12 45.0	2.910	− 6 57 9	4.11	**Fd. K. 88**	− 7.1028	β 188
1541	Auriga	6.5		5 12 47.7	+ 4.391	+ 44 19 14	+ 4.10	Bonn 4342	+ 44.1170	G
1542	Lepus	5.7		13 4.6	2.756	− 13 37 32	4.08	Cordob. 6076	− 13.1116	
1543	Auriga	5.6		13 13.2	4.210	+ 40 59 2	4.06	Bonn 4353	+ 40.1253	
1544	109 n Tauri	5.2	e	13 16.1	3.602	+ 21 59 37	4.06	Berl. B. 1701	+ 21.816	
1545*	Taurus	6.3	e	13 19.7	3.550	+ 20 1 48	4.05	Berl. A. 1464	+ 19.893	Σ 680
1546	19 Aurigae	5.2		13 25.4	+ 3.951	+ 33 51 13	4.05	Leid. 1989	+ 33.1013	
1547	ϑ Doradus	4.8	e	13 50.0	− 0.058	− 67 17 52	4.05	**S. Fd. K. 96**		
1548	o Columbae	5.0	e	13 52.6	+ 2.162	− 34 59 34	3.67	**S. Fd. K. 97**		
1549	21 Orionis	5.6	e	13 58.3	3.130	+ 2 29 32	4.00	Alb. 1653	+ 2.916	
1550	Lepus	6.0		5 14 23.1	+ 2.640	− 18 14 12	+ 3.97	Cordob. 6109	− 18.1051	R

Nr. 1503. Σ 652, Begl. 7.8m; d = 1″.7, p = 190°.
Nr. 1508. Σ 655, Begl. 10.5m; d = 13″, p = 340°.
Nr. 1510. Σ 654, Hptst. gelb, Begl. 8.5m blau; d = 7″, p = 63°.
Nr. 1513. Σ 661, Hptst. gelb, Begl. 7.2m blau; d = 2″.5, p = 358°.
Nr. 1516. Σ 653, Begl. 7.2m; d = 14″.5, p = 225°.
Nr. 1517. Var. Max. 6.5—7.8m, Min. 1?5—12.7m; P = 460d.
Nr. 1518. α Aurigae = ***Capella.***

Nr. 1523. Σ 668, Begl. 8m; d = 9″.5, p = 200°. Begl. selbst dpl., bestehend aus zwei Sternen 8.7m; d = 0″.4 (β 555). β Orionis = ***Rigel.***
Nr. 1531. Dieser Stern ist bei Behrmann als 6m, in Cordob. G. K. 8.1m angegeben. Sonst ist er nicht beobachtet (var. oder Nova?).
Nr. 1534. OΣ 103, Begl. 11m.
Nr. 1537. Σ^1 545, Begl. 8.7m; d = 134″, p = 7° (optisch).
Nr. 1545. Σ 680, Begl. 10.2m; d = 9″, p = 200°.

Kat. Nr.	Bezeichnung des Sternes	Gr.	Mittl. A. R. für 1900.0	Jährl. Veränd.	Mittl. Dekl. für 1900.0	Jährl. Veränd.	Nachweis	B. D.	Bemerkungen
			h m s	s	° ′ ″	″		°	
1551	Orion	*6.3*	5 14 31.4	+ 3.038	— 1 30 57	+ 3.95	Cordob. 6108	— 1.859	
1552	Taurus	6.5	14 42.6	3.765	+ 27 51 20	3.94	Camb. E. 2417	+ 27.758	
1553	20 ϱ Aurigae	5.4	e 14 43.7	4.241	+ 41 42 19	3.94	Bonn 4373	+ 41.1162	
1554	Taurus	5.9	14 51.0	3.813	+ 29 28 6	3.92	II. Ten. Y.C. 1628	+ 29.869	
1555	16 Camelopard.	5.5	e 14 53.9	5.126	+ 57 26 51	3.92	Hels. 3996	+ 57.879	
1556	Lepus	6.2	14 54.2	2.629	— 18 37 34	3.92	Cordob. 6116	— 18.1055	
1557	Lepus	6.4	14 55.0	2.629	— 18 36 48	3.92	Cordob. 6118	— 18.1056	
1558	6 λ Leporis	4.2	14 58.1	2.763	— 13 16 46	3.92	Cordob. 6117	— 13.1127	
1559	Taurus	6.4	15 2.1	3.542	+ 19 42 48	3.91	Berl. A. 1477	+ 19.902	
1560	7 ν Leporis	5.3	15 20.7	2.784	— 12 25 6	3.88	Cordob. 6124	— 12.1132	
1561	Columba	6.1	5 15 24.5	+ 2.388	— 27 28 18	+ 3.87	**S. Fd. K. 98**		
1562*	Orion	6.3	15 31.6	2.947	— 5 28 8	3.87	Cordob. 6126	— 5.1225	β 189
1563	Auriga	5.8	15 49.0	4.210	+ 40 55 51	3.84	Bonn 4399	+ 40.1268	
1564*	Lepus	4.7	16 10.7	2.560	— 21 20 25	3.81	Cordob. 6141	— 21.1135	h 3750
1565	Orion	6.2	16 17.0	3.265	+ 8 19 46	3.80	Leipz. II. 2140	+ 8.933	
1566	Orion	5.8	16 25.6	3.061	— 0 30 56	3.79	Nic. 1279	— 0.929	h 697
1567	22 o Orionis	*4.8*	16 39.5	3.062	— 0 28 55	3.77	Cordob. 6147	— 0.930	
1568	Columba	6.3	16 44.7	2.160	— 34 47 56	3.76	Cordob. 6158		
1569	ζ Pictoris	5.6	e 16 54.9	1.469	— 50 42 48	3.95	**S. Fd. K. 99**		
1570	Lepus	6.5	17 16.0	2.748	— 13 51 12	3.73	Cordob. 6164	— 13.1135	
1571*	23 m Orionis	5.2	5 17 34.7	+ 3.151	+ 3 26 53	+ 3.69	Alb. 1684	+ 3.871	Σ 696
1572	Columba	6.0	17 39.7	2.171	— 34 26 36	3.68	Cordob. 6182		
1573*	Lepus	5.2	17 40.0	2.463	— 24 52 12	3.68	Cordob. 6177		h 3752
1574	110 Tauri	6.4	e 17 51.3	3.465	+ 16 36 18	3.67	Berl. A. 1497	+ 16.765	
1575	21 σ Aurigae	5.2	17 51.4	4.074	+ 37 17 31	3.67	Lund 2705	+ 37.1175	β 888 G
1576	Auriga	6.5	18 11.8	3.867	+ 31 7 52	3.64	Leid. 2027	+ 31.954	G
1577	Auriga	6.2	18 11.9	3.867	+ 31 3 0	3.64	Leid. 2028	+ 31.955	
1578*	Orion	5.9	18 30.8	2.876	— 8 30 36	3.61	W.-Ott. 1463	— 8.1107	Σ 701
1579	111 Tauri	5.2	e 18 34.8	3.482	+ 17 17 27	3.60	Berl. A. 1506	+ 17.920	Σ[1] 566
1580	Orion	5.5	18 35.5	3.067	— 0 15 13	3.60	Cordob. 6192	— 0.936	
1581*	Orion	6.1	5 18 46.3	+ 3.051	— 0 57 38	+ 3.59	Nic. 1297	— 1.882	
1582	8 Leporis	5.2	18 55.7	2.745	— 14 1 15	3.58	Cordob. 6207	— 14.1119	
1583	29 e Orionis	*4.2*	19 7.7	2.890	— 7 54 0	3.56	W.-Ott. 1470	— 7.1064	
1584	Lepus	6.5	19 10.9	2.409	— 26 48 1	3.55	Cordob. 6216		
1585	27 p Orionis	*5.2*	e 19 23.9	3.050	— 0 59 17	3.53	Cordob. 6215	— 1.886	G
1586*	28 η Orionis	*3.7*	19 26.9	3.016	— 2 29 21	3.53	**Fd. K. 89**	— 2.1235	Hh 169 med.
1587	25 Orionis	5.2	19 33.4	3.112	+ 1 45 16	3.52	Alb. 1708	+ 1.1005	S. 479
1588*	24 γ Orionis	2.1	19 46.0	3.215	+ 6 15 33	3.49	**Fd. K. 91**	+ 6.919	S. C. C. 200
1589*	112 β Tauri	2.0	e 19 58.2	3.790	+ 28 31 23	3.30	**Fd. K. 90**	+ 28.795	Σ[1] 569
1590	Lepus	5.6	20 1.3	2.669	— 17 3 58	3.48	Cordob. 6234	— 17.1117	
1591	Columba	6.0	5 20 6.0	+ 1.977	— 39 46 16	+ 3.47	Cordob. 6246		
1592	Auriga	6.3	20 11.4	3.971	+ 34 18 12	3.47	Leid. 2054	+ 34.1040	
1593	Auriga	6.4	20 13.4	4.007	+ 35 22 10	3.46	Lund 2725	+ 35.1102	G
1594	Auriga	6.3	20 17.5	3.934	+ 33 10 29	3.46	Leid. 2055	+ 33.1045	G
1595	Orion	*5.9*	20 18.6	2.831	— 10 25 5	3.46	Cordob. 6242	— 10.1178	GR
1596	Orion	6.2	20 25.1	3.058	— 0 38 2	3.45	Nic. 1302	— 0.945	
1597	ϰ Pictoris	6.4*	20 31.6	1.103	— 56 13 43	3.44	Cordob. 6268		
1598	17 Camelopard.	5.5	20 43.4	5.655	+ 62 59 1	3.41	**Fd. K. 375**	+ 62.759	G
1599	Auriga	5.9	20 44.2	3.837	+ 30 7 19	3.42	Leid. 2065	+ 30.898	
1600	24 φ Aurigae	5.4	e 5 21 1.2	+ 3.975	+ 34 23 28	+ 3.39	Leid. 2070	+ 34.1048	G

Nr. 1562. β 189, Begl. 10.9ᵐ; d=4″, p=285°.
Nr. 1564. h 3750, Begl. 9.5ᵐ; d=3″, p=280°.
Nr. 1571. Σ 696, Begl. 7.0ᵐ; d=32″, p=28°.
Nr. 1573. h 3752, Hptst. gelb, Begl. 7.4ᵐ blau; d=3″.3, p=100°.
Nr. 1578. Σ 701, Begl. 7.9ᵐ; d=5″.9, p=142°.

Nr. 1581. Begl. 8.0ᵐ; d=2″, p=130°.
Nr. 1586. Hh. 169, Begl. 4.9ᵐ; d=1″, p=78° (99.0).
Nr. 1588. γ Orionis = ***Bellatrix.***
Nr. 1589. β Tauri = ***Nath.***

Kat. Nr.	Bezeichnung des Sternes	Gr.	Mittl. A. R. für 1900.0	Jährl. Veränd.	Mittl. Dekl. für 1900.0	Jährl. Veränd.	Nachweis	B. D.	Bemerkungen
			h m s	s	° ′ ″	″		°	
1601	Orion	6.2	5 21 7.9	+ 2.944	− 5 36 24	+ 3.39	Cordob. 6264	− 50.1247	
1602*	115 Tauri	5.7	21 20.1	3.498	+ 17 52 35	3.37	Berl. A. 1522	+ 17.928	OΣ 107
1603	Orion	6.5	21 30.8	3.430	+ 15 10 19	3.35	Berl. A. 1525	+ 15.822	
1604	30 ψ Orionis	4.9	21 35.9	3.142	+ 3 0 33	3.34	Alb. 1723	+ 2.962	
1605	114 o Tauri	5.0	21 37.7	3.601	+ 21 51 6	3.34	Berl. B. 1749	+ 21.847	h 365; Hh 173
1606	Lepus	5.7	21 39.9	2.599	− 19 46 55	3.34	Cordob. 6285	− 19.1173	h 3759
1607	Pictor	6.5*	21 57.0	1.785	− 44 18 52	3.31	Cordob. 6296		
1608	116 Tauri	5.8	22 0.8	3.445	+ 15 47 24	3.31	Berl. A. 1529	+ 15.826	
1609	117 Tauri	5.9	e 22 13.3	3.480	+ 17 9 24	3.29	Berl. A. 1532	+ 17.931	RG
1610	Lepus	6.4	22 25.3	1.793	− 11 59 6	3.27	Cordob. 6298	− 12.1169	
1611	ϑ Pictoris	6.5*	5 22 30.2	+ 1.360	− 52 24 12	+ 3.27	Cordob. 6313		Δ 20; I. 345
1612*	118 Tauri	5.7	23 7.2	3.690	+ 25 4 10	3.21	Camb. E. 2472	+ 25.839	Σ 716
1613	Auriga	6.4	23 19.4	3.808	+ 29 6 25	3.20	Camb. E. 2474	+ 29.909	
1614	Lepus	6.2	23 20.9	2.554	− 21 27 37	3.19	Cordob. 6321	− 21.1174	
1615	Auriga	6.1	23 44.7	4.236	+ 41 23 2	3.16	Bonn 4494	+ 41.1206	
1616	Columba	5.9	e 23 52.7	1.922	− 41 1 47	3.24	**S. Fd. K. 100**		I. 346
1617*	9 β Leporis	3.0	e 23 57.6	2.569	− 20 50 21	3.06	**Fd. K. 555**	− 20.1096	h 3761; β 320
1618	Orion	6.2	24 24.9	2.992	− 3 31 32	3.10	Cordob. 6350	− 3.1116	R
1619*	31 Orionis	6.3	24 39.3	3.046	− 1 10 14	3.08	Cordob. 6359	− 1.913	Σ 725 OR
1620	Orion	6.2	24 42.8	3.434	+ 15 17 1	3.08	Berl. A. 1548	+ 15.837	
1621	Orion	6.1	5 24 43.4	+ 3.112	+ 1 42 36	+ 3.07	Alb. 1764	+ 1.1032	
1622	Columba	5.7	24 48.6	2.066	− 37 18 51	3.07	Cordob. 6372		
1623	λ Doradus	5.0	24 51.8	0.874	− 58 59 49	3.06	Cordob. 6387		
1624	Orion	6.5	25 2.8	3.168	+ 4 7 38	3.05	Alb. 1768	+ 4.949	G
1625	Columba	6.4	25 16.4	2.304	− 30 11 48	3.03	Cordob. 6385		
1626*	32 A Orionis	4.5	e 25 26.0	3.209	+ 5 52 20	3.01	Leipz. II. 2222	+ 5.939	Σ 728
1627	Orion	6.2	25 30.8	2.898	− 7 30 45	3.01	W.-Ott. 1515	− 7.1099	
1628*	33 n^1 Orionis	5.8	25 59.7	3.147	+ 3 12 58	2.96	Alb. 1779	+ 3.948	Σ 729 med.
1629	25 χ Aurigae	4.9	26 13.2	3.903	+ 32 7 5	2.95	Leid. 2129	+ 32.1024	
1630	119 Tauri	4.6	26 21.0	3.516	+ 18 31 12	2.92	Berl. A. 1563	+ 18.875	RG
1631	Camelopard.	6.2	5 26 21.1	+ 8.001	+ 74 58 39	+ 2.91	**Fd. K. 92**	+ 74.252	G
1632*	Taurus	6.1	26 26.4	3.477	+ 16 59 3	2.92	Berl. A. 1564	+ 16.794	Σ 730
1633	Orion	6.0	26 29.2	2.916	− 6 47 1	2.92	W.-Ott. 1519	− 6.1207	
1634	10 Leporis	5.4	e 26 50.8	2.567	− 20 56 15	2.89	Cordob. 6404	− 20.1105	
1635*	34 δ Orionis	var.	26 53.8	3.063	− 0 22 24	2.88	**Fd. K. 93**	− 0.983	$Σ^1$ 590; β 558
1636	Camelopard.	6.5	27 1.8	6.135	+ 66 37 48	2.88	Christ. 903	+ 66.401	
1637	36 υ Orionis	*5.2*	27 5.6	2.902	− 7 22 31	2.87	W.-Ott. 1523	− 7.1106	
1638	Pictor	5.6	e 27 24.4	+ 1.645	− 47 8 59	2.67	**S. Fd. K. 101**		h 3767
1639	Dorado	6.4*	27 31.4	− 0.322	− 68 42 6	2.83	Cordob. 6441		I. 276
1640	19 Camelopard.	6.4	27 34.2	+ 5.797	+ 64 5 22	2.83	Hels. 4080	+ 64.536	
1641	Orion	*5.2*	5 27 37.8	+ 3.034	− 1 39 49	+ 2.82	Cordob. 6417	− 1.935	β 1048
1642	ε Columbae	3.9	e 27 39.7	2.129	− 35 32 38	2.77	**S. Fd. K. 102**		
1643	120 Tauri	5.9	27 40.0	3.515	+ 18 28 8	2.82	Berl. A. 1572	+ 18.877	
1644	Taurus	6.4	27 42.2	3.565	+ 20 24 12	2.82	Berl. B. 1789	+ 20.989	
1645	35 Orionis	5.8	28 13.4	3.409	+ 14 14 8	2.77	Leipz. I. 1690	+ 14.947	
1646*	11 α Leporis	2.6	28 19.1	2.644	− 17 53 38	2.77	**Fd. K. 556**	− 17.1166	h 3766
1647	Auriga	5.7	28 22.8	4.920	+ 54 21 45	2.76	Camb. U.S. 2236	+ 54.914	G
1648	Orion	5.2	28 27.0	3.044	− 1 13 34	2.75	Cordob. 6434	− 1.943	
1649	Auriga	6.4	28 42.8	4.526	+ 47 38 56	2.73	Bonn 4574	+ 47.1178	
1650	Pictor	5.8	5 28 45.5	+ 1.701	− 45 59 56	+ 2.73	Cordob. 6454		

Nr. 1602. OΣ 107, Begl. 10.5m; d = 10″, p = 305°.

Nr. 1612. Σ 716, Begl. 6.6m; d = 5″, p = 200°.

Nr. 1617. β 320, Begl. 9.6m; d = 3″, p = 300°. β Leporis = ***Nihal.***

Nr. 1619. Σ 725, Begl. 11m. Dieser Stern ist in den einzelnen Katalogen mit sehr verschiedenen Großenangaben versehen. Viele bezeichnen ihn auch als variabel. Die Angaben schwanken zwischen 4.9 und 6.3. Die Farbe ist orangerot.

Nr. 1626. Σ 728, Begl. 8m; d = 0″.4, p = 170°. p nimmt ab, d zu.

Nr. 1628. Σ 729, Begl. 7.3m; d = 2″, p = 25°.

Nr. 1632. Σ 730, Begl. 7.0m; d = 10″, p = 140°.

Nr. 1635. β 558, Begl. 6.8m; d = 53″, p = 360°. Der Stern ist variabel seine Helligkeit schwankt zwischen 2.2m und 2.7m.

Nr. 1646. h 3766, Begl. 9m; d = 36″, P = 156°.

Kat. Nr.	Bezeichnung des Sternes	Gr.	Mittl. A. R. für 1900.0	Jährl. Veränd.	Mittl. Dekl. für 1900.0	Jährl. Veränd.	Nachweis	B. D.	Bemerkungen
			h m s	s	° ′ ″	″		°	
1651	Orion	6.2	5 28 59.0	+ 3.047	− 1 6 7	+ 2.71	Nic. 1384	− 1.949	
1652	Orion	6.2	29 0.2	3.037	− 1 32 20	2.70	Nic. 1385	− 1.950	
1653	38 n^2 Orionis	5.7	29 1.0	3.158	+ 3 41 55	2.70	Alb. 1804	+ 3.964	$O\Sigma$ 110
1654	φ^1 Orionis	4.7	29 19.8	3.291	+ 9 25 19	2.67	**Fd. K. 376**	+ 9.877	
1655	121 Tauri	5.5	29 20.6	3.662	+ 23 58 24	2.68	Berl. B. 1801	+ 23.954	
1656	Columba	5.3	29 29.2	2.016	− 38 34 58	2.66	Cordob. 6465		
1657	Columba	5.8	29 32.6	2.139	− 35 12 28	2.66	Cordob. 6466		
1658*	39 λ Orionis	3.7	29 37.7	3.303	+ 9 52 2	2.65	Leipz. II. 2260	+ 9.879	Σ 738
1659	Taurus	6.3	29 39.0	3.765	+ 27 35 51	2.65	Camb. E. 2537	+ 27.806	RG
1659a	Orion	5.9	29 42.0	3.310	+ 10 10 25	2.65	Leipz. I. 1701	+ 10.818	
1660	Auriga	6.2	29 53.1	4.190	+ 40 7 5	2.63	Bonn 4593	+ 40.1346	G
1661	Cepheus	6.2	5 29 54.0	+ 18.683	+ 85 8 50	+ 2.63	Greenw. (99) 1077	+ 85.80	G
1662*	Columba	6.5	30 0.9	2.308	− 29 55 2	2.62	Cordob. 6476		
1663*	Orion	5.6	e 30 7.7	2.932	− 6 4 33	2.61	W.-Ott. 1548	− 6.1233	Σ 747
1664	Orion	4.8	30 9.4	2.932	− 6 4 7	2.60	W.-Ott. 1550	− 6.1234	
1665*	41 ϑ^1 Orionis	*4.6*	e 30 21.6	2.943	− 5 27 20	2.62	**Fd. K. 94**	− 5.1315	Σ 748
1666	Orion	6.2	30 25.4	2.969	− 4 29 23	2.58	Cordob. 6482	− 4.1184	
1667*	42 c Orionis	*5.4*	30 27.2	2.959	− 4 54 14	2.58	Cordob. 6483	− 4.1185	
1668*	ϑ^2 Orionis	*5.1*	30 28.2	2.945	− 5 28 54	2.59	**Fd. K. 95**	− 5.1319	Σ^1 606
1669*	44 ι Orionis	*3.2*	30 32.5	2.933	− 5 58 32	2.58	**Fd. K. 96**	− 6.1241	Σ 752
1670*	Orion	6.3	30 34.0	2.971	− 4 25 47	2.57	Cordob. 6487	− 4.1186	Σ 750
1671	Orion	6.3	5 30 36.3	+ 2.996	− 3 19 6	+ 2.57	Cordob. 6489	− 3.1146	
1672	45 Orionis	*5.8*	30 43.6	2.959	− 4 55 17	2.58	Cordob. 6493	− 4.1188	Dawes 4
1673	Taurus	6.1	30 54.1	3.744	+ 26 51 43	2.54	Camb. E. 2551	+ 26.870	
1674	46 ε Orionis	*1.8*	31 8.3	3.042	− 1 15 57	2.52	**Fd. K. 97**	− 1.969	
1675	Auriga	6.4	31 10.4	3.950	+ 33 29 49	2.51	Leid. 2184	+ 33.1102	
1676	122 Tauri	5.9	e 31 15.4	3.478	+ 16 58 45	2.51	Berl. A. 1604	+ 16.822	
1677	Orion	6.4	31 21.0	2.941	− 5 42 40	2.50	Cordob. 6503	− 5.1334	
1678	40 φ^2 Orionis	4.2	e 31 24.7	3.288	+ 9 14 14	2.50	Leipz. II. 2289	+ 9.898	
1679	Orion	6.2	31 30.8	3.330	+ 10 58 23	2.49	Leipz. I. 1717	+ 10.828	RG
1680	Columba	5.7	31 34.6	2.207	− 33 8 53	2.48	Cordob. 6515		
1681	123 ζ Tauri	3.3	5 31 40.1	+ 3.584	+ 21 4 54	+ 2.45	**Fd. K. 98**	+ 21.908	
1682*	Orion	5.6	31 42.6	2.930	− 6 7 40	2.47	W.-Ott. 1566	− 6.1255	Σ 754
1683	Pictor	6.3	31 45.3	1.180	− 54 58 7	2.46	Cordob. 6530		h 3777
1684	Orion	6.5	31 51.2	3.280	+ 8 53 25	2.46	Leipz. II. 2294	+ 8.1016	
1685*	26 Aurigae	5.7	32 12.9	3.852	+ 30 30 59	2.42	Leid. 2196	+ 30.963	Σ 753; β 90;
1686	Columba	6.2	32 15.6	2.344	− 28 46 13	2.42	Cordob. 6531		[β 1240
1687	Camelopard.	5.7	32 25.0	6.004	+ 65 38 35	2.41	Christ. 909	+ 65.485	
1688	Dorado	5.3	32 26.8	0.316	− 64 17 36	2.40	Cordob. 6553		
1689	Lepus	6.1	32 29.1	2.695	− 11 50 9	2.40	Cordob. 6532	− 11.1238	
1690	Orion	5.8	32 33.9	2.933	− 5 59 57	2.40	W.-Ott. 1574	− 6.1262	
1691	Orion	6.1	5 32 36.2	+ 3.247	+ 7 28 35	+ 2.39	Leipz. II. 2303	+ 7.953	
1692	β Doradus	3.7	32 45.4	0.515	− 62 33 18	2.39	**S. Fd. K. 103**		
1693	Auriga	6.2	32 56.7	3.813	+ 29 9 28	2.36	Camb. E. 2570	+ 29.947	
1694	Orion	6.2	32 57.4	2.960	− 4 52 25	2.36	Cordob. 6542	− 4.1196	
1695	Auriga	6.4	e 33 13.5	4.863	+ 53 26 41	2.34	Camb. U.S. 2262	+ 53.934	
1696	ν^1 Columbae	6.1	33 19.5	2.370	− 27 55 45	2.33	Cordob. 6555		
1697	125 Tauri	5.5	33 32.5	3.716	+ 25 50 29	2.31	Camb. E. 2575	+ 25.902	
1698*	48 σ Orionis	*3.9*	33 43.5	3.010	− 2 39 28	2.30	**Fd. K. 99**	− 2.1326	Σ 762; β 1032
1699*	Orion	6.5	33 44.5	3.012	− 2 39 26	2.29	Cordob. 6556/60	− 2.1327	Σ 761 [R
1700	Orion	5.9	5 33 46.0	+ 2.918	− 6 37 54	+ 2.29	W.-Ott. 1584	− 6.1275	

Nr. 1658. Σ 738, Begl. 6^m purpurfarben; d = 4″.5, p = 43°.

Nr. 1662. Ein Stern 7.9^m steht 4″ [illegible] südl.

Nr. 1663. Σ 747, Begl. 6.5^m; d = 26″, p = 223°.

Nr. 1665. Σ 748, 4 fach. Komponente A = 7^m, B = 8^m, C = 4.7^m, D = 6.3^m. A—B: d = 8″.7, p = 32°. A—C: d = 13″, p = 132°. A—D: d = 21″.0, p = 95°. Die Bestandteile dieses vielfachen Sterns bilden das bekannte Trapez im Oreonnebel. Es befindet sich an einer dunklen Stelle der ausgedehnten Nebelmasse.

Nr. 1667. Begl. 8.6^m; d = 1″.7, p = 217°.

Nr. 1668. Σ^1 606, Begl. 6.1^m; d = 53″, p = 92°.

Nr. 1669. Σ 752, Begl. 7^m; d = 11″, p = 140°. Begl. bläulich.

Nr. 1670. Σ 750, Begl. 9^m; d = 4″, p = 60°.

Nr. 1682. Σ 754, Begl. 9.9^m blau; d = 5″, p = 287°.

Nr. 1685. Σ 753, 2 Begl. bläulich. B = 6.0^m: d = 0″.2, p = 330° (01.3); C = 8.7^m: d = 12″.6, p = 270°.

Nr. 1698. Σ 762, 5 fach. A = 1^m, B = 5^m, C = 9.5^m, D = 6.8^m, E = 6.3^m. A—B: d = 0″.3, p = 330°. AB—C: d = 11″.3, p = 237°. AB—D: d = 12″.8, p = 83°. AB—E: d = 41″.4, p = 61°. E—D: d = 30″.1, p = 231°.

Nr. 1699. Σ 761 folgt diesem vielfachen Stern. Die beiden Begl., 8.5^m und 9.0^m, haben eine Distanz: d = 68″ und d = 8″.3 und einen Positionswinkel: p = 22° und p = 267°. Von dem Stern A des Systems Σ 762 steht der Hptst. des Systems 761 in d = 211″ und p = 323°. Einige schwache Sternchen 11^m stehen zwischen den beiden Systemen.

Kat. Nr.	Bezeichnung des Sternes	Gr.	Mittl. A. R. für 1900.0	Jährl. Veränd.	Mittl. Dekl. für 1900.0	Jährl. Veränd.	Nachweis	B. D.	Bemerkungen
			h m s	s	° ′ ″	″		°	
1701	ν^2 Columbae	5.4	5 33 50.4	+ 2.344	— 28 44 59	+ 2.29	Cordob. 6574		
1702	47 ω Orionis	4.8	33 54.4	3.167	+ 4 3 52	2.28	Alb. 1834	+ 4.1002	
1703	49 d Orionis	*5.2*	e 34 2.7	2.903	— 7 16 7	2.27	W.-Ott. 1586	— 7.1142	
1704	Auriga	6.3	34 7.7	3.880	+ 31 18 13	2.26	Leid. 2216	+ 31.1048	
1705	Auriga	6.4	34 12.0	3.899	+ 31 51 57	2.25	Leid. 2218	+ 31.1049	GR
1706	Orion	*6.1*	34 32.3	2.989	— 3 37 12	2.22	Cordob. 6582	— 3.1166	
1707	24 Camelopard.	6.2	34 32.8	5.082	+ 56 31 43	2.22	Hels. 4141	+ 56.1050	G
1708	Orion	6.4	34 46.3	2.844	— 9 45 43	2.20	W.-Ott. 1592	— 9.1197	
1709*	Lepus	6.2	34 52.0	2.643	— 17 54 18	2.19	Cordob. 6594	— 17.1199	β 321; h 3780
1710	Camelopard.	6.4	34 56.7	5.513	+ 61 25 37	2.19	Hels. 4144	+ 61.816	[R
1711	Lepus	6.5	5 35 27.0	+ 2.580	— 20 29 21	+ 2.16	Cincinat.(85) 836	— 20.1147	
1712*	126 Tauri	5.1	35 30.9	3.466	+ 16 28 56	2.14	Berl. A. 1639	+ 16.841	β 1007
1713	Columba	5.9	35 30.9	1.927	— 40 45 48	2.14	Cordob. 6623		
1714	Orion	6.1	35 36.6	3.006	— 2 52 42	2.13	Cordob. 6611	— 2.1337	
1715*	50 ζ Orionis	*1.8*	35 42.8	3.026	— 1 59 44	2.13	**Naut. Al.**	— 2.1338	Σ 774
1716	Orion	*5.3*	35 46.2	+ 3.045	— 1 10 53	2.12	Cordob. 6616	— 1.1004	R
1717	γ Mensae	5.0	e 35 50.5	— 2.402	— 76 24 44	2.43	**S. Fd. K. 104**		h 3795
1718	Pictor	6.5*	35 52.5	+ 1.449	— 50 41 49	2.11	Cordob. 6638		
1719	Orion	6.2	35 57.4	3.079	+ 0 17 3	2.10	Nic. 1448	+ 0.1152	
1720	Taurus	6.5	36 1.2	3.626	+ 22 36 37	2.09	Berl. B. 1883	+ 22.996	G
1721*	α Columbae	2.7	5 36 1.6	+ 2.171	— 34 7 39	+ 2.06	**S. Fd. K. 105**		
1722	Orion	6.4	36 3.4	2.827	— 10 27 39	2.09	Cordob. 6627	— 10.1258	
1723	Columba	5.4	36 8.0	2.220	— 32 40 54	2.09	Cordob. 6637		
1724	Orion	6.3	36 39.4	+ 3.004	— 2 56 51	2.04	Cordob. 6645	— 2.1346	β 1052
1725	Mensa	5.5	37 14.2	— 1.507	— 73 48 3	1.99	Cordob. 6694		
1726	Lepus	6.1	37 14.4	+ 2.672	— 16 46 32	1.99	Cordob. 6658	— 16.1208	
1727	Taurus	6.5	37 15.2	3.642	+ 23 9 26	1.99	Berl. B. 1897	+ 23.1015	
1728	51 b Orionis	5.1	e 37 18.4	3.106	+ 1 25 34	1.98	Alb. 1857	+ 1.1105	G
1729	Columba	6.3	37 47.5	2.194	— 33 26 58	1.94	Cordob. 6676		
1730	Lepus	6.3	37 49.5	2.651	— 17 34 44	1.94	Cordob. 6670	— 17.1214	
1731	Lepus	5.9	5 38 1.6	+ 2.524	— 22 25 20	+ 1.92	Cordob. 6681	— 22.1194	
1732	Orion	*6.0*	38 2.5	2.913	— 6 50 44	1.92	W.-Ott. 1608	— 6.1293	
1733	26 Camelopard.	6.1	e 38 4.6	5.051	+ 56 4 29	1.91	Hels. 4164	+ 56.1058	
1734	Orion	6.5	38 5.8	3.035	— 1 39 33	1.91	Cordob. 6673	— 1.1012	
1735	27 o Aurigae	5.8	38 9.1	4.643	+ 49 46 57	1.88	**Fd. K. 377**	+ 49.1398	
1736	Columba	6.2	38 23.0	2.287	— 30 35 1	1.89	Cordob. 6690		
1737	Columba	5.4	38 40.2	2.151	— 34 43 0	1.86	Cordob. 6693		
1738	Lepus	5.6	38 59.0	+ 2.625	— 18 36 9	1.84	Cordob. 6695	— 18.1172	
1139	Dorado	6.2*	39 24.0	— 0.424	— 69 9 7	1.80	Cordob. 6744		
1740	Camelopard.	6.5	39 38.4	+ 5.661	+ 62 46 14	1.78	Hels. 4182	+ 62.784	Σ 3115
1741*	Orion	6.5	5 39 45.2	+ 3.165	+ 3 57 57	+ 1.77	Alb. 1875	+ 3.1025	Σ 789
1742	Auriga	6.4	40 5.2	4.293	+ 42 29 23	1.74	Bonn 4727	+ 42.1396	G
1743	Lepus	6.4	40 10.1	2.584	— 20 10 14	1.73	Cordob. 6725	— 20.1171	
1744	Columba	6.3	40 12.0	1.977	— 39 27 3	1.73	Cordob. 6736		
1745*	13 γ Leporis	3.8	e 40 17.6	2.499	— 22 28 52	1.36	**Fd. K. 557**	— 22.1211	Hh 199
1746	129 Tauri	6.2	41 0.4	3.449	+ 15 47 2	1.66	Berl. A. 1693	+ 15.926	
1747	Orion	6.4	41 5.5	2.972	— 4 18 21	1.65	Cordob. 6750	— 4.1235	Σ 790
1748	Orion	6.1	41 22.8	3.295	+ 9 29 9	1.63	Leipz. II. 2396	+ 9.954	
1749	Orion	6.3	e 41 25.6	3.099	+ 1 8 2	1.62	Alb. 1880	+ 1.1126	
1750	131 Tauri	6.0	e 5 41 31.3	+ 3.416	+ 14 27 6	+ 1.62	Leipz. I. 1797	+ 14.1025	

Nr. 1709. β 321, vielfach. Begl. A = 6.8m, B = 7.3m, C = 9m, D = 9.8m, E = 8m, F = 8.5m, G = 10m. A—B: d = 0″.9, p = 145°. C—D: d = 1″.5, p = 360°. (AB)—C: d = 89″.3, p = 137°. (AB)—E: d = 76″, p = 6°. (AB)—F: d = 126″.5, p = 298°.5. (AB)—G: d = 60″, p = 50°. Die fünf Hauptsterne der Gruppe sind schon von J. Herschel gesehen.

Nr. 1712. β 1007. Besteht aus zwei gleich hellen Komponenten, die umeinander rotieren. d (1899, 17) = 0″.18.

Nr. 1715. Σ 774, 2 Begl. B, 5.4m: d = 2″.8, p = 158°. C. 9.5m: d = 57″, p = 9°.

Nr. 1721. α Columbae = ***Phakt.***

Nr. 1741. Σ 789, Begl. 9.5m; d = 12″, p = 140°.

Nr. 1745. Hh 199, Begl. 6.4m; d = 95″, p = 350°.

Kat. Nr.	Bezeichnung des Sternes	Gr.	Mittl. A. R. für 1900.0	Jährl. Veränd.	Mittl. Dekl. für 1900.0	Jährl. Veränd.	Nachweis	B. D.	Bemerkungen
			h m s	s	° ′ ″	″		°	
1751	130 Tauri	5.8	5 41 36.3	+ 3.495	+ 17 41 31	+ 1.62	**Fd. K. 378**	+ 17.1004	
1752	ι Mensae	6.1	41 43.2	− 3.702	− 78 52 24	1.60	Cordob. 6827		
1753	133 Tauri	5.6	42 2.6	+ 3.401	+ 13 51 47	1.57	Leipz. I. 1802	+ 13.979	h 3279
1754	Camelopard.	6.5	42 10.1	6.447	+ 68 26 35	1.56	Christ. 937	+ 68.412	G
1755	29 τ Aurigae	4.7	42 14.8	4.158	+ 39 8 50	1.55	Lund 2943	+ 39.1418	β192; Hh 201
1756	μ Columbae	5.4	42 17.0	2.229	− 32 20 40	1.55	Cordob. 6780		
1757	Taurus	6.2	42 24.2	3.580	+ 20 50 4	1.54	Berl. B. 1971	+ 20.1105	OΣ 118
1758	14 ζ Leporis	3.7	42 25.4	2.717	− 14 51 33	1.54	**Fd. K. 558**	− 14.1232	R
1759*	52 Orionis	5.5	42 37.9	3.223	+ 6 25 7	1.52	Leipz. II. 2411	+ 6.1027	Σ 795
1760	Lepus	6.3	42 39.5	2.684	− 16 16 28	1.52	Cordob. 6783	− 16.1244	
1761	Orion	6.0	5 42 44.6	+ 2.824	− 10 34 6	+ 1.51	Cordob. 6785	− 10.1281	
1762	132 Tauri	5.0	42 52.8	3.681	+ 24 32 3	1.50	Berl. B. 1979	+ 24.970	
1763	Auriga	6.4	e 42 59.1	4.748	+ 51 29 4	1.49	Camb. U.S. 2316	+ 51.1117	
1764	53 κ Orionis	*2.4*	43 0.8	2.843	− 9 42 18	1.49	**Fd. K. 100**	− 9.1235	
1765	Columba	6.1	43 10.2	2.344	− 28 40 31	1.47	Cordob. 6800		
1766	30 Camelopard.	6.3	43 28.4	5.286	+ 58 56 8	1.45	Hels. 4212	+ 58.863	
1767	Orion	*6.0*	43 36.7	2.977	− 4 7 14	1.43	Cordob. 6805	− 4.1244	
1768	Pictor	5.1	43 41.2	1.662	− 46 38 2	1.43	Cordob. 6817		h 3801
1769	Columba	6.5	43 47.4	2.114	− 35 42 41	1.42	Cordob. 6813		
1770	134 Tauri	5.1	43 55.9	3.371	+ 12 37 10	1.41	Leipz. I. 1817	+ 12.912	
1771	31 υ Aurigae	4.8	5 44 13.2	+ 4.088	+ 37 16 37	+ 1.38	Lund 2959	+ 37.1336	RG
1772	Orion	5.9	44 32.0	3.304	+ 9 50 26	1.35	Leipz. II. 2429	+ 9.917	
1773	32 ν Aurigae	4.2	e 44 33.4	4.153	+ 39 7 10	1.38	**Fd. K. 101**	+ 39.1429	Hh 204
1774	δ Doradus	4.5	e 44 35.6	0.100	− 65 46 23	1.33	**S. Fd. K. 107**		
1775	Taurus	5.8	44 39.9	3.780	+ 27 56 16	1.33	II.Ten.Y.C.1778	+ 27.888	
1776	135 Tauri	5.6	44 47.5	3.412	+ 14 16 36	1.33	Leipz. I. 1826	+ 14.1041	
1777	Auriga	6.5	44 54.6	3.909	+ 32 5 46	1.32	Leid. 2320	+ 32.1109	G
1778	β Pictoris	3.9	44 55.0	1.420	− 51 6 12	1.32	Cordob. 6848		
1779	Orion	6.1	44 55.4	3.175	+ 4 23 38	1.32	Alb. 1913	+ 4.1052	G
1780*	Lepus	5.6	45 4.0	+ 2.728	− 14 30 47	1.31	Cordob. 6839	− 14.1251	β 94
1781	π Mensae	5.6	e 5 45 6.5	− 4.942	− 80 33 18	+ 1.30	Cape (90) 684		
1782	Lepus	5.8	45 43.0	+ 2.506	− 23 0 9	1.25	Cordob. 6855		
1783	31 Camelopard.	5.4	46 0.5	5.372	+ 59 51 58	1.22	Hels. 4237	+ 59.920	
1784	Auriga	6.1	46 2.9	3.969	+ 33 53 29	1.22	Leid. 2335	+ 33.1179	RG
1785	30 ξ Aurigae	5.2	e 46 27.9	5.028	+ 55 41 2	1.18	Hels. 4243	+ 55.1027	
1786	Taurus	6.3	46 27.9	3.554	+ 19 50 32	1.18	Berl. A. 1735	+ 19.1110	
1787	55 Orionis	*5.3*	e 46 32.2	2.896	− 7 32 42	1.18	W.-Ott. 1661	− 7.1187	
1788	Pictor	6.4	46 40.0	1.744	− 44 54 16	1.17	Cordob. 6883		
1789	137 Tauri	5.9	46 41.4	3.409	+ 14 8 46	1.16	Leipz. I. 1851	+ 14.1060	σ 209
1790	15 δ Leporis	3.9	e 47 1.3	2.579	− 20 53 16	0.48	**Fd. K. 559**	− 20.1211	
1791	136 Tauri	4.9	5 47 2.7	+ 3.770	+ 27 35 19	+ 1.13	Camb. E. 2760	+ 27.899	β 1054
1792	56 Orionis	5.0	47 14.9	3.115	+ 1 49 49	1.11	Alb. 1930	+ 1.1151	G
1793	Lepus	6.2	47 17.9	2.507	− 22 57 5	1.11	Cordob. 6891	− 22.1246	
1794	Orion	6.0	47 21.6	2.860	− 9 4 4	1.10	W.-Ott. 1669	− 9.1255	
1795	Camelopard.	6.4	47 25.6	6.082	+ 66 4 43	1.10	Christ. 950	+ 66.413	
1796	β Columbae	3.1	e 47 26.0	2.112	− 35 48 21	1.51	**S. Fd. K. 109**		
1797	γ Pictoris	4.3	e 48 0.5	1.085	− 56 11 30	0.98	**S. Fd. K. 110**		
1798	Columba	6.5	48 7.8	2.318	− 29 28 24	1.04	Cordob. 6908		
1799	54 χ^1 Orionis	4.7	e 48 27.9	3.565	+ 20 15 29	1.01	Berl. B. 2042	+ 20.1162	
1800	Auriga	6.2	e 5 48 29.6	+ 3.897	+ 31 41 16	+ 1.01	Leid. 2356	+ 31.1139	

Nr. 1759. Σ 795, Begl. 6.5m; d = 1″.5, p = 200°.

Nr. 1780. β 94, Begl. 8.0m; d = 2″.5, p = 180°.

Kat. Nr.	Bezeichnung des Sternes	Gr.	Mittl. A. R. für 1900.0	Jährl. Veränd.	Mittl. Dekl. für 1900.0	Jährl. Veränd.	Nachweis	B. D.	Bemerkungen
			h m s	s	° ′ ″	″		°	
1801	Pictor	4.8	5 48 37.5	+ 1.356	− 52 7 52	+ 1.00	Cordob. 6925		
1802	Orion	6.3	48 41.1	3.322	+ 10 33 56	0.99	Leipz. I. 1871	+ 10.927	G
1803	Orion	6.4	49 0.5	3.148	+ 3 12 25	0.96	Alb. 1940	+ 3.1071	G
1804	57 Orionis	6.3	49 1.5	3.552	+ 19 43 50	0.96	Berl. A. 1758	+ 19.1126	
1805	Columba	5.6	49 8.6	2.043	− 37 39 10	0.95	Cordob. 6931		
1806	Auriga	6.5	49 23.6	4.610	+ 49 0 47	0.93	Bonn 4841	+ 49.1423	G
1807	λ Columbae	5.0	49 29.1	+ 2.177	− 33 49 25	0.92	Cordob. 6937		
1808	Mensa	6.2	e 49 33.6	−11.712	− 84 50 7	0.97	**S. P. C. „F."**		
1809	Orion	6.1	49 34.6	+ 3.095	+ 0 56 57	0.91	Alb. 1943	+ 0.1208	
1810	Orion	6.4	49 36.9	2.977	− 4 5 2	0.91	Cordob. 6934	− 4.1281	
1811*	58 α Orionis	var.	5 49 45.4	+ 3.247	+ 7 23 19	+ 0.92	**Fd. K. 102**	+ 7.1055	Σ^1 656 GR
1812	ε Doradus	5.0	49 59.9	− 0.062	− 66 55 35	0.88	Cordob. 6972		
1813	Lepus	5.8	50 3.6	+ 2.794	− 11 47 37	0.87	Cordob. 6942	− 11.1321	G
1814	Columba	6.2	50 21.5	2.327	− 29 9 53	0.84	Cordob. 6955		
1815	Orion	*5.8*	50 33.4	2.964	− 4 37 58	0.83	Cordob. 6953	− 4.1289	
1816	Orion	6.2	50 39.4	2.960	− 4 48 14	0.82	Cordob. 6957	− 4.1291	
1817	Pictor	5.9	50 39.7	1.003	− 57 10 27	0.82	Cordob. 6979		
1818	Orion	6.2	50 48.6	3.674	+ 24 14 6	0.80	Berl. B. 2062	+ 24.1033	
1819	Orion	6.2	50 58.3	3.296	+ 9 29 40	0.79	Leipz. II. 2512	+ 9.1016	
1820	Orion	6.0	51 14.0	3.345	+ 11 30 30	0.77	Leipz. I. 1898	+ 11.975	
1821	33 δ Aurigae	4.0	e 5 51 17.5	+ 4.938	+ 54 16 38	+ 0.65	**Fd. K. 379**	+ 54.970	
1822	Camelopard.	6.4	51 21.7	8.270	+ 75 34 55	0.75	Kas. 1027	+ 75.247	G
1823	Auriga	6.3	51 33.0	4.948	+ 54 32 18	0.74	Camb. U.S. 2370	+ 54.971	
1824	Auriga	6.1	51 55.9	4.660	+ 49 54 49	0.73	Bonn 4866	+ 49.1428	G
1825	Columba	5.5	51 37.3	1.953	− 39 58 29	0.73	Cordob. 6996		
1826	139 Tauri	5.0	51 47.4	3.723	+ 25 56 24	0.72	Camb. E. 2818	+ 25.1052	
1827	16 η Leporis	3.7	e 51 51.0	2.731	− 14 11 9	0.86	**Fd. K. 560**	− 14.1286	
1828	Lepus	6.0	52 2.2	2.509	− 22 51 19	0.70	Cordob. 7004	− 22.1269	
1829	ξ Columbae	4.9	52 3.5	2.062	− 37 8 6	0.69	Cordob. 7011		
1830	Pictor	6.4*	52 11.1	1.501	− 49 38 36	0.69	Cordob. 7020		
1831	34 β Aurigae	2.2	e 5 52 11.6	+ 4.400	+ 44 56 14	+ 0.67	**Fd. K. 103**	+ 44.1328	Σ^1 657
1832	Lepus	6.5	52 24.3	2.498	− 23 13 47	0.66	Cordob. 7014		
1833	35 π Aurigae	4.4	52 30.6	4.453	+ 45 55 40	0.66	Bonn 4881	+ 45.1217	RG
1834	σ Columbae	5.5	52 35.2	2.256	− 31 23 46	0.65	Cordob. 7021		
1835	Pictor	5.2	52 38.2	1.323	− 52 39 34	0.65	Cordob. 7034		
1836	Orion	6.3	52 44.5	3.101	+ 1 12 46	0.64	Nic. 1513	+ 1.1168	G [651
1837*	37 ϑ Aurigae	2.9	e 52 54.1	4.091	+ 37 12 20	0.54	**Fd. K. 104**	+ 37.1380	$O\Sigma$ 545; Σ^1
1838	Auriga	6.4	53 0.3	4.390	+ 44 35 6	0.61	Bonn 4894	+ 44.1332	Hh209; β1055
1839	Orion	6.3	53 6.7	3.049	− 1 0 14	0.60	Cordob. 7024	− 1.1078	[G
1840*	59 Orionis	6.1	53 12.8	3.115	+ 1 49 37	0.59	Alb. 1959	+ 1.1171	Σ^1 661
1841*	Orion	5.9	5 53 15.7	+ 3.376	+ 12 47 55	+ 0.59	Leipz. I. 1923	+ 12.968	$O\Sigma$ 124
1842	Dorado	4.4	e 53 20.0	0.436	− 63 7 28	0.58	Cordob. 7066		
1843	36 Aurigae	6.0	53 23.4	4.551	+ 47 53 44	0.58	Bonn 4902	+ 47.1227	
1844	60 Orionis	5.4	53 41.0	3.085	+ 0 32 38	0.55	Nic. 1517	+ 0.1239	
1845	γ Columbae	4.5	53 59.6	2.126	− 35 17 38	0.53	Cordob. 7064		h 3819
1846	Aurigae	6.1	54 2.3	4.608	+ 48 57 16	0.52	Bonn 4912	+ 48.1333	G
1847	Monoceros	6.3	54 15.8	2.852	− 9 23 27	0.50	W.-Ott. 1715	− 9.1284	
1848	2 Monocerotis	*5.1*	54 19.4	2.848	− 9 33 54	0.50	W.-Ott. 1716	− 9.1285	
1849	Orion	6.4	54 33.9	3.038	− 1 27 3	0.48	Cordob. 7073	− 1.1083	
1850	Auriga	6.4	5 54 42.5	+ 3.877	+ 31 1 46	+ 0.46	Leid. 2396	+ 31.1164	

Nr. 1811. Var. Max. 1^m, Min. 1.4^m. P = 200^d etwa. α Orionis = ***Beteigeuze.***

Nr. 1837. $O\Sigma$ 545 (Σ^1 659), 2 Begl. B, 7^m: d = 2″, p = 335°. C, 9^m: d = 45″, p = 190°.

Nr. 1840. Σ^1 661, Begl. 9.8^m; d = 45″, p = 230°.

Nr. 1841. $O\Sigma$ 124, sehr enger Dplst.; d = 0″.5, p nimmt innerhalb 10 Jahren etwa 25° ab.

Kat. Nr.	Bezeichnung des Sternes	Gr.	Mittl. A. R. für 1900.0	Jährl. Veränd.	Mittl. Dekl. für 1900.0	Jährl. Veränd.	Nachweis	B. D.	Bemerkungen
			h m s	s	° ′ ″	″		°	
1851	Gemini	6.4	5 54 43.5	+ 3.770	+ 27 34 1	+ 0.46	Camb. E. 2856	+ 27.945	
1852	Auriga	6.4	55 2.6	4.660	+ 49 54 16	0.43	Bonn 4923	+ 49.1441	
1853	Orion	*5.0*	e 55 3.1	2.999	− 3 4 41	0.35	**Fd. K. s. 82**	− 3.1256	
1854	Pictor	6.5*	55 39.6	1.781	− 44 2 30	0.39	Cordob. 7110		
1855	Auriga	6.5	55 39.8	4.336	+ 43 22 39	0.38	Bonn 4937	+ 43.1421	G
1856	Lepus	6.5	55 41.1	2.766	− 12 54 11	0.38	Cordob. 7101	− 12.1337	
1857	η Columbae	4.0	56 5.1	1.836	− 42 49 15	0.32	**S. Fd. K. 111**		
1858	38 Aurigae	6.2	e 56 5.2	4.316	+ 42 54 57	0.34	Bonn 4942	+ 42.1473	
1859	Camelopard.	6.5	56 15.1	5.333	+ 59 23 47	0.33	Hels. 4317	+ 59.937	
1860	Auriga	6.5	56 21.5	3.929	+ 32 38 32	0.32	Leid. 2413	+ 32.1166	
1861	61 μ Orionis	4.4	5 56 52.9	+ 3.300	+ 9 38 51	+ 0.27	Leipz. II. 2577	+ 9.1064	β 1056
1862	ϰ Mensae	5.5	e 57 1.5	− 4.068	− 79 22 43	0.36	**S. Fd. K. 112**		
1863*	3 Monocerotis	5.0	57 8.2	+ 2.822	− 10 35 56	0.25	Cordob. 7136	− 10.1349	β 16
1864	Lepus	5.9	57 9.4	2.437	− 25 24 2	0.25	Cordob. 7146		
1865	64 Orionis	5.3	57 32.2	3.551	+ 19 41 32	0.21	Berl. A. 1869	+ 19.1186	
1866	Columba	5.8	57 38.9	2.174	− 33 54 44	0.21	Cordob. 7159		
1867	Orion	6.4	57 49.9	3.349	+ 11 40 59	0.19	Leipz. I. 1969	+ 11.1009	
1868	39 Aurigae	6.2	e 57 52.1	4.319	+ 42 59 24	0.19	Bonn 4968	+ 42.1477	
1869	62 χ^2 Orionis	4.8	57 58.9	3.563	+ 20 8 26	0.18	Berl. B. 2150	+ 20.1233	
1870	Lepus	6.2	58 1.0	2.727	− 14 29 48	0.17	Cordob. 7162	− 14.1315	
1871	1 Geminorum	4.4	e 5 58 2.5	+ 3.648	+ 23 16 9	+ 0.17	Berl. B. 2151	+ 23.1170	
1872	Pictor	5.8	58 28.6	1.409	− 51 13 14	0.13	Cordob. 7184		
1873	Lepus	5.5	59 13.7	2.411	− 26 17 4	0.07	Cordob. 7195		
1874	Orion	*5.3*	59 21.9	2.916	− 6 42 16	0.06	W.-Ott. 1755	− 6.1391	R
1875	Auriga	6.4	e 59 27.4	4.023	+ 35 24 13	0.05	Lund 3093	+ 35.1334	
1876	63 Orionis	5.8	59 38.3	3.200	+ 5 25 31	0.03	Leipz. II. 2607	+ 5.1085	
1877	66 Orionis	5.8	59 41.3	3.168	+ 4 9 51	0.01	**Fd. K. 380**	+ 4.1116	
1878	40 Auriga	5.8	59 41.5	4.136	+ 38 29 31	+ 0.03	Lund 3098	+ 38.1377	
1879	Auriga	6.2	5 59 59.3	3.830	+ 29 31 12	0.00	Greenw. (00) 1139	+ 29.1112	β1057; OΣ129
1880	Auriga	6.3	6 0 19.9	4.271	+ 41 51 52	− 0.03	Bonn 4999	+ 41.1357	
1881	17 Leporis	5.2	6 0 31.4	+ 2.676	− 16 28 39	− 0.05	Cordob. 7226	− 16.1349	
1882	Columba	5.8	0 37.3	2.331	− 32 10 14	0.06	Cordob. 7234		
1883	Pictor	6.5	0 37.4	0.749	− 60 5 36	0.08	Cordob. 7259		
1884	Monoceros	5.6	0 43.7	2.831	− 10 14 9	0.07	Cordob. 7232	− 10.1368	
1885	37 Camelopard.	5.5	e 1 9.6	5.293	+ 58 56 54	− 0.09	Hels. 4359	+ 58.897	
1886	Puppis	6.4	e 1 35.7	1.726	− 45 2 10	+ 0.10	**S. Fd. K. 113**		
1887	18 ϑ Leporis	4.6	1 37.8	2.716	− 14 55 35	− 0.14	Cordob. 7253	− 14.1331	
1888	Monoceros	*5.2*	1 41.3	2.974	− 4 11 1	0.15	Cordob. 7251	− 4.1362	
1889*	Puppis	5.8	e 1 47.8	1.732	− 45 4 48	0.16	Cordob. 7279		h 3834
1890	67 ν Orionis	4.6	1 51.7	3.425	+ 14 46 50	0.18	**Fd. K. 382**	+ 14.1152	
1891	Columba	6.1	6 1 55.2	+ 2.118	− 35 30 19	− 0.17	Cordob. 7274		
1892	Lepus	6.4	2 11.1	2.808	− 11 9 45	0.19	Cordob. 7272	− 11.1386	
1893	Columba	5.7	e 2 14.5	2.309	− 29 44 51	0.27	**S. Fd. K. 114**		
1894	Lepus	5.5	2 21.9	2.502	− 23 5 57	0.21	Cordob. 7286		h 3833
1895	36 Camelopard.	5.4	e 2 47.2	6.030	+ 65 44 18	0.29	**Fd. K. 381**	+ 65.517	
1896*	Gemini	cum.	3 —.	3.67	+ 24 21 —	0.17	N. G. K. 2168		
1897	19 Leporis	5.6	e 3 20.6	2.608	− 19 9 15	0.29	Cordob. 7314	− 19.1361	R
1898	Columba	6.2	3 27.6	2.160	− 34 17 58	0.30	Cordob. 7321		
1899	Gemini	6.1	e 3 30.7	3.618	+ 22 12 22	0.31	Berl. B. 2215	+ 22.1198	G
1900	π^1 Columbae	5.6	6 3 35.7	+ 1.856	− 42 17 10	− 0.31	Cordob. 7332		

Nr. 1863. β 16, Begl. 8.4m; d = 1″.9, p = 355°.

Nr. 1889. h 3834, Begl. 8.8m grün; d = 4″.0 (nimmt zu), p = 226° (nimmt zu). (1900.1.

Nr. 1896. (N. G. K. 2168.) Sehr schöner Sternhaufen von etwa 30′ Durchmesser mit vielen nahezu gleich hellen Sternen, die in ihrer Gesamtheit dem bloßen Auge gut sichtbar sind.

Kat. Nr.	Bezeichnung des Sternes	Gr.		Mittl. A. R. für 1900.0	Jährl. Veränd.	Mittl. Dekl. für 1900.0	Jährl. Veränd.	Nachweis	B. D.	Bemerkungen
				h m s	s	° ′ ″	″		°	
1901	3 Geminorum	6.0		6 3 39.7	+ 3.644	+ 23 7 47	− 0.32	Berl. B. 2216	+ 23.1226	β 1241
1902	Auriga	6.5		3 43.6	4.825	+ 52 40 7	0.32	Camb.U.S. 2437	+ 52.1041	
1903*	Orion	6.2		3 44.6	3.131	+ 2 30 56	0.33	Alb. 2041	+ 2.1139	Σ 855
1904*	41 Aurigae	6.5	e	3 57.0	4.596	+ 48 43 58	0.35	Bonn 5051	+ 48.1352	Σ 845
1905	ϑ Columbae	5.4		4 5.9	2.056	− 37 14 20	0.36	Cordob. 7343		
1906	Puppis	6.3		4 7.8	1.732	− 45 4 46	0.36	Cordob. 7346		
1907	Monoceros	6.1		4 41.8	2.939	− 5 41 39	0.41	Cordob. 7348	− 5.1523	
1908	Lepus	5.4		4 45.7	2.521	− 22 24 32	0.42	Cordob. 7353	− 22.1327	
1909	π^2 Columbae	5.5		4 46.5	1.863	− 42 8 19	0.42	Cordob. 7359		
1910	Lepus	6.2		4 56.6	2.635	− 18 6 30	0.43	Cordob. 7356	− 18.1316	
1911	Lepus	5.7		6 5 2.1	+ 2.725	− 14 34 4	− 0.44	Cordob. 7358	− 14.1348	Jakob 58 R
1912	5 Geminorum	6.0	e	5 24.3	3.680	+ 24 26 33	0.47	II. Ten. Y.C. 1886	+ 24.1151	
1913	Lepus	5.7		5 36.0	2.512	− 22 45 28	0.49	Cordob. 7376	− 22.1330	R
1914	Puppis	6.5		5 38.1	1.766	− 44 20 22	0.49	Cordob. 7384		
1915	Lepus	6.3		5 47.1	2.400	− 26 40 57	0.51	Cordob. 7381		
1916	Auriga	6.0		5 47.2	3.931	+ 32 42 56	0.51	Leid. 2497	+ 32.1217	RG
1917	Orion	6.3		5 48.2	3.398	+ 13 39 36	0.51	Leipz. I. 2069	+ 13.1151	
1918	Auriga	6.2	e	5 52.2	4.735	+ 51 11 55	0.51	Camb.U.S. 2450	+ 51.1163	Σ 865 G
1919	η^1 Doradus	5.8		6 2.3	0.067	− 66 1 33	0.53	Cordob. 7413		
1920	68 Orionis	6.1		6 5.9	3.554	+ 19 48 47	0.53	Berl. A. 1977	+ 19.1253	Hh 217
1921	Pictor	5.0	e	6 6 8.5	+ 0.545	− 62 8 12	− 0.52	**S. Fd. K. 115**		
1922	Monoceros	6.0		6 9.7	2.915	− 6 44 0	0.54	W.-Ott. 1818	− 6.1439	
1923	70 ξ Orionis	4.6		6 15.2	3.412	+ 14 13 53	0.55	Leipz. II. 2071	+ 14.1187	
1924	6 Geminorum	6.4		6 15.4	3.638	+ 22 55 52	0.55	Berl. B. 2240	+ 22.1220	RG
1925	69 f^1 Orionis	5.2		6 17.3	3.460	+ 16 9 13	0.55	Berl. A. 1983	+ 16.1035	
1926	Lepus	5.8		6 36.0	2.388	− 27 7 54	0.58	Cordob. 7404		R
1927	40 Camelopard.	5.4		6 41.6	5.390	+ 60 1 38	0.58	Hels. 4394	+ 60.938	G
1928	Monoceros	6.0		6 47.4	2.963	− 4 38 34	0.59	Cordob. 7402	− 4.1393	A. C. 3
1929	Puppis	6.5*		6 53.1	1.505	− 49 32 45	0.60	Cordob. 7421		
1930	Columba	5.5		6 56.8	1.938	− 40 20 8	0.61	Cordob. 7416		
1931	Monoceros	*4.9*		6 6 59.8	+ 2.920	− 6 31 39	− 0.61	W.-Ott. 1826	− 6.1446	
1932	Lepus	6.0		7 12.9	2.406	− 26 27 36	0.63	Cordob. 7417		
1933	Orion	6.5		7 39.4	3.324	+ 10 39 47	0.67	Leipz. I. 2095	+ 10.1050	
1934	Puppis	6.2		7 47.5	1.724	− 45 15 34	0.68	Cordob. 7444		
1935	22 Hev. Camelopard.	5.0	e	7 49.6	6.618	+ 69 21 19	0.80	**Fd. K. 383**	+ 69.371	
1936	Orion	6.5		7 53.4	3.014	− 2 28 48	0.68	Cordob. 7425	− 2.1512	
1937	δ Pictoris	4.8	e	8 21.0	1.163	− 54 56 47	0.75	**S. Fd. K. 116**		Δ 24
1938	Canis maj.	6.3		8 21.9	2.645	− 17 44 15	0.73	Cordob. 7449	− 17.1398	
1939	Orion	6.1		8 38.1	3.505	+ 17 56 5	0.76	Berl. A. 2009	+ 17.1182	
1940	1 Lyncis	5.0		8 41.6	5.538	+ 61 32 52	0.76	Hels. 4405	+ 61.869	G
1941*	7 η Geminorum	var.	e	6 8 50.5	+ 3.622	+ 22 32 9	− 0.78	**Fd. K. 105**	+ 22.1241	β 1008 GR
1942	Orion	5.9		8 55.8	2.986	− 3 42 51	0.78	Cordob. 7462	− 3.1345	
1943	71 Orionis	5.5	e	8 58.0	3.538	+ 19 11 31	0.78	Berl. A. 2014	+ 19.1270	h 2302
1944	44 ϰ Aurigae	4.6	e	9 0.4	+ 3.830	+ 29 32 8	0.79	II. Ten. Y.C. 1912	+ 29.1154	
1945	ν Doradus	5.2		9 23.1	− 0.375	− 68 49 1	0.82	Cordob. 7513		
1946	Orion	6.2		9 28.0	+ 3.403	+ 13 52 49	0.83	Leipz. II. 2121	+ 13.1173	
1947	Canis maj.	6.4		9 37.4	2.483	− 23 50 14	0.84	Cordob. 7490		
1948	72 f^2 Orionis	5.6		9 39.1	3.460	+ 16 10 27	0.84	Berl. A. 2025	+ 16.1060	
1949	Monoceros	*6.1*		9 40.1	2.966	− 4 32 20	0.84	Cordob. 7483	− 4.1421	
1950	Canis maj.	6.4		6 9 41.5	+ 2.321	− 29 22 4	− 0.85	Cordob. 7494		β 566

Nr. 1903. Σ 855, Begl. 6.8m; d = 29″, p = 113°.

Nr. 1904. Σ 845, Begl. 7.5m; d = 8″, p = 350°.

Nr. 1941. Var. Max. 3.2m, Min. 3.7—4.2m. P = 231d.

Kat. Nr.	Bezeichnung des Sternes	Gr.	Mittl. A. R. für 1900.0	Jährl. Veränd.	Mittl. Dekl. für 1900.0	Jährl. Veränd.	Nachweis	B. D.	Bemerkungen
			h m s	s	° ′ ″	″		°	
1951	5 γ Monocerotis	4.4	6 9 58.7	+ 2.926	— 6 14 39	— 0.91	**Fd. K. s. 84**	— 6.1469	h 3840
1952	73 Orionis	5.8	10 7.9	3.371	+ 12 34 57	0.89	Leipz. I. 2127	+ 12.1081	
1953	8 Geminorum	6.3	10 12.5	3.667	+ 24 0 9	0.89	Berl. B. 2278	+ 24.1182	
1954	Orion	6.4	10 18.7	3.255	+ 6 5 54	0.90	Leipz. II. 2750	+ 6.1172	
1955	Orion	*5.7*	e 10 29.4	3.061	— 0 28 23	0.92	Cordob. 7505	— 0.1234	
1956	Monoceros	*6.1*	10 33.7	2.958	— 4 52 55	0.92	Cordob. 7510	— 4.1431	β 567
1957	Orion	6.5	10 35.1	3.486	+ 17 12 51	0.93	Greenw. (00) 1165	+ 17.1191	G
1958	Monoceros	6.0	10 40.1	2.861	— 9 0 15	0.93	W.-Ott. 1868	— 8.1368	
1959	2 Lyncis	4.7	e 10 48.1	5.299	+ 59 2 50	0.90	**Fd. K. 384**	+ 59.959	Σ1 699
1960	74 k Orionis	5.4	e 10 49.6	3.364	+ 12 17 55	0.95	Leipz. I. 2136	+ 12.1084	
1961	Canis maj.	5.7	6 10 50.3	+ 2.580	— 20 14 30	— 0.95	Cordob. 7524	— 20.1336	
1962	9 Geminorum	6.5	10 52.7	3.661	+ 23 46 30	0.95	Berl. B. 2280	+ 23.1275	
1963	Canis maj.	6.2	10 54.7	2.627	— 18 26 35	0.96	Cordob. 7527	— 18.1352	
1964	η² Doradus	4.8	11 2.2	0.133	— 65 34 0	0.96	Cordob. 7557		R
1965	Canis maj.	5.0	11 10.0	2.747	— 13 41 6	0.98	Cordob. 7534	— 13.1411	
1966	75 l Orionis	5.7	e 11 35.9	3.308	+ 9 58 46	1.01	Leipz. II. 2762	+ 9.1173	β 96
1967	Canis maj.	5.9	11 40.3	2.675	— 16 35 3	1.02	Cordob. 7548	— 16.1415	
1968	Orion	6.0	e 11 58.5	3.192	+ 5 7 51	1.04	Leipz. II. 2770	+ 5.1168	
1969	Orion	6.4	12 24.2	3.416	+ 14 25 11	1.09	Leipz. I. 2150	+ 14.1235	
1970	Canis maj.	6.0	e 12 51.0	2.515	— 22 40 12	1.12	Cordob. 7574	— 22.1364	
1971	κ Columbae	4.5	e 6 12 59.7	+ 2.133	— 35 6 26	— 1.07	**S. Fd. K. 117**		
1972*	4 Lyncis	6.3	13 11.3	5.331	+ 59 24 54	1.15	Hels. 4445	+ 59.964	Σ 881
1973	Orion	6.5	13 11.8	3.286	+ 9 5 14	1.15	Leipz. II. 2788	+ 9.1184	
1974	Orion	6.5	13 13.0	+ 3.490	+ 17 21 53	1.16	Berl. A. 2061	+ 17.1203	
1975	α Mensae	5.2	e 13 13.0	— 1.795	— 74 43 7	1.38	**S. Fd. K. 118**		
1976	Canis maj.	5.5	13 14.8	+ 2.670	— 16 46 42	1.16	Cordob. 7588	— 16.1426	O
1977	Columba	6.1	13 17.5	1.983	— 39 13 41	1.16	Cordob. 7598		
1978	Columba	5.7	13 37.1	2.040	— 37 42 9	1.19	Cordob. 7606		
1979	45 Aurigae	5.6	e 13 38.6	4.876	+ 53 29 54	1.19	Camb. U.S. 2476	+ 53.1008	
1980	Columba	6.1	13 43.7	2.059	— 37 12 54	1.20	Cordob. 7609		
1981	Canis maj.	5.4	6 13 54.9	+ 2.589	— 19 55 40	— 1.22	Cordob. 7608	— 19.1407	
1982	Monoceros	*5.6*	14 5.2	2.853	— 9 20 59	1.23	W.-Ott. 1898	— 9.1411	R
1983	Canis maj.	6.3	14 17.2	2.715	— 14 59 6	1.25	Cordob. 7617	— 14.1400	R
1984	Monoceros	6.1	14 20.8	2.872	— 8 32 45	1.27	W.-Ott. 1899	— 8.1386	
1985	Orion	5.6	14 22.2	3.423	+ 14 41 36	1.27	Leipz. I. 2175	+ 14.1247	G
1986	Canis maj.	5.8	14 42.6	2.563	— 20 53 4	1.28	Cordob. 7626	— 20.1355	
1987	7 Monocerotis	*6.2*	14 53.8	2.890	— 7 46 52	1.30	W.-Ott. 1908	— 7.1373	
1988	Pictor	6.5	e 14 57.0	0.838	— 59 9 52	1.31	Cordob. 7655		Δ 27
1989	Orion	*5.0*	14 59.2	3.005	— 2 54 7	1.31	Cordob. 7632	— 2.1564	G
1990	Canis maj.	6.5	15 25.3	2.532	— 22 3 39	1.35	Cordob. 7652	— 22.1379	
1991	Columba	5.6	6 16 4.8	+ 2.161	— 34 21 12	— 1.41	Cordob. 7672		
1992	Monoceros	6.5	16 13.3	3.127	+ 2 18 53	1.42	Alb. 2129	+ 2.1197	
1993*	1 ζ Canis maj.	3.2	16 28.4	2.302	— 30 1 8	1.42	**S. Fd. K. 119**		S. C. C. 244
1994	Columba	6.5	16 30.3	1.976	— 39 26 32	1.44	Cordob. 7685		h 3849
1995*	Canis maj.	5.7	16 45.2	2.796	— 11 43 36	1.47	Cordob. 7683	— 11.1460	Σ 3116
1996*	Camelopard.	6.2	16 50.4	6.856	+ 70 35 22	1.47	Greenw. (02) 1062	+ 70.401	OΣ 136
1997	13 μ Geminorum	3.1	e 16 54.7	3.630	+ 22 33 54	1.58	**Fd. K. 106**	+ 22.1304	β 1059 G
1998	Columba	5.6	16 59.2	2.170	— 34 5 58	1.48	Cordob. 7697		
1999	Orion	6.3	16 59.8	3.371	+ 12 37 10	1.49	Leipz. I. 2206	+ 12.1123	
2000	46 ψ¹ Aurigae	4.9	6 17 11.9	+ 4.625	+ 49 20 20	— 1.51	**Fd. K. 385**	+ 49.1488	G

Nr. 1972. Σ 881, Begl. 7.9m; d = 1″, p = 100°.
Nr. 1993. ζ Canis maj. = *Phurud.*
Nr. 1995. Σ 3116, Begl. 9.1m; d = 4″, p = 25°.
Nr. 1996. OΣ 136, Begl. 10.5m; d = 6″, p = 310°.

Kat. Nr.	Bezeichnung des Sternes	Gr.	Mittl. A. R. für 1900.0	Jährl. Veränd.	Mittl. Dekl. für 1900.0	Jährl. Veränd.	Nachweis	B. D.	Bemerkungen
			h m s	s	° ′ ″	″		°	
2001	Lynx	5.9	6 17 59.3	+ 5.074	+ 56 20 17	− 1.57	Hels. 4497	+ 56.1125	
2002*	5 Lyncis	5.3	e 18 5.1	5.245	+ 58 28 19	1.58	Hels. 4498	+ 58.927	Σ 894 G
2003	2 β Canis maj.	2.0	18 17.7	2.641	− 17 54 23	1.60	**Fd. K. 561**	− 17.1467	S. C. C. 246
2004	Monoceros	6.4	18 26.4	2.965	− 4 38 10	1.60	Cordob. 7720	− 4.1484	
2005	3 δ Canis maj.	3.8	e 18 27.6	2.195	− 33 23 8	1.61	Cordob. 7731		
2006*	8 Monocerotis	4.6	18 28.2	3.180	+ 4 38 37	1.60	**Fd. K. 386**	+ 4.1236	Σ 900
2007	Gemini	6.5	18 34.1	3.697	+ 25 6 5	1.62	Camb. E. 3204	+ 25.1255	
2008	Monoceros	6.5	18 34.2	3.282	+ 8 56 13	1.62	Leipz. II. 2867	+ 8.1316	h 726
2009	Monoceros	6.5	18 51.8	2.842	− 9 49 25	1.65	W.-Ott. 1945	− 9.1444	
2010	Gemini	6.5	19 6.9	3.458	+ 16 6 44	1.67	Berl. A. 2129	+ 16.1135	
2011	Canis maj.	6.5	6 19 14.3	+ 2.715	− 15 1 8	− 1.68	Cordob. 7749	− 14.1428	R
2012*	Gemini	6.3	19 28.3	3.648	+ 23 22 57	1.70	Berl. B. 2367	+ 23.1347	
2013	Canis maj.	6.5	19 28.3	2.595	− 19 43 59	1.70	Cordob. 7757	− 19.1435	β 568
2014	Canis maj.	5.3	19 30.6	2.802	− 11 28 32	1.71	Cordob. 7756	− 11.1478	G
2015	Canis maj.	6.0	19 43.9	2.767	− 12 54 30	1.72	Cordob. 7763	− 12.1470	Σ 903
2016	Gemini	6.3	19 46.0	3.424	+ 14 46 36	1.73	Leipz. I. 2239	+ 14.1283	GR
2017*	*T* Monocerotis	var.	19 49.0	3.240	+ 7 8 25	1.73	II. Ten. Y.C. 1972	+ 7.1273	
2018	Canis maj.	5.7	19 52.2	2.437	− 25 31 25	1.74	Cordob. 7774		
2019	Monoceros	5.8	e 20 9.4	3.052	− 0 52 59	1.76	Cordob. 7777	− 0.1287	
2020*	Columba	5.8	20 33.0	2.082	− 36 39 20	1.80	Cordob. 7801		h 3857, Δ 28
2021	Monoceros	6.4	6 20 49.0	+ 2.983	− 3 49 57	− 1.82	Cordob. 7797	− 3.1425	
2022	Canis maj.	6.3	20 51.2	2.343	− 28 43 15	1.82	Cordob. 7807		
2023	ν Pictoris	5.8	21 9.0	1.075	− 56 18 57	1.85	Cordob. 7827		
2024	Monoceros	6.4	21 9.9	2.890	− 7 50 17	1.85	W.-Ott. 1964	− 7.1422	
2025	Monoceros	6.5	21 11.2	2.992	− 3 27 38	1.85	Cordob. 7809	− 3.1430	
2026	Puppis	6.4*	21 22.0	1.361	− 52 7 33	1.87	Cordob. 7831		
2027	Columba	6.3	21 30.0	1.947	− 40 13 40	1.88	Cordob. 7824		
2028	Monoceros	5.7	21 35.8	0.039	− 1 26 51	1.88	Cordob. 7815	− 1.1242	
2029	Monoceros	6.1	21 37.8	2.967	− 4 32 19	1.89	Cordob. 7818	− 4.1510	
2030*	α Argus (Carinae)	0.1	21 43.9	1.331	− 52 38 27	1.89	**S. Fd. K. IV**		
2031	Monoceros	6.3	6 21 54.9	+ 2.899	− 7 27 8	− 1.91	W.-Ott. 1972	− 7.1429	
2032	Columba	6.4	21 55.9	2.139	− 35 0 19	1.91	Cordob. 7839		
2033	16 Geminorum	6.5	21 59.9	3.572	+ 20 33 24	1.92	Berl. B. 2402	+ 20.1428	
2034	77 Orionis	5.3	22 5.6	3.081	+ 0 21 34	1.93	Nic. 1688	+ 0.1426	G
2035	6 Lyncis	6.0	e 22 6.1	5.222	+ 58 14 19	1.93	Hels. 4530	+ 58.932	
2036	Monoceros	5.7	22 6.8	3.142	+ 2 58 4	1.93	Alb. 2195	+ 2.1237	
2037	48 Aurigae	5.7	22 8.5	3.859	+ 30 33 18	1.93	Leid. 2627	+ 30.1238	
2038	78 Orionis	5.4	22 8.9	3.068	− 0 12 57	1.94	Cordob. 7834	− 0.1299	G
2039	Canis maj.	6.5	22 9.9	2.727	− 14 32 37	1.96	Cordob. 7838	− 14.1450	
2040	Pictor	6.5*	22 23.2	0.389	− 63 37 43	1.96	Cordob. 7869		
2041	47 Aurigae	6.1	6 22 34.7	+ 4.488	+ 46 44 56	− 1.97	Bonn 5277	+ 46.1149	G
2042	Gemini	6.4	e 22 42.8	3.412	+ 16 18 8	1.99	Berl. A. 2167	+ 16.1159	
2043	Monoceros	6.3	22 47.1	3.316	+ 10 22 2	1.99	Leipz. I. 2278	+ 10.1149	
2044	Pictor	6.0	22 59 7	0.748	− 60 13 31	2.01	Cordob. 7880		
2045*	10 Moncerotis	*4.8*	23 1.3	2.962	− 4 42 1	2.00	**Fd. K. 562**	− 4.1526	S. C. C. 249
2046*	18 ν Geminorum	4.4	23 1.6	3.564	+ 20 16 32	2.01	Berl. B. 2414	+ 20.1441	$O\Sigma^2 77$; β 1192
2047*	*G* Puppis	6.0	23 4.9	1.589	− 48 7 1	2.02	Cordob. 7874		
2048	Canis maj.	6.2	e 23 10.0	+ 2.430	− 25 47 16	2.02	Cordob. 7865		
2049	π^1 Doradus	5.6	23 35.3	− 0.557	− 69 55 45	2.06	Cordob. 7911		R
2050*	11 β Monocerotis	*4.3*	6 23 58.2	+ 2.910	− 6 58 8	− 2.09	W.-Ott. 1987	− 6.1574, 5	Σ 919; β 570

Nr. 2002. Σ 894, Begl. 8m; d = 96″, p = 272°.
Nr. 2006. Σ 900, Begl. 6.7m bläulich; d = 14″, p = 26°.
Nr. 2012. Mehrere fast gleich helle Sterne sind in der Nahe.
Nr. 2017. Var. Max. 5.8—6.4m, Min. 7.4—8.2m. P = 27d.
Nr. 2020. h 3857, Begl. 8.8m; d = 12″.8, p = 255°.

Nr. 2030. α Carinae = ***Canopus* = *Suhel*.**
Nr. 2045. Von einer Sterngruppe umgeben.
Nr. 2046. $O\Sigma^2$ 77, Begl. 8m; d = 113″, p = 330°. Bgl. dpl.; d = 0″.2.
Nr. 2047. Begl. 9.0m; d = 1″, p = 130°.
Nr. 2050. 2 Begl. B, 5.7m: d = 7″.5, p = 133°. C, 6.1m: d = 3″.0, p = 108°.

Kat. Nr.	Bezeichnung des Sternes	Gr.	Mittl. A. R. für 1900.0	Jährl. Veränd.	Mittl. Dekl. für 1900.0	Jährl. Veränd.	Nachweis	B. D.	Bemerkungen
			h m s	s	° ′ ″	″		°	
2051	Monoceros	6.3	6 24 1.3	+ 3.136	+ 2 42 42	— 2.10	Alb. 2206	+ 2.1253	RG
2052	Canis maj.	5.9	24 11.7	2.655	— 17 24 7	2.11	Cordob. 7894	— 17.1506	
2053	Pictor	6.4	24 18.7	0.375	— 63 45 9	2.12	Cordob. 7916		
2054*	λ Canis maj.	4.4	e 24 27.7	2.220	— 32 31 1	2.12	**S. Fd. K. 120**		β 753
2055	Canis maj.	5.7	24 56.1	2.232	— 32 18 25	2.18	Cordob. 7914		
2056	Camelopard.	5.8	24 56.8	9.367	+ 78 4 30	2.18	Kas. 1148	+ 78.227	
2057	Camelopard.	6.4	25 17.5	7.638	+ 73 46 22	2.21	Greenw. (02) 1083	+ 73.340	
2058	Gemini	6.3	e 25 22.3	3.479	+ 17 0 32	2.22	Berl. A. 2188	+ 17.1275	OΣ 143
2059	Monoceros	6.2	25 27.5	2.838	— 10 0 51	2.22	W.-Ott. 2004	— 9.1493	
2060	Pictor	5.8	25 29.3	0.952	— 57 56 17	2.23	Cordob. 7940		
2061	Columba	6.5*	6 25 30.4	+ 1.917	— 41 0 36	— 2.23	Cordob. 7931		
2062*	Monoceros	6.3	25 35.8	3.339	+ 11 19 12	2.23	Leipz. I. 2305	+ 11.1204	Σ 921
2063	Gemini	6.1	25 55.7	3.920	+ 32 31 34	2.26	Leid. 2666	+ 32.1324	
2064	Canis maj.	6.1	25 58.6	2.764	— 13 4 47	2.27	Cordob. 7935	— 13.1519	
2065	Monoceros	5.4	26 13.7	+ 3.346	+ 11 36 50	2.29	Leipz. I. 2315	+ 11.1209	
2066	π^2 Doradus	5.4	e 26 19.9	— 0.506	— 69 37 59	2.09	**S. Fd. K. 121**		
2067*	20 Geminorum	6.2	e 26 27.6	+ 3.500	+ 17 50 59	2.31	Berl. A. 2210	+ 17.1286	Σ 924
2068	Canis maj.	5.4	26 44.4	2.783	— 12 19 14	2.33	Cordob. 7958	— 12.1518	R
2069*	Monoceros	6.3	26 48.5	3.349	+ 11 44 47	2.34	Leipz. I. 2322	+ 11.1213	OΣ 146
2070	Canis maj.	5.7	26 48.8	2.375	— 27 42 0	2.34	Cordob. 7964		
2071*	12 Monocerotis	6.1	e 6 27 0.9	+ 3.187	+ 4 55 40	— 2.36	Alb. 2245	+ 4.1304	G
2072	Monoceros	*5.4*	27 1.7	2.884	— 8 5 11	2.36	W.-Ott. 2011	— 8.1462	O
2073*	Puppis	5.3	27 21.9	1.482	— 50 10 6	2.39	Cordob. 7991		Δ 30
2074	Monoceros	*5.8*	27 29.4	2.938	— 5 47 41	2.40	Cordob. 7978	— 5.1678	
2075	13 Monocerotis	4.7	27 29.8	3.245	+ 7 24 23	2.40	Leipz. II. 2999	+ 7.1337	
2076	Columba	6.0	27 39.6	2.136	— 35 11 16	2.41	Cordob. 7992		
2077	4 ξ^1 Canis maj.	4.4	e 27 41.4	2.499	— 23 20 49	2.42	Cordob. 7989		
2078	Canis maj.	6.5	27 42.5	2.216	— 32 47 50	2.42	Cordob. 7993		
2079	Pictor	5.2	27 44.6	1.046	— 56 47 5	2.42	Cordob. 8007		
2080	Columba	6.5*	27 47.4	1.926	— 40 50 44	2.43	Cordob. 7998		
2081	Gemini	5.7	6 27 55.6	+ 3.409	+ 14 13 56	— 2.44	Leipz. I. 2336	+ 14.1339	
2082	Canis maj.	6.5	28 5.8	2.812	— 11 5 34	2.45	Cordob. 7996	— 11.1520	
2083	Columba	6.5	28 7.3	2.078	— 36 52 11	2.46	Cordob. 8004		
2084	8 Lyncis	6.2	e 28 33.1	5.492	+ 61 34 9	2.76	**Fd. K. 388**	+ 61.893	
2085	Monoceros	*4.7*	28 33.3	3.046	— 1 8 39	2.49	Cordob. 8006	— 1.1274	
2076	Camelopard.	6.0	28 43.1	7.114	+ 71 49 56	2.51	Greenw. (00) 1224	+ 71.359	
2087	49 Aurigae	5.5	28 54.3	3.781	+ 28 6 1	2.52	Camb. E. 3339	+ 28.1168	
2088*	Canis maj.	5.6	28 54.5	2.245	— 31 57 21	2.52	Cordob. 8017		h 3869
2089	Columba.	5.5	28 55.6	2.050	— 37 37 15	2.52	Cordob. 8023		
2090	Carina	5.7	28 57.9	1.390	— 51 45 24	2.53	Cordob. 8034		
2091	11 Lyncis	6.1	6 29 8.6	+ 5.110	+ 56 56 17	— 2.54	Hels. 4606	+ 56.1136	
2092	Canis maj.	6.5	29 10.1	2.567	— 20 50 49	2.54	Cordob. 8027	— 20.1437	
2093	23 Hev. Camelopard.	5.6	e 29 10.3	10.323	+ 79 40 21	3.20	**Fd. K. 387**	+ 79.212	
2094	Auriga	5.6	29 40.4	4.128	+ 38 31 35	2.59	Leid. 3390	+ 38.1539	GR
2095	Monoceros	6.0	29 46.9	3.308	+ 10 4 3	2.60	Leipz. I. 2361	+ 10.1186	G
2096	Columba	6.5	29 48.7	2.016	— 38 32 53	2.60	Cordob. 8047		
2097	Monoceros	6.1	30 6.4	3.095	+ 0 58 9	2.63	Alb. 2274	+ 0.1491	
2098	Pictor	6.4*	30 11.1	0.601	— 61 48 21	2.63	Cordob. 8067		
2099	Columba	5.5	30 19.2	2.104	— 36 9 27	2.65	Cordob. 8057		
2100*	μ Pictoris	5.8	6 30 29.0	+ 0.895	— 58 40 42	— 2.66	Cordob. 8071		h 3874

Nr. 2054. β 753, Begl. 7.9m; d=1″, p=44°.

Nr. 2062. Σ 921, Begl. 8.2m; d=16″, p=5°.

Nr. 2067. Σ 924, Begl. 7.3m; d=20″, p=210°.

Nr. 2069. OΣ 146, Begl. 9m; d=32″, p=140°.

Nr. 2071. (N. G. C. 2244.) Von einem dichtgedrängten Sternhaufen umgeben; außerdem mehrere Sterne 7—8m, sowie kleinere in Reihen geordnete in der Nähe.

Nr. 2073. Δ 30, 3 fach, Begl. B 6.7m: d=0″.7, p=275°. Begl. C 8.6m: d=13″, p=316°.

Nr. 2088. Begl. 8.2m; d=25″, p=255°.

Nr. 2100. h 3874. Begl. 8.2m; d=2″.5, p=235°.

Kat. Nr.	Bezeichnung des Sternes	Gr.		Mittl. A. R. für 1900.0	Jährl. Veränd.	Mittl. Dekl. für 1900.0	Jährl. Veränd.	Nachweis	B. D.	Bemerkungen
				h m s	s	° ′ ″	″		°	
2101	5 ξ^2 Canis maj.	4.6		6 30 51.9	+ 2.515	− 22 53 8	− 2.66	**Fd. K. 563**	− 22.1458	
2102	Canis maj.	5.6		30 53.0	2.224	− 32 38 15	2.69	Cordob. 8068		
2103	Canis maj.	6.5		31 17.1	2.537	− 22 1 40	2.72	Cordob. 8078	− 21.1514	
2104	Monoceros	*5.6*		31 40.0	2.954	− 5 7 40	2.76	Cordob. 8082	− 5.1710	
2105	51 Aurigae	5.9	e	31 43.8	4.160	+ 39 28 45	2.86	**Fd. K. 389**	+ 39.1690	
2106	52 ψ^3 Aurigae	5.5		31 51.5	4.183	+ 39 59 18	2.78	Bonn 5391	+ 40.1665	
2107*	Columba	5.6		31 55.7	2.085	− 36 41 57	2.79	Cordob. 8093		β 755; h 3875
2108*	24 γ Geminorum	2.3	e	31 56.1	3.467	+ 16 29 5	2.82	**Fd. K. 107**	+ 16.1223	S.C.C.254;Hh338
2109	ν^1 Canis maj.	5.6		32 0.2	2.628	− 18 34 40	2.79	Cordob. 8088	− 18.1480	Σ^1 757 R
2110	Monoceros	6.3		32 2.5	3.217	+ 6 13 10	2.79	Leipz. II. 3073	+ 6.1309	
2111	53 Aurigae	6.2		6 32 2.7	+ 3.809	+ 29 4 12	− 2.79	Camb. E. 3381	+ 29.1293	
2112	Monoceros	6.5		32 4.6	3.329	+ 10 56 20	2.80	Leipz. I. 2383	+ 10.1201	G
2113	Canis maj.	6.4		32 10.5	2.761	− 13 14 11	2.81	Cordob. 8090	− 13.1570	
2114	50 ψ^2 Aurigae	4.9	e	32 11.6	4.291	+ 42 34 38	2.81	Bonn 5395	+ 42.1585	
2115	17 ν^2 Canis maj.	4.1	e	32 19.2	2.612	− 19 10 12	2.82	Cordob. 8101	− 19.1502	R
2116	Columba	6.3		32 23.5	2.110	− 36 0 11	2.83	Cordob. 8111		
2117	Monoceros	6.4		32 27.0	3.137	+ 2 47 25	2.83	Alb. 2297	+ 2.1315	G
2118	Canis maj.	6.2		32 28.8	2.523	− 22 31 52	2.84	Cordob. 8109	− 22.1472	
2119	Monoceros	6.4		32 33.9	3.189	+ 5 2 31	2.84	Leipz. II. 3083	+ 5.1334	
2120	Auriga	6.5		32 42.8	4.355	+ 44 6 6	2.85	Bonn 5399	+ 44.1506	
2121	*N* Carinae	4.5	e	6 32 46.3	+ 1.320	− 52 53 38	− 2.87	**S. Fd. K. 123**		
2122	Canis maj.	6.2	e	33 3.8	2.770	− 12 53 43	2.88	Cordob. 8122	− 12.1566	OR
2123	Gemini	6.4		33 4.4	3.611	+ 22 7 8	2.88	Berl. B. 2499	+ 22.1416	
2124*	54 Aurigae	6.3		33 14.8	3.787	+ 28 21 5	2.90	Camb. E. 3394	+ 28.1196	OΣ 152
2125	Monoceros	6.3		33 19.2	3.016	− 2 27 26	2.90	Cordob. 8127	− 2.1691	R
2126	Monoceros	6.5		33 27.1	3.112	+ 1 42 2	2.92	Alb. 2319	+ 1.1443	
2127	8 ν^3 Canis maj.	4.6		33 29.6	2.639	− 18 9 3	2.92	Cordob. 8139	− 18.1492	R
2128	Columba	6.1		33 38.2	2.037	− 38 3 44	2.93	Cordob. 8151		
2129	Columba	6.5		33 41.0	1.904	− 41 28 21	2.94	Cordob. 8153		
2130	Columba	5.8		33 46.0	2.079	− 36 54 18	2.94	Cordob. 8155		
2131	Canis maj.	5.2		6 34 2.8	+ 2.239	− 32 15 18	− 2.97	Cordob. 8160		
2132	Canis maj.	5.9		34 8.2	2.674	− 16 47 4	2.98	Cordob. 8156	− 16.1554	
2133	Gemini	6.2		34 10.1	3.379	+ 13 4 21	2.98	Leipz. I. 2408	+ 13.1356	β 571
2134	ν Puppis	3.2		34 42.1	1.835	− 43 6 30	3.04	**S. Fd. K. 124**		
2135	Canis maj.	5.1		34 42.6	2.742	− 14 3 21	3.03	Cordob. 8174	− 14.1525	OG
2136	Canis maj.	5.9		35 26.7	2.495	− 23 36 17	3.09	Cordob. 8198		
2137*	15 *S* Monocerotis	var.		35 28.3	3.305	+ 9 59 18	3.30	**Fd. K. 108**	+ 10.1220	Σ 950
2138	Gemini	6.5		35 35.8	3.464	+ 16 29 27	3.10	Berl. A. 2320	+ 16.1242	
2139	Monoceros	6.3		35 44.2	3.332	+ 11 5 46	3.11	Leipz. I. 2427	+ 11.1273	RG
2140	55 ψ^4 Aurigae	5.1	e	35 48.5	4.376	+ 44 37 15	3.12	Bonn 5442	+ 44.1518	G
2141	Canis maj.	5.9		6 35 52.9	+ 2.298	− 30 22 21	− 3.13	Cordob. 8212		
2142	Monoceros	6.1		35 57.0	3.086	+ 0 35 19	3.13	Nic. 1785	+ 0.1546	
2143*	*Y* Puppis	5.0		35 57.8	1.600	− 48 7 50	3.13	Cordob. 8227		Δ 31
2144	Lynx	6.4		36 6.8	4.854	+ 53 24 0	3.15	Camb. U.S. 2595	+ 53.1056	
2145	Auriga	6.4		36 26.3	4.078	+ 37 14 40	3.17	Lund 3466	+ 37.1567	
2146	26 Geminorum	5.4	e	36 34.9	3.496	+ 17 44 38	3.19	Berl. A. 2329	+ 17.1357	
2147	Pictor	6.5*		36 56.4	0.648	− 61 26 43	3.22	Cordob. 8269		I. 5
2148	Monoceros	*5.9*		37 9.9	2.862	− 9 4 14	3.24	W.-Ott. 2108	− 9.1601	R
2149*	12 Lyncis	5.0	e	37 24.3	5.321	+ 59 32 35	3.26	Hels. 4694	+ 59.1015	Σ 948 med.
2150*	27 ε Geminorum	3.2		6 37 46.8	+ 3.692	+ 25 13 49	− 3.30	**Fd. K. 109**	+ 25.1406	Σ^1 765 G

Nr. 2107. β 755, Begl. 7.1m; d = 1″, p = 260°. 2. Begl. 10m; d = 21″, p = 300°.

Nr. 2108. γ Geminorum = ***Alhena.***

Nr. 2124. OΣ 152, Begl. 8m; d = 0″.8, p = 40°.

Nr. 2137. Σ 950. Der Hptst. ist variabel zwischen 5.0—5.5m. 2 Begl. B, 9m blau: d = 3″, p = 210°. C, 10m: d = 16″, p = 14°.

Nr. 2143. Δ 31, Hptst. gelb, Begl. 7.5m blau; d = 13″, p = 318°.

Nr. 2149. Σ 948, 2 Begl. B, 6.1m grünlichweiß: d = 1″.4, p = 114°. C, 7.4m blaulich: d = 8″.7, p = 306°. Schöner Farbenkontrast.

Nr. 2150. ε Geminorum = ***Mebsuta.***

Kat. Nr.	Bezeichnung des Sternes	Gr.	Mittl. A. R. für 1900.0	Jährl. Veränd.	Mittl. Dekl. für 1900.0	Jährl. Veränd.	Nachweis	B. D.	Bemerkungen
			h m s	s	° ′ ″	″		°	
2151	Monoceros	6.3	6 37 52.2	+ 3.145	+ 3 7 55	— 3.30	Alb. 2369	+ 3.1371	G
2152	Puppis	6.2	37 58.7	1.957	— 40 15 17	3.31	Cordob. 8282		
2153	Puppis	6.5	38 6.7	1.630	— 47 34 44	3.32	Cordob. 8292		
2154	13 Lyncis	5.5	e 38 17.9	5.124	+ 57 16 24	3.33	Hels. 4702	+ 57.1004	
2155	30 Geminorum	4.6	e 38 21.0	3.385	+ 13 19 45	3.34	Leipz. I. 2456	+ 13.1390	G
2156	Monoceros	6.2	38 22.2	3.166	+ 4 1 53	3.34	Alb. 2370	+ 4.1414	
2157	28 Geminorum	5.6	38 25.3	3.807	+ 29 4 19	3.34	Camb. E. 3465	+ 29.1327	G
2158	Canis maj.	6.2	38 33.4	2.530	— 22 21 13	3.36	Cordob. 8294	— 22.1505	
2159*	Puppis	6.1	38 53.3	2.033	— 38 18 3	3.39	Cordob. 8304		Δ 32
2160	56 ψ^5 Aurigae	5.5	e 39 31.8	4.327	+ 43 40 37	3.30	**Fd. K. 390**	+ 43.1595	Σ^1 769
2161	31 ξ Geminorum	3.6	e 6 39 40.6	+ 3.368	+ 13 0 12	— 3.65	**Fd. K. 110**	+ 13.1396	
2162*	Lynx	6.1	39 51.6	5.011	+ 55 48 52	3.47	Hels. 4713	+ 55.1122	Σ 958
2163	57 ψ^6 Aurigae	5.3	e 40 2.3	4.582	+ 48 53 42	3.48	Bonn 5501	+ 48.1436	G
2164	Puppis	6.1	40 3.2	2.002	— 39 5 31	3.49	Cordob. 8335		
2165	42 Camelopard.	5.4	40 31.7	6.279	+ 67 40 57	3.53	Christ. 1094	+ 67.454	
2166	10 Canis maj.	5.0	40 40.2	2.283	— 30 58 4	3.54	Cordob. 8351		
2167*	9 α Canis maj.	— 1.4	e 40 44.6	2.644	— 16 34 44	4.74	**Fd. K. s. 90**	— 16.1591	Σ^1 773
2168	Canis maj.	6.4	40 52.5	2.395	— 27 14 55	3.56	Cordob. 8355		
2169	16 Monocerotis	6.2	41 5.3	3.274	+ 8 41 35	3.57	Leipz. II. 3203	+ 8.1486	
2170	Canis maj.	6.5	41 12.9	2.298	— 30 28 56	3.59	Cordob. 8363		
2171	Canis maj.	6.2	6 41 13.2	+ 2.504	— 23 21 32	— 3.59	Cordob. 8361		
2172	Canis maj.	5.4	41 26.8	2.728	— 14 41 23	3.61	Cordob. 8367	— 14.1573	R
2173	Canis maj.	6.0	e 41 38.9	2.261	— 31 40 39	3.62	Cordob. 8379		
2174*	Canis maj.	5.7	41 42.5	2.287	— 30 50 37	3.63	Cordob. 8382		h 3891
2175*	Canis maj.	cum.	41 49.5	2.580	— 20 38 30	3.64	Cordob. 8383		N. G. K. 2287
2176	17 Monocerotis	4.8	41 54.1	3.261	+ 8 8 43	3.64	Leipz. II. 3218	+ 8.1496	σ 246 RG
2177	Monoceros	5.6	41 55.0	2.841	— 10 0 2	3.65	W.-Ott. 2140	— 9.1644	
2178	Carina	6.8	42 8.0	1.225	— 54 37 37	3.67	Cordob. 8408		} zusammen
2179	Carina	6.7	42 10.9	1.225	— 54 35 29	3.67	Cordob. 3412		} 5.9^m; Δ 34
2180	11 Canis maj.	5.3	42 17.4	2.737	— 14 19 6	3.68	Cordob. 8395	— 14.1584	
2181	18 Monocerotis	4.6	6 42 38.8	+ 3.128	+ 2 31 18	— 3.72	**Fd. K. 392**	+ 2.1397	G
2182	Puppis	6.4	42 44.2	1.998	— 39 26 0	3.72	Cordob. 8419		Δ 33
2183	Canis maj.	5.9	42 44.6	2.570	— 20 54 26	3.72	Cordob. 8413	— 20.1576	
2184	Puppis	6.1	42 46.5	2.059	— 37 40 6	3.72	Cordob. 8421		
2185	Monoceros	*5.6*	42 50.6	2.867	— 8 53 22	3.73	W.-Ott. 2149	— 8.1558	
2186	43 Camelopard.	5.3	e 42 55.5	6.495	+ 69 0 18	3.70	**Fd. K. 391**	+ 69.394	
2187	Gemini	5.9	43 10.5	3.916	+ 32 43 14	3.75	Leid. 2832	+ 32.1414	G
2188	Monoceros	5.7	43 15.0	3.045	— 1 12 25	3.76	Cordob. 8422	— 1.1386	
2189	Carina	6.2*	43 36.4	1.375	— 52 18 6	3.79	Cordob. 8451		
2190	58 ψ^7 Aurigae	5.2	e 43 41.8	4.250	+ 41 53 59	3.80	Bonn 5543	+ 41.1536	G
2191	Monoceros	6.5	6 43 53.9	+ 3.098	+ 1 6 49	— 3.82	Nic. 1844	+ 1.1531	
2192	x Puppis	5.2	43 56.2	2.053	— 37 49 10	3.82	Cordob. 8455		h 3893
2193	33 Geminorum	6.2	44 4.5	3.457	+ 16 19 0	3.83	Berl. A. 2414	+ 16.1298	
2194	Monoceros	5.6	44 14.3	3.024	— 2 9 33	3.85	Cordob. 8450	— 2.1776	
2195*	14 Lyncis	5.5	e 44 16.0	5.312	+ 59 34 3	3.85	Hels. 4757	+ 59.1028	Σ 963
2196*	Canis maj.	5.3	44 25.8	2.720	— 15 1 54	3.86	Cordob. 8461	— 14.1599	A. C. 4
2197	Carina	5.3	44 28.7	1.444	— 51 9 8	3.87	Cordob. 8473		
2198	35 Geminorum	5.8	44 46.9	3.388	+ 13 31 41	3.89	Leipz. I. 2525	+ 13.1434	
2199	O Carinae	5.7	45 21.9	1.171	— 55 25 45	3.94	Cordob. 8511		
2200	Canis maj.	6.3	6 45 29.2	+ 2.488	— 24 1 42	— 3.95	Cordob. 8495		

Nr. 2159. Δ 32, Begl. 7.5^m; d = 8″, p = 277°.

Nr. 2162. Σ 958, Begl. 6.8^m; d = 5″, p = 260°.

Nr. 2167. ***Sirius.*** Besteht aus zwei Komponenten, deren Umlaufszeit nach Auwers 49a.399 beträgt. Näheres darüber ist in Astr. Nachr. Nr. 3084—85 nachzusehen, wo sämtliche Beobachtungen zusammengestellt sind.

Nr. 2174. h 3891, Begl. 8.4^m; d = 5″.0, p = 220°.

Nr. 2175. N. G. K. 2287. Großer Sternhaufen, dem bloßen Auge sternartig sichtbar. Ein rötlichgelber Stern steht in der Mitte, um ihn gruppieren sich viele Sterne 7—9^m. Leicht auflösbar.

Nr. 2195. Σ 963, Begl. purpurrot; d = 0″.5, p = 75°. Hptst. goldgelb.

Nr. 2196. A. C. 4, Begl. 7.0^m; d = 1″, p = 290°.

Kat. Nr.	Bezeichnung des Sternes	Gr.	Mittl. A. R. für 1900.0	Jährl. Veränd.	Mittl. Dekl. für 1900.0	Jährl. Veränd.	Nachweis	B. D.	Bemerkungen
			h m s	s	° ′ ″	″		°	
2201	24 Hev. Camelopard.	4.7	e 6 45 29.2	+ 8.820	+ 77 6 17	— 3.70	**Fd. K. 393**	+ 77.266	
2201	36 *d* Geminorum	5.6	e 45 33.5	3.599	+ 21 52 46	3.96	Berl. B. 2630	+ 21.1405	β 1193
2203*	Canis maj.	6.3	45 34.9	2.488	— 23 57 39	3.96	Cordob. 8500		β 324
2204	Monoceros	5.8	e 45 43.5	3.063	— 0 25 4	3.97	Cordob. 8494	— 0.1462	β 897
2205	Canis maj.	6.5	45 50.0	8.668	— 17 10 31	3.98	Cordob. 8505	— 17.1645	
2206	Auriga	6.4	45 50.2	4.384	+ 44 57 40	3.98	Bonn 5573	+ 45.1359	
2207	Monoceros	*6.1*	45 53.4	2.890	— 7 55 30	3.99	W.-Ott. 2194	— 7.1592	
2208	Canis maj.	5.9	45 54.6	2.673	— 16 58 6	3.99	Cordob. 8508	— 16.1624	R
2209	Gemini	5.9	45 55.8	+ 3.648	+ 23 43 12	3.99	Berl. B. 2633	+ 23.1518	G
2210	Volans	5.8	45 56.3	— 0.591	— 70 19 28	3.99	Cordob. 8545		
2211	13 *κ* Canis maj.	3.9	6 46 6.3	+ 2.240	— 32 23 34	— 3.99	**S. Fd. K. 125**		
2212*	59 Aurigae	6.4	46 8.7	4.133	+ 38 59 19	4.01	Lund 3568	+ 39.1771	Σ 974
2213	34 *ϑ* Geminorum	3.8	46 11.9	3.959	+ 34 4 55	4.05	**Fd. K. 112**	+ 34.1481	σ 249
2214	60 *ψ*⁸ Aurigae	6.5	e 46 22.0	4.117	+ 38 33 49	4.03	Lund 3570	+ 38.1636	
2215	Auriga	6.2	46 22.0	4.021	+ 35 54 28	4.03	Lund 3572	+ 35.1511	G
2216	Canis maj.	6.2	46 32.6	2.442	— 25 39 46	4.05	Cordob. 8522		
2217	Canis maj.	5.7	46 36.7	2.267	— 31 35 22	4.05	Cordob. 8528		Hh 251
2218	*H* Puppis	5.1	47 5.4	1.694	— 46 30 37	4.09	Cordob. 8554		
2219	α Pictoris	3.3	e 47 9.9	0.616	— 61 50 2	3.82	**S. Fd. K. 126**		
2220	Puppis	5.2	47 14.2	2.182	— 34 14 58	4.10	Cordob. 8551		
2221	Monoceros	6.1	6 47 23.1	+ 3.268	+ 8 30 7	— 4.12	Leipz. II. 3300	+ 8.1543	
2222	Monoceros	6.7	e 47 26.9	2.954	— 5 3 11	4.12	Cordob. 8547	— 5.1844	
2223	*τ* Puppis	2.8	e 47 27.3	1.489	— 50 29 44	4.22	**S. Fd. K. 127**		
2224	Monoceros	6.4	47 27.8	2.954	— 5 11 43	4.12	Cordob. 8548	— 5.1845	R
2225	*A* Carinae	4.4	47 41.1	1.305	— 53 30 20	4.14	Cordob. 8573		
2226	Monoceros	6.4	47 49.7	3.330	+ 11 7 24	4.15	Leipz. I. 2558	+ 11.1344	
2227	Auriga	6.4	48 1.6	4.337	+ 44 2 4	4.17	Bonn 5601	+ 44.1551	
2228	*μ* Puppis	6.1	48 11.0	+ 2.118	— 36 6 28	4.19	Cordob. 8577		
2229	*ζ* Mensae	5.6	e 48 22.4	— 4.923	— 80 42 29	4.12	**S. Fd. K. 128**		
2230	15 Lyncis	4.5	e 48 37.2	+ 5.210	+ 58 33 14	4.35	**Fd. K. 394**	+ 58.982	OΣ 159
2231	Lynx	6.1	6 48 40.4	+ 5.139	+ 57 41 24	— 4.23	Hels. 4796	+ 57.1017	RG
2232	Pictor	6.2	48 41.5	0.797	— 60 8 3	4.23	Cordob. 8610		
2233	Canis maj.	5.7	48 56.8	2.625	— 18 54 35	4.25	Cordob. 8592	— 18.1591	
2234	Canis maj.	6.2	48 59.2	2.627	— 18 48 39	4.25	Cordob. 8594	— 18.1594	
2235	Canis maj.	6.5	48 59.3	2.412	— 26 49 58	4.25	Cordob. 8597		R
2236*	38 *e* Geminorum	4.8	e 49 0.1	3.382	+ 13 18 19	4.25	Leipz. I. 2575	+ 13.1462	Σ 982
2237	*ψ*⁹ Aurigae	6.2	49 8.4	4.447	+ 46 24 4	4.26	Bonn 5615	+ 46.1203	
2238	37 Geminorum	5.9	e 49 9.9	3.696	+ 25 30 3	4.27	Camb. E. 3591	+ 25.1496	
2239	15 Canis maj.	4.7	49 13.5	2.595	— 20 6 2	4.27	Cordob. 8602	— 20.1616	
2240*	Monoceros	6.3	49 14.6	2.942	— 5 43 39	4.28	Cordob. 8599	— 5.1863	Σ 987
2241	Monoceros	5.4	6 49 19.8	+ 3.050	— 1 0 6	— 4.28	Cordob. 8600	— 0.1487	
2242	Auriga	6.2	49 31.6	4.465	+ 46 50 10	4.30	Bonn 5620	+ 46.1205	G
2243	14 *ϑ* Canis maj.	4.3	e 49 32.6	2.787	— 11 54 48	4.30	**Fd. K. 565**	— 11.1681	G
2244	Canis maj.	6.0	e 49 34.7	2.366	— 28 24 1	4.30	Cordob. 8617		
2245	Monoceros	6.2	49 38.6	3.036	— 1 37 51	4.31	Cordob. 8613	— 1.1466	
2246	Canis maj.	6.2	49 47.5	2.479	— 24 24 49	4.32	Cordob. 8624		
2247	Monoceros	6.0	49 57.9	3.012	— 2 40 38	4.34	Cordob. 8620	— 2.1827	R
2248	16 *o*¹ Canis maj.	4.1	49 59.0	2.489	— 24 3 33	4.34	Cordob. 8629		
2249	Camelopard.	5.8	49 59.8	6.851	+ 70 56 33	4.34	Greenw. (00) 1292	— 70.430	
2250	*ψ*¹⁰ Aurigae	5.2	e 6 50 19.5	+ 4.388	+ 45 13 26	— 4.37	Bonn 5632	+ 45.1367	

Nr. 2203. β 324, Begl. 8.5m; d = 2″, p = 205°. 2. Begl. 8.5m; d = 30″, p = 282°.
Nr. 2212. Σ 974, Begl. 10m; d = 22″, p = 222°.
Nr. 2236. Σ 982, Begl. 7.7m bläulich; d = 6″, p = 170°.
Nr. 2240. Σ 987, Begl. 7.2m; d = 1″.2, p = 164°.

Kat. Nr.	Bezeichnung des Sternes	Gr.	Mittl. A. R. für 1900.0	Jährl. Veränd.	Mittl. Dekl. für 1900.0	Jährl. Veränd.	Nachweis	B. D.	Bemerkungen
			h m s	s	° ′ ″	″		°	
2251	Gemini	6.2	6 50 26.6	+ 3.946	+ 33 48 37	— 4.38	Leid. 2888	+ 33.1433	
2252	Canis maj.	6.3	50 33.5	2.268	— 31 40 31	4.39	Cordob. 8645		
2253	Canis maj.	5.7	50 43.7	2.591	— 20 16 37	4.40	Cordob. 8646	— 20.1624	Hh 253
2254	Monoceros	6.1	50 55.7	3.305	+ 10 5 11	4.42	Leipz. I. 2596	+ 10.1335	
2255	19 π Canis maj.	4.7	e 51 17.3	2.600	— 20 0 32	4.42	**Fd. K. s. 93**	— 19.1610	Hh 254
2256	Puppis	6.4	51 17.8	1.889	— 42 14 20	4.45	Cordob. 8670		
2257*	18 μ Canis maj.	5.2	51 31.7	2.750	— 13 54 50	4.47	Cordob. 8664	— 13.1741	Σ 997
2258	Puppis	6.5	51 33.9	1.493	— 50 29 33	4.47	Cordob. 8684		
2259	Canis maj.	5.3	51 34.6	2.524	— 22 48 43	4.48	Cordob. 8671	— 22.1602	
2260	20 ι Canis maj.	4.3	51 40.7	2.676	— 16 55 28	4.48	Cordob. 8673	— 16.1661	
2261	Gemini	6.5	6 51 50.7	+ 3.551	+ 12 2 20	— 4.50	Leipz. I. 2611	+ 12.1361	
2262	Monoceros	6.4	52 11.3	2.889	— 8 2 52	4.53	W.-Ott. 2283	— 7.1642	
2263	62 Aurigae	6.2	e 52 14.2	+ 4.007	+ 38 11 25	4.53	Lund 3610	+ 38.1656	
2264	ι Volantis	5.5	52 35.7	— 0.675	— 70 50 19	4.55	**S. Fd. K. 129**		
2265	39 Geminorum	6.4	e 52 37.8	3.714	+ 26 12 41	4.58	Camb. E. 3636	+ 26.1405	
2266	Canis maj.	6.4	53 0.3	+ 2.545	— 22 4 12	4.60	Cordob. 8707	— 22.1616	
2267	Puppis	6.2	53 10.3	2.154	— 35 12 33	4.61	Cordob. 8720		
2268	Canis maj.	6.2	53 24.3	2.408	— 27 3 16	4.63	Cordob. 8723		
2269	Canis maj.	5.5	53 26.3	2.479	— 24 30 1	4.63	Cordob. 8724		
2270	Puppis	4.9	53 36.4	1.600	— 48 35 22	4.65	Cordob. 8739		
2271	Monoceros	6.1	6 53 41.5	+ 3.158	+ 3 44 17	— 4.66	Alb. 2533	+ 3.1488	β 1060
2272	Canis maj.	6.1	53 42.9	2.398	— 27 24 14	4.66	Cordob. 8732		
2273	Puppis	6.3	53 43.1	2.149	— 35 22 28	4.66	Cordob. 8736		I. 65
2274	51 Hev. Cephei	5.2	e 53 44.8	29.669	+ 87 12 20	4.71	**Fd. K. 111**	+ 87.51	G
2275	Canis maj.	5.6	e 54 30.1	2.459	— 25 16 41	4.69	**Fd. K. s. 94**		
2276	41 Geminorum	5.9	54 31.0	3.451	+ 16 13 2	4.73	Berl. A. 2524	+ 16.1354	OΣ 162 RG
2277*	21 ε Canis maj.	1.7	54 41.7	2.356	— 28 50 10	4.72	**Fd. K. 566**		Cape 7
2278	t Puppis	4.9	54 45.5	2.197	— 33 58 33	4.75	Cordob. 8757		
2279	Canis maj.	6.4	54 54.2	2.296	— 30 51 42	4.76	Cordob. 8759		
2280	Canis maj.	6.2	55 23.1	2.563	— 21 27 53	4.80	Cordob. 8768	— 21.1689	
2281	Monoceros	6.3	6 55 23.7	+ 2.954	— 5 13 50	— 4.80	Cordob. 8763	— 5.1910	
2282	Monoceros	5.8	55 35.5	2.884	— 8 16 2	4.82	W.-Ott. 2335	— 8.1662	
2283	Canis maj.	6.1	55 48.4	2.600	— 20 1 9	4.83	Cordob. 8780	— 19.1644	
2284	Monoceros	6.4	55 52.8	2.866	— 9 3 46	4.84	W.-Ott. 2338	— 8.1667	
2285	Puppis	6.5	55 59.8	2.220	— 33 20 14	4.85	Cordob. 8793		
2286	Canis maj.	6.3	56 4.5	2.549	— 21 58 45	4.86	Cordob. 8787	— 21.1695	
2287	42 ω^1 Geminorum	5.5	56 19.3	3.660	+ 24 21 29	4.88	Berl. B. 2735	+ 24.1502	
2288	Canis maj.	6.5	56 20.2	2.293	— 31 0 11	4.88	Cordob. 8798		
2289	Gemini	6.0	56 34.5	3.432	+ 15 28 45	4.90	Berl. A. 2553	+ 15.1431	
2290	Gemini	6.1	56 36.5	3.491	+ 17 53 50	4.90	Berl. A. 2554	+ 17.1479	G
2291	Canis maj.	6.4	6 56 45.3	+ 2.373	— 28 20 48	— 4.92	Cordob. 8808		
2292	Gemini	6.1	56 47.1	3.465	+ 16 49 5	4.92	Berl. A. 2556	+ 16.1363	G
2293	Monoceros	6.2	56 48.4	3.046	— 1 12 8	4.92	Cordob. 8804	— 1.1509	
2294	Canis maj.	5.8	56 59.4	2.466	— 25 4 27	4.94	Cordob. 8815		
2295	Monoceros	*5.3*	57 2.0	2.947	— 5 34 45	4.94	Cordob. 8811	— 5.1962	G
2296	Gemini	6.2	57 8.9	3.806	+ 29 30 33	4.95	Camb. E. 3695	+ 29.1441	
2297*	Lynx	6.4	57 43.2	4.785	+ 52 54 30	5.00	Camb. E. 2723	+ 52.1165	Σ 1009 med.
2298	22 σ Canis maj.	3.9	e 57 44.1	2.388	— 27 47 29	5.01	**Naut. Al.**		
2299	Monoceros	6.3	57 49.9	3.284	+ 9 17 0	5.01	Leipz. II. 3462	+ 9.1496	
2300	19 Monocerotis	*4.8*	6 57 56.9	+ 2.979	— 4 5 38	— 4.99	**Fd. K. s. 95**	— 4.1788	

Nr. 2257. Σ 997, Begl. 8.9^m blau; d=2″.5, p=340°.
Nr. 2277. Cape 7, Begl. 9^m; d=8″, p=160°.
Nr. 2297. Σ 1009; d=2″.9, p=160°.

Kat. Nr.	Bezeichnung des Sternes	Gr.	Mittl. A. R. für 1900.0	Jährl. Veränd.	Mittl. Dekl. für 1900.0	Jährl. Veränd.	Nachweis	B. D.	Bemerkungen
			h m s	s	° ′ ″	″		°	
2301	Gemini	5.2	6 58 5.7	+ 3.327	+ 11 5 54	− 5.03	Leipz. I. 2666	+ 11.1428	G
2302*	43 ζ Geminorum	var.	58 10.7	3.561	+ 20 43 1	5.04	**Fd. K. 113**	+ 20.1687	$O\Sigma^2$ 81
2303	Puppis	6.5	58 12.1	2.152	− 35 24 15	5.04	Cordob. 8863		
2304	Puppis	6.1	58 15.4	3.365	+ 12 44 27	5.04	Leipz. I. 2670	+ 12.1406	G
2305	*S* Carinae	5.0	58 25.9	1.461	− 51 15 36	5.06	Cordob. 8874		Δ 37
2306	24 o^2 Canis maj.	3.1	58 50.9	2.504	− 23 41 14	5.09	**S. Fd. K. V.**		
2307	Monoceros	5.9	59 9.9	2.956	− 5 10 33	5.12	Cordob. 8877	− 5.1943	
2308	Monoceros	6.4	59 13.0	2.845	− 9 58 34	5.12	W.-Ott. 2393	− 9.1818	
2309*	23 γ Canis maj.	4.1	59 14.0	2.713	− 15 29 8	5.13	**Fd. K. 567**	− 15.1625	
2310	44 ω^2 Geminorum	6.3	59 17.2	3.616	+ 22 47 13	5.13	Berl. B. 2757	+ 22.1566	
2311	Carina	6.4*	6 59 32.6	+ 0.943	− 58 48 1	− 5.15	Cordob. 8907		
2312	Auriga	5.9	59 36.3	+ 3.965	+ 34 37 36	5.16	Leid. 2964	+ 34.1524	
2313	Volans	5.0	e 7 0 1.1	− 0.087	− 67 46 50	5.19	Cordob. 8934		R
2314	Monoceros	5.9	0 10.4	+ 3.285	+ 9 20 14	5.21	Leipz. II. 3494	+ 9.1510	G
2315	Canis maj.	6.4	0 31.6	2.554	− 21 52 47	5.24	Cordob. 8918	− 21.1732	R
2316	Auriga	6.1	0 48.4	3.948	+ 34 9 50	5.26	Leid. 2974	+ 34.1530	G
2317	*C* Puppis	5.2	0 52.6	1.904	− 42 11 23	5.26	Cordob. 8935		
2318	Puppis	5.5	e 0 53.6	1.851	− 43 28 18	5.26	Cordob. 8936		Δ 38
2319	Monoceros	6.4	1 6.5	2.833	− 10 30 28	5.28	Cordob. 8931	− 10.1862	
2320	*H* Puppis	5.2	1 17.8	1.566	− 49 26 19	5.30	Cordob. 8948		
2321	Auriga	6.5	7 1 39.9	+ 3.942	+ 33 59 22	− 5.34	Leid. 2979	+ 34.1533	G
2322*	Carina	5.8	1 43.1	0.925	− 59 1 44	5.34	Cordob. 8973		Δ 39
2323	Monoceros	6.4	1 48.2	3.187	+ 5 3 56	5.34	Alb. 2624	+ 5.1543	
2324	Auriga	6.5	1 50.5	4.065	+ 37 36 8	5.35	Lund 3699	+ 37.1660	
2325*	Puppis	6.2	1 54.2	2.183	− 34 37 34	5.35	Cordob. 8961		h 3928
2326	Canis maj.	6.4	1 55.8	2.793	− 12 14 24	5.36	Cordob. 8956	− 12.1788	
2327*	Canis maj.	5.4	1 59.0	2.819	− 11 8 23	5.36	Cordob. 8957	− 11.1790	β 328; Σ 1026
2328	Canis maj.	6.3	2 9.4	2.314	− 30 30 6	5.37	Cordob. 8968		
2329	Monoceros	5.8	2 25.2	3.245	+ 7 37 42	5.39	Leipz. II. 3527	+ 7.1607	G
2330	Carina	5.3	e 2 26.4	1.116	− 56 35 52	5.42	**S. Fd. K. 132**		
2331	Puppis	6.0	7 2 36.4	+ 2.058	− 38 13 43	− 5.41	Cordob. 8980		
2332	45 Geminorum	5.5	e 2 37.9	3.444	+ 16 5 29	5.41	Berl. A. 2627	+ 16.1397	$O\Sigma$ 165
2333	Puppis	6.5	2 44.2	1.528	− 50 12 29	5.42	Cordob. 8990		
2334	Canis maj.	6.2	2 44.9	+ 2.477	− 24 48 20	5.42	Cordob. 8979		
2335	ϑ Mensae	5.6	e 2 53.9	− 3.730	− 79 16 36	5.45	**S. Fd. K. 133**		
2336	Canis maj.	6.4	2 57.0	+ 2.431	− 26 30 2	5.44	Cordob. 8983		
2337	Canis maj.	5.8	3 11.8	2.508	− 23 41 4	5.46	Cordob. 8991		
2338	*D* Puppis	6.0	3 50.7	1.966	− 40 44 12	5.51	Cordob. 9013		
2339*	25 δ Canis maj.	2.2	4 19.5	2.438	− 26 14 4	5.55	**Fd. K. 568**		S. C. C. 278
2340	Monoceros	6.1	4 36.1	2.842	− 10 11 11	5.58	W.-Ott. 2461	− 10.1892	G
2341	Canis maj.	6.5	7 4 39.0	+ 2.503	− 23 53 3	− 5.58	Cordob. 9031		
2342	46 τ Geminorum	4.6	e 4 46.6	3.826	+ 30 24 34	5.59	Leid. 3009	+ 30.1439	β 1009
2343	63 Aurigae	4.9	4 46.7	4.133	+ 39 29 2	5.57	**Fd. K. 395**	+ 39.1882	G
2344	Carina	6.0	4 49.6	1.440	− 51 48 42	5.60	Cordob. 9046		
2345	Canis maj.	6.1	5 3.2	2.703	− 16 4 24	5.62	Cordob. 9042	− 16.1802	β 329 R
2346	47 Geminorum	5.9	e 5 11.0	3.727	+ 27 1 16	5.63	Camb. E. 3789	+ 27.1327	
2347	20 Monocerotis	*4.9*	e 5 15.7	2.981	− 4 4 52	5.43	**Fd. K. s. 97**	− 4.1840	
2348	*A* Puppis	4.9	5 29.8	2.016	− 39 29 42	5.65	Cordob. 9060		
2349	Lynx	5.6	e 5 35.7	4.691	+ 51 35 41	5.66	Camb. U.S. 2771	+ 51.1295	G
2349a*	Canis maj.	5.6	5 35.9	2.473	− 25 4 10	5.66	Cordob. 9057		
2350	Canis maj.	6.2	7 5 45.1	+ 2.643	− 18 31 22	− 5.67	Cordob. 9059	− 18.1711	

Nr. 2302. Var. Max. 3.7m, Min. 4.5m. P = 10d.2. $O\Sigma^2$ 81, Begl. 7m; d = 94″, p = 350°. ζ Geminorum = ***Mekbuda.***

Nr. 2309. γ Canis maj. = ***Muliphein.***

Nr. 2322. Δ 39, Begl 7.8m; d = 2″, p = 78°.

Nr. 2325. h 3928, Begl. 8.0m; d = 4″, p = 155°.

Nr. 2327. β 328, Begl. 7.0m; d = 0″.5, p = 120°. Σ 1026, Begl. 9.8m; d = 17″.5, p = 350°.

Nr. 2339. δ Canis maj. = ***Wezen.***

Nr. 2349a. Begl. 8 5m; d = 86″, p = 17°.

Kat. Nr.	Bezeichnung des Sternes	Gr.		Mittl. A. R. für 1900.0	Jährl. Veränd.	Mittl. Dekl. für 1900.0	Jährl. Veränd.	Nachweis	B. D.	Bemerkungen
				h m s	s	° ′ ″	″		°	
2351	21 Monocerotis	5.4		7 6 17.1	+ 3.070	— 0 8 12	— 5.72	Cordob. 9070	— 0.1634	
2352	Canis maj.	5.6		6 18.4	2.410	—27 19 41	5.72	Cordob. 9080		
2353	48 Geminorum	6.2	e	6 21.9	3.651	+ 24 17 47	5.73	Berl. B. 2830	+ 24.1558	
2354	Canis min.	6.5		6 31.3	3.203	+ 5 49 12	5.74	Leipz. II. 3593	+ 5.1577	
2355	22 *δ* Monocerotis	*4.5*		6 45.5	3.066	— 0 19 37	5.76	Cordob. 9083	— 0.1636	
2356	Monoceros	6.4		6 47.9	3.199	+ 5 38 26	5.76	Leipz. II. 3596	+ 5.1580	
2357	18 Lyncis	5.3	e	7 11.4	5.273	+ 59 49 2	5.79	Hels. 4974	+ 59.1065	
2358	Canis maj.	5.8		7 22.9	2.589	— 20 43 3	5.81	Cordob. 9101	— 20.1767	
2359	51 Geminorum	5.1		7 37.7	3.447	+ 16 19 45	5.83	Berl. A. 2695	+ 16.1417	Hh 259 G
2360	Puppis	5.1		8 6.5	1.615	— 48 46 22	5.87	Cordob. 9135		
2361	Canis maj.	5.8		7 8 6.8	+ 2.455	— 25 46 31	— 5.87	Cordob. 9123		
2362	Canis maj.	6.1		8 13.0	2.315	— 30 39 17	5.88	Cordob. 9128		
2363	Canis maj.	6.4		8 23.0	2.413	— 27 18 22	5.90	Cordob. 9131		
2364	Lynx	5.8	e	8 24.7	4.463	+ 47 25 7	5.90	Bonn 5835	+ 47.1419	
2365	Canis maj.	6.0		8 25.1	2.822	— 11 4 55	5.90	Cordob. 9127	— 11.1849	
2366	52 Geminorum	5.9	e	8 34.9	3.670	+ 25 3 33	5.91	Camb. E. 3840	+ 25.1618	G
2367*	101 Puppis	6.3		8 52.9	2.132	— 36 22 32	5.94	Cordob. 9148		*β* 757
2368	*E* Puppis	5.3		8 57.2	1.988	— 40 19 48	5.94	Cordob. 9152		
2369	Monoceros	5.9		8 58.2	3.351	+ 12 17 16	5.94	Leipz. I. 2789	+ 12.1469	G
2370	Monoceros	5.6	e	9 6.0	3.156	+ 3 16 58	5.95	Alb. 2694	+ 3.1609	
2371	Monoceros	6.1		7 9 12.4	+ 2.990	— 3 43 48	— 5.96	Cordob. 9147	— 3.1804	
2372	Monoceros	6.2		9 30.3	2.853	— 9 46 33	5.99	W.-Ott. 2523	— 9.1921	
2373	Canis maj.	5.9		9 34.8	+ 2.417	— 27 11 8	6.00	Cordob. 9168		
2374*	*γ* Volantis	3.6		9 35.9	— 0.497	— 70 20 14	6.00	Cordob. 9206		*Δ* 42
2375	53 Geminorum	5.9		9 42.5	+ 3.753	+ 28 4 17	6.00	Camb. E. 3853	+ 28.1350	RG
2376	*J* Puppis	4.5	e	9 42.5	1.709	— 46 35 32	5.93	**S. Fd. K. 135**		
2377	Lynx	6.1		9 43.0	4.724	+ 52 18 28	6.01	Camb. U.S. 2795	+ 52.1188	G
2378*	Monoceros	6.0		9 43.9	2.844	— 10 8 39	6.01	W.-Ott. 2526	— 10.1933	*Σ* 1052
2379	Canis maj.	6.4		9 56.4	2.309	— 30 54 43	6.02	Cordob. 9175		
2380	Camelopard.	5.1		10 3.2	12.894	+ 82 36 16	6.03	Greenw. (00) 1346	+ 82.201	$Σ^1$ 810 G
2381	Canis maj.	6.2		7 10 4.3	+ 2.331	— 30 10 5	— 6.04	Cordob. 9180		
2382	27 Canis maj.	4.6	e	10 10.7	2.445	— 26 10 48	6.04	Cordob. 9181		
2383	Canis min.	6.0		10 14.0	3.255	+ 8 9 7	6.05	Leipz. II. 3658	+ 8.1712	G
2384	L^1 Puppis	4.9		10 14.0	1.798	— 45 0 33	6.05	Cordob. 9194		
2385*	L^2 Puppis	var.	e	10 29.1	1.823	— 44 28 46	6.07	Cordob. 9197		h 3943
2386	28 *ω* Canis maj.	3.9		10 45.3	2.435	— 26 35 57	6.09	Cordob. 9198		
2387	Canis maj.	5.8	e	10 48.8	2.428	— 26 51 46	6.10	Cordob. 9205		
2388	Lynx	5.2		10 56.2	4.571	+ 49 38 35	6.11	Bonn 5869	+ 49.1612	
2389	Monoceros	6.1		10 59.2	2.839	— 10 24 30	6.11	Cordob. 9207	— 10.1945	
2390	64 Aurigae	6.1		11 5.2	4.182	+ 41 3 40	6.10	**Fd. K. 396**	+ 41.1630	
2391	Carina	6.0		7 11 5.5	+ 0.571	— 63 1 8	— 6.12	Cordob. 9234		
2392	Canis maj.	5.3		11 29.0	2.323	— 30 30 41	6.15	Cordob. 9221		
2393	Canis maj.	6.3		11 35.6	2.518	— 23 33 52	6.16	Cordob. 9226		
2394	Geminorum	6.5		11 40.7	3.841	+ 31 8 7	6.17	Leid. 3068	+ 31.1529	
2395	Puppis	6.3*		11 41.5	1.957	— 41 15 6	6.17	Cordob. 9236		
2396	Canis maj.	5.4		11 42.8	2.722	— 15 24 30	6.17	Cordob. 9227	— 15.1734	
2397	Puppis	4.9		11 52.8	1.656	— 48 5 49	6.19	Cordob. 9244		
2398	Puppis	5.8		11 53.8	1.723	— 46 40 28	6.19	Cordob. 9243		
2399*	54 *λ* Geminorum	3.8	e	12 20.8	3.450	+ 16 43 15	6.25	**Fd. K. 114**	+ 16.1443	*Σ* 1061
2400*	Canis maj.	5.0		7 12 24.0	+ 2.530	— 23 8 17	— 6.23	Cordob. 9247		h 3945 O

Nr. 2367. *β* 757, Begl. 8.1m; d = 3″, p = 70°.
Nr. 2374. *Δ* 42, Begl. 6m; d = 13″, p = 300°.
Nr. 2378. *Σ* 1052, Begl. 8.5m; d = 20″, p = 20°.
Nr. 2385. Var. Max. 3.5m, Min. 6.3m. P = 140d.
Nr. 2399. *Σ* 1061, Begl. 10.3m; d = 10″, p = 30°.
Nr. 2400. h 3945, Begl. 6.6m blau; d = 28″, p = 60°.

Kat. Nr.	Bezeichnung des Sternes	Gr.		Mittl. A. R. für 1900.0	Jährl. Veränd.	Mittl. Dekl. für 1900.0	Jährl. Veränd.	Nachweis	B. D.	Bemerkungen	
				h m s	s	° ′ ″	″		°		
2401	Canis maj.	4.8		7 12 34.6	+ 2.405	− 27 42 16	− 6.24	Cordob. 9255			
2402	Monoceros	6.4		12 39.1	2.928	− 6 30 4	6.25	W.-Ott. 2563	− 6.2032		
2403	Carina	6.5*		12 59.1	1.428	− 52 19 34	6.28	Cordob. 9277			
2404	Puppis	5.8		13 4.4	2.076	− 38 8 27	6.29	Cordob. 9270			
2405	Canis maj.	6.3		13 5.4	2.318	− 30 43 1	6.29	Cordob. 9266			
2406	Puppis	5.2		13 15.9	2.137	− 36 24 50	6.30	Cordob. 9276			
2407	Puppis	5.6		13 22.6	1.732	− 46 35 50	6.31	Cordob. 9283			
2408*	π Puppis	3.0		13 36.6	2.118	− 36 55 4	6.32	**S. Fd. K. 136**		Δ 43	
2409	Canis maj.	6.3		13 44.3	2.436	− 26 37 1	6.34	Cordob. 9287			
2410	Auriga	6.4		13 59.4	4.249	+ 42 50 32	6.36	Bonn 5898	+ 42.1699		G
2411	Lynx	5.9		7 14 3.3	+ 4.359	+ 45 24 48	− 6.37	Bonn 5899	+ 45.1422		
2412	Canis min.	6.1		14 8.8	3.137	+ 2 56 27	6.37	Alb. 2746	+ 2.1640		
2413*	55 δ Geminorum	3.7		14 9.1	3.587	+ 22 10 0	6.37	**Fd. K. 115**	+ 22.1645	Σ 1066	
2414	Canis min.	6.1		14 23.9	3.236	+ 7 19 43	6.40	Leipz. II. 3726	+ 7.1684		
2415	29 Canis maj.	4.9		14 30.5	2.498	− 24 22 33	6.39	**Fd. K. s. 98**			
2416*	30 τ Canis maj.	4.5		14 33.8	2.488	− 24 46 18	6.41	Cordob. 9313		h 3948	
2417	Canis maj.	6.2	e	14 38.6	2.634	− 19 5 49	6.42	Cordob. 9315	− 19.1813		
2418*	19 Lyncis	6.2	e	14 42.5	4.909	+ 55 28 12	6.45	**Fd. K. 397**	+ 55.1192	Σ 1062	
2419	v^1 Puppis	4.6		14 45.0	2.134	− 36 33 6	6.43	Cordob. 9326			
2420	Canis maj.	5.4		14 47.0	2.444	− 26 24 11	6.43	Cordob. 9323			
2421*	Canis maj.	var.		7 14 56.4	+ 2.705	− 16 12 24	− 6.44	Cordob. 9325	− 16.1898		
2422	*M* Puppis	6.0		14 58.6	1.858	− 43 48 15	6.44	Cordob. 9339			
2423	v^2 Puppis	5.1		15 4.8	2.134	− 36 33 36	6.44	Cordob. 9338			
2424	*F* Puppis	5.3		15 9.0	2.046	− 39 1 39	6.46	Cordob. 9341			
2425	65 Aurigae	5.3	e	15 22.0	4.024	+ 36 56 56	6.48	Lund 3804	+ 37.1707	β 901	
2426	Puppis	6.5		15 30.5	2.333	− 33 32 33	6.49	Cordob. 9346			
2427	56 Geminorum	5.4	e	16 3.0	3.549	+ 20 37 57	6.53	Berl. B. 2910	+ 20.1775		O
2428	Monoceros	6.5		16 28.7	2.880	− 8 41 9	6.57	W.-Ott. 2600	− 8.1862		
2429	Canis maj.	6.4	e	16 38.8	+ 2.545	− 22 39 45	6.58	Cordob. 9366	− 22.1823		
2430	δ Volantis	3.9		16 52.9	− 0.017	− 67 46 27	6.62	**S. Fd. K. 138**			
2431	Monoceros	6.2		7 16 55.6	+ 3.081	+ 0 21 51	− 6.61	Nic. 2141	+ 0.1915		
2432	Canis maj.	6.1		16 58.0	2.465	− 25 42 14	6.61	Cordob. 9378			
2433	Lynx	5.9		17 9.4	4.693	+ 52 4 53	6.62	Camb. U.S. 2836	+ 52.1205		G
2434	66 Aurigae	5.4		17 13.1	4.164	+ 40 51 54	6.63	Bonn 5934	+ 40.1852		G
2435	Monoceros	6.3		17 17.7	3.012	− 2 47 20	6.64	Cordob. 9383	− 2.2079		
2436	57 *A* Geminorum	5.2	e	17 22.8	3.66	+ 25 14 33	6.64	Camb. E. 3940	+ 25.1660		
2437	Monoceros	6.2		17 31.1	2.945	− 5 47 31	6.65	Cordob. 9394	− 5.2089		
2438	Canis maj.	4.8		17 49.4	2.643	− 18 49 32	6.68	Cordob. 9402	− 18.1806		
2439	Carina	5.5		18 12.6	1.466	− 51 53 48	6.71	Cordob. 9433			
2440	59 Geminorum	6.0		18 20.2	3.738	+ 27 49 52	6.72	II. Ten. Y.C. 2216	+ 27.1374		
2441	21 Lyncis	4.8	e	7 19 10.4	+ 4.541	+ 49 24 38	− 6.79	Bonn 5957	+ 49.1623		
2442	Canis maj.	5.4		19 11.3	2.294	− 31 43 52	6.79	Cordob. 9455			
2443	1 Canis min.	5.5		19 25.0	3.337	+ 11 51 56	6.81	Leipz. I. 2894	+ 11.1578		
2444	Canis maj.	6.0*		19 27.3	2.414	− 27 38 26	6.81	Cordob. 9458			O
2445	60 ι Geminorum	4.0	e	19 31.0	3.731	+ 27 59 49	6.89	**Fd. K. 117**	+ 28.1385		
2446	Canis maj.	5.5		19 43.3	2.286	− 32 0 29	6.84	Cordob. 9464			
2447	Canis maj.	6.4		19 59.8	2.346	− 30 1 20	6.86	Cordob. 9473			
2448	Puppis	6.1		20 2.7	2.547	− 22 43 2	6.86	Cordob. 9472	− 22.1855		
2449	31 η Canis maj.	2.4		20 8.4	2.373	− 29 6 28	6.86	**S. Fd. K. 139**		S. C. C. 287	
2450	Puppis	5.0		7 20 8.9	+ 2.712	− 16 0 17	− 6.86	Paris 9101	− 15.1810		R

Nr. 2408. Δ 43, Begl. 8.2m; d = 70″, p = 211°.

Nr. 2413. Σ 1066 gelblich, Begl. 8.2m purpurrot; d = 7″, p = 210°. δ Geminorum = *Wasat.*

Nr. 2416. h 3948, Begl. 9.8m; d = 8″, p = 90°. τ Canis maj. ist das Zentrum eines kleinen Nebels (N. G. K. 2362).

Nr. 2418. Σ 1062, 2 Begl. B, 6.6m: d = 14″.3, p = 212°. C, 8m: d = 215″, p = 358°.

Nr. 2421. Var. Algoltypus. Max. 5.9m, Min. 6.7m. P = 1 3h 16m. Lichtzunahme 2h.5, Abnahme 2h.5.

Kat. Nr.	Bezeichnung des Sternes	Gr.	Mittl. A. R. für 1900.0	Jährl. Veränd.	Mittl. Dekl. für 1900.0	Jährl. Veränd.	Nachweis	B. D.	Bemerkungen
			h m s	s	° ′ ″	″		°	
2451	2 ε Canis min.	5.0	7 20 11.0	+ 3.282	+ 9 28 25	− 6.86	Leipz. II. 3807	+ 9.1643	
2452	Puppis	6.2	20 21.4	2.173	− 35 38 35	6.89	Cordob. 9485		h 3965
2453	Camelopard.	5.7	e 20 28.8	6.290	+ 68 40 11	6.97	**Fd. K. 116**	+ 68.480	
2454	Canis maj.	5.8	20 33.2	2.770	− 13 33 18	6.90	Cordob. 9484	− 13.2001	
2455*	Canis maj.	5.5	20 54.0	2.301	− 31 36 45	6.93	Cordob. 9503		Brib. 1598
2456	Monoceros	6.1	20 55.5	2.951	− 5 34 36	6.94	Cordob. 9491	− 5.2112	
2457*	61 Geminorum	6.3	21 2.7	3.541	+ 20 27 27	6.94	Berl. B. 2947	+ 20.1805	S. C. C. 286
2458	Canis maj.	5.9	21 3.0	2.572	− 21 47 5	6.94	Cordob. 9505	− 21.1925	
2459	Monoceros	6.5	21 5.9	2.978	− 4 20 17	6.95	Cordob. 9497	− 4.1943	
2460	Puppis	6.1	21 15.1	2.125	− 37 5 43	6.96	Cordob. 9523		h 3966
2461	Canis maj.	5.7	7 21 16.6	+ 2.487	− 25 1 12	− 6.96	Cordob. 9514		
2462	Lynx	6.0	21 24.7	4.484	+ 48 23 16	6.97	Bonn 5987	+ 48.1538	β 758
2463	3 β Canis min.	3.2	e 21 43.7	3.256	+ 8 29 27	7.03	**Fd. K. 118**	+ 8.1774	S. C. C. 289
2464	63 Geminorum	5.4	e 21 48.3	3.570	+ 21 39 2	7.01	Berl. B. 2953	+ 21.1602	Hh 266
2465	Canis maj.	6.0	21 52.7	+ 2.303	− 31 32 23	7.01	Cordob. 9540		
2466	Octans	6.3	e 22 1.8	−19.81	− 86 52 12	7.02	**S. P. C. „H.“**		
2467	22 Lyncis	5.5	e 22 20.4	+ 4.558	+ 49 52 47	7.05	Bonn 5999	+ 49.1630	
2468	Gemini	6.5	22 27.3	3.731	+ 27 45 18	7.06	Camb. E. 3980	+ 27.1395	
2469	Canis maj.	6.5	22 28.0	2.528	− 23 30 44	7.06	Cordob. 9551		
2470	4 η Canis min.	5.5	e 22 39.4	3.239	+ 7 8 45	7.08	Leipz. II. 3840	+ 7.1729	β 21
2471	Puppis	6.1	7 22 40.7	+ 2.674	− 17 39 46	− 7.08	Cordob. 9553	− 17.1980	β 578
2472	62 ϱ Geminorum	4.5	e 22 40.8	3.863	+ 31 59 1	6.88	**Fd. K. 398**	+ 32.1562	Mayer 296
2473	5 γ Canis min.	4.3	22 43.2	3.274	+ 9 7 40	7.08	Leipz. II. 3841	+ 9.1660	G
2474	Canis maj.	5.5	22 45.1	2.545	− 22 53 3	7.08	Cordob. 9555	− 22.1874	
2475	Puppis	5.9	22 59.4	2.231	− 33 56 23	7.11	Cordob. 9564		
2476	Gemini	6.5	23 6.1	3.415	+ 15 18 52	7.11	Berl. A. 2854	+ 15.1579	
2477	64 b^1 Geminorum	5.3	e 23 6.8	3.746	+ 28 19 29	7.11	Camb. E. 3985	+ 28.1396	
2478*	Monoceros	5.9	23 9.6	2.821	− 11 21 13	7.10	**Fd. K. s. 100**	− 11.1951	Σ 1097; β 332
2479	Puppis	5.7	23 27.9	2.550	− 22 39 21	7.14	Cordob. 9574	− 22.1878	
2480	65 b^2 Geminorum	5.1	23 35.6	3.740	+ 28 7 21	7.15	Camb. E. 3988	+ 28.1400	β 1194
2481	Carina	5.0	7 23 48.1	+ 1.540	− 50 49 1	− 7.17	Cordob. 9594		Δ 50
2482	Puppis	6.5	23 57.2	2.446	− 26 38 8	7.18	Cordob. 9585		
2483	Puppis	5.5	24 1.0	2.382	− 28 57 7	7.19	Cordob. 9589		
2484	6 Canis min.	4.8	24 13.8	3.343	+ 12 12 48	7.21	Leipz. I. 2941	+ 12.1567	G
2485	Monoceros	5.8	24 15.4	3.036	− 1 41 57	7.21	Cordob. 9586	− 1.1738	
2486	Monoceros	6.0	e 24 34.1	2.912	− 7 20 55	7.23	W.-Ott. 2677	− 7.1996	
2487	Monoceros	6.0	24 37.2	2.850	− 10 7 12	7.24	W.-Ott. 2679	− 10.2067	G
2488	Puppis	5.9	24 49.1	2.743	− 14 47 2	7.25	Cordob. 9608	− 14.1925	Σ 1104
2489	Puppis	6.4	24 51.9	2.112	− 37 36 12	7.26	Cordob. 9614		
2490*	Puppis	6.5	25 0.8	2.305	− 31 38 33	7.27	Cordob. 9616		Δ 49
2491	Puppis	6.1	7 25 13.4	+ 2.317	− 31 14 59	− 7.29	Cordob. 9621		
2492	Puppis	4.9	25 36.6	2.549	− 22 48 59	7.32	Cordob. 9632	− 22.1897	
2493	Canis min.	6.5	25 36.9	3.324	+ 11 24 47	7.32	Leipz. I. 2954	+ 11.1598	G
2494	y^1 Puppis	5.6	25 38.1	2.079	− 38 36 19	7.32	Cordob. 9637		
2495	Monoceros	6.4	25 55.1	2.964	− 5 1 1	7.34	Cordob. 9635	− 4.1979	
2496*	U Monocerotis	var.	26 1.4	2.863	− 9 34 1	7.35	Cordob. 9639	− 9.2085	R
2497	Gemini	5.7	e 26 2.4	3.460	+ 17 17 59	7.35	Berl. A. 2882	+ 17.1596	
2498*	σ Puppis	3.0	e 26 3.4	1.898	− 43 5 56	7.18	**Naut. Al.**		Δ 51
2499	Lynx	6.5	26 9.6	4.638	+ 51 31 41	7.36	Camb. U.S. 2886	+ 51.1327	G
2500	Puppis	4.8	7 26 49.3	+ 2.334	− 30 45 7	− 7.42	Cordob. 9664		

Nr. 2455. Begl. 7.8^m; d=100″, p=345°.

Nr. 2457. Begl. 7.8^m; d=6″.5, p=44°.

Nr. 2478. Σ 1097, 4 Begl. B, bläulich, 8.7^m: d=20″, p=312°. C, 7.8^m: d=1″, p=170° (β 332).

Nr. 2490. Var.? B. D. 7.4^m, Heiß 5.8^m, Cordob. 7.5^m, Harv. Ph. 6.5^m und 5.9^m.

Nr. 2496. Var. Max. 5.9—7.3^m, Min. 6.6—8^m. P=46^d.

Nr. 2498. Δ 51, Begl. 7.9^m blau; d=22″, p=74°.

Kat. Nr.	Bezeichnung des Sternes	Gr.	Mittl. A. R. für 1900.0	Jährl. Veränd.	Mittl. Dekl. für 1900.0	Jährl. Veränd.	Nachweis	B. D.	Bemerkungen
			h m s	s	° ′ ″	″		°	
2501	7 δ^1 Canis min.	5.4	7 26 54.3	+ 3.119	+ 2 7 35	− 7.42	Alb. 2880	+ 2.1691	
2502	Monoceros	6.1	e 27 18.2	2.884	− 8 39 51	7.46	W.-Ott. 2715	− 8.1964	Σ 1112
2503	Carina	5.9*	27 34.4	1.460	− 52 26 34	7.48	Cordob. 9697		
2504	Puppis	6.5	27 48.6	2.173	− 35 56 29	7.50	Cordob. 9695		
2505	68 Geminorum	5.5	27 54.1	3.429	+ 16 2 21	7.50	Berl. A. 2901	+ 16.1510	
2506	8 δ^2 Canis min.	5.8	e 27 57.2	3.149	+ 3 30 12	7.51	Alb. 2891	+ 3.1715	
2507	Puppis	6.4	28 4.6	2.183	− 35 40 30	7.52	Cordob. 9699		
2508*	66 α Geminorum	2.0	e 28 13.0	3.835	+ 32 6 29	7.61	**Fd. K. 119**	+ 32.1581	Σ 1110
2509	Canis min.	6.5	28 34.6	3.309	+ 10 47 5	7.56	Leipz. I. 2976	+ 10.1563	
2510	Lynx	6.1	28 38.7	4.907	+ 55 58 32	7.56	Hels. 5147	+ 56.1227	G
2511	Puppis	6.2	7 28 44.4	+ 2.181	− 35 44 50	− 7.57	Cordob. 9716		
2512*	Gemini	5.6	28 47.7	3.822	+ 31 10 42	7.58	Leid. 3193	+ 31.1620	OΣ 175
2513	Puppis	5.8	28 55.2	2.641	− 19 11 40	7.59	Cordob. 9715	− 19.1944	
2514	Puppis	5.8	28 59.0	2.510	− 24 29 44	7.59	Cordob. 9719		
2515	9 δ^3 Canis min.	6.1	29 1.2	3.150	+ 3 35 19	7.60	Alb. 2900	+ 3.1719	
2516	Puppis	5.2	29 12.4	2.757	− 14 18 26	7.61	Cordob. 9722	− 14.1971	GR
2517	Lynx	5.7	29 16.3	4.371	+ 46 24 5	7.62	Bonn 6077	+ 46.1286	G
2518	69 υ Geminorum	4.3	e 29 45.8	3.705	+ 27 7 8	7.65	Camb. E. 4059	+ 27.1424	G
2519	Puppis	4.5	e 29 46.3	2.568	− 22 4 48	7.62	**Fd. K. s. 101**	− 21.2007	
2520	Puppis	6.2	29 49.2	2.041	− 39 50 33	7.60	Cordob. 9742		
2521*	*n* Puppis	5.2	7 30 5.0	+ 2.542	− 23 15 19	− 7.68	Cordob. 9744		Hh 269
2522	*z* Puppis	5.6	30 14.0	2.172	− 36 7 16	7.69	Cordob. 9751		
2523	Puppis	6.5	30 21.7	2.473	− 25 53 50	7.70	Cordob. 9752		
2524	Lynx	6.2	30 26.6	4.492	+ 48 59 50	7.71	Bonn 6088	+ 49.1653	
2525	Puppis	6.0	30 27.1	2.263	− 33 14 50	7.71	Cordob. 9756		
2526	Lynx	6.4	30 27.4	4.117	+ 40 14 55	7.71	Bonn 6091	+ 40.1903	
2527	Puppis	5.8	30 30.3	+ 2.449	− 26 47 45	7.72	Cordob. 9755		
2528	ε Mensae	5.4	31 8.4	− 3.201	− 78 52 5	7.77	Cape (90) 870		
2529	Canis min.	6.1	31 15.4	+ 3.204	+ 6 5 0	7.78	Leipz. II. 3965	+ 6.1729	
2530	(*p*) ϱ Puppis	4.5	31 22.1	2.413	− 28 8 53	7.78	Cordob. 9782		
2531	Monoceros	6.4	7 31 26.7	+ 2.898	− 8 5 22	− 7.79	W.-Ott. 2757	− 7.2065	
2532*	Puppis	5.4	e 31 28.1	2.759	− 14 16 16	7.79	Cordob. 9778	− 14.1999	S. 555
2533	70 Geminorum	5.9	31 59.1	3.943	+ 35 16 21	7.83	Lund 3930	+ 35.1662	Hh 270; β 200
2534	Carina	6.5*	32 6.0	1.540	− 51 15 15	7.84	Cordob. 9815		
2535	Puppis	5.6	32 17.4	2.638	− 19 28 46	7.86	Cordob. 9811	− 19.1967	
2536	25 Monocerotis	*5.0*	e 32 18.2	2.981	− 3 53 16	7.83	**Fd. K. 569**	− 3.1979	
2537	23 Lyncis	6.2	32 33.3	4.988	+ 57 18 39	7.88	Hels. 5169	+ 57.1093	G
2538	71 *o* Geminorum	5.1	e 32 38.4	3.927	+ 34 48 54	7.89	Leid. 3216	+ 34.1649	
2539*	Puppis	6.4	33 2.8	2.761	− 14 12 57	7.92	Cordob. 9824	− 14.2053	Σ 1122
2540	Puppis	6.3	33 3.3	2.538	− 23 33 5	7.92	Cordob. 9827		
2541	Gemini	6.4	7 33 9.6	+ 3.631	+ 24 26 58	− 7.93	Berl. B. 3051	+ 24.1730	
2542	*Q* Carinae	4.9	33 11.3	1.484	− 52 18 38	7.96	**S. Fd. K. 141**		
2543	Gemini	6.5	33 30.5	3.847	+ 32 14 22	7.96	Leid. 3220	+ 32.1599	
2544	Lynx	5.9	33 31.0	4.051	+ 38 34 24	7.96	Lund 3938	+ 38.1803	
2545	*f* Puppis	4.5	33 40.1	2.219	− 34 44 37	7.96	**S. Fd. K. 142**		
2546	74 *f* Geminorum	5.2	33 42.2	3.469	+ 17 54 8	7.97	Berl. A. 2957	+ 18.1701	GR
2547	Lynx	5.8	e 33 49.5	4.452	+ 48 21 56	7.98	Bonn 6134	+ 48.1561	
2548	y^2 Puppis	5.9	33 56.0	1.682	− 48 36 19	7.99	Cordob. 9863		
2549*	10 α Canis min.	0.8	e 34 4.1	3.143	+ 5 28 53	9.03	**Fd. K. 120**	+ 5.1739	Σ^1 901
2550	*m* Puppis	4.7	7 34 8.2	+ 2.497	− 25 8 16	− 8.01	Cordob. 9857		

Nr. 2508. Σ 1110. Begl. 3.7m; d = 6″, p = 225°. Hptst. und Begl. grünlich. A. R. für die Mitte beider Komponenten, Dekl. für den folgenden, helleren Stern. α Geminorum = ***Castor.*** Siehe Tabelle „Bahnen von Doppelsternen" Nr. 43.

Nr. 2512. OΣ 175, Begl. 6.6m; d = 0″.5, p = 330°.

Nr. 2521. Hh 269, Begl. 6.1m; d = 9″, p = 110°.

Nr. 2532. N. G. K. 2422, Sternhaufen, 15′ Durchmesser. In demselben einige helle Sterne 6m und ein Doppelstern, Σ 1121 (d = 7″.4, p = 305°; 7.2 + 7.5m.)

Nr. 2539. Σ 1122, Begl. 8.5m; d = 20″, p = 35°.

Nr. 2549. Doppelstern, durch Rechnung von A. Auwers gefunden. Radius der Bahn = 1″, P = 40a; Bgl. 10m (1900.2); d = 4″.8, p = 338°. α Canis min. = ***Prokyon.***

Kat. Nr.	Bezeichnung des Sternes	Gr.	Mittl. A. R. für 1900.0	Jährl. Veränd.	Mittl. Dekl. für 1900.0	Jährl. Veränd.	Nachweis	B. D.	Bemerkungen
			h m s	s	° ′ ″	″		°	
2551	Puppis	6.4	7 34 13.0	+ 2.122	− 37 47 10	− 8.01	Cordob. 9867		
2552	24 Lyncis	5.2	e 34 32.9	5.101	+ 58 56 40	8.10	**Fd. K. 399**	+ 59.1103	h 2405
2553	Puppis	6.4	34 41.0	2.664	− 18 26 59	8.05	Cordob. 9875	− 18.1946	
2554*	κ Puppis	3.8	34 43.5	2.460	− 26 34 26	8.06	Cordob. 9880		Hh273; β1061
2555*	Canis min.	6.4	34 48.4	3.190	+ 5 27 41	8.06	Leipz. II. 4020	+ 5.1742	Σ 1126 med.
2556	Puppis	6.5	34 53.6	2.708	− 16 37 4	8.07	Cordob. 9884	− 16.2069	OR
2557	Puppis	6.3	34 58.8	2.054	− 39 45 50	8.07	Cordob. 9893		
2558	Gemini	6.1	34 59.3	3.598	+ 23 14 59	8.08	Berl. B. 3061	+ 23.1780	G
2559	Puppis	6.4	35 2.7	2.097	− 38 33 8	8.08	Cordob. 9894		
2560	*e* Puppis	5.7	35 6.6	2.175	− 36 16 6	8.09	Cordob. 9895		
2561	Gemini	6.4	7 35 9.8	+ 3.378	+ 14 0 8	− 8.09	Leipz. I. 3035	+ 14.1721	RG
2562	Puppis	6.2	35 21.2	2.459	− 26 38 1	8.11	Cordob. 9900		
2563	y^3 Puppis	5.6	35 28.7	1.697	− 48 22 24	8.11	Cordob. 9917		
2564	Monoceros	6.0	35 45.3	2.902	− 7 57 12	8.14	W.-Ott. 2793	− 7.2118	
2565	Puppis	5.3	35 48.9	2.744	− 15 1 55	8.15	Cordob. 9911	− 14.2082	GR
2566	Puppis	6.2	35 49.6	2.642	− 19 25 48	8.15	Cordob. 9913	− 19.2003	
2567	d^1 Puppis	4.9	35 56.0	2.115	− 38 4 42	8.15	Cordob. 9925		
2568*	d^2 Puppis	5.6	36 11.7	2.122	− 37 54 32	8.16	Cordob. 9934		
2569	Gemini	6.4	36 15.0	3.903	+ 34 14 4	8.18	Leid. 3241	+ 34.1657	
2570	Gemini	6.0	36 15.5	3.371	+ 13 42 52	8.18	Leipz. I. 3044	+ 13.1737	RG
2571	d^3 Puppis	5.7	7 36 16.2	+ 2.118	− 38 1 48	− 8.18	Cordob. 9935		
2572	Canis min.	6.2	36 19.9	3.115	+ 3 51 30	8.18	Alb. 2964	+ 3.1758	
2573	d^4 Puppis	6.0	36 24.0	2.142	− 37 20 52	8.19	Cordob. 9940		
2574	Gemini	5.7	36 25.0	3.387	+ 14 26 33	8.19	Leipz. I. 3047	+ 14.1729	RG
2575	26 α Monocerotis	*4.4*	e 36 28.1	2.865	− 9 19 4	8.22	**Fd. K. s. 104**	− 9.2172	R
2576	Lynx	5.6	e 36 29.9	4.562	+ 50 40 15	8.20	Camb. U.S. 2938	+ 50.1460	
2577	Carina	6.5*	36 35.8	1.451	− 53 2 36	8.20	Cordob. 9954		
2578	75 σ Geminorum	4.4	e 37 3.7	3.762	+ 29 7 36	8.24	Camb. E. 4132	+ 29.1590	
2579	Puppis	6.4	37 5.7	2.577	− 22 6 11	8.24	Cordob. 9957	− 21.2077	
2580	51 Camelopard.	6.1	e 37 6.7	5.771	+ 65 41 40	8.24	Christ. 1244	+ 65.593	G
2581	Gemini	6.5	7 37 24.9	+ 3.581	+ 22 38 7	− 8.27	Berl. B. 3085	+ 22.1756	
2582	Puppis	5.7	37 44.9	2.111	− 38 18 0	8.30	Cordob. 9978		
2583*	Lynx	cum.	37 57.—	4.868	+ 55 53 —	8.31	Hels. 5210	(+ 55.1219)	
2584	Monoceros	6.4	37 57.4	3.082	+ 0 25 33	8.31	Nic. 2293	+ 0.2054	
2585	76 *c* Geminorum	5.5	38 1.0	3.667	+ 26 1 20	8.32	Camb. E. 4143	+ 26.1633	
2586*	77 κ Geminorum	3.7	e 38 24.7	3.627	+ 24 38 16	8.40	**Fd. K. 121**	+ 24.1759	(OΣ179) h427
2587	Puppis	6.2	38 27.0	2.113	− 38 17 35	8.35	Cordob. 9999		
2588	Canis min.	6.5	38 39.1	3.355	+ 13 5 57	8.37	Leipz. I. 3068	+ 13.1750	RG
2589	Puppis	5.7	e 38 40.5	2.477	− 26 6 50	8.37	Cordob. 10001		
2590*	78 β Geminorum	1.5	e 39 11.9	3.677	+ 28 16 4	8.46	**Fd. K. 122**	+ 28.1463	β 580 G
2591	Puppis	6.5	7 39 29.1	+ 2.500	− 25 15 54	− 8.43	Cordob. 10024		
2592	1 Puppis	4.8	e 39 30.3	2.423	− 28 10 25	8.44	Cordob. 10025		
2593	Puppis	5.8	39 32.5	2.197	− 35 48 44	8.44	Cordob. 10031		
2594	Camelopard.	6.7	e 39 45.8	10.329	+ 80 30 59	8.46	Hamb. 108	+ 80.238	
2595	(*l*) τ Puppis	4.1	39 47.6	2.407	− 28 42 56	8.46	**S. Fd. K. 143**		
2596	*T* Puppis	5.3	e 39 51.8	1.865	− 44 54 56	8.46	Cordob. 10042		
2597	Lynx	5.4	39 59.0	4.011	+ 37 45 35	8.47	Lund 3976	+ 37.1769	
2598	Puppis	6.4	40 10.3	2.127	− 37 57 48	8.49	Cordob. 10053		
2599	*W* Puppis	5.1	40 17.5	2.032	− 40 41 23	8.50	Cordob. 10060		
2600	81 *g* Geminorum	5.0	e 7 40 20.3	+ 3.484	+ 18 45 16	− 8.50	Berl. A. 3015	+ 18.1733	RG

Nr. 2554. 2 gleich helle Komponenten. d = 10″, p = 320°. κ Puppis = ***Markeb.***

Nr. 2555. Σ 1126, Begl. 7.0m; d = 1″, p = 145°.

Nr. 2568. Begl. 8.7m; d = 1″, p = 155°.

Nr. 2583. Cum. Mehrere beieinander stehende Sterne. 7.6 – 7.9m.

Nr. 2586. OΣ 179, Begl. 8m; d = 6″.4, p = 235°.

Nr. 2590. β Geminorum = ***Pollux.*** Vielfacher Stern.

Kat. Nr.	Bezeichnung des Sternes	Gr.	Mittl. A. R. für 1900.0	Jährl. Veränd.	Mittl. Dekl. für 1900.0	Jährl. Veränd.	Nachweis	B. D.	Bemerkungen
			h m s	s	° ′ ″	″		°	
2601	Carina	6.5*	7 40 20.4	+ 1.104	− 58 23 35	− 8.50	Cordob. 10080		
2602	Puppis	5.6	40 22.0	2.522	− 24 26 1	8.50	Cordob. 10055		
2603	Puppis	6.3	40 30.5	2.199	− 35 49 28	8.52	Cordob. 10067		
2604	11 Canis min.	5.5	40 46.0	3.308	+ 11 0 43	8.53	Leipz. I. 3082	+ 11.1670	
2605*	Puppis	5.6	40 53.1	2.761	− 14 26 51	8.55	Cordob. 10077	−14.1293/4	Σ 1138
2606	Puppis	5.9	41 0.7	2.138	− 37 42 6	8.56	Cordob. 10088		
2607*	80 π Geminorum	5.3	41 3.6	3.877	+ 33 39 41	8.56	**Fd. K. 400**	+ 33.1585	Σ 1135
2608	Monoceros	*6.0*	41 8.5	2.934	− 6 31 35	8.56	W.-Ott. 2855	− 6.2281	
2609	4 Carinae	5.0	41 20.6	2.764	− 14 19 14	8.57	**Fd. K. s. 105**	− 14.2199	
2610	Puppis	6.4	41 30.8	2.140	− 37 38 43	8.59	Cordob. 10109		Δ 54
2611	*c* Puppis	4.0	e 7 41 41.4	+ 2.134	− 37 43 33	− 8.61	**S. Fd. K. 144**		
2612	Puppis	5.4	e 41 51.9	2.259	− 33 59 15	8.62	Cordob. 10120		
2613	Puppis	6.4	42 4.3	2.807	− 12 25 48	8.64	Cordob. 10118	− 12.2135	
2614	Puppis	6.5*	42 5.5	1.927	− 43 30 32	8.64	Cordob. 10133		
2615	82 Geminorum	6.5	42 35.0	3.594	+ 23 23 19	8.68	Berl. B. 3124	+ 23.1812	β 1062
2616	Puppis	5.8	42 36.5	2.142	− 37 41 22	8.68	Cordob. 10145		
2617	Puppis	5.8	42 54.7	2.579	− 22 16 23	8.71	Cordob. 10152	− 22.2027	
2618	Puppis	6.5	42 59.2	+ 2.148	− 37 31 32	8.71	Cordob. 10165		
2619*	ζ Volantis	3.8	43 3.0	− 0.712	− 72 21 57	8.72	**S. Fd. K. 145**		Δ 57
2620	Puppis	6.5	43 5.4	+ 2.735	− 15 44 37	8.72	Cordob. 10156	− 15.2049	
2621	Puppis	6.4	7 43 6.7	+ 2.069	− 39 48 50	− 8.72	Cordob. 10169		
2622	Lynx	6.2	e 43 13.3	4.752	+ 54 22 43	8.73	Camb. U.S. 2962	+ 54.1177	σ 277
2623*	5 Puppis	5.6	43 15.9	2.818	− 11 56 50	8.73	Cordob. 10163	− 11.2106	Σ 1146
2624	Gemini	6.1	e 43 25.6	3.364	+ 13 37 16	8.75	Leipz. I. 3109	+ 13.1772	RG
2625	Carina	6.4*	43 30.3	1.258	− 56 28 39	8.75	Cordob. 10187		h 4005
2626	Puppis	6.2	43 36.5	2.096	− 39 5 4	8.76	Cordob. 10177		
2627	Puppis	5.3	43 52.7	2.124	− 38 15 49	8.78	Cordob. 10188		Δ 56; I. 161
2628	*o* Puppis	4.6	43 56.0	2.495	− 25 41 20	8.79	Cordob. 10182		
2629	Puppis	5.3	44 30.3	+ 1.814	− 46 21 37	8.83	Cordob. 10211		
2630	Volans	6.5*	44 31.3	− 0.120	− 69 34 36	8.83	Cordob. 10245		
2631	Gemini	6.4	7 44 36.8	+ 3.866	+ 33 29 8	− 8.84	Leid. 3291	+ 33.1601	
2632	Puppis	6.1	44 49.6	2.794	− 13 6 6	8.86	Cordob. 10209	− 12.2164	
2633	Puppis	5.3	e 44 49.8	2.522	− 24 39 45	8.86	Cordob. 10215		
2634	7 ξ Puppis	3.5	45 5.3	2.522	− 24 36 31	8.86	**S. Fd. K. 146**		β 1063
2635	6 Puppis	5.4	e 45 10.2	2.707	− 16 58 22	8.88	Cordob. 10226	− 16.2146	R
2636	Puppis	6.5	45 21.9	2.638	− 19 57 6	8.90	Cordob. 10236	− 19.2085	
2637	*Q* Puppis	4.7	45 22.0	1.796	− 46 49 29	8.90	Cordob. 10249		
2638	Monoceros	*5.9*	45 22.3	2.884	− 8 55 52	8.90	W.-Ott. 2893	− 8.2096	
2639	Puppis	6.1	45 31.2	2.235	− 34 59 31	8.91	Cordob. 10246		
2640	Canis min.	6.4	45 32.6	3.147	+ 3 31 52	8.91	Alb. 3052	+ 3.1818	
2641	Puppis	6.4	7 45 40.4	+ 2.654	− 19 16 15	− 8.92	Cordob. 10244	− 19.2089	
2642	Puppis	5.7	45 46.4	2.294	− 33 2 13	8.93	Cordob. 10254		
2643	Gemini	6.1	e 46 8.0	3.498	+ 19 34 53	8.96	Berl. A. 3067	+ 19.1854	G
2644	Monoceros	6.3	46 11.1	2.843	− 10 52 23	8.96	Cordob. 10257	− 10.2253	
2645	*P* Puppis	4.1	46 11.5	1.827	− 46 7 17	8.98	**S. Fd. K. 147**		
2646	Carina	6.2	46 11.5	1.285	− 56 13 12	8.96	Cordob. 10277		
2647	Puppis	6.0	46 12.3	1.808	− 46 36 23	8.96	Cordob. 10269		
2648	13 ζ Canis min.	5.4	e 46 30.9	3.115	+ 2 1 19	8.99	Alb. 3062	+ 2.1808	
2649	Puppis	6.4	46 46.8	2.534	− 24 16 22	9.01	Cordob. 10281		
2650	Canis min.	6.4	7 46 52.5	+ 3.147	+ 3 32 9	− 9.02	Alb. 3065	+ 3.1824	RG

Nr. 2605. Σ 1138, Begl. 7.4^m; d = 18″, p = 340°.
Nr. 2607. Σ 1135, Begl. 10.9^m; d = 23″, p = 212°.
Nr. 2619. Δ 57, Hptst. gelb, Begl. 9.5^m blau; d = 17″, p = 115°.
Nr. 2623. Σ 1146, Hptst. gelb, Begl. 8.2^m blau; d = 3″.5, p = 15°.

Kat. Nr.	Bezeichnung des Sternes	Gr.	Mittl. A. R. für 1900.0	Jährl. Veränd.	Mittl. Dekl. für 1900.0	Jährl. Veränd.	Nachweis	B. D.	Bemerkungen
			h m s	s	° ′ ″	″		°	
2651	Carina	5.6	7 46 57.7	+ 1.292	− 56 9 27	− 9.02	Cordob. 10301		
2652	Puppis	6.5	47 0.3	2.807	− 12 33 48	9.03	Cordob. 10284	− 12.2179	
2653*	9 Puppis	5.3	e 47 8.4	2.777	− 13 37 57	9.38	**Fd. K. s. 106**	− 13.2267	β101; Hh 283
2654	25 Lyncis	6.4	47 12.8	4.381	+ 47 38 41	9.04	Bonn 6268	+ 47.1498	
2655	Puppis	5.9	47 21.8	2.617	− 20 55 6	9.05	Cordob. 10298	− 20.2235	
2656	83 φ Geminorum	5.3	47 22.7	3.681	+ 27 1 29	9.06	Camb. E. 4229	+ 27.1499	
2657	26 Lyncis	5.5	e 47 25.9	4.384	+ 47 49 25	9.08	**Fd. K. 402**	+ 47.1499	G
2658	Carina	5.8	47 34.0	1.005	− 60 2 7	9.07	Cordob. 10320		h 4012
2659	Puppis	5.8	47 41.0	1.639	− 50 15 11	9.08	Cordob. 10316		
2660	10 Puppis	5.7	47 42.8	2.763	− 14 35 20	9.08	Cordob. 10303	− 14.2250	
2661	Monoceros	*5.6*	7 47 51.7	+ 2.965	− 5 10 10	− 9.10	Cordob. 10308	− 5.2280	
2662	Camelopard.	5.4	e 48 13.7	7.265	+ 74 11 7	9.16	**Fd. K. 401**	+ 74.338	G
2663*	Puppis	5.0	e 48 32.1	2.256	− 34 27 19	9.15	Cordob. 10335		Howe 8
2664	*a* Puppis	3.9	48 46.7	2.062	− 40 19 4	9.16	**S. Fd. K. 148**		
2665	Volans	6.0	e 49 1.1	0.407	− 65 56 25	9.19	**S. Fd. K. 149**		
2666	Camelopard.	5.6	49 4.5	9.646	+ 79 45 11	9.19	Hamb. 112	+ 79.265	
2667	*b* Puppis	4.6	49 6.4	2.124	− 38 36 15	9.19	Cordob. 10350		
2668	Puppis	5.7	49 23.0	2.207	− 36 6 15	9.21	Cordob. 10357		
2669	85 Geminorum	5.7	e 49 49.8	3.508	+ 20 8 54	9.24	Berl. B. 3177	+ 20.1946	
2670	Canis min.	6.1	50 5.6	3.263	+ 9 7 44	9.27	Leipz. II. 4224	+ 9.1815	
2671	Carina	6.0	7 50 6.7	+ 1.436	− 54 6 27	− 9.27	Cordob. 10389		
2672	Puppis	4.8	50 14.7	1.692	− 49 21 11	9.28	Cordob. 10390		
2673	Puppis	6.5	50 20.9	2.446	− 27 50 36	9.29	Cordob. 10384		
2674	*R* Puppis	4.3	50 21.9	1.764	− 47 50 32	9.30	**S. Fd. K. 150**		
2675	Puppis	5.4	50 28.7	2.224	− 35 36 55	9.30	Cordob. 10391		
2676	Puppis	6.3	50 53.4	2.257	− 34 34 59	9.33	Cordob. 10403		
2677	Canis min.	6.4	51 7.2	3.171	+ 4 45 4	9.35	Alb. 3098	+ 4.1860	
2678	Lynx	6.5	51 15.2	4.224	+ 44 14 39	9.36	Bonn 6311	+ 44.1693	
2679	1 Cancri	5.9	51 18.8	3.413	+ 16 3 28	9.36	Berl. A. 3113	+ 16.1590	
2680	Canis min.	6.3	51 50.5	3.258	+ 8 54 32	9.40	Leipz. II. 4250	+ 9.1824	
2681*	Canis min.	6.6	7 52 7.8	+ 3.101	+ 1 23 38	− 9.43	Alb. 3108	+ 1.1959	$O\Sigma$ 185
2682	Puppis	6.2	52 23.7	2.391	− 30 1 3	9.44	Cordob. 10447		
2683	11 *e* Puppis	4.3	e 52 33.5	2.577	− 22 36 47	9.43	**Fd. K. s. 107**	− 22.2087	
2684	Cancer	6.2	52 49.2	3.428	+ 16 47 17	9.48	Berl. A. 3132	+ 16.1598	RG
2685	Carina	5.5	52 49.2	1.255	− 57 2 17	9.48	Cordob. 10470		
2686	Camelopard.	5.9	52 57.8	5.058	+ 59 19 7	9.49	Hels. 5320	+ 59.1130	
2687*	14 Canis min.	5.5	e 53 9.8	3.124	+ 2 29 38	9.48	Alb. 3112	+ 2.1833	Hh 284
2688	53 Camelopard.	6.4	53 10.3	5.161	+ 60 35 52	9.53	**Fd. K. 403**	+ 60.1105	
2689*	Camelopard.	6.3	53 35.6	5.436	+ 63 21 54	9.53	Hels. 5325	+ 63.749	$O\Sigma$ 90
2690	$\varkappa$ Puppis	4.9	53 41.0	2.391	− 30 3 56	9.54	Cordob. 10482		
2691	Puppis	5.6	7 53 41.3	+ 1.968	− 43 13 56	− 9.54	Cordob. 10489		
2692	Cancer	6.2	54 0.2	3.355	+ 13 30 50	9.57	Leipz. I. 3187	+ 13.1811	G
2693	*N* Puppis	5.2	54 4.2	1.944	− 43 50 28	9.57	Cordob. 10496		
2694	χ Carinae	3.6	e 54 14.2	1.526	− 52 42 50	9.57	**S. Fd. K. 151**		
2695	Carina	5.6	54 37.5	1.019	− 60 15 29	9.62	Cordob. 10521		
2696	*O* Puppis	5.1	54 43.3	1.887	− 45 18 29	9.62	Cordob. 10516		
2697	27 Monocerotis	*5.2*	e 54 44.4	2.996	− 3 24 25	9.61	**Fd. K. s. 108**	− 3.2157	
2698	12 Puppis	5.2	54 48.4	2.574	− 23 2 19	9.63	Cordob. 10512	− 22.2104	
2699	2 ω Cancri	6.1	54 52.8	3.636	+ 25 40 0	9.63	Camb. E. 4290	+ 25.1812	σ 284
2700	3 Cancri	5.6	7 55 3.6	+ 3.444	+ 17 34 57	− 9.65	Berl. A. 3153	+ 17.1731	G

Nr. 2653. β 101, Begl. 6.6m; 1900, d=0″.6, p=290°. Siehe Tabelle „Bahnen von Doppelsternen" Nr. 5.

Nr. 2663. Howe 8, Begl. 8.1m; d=3″, p=290°.

Nr. 2681. Begl. 7.6m; d=<0″.3.

Nr. 2687. Hh 284, 2 Bgl. B, 7m; d=76″, p=66°. C, 8m; d=112″, p=153°.

Nr. 2689. $O\Sigma^2$ 90, Begl. 7.5m.

Kat. Nr.	Bezeichnung des Sternes	Gr.	Mittl. A. R. für 1900.0	Jährl. Veränd.	Mittl. Dekl. für 1900.0	Jährl. Veränd.	Nachweis	B. D.	Bemerkungen
			h m s	s	° ′ ″	″		°	
2701*	*V* Puppis	var.	7 55 22.0	+ 1.724	− 48 58 25	− 9.67	Cordob. 10534		h 4025
2702	Puppis	4.6	55 23.2	2.689	− 18 7 27	9.67	Cordob. 10523	− 18.2118	
2703	Lynx	6.5	55 25.2	3.914	+ 35 41 20	9.68	Lund 4073	+ 35.1731	
2704	Monoceros	6.2	55 42.5	3.020	− 2 36 26	9.70	Cordob. 10530	− 2.2379	
2705	5 Cancri	6.2	55 48.4	3.424	+ 16 43 52	9.71	Berl. A. 3162	+ 16.1612	
2706	Puppis	6.0	55 51.4	1.905	− 44 56 35	9.71	Cordob. 10547		
2707	Carina	5.7	e 55 54.5	1.044	− 60 2 8	9.71	Cordob. 10561		
2708	Carina	6.5*	55 56.3	0.775	− 63 1 34	9.72	Cordob. 10565		
2709	Canis min.	5.9	55 56.5	3.178	+ 5 9 17	9.72	Leipz. II. 4302	+ 5.1857	
2710	Puppis	5.2	55 56.6	2.125	− 39 1 20	9.72	Cordob. 10546		
2711	28 Monocerotis	*4.8*	e 7 56 8.1	+ 3.050	− 1 6 52	− 9.73	Cordob. 10540	− 0.1882	R
2712*	Puppis	6.0	56 23.1	1.696	− 49 42 12	9.75	Cordob. 10566		h 4028
2713	Canis min.	6.5	56 25.0	3.262	+ 9 11 23	9.75	Leipz. II. 4304	+ 9.1843	
2714	12 Hev. Canis min.	4.6	e 57 4.0	3.126	+ 2 36 32	9.80	Alb. 3143	+ 2.1854	G
2715*	Carina	cum.	57 10.5	1.007	− 60 33 2	9.81	Cordob. 10613		N. G. K. 2516
2716	χ Geminorum	5.2	e 57 22.7	3.692	+ 28 4 29	9.87	**Fd. K. 404**	+ 28.1532	
2717	Monoceros	*6.0*	57 31.2	2.949	− 6 3 30	9.84	W.-Ott. 3010	− 5.2339	
2718	Carina	6.5	57 54.6	1.064	− 59 55 55	9.86	Cordob. 10639		
2719	Carina	5.1	57 55.1	1.032	− 60 18 42	9.87	Cordob. 10641		
2720	Puppis	5.8	57 58.0	2.195	− 37 0 21	9.87	Cordob. 10626		
2721	Carina	6.3*	7 58 22.6	+ 1.479	− 53 52 26	− 9.90	Cordob. 10647		
2722	Puppis	6.4	58 25.8	2.204	− 36 46 17	9.91	Cordob. 10642		
2723	Carina	6.4*	58 57.4	1.461	− 54 14 14	9.95	Cordob. 10664		Δ 60
2724	Cancer	6.5	58 58.6	3.475	+ 19 7 31	9.95	Berl. A. 3182	+ 19.1911	
2725	D^1 Carinae	5.0	59 4.4	0.766	− 63 17 27	9.96	Cordob. 10678		
2726	Puppis	5.9	59 10.1	2.343	− 32 10 59	9.96	Cordob. 10661		h 4035
2727*	Puppis	5.5	59 18.6	2.063	− 41 1 47	9.97	Cordob. 10668		h 4038
2728*	Cancer	6.5	59 29.4	3.684	+ 27 48 51	9.98	Camb. E. 4343	+ 27.1536	Σ 1177 med.
2729	8 Cancri	5.4	e 7 59 30.4	3.349	+ 13 24 13	9.99	Leipz. I. 3248	+ 13.1831	
2730	ζ Puppis	2.3	8 0 4.1	2.108	− 39 43 17	10.02	**S. Fd. K. 152**		
2731	28 Lyncis	6.5	e 8 0 14.2	+ 4.172	+ 43 32 51	− 10.05	Bonn 6396	+ 43.1770	
2732*	14 Puppis	5.9	0 15.1	2.664	− 19 26 40	10.05	Cordob. 10690	− 19.2228	
2733	Puppis	5.2	0 22.4	2.339	− 32 23 30	10.05	Cordob. 10699		
2734	9 μ^1 Cancri	6.1	e 0 23.0	3.562	+ 22 55 16	10.06	Berl. B. 3258	+ 23.1887	G
2735	Monoceros	6.4	0 43.2	3.069	− 0 17 16	10.08	Nic. 2437	− 0.1903	
2736	27 Lyncis	5.0	e 0 56.1	4.530	+ 51 47 42	10.10	**Fd. K. 405**	+ 51.1391	
2737*	Monoceros	*6.0*	1 38.5	2.891	− 8 57 28	10.15	W.-Ott. 3063	− 8.2222	Σ 1183
2738	Lynx	6.0	1 51.8	4.956	+ 58 32 29	10.17	Hels. 5398	+ 58.1102	G
2739	10 μ^2 Cancri	5.6	e 1 52.8	3.535	+ 21 52 21	10.17	Berl. B. 3268	+ 22.1862	
2740	Puppis	6.1	1 53.3	2.316	− 33 17 0	10.17	Cordob. 10728		h 4046; I. 189
2741	Vela	6.0	8 1 54.2	+ 1.684	− 50 18 19	− 10.17	Cordob. 10736		
2742	Carina	6.4*	2 28.1	1.555	− 52 49 17	10.21	Cordob. 10751		
2743	Lynx	6.2	e 2 31.2	4.135	+ 42 43 26	10.22	Bonn 6420	+ 42.1819	G
2744	55 Camelopard.	5.5	2 51.9	6.031	+ 68 46 8	10.24	Christ. 1304	+ 68.524	
2745	Puppis	5.3	2 53.4	2.648	− 20 15 55	10.24	Cordob. 10749	− 20.1395	
2746	D^2 Carinae	6.4	3 5.2	0.861	− 62 33 10	10.26	Cordob. 10771		Δ 62
2747	12 Cancri	6.5	3 7.2	3.360	+ 13 55 55	10.26	Leipz. I. 3279	+ 14.1831	
2748	15 $\varrho(i)$ Puppis	2.9	e 3 17.1	2.554	− 24 0 58	10.21	**Fd. K. 570**		
2749	Vela	5.2	3 27.9	1.926	− 44 58 38	10.29	Cordob. 10769		
2750*	29 ζ Monocerotis	*5.3*	8 3 34.2	+ 3.019	− 2 41 32	− 10.30	Cordob. 10764	− 2.2450	Σ 1190

Nr. 2701. Var. Algoltypus. Max. 4.4^m, Min. 5.2^m; $P = 1^d\,10^h\,55^m$.

Nr. 2712. h 4028, Begl. 7^m; $d = 20''$, $p = 60^0$.

Nr. 2715. N. G. K. 2516. Sehr heller Sternhaufen. Sterne 7—13^m.

Nr. 2727. h 4038, Begl. 8.8^m; $d = 30''$, $p = 340^0$.

Nr. 2728. Σ 1177, Begl. 7.4^m; $d = 3''.5$, $p = 355^0$.

Nr. 2732. Mehrere Sterne 7—8^m sind in der Nähe.

Nr. 2737. Σ 1183, Begl. 7.8^m; $d = 31''$, $p = 325^0$.

Nr. 2750. Σ 1190, 2 sehr kleine Begl. (12^m).

Kat. Nr.	Bezeichnung des Sternes	Gr.		Mittl. A. R. für 1900.0	Jährl. Veränd.	Mittl. Dekl. für 1900.0	Jährl. Veränd.	Nachweis	B. D.	Bemerkungen
				h m s	s	° ′ ″	″		°	
2751	Monoceros	6.3		8 4 12.3	+ 2.850	− 11 2 50	− 10.34	Cordob. 10783	− 10.2400	
2752	Puppis	6.4		4 18.2	2.654	− 20 4 16	10.35	Cordob. 10790	− 19.2262	
2753	14 ψ Cancri	6.0	e	4 26.0	3.626	+ 25 48 48	10.36	Camb. E. 4397	+ 25.1865	
2754	16 Puppis	4.3		4 33.9	2.680	− 18 57 7	10.37	Cordob. 10797	− 18.2190	
2755	Puppis	5.5		4 54.1	2.745	− 15 57 18	10.40	Cordob. 10804	− 15.2280	
2756	Puppis	6.2		4 57.9	2.199	− 37 23 20	10.40	Cordob. 10811		
2756a	Camelopard.	6.5		5 12.5	12.040	+ 82 44 27	10.42	Greenw. (99) 1734	+ 82.235	
2757	Puppis	6.3		5 23.4	2.268	− 35 9 42	10.43	Cordob. 10820		
2758	Cancer	6.4		5 49.5	3.276	+ 10 7 5	10.47	Leipz. I. 3306	+ 10.1746	
2759	Lynx	6.0		5 52.1	4.812	+ 56 45 8	10.47	Hels. 5428	+ 56.1278	
2760	18 Puppis	5.6	e	6 2.2	2.799	− 13 30 18	10.48	Cordob. 10839	− 13.2420	
2761	Vela	5.9		8 6 10.8	+ 1.790	− 48 23 23	− 10.49	Cordob. 10853		
2762	Vela	5.1		6 18.2	1.980	− 43 49 39	10.50	Cordob. 10856		
2763*	Vela	2.7		6 24.6	1.849	− 47 3 2	10.51	Cordob. 10861		} Δ 64, 65
2764*	γ Velorum	3.1		6 27.0	1.848	− 47 2 30	10.52	**S. Fd. K. 154**		
2765*	16 ζ Cancri	4.8	e	6 28.5	3.442	+ 17 57 2	10.51	Berl. A. 3232	+ 18.1867	Σ 1196
2766*	19 Puppis	4.7		6 34.8	2.818	− 12 37 49	10.52	II. Ten. Y.C. 2404	− 12.2385	Hh290; β1064; [N.G.K. 2539
2767	Vela	5.4	e	6 40.8	1.822	− 47 38 31	10.53	Cordob. 10873		
2768	Hydra	*5.6*		6 41.1	2.924	− 7 28 28	10.53	W.-Ott. 3103	− 7.2378	
2769	ψ Geminorum	5.9		6 57.1	3.728	+ 29 57 24	10.55	Leid. 3435	+ 30.1664	
2770	Camelopard.	5.8		6 59.1	7.657	+ 76 3 44	10.55	**Fd. K. 406**	+ 76.310	
2771	Carina	5.8		8 7 14.0	+ 1.402	− 55 47 27	− 10.57	Cordob. 10889		
2772	Cancer	6.3		7 18.8	3.416	+ 16 48 53	10.58	Berl. A. 3237	+ 16.1662	
2773	Puppis	6.3		7 20.1	2.217	− 36 59 42	10.58	Cordob. 10884		h 4051
2774	*B* Carinae	4.8	e	7 21.6	1.023	− 60 59 49	10.58	Cordob. 10904		
2775*	Vela	cum.		7 24.—	1.770	− 48 56 26	10.58	Cordob. 10891		N. G. K. 2547
2776*	ε Volantis	4.4		7 36.7	0.218	− 68 19 25	10.60	Cordob. 10923		Δ 66
2777	h^1 Puppis	4.7		7 47.3	2.143	− 39 19 13	10.61	Cordob. 10901		
2778	Puppis	4.8		8 3.2	2.027	− 42 41 21	10.63	Cordob. 10913		h 4057
2779	Vela	6.3*		8 10.2	1.807	− 48 9 49	10.64	Cordob. 10920		
2780	Puppis	6.4		8 43.3	2.429	− 29 36 40	10.68	Cordob. 10929		
2781	20 Puppis	5.0		8 8 44.2	+ 2.757	− 15 29 14	− 10.69	**Fd. K. 571**	− 15.2324	
2782*	Hydra	cum.		8 44.3	2.965	− 5 28 17	10.68	Cordob. 10922		N.G.K. 2548
2783	Cancer	6.5		8 47.6	3.341	+ 13 21 4	10.69	Leipz. I. 3329	+ 13.1868	
2784	Vela	6.3*		8 51.3	1.888	− 46 20 41	10.69	Cordob. 10941		
2785	Puppis	6.2		9 11.4	2.200	− 37 37 23	10.71	Cordob. 10945		
2786	29 Lyncis	5.8		9 32.2	5.018	+ 59 52 41	10.74	Hels. 5459	+ 60.1124	
2787	Camelopard.	6.1	e	9 39.3	6.700	+ 72 43 3	10.75	Greenw. (00) 1518	+ 72.409	Σ 1193 G
2788	*r* Puppis	4.6		9 43.1	2.265	− 35 35 52	10.75	Cordob. 10963		h 4058
2789	Puppis	5.1		10 13.0	2.253	− 36 1 8	10.79	Cordob. 10973		
2790	Puppis	5.7		10 13.5	2.253	− 36 2 14	10.79	Cordob. 10974		Δ 67
2791	Puppis	6.0		8 10 13.8	+ 2.372	− 31 50 14	− 10.79	Cordob. 10971		h 4059
2792	Puppis	5.9		10 25.9	2.278	− 35 11 13	10.80	Cordob. 10982		
2793	Vela	5.3		10 28.6	1.878	− 46 41 18	10.81	Cordob. 10986		
2794	h^2 Puppis	4.6		10 29.8	2.125	− 40 2 31	10.81	Cordob. 10984		h 4062
2795	Lynx	6.3	e	10 33.9	4.648	+ 54 27 10	10.82	Camb. U.S. 3083	+ 54.1215	G
2796	57 Camelopard.	5.8		10 35.2	5.264	+ 62 48 59	10.82	Hels. 5466	+ 62.991	
2797	Vela	5.4		10 40.6	1.737	− 49 53 33	10.82	Cordob. 10996		R
2798*	*R* Cancri	var.		11 3.1	3.312	+ 12 2 0	10.85	Leipz. I. 3340	+ 12.1803	GR
2799	17 β Cancri	3.7	e	11 5.5	3.256	+ 9 29 38	10.90	**Fd. K. 123**	+ 9.1917	β 1065
2800*	Vela	6.4*		8 11 11.3	+ 1.928	− 45 31 49	− 10.86	Cordob. 11008		h 4069

Nr. 2763 u. 2764 bilden einen Dpst. d=42″, p=220°.

Nr. 2765. Σ 1196, 2 Begl. B, 5.7m; d=1″, p=360°. C, 6.5m; d=5″.5, p=115°. B—C, d=5″.5, p=128° (physisches System). Siehe Tabelle „Bahnen von Doppelsternen" Nr. 20.

Nr. 2766. β 1064, Begl. 9m; d=71″, p=256°. N. G. K. 2539, reicher, grob zerstreuter Sternhaufen, 20′ Durchmesser.

Nr. 2775. N. G. K. 2547, heller, wenig gedrängter Sternhaufen 7—13m. Gesamthelligkeit etwa 6.4m. Die angegebene Position gehört dem hellsten Sterne an.

Nr. 2776. Δ 66, Begl 8.0m; d=6″, p=23°.

Nr. 2782. N. G. K. 2548, große Gruppe zahlreicher Sterne 7—10m mit 15′ Durchmesser. Die angegebene Position gehört dem Hptst. an.

Nr. 2798. Var. Max. 6—8m, Min. 11.7m; P=353d mit Schwankungen.

Nr. 2800. h 4069, Begl. 8.2m; d=35″, p=290°.

Kat. Nr.	Bezeichnung des Sternes	Gr.	Mittl. A. R. für 1900.0	Jährl. Veränd.	Mittl. Dekl. für 1900.0	Jährl. Veränd.	Nachweis	B. D.	Bemerkungen
			h m s	s	° ′ ″	″		°	
2801*	Puppis	6.4	8 11 52.1	+ 2.409	− 30 37 7	− 10.91	Cordob. 11022		Cape (8)
2802	Cancer	6.5	12 6.8	3.254	+ 9 10 32	10.93	Leipz. II. 4478	+ 9.1921	
2803	Puppis	6.4	12 12.0	2.270	− 35 35 44	10.94	Cordob. 11032		
2804	58 Camelopard.	6.1	e 12 21.2	4.869	+ 58 3 18	10.95	Hels. 5486	+ 58.1112	
2805	Puppis	6.4	12 30.1	2.642	− 21 0 44	10.96	Cordob. 11035	− 20.2467	
2806	Puppis	6.3	12 48.1	2.752	− 15 58 31	10.98	Cordob. 11042	− 15.2362	
2807	Puppis	6.0	e 13 39.1	2.846	− 12 17 36	12.04	**Fd. K. s. 111**	− 12.2449	
2808*	*C* Carinae	5.3	13 45.4	0.920	− 62 36 25	11.05	Cordob. 11097		Russell 30
2809	Puppis	6.4	13 54.3	2.436	− 29 41 33	11.06	Cordob. 11083		
2810	18 χ Cancri	5.3	e 13 59.5	3.654	+ 27 32 37	11.07	Camb. E. 4482	+ 27.1589	
2811	Hydra	6.2	8 14 27.6	+ 2.879	− 9 51 14	− 11.10	W.-Ott. 3179	− 9.2471	
2812	Puppis	6.0	14 28.2	2.288	− 35 8 23	11.10	Cordob. 11104		
2813	Puppis	6.5	14 29.7	2.230	− 37 3 45	11.11	Cordob. 11106		
2814	Cancer	6.0	e 14 31.0	3.501	+ 21 3 48	11.11	Berl. B. 3343	+ 21.1817	
2815	Hydra	6.4	14 34.4	3.156	+ 4 15 44	11.11	Alb. 3311	+ 4.1954	
2816	19 λ Cancri	6.2	e 14 35.5	3.576	+ 24 20 15	11.11	Berl. B. 3344	+ 24.1909	
2817	*q* Puppis	4.5	e 14 48.7	2.241	− 36 20 57	11.04	**S. Fd. K. 155**		
2818	Hydra	6.3	15 6.8	3.061	− 0 35 31	11.05	Nic. 2548	− 0.1966	
2819	Hydra	6.2	15 19.6	2.974	− 5 0 47	11.17	Cordob. 11116	− 4.2303	
2820	Puppis	6.3	15 38.0	2.317	− 34 16 33	11.19	Cordob. 11131		
2821	31 Lyncis	4.3	e 8 15 59.6	+ 4.125	+ 43 30 32	− 11.32	**Fd. K. 407**	+ 43.1815	O
2822	Puppis	6.2	16 6.4	2.611	− 22 36 32	11.22	Cordob. 11142	− 22.2233	R
2823	Lynx	5.9	e 16 14.3	4.572	+ 53 32 33	11.23	Camb. U.S. 3120	+ 53.1246	
2824	Hydra	6.4	16 15.8	3.048	− 1 17 2	11.23	Cordob. 11141	− 1.2017	Σ 1216
2825	Puppis	5.7	16 53.8	2.676	− 19 45 38	11.28	Cordob. 11170	− 19.2369	
2826	Volans	5.0	17 12.6	0.672	− 65 17 56	11.30	Cordob. 11201		R
2827	Puppis	5.9	17 22.4	2.730	− 17 16 1	11.31	Cordob. 11184	− 17.2464	
2828	*w* Puppis	5.0	17 26.7	2.361	− 32 44 11	11.32	Cordob. 11191		
2829	Puppis	5.1	17 33.4	2.265	− 36 9 58	11.33	Cordob. 11194		h 4085
2830	Hydra	5.8	17 35.0	2.959	− 5 51 34	11.33	Cordob. 11187	− 5.2512	
2831	20 d^1 Cancri	6.2	e 8 17 38.3	+ 3.440	+ 18 39 12	− 11.36	**Naut. Al.**	+ 18.1930	
2832	Puppis	6.1	17 47.2	2.170	− 39 18 8	11.34	Cordob. 11199		
2833	Lynx	6.1	17 56.6	4.076	+ 42 19 36	11.35	Bonn 6569	+ 42.1859	Σ1 985 G
2834	Hydra	6.2	18 1.0	2.933	− 7 13 24	11.36	W.-Ott. 3206	− 7.2452	
2835	Puppis	6.3	18 5.0	2.825	− 12 43 59	11.36	Cordob. 11200	− 12.2490	
2836	21 Cancri	6.4	18 27.2	3.286	+ 10 57 18	11.39	Leipz. I. 3389	+ 11.1830	G
2837	Puppis	5.9	18 36.4	2.535	− 26 1 39	11.40	Cordob. 11222		I. 393
2838	Lynx	6.1	18 41.0	3.852	+ 35 20 6	11.41	Lund 4222	+ 35.1819	G
2839	Carina	6.1	18 58.8	1.338	− 57 39 13	11.43	Cordob. 11239		
2840*	*B* Velorum	4.8	19 27.2	1.848	− 48 10 10	11.46	Cordob. 11248		
2841	Puppis	6.3	8 19 35.2	+ 2.217	− 37 57 49	− 11.47	Cordob. 11245		
2842	Hydra	5.1	e 19 36.2	3.007	− 3 25 36	11.47	Cordob. 11236	− 3.2333	
2843	Hydra	6.0	19 37.7	2.988	− 4 23 29	11.47	Cordob. 11238	− 4.2328	
2844	Carina	6.5*	19 44.2	+ 0.847	− 63 47 7	11.48	Cordob. 11265		
2845	$\varkappa^1$ Volantis	5.4	20 6.7	− 0.143	− 71 11 48	11.51	Cordob. 11293		
2846	25 d^2 Cancri	6.4	e 20 10.7	+ 3.415	+ 17 22 38	11.52	Berl. A. 3328	+ 17.1842	
2847*	$\varkappa^2$ Volantis	5.7	20 17.9	− 0.138	− 71 11 13	11.52	Cordob. 11297		Bris. 2018
2848	Ursa maj.	6.0	e 20 20.7	+ 5.745	+ 67 37 34	11.53	Christ. 1350	− 67.545	
2849	22 φ^1 Cancri	5.8	e• 20 23.0	3.660	+ 28 13 24	11.55	Camb. E. 4529	+ 28.1602	Hh 293 G
2850	Hydra	6.0	8 20 24.0	+ 3.119	+ 2 25 40	− 11.53	Alb. 3362	+ 2.1965	RG

Nr. 2801. Cape (8), Begl. 9.0m; d = 3″, p = 15″. Hptst. orange.
Nr. 2808. Begl. 8.6m; d = 3″.5, p = 60″.
Nr. 2840. Begl. 7.0m; d = 1″, p = 140″.
Nr. 2847. Begl. 8m, d = 40″, p = 30″.

Kat. Nr.	Bezeichnung des Sternes	Gr.	Mittl. A. R. für 1900.0	Jährl. Veränd.	Mittl. Dekl. für 1900.0	Jährl. Veränd.	Nachweis	B. D.	Bemerkungen	
			h m s	s	° ′ ″	″		°		
2851	ε Carinae	1.7	e 8 20 27.7	+ 1.235	— 59 11 15	— 11.53	**S. Fd. K. 156**			
2852	Cancer	5.3	20 33.0	3.224	+ 7 53 26	11.54	Leipz. II. 4580	+ 8.2053	h 785	
2853	Puppis	5.7	20 34.2	2.612	— 22 49 48	11.54	Cordob. 11272	— 22.2262		
2854	Lynx	6.5	e 20 38.5	4.204	+ 45 59 33	11.55	Bonn 6596	+ 46.1398		
2855	30 Hydrae	*3.6*	e 20 39.8	2.998	— 3 34 48	11.54	**Fd. K. 124**	— 3.2339		
2856*	23 φ^2 Cancri	5.8	e 20 44.4	3.636	+ 27 15 42	11.56	Camb. E. 4532	+ 27.1612	Σ 1223	
2857	Puppis	5.4	20 44.8	2.592	— 23 43 19	11.56	Cordob. 11277			
2858	Puppis	5.9	20 53.4	2.659	— 20 43 20	11.57	Cordob. 11281	— 20.2522		
2859	Puppis	6.4	21 5.9	+ 2.737	— 17 6 47	11.58	Cordob. 11286	— 16.2442		
2860	α Chamael.	4.1	21 6.4	— 1.510	— 76 36 17	11.58	Cordob. 11334			
2861	27 Cancri	5.7	e 8 21 12.2	+ 3.324	+ 12 59 8	— 11.58	Leipz. I. 3403	+ 13.1912		G
2862	Puppis	5.9	21 17.0	2.789	— 14 36 15	11.59	Cordob. 11291	— 14.2517		
2863	2 Hydrae	5.2	e 21 27.6	3.003	— 3 39 28	11.61	Cordob. 11295	— 3.2345		
2864	Puppis	6.5*	21 29.8	2.075	— 42 26 40	11.61	Cordob. 11303			
2865	1 o Ursae maj.	3.4	e 21 57.6	5.021	+ 61 3 9	11.75	**Fd. K. 125**	+ 61.1054	β 1067	
2866	Puppis	5.6	21 59.2	2.838	— 12 42 20	11.64	Cordob. 11309	— 12.2524		R
2867	Hydra	6.5	22 22.0	2.957	— 6 4 48	11.67	W.-Ott. 3255	— 5.2530		
2868	Puppis	5.3	22 22.2	2.099	— 41 49 34	11.67	Cordob. 11326			
2869*	Puppis	6.1	22 37.7	2.201	— 38 43 50	11.69	Cordob. 11332		h 4093	
2870*	Vela	5.3	22 40.6	1.713	— 51 24 2	11.69	Cordob. 11340		Δ 69	
2871	28 Cancri	6.2	e 8 22 41.2	+ 3.568	+ 24 28 38	— 11.69	Camb. E. 4547	+ 24.1931		
2872	η Volantis	5.4	22 58.6	— 0.494	— 73 4 36	11.71	Cordob. 11378		h 4103	
2873	Ursa maj.	6.4	23 0.1	+ 5.999	+ 69 39 23	11.71	Christ. 1355	+ 69.472		
2874	29 Cancri	6.2	23 2.6	3.354	+ 14 32 31	11.71	Leipz. I. 3413	+ 14.1899		
2875*	Pyxis	6.4	23 6.7	2.664	— 20 30 51	11.72	Cincinnati 1525	+ 20.2538		
2876	Pyxis	6.4	23 15.5	2.412	— 31 20 34	11.73	Cordob. 11351			
2877	Hydra	6.3	23 26.2	3.031	— 2 11 8	11.75	Cordob. 11346	— 2.2581	Σ 1233	
2878	Hydra	6.5	23 28.7	+ 2.911	— 8 29 3	11.75	W.-Ott. 3266	— 8.2374		
2879	ϑ Chamael.	4.2	e 23 38.6	— 1.723	— 77 9 43	11.74	**S. Fd. K. 157**			
2880	Hydra	5.9	24 1.8	+ 2.893	— 9 25 0	11.79	W.-Ott 3272.	— 9.2532		
2881	Pyxis	5.6	8 24 7.3	+ 2.321	— 34 46 58	— 11.80	Cordob. 11375			
2882	Pyxis	6.4	24 14.4	2.619	— 22 44 20	11.80	Cordob. 11374	— 22.2286		
2883	Volans	6.4*	24 29.9	0.833	— 64 16 18	11.82	Cordob. 11400			
2884	β Volantis	3.6	e 24 39.0	0.663	— 65 48 11	11.65	**S. Fd. K. 158**			
2885	Lynx	6.4	24 51.2	3.903	+ 37 36 4	11.85	Lund 4261	+ 37.1870		
2886	*F* Velorum	5.1	24 52.4	1.654	— 52 45 27	11.85	Cordob. 11402			
2887	Ursa maj.	6.4	e 25 3.4	4.527	+ 53 27 16	11.86	Camb. U.S. 3167	+ 53.1259		G
2888	Camelopard.	6.5	25 10.6	7.112	+ 75 3 55	11.87	Kas. 1621	+ 75.342	OΣ 195	
2889	30 υ^1 Cancri	6.0	e 25 36.0	3.561	+ 24 25 8	11.90	Berl. B. 3408	+ 24.1940		
2890	2 *A* Ursae maj.	5.7	e 25 39.5	5.432	+ 65 29 10	11.90	Christ. 1360	+ 65.638		
2891	Vela	6.4*	8 25 43.6	+ 2.039	— 43 49 36	— 11.90	Cordob. 11417			
2892*	31 ϑ Cancri	5.5	e 25 53.8	3.431	+ 18 25 58	11.92	Berl. A. 3373	+ 18.1963	h 4452	RG
2893*	*A* Velorum	5.5	25 55.4	1.896	— 47 35 43	11.92	Cordob. 11424		h 4104	
2894	Cancer	6.5	25 57.2	3.450	+ 19 19 32	11.92	Berl. A. 3376	+ 19.2027		G
2895*	Vela	4.9	26 5.5	2.020	— 44 23 26	11.93	Cordob. 11429		Δ 70	
2896	Lynx	6.1	e 26 24.9	3.907	+ 38 21 33	12.17	**Fd. K. 408**	+ 38.1920		
2897	Pyxis	5.8	26 28.0	2.406	— 31 49 25	11.96	Cordob. 11434			
2898	33 η Cancri	5.5	e 26 55.6	3.475	+ 20 46 51	12.04	**Fd. K. 409**	+ 20.2109		
2899	32 Lyncis	6.5	e 26 57.2	3.874	+ 36 46 33	11.99	Lund 4280	+ 36.1836		
2900	Pyxis	5.6	8 27 1.4	+ 2.700	— 19 14 22	— 11.99	**Fd. K. s. 113**	— 19.2438		

Nr. 2856. Σ 1223, Begl. 6.5ᵐ; d = 5″.0, p = 215°.

Nr. 2869. h 4093, Begl. 7.4ᵐ; d = 8″, p = 122°.

Nr. 2870. Δ 69, Begl. 9.8ᵐ; d = 40″, p = 245°.

Nr. 2875. Die Position ist dem Zonenkataloge (Nr. 9) der Sternwarte in Cincinnati für 1885 entnommen.

Nr 2892. h 4452, Begl. 9ᵐ; d = 61″, p = 60°.

Nr. 2893. h 4104, Begl. 8.3ᵐ; d = 4″, p = 240°.

Nr. 2895. Δ 70, Begl. 7.9ᵐ; d = 4″.6, p = 350°.

Kat. Nr.	Bezeichnung des Sternes	Gr.		Mittl. A. R. für 1900.0	Jährl. Veränd.	Mittl. Dekl. für 1900.0	Jährl. Veränd.	Nachweis	B. D.	Bemerkungen
				h m s	s	° ′ ″	″		°	
2901	Volans	5.6		8 27 3.0	+ 0.172	− 69 45 42	− 12.00	Cordob. 11474		
2902	32 υ^2 Cancri	6.4	e	27 5.6	3.559	+ 24 25 32	12.01	Berl. B. 3419	+ 24.1946	
2903	Hydra	6.5		27 54.6	2.793	− 14 41 29	12.06	Cordob. 11465	− 14.2564	
2904	Cancer	6.4		28 12.8	3.331	+ 13 35 58	12.08	Leipz. I. 3447	+ 13.1940	
2905	33 Lyncis	6.0		28 18.5	3.870	+ 36 45 46	12.09	Lund 4288	+ 36.1840	
2906	Hydra	6.1		28 27.2	3.168	+ 5 5 54	12.10	Leipz. II. 4654	+ 5.1997	
2907	Camelopard.	6.3	e	28 35.8	6.781	+ 73 58 46	12.21	**Fd. K. 410**	+ 74.370	G
2908*	Pyxis	6.3		28 45.6	2.592	− 24 15 55	12.12	Cordob. 11491		β 205
2909	ν Cancri	6.2		28 50.1	3.237	+ 8 47 42	12.13	Leipz. II. 4656	+ 8.2077	
2910*	Monoceros	6.5		28 56.3	2.773	− 15 46 6	12.13	Arg.-Oel. 8686/7	− 15.2494	
2911	Hydra	*5.4*		8 28 58.3	+ 3.039	− 1 48 38	− 12.14	Cordob. 11492	− 1.2074	
2912	Pyxis	6.4	e	28 59.6	2.428	− 31 11 11	12.14	Cordob. 11499		
2913	Pyxis	6.2		29 4.0	2.346	− 34 17 35	12.14	Cordob. 11504		
2914	Vela	6.4*		29 18.6	1.668	− 52 52 19	12.16	Cordob. 11522		
2915	Vela	6.3		29 35.8	2.242	− 38 1 44	12.18	Cordob. 11526		
2916	Vela	5.9		29 55.8	2.228	− 38 30 24	12.20	Cordob. 11533		
2917	Hydra	6.5		30 12.3	+ 3.130	+ 3 5 16	12.22	Alb. 3447	+ 3.2014	
2918	Chamael.	5.6		30 16.5	− 3.318	− 80 35 17	12.23	Cape (90) 979		
2919	3 π^1 Ursae maj.	5.8	e	30 19.3	+ 5.383	+ 65 21 58	12.23	Christ. 1370	+ 65.643	
2920	Pyxis	6.5		30 31.7	2.404	− 32 14 59	12.23	Cordob. 11549		
2921*	Hydra	6.3	e	8 30 32.2	+ 3.202	+ 6 58 10	− 12.24	Leipz. II. 4671	+ 7.1997	Σ 1245
2922	Hydra	5.6	e	30 35.4	2.927	− 7 38 16	12.21	**Fd. K. s. 114**	− 7.2540	
2923	Vela	6.4		30 42.6	2.267	− 37 16 3	12.26	Cordob. 11556		I. 195
2924	Ursa maj.	5.9	e	30 54.6	4.515	+ 53 45 1	12.27	Camb. U.S. 3189	+ 53.1268	
2925	Pyxis	6.0		31 14.4	2.546	− 26 29 55	12.29	Cordob. 11567		
2926	4 π^2 Ursae maj.	4.8	e	31 29.0	5.303	+ 64 40 38	12.31	Hels. 5617	+ 64.698	G
2927	Vela	6.3		31 31.8	2.199	− 39 37 35	12.31	Cordob. 11577		
2928	Lynx	6.5		31 34.4	4.487	+ 53 16 31	12.32	Camb. U.S. 3192	+ 53.1269	G
2929	*C* Velorum	4.9		31 40.4	1.833	− 49 35 59	12.32	Cordob. 11583		h 4111
2930	36 *c* Cancri	6.1	e	31 40.6	3.259	+ 10 0 11	12.32	Leipz. I. 3476	+ 10.1837	
2931	Ursa maj.	6.1	e	8 31 53.0	+ 4.464	+ 53 3 44	− 12.37	**Fd. K. 411**	+ 53.1272	G
2932	Cancer	6.1		32 4.4	3.761	+ 33 9 4	12.35	Leid. 3591	+ 33.1728	
2933	4 δ Hydrae	4.4	e	32 21.7	3.177	+ 6 3 9	12.37	**C. d. T.**	+ 6.2001	S. C. C. 327
2934	Hydra	6.1		32 28.6	2.988	− 4 35 8	12.38	Cordob. 11592	+ 4.2401	
2935	*E* Velorum	6.4*		32 53.2	1.793	− 50 37 21	12.41	Cordob. 11614		
2936	e^1 Carinae	5.4		32 56.5	1.398	− 57 52 41	12.41	Cordob. 11622		
2937	e^2 Carinae	4.8		32 58.0	1.413	− 57 39 48	12.41	Cordob. 11624		
2938	Hydra	6.5		33 15.8	2.862	− 11 23 37	12.43	Cordob. 11613	− 11.2411	
2939	Hydra	6.5		33 24.8	2.957	− 6 18 44	12.44	W.-Ott. 3348	− 6.2669	
2940	Pyxis	6.5		33 31.7	2.381	− 33 23 42	12.45	Cordob. 11628		
2941	5 σ Hydrae	4.6	e	8 33 31.9	+ 3.141	+ 3 41 31	− 12.45	Alb. 3471	+ 3.2026	G
2942	η Pyxidis	5.3		33 36.0	2.563	− 25 54 17	12.45	Cordob. 11627		
2943	Vela	6.4		33 43.3	2.199	− 39 47 56	12.46	Cordob. 11640		
2944	34 Lyncis	5.5	e	34 6.5	4.163	+ 46 11 2	12.49	Bonn 6718	+ 46.1422	
2945	Cancer	6.5		34 6.5	3.734	+ 32 17 45	12.49	Leid. 3614	+ 32.1776	
2946	*e* Velorum	4.2		34 7.6	2.108	− 42 38 21	12.49	**S. Fd. K. 159**		
2947*	Pyxis	6.5	e	34 9.8	2.704	− 19 23 7	12.49	Cordob. 11646	− 19.2489	β 207 OR
2948	39 Cancri	6.5	e	34 21.4	3.461	+ 20 21 39	12.51	Berl. B. 3484	+ 20.2158	
2949*	41 ε Cancri	cum.	e	34 30.—	3.45	+ 20 20 —	12.50	N. G. K. 2632		
2950*	Pyxis	5.1		8 34 45.2	+ 2.625	− 22 19 18	− 12.13	**S. Fd. K. 160**	− 22.2345	β 208

Nr. 2908. β 205, Begl. 6.8m; d = 1″, p = 240°. (p nimmt schnell ab.)

Nr. 2910. Die Position stammt aus dem Kataloge von Argelander-Oelzen, der für 1850 reduziert ist. In Cordoba findet sich dieser Stern (ebenso wie Nr. 2875) nicht.

Nr. 2921. Σ 1245. Begl. 7.6m; d = 10″, p = 25°.

Nr. 2947. β 207, Hptst. rot, Begl. 9.5m blau; d = 4″.3, p = 102°.

Nr. 2949. Cum. N. G. K. 2632. 41 ε Cancri ist der Hauptstern des ausgedehnten, eine große Anzahl von Sternen bis zur 7. Größe enthaltenen Sternhaufens Praesepe (Krippe), der mit bloßem Auge sichtbar ist.

Nr. 2950. β 208, Begl. 6.6m; d = 0″4 nimmt ab, p = 85° nimmt zu.

Kat. Nr.	Bezeichnung des Sternes	Gr.	Mittl. A. R. für 1900.0	Jährl. Veränd.	Mittl. Dekl. für 1900.0	Jährl. Veränd.	Nachweis	B. D.	Bemerkungen
			h m s	s	° ′ ″	″		°	
2951	6 Hydrae	5.3	e 8 35 17.2	+ 2.841	— 12 7 18	— 12.56	**Fd. K. s. 115**	— 11.2420	
2952*	Carina	5.4	35 32.6	1.073	— 62 30 5	12.59	Cordob. 11711		h 4125
2953	Pyxis	6.0	35 33.0	2.310	— 36 15 18	12.59	Cordob. 11698		I. 314
2954	ζ Pyxidis	5.1	35 33.5	2.490	— 29 12 18	12.59	Cordob. 11696		
2955	Vela	6.4	35 54.7	1.707	— 52 44 17	12.61	Cordob. 11712		Nebelstern
2956	Lynx	6.3	36 3.2	4.197	+ 47 15 36	12.62	Bonn 6741	+ 47.1606	
2957	Hydra	6.5	36 10.6	2.914	— 8 41 49	12.63	W.-Ott. 3372	— 8.2452	
2958	β Pyxidis	4.1	36 11.3	2.347	— 34 57 12	12.66	**S. Fd. K. 161**		
2959	Vela	5.6	36 35.1	1.693	— 53 5 10	12.66	Cordob. 11733		
2960*	Vela	5.2	36 39.2	2.206	— 39 54 32	12.66	Cordob. 11727		Cordob. (18)
2961	9 Hydrae	5.0	e 8 37 5.0	+ 2.784	— 15 34 59	— 12.69	Cordob. 11736	— 15.2554	h 4124
2962*	Carina	6.4	37 6.2	1.282	— 59 57 49	12.70	Cordob. 11759		h 4128
2963	Vela	6.0*	37 6.7	1.715	— 52 42 0	12.70	Cordob. 11751		h 4126
2964	Vela	5.6	37 10.8	2.043	— 44 50 7	12.70	Cordob. 11750		
2965	b Velorum	4.6	37 18.4	1.991	— 46 17 36	12.71	Cordob. 11755		h 4127
2966	Hydra	6.3	37 24.2	2.861	— 11 36 28	12.72	Cordob. 11743	— 11.2432	
2967	o Velorum	3.6	37 25.8	1.722	— 52 34 1	12.72	Cordob. 11760		
2968	Vela	6.4*	37 26.2	1.717	— 52 39 37	12.72	Cordob. 11761		
2969*	43 γ Cancri	4.9	e 37 30.0	3.478	+ 21 49 41	12.76	**Naut. Al.**	+ 21.1895	
2970	45 A^1 Cancri	5.9	37 41.7	3.312	+ 13 2 22	12.73	Leipz. I. 3515	+ 13.1972	
2971	n Velorum	4.8	8 37 56.5	+ 1.967	— 46 57 37	— 12.75	Cordob. 11770		
2972	7 η Hydrae	4.6	37 59.9	3.141	+ 3 45 28	12.76	Alb. 3499	+ 3.2039	
2973	d Carinae	4.4	e 38 24.3	1.326	— 59 24 15	12.81	**S. Fd. K. 162**		
2974	Vela	5.5	38 32.9	2.040	— 45 3 9	12.79	Cordob. 11786		
2975	ϑ Volantis	5.2	38 43.1	0.241	— 70 1 46	12.80	Cordob. 11810		h 4134
2976*	31 F Hydrae	*4.6*	38 45.8	2.949	— 6 52 25	12.81	W.-Ott. 3397	— 6.2708	Hh 303
2977*	47 δ Cancri	4.1	e 39 0.2	3.414	+ 18 31 19	13.05	**Fd. K. 126**	+ 18.2027	h 457
2978	Vela	5.5	39 2.2	1.941	— 47 44 24	12.82	Cordob. 11797		
2979	Pyxis	6.3	39 3.4	2.338	— 35 35 3	12.83	Cordob. 11793		
2980	46 $σ^1$ Cancri	6.3	39 13.5	3.691	+ 31 3 36	12.84	Leid. 3647	+ 31.1876	
2981	49 b Cancri	5.8	8 39 19.4	+ 3.262	+ 10 26 38	— 12.84	Leipz. I. 3524	+ 10.1864	
2982*	Vela	5.7	39 33.6	1.723	— 52 45 18	12.86	Cordob. 11817		Bris. 2168
2983*	α Pyxidis	3.7	39 34.4	2.409	— 32 49 33	12.84	**S. Fd. K. 163**		
2984	10 Hydrae	6.4	39 43.6	3.181	+ 6 2 36	12.87	Leipz. II. 4776	+ 6.2030	
2985	Ursa maj.	6.4	e 39 46.2	5.496	+ 67 4 31	12.87	Christ. 1391	+ 67.560	
2986*	Hydra	6.2	40 17.8	3.033	— 2 14 16	12.91	Cordob. 11824	— 2.2676	Σ 1270
2987	Pyxis	6.3	40 26.9	2.684	— 20 48 17	12.92	Cordob. 11833	— 20.2667	
2988	D Velorum	5.2	40 32.5	1.877	— 49 27 40	12.93	Cordob. 11849		
2989*	48 $ι^1$ Cancri	4.2	40 38.9	3.640	+ 29 7 33	12.97	**Fd. K. 127**	+29.1824/3	Σ 1268
2990	d Velorum	4.2	40 49.7	2.144	— 42 17 14	12.94	Cordob. 11852		h 4133
2991	Hydra	5.7	e 8 40 58.2	+ 3.043	— 1 41 8	— 12.96	Cordob. 11847	— 1.2125	
2992	Pyxis	5.6	41 1.0	2.310	— 36 47 3	12.96	Cordob. 11856		
2993	Hydra	6.5	41 19.1	2.881	— 10 38 34	12.98	Cordob. 11859	— 10.2634	OR
2994	50 A^2 Cancri	6.1	e 41 27.3	3.298	+ 12 28 38	12.99	Leipz. I. 3535	+ 12.1904	
2995*	11 ε Hydrae	3.6	e 41 28.9	3.180	+ 6 47 9	12.01	**Fd. K. 128**	+ 6.2036	Σ 1273
2996	Pyxis	6.0	41 29.9	2.598	— 25 1 27	12.99	Cordob. 11864		
2997	12 D Hydrae	4.4	41 39.1	2.835	— 13 10 55	13.00	Cordob. 11866	— 13.2673	
2998*	δ Velorum	2.0	e 41 56.5	1.656	— 54 20 32	13.11	**S. Fd. K. 164**		h 4136; I. 10
2999	Hydra	*5.2*	e 42 10.9	3.042	— 1 31 49	13.02	**Fd. K. s. 116**	— 1.2130	
3000	Hydra	6.5	e 8 42 12.1	+ 2.739	— 18 23 29	— 13.03	**Fd. K. s. 117**	— 18.2474	

Nr. 2952. h 4125, Hptst. gelb, Begl. 10.4m blau; d=8″, p=233°.
Nr. 2960. Cordob. (18), Begl. 8.1m; d=4″, p=60°.
Nr. 2962. h 4128, Begl. 7.4m; d=2″, p=220°.
Nr. 2969. γ Cancri = ***Asellus boreus.***
Nr. 2976. Hh 303, Begl. 8.2m; d=80″, p=310°.
Nr. 2977. δ Cancri = ***Asellus austrinus.***
Nr. 2982. Begl. 6.6m; d=75″, p=310°.
Nr. 2983. Begl. 8.2m, 1′.7 nördlich.

Nr. 2986. Σ 1270, Begl. 8.5m bläulich; d=4″.5, p=260°.
Nr 2989. Σ 1268, Begl. 7.1m bläulich; d=31″, p=307°.
Nr. 2995. Σ 1273, Hptst. gelb, Begl. 7.7m blau; d=3″.5, p=230°. Hauptstern selbst doppelt 4.5+5m; d=0″.2, p etwa 270°. Siehe Tabelle „Bahnen von Doppelsternen" Nr. 16.
Nr. 2998. I. 10, Begl. 5.2m; d=2″, p=175°. h 4136, Begl. 8m; d=6″.9 p=62°.

Kat. Nr.	Bezeichnung des Sternes	Gr.		Mittl. A. R. für 1900.0	Jährl. Veränd.	Mittl. Dekl. für 1900.0	Jährl. Veränd.	Nachweis	B. D.	Bemerkungen
				h m s	s	° ′ ″	″		°	
3001	*a* Velorum	4.2		8 42 38.2	+ 2.032	− 45 40 32	− 13.06	**S. Fd. K. 165**		
3002*	Carina	6.5		42 43.6	1.427	− 58 21 32	13.07	Cordob. 11911		R. 9
3003	Pyxis	6.2		42 51.1	2.383	− 34 15 22	13.08	Cordob. 11902		
3004	Vela	5.7		43 6.4	2.040	− 45 32 45	13.10	Cordob. 11917		
3005	Volans	6.5*		43 6.8	0.855	− 65 27 51	13.10	Cordob. 11932		
3006	13 ϱ Hydrae	4.7		43 8.3	3.183	+ 6 12 27	13.10	Leipz. II. 4810	+ 6.2040	A. C. 3
3007	Hydra	6.2		43 8.6	2.963	− 6 11 22	13.10	W.-Ott. 3423	− 6.2727	
3008	Vela	6.4*		43 55.3	2.034	− 45 47 14	13.15	Cordob. 11945		
3009	*f* Carinae	4.6		44 7.7	1.555	− 56 24 7	13.16	Cordob. 11956		
3010	Cancer	6.5	e	44 19.7	3.744	+ 33 39 34	13.18	Leid. 3665	+ 33.1765	
3011	14 Hydrae	*5.1*	e	8 44 20.3	+ 3.019	− 3 4 18	− 13.18	Cordob. 11946	− 2.2699	
3012	Vela	6.0		44 32.6	+ 2.163	− 42 5 39	13.18	Cordob. 11960		
3013	η Chamael.	5.7	e	44 43.6	− 1.934	− 78 36 1	13.18	**S. Fd. K. 166**		
3014	5 *b* Ursae maj.	6.0		45 8.4	+ 4.989	+ 62 20 11	13.23	Hels. 5715	+ 62.1027	
3015	35 Lyncis	5.3	e	45 15.3	4.046	+ 44 5 54	13.24	Bonn 6815	+ 44.1794	
3016	Pyxis	6.5		45 15.5	2.694	− 20 40 28	13.24	Cordob. 11969	− 20.2693	
3017	Lynx	6.1		45 23.9	4.101	+ 45 41 15	13.25	Bonn 6818	+ 45.1649	G
3018	Lynx	6.1		45 33.4	3.989	+ 42 22 44	13.26	Bonn 6821	+ 42.1935	G
3019	Pyxis	5.2		45 47.7	2.437	− 32 24 24	13.27	Cordob. 11988		
3020	Pyxis	6.0		45 50.8	2.516	− 29 5 27	13.28	Cordob. 11990		
3021	*h* Velorum	5.4		8 45 55.9	+ 2.233	− 39 56 52	− 13.28	Cordob. 11994		
3022*	Cancer	cum.		46 1.7	3.288	+ 12 9 44	13.29	Leipz. I. 3562		N.G.K. 2682
3023	Vela	6.2		46 6.2	2.269	− 38 46 13	13.29	Cordob. 12002		
3024	Pyxis	6.1		46 8.4	2.536	− 28 14 39	13.30	Cordob. 11998		
3025	γ Pyxidis	4.2	e	46 17.3	2.544	− 27 20 20	13.22	**S. Fd. K. 167**		
3026	*g* Velorum	4.9		46 20.2	2.075	− 44 56 8	13.31	Cordob. 12013		
3027	51 σ^2 Cancri	6.0		46 24.0	3.718	+ 32 50 55	13.31	Leid. 3679	+ 33.1770	Hh 308
3028	53 Cancri	6.4		46 28.2	3.620	+ 28 38 4	13.32	Camb. E. 4720	+ 28.1659	h 460 OR
3029	55 ϱ^1 Cancri	6.2	e	46 39.4	3.620	+ 28 42 51	13.33	Camb. E. 4722	+ 28.1660	
3030*	15 Hydrae	*5.5*	e	46 39.6	2.949	− 6 48 9	13.33	**Fd. K. s. 118**	− 6.2743	Hh 309; β 587
3031	Vela	6.5*		8 46 42.8	+ 2.183	− 41 42 58	− 13.33	Cordob. 12024		
3032*	*f* Velorum	5.2		47 10.0	2.036	− 46 9 17	13.36	Cordob. 12035		
3033	Lynx	6.5		47 38.0	3.794	+ 35 54 59	13.39	Lund 4402	+ 26.1883	
3034	Hydra	6.2		47 46.0	2.846	− 12 51 23	13.40	Cordob. 12042	− 12.2716	
3035	Vela	6.3		47 50.7	2.174	− 42 7 48	13.41	Cordob. 12049		
3036	6 Ursae maj.	5.7	e	48 3.4	5.201	+ 64 59 14	13.42	Christ. 1406	+ 65.673	
3037*	ι^2 Cancri	5.6		48 8.7	3.670	+ 30 57 29	13.45	**Fd. K. 412**	+ 31.1907	Σ 1291 med.
3038	Vela	6.0		48 59.0	2.289	− 38 20 48	13.48	Cordob. 12079		
3039	Carina	5.7		49 3.6	1.534	− 57 15 26	13.49	Cordob. 12090		
3040	Volans	5.4		49 13.5	0.808	− 66 25 12	13.50	Cordob. 12101		
3041	Vela	6.5*		8 49 21.2	+ 1.975	− 47 58 52	− 13.50	Cordob. 12093		
3042	Hydra	6.0		49 23.0	+ 2.985	− 5 3 21	13.51	Cordob. 12082	− 4.2490	
3043	Chamael.	6.4*		49 36.0	− 2.069	− 79 8 3	13.52	Cape (90) 1020		
3044	58 ϱ^2 Cancri	5.5	e	49 40.4	+ 3.604	+ 28 18 34	13.52	Camb. E. 4739	+ 28.1666	
3045	Cancer	6.4		49 45.0	3.386	+ 17 36 41	13.53	Berl. A. 3591	+ 17.1973	R
3046*	Hydra	6.5		49 50.3	2.881	− 10 59 50	13.54	Cordob. 12096	− 10.2688	
3047	Ursa maj.	6.1		50 1.5	3.917	+ 40 35 5	13.55	Bonn 6852	+ 40.2125	
3048	Lynx	6.0		50 4.3	4.094	+ 46 0 56	13.55	Bonn 6851	+ 46.1459	
3049	16 ζ Hydrae	3.3	e	50 6.5	3.175	+ 6 19 34	13.54	**Fd. K. 129**	+ 6.2060	
3050*	60 α^1 Cancri	5.6		8 50 28.1	+ 3.282	+ 12 0 30	− 13.58	Leipz. I. 3593	+ 12.1941	G

Nr. 3002. R. 9, Begl. 7.5^m; d = 4″, p = 290°.

Nr. 3022. N. G. K. 2682, in der Mitte gedrängter Sternhaufen von mindestens 200 Sternen 8—13^m.

Nr. 3030. β 587, 2 Begl. B, 8^m; d = 0″.7, p = 140°. C, 7^m; d = 45″.5, p = 358°.

Nr. 3032. Begl. 9.6^m; d = 3″, p = 84°.

Nr. 3037. Σ 1291, Begl. 6 4^m; d = 1″.5, p = 333°.

Nr 3046. Begl. 8 8^m; d = 60″, p = 180°.

Nr. 3050. α Cancri = ***Sertan.***

Kat. Nr.	Bezeichnung des Sternes	Gr.	Mittl. A. R. für 1900.0	Jährl. Veränd.	Mittl. Dekl. für 1900.0	Jährl. Veränd.	Nachweis	B. D.	Bemerkungen
			h m s	s	° ′ ″	″		°	
3051	Vela	5.3	8 50 29.4	+ 2.013	− 47 8 24	− 13.58	Cordob. 12122		
3052*	17 Hydrae	6.0	50 35.6	2.942	− 7 35 18	13.58	W.-Ott. 3474	− 7.2661	Σ 1295
3053	Hydra	5.9	50 36.7	2.756	− 17 51 36	13.59	Cordob. 12119	− 17.2691	S. 585
3054	59 Cancri	5.8	e 50 46.6	3.718	+ 33 17 45	13.60	Leid. 3698	+ 33.1785	
3055	δ Pyxidis	4.8	51 14.2	2.567	− 27 17 49	13.63	Cordob. 12132		
3056	Hydra	6.3	51 22.2	3.152	+ 4 37 12	13.64	Alb. 3603	+ 4.2081	
3057	Cancer	6.4	51 31.1	3.382	+ 17 31 43	13.65	Berl. A. 3600	+ 17.1979	
3058	Pyxis	6.5	51 31.4	2.647	− 23 26 12	13.65	Cordob. 12138		
3059	Carina	6.0	51 31.6	1.378	− 59 58 24	13.65	Cordob. 12149		
3060	62 o^1 Cancri	5.4	51 40.3	3.348	+ 15 42 22	13.65	Berl. A. 3601	+ 15.1945	
3061	61 σ^3 Cancri	6.5	e 8 51 54.1	+ 3.652	+ 30 37 5	− 13.67	Leid. 3706	+ 30.1795	
3062	Hydra	6.2	51 55.7	2.786	− 16 19 25	13.67	Cordob. 12145	− 16.2639	
3063	63 o^2 Cancri	6.0	e 52 0.1	3.353	+ 15 57 56	13.68	Berl. A. 3605	+ 16.1864	σ 316
3064	Cancer	6.4	52 18.4	3.241	+ 9 46 23	13.70	Leipz. II. 4892	+ 9.2093	
3065	Vela	6.4*	52 21.6	1.700	− 54 34 48	13.74	Cordob. 12162		[1065
3066*	9 ι Ursae maj.	3.4	e 52 21.9	4.129	+ 48 26 4	13.95	**Fd. K. 130**	+ 48.1707	OΣ 196; Σ^1
3067	c Carinae	4.0	e 52 46.9	1.364	− 60 15 45	13.68	**S. Fd. K. 168**		h 4156
3068	65 α^2 Cancri	4.6	53 1.1	3.285	+ 12 14 42	13.76	**Fd. K. 131**	+ 12.1948	h 110
3069*	H Velorum	4.7	53 18.2	1.812	− 52 20 21	13.76	Cordob. 12180		Russell 85
3070	64 Cancri	5.5	e 53 24.4	3.699	+ 32 48 26	13.76	Leid. 3720	+ 32.1821	Hh 313
3071	Cancer	6.4	e 8 53 32.0	+ 3.398	+ 18 31 28	− 13.77	Berl. A. 3619	+ 18.2093	G
3072	8 ρ Ursae maj.	5.0	e 53 32.1	5.476	+ 68 1 10	13.76	**Fd. K. 413**	+ 68.551	G
3073	Hydra	6.0	e 54 2.4	2.819	− 15 45 4	13.58	**Fd. K. s. 119**	− 15.2656	
3074	10 Ursae maj.	4.2	e 54 9.0	3.911	+ 42 10 43	14.07	**Fd. K. 132**	+ 42.1956	
3075	Ursa maj.	6.4	54 9.4	3.830	+ 37 59 36	13.81	Lund 4439	+ 38.1986	G
3076	b^1 Carinae	5.1	54 31.7	1.472	− 38 50 35	13.82	**C. d. T.**		
3077	Camelopard.	6.5	54 32.3	13.276	+ 84 34 59	13.84	Greenw. (00) 1652	+ 84.196	
3078	Pyxis	6.4	55 1.3	2.551	− 28 25 4	13.87	Cordob. 12223		
3079	Hydra	6.2	55 5.9	2.743	− 18 48 54	13.87	Cordob. 12222	+ 18.2536	
3080*	66 σ^4 Cancri	6.2	55 16.4	3.691	+ 32 38 36	13.88	Leid. 3731	+ 32.1829	Σ 1298
3081	Vela	5.2	8 55 28.9	+ 2.045	− 46 50 52	− 13.90	Cordob. 12235		h 4161
3082	67 Cancri	6.3	e 55 51.4	3.591	+ 28 17 49	13.92	Camb. E. 4789	+ 28.1674	Hh 314
3083	Hydra	6.3	56 14.6	3.174	+ 6 1 59	13.95	Leipz. II. 4919	+ 6.2087	
3084	w Velorum	4.5	56 21.4	2.241	− 40 51 53	13.95	Cordob. 12253		
3085	Ursa maj.	6.0	e 56 41.2	4.430	+ 54 40 42	13.95	**Fd. K. 414**	+ 54.1272	
3086	12 κ Ursae maj.	3.9	e 56 48.1	4.117	+ 47 33 7	14.05	**Fd. K. 133**	+ 47.1633	Σ 1071
3087	Pyxis	6.4	56 51.2	2.600	− 26 16 12	13.98	Cordob. 12265		
3088	Hydra	5.8	56 51.5	3.071	− 0 5 31	13.98	II.Ten.Y.C. 2608	+ 0.2449	
3089	69 ν Cancri	5.7	56 53.6	3.516	+ 24 50 48	13.99	Camb. E. 4798	+ 25.2029	
3090	b^2 Carinae	5.2	56 57.6	1.496	− 58 42 10	13.99	Cordob. 12286		I. 318
3091	Hydra	6.0	8 57 25.2	+ 3.202	+ 7 41 32	− 14.02	Leipz. II. 4928	+ 7.2066	
3092	Vela	5.5	57 38.1	2.229	− 41 28 18	14.03	Cordob. 12297		
3093	Vela	6.4	58 16.6	2.302	− 39 0 33	14.07	Cordob. 12311		
3094	Carina	6.5*	58 27.8	1.386	− 60 34 15	14.08	Cordob. 12331		
3095	Ursa maj.	5.8	58 30.2	4.164	+ 48 55 41	14.09	Bonn 6919	+ 49.1801	
3096*	Vela	5.4	58 38.4	1.864	− 51 47 43	14.10	Cordob. 12330		h 4165
3097	Pyxis	6.5	58 46.2	2.627	− 25 6 31	14.10	Cordob. 12325		
3098	11 σ^1 Ursae maj.	5.4	e 59 37.6	5.363	+ 67 16 31	14.15	Christ. 1436	+ 67.573	G
3099	Volans	6.5*	8 59 59.9	0.700	− 68 17 21	14.18	Cordob. 12368		
3100	Lynx	4.8	e 9 0 10.4	+ 3.838	+ 38 51 6	− 14.24	**C. d. T.**	+ 39.2200	

Nr. 3052. Σ 1295, Begl. 7.2m; d=4″, p=360°.
Nr. 3066 OΣ 196, Begl. 10m; d=9″, p=355°.
Nr. 3069. Hptst gelb, Begl. 7.4m blau; d=3″, p=340°.
Nr. 3080. Σ 1298, Begl. 8.2m; d=4″.6, p=138°.
Nr. 3096. h 4165, Begl. 7.2m; d=1″, p=100°.

Kat. Nr.	Bezeichnung des Sternes	Gr.	Mittl. A. R. für 1900.0	Jährl. Veränd.	Mittl. Dekl. für 1900.0	Jährl. Veränd.	Nachweis	B. D.	Bemerkungen
			h m s	s	° ′ ″	″		°	
3101	c Velorum	3.7	e 9 0 42.3	+ 2.065	− 46 41 58	− 14.24	**S. Fd. K. 169**		
3102	18 ω Hydrae	5.2	0 42.6	3.163	+ 5 29 31	14.22	Leipz. II. 4957	+ 5.2116	G
3103	α Volantis	4.1	e 0 52.1	0.954	− 65 59 49	14.34	**S. Fd. K. 170**		
3104*	13 σ^2 Ursae maj.	5.1	e 1 36.1	5.344	+ 67 32 26	14.34	**Fd. K. 415**	+ 67.577	Σ 1306
3105	15 f Ursae maj.	4.7	e 1 49.6	4.273	+ 52 0 30	14.29	Camb. U. S. 3308	+ 52.1365	σ 332
3106	Hydra	6.4	1 50.0	3.103	+ 1 51 51	14.29	Alb. 3670	+ 2.2145	G
3107	72 τ Cancri	5.7	e 1 59.9	3.615	+ 30 3 22	14.30	Camb. E. 4832	+ 30.1817	
3108	76 ϰ Cancri	5.5	2 20.0	3.256	+ 11 4 15	14.32	**C. d. T.**	+ 11.1984	
3109	14 τ Ursae maj.	4.8	e 2 40.4	4.981	+ 63 55 16	14.35	Hels. 5837	+ 64.723	Hh 317
3110	Lynx	6.1	e 2 43.5	3.710	+ 34 17 23	14.35	Leid. 3770	+ 34.1949	
3111	75 Cancri	6.2	e 9 2 54.6	+ 3.549	+ 27 2 43	− 14.36	Camb. E. 4838	+ 27.1715	
3112	77 ξ Cancri	5.3	3 36.7	3.457	+ 22 27 0	14.40	Berl. B. 3671	+ 22.2061	
3113	ϰ Pyxidis	4.9	3 39.5	2.630	− 25 27 18	14.41	Cordob. 12415		
3114	19 Hydri	5.4	3 48.5	2.937	− 8 11 6	14.41	**Fd. K. s. 120**	− 8.2588	
3115	λ Velorum	2.4	e 4 19.0	2.202	− 43 1 43	14.43	**S. Fd. K. 171**		
3116	Pyxis	6.3	4 22.6	2.614	− 26 21 48	14.45	Cordob. 12435		
3117	Hydra	5.9	4 23.8	2.877	− 11 57 8	14.45	Cordob. 12433	− 11.2565	
3118	Hydra	5.8	4 27.4	2.773	− 17 55 25	14.45	Cordob. 12436	− 17.2765	
3119	79 Cancri	6.3	4 36.3	3.454	+ 22 24 9	14.46	Berl. B. 3675	+ 22.2063	
3120	Cancer	6.0	4 36.3	3.639	+ 31 22 15	14.46	Leid. 3781	+ 31.1946	RG
3121	20 Hydrae	*5.6*	9 4 42.3	+ 2.937	− 8 22 54	− 14.47	Cordob. 12440	− 8.2593	
3122	E Carinae	4.8	4 49.8	0.515	− 70 8 10	14.47	Cordob. 12465		
3123	G Carinae	4.5	e 4 52.7	0.177	− 72 12 0	14.47	**S. Fd. K. 172**		
3124	ε Pyxidis	5.7	5 42.1	2.541	− 29 57 24	14.53	Cordob. 12466		
3125	Ursa maj.	6.3	5 50.2	6.154	+ 73 21 36	14.54	Greenw. (00) 1689	+ 73.452	
3126	Pyxis	6.5	5 54.7	2.686	− 22 46 9	14.54	Cordob. 12471	− 22.2512	
3127	16 c Ursae maj.	5.4	6 26.5	4.788	+ 61 50 8	14.57	Hels. 5867	+ 62.1058	Hh 320
3128	Hydra	6.4	6 59.5	3.141	+ 4 16 36	14.60	Alb. 3692	+ 4.2139	
3129	36 Lyncis	5.6	e 7 16.1	3.945	+ 43 37 48	14.66	**Fd. K. 416**	+ 43.1893	
3130	Hydra	5.8	e 7 23.9	2.749	− 19 20 19	14.58	**Fd. K. s. 121**	− 19.2644	
3131	Vela	4.9	9 7 26.8	+ 2.176	− 44 27 31	− 14.63	Cordob. 12515		h 4187
3132	21 Hydrae	*6.2*	e 7 29.9	2.966	− 6 41 58	14.63	Cordob. 12508	− 6.2845	
3133	Vela	5.8	7 47.3	2.337	− 38 50 57	14.65	Cordob. 12519		
3134	Vela	6.0	8 1 2	2.122	− 46 10 26	14.67	Cordob. 12526		
3135	a Carinae	3.5	8 20.3	1.584	− 58 33 26	14.69	Cordob. 12535		
3136	17 Ursae maj.	5.4	8 25.6	4.482	+ 57 9 23	14.69	Hels. 5879	+ 57.1211	G
3137	Vela	6.5*	8 48.8	2.221	− 43 12 8	14.71	Cordob. 12542		h 4188
3138	18 e Ursae maj.	5.0	e 8 59.5	4.342	+ 54 26 4	14.73	Camb. U.S. 3338	+ 54.1285	
3139	i Carinae	4.2	9 0.6	1.375	− 61 54 26	14.73	Cordob. 12557		
3140	Pyxis	6.5	9 4.8	2.565	− 29 15 10	14.73	Cordob. 12545		
3141	Lynx	6.2	e 9 9 6.3	+ 3.709	+ 35 2 45	− 14.73	Lund 4548	+ 35.1966	
3142	22 ϑ Hydrae	4.3	e 9 9.7	3.124	+ 2 44 10	15.04	**Fd. K. 134**	+ 2.2167	h 2489
3143	Vela	6.2	9 29.7	2.361	− 38 12 11	14.75	Cordob. 12560		
3144	82 π Cancri	5.5	e 9 42.8	3.321	+ 15 21 23	14.77	Berl. A. 3739	+ 15.2009	
3145	Vela	6.3*	10 4.0	2.107	− 46 55 31	14.79	Cordob. 12575		
3146	Carina	5.6	10 18.6	1.571	− 59 0 4	14.80	Cordob. 12590		
3147	Vela	6.5*	10 27.4	2.211	− 43 43 55	14.81	Cordob. 12587		
3148	z Velorum	5.2	10 40.6	2.238	− 42 48 48	14.82	Cordob. 12593		h 4191
3149	Hydra	6.3	10 41.3	2.838	− 14 36 31	14.82	Cordob. 12586	− 14.2793	
3150	Ursa maj.	6.3	9 10 48.8	+ 4.045	+ 47 14 3	− 14.83	Bonn 7032	+ 47.1658	

Nr. 3104. Σ 1306, Begl. 8.2m; d = 2″, p = 220°. Bewegung in d und p.

Kat. Nr.	Bezeichnung des Sternes	Gr.	Mittl. A. R. für 1900.0	Jährl. Veränd.	Mittl. Dekl. für 1900.0	Jährl. Veränd.	Nachweis	B. D.	Bemerkungen
			h m s	s	° ′ ″	″		°	
3151	k^1 Velorum	5.9	9 10 57.9	+ 2.390	− 37 11 12	− 14.84	Cordob. 12600		
3152	ζ Octantis	5.5 e	11 14.7	− 7.85	− 85 15 47	14.81	**S. P. C. „K"**		
3153	Vela	5.2	11 20.4	+ 1.783	− 55 9 20	14.86	Cordob. 12613		
3154	Vela	6.5	11 37.4	2.173	− 45 8 21	14.88	Cordob. 12618		I. 11
3155	*l* Velorum	5.1	11 40.3	2.369	− 38 9 10	14.88	Cordob. 12617		
3156	23 Hydrae	*5.6*	11 43.8	2.979	− 5 56 9	14.89	Cordob. 12608	− 5.2762	
3157	k^2 Velorum	4.6	11 45.0	2.397	− 36 59 47	14.89	Cordob. 12620		
3158	24 Hydrae	*5.4*	11 47.5	2.942	− 8 19 38	14.89	Cordob. 12611	− 8.2623	
3159	β Carinae	1.7 e	12 6.2	0.674	− 69 18 19	14.81	**S. Fd. K. 173**		
3160	Hydra	6.5	12 6.8	2.904	− 10 40 58	14.91	Cordob. 12624	− 10.2794	
3161*	Lynx	6.1	9 12 16.2	+ 3.718	+ 35 47 3	− 14.92	Lund 4560	+ 35.1971	Σ 1333 med.
3162	Hydra	6.0	12 23.1	2.847	− 14 9 19	14.92	Cordob. 12630	− 13.2808	
3163*	38 Lyncis	4.0 e	12 37.4	3.747	+ 37 13 33	15.05	**Fd. K. 135**	+ 37.1965	Σ 1334
3164	Vela	5.0	12 41.3	2.216	− 43 50 52	14.94	Cordob. 12635		
3165	Vela	5.3	13 2.0	2.352	− 38 58 54	14.96	Cordob. 12640		
3166	*g* Carinae	4.2	13 22.8	1.698	− 57 7 22	14.98	Cordob. 12652		
3167*	Ursa maj.	6.4 e	13 47.6	4.195	+ 51 41 0	15.01	Camb. U. S. 3357	+ 51.1495	OΣ 199 G
3168	Ursa maj.	5.9	14 23.1	4.440	+ 57 7 23	15.04	Hels. 5913	+ 57.1214	G
3169	ι Carinae	2.2 e	14 24.8	1.605	− 58 51 20	15.04	**S. Fd. K. 174**		
3170	Lynx	6.3	14 43.7	3.778	+ 38 36 43	15.06	Lund 4574	+ 38.2025	
3171	Hydra	6.5	9 14 44.2	+ 2.903	− 10 53 34	− 15.06	Cordob. 12667	− 10.2804	
3172	*K* Velorum	5.3	14 46.6	1.998	− 50 37 48	15.06	Cordob. 12676		
3173	Ursa maj.	6.5	14 48.0	3.980	+ 45 47 40	15.07	Bonn 7065	+ 45.1708	G
3174	Hydra	6.0	14 49.9	2.830	− 15 24 39	15.07	Cordob. 12671	− 15.2763	
3175	26 Hydrae	5.0	14 57.4	2.892	− 11 33 10	15.07	Cordob. 12673	− 11.2609	
3176	40 Lyncis	3.4 e	14 57.8	3.666	+ 34 48 56	15.05	**Fd. K. 136**	+ 35.1979	G
3177	Cancer	6.4	15 23.4	3.651	+ 33 19 38	15.10	Leid. 3833	+ 33.1848	
3178	Vela	6.3*	15 24.5	1.982	− 51 8 19	15.10	Cordob. 12691		
3179	*P* Hydrae	*5.0*	15 36.1	2.932	− 9 7 53	15.11	W.-Ott. 3637	− 8.2643	Hh 415
3180	Pyxis	6.3	15 39.2	2.487	− 33 40 49	15.11	Cordob. 12693		
3181	Carina	5.4	9 15 54.0	+ 0.871	− 68 16 1	− 15.13	Cordob. 12717		I. 358
3182	Hydra	6.3 e	16 11.5	2.835	− 15 11 23	15.14	Cordob. 12703	− 14.2828	
3183	Vela	6.1	16 28.7	2.410	− 37 9 24	15.16	Cordob. 12715		
3184	ϑ Pyxidis	5.1	17 3.9	2.653	− 25 32 23	15.20	**S. Fd. K. 175**		
3185	Camelopard.	6.3	17 21.6	+ 6.447	+ 75 31 42	15.21	Kas. 1809	+ 75.377	
3186	Carina	6.0 e	17 35.7	− 0.025	− 74 18 46	15.23	Cordob. 12767		
3187*	Carina	5.4	17 36.5	− 0.059	− 74 28 22	15.23	Cordob. 12768		h 4206
3188	Ursa maj.	6.3 e	17 41.3	+ 4.885	+ 64 22 17	15.23	Hels. 5939	+ 64.733	G
3189	Hydra	6.4	17 58.2	+ 2.929	− 9 24 40	15.25	W.-Ott. 3652	− 9.2816	
3190*	Ursa maj.	6.5	17 59.6	4.184	+ 52 0 11	15.25	Camb. U. S. 3380	+ 52.1389	OΣ 200
3191	Vela	6.4*	9 18 0.6	+ 2.298	− 41 46 0	− 15.25	Cordob. 12753		
3192	*k* Carinae	4.8	18 32.9	1.446	− 61 58 42	15.28	Cordob. 12782		
3193	Vela	6.5	18 40.9	2.364	− 39 20 59	15.29	Cordob. 12770		
3194	Vela	6.4*	18 44.9	2.190	− 45 37 15	15.29	Cordob. 12776		
3195	Vela	5.7	18 47.7	1.833	− 55 5 24	15.29	Cordob. 12785		
3196	1 κ Leonis	4.7 e	18 50.0	3.506	+ 26 36 47	15.30	Camb. E. 4940	+ 26.1939	β 105 G
3197	λ Pyxidis	4.9	18 52.5	2.605	− 28 24 23	15.30	Cordob. 12775		
3198	κ Velorum	2.6	19 1.0	1.854	− 54 35 1	15.29	**S. Fd. K. 176**		
3199	Pyxis	6.5	19 42.2	2.474	− 34 49 4	15.34	Cordob. 12800		
3200	Vela	6.3	9 19 43.9	+ 2.418	− 37 19 43	− 15.35	Cordob. 12802		

Nr. 3161. Σ 1333, Begl. 6.9m; d=1″.4, p=40°.
Nr. 3163. Σ 1334, Begl. 6.7m blau; d=3″, p=240°.
Nr. 3167. OΣ 199, Begl. 10.5m; d=5″.7, p=120°.
Nr. 3187. h 4206, Begl. 10.8m; d=8″, p=340°.
Nr. 3190. OΣ 200, Begl. 8.5m; d=1″.5, p=335°.

Kat. Nr.	Bezeichnung des Sternes	Gr.		Mittl. A. R. für 1900.0	Jährl. Veränd.	Mittl. Dekl. für 1900.0	Jährl. Veränd.	Nachweis	B. D.	Bemerkungen
				h m s	s	° ′ ″	″		°	
3201	Cancer	6.5		9 20 0.4	+ 3.336	+ 17 1 2	− 15.36	Berl. A. 3800	+ 17.2078	
3202	Vela	6.0		20 18.2	2.377	− 38 59 39	15.38	Cordob. 12820		
3203	28 Hydrae	*5.7*		20 24.1	3.002	− 4 41 8	15.38	Cordob. 12815	− 4.2616	
3204	Vela	6.5*		20 38.9	2.003	− 51 18 24	15.40	Cordob. 12826		
3205	Hydra	6.2		21 16.9	3.057	− 1 1 52	15.42	Cordob. 12830	− 0.2195	G
3206	Carina	6.4*		21 33.6	1.521	− 61 12 59	15.45	Cordob. 12847		
3207*	41 Lyncis	5.5	e	22 6.9	3.954	+ 46 2 26	15.48	Bonn 7128	+ 46.1509	Σ^1 1117
3208	29 Hydrae	6.4	e	22 20.7	2.942	− 8 47 23	15.49	W.-Ott. 3680	− 8.2678	β 590
3209	Pyxis	6.0		22 23.4	2.615	− 28 21 14	15.49	Cordob. 12857		
3210*	30 α Hydrae	*2.2*	e	22 40.4	2.948	− 8 13 30	15.46	**Fd. K. 138**	− 8.2680	Σ^1 1122 G
3211	*G* Hydrae	4.9	e	9 22 43.5	+ 2.732	− 21 54 15	− 15.51	Cordob. 12868	− 21.2802	
3212	Hydra	*5.4*		22 49.9	2.990	− 5 38 2	15.52	Cordob. 12867	− 5.2802	
3213	1 Hev. Draconis	4.4	e	22 50.9	8.967	+ 81 46 7	15.54	**Fd. K. 137**	+ 81.302	G
3214*	Carina	6.2*		22 58.6	1.513	− 61 31 5	15.53	Cordob. 12889		h 4213
3215	*J* Velorum	5.2		23 2.8	1.953	− 52 56 43	15.53	Cordob. 12885		
3216*	2 ω Leonis	5.6		23 6.2	3.214	+ 9 29 33	15.53	Leipz. II. 5134	+ 9.2188	Σ 1356
3217	3 Leonis	6.0	e	23 9.8	3.201	+ 8 37 29	15.54	Leipz. II. 5135	+ 8.2226	σ 343
3218	Antlia	6.5		23 29.4	2.491	− 34 34 17	15.56	Cordob. 12890		
3219*	32 *h* Ursae maj.	3.9	e	23 38.9	4.777	+ 63 29 57	15.54	**Fd. K. 139**	+ 63.845	Σ 1351
3220	Hydra	6.3		23 57.1	3.061	− 0 49 13	15.58	Cordob. 12896	− 0.2201	
3221*	31 τ^1 Hydrae	*5.0*	e	9 24 4.3	+ 3.039	− 2 19 55	− 15.59	Cordob. 12897	− 2.2901	h 1167
3222	Hydra	6.0		24 20.5	3.047	− 1 46 4	15.60	Cordob. 12908	− 1.2268	
3223	Hydra	6.4		24 31.3	3.017	− 3 48 25	15.61	Cordob. 12913	− 3.2693	
3224	*n* Carinae	6.5*		24 34.4	1.315	− 64 29 47	15.61	Cordob. 12927		
3225	Hydra	6.0		24 36.5	2.762	− 20 18 44	15.62	Cordob. 12916	− 20.2915	OG
3226	7 Leonis min.	6.1	e	24 40.8	3.640	+ 34 5 43	15.62	Leid. 3887	+ 34.1999	$O\Sigma^2$ 100
3227	ε Antliae	4.6	e	25 7.0	2.471	− 35 30 50	15.66	**S. Fd. K. 177**		
3228	Antlia	6.0		25 15.0	2.420	− 37 57 58	15.65	Cordob. 12939		
3229	Hydra	6.5		25 17.9	2.720	− 22 54 24	15.65	Cordob. 12933	− 22.2623	
3230	8 Leonis min.	5.6	e	25 27.4	3.669	+ 35 32 44	15.66	Lund 4651	+ 35.2015	
3231	22 Ursae maj.	6.0	e	9 25 27.8	+ 5.744	+ 72 39 0	− 15.66	Greenw. (99) 2048	+ 72.462	
3232	Antlia	5.7		25 28.2	2.663	− 26 9 5	15.67	Cordob. 12942		
3233	Hydra	6.0	e	25 38.5	2.847	− 15 8 10	15.67	Cordob. 12945	− 14.2867	
3234	24 *d* Ursae maj.	4.8	e	25 38.9	5.386	+ 70 16 12	15.60	**Fd. K. 418**	+ 70.565	
3235	4 λ Leonis	4.5		26 1.0	3.433	+ 23 24 34	15.69	Berl. B. 3782	+ 23.2107	G
3236	Carina	5.4		26 7.9	0.635	− 71 10 4	15.70	Cordob. 12994		
3237	25 ϑ Ursae maj.	3.5	e	26 10.3	4.038	+ 52 7 59	16.27	**Fd. K. 140**	+ 52.1401	Σ^1 1127; β 1071
3238	Carina	6.5*		26 16.7	1.521	− 61 50 9	15.71	Cordob. 12984		
3239*	ζ^1 Antliae	5.6		26 28.9	2.566	− 31 27 2	15.72	Cordob. 12977		Δ 78
3240	5 ξ Leonis	5.2	e	26 33.3	3.237	+ 11 44 34	15.78	**Naut. Al.**	+ 11.2053	
3241	Carina	6.3*		9 26 33.6	+ 1.184	− 66 15 55	− 15.72	Cordob. 12998		
3242	6 *h* Leonis	5.4		26 36.1	3.221	+ 10 9 25	15.73	Leipz. I. 3781	+ 10.2014	$O\Sigma^2$ 101; Σ^1 1133 G
3243	Vela	5.6		26 40.6	2.046	− 51 4 41	15.73	Cordob. 12991		
3244	ψ Velorum	3.6	e	26 45.6	2.357	− 40 1 44	15.65	**S. Fd. K. 178**		dpl.?
3245	Hydra	6.1		26 46.4	2.925	− 10 6 38	15.74	Cordob. 12980	− 9.2856	
3246	32 τ^2 Hydrae	*4.8*		26 53.0	3.060	− 0 44 37	15.75	**Fd. K. s. 125**	− 0.2211	
3247	Hydra	6.4		27 3.8	2.928	− 9 55 47	15.75	W.-Ott. 3714	− 9.2858	OG
3248	ζ^2 Antliae	5.9		27 15.7	2.566	− 31 25 52	15.76	Cordob. 13001		
3249	9 Leonis min.	6.5		27 22.2	3.694	+ 36 55 51	15.77	Lund 4663	+ 37.1998	
3250	Antlia	6.0		9 27 22.6	+ 2.485	− 35 16 4	− 15.77	Cordob. 13003		

Nr. 3207. Σ^1 1117, Begl. 7.8m; d = 82″, p = 162°.
Nr. 3210. α Hydrae = ***Alphard.***
Nr. 3214. h 4213, Begl. 9.4m; d = 9″, p = 325°.
Nr. 3216. Σ 1356, Begl. 7.0m gelb; d = 0″.7, p = 112° (00.3). Siehe Tabelle „Bahnen von Doppelsternen" Nr. 30
Nr. 3219. Σ 1351, Begl. 9m; d = 23″, p = 27°.
Nr. 3221. h 1167, Begl. 8m; d = 66″, p = 3°.
Nr. 3239. Δ 78, Begl. 6.5m; d 8″.5, p 210°.

Kat. Nr.	Bezeichnung des Sternes	Gr.	Mittl. A. R. für 1900.0	Jährl. Veränd.	Mittl. Dekl. für 1900.0	Jährl. Veränd.	Nachweis	B. D.	Bemerkungen	
			h m s	s	° ′ ″	″		°		
3251	ι Chamael.	5.3	e 9 27 30.0	− 1.782	− 80 21 19	− 15.78	Cape (90) 1107			
3252	Hydra	6.4	27 31.3	+ 3.106	+ 2 18 26	15.78	Alb. 3805	+ 2.2217		
3253	Hydra	5.7	27 41.6	2.789	− 18 57 31	15.79	Cordob. 13009	− 18.2708		
3254	26 Ursae maj.	4.8	e 27 58.6	4.145	+ 52 29 48	15.80	Camb. U.S. 3418	+ 52.1402		
3255	10 Leonis min.	4.8	28 6.0	3.690	+ 36 50 30	15.82	**Fd. K. 419**	+ 37.2004		
3256	Hydra	6.3	28 6.8	2.956	− 8 3 42	15.81	W.-Ott 3717	− 7.2836		
3257	Hydra	6.2	28 7.8	2.882	− 13 4 26	15.81	Cordob. 13018	− 12.2926		
3258*	*N* Velorum	var.	e 28 11.0	1.820	− 56 35 35	15.80	**S. Fd. K. VI.**			
3259	Leo	6.3	28 16.8	3.437	+ 23 54 0	15.82	Berl. B. 3792	+ 24.2104		RG
3260	Vela	5.3	28 21.1	2.379	− 40 12 27	15.82	Cordob. 13028			
3261	Hydra	6.4	9 28 22.9	+ 2.976	− 6 44 47	− 15.82	W.-Ott. 3722	− 6.2939		
3262	Ursa maj. 7.3^m	6.4	28 23.7	5.850	+ 73 31 40	15.82	Greenw. (00) 1746	+ 73.470	Σ 1362	
3263	Ursa maj. 7.4^m		28 24.8	5.850	+ 73 31 36	15.82	Greenw. (00) 1747	+ 73.470		
3264	Hydra	5.1	28 36.2	2.763	− 20 40 23	15.81	**S. Fd. K. 179**	− 20.2936		
3265	Lynx	5.0	28 49.8	3.762	+ 40 3 55	15.85	Bonn 7182	+ 40.2224	σ 348	G
3266	Hydra	5.8	28 53.0	2.735	− 22 25 20	15.85	Cordob. 13038	− 22.2645		
3267*	Antlia	6.3	29 6.2	2.418	− 38 41 13	15.86	Cordob. 13044			
3268	33 *A* Hydrae	5.8	29 33.3	2.995	− 5 28 5	15.89	Cordob. 13050	− 5.2240		GR
3269	11 Leonis min.	5.7	e 29 40.5	3.671	+ 36 15 48	15.89	Lund 4680	+ 36.1979		
3270*	*R* Carinae	var.	29 44.0	1.517	− 62 20 46	15.89	Cordob. 13073			
3271*	Vela	5.3	9 30 9.5	+ 2.152	− 48 33 36	− 15.92	Cordob. 13077		h 4220	
3272	*L* Velorum	5.2	30 40.8	2.078	− 50 48 36	15.94	Cordob. 13090			
3273	Leonis	5.7	30 46.9	3.571	+ 31 36 38	15.95	Leid. 3919	+ 31.2011		
3274	*H* Carinae	5.5	e 30 51.5	0.474	− 72 38 14	15.95	**S. Fd. K. 180**			
3275	Hydra	6.2	30 54.8	2.791	− 19 8 8	15.96	Cordob. 13087	− 18.2728	S. 604	
3276	Antlia	6.3	31 2.6	2.499	− 35 22 38	15.96	Cordob. 13092			
3277	Ursa maj.	6.1	e 31 10.7	5.046	+ 67 43 24	15.97	Christ. 1514	+ 67.602		
3278	8 Leonis	6.0	31 31.6	3.318	+ 16 53 10	15.99	Berl. A. 3869	+ 17.2109		G
3279	*h* Carina	4.2	31 32.5	1.739	− 58 47 1	15.98	**S. Fd. K. 181**			
3280	1 Sextantis	5.3	e 31 56.1	3.176	+ 7 17 3	16.01	Leipz. II. 5191	+ 7.2160		
3281	Antlia	6.5	9 32 3.6	+ 2.710	− 24 15 22	− 16.02	Cordob. 13114			
3282	42 Lyncis	5.5	32 7.4	3.764	+ 40 41 20	16.02	Bonn 7212	+ 40.2232		
3283	Antlia	6.0	32 30.5	2.701	− 24 50 59	16.04	Cordob. 13122			
3284	Hydra	6.5	32 42.8	3.035	− 2 43 16	16.05	Cordob. 13124	− 2.2939		
3285	Antlia	5.7	32 51.7	2.578	− 31 43 44	16.06	Cordob. 13132			
3286	34 Hydrae	6.4	e 32 57.4	2.946	− 8 58 30	16.06	W.-Ott. 3744	− 8.2725		
3287	2 Sextantis	4.9	e 33 14.6	3.144	+ 5 6 4	16.08	Leipz. II. 5198	+ 5.2207		G
3288	*M* Velorum	4.4	e 33 14.8	2.145	− 48 54 24	16.05	**S. Fd. K. 182**			
3289	Antlia	6.0	33 18.4	2.500	− 35 38 46	16.08	Cordob. 13142			
3290	Ursa maj.	5.9	e 33 41.5	5.208	+ 69 41 34	16.18	**Fd. K. 420**	+ 69.531		
3291	27 Ursae maj.	5.4	e 9 33 45.2	+ 5.630	+ 72 42 26	− 16.11	Greenw. (01) 1778	+ 72.466		
3292	Vela	5.5	33 52.2	2.008	− 53 13 6	16.11	Cordob. 13157		λ 115	
3293	*y* Velorum	5.4	34 7.0	2.339	− 42 44 22	16.13	Cordob. 13159			
3294	Ursa maj.	6.4	34 10.7	7.008	+ 78 35 27	16.13	Kas. 1863	+ 78.317		
3295	Antlia	6.5	34 38.3	2.428	− 39 9 38	16.15	Cordob. 13166			
3296	35 ι Hydrae	*4.4*	34 44.9	3.063	− 0 41 19	16.16	Cordob. 13164	− 0.2231		G
3297	37 Hydrae	6.2	e 34 54.5	2.932	− 10 7 5	16.17	W.-Ott. 3756	− 9.2898		
3298	Draco	6.4	35 27.1	7.366	+ 79 35 43	16.20	Greenw. (01) 1783	+ 79.319		
3299	Hydra	6.3	35 27.3	2.929	− 10 18 56	16.20	Cordob. 13181	− 10.2888		
3300	38 ϰ Hydrae	4.9	9 35 30.7	+ 2.876	− 13 52 42	− 16.18	**Fd. K. s. 127**	− 13.2917		

Nr. 3258. Var. Max. 3.4^m, Min. 4.4^m; kurze Periode.
Nr. 3267. Begl. 9^m; d=56″, p=225°.
Nr. 3270. Var. Max. 4.3—5.7^m, Min. 9.3—10.0^m; P=310^d (P veränderlich?).
Nr. 3271. h 4220, Begl. 6.4^m; d=2″, p=205°.

Kat. Nr.	Bezeichnung des Sternes	Gr.		Mittl. A. R. für 1900.0	Jährl. Veränd.	Mittl. Dekl. für 1900.0	Jährl. Veränd.	Nachweis	B. D.	Bemerkungen
				h m s	s	° ′ ″	″		°	
3301	Leo	6.0		9 35 40.3	+ 3.560	+ 31 43 56	− 16.21	Leid. 3943	+ 31.2026	G
3302*	14 *o* Leonis	3.9	e	35 48.9	3.206	+ 10 20 51	16.23	**Fd. K. 141**	+ 10.2044	Hh 341
3303	43 Lyncis	5.6	e	35 49.0	3.738	+ 40 12 50	16.21	Bonn 7241	+ 40.2241	
3304	13 Leonis	6.3	e	35 53.5	3.463	+ 26 22 6	16.22	Camb. E. 5062	+ 26.1991	
3305	*m* Carinae	4.6		36 35.1	1.667	− 60 52 32	16.25	Cordob. 13217		
3305a	13 Leonis min.	6.4		36 41.2	3.632	+ 35 33 3	16.26	Lund 4708	+ 35.2042	
3306	*J* Hydrae	4.7		36 43.3	2.737	− 23 8 13	16.26	Cordob. 13213	− 22.2684	
3307	Ursa maj.	6.4		36 45.2	+ 4.784	+ 65 26 27	16.26	Christ. 1524	+ 65.731	
3308	*ζ* Chamael.	5.2		36 50.1	− 1.594	− 80 29 32	16.27	Cordob. 13246		
3309	Carina	5.4		37 38.0	+ 1.851	− 57 31 43	16.30	Cordob. 13234		
3310	15 *f* Leonis	5.9	e	37 41.7	3.530	+ 30 26 7	16.31	Leid. 3958	+ 30.1901	
3311	Hydra	5.0		9 37 44.4	+ 2.735	− 23 28 6	− 16.31	Cordob. 13230		
3312	28 Ursae maj.	6.7		38 14.2	4.670	+ 64 6 49	16.34	Hels. 6059	+ 64.752	
3313	16 *ψ* Leonis	5.6		38 17.3	3.273	+ 14 28 46	16.34	Leipz. I. 3847	+ 14.2136	S.C.C.366 RG
3314	Antlia	6.2		38 28.2	2.531	− 35 2 40	16.35	Cordob. 13245		
3315	Vela	6.5*		38 30.2	1.978	− 54 45 27	16.35	Cordob. 13253		
3316	Ursa maj.	5.2	e	39 27.0	4.285	+ 57 35 13	16.40	Hels. 6064	+ 57.1231	G
3317*	*R* Leonis min.	var.		39 34.8	3.610	+ 34 59 17	16.40	Lund 4721	+ 35.2050	RR
3318	*ϑ* Antlia	5.0	e	39 44.6	2.672	− 27 18 42	16.38	**S. Fd. K. 183**		
3319	17 *ε* Leonis	3.2	e	40 10.6	3.413	+ 24 14 5	16.44	**Fd. K. 142**	+ 24.2129	
3320	Antlia	6.5		40 11.0	2.449	− 39 6 44	16.44	Cordob. 13276		
3321	*o* Velorum	5.7		9 40 18.9	+ 2.041	− 53 26 1	− 16.44	Cordob. 13282		
3322	Sextans	6.0		40 53.6	3.169	+ 7 10 13	16.47	Leipz. II. 5242	+ 7.2181	G
3323	Antlia	6.5		40 58.3	2.639	− 29 44 32	16.48	Cordob. 13289		
3324	18 Leonis	5.9		41 0.2	3.238	+ 12 16 14	16.48	Leipz. I. 3858	+ 12.2090	G
3325	Sextans	5.9		41 14.1	3.103	+ 2 14 54	16.49	Alb. 3869	+ 2.2246	
3326	15 Leonis min.	5.4	e	42 8.0	3.870	+ 46 29 14	16.53	Bonn 7302	+ 46.1551	
3327*	*R* Leonis maj.	var.		42 10.9	3.232	+ 11 53 35	16.54	Leipz. I. 3868	+ 12.2096	R
3328*	*l* Carinae	var.	e	42 29.9	1.646	− 62 2 48	16.54	**S. Fd. K. 184**		
3329	Ursa maj.	6.5	e	42 33.7	4.772	+ 66 3 32	16.55	Christ. 1538	+ 66.637	
3330	Vela	5.5		42 36.5	2.336	− 44 17 35	16.56	Cordob. 13331		
3331	29 *υ* Ursae maj.	4.1	e	9 43 53.0	+ 4.304	+ 59 30 33	− 16.77	**Fd. K. 143**	+ 59.1268	Σ^1 1151
3332	20 Leonis	6.2	e	44 14.4	3.369	+ 21 38 44	16.64	Berl. B. 3851	+ 21.2113	
3333*	*υ* Carinae	3.0	e	44 36.1	1.500	− 64 36 29	16.64	**S. Fd. K. VII.**		Hh 1507: h
3334	Antlia	6.1		45 16.7	2.519	− 36 43 16	16.69	Cordob. 13397		[4252 O
3335	4 Sextantis	6.4	e	45 18.0	3.135	+ 4 48 44	16.69	Leipz. II. 5268	+ 5.2240	
3336*	30 *φ* Ursae maj.	4.7		45 18.3	4.113	+ 54 31 54	16.69	Camb. U.S. 3494	+ 54.1331	$O\Sigma$ 208
3337	Antlia	6.4		45 37.3	2.539	− 35 48 7	16.70	Cordob. 13404		
3338	23 Leonis	6.5		45 37.4	3.251	+ 13 32 3	16.70	Leipz. 3884	+ 13.2164	G
3339	*u* Velorum	5.3		46 4.2	2.329	− 45 15 57	16.73	Cordob. 13417		h 4254
3340	6 Sextantis	6.1		46 11.7	3.025	− 3 46 29	16.74	**Fd. K. 572**	− 3.2794	
3341	22 *g* Leonis	5.6	e	9 46 12.6	+ 3.414	+ 24 52 10	− 16.73	Camb. E. 5119	+ 25.2169	
3342	*ν* Chamael.	5.4		46 17.7	0.051	− 76 18 33	16.74	Cordob. 13447		
3343	Sextans	6.4		46 22.7	2.999	− 5 42 56	16.74	Cordob. 13418	− 5.2923	
3344	39 *υ*¹ Hydrae	4.2		46 40.1	2.884	− 14 22 39	16.75	Cordob. 13425	− 14.2963	
3345	Vela	6.4*		46 52.2	2.302	− 46 28 1	16.76	Cordob. 13440		
3346	7 Sextantis	6.3	e	47 3.0	3.110	+ 2 55 12	16.77	Alb. 3893	+ 3.2280	
3347	Sextans	6.5		47 4.5	3.080	+ 0 32 44	16.77	Nic. 2959	+ 0.2573	
3348	24 *μ* Leonis	4.2	e	47 4.6	3.419	+ 26 28 41	16.82	**Fd. K. 144**	+ 26.2019	
3349	Hydra	6.3		47 13.2	2.861	− 16 3 48	16.78	Cordob. 13442	− 15.2920	
3350	Vela	5.8		9 47 27.6	+ 2.323	− 45 43 24	− 16.79	Cordob. 13451		

Nr. 3302. *o* Leonis = ***Subra.***

Nr. 3317. Var. Max. 6.1—7.8m, Min. 13m; P = 370.5d.

Nr. 3327. Var. Max. 5.2—6.7m, Min. 9.4—10.0m; P 313d mit periodischen Schwankungen.

Nr. 3328. Var. Max. 3.7m, Min. 5.2m; P = 36d.

Nr. 3333. h 4252, Begl. 7.0m blau; d = 5″, p = 125°.

Nr. 3336. $O\Sigma$ 208, Begl. 5.6m; d = 0″.3, p = 285° (00.4). Siehe Tabelle „Bahnen von Doppelsternen" Nr. 28.

Kat. Nr.	Bezeichnung des Sternes	Gr.	Mittl. A. R. für 1900.0	Jährl. Veränd.	Mittl. Dekl. für 1900.0	Jährl. Veränd.	Nachweis	B. D.	Bemerkungen
			h m s	s	° ′ ″	″		°	
3351	8 γ Sextantis	5.3	e 9 47 33.4	+ 2.975	− 7 38 3	− 16.79	W.-Ott. 3832	− 7.2909	A. C. (5); h
3352	Ursa maj.	6.4	47 45.7	4.421	+ 61 35 14	16.81	Hels. 6109	+ 61.1151	[4256
3353	m Velorum	4.5	47 48.8	2.313	− 46 4 43	16.81	**S. Fd. K. 185**		
3354	Carina	5.6	48 7.0	1.688	− 62 16 34	16.82	Cordob. 13466		
3355	Sextans	6.2	48 28.0	3.154	+ 6 25 46	16.84	Leipz. II. 5285	+ 6.2224	G
3356	Antlia	6.3	48 29.9	2.706	− 26 51 54	16.84	Cordob. 13464		
3357	31 Ursa maj.	5.5	e 49 11.6	3.942	+ 50 17 32	16.87	Camb. U.S. 3511	+ 50.1698	
3358	Ursa maj.	6.1	e 49 26.9	5.461	+ 73 21 19	16.93	**Fd. K. 421**	+ 73.478	G
3359	Hydra	5.0	49 40.8	2.730	− 25 27 44	16.90	Cordob. 13494		
3360	Hydra	6.3	49 53.6	2.781	− 22 0 54	16.90	Cordob. 13500	− 21.2935	
3361	Hydra	5.1	e 9 50 9.2	+ 2.830	− 18 32 8	− 16.98	**Fd. K. s. 129**	− 18.2810	R
3362	Vela	6.0	50 10.2	2.198	− 50 40 28	16.92	Cordob. 13512		
3363	Ursa maj.	6.2	50 15.4	4.215	+ 57 53 42	16.92	Hels. 6122	+ 58.1224	
3364*	Vela	5.7	50 21.4	2.360	− 44 48 40	16.93	Cordob. 13518		Δ 81
3365	Sextans	6.5	50 48.3	2.968	− 8 21 46	16.95	W.-Ott. 3846	− 8.2797	
3366	Leo	6.1	e 51 8.1	3.191	+ 9 24 26	16.96	Leipz. II. 5301	+ 9.2262	
3367	Vela	5.9	51 8.3	2.229	− 49 46 14	16.97	Cordob. 13535		
3368	19 Leonis min.	5.3	e 51 33.7	3.690	+ 41 31 55	16.99	**Fd. K. 422**	+ 41.2033	
3369*	Ursa maj.	6.5	51 38.5	3.805	+ 45 53 28	16.99	Bonn 7380	+ 46.1566	Σ¹ 1160
3370	Antlia	5.9	52 13.5	2.614	− 32 56 37	17.02	Cordob. 13563		
3371*	Hydra	6.2	9 52 14.8	+ 2.727	− 26 4 31	− 17.02	Cordob. 13562		β 216
3372	Antlia	6.2	52 23.1	2.712	− 27 0 1	17.02	Cordob. 13566		
3373	Camelopard.	6.4	52 37.2	10.267	+ 84 24 44	17.03	Greenw. (01) 1819	+ 84.225	G
3374	Leo	6.3	52 49.8	3.182	+ 8 47 29	17.04	Leipz. II. 5314	+ 9.2269	
3375	27 ν Leonis	5.6	52 50.8	3.234	+ 12 55 20	17.04	Leipz. I. 3906	+ 13.2183	
3376	Ursa maj.	5.6	52 58.9	4.168	+ 57 17 26	17.05	Hels. 6147	+ 57.1242	G
3377	φ Velorum	3.7	e 53 21.1	2.100	− 54 5 30	17.07	**S. Fd. K. 186**		
3378	Vela	6.5*	53 33.5	2.170	− 51 9 45	17.08	Cordob. 13601		
3379	Hydra	6.5	53 38.9	2.751	− 24 39 15	17.08	Cordob. 13595		
3380	Leo	5.9	53 50.4	3.479	+ 30 7 28	17.09	Camb. E. 5175	+ 30.1946	
3381	Vela	6.2*	9 53 52.6	+ 2.297	− 47 56 14	− 17.09	Cordob. 13607		h 4269
3382	Hydra	6.0	54 29.4	2.770	− 23 28 22	17.12	Cordob. 13614		
3383	η Antliae	5.3	e 54 34.8	2.569	− 35 24 44	17.14	**S. Fd. K. 187**		h 4271
3384	29 π Leonis	4.3	e 54 55.8	3.173	+ 8 31 27	17.15	**Fd. K. 423**	+ 8.2301	G
3385	20 Leonis min.	5.6	e 55 16.0	3.512	+ 32 25 8	17.16	Leid. 4041	+ 32.1964	
3386	Leo	5.9	57 14.5	3.354	+ 22 25 54	17.25	Berl. B. 3913	+ 22.2164	
3387	Ursa maj.	6.0	57 57.9	4.020	+ 54 22 33	17.28	Camb. U.S. 3553	+ 54.1348	
3388	Vela	6.5*	58 3.1	2.177	− 52 52 55	17.28	Cordob. 13702		
3389	Ursa maj.	6.5	58 37.0	3.964	+ 52 51 21	17.31	Camb. U.S. 3560	+ 53.1384	
3390	Sextans	6.4	58 44.5	2.965	− 9 5 23	17.31	W.-Ott. 3886	− 8.2836	R
3391	Carina	6.3	9 58 49.5	+ 1.908	− 59 56 20	− 17.31	Cordob. 13720		
3392*	Hydra	5.8	59 17.0	2.860	− 17 37 1	17.34	Cordob. 13722	− 17.3047	β 1072
3393	Vela	6.5*	59 23.1	2.372	− 46 9 7	17.34	Cordob. 13726		
3394	Hydra	5.7	e 9 59 43.8	2.765	− 23 48 6	17.36	**S. Fd. K. 188**		
3395	Antlia	6.5	10 0 11.1	2.522	− 39 29 27	17.37	Cordob. 13744		
3396	40 υ² Hydrae	4.6	e 0 15.3	2.920	− 12 34 46	17.34	**Fd. K. s. 131**	− 12.3073	
3397	Antlia	6.4	0 55.8	2.592	− 35 53 53	17.41	Cordob. 13762		
3398	Vela	6.5*	1 15.8	2.259	− 50 49 40	17.42	Cordob. 13774		
3399	21 Leonis min.	4.8	e 1 32.0	3.548	+ 35 43 56	17.43	Lund 4828	+ 35.2110	
3400	14 Sextantis	6.4	e 10 1 33.7	+ 3.143	+ 6 5 58	− 17.44	Leipz. II. 5364	+ 6.2259	

Nr. 3364. Δ 81, Begl. 9.2m; d+5″.5, p=240°.
Nr. 3369. Σ¹ 1160, Begl. 9m; d=53″, p=292°.
Nr. 3371. β 216, Begl. 10.5m; d=3″.5, p=162°.
Nr. 3392. β 1072, Begl. 7.2m; d=21″, p=274°.

Kat. Nr.	Bezeichnung des Sternes	Gr.	Mittl. A. R. für 1900.0	Jährl. Veränd.	Mittl. Dekl. für 1900.0	Jährl. Veränd.	Nachweis	B. D.	Bemerkungen
			h m s	s	° ′ ″	″		°	
3401	30 η Leonis	3.8	10 1 53.0	+ 3.279	+ 17 15 1	− 17.45	**Fd. K. 145**	+ 17.2171	
3402*	Vela	5.2	2 13.7	2.370	− 46 52 52	17.46	Cordob. 13797		I. 173
3403	Hydra	5.8	2 21.6	2.877	− 16 39 6	17.49	Cordob. 13794	− 16.2974	O
3404	Leo min.	6.5	2 29.6	3.484	+ 32 5 45	17.48	Leid. 4078	+ 32.1982	h 475
3405	31 *A* Leonis	4.5	e 2 36.0	3.194	+ 10 29 17	17.48	Leipz. I. 3952	+ 10.2112	G
3406	15 Sextantis	4.7	2 49.2	3.074	+ 0 7 3	17.49	Nic. 3006	+ 0.2615	
3407*	32 α Leonis	1.8	e 3 2.8	+ 3.199	+ 12 27 22	17.48	**Fd. K. 146**	+ 12.2149	Σ^1 1179
3408	μ^1 Chamael.	5.6	3 24.3	− 1.404	− 81 43 51	17.51	Cordob. 13840		
3409	Antlia	6.4	3 42.9	+ 2.885	− 36 50 40	17.53	Cordob. 13816		
3410	Hydra	6.2	3 45.9	2.897	− 15 7 21	17.53	Cordob. 13813	− 14.3036	
3411	Leo min.	6.5	10 4 57.4	+ 3.635	+ 41 9 13	− 17.58	Bonn 7490	+ 41.2063	
3412	Hydra	6.2	5 2.0	2.940	− 11 36 12	17.58	Cordob. 13837	− 11.2818	
3413	*Q* Velorum	5.2	5 9.0	2.271	− 51 19 15	17.58	Cordob. 13850		
3414	17 Sextantis	*6.1*	5 9.4	2.984	− 7 55 0	17.59	W.-Ott. 3915	− 7.2972	
3415	λ^1 Hydrae	5.5	5 13.6	2.932	− 12 19 14	17.59	Cordob. 13842	− 12.3101	
3416	Antlia	6.2	5 14.3	2.617	− 35 21 58	17.59	Cordob. 13847		
3417	Leo min.	6.1	5 17.4	3.572	+ 37 53 41	17.59	Lund 4847	+ 38.2110	G
3418*	*R* Antliae	var.	5 26.6	2.586	− 37 14 25	17.60	Cordob. 13853		
3419	41 λ^2 Hydrae	3.8	e 5 42.8	2.924	− 11 51 35	17.68	**Fd. K. 573**	− 11.2820	β 593
3420	Carina	5.4	5 55.9	1.683	− 65 19 34	17.62	Cordob. 13875		h 4292
3421	18 Sextantis	*5.7*	10 5 57.5	+ 2.984	− 7 55 30	− 17.62	W.-Ott. 3921	− 7.2977	GR
3422*	*S* Carinae	var.	6 11.0	1.921	− 61 3 36	17.63	Cordob. 13882		
3423	Sextans	6.1	6 19.0	2.997	− 6 49 25	17.64	W.-Ott. 3924	− 6.3096	
3424*	Carina	6.4*	7 1.8	1.492	− 68 11 29	17.67	Cordob. 13897	.	h 4295; I. 13
3425	Antlia	6.0	7 29.2	2.736	− 28 6 44	17.68	Cordob. 13894		
3426	19 Sextantis	6.1	e 7 36.3	3.129	+ 5 6 33	17.69	Leipz. II. 5396	+ 5.2301	
3427	Hydra	6.4	e 7 53.7	2.861	− 18 39 22	17.70	Cordob. 13906	− 18.2870	
3428	Leo	6.3	8 10.9	3.401	+ 27 37 50	17.71	Camb. E. 5259	+ 27.1862	
3429*	Ursa maj.	(6.4)	8 13.7	4.178	+ 60 28 52	17.71	Hels. 6264	+ 60.1246	
3430	Carina	6.4*	8 17.7	2.089	− 57 34 0	17.72	Cordob. 13925		
3431	Hydra	6.2	10 8 43.5	+ 2.762	− 26 32 5	− 17.74	Cordob. 13929		
3432	Leo	6.2	e 8 59.8	3.320	+ 21 39 58	17.75	Berl. B. 3965	+ 21.2165	
3433	Antlia	6.5	e 9 0.5	2.675	− 32 32 19	17.75	Cordob. 13935		
3434	Antlia	6.0	9 30.8	2.556	− 39 51 2	17.77	Cordob. 13941		
3435	*R* Velorum	5.6	9 31.4	2.316	− 50 44 13	17.77	Cordob. 13942		
3436	Vela	6.0	9 37.9	2.302	− 51 15 37	17.77	Cordob. 13945		
3437	Antlia	6.5	9 40.9	2.556	− 39 48 52	17.77	Cordob. 13943		
3438*	Ursa maj.	6.5	9 46.9	4.927	+ 71 33 37	17.78	Greenw. (01) 1854	+ 71.534	Σ 1415
3439	*q* Velorum	4.0	e 10 32.2	2.509	− 41 37 35	17.75	**S. Fd. K. 189**		
3440	23 Leonis min.	5.8	e 10 33.9	3.425	+ 29 48 33	17.81	Leid. 4126	+ 30.1981	
3441	*M* Carinae	5.4	10 10 41.2	+ 1.702	− 65 52 37	− 17.81	Cordob. 13983		
3442	32 Ursae maj.	6.0	e 10 47.0	4.425	+ 65 36 27	17.82	Christ. 1596	+ 65.767	
3443	Antlia	6.3	10 58.0	2.628	− 36 1 14	17.83	Cordob. 13978		
3444	35 Leonis	6.2	e 11 0.4	3.345	+ 24 0 0	17.83	Berl. B. 3971	+ 24.2207	
3445	33 λ Ursae maj.	3.7	e 11 4.1	3.635	+ 43 24 49	17.89	**Fd. K. 147**	+ 43.2005	Σ^1 1187
3446	Leo	6.0	11 6.9	3.369	+ 25 52 6	17.83	Camb. E. 5278	+ 26.2064	G
3447	36 ζ Leonis	3.8	11 7.8	3.344	+ 23 54 57	17.82	**Fd. K. 148**	+ 24.2209	
3448	Sextans	6.2	11 13.5	2.957	− 10 42 19	17.83	Cordob. 13984	− 10.3029	
3449	37 Leonis	5.7	11 18.8	3.227	+ 14 13 38	17.84	Leipz. I. 3979	+ 14.2228	G
3450	Vela	5.7	10 11 19.7	+ 2.511	− 42 36 47	− 17.84	Cordob. 13991		

Nr. 3402. I. 173, Begl. 7.0m; d = 0″.5, p = 55°.

Nr. 3407. Begl. 8.4m; d = 177″, p = 307°. Physisch, da Eigenbewegung bei beiden gleich. α Leonis = ***Regulus.***

Nr. 3418. Var. Max. 5.6m, Min. < 8m.

Nr. 3422. Var. Max. 6.0m, Min. 9.0—6.2m; P = 150d.

Nr. 3424. Begl. 7.2m; d = 1″, p = 330°.

Nr. 3429. Nicht im Potsdam. Ph. Hels. 6.5m, B. D. 6.3m.

Nr. 3438. Σ 1415, Begl. 7.0m; d = 17″, p = 167°.

Kat. Nr.	Bezeichnung des Sternes	Gr.	Mittl. A. R. für 1900.0	Jährl. Veränd.	Mittl. Dekl. für 1900.0	Jährl. Veränd.	Nachweis	B. D.	Bemerkungen
			h m s	s	° ′ ″	″		°	
3451	ω Carinae	3.6	e 10 11 21.7	+ 1.433	− 69 32 28	− 17.83	**S. Fd. K. 190**		
3452	Vela	6.5	11 34.5	2.219	− 54 28 36	17.85	Cordob. 14002		
3453	39 Leonis	6.0	e 11 45.2	3.343	+ 23 36 30	17.86	Berl. B. 3977	+ 23.2207	OΣ 523
3454*	Hydra	6.5	12 1.5	2.849	− 20 10 13	17.87	Cordob. 14010	− 19.2964	
3455	22 ε Sextantis	*5.5*	e 12 39.6	2.980	− 7 34 10	17.91	**Fd. K. s. 133**	− 7.3001	
3456	Ursa maj.	6.5	12 49.1	3.725	+ 47 15 44	17.84	Bonn 7554	+ 47.1761	G
3457	Ursa maj.	6.2	13 14.5	3.761	+ 48 54 4	17.92	Bonn 7558	+ 49.1940	G
3458	Ursa maj.	6.1	13 26.4	4.655	+ 69 15 3	17.92	Christ. 1603	+ 69.568	
3459	Leo	6.5	13 26.7	3.355	+ 25 12 46	17.92	Camb. E. 5297	+ 25.2231	G
3460	Antlia	5.6	13 32.7	2.747	− 28 29 32	17.93	Cordob. 14045		
3461	q Carinae	3.4	10 13 45.0	+ 2.003	− 60 49 58	− 17.94	Cordob. 14054		
3462	Ursa maj.	6.3	14 3.2	3.915	+ 54 43 8	17.95	Camb. U.S. 3613	+ 54.1367	Σ 1422
3463	Vela	6.5*	14 12.8	2.553	− 41 10 4	17.95	Cordob. 14061		
3464	Antlia	6.4	14 14.2	2.635	− 36 18 14	17.96	Cordob. 14059		
3465	40 Leonis	5.1	e 14 18.0	3.289	+ 19 58 45	17.96	Berl. B. 3992	+ 20.2466	
3466	Hydra	6.1	14 22.3	2.945	− 12 1 33	17.96	Cordob. 14060	− 11.2851	
3467*	41 γ Leonis	2.4	e 14 27.5	3.313	+ 20 20 51	18.11	**C. d. T.**	+ 20.2467	Σ 1424 G
3468	Sextans	6.4	14 30.3	3.025	− 4 36 8	17.97	Cordob. 14062	− 4.2840	
3469	Vela	6.5*	14 59.8	2.209	− 55 36 46	17.98	Cordob. 14083		
3470	Sextans	6.3	15 1.6	2.984	− 8 33 17	17.99	W.-Ott. 3966	− 8.2897	
3471	Camelopard.	5.7	e 10 15 8.6	+ 9.403	+ 84 45 35	− 17.93	**C. d. T.**	+ 84.234	
3472	V Velorum	4.5	15 51.5	2.250	− 54 31 38	18.02	Cordob. 14105		
3473*	Carina	6.3*	15 59.2	1.861	− 64 10 28	18.02	Cordob. 14115		h 4306
3474	Vela	5.6	16 12.0	2.440	− 47 11 47	18.05	**S. Fd. K. 191**		
3475	Ursa maj.	6.0	e 16 14.1	3.583	+ 41 44 15	18.04	Bonn 7582	+ 41.2076	
3476	Hydra	6.5	16 19.2	2.889	− 17 28 49	18.04	Cordob. 14112	− 17.3129	
3477	34 μ Ursae maj.	3.3	e 16 22.4	3.590	+ 42 0 9	18.00	**Fd. K. 149**	+ 42.2115	G
3478	42 Leonis	6.5	e 16 27.8	3.234	+ 15 28 47	18.04	Berl. A. 4123	+ 15.2192	
3479	Hydra	6.5	16 46.6	2.823	− 23 12 28	18.05	Cordob. 14123	− 22.2904	
3480	Hydra	6.4	16 52.3	2.838	− 22 1 29	18.06	Cordob. 14126	− 21.3045	β 219
3481	30 Hev. Ursae maj.	5.2	e 10 16 55.4	+ 4.375	+ 66 4 20	− 18.07	**Fd. K. 424**	+ 66.664	
3482*	I Velorum	4.4	17 12.5	2.228	− 55 32 24	18.07	Cordob. 14145		R. 13
3483	27 Leonis min.	6.1	17 20.9	3.469	+ 34 24 48	18.08	Leid. 4163	+ 34.2120	
3484	Hydra	6.1	17 26.0	2.869	− 19 21 44	18.08	Cordob. 14142	− 19.2987	
3485	43 Leonis	6.3	e 17 46.6	3.144	+ 7 3 3	18.09	Leipz. II. 5463	+ 7.2289	
3486	Leo min.	6.5	18 2.4	3.407	+ 30 7 19	18.10	Leid. 4166	+ 30.2005	
3487	ν Velorum	5.0	18 2.2	2.571	− 41 8 49	18.10	Cordob. 14156		
3488	24 Sextantis	6.5	18 21.2	3.070	− 0 23 43	18.12	Cordob. 14159	− 0.2332	
3489	25 Sextantis	6.1	e 18 23.2	3.032	− 3 34 7	18.11	**Fd. K. s. 134**	− 3.2911	
3490	28 Leonis min.	5.7	18 23.9	3.463	+ 34 13 28	18.11	Leid. 4169	+ 34.2123	
3491	Hydra	6.5	10 18 24.5	+ 2.942	− 12 52 14	− 18.11	Cordob. 14164	− 12.3150	h 4311
3492	Antlia	6.3	18 38.3	2.746	− 29 39 24	18.12	Cordob. 14171		
3493	30 Hev. Camelopard.	5.4	e 18 54.7	7.714	+ 83 4 3	18.10	**Fd. K. 425**	+ 83.297	
3494*	Sextans	6.5	19 3.0	3.101	+ 2 52 31	18.14	Alb. 4027	+ 3.2358	h 2530
3495	Antlia	5.4	e 19 6.5	2.621	− 37 30 8	18.19	**S. Fd. K. 192**		
3496	44 Leonis	5.8	19 59.0	3.165	+ 9 17 36	18.17	Leipz. II. 5470	+ 9.2351	G
3497	L Carinae	5.4	20 0.5	1.780	− 66 23 44	18.17	Cordob. 14216		
3498	30 Leonis min.	5.0	e 20 11.2	3.458	+ 34 18 22	18.18	Leid. 4178	+ 34.2128	
3499	Sextans	5.9	e 20 44.4	3.008	− 6 33 20	18.20	W.-Ott. 3987	− 6.3146	R
3500	42 μ Hydrae	4.1	e 10 21 15.2	+ 2.899	− 16 19 33	− 18.28	**Fd. K. 574**	− 16.3052	R

Nr. 3454. Begl. 9.8m; d = 1″.5, p = 115°.
Nr. 3467. Σ 1424, Begl. 3.5m; d = 3″.6, p = 120°. γ Leonis = ***Algieba.***
Nr. 3473. h 4306, Begl. 7.1m gelb; d = 2″, p = 128°.
Nr. 3482. Begl. 9.0m; d = 7″, p = 105°.
Nr. 3494. Begl. 6.8m; d = 213″, p = 64°.5.

Kat. Nr.	Bezeichnung des Sternes	Gr.	Mittl. A. R. für 1900.0	Jährl. Veränd.	Mittl. Dekl. für 1900.0	Jährl. Veränd.	Nachweis	B. D.	Bemerkungen
			h m s	s	° ' "	"		°	
3501	Ursa maj.	6.5	10 21 32.8	+ 3.576	+ 42 6 42	— 18.23	Bonn 7622	+ 42.2123	
3502	Leo	6.4	21 34.4	3.274	+ 19 52 25	18.23	Berl. B. 4013	+ 20.2487	
3503	Vela	6.5*	21 53.6	2.569	— 42 13 41	18.24	Cordob. 14250		
3504	31 Leonis min.	4.4	e 22 6.2	3.482	+ 37 13 11	18.33	**Fd. K. 426**	+ 37.2080	G
3505	45 Leonis	6.3	22 22.1	3.173	+ 10 16 20	18.26	Leipz. I. 4028	+ 10.2152	h 832
3506	*I* Carinae	4.0	e 22 24.6	1.197	— 73 31 21	18.28	**S. Fd. K. 193**		
3507	α Antliae	4.4	e 22 34.5	2.739	— 30 33 31	18.26	**S. Fd. K. 194**		
3508	Ursa maj.	6.5	22 35.3	3.638	+ 45 43 24	18.27	Bonn 7635	+ 45.1832	
3509	35 Ursae maj.	6.5	e 22 48.4	4.316	+ 66 8 18	18.28	Christ. 1625	+ 66.671	
3510	Vela	5.5	22 57.8	2.306	— 54 22 4	18.28	Cordob. 14277		
3511	Ursa maj.	6.4	10 23 29.4	+ 4.232	+ 64 46 16	— 18.30	Hels. 6366	+ 64.789	
3512	Sextans	6.1	23 39.9	3.042	— 3 13 49	18.31	Cordob. 14288	— 3.2929	
3513	*P* Carinae	4.9	23 41.1	2.228	— 57 7 41	18.31	Cordob. 14295		
3514	*s* Carinae	4.0	24 12.4	2.195	— 58 13 43	18.33	**S. Fd. K. 195**		
3515	36 Ursae maj.	5.1	e 24 13.8	3.868	+ 56 29 36	18.36	**Fd. K. 427**	+ 56.1459	
3516	32 Leonis min.	6.1	24 16.4	3.519	+ 39 26 14	18.33	Lund 4932	+ 39.2357	
3517	Carina	6.1	24 16.6	1.899	— 65 11 42	18.33	Cordob. 14310		
3518	29 δ Sextantis	5.2	e 24 24.1	3.052	— 2 13 37	18.33	Cordob. 14302	— 1.2395	
3519	Hydra	5.8	24 52.0	2.772	— 29 9 8	18.35	Cordob. 14314		R
3520*	δ Antliae	5.5	24 59.2	2.760	— 30 5 43	18.36	Cordob. 14319		h 4321
3521	30 Sextantis	5.4	10 25 10.8	+ 3.072	— 0 7 26	— 18.36	Nic. 3071	+ 0.2663	
3522	Carina	5.2	25 33.2	1.992	— 63 39 38	18.37	Cordob. 14337		
3523*	Sextans	6.4	e 25 58.4	3.001	— 7 7 28	18.37	**Fd. K. s. 136**	— 6.3173	Σ 1441 G
3524	Hydra	5.4	26 5.1	2.948	— 13 4 31	18.39	Cordob. 14339	— 12.3181	
3525	Hydra	6.5	26 10.2	2.813	— 25 58 16	18.40	Cordob. 14344		
3526	33 *h* Leonis min.	6.3	26 10.8	3.417	+ 32 53 34	18.40	Leid. 4204	+ 33.1999	h 482
3527	9 Hev. Draconis	5.0	26 36.0	5.219	+ 76 13 41	18.42	**Fd. K. 150**	+ 76.393	
3528	46 Leonis	5.5	e 26 51.6	3.211	+ 14 39 0	18.42	Leipz. I. 4047	+ 14.2255	RG
3529	Hydra	6.0	27 9.6	2.796	— 27 43 22	18.43	Cordob. 14357		
3530	Ursa min.	5.0	27 24.4	3.529	+ 40 56 24	18.44	Bonn 7663	+ 41.2101	h 2534
3531*	*Y* Velorum	5.1	10 27 29.8	+ 2.370	— 53 12 31	— 18.44	Cordob. 14369		h 4329
3532	47 ϱ Leonis	4.0	27 32.8	3.162	+ 9 49 17	18.43	**Fd. K. 151**	+ 10.2166	
3533*	*s* Velorum	5.5	27 41.2	2.557	— 44 33 8	18.45	Cordob. 14373		Δ 88
3534	34 Leonis min.	5.9	e 27 48.0	3.446	+ 35 30 14	18.45	Lund 4956	+ 35.2154	
3535	*K* Carinae	4.9	27 48.7	1.510	— 71 28 41	18.45	Cordob. 14383		
3536	Vela	6.1	28 16.4	2.568	— 44 6 9	18.47	Cordob. 14384		
3537	*p* Carinae	3.6	e 28 28.1	2.124	— 61 10 15	18.47	**S. Fd. K. 196**		
3538	Carina	4.8	28 42.4	1.408	— 72 42 26	18.48	Cordob. 14405		h 4333
3539	37 Ursae maj.	5.4	e 28 43.3	3.895	+ 57 35 52	18.44	**Fd. K. 428**	+ 57.1277	
3540	*t* Velorum	5.1	28 43.8	2.526	— 46 29 17	18.48	Cordob. 14397		h 4330
3541	44 Hydrae	5.4	10 29 15.5	+ 2.849	— 23 13 47	— 18.47	**Fd. K. s. 137**	— 22.2946	β 1269
3542*	Vela	6.5	29 21.9	2.338	— 54 51 54	18.50	Cordob. 14410		
3543	48 Leonis	5.4	e 29 35.2	3.140	+ 7 28 6	18.51	Leipz. II. 5517	+ 7.2330	
3544*	49 Leonis	5.9	e 29 47.5	3.155	+ 9 10 2	18.52	Leipz. II. 5521	+ 9.2374	Σ 1450
3545	Hydra	6.2	e 30 12.3	2.860	— 22 39 38	18.53	Cordob. 14426	— 22.2952	
3546	35 Leonis min.	6.5	30 37.2	3.454	+ 36 50 45	18.55	Lund 4972	+ 37.2100	
3547	Antlia	6.0	30 46.5	2.662	— 39 2 44	18.55	Cordob. 14440		R
3548	Hydra	6.4	30 47.9	2.907	— 18 3 8	18.55	Cordob. 14437	— 17.3187	
3549	Sextans	6.5	31 18.8	2.983	— 10 3 52	18.57	W.-Ott 4027	— 9.3108	
3550*	Hydra	6.3	10 31 21.5	+ 2.824	— 26 9 18	— 18.57	Cordob. 14455		β 411

Nr. 3520. h 4321, Begl. 9.2m; d = 11″, p = 226°.

Nr. 3523. Σ 1441, Begl. 9.9m; d = 2″.5, p = 168°.

Nr. 3531. h 4319, Begl. 7.9m rot; d = 31″, p = 86° optisch. Eine Vergrößerung von p und d rührt aus der Eigenbewegung des Hauptsternes von 0″.44 in der Richtung von 297°.5 her. Die Größen für d und p für 1900.0 sind graphisch extrapoliert.

Nr. 3533. Δ 88, Begl. 6.7m; d = 13″.5, p = 218°.

Nr. 3542. Begl. 7m; d = 22″, p = 183°.

Nr. 3544. Σ 1450, Begl. 8.7m bläulich; d = 2″.4, p = 160°.

Nr. 3550. β 411, Begl. 7.9m; d = 1″, p = 280°.

Kat. Nr.	Bezeichnung des Sternes	Gr.	Mittl. A. R. für 1900.0	Jährl. Veränd.	Mittl. Dekl. für 1900.0	Jährl. Veränd.	Nachweis	B. D.	Bemerkungen
			h m s	s	° ′ ″	″		°	
3551	φ^3 Hydrae	6.2	e 10 31 23.8	+ 2.930	− 15 49 34	− 18.57	Cordob. 14453	− 15.3087	β 1075
3552	Hydra	5.8	31 33.2	2.968	− 11 41 21	18.58	Cordob. 14463	− 11.2918	
3553	ν Carinae	4.6	31 44.7	2.898	− 57 2 24	18.59	Cordob. 14478		R
3554*	Carina	cum.	31 53.2	2.279	− 57 40 30	18.59	Cordob. 14483		N.G.K. 3293
3555	Hydra	6.5	32 14.6	2.974	− 11 13 43	18.60	Cordob. 14486	− 10.3094	
3556	Hydra	5.0	32 32.3	2.820	− 26 53 40	18.61	Cordob. 14493		
3557	t^1 Carinae	5.3	32 36.2	2.245	− 59 2 40	18.61	Cordob. 14504		
3558*	U Hydrae	var.	32 37.0	2.959	− 12 51 51	18.61	Cape (90) 1237		R
3559	Ursa maj.	5.7	e 32 53.9	3.760	+ 54 11 27	18.62	Camb. U.S. 3685	+ 54.1387	
3560	37 Leonis min.	4.9	33 5.7	3.388	+ 32 29 44	18.63	Leid. 4240	+ 32.2061	
3561*	p Velorum	4.0	e 10 33 5.8	+ 2.511	− 47 42 22	− 18.65	**S. Fd. K. 198**		λ 119
3562	38 Leonis min.	6.1	e 33 24.8	3.464	+ 38 25 33	18.64	Lund 4994	+ 38.2166	
3563	φ^1 Hydrae	5.0	e 33 42.5	2.918	− 16 21 26	18.61	**Fd. K. s. 138**	− 16.3100	
3564	Hydra	5.9	33 55.8	2.969	− 11 55 23	18.65	Cordob. 14527	− 11.2925	
3565	γ Chamael.	4.1	e 34 17.4	0.740	− 78 5 21	18.63	**S. Fd. K. 199**		
3566	Vela	6.3	34 26.9	2.630	− 42 13 56	18.67	Cordob. 14543		
3567	Ursa maj.	5.9	34 42.1	4.337	+ 68 57 58	18.68	Christ. 1649	+ 69.583	
3568*	t^2 Carinae	4.7	34 56.7	2.277	− 58 39 45	18.69	Cordob. 14558		Δ 94 G
3569	38 Ursae maj.	5.3	e 35 8.3	4.172	+ 66 14 27	18.69	Christ. 1651	+ 66.678	
3570	X Velorum	4.4	e 35 19.4	2.375	− 55 4 57	18.70	**S. Fd. K. 200**		Δ 95
3571	35 Hev. Ursae maj.	5.2	10 35 54.9	+ 4.365	+ 69 35 57	− 18.75	**Fd. K. 429**	+ 69.586	G
3572	Antlia	6.5	36 17.8	2.735	− 35 13 12	18.73	Cordob. 14591		
3573	33 Sextantis	6.5	e 36 18.8	3.051	− 1 12 57	18.83	**Fd. K. 576**	− 0.2364	
3574	Leo min.	6.2	36 35.2	3.373	+ 32 13 13	18.74	Leid. 4256	+ 32.2066	G
3575	Carina	6.4*	36 43.7	2.074	− 64 34 42	18.74	Cordob. 14606		
3576	39 Ursa maj.	6.1	e 37 24.5	3.819	+ 57 43 29	18.76	Hels. 6459	+ 57.1286	
3577	Carina	6.5	37 28.3	2.285	− 59 9 14	18.77	Cordob. 14626		
3578	40 Leonis min.	5.7	e 37 32.6	3.311	+ 26 51 4	18.77	Camb. E. 5470	+ 27.1927	β 913
3579*	R Ursae maj.	var.	37 34.5	4.318	+ 69 18 1	18.77	Christ. 1657	+ 69.587	R
3580	Hydra	6.4	37 35.4	2.960	− 13 27 5	18.77	Cordob. 14621	− 13.3197	
3581	Ursa maj.	5.4	e 10 37 41.0	+ 3.572	+ 46 43 47	− 18.77	Bonn 7730	+ 46.1657	
3582	41 Leonis min.	5.3	e 37 58.8	3.268	+ 23 42 43	18.76	**Fd. K. 430**	+ 23.2253	
3583	Antlia	5.6	38 5.1	2.777	− 32 11 31	18.79	Cordob. 14635		
3584	Ursa maj.	6.1	38 7.5	4.226	+ 67 56 9	18.79	Christ. 1658	+ 68.617	RG
3585*	35 Sextantis	6.3	38 9.4	3.116	+ 5 16 20	18.79	Leipz. II. 5562	+ 5.2384	Σ 1466
3586	Carina	5.2	38 41.2	2.123	− 63 56 36	18.80	Cordob. 14653		
3587	Carina	5.5	38 48.7	2.310	− 58 41 31	18.81	Cordob. 14656		
3588	Leo	6.5	38 51.9	3.244	+ 20 17 2	18.81	Berl. B. 4086	+ 20.2514	
3589	ϑ Carinae	3.0	e 39 23.3	2.129	− 63 52 14	18.82	**S. Fd. K. 201**		
3590	Carina	4.4	39 44.0	2.277	− 60 2 33	18.83	Cordob. 14673		
3591	36 Sextantis	6.4	10 40 0.4	+ 3.097	+ 3 0 51	− 18.85	Alb. 4118	+ 3.2408	G
3592	41 Ursae maj.	6.5	e 40 6.8	3.800	+ 57 53 38	18.85	Hels. 6469	+ 58.1281	G
3593	42 Leonis min.	5.6	e 40 18.3	3.345	+ 31 12 33	18.87	**Fd. K. 431**	+ 31.2180	σ 366
3594	Carina	5.1	40 30.0	2.163	− 63 26 10	18.86	Cordob. 14702		
3595	Chamael.	6.5*	40 48.4	0.686	− 79 15 33	18.87	Cordob. 14730		
3596	51 m Leonis	5.7	e 41 1.2	3.232	+ 19 25 8	18.87	Berl. A. 4250	+ 19.2371	G
3597	52 k Leonis	5.6	e 41 7.9	3.191	+ 14 43 24	18.88	Leipz. I. 4106	+ 14.2294	G
3598*	η Carinae	var.	41 10.8	2.316	−'59 9 31	18.86	**S. Fd. K. VIII.**		h 4366
3599	Carina	6.3	41 19.4	1.813	− 70 20 2	18.88	Cordob. 14731		Δ 99
3600	b^1 Hydrae	5.5	10 41 58.2	+ 2.938	− 16 46 9	− 18.90	Cordob. 14734	− 16.3124	

Nr. 3554. N. G. K. 3293. Eine Anzahl Sterne zwischen 7.—10. Größe. Die angegebene Position gehört dem hellsten Sterne des Haufens an.

Nr. 3558. Var. Max. 4.5m, Min. 6.1—6.3m; unregelmäßig.

Nr. 3561. λ 119, Begl. 5.0m, beide Sterne gelb; d=0″.5, p=265°.

Nr. 3568. Δ 94, Begl. 7.5m blau; d=15″, p=20°.

Nr. 3579. Var. Max. 6.0—8.2m, Min. 12.6—13.2m; P=302d.

Nr. 3585. Σ 1466, Hptst. gelb, Begl. 7.4m blau; d=6″.7, p=240°.

Nr. 3598. Var. Max. > 1m, Min. 7.4m; unregelmäßig.

Kat. Nr.	Bezeichnung des Sternes	Gr.	Mittl. A. R. für 1900.0	Jährl. Veränd.	Mittl. Dekl. für 1900.0	Jährl. Veränd.	Nachweis	B. D.	Bemerkungen
			h m s	s	° ′ ″	″		°	
3601	Ursa maj.	6.7	10 42 9.3	+ 4.057	+ 65 39 36	− 18.91	Christ. 1672	+ 65.803	
3602	Vela	6.5*	42 10.1	2.662	− 42 39 52	18.92	Cordob. 14747		
3603	Carina	6.4	42 26.7	2.302	− 60 4 35	18.92	Cordob. 14754		I 100
3604*	μ Velorum	2.8	e 42 28.0	2.570	− 48 53 30	18.97	**S. Fd. K. 202**		Russell 152
3605	Carina	6.3*	42 39.2	2.166	− 63 59 16	18.92	Cordob. 14764		
3606	Hydra	6.5	42 42.1	2.956	− 14 44 3	18.92	Cordob. 14753	− 14.3186	Σ 1474
3607	Carina	5.4	42 51.1	2.178	− 63 44 11	18.93	Cordob. 14769		
3608	z Velorum	5.5	42 55.4	2.412	− 56 13 48	18.93	Cordob. 14767		
3609	Carina	5.1	43 13.1	2.177	− 63 51 24	18.94	Cordob. 14775		
3610	43 Leonis min.	6.4	43 26.6	3.325	+ 29 56 44	18.94	Leid. 4285	+ 30.2072	
3611	Hydra	5.9	10 43 33.1	+ 2.808	− 31 9 34	− 18.95	Cordob. 14778		
3612	Sextans	6.2	43 34.6	3.062	− 1 25 51	18.95	Cordob. 14774	− 1.2446	RG
3613	53 l Leonis	5.6	44 0.1	3.156	+ 11 4 28	18.98	**Fd. K. 432**	+ 11.2283	
3614*	40 Sextantis	6.5	44 13.2	3.047	− 3 29 42	18.96	Cordob. 14790	− 3.2999	Σ 1476
3615*	δ^1 Chamael.	5.5	44 19.2	0.629	− 79 56 30	18.97	Cordob. 14817		I. 204
3616	44 Leonis min.	6.3	e 44 24.2	3.308	+ 28 30 6	18.97	Camb. E. 5514	+ 28.1931	
3617	25 H. ν Hydrae	3.3	e 44 41.4	2.957	− 15 40 13	18.76	**Fd. K. 577**	− 15.3138	R
3618	Hydra	*6.4*	44 43.1	3.002	− 9 19 23	18.98	W.-Ott. 4105	− 9.3147	
3619	δ^2 Chamael.	4.6	e 44 51.0	0.608	− 80 0 46	18.98	**S. Fd. K. 203**		
3620	42 Ursae maj.	5.7	e 44 54.4	3.311	+ 59 51 6	18.99	Hels. 6510	+ 60.1296	
3621	43 Ursae maj.	6.0	e 10 45 1.4	+ 3.737	+ 57 6 43	− 18.99	Hels. 6508	+ 57.1294	
3622*	41 Sextantis	*5.7*	45 17.0	3.009	− 8 22 4	19.00	**Fd. K. s. 141**	− 8.3018	h 838
3623	Antlia	5.7	45 18.0	2.788	− 33 31 45	19.00	Cordob. 14820		
3624	Sextans	6.2	46 1.6	3.054	− 2 33 43	19.02	Cordob. 14833	− 2.3236	
3625	b^2 Hydrae	6.5	e 46 12.5	2.936	− 17 48 8	19.02	Cordob. 14836	− 17.3245	
3626*	Ursa maj.	5.9	e 46 32.4	3.633	+ 53 2 10	19.03	Camb. U.S. 3733	+ 53.1440	
3627	Ursa maj.	6.1	46 41.9	4.248	+ 70 23 13	19.03	II. Ten. Y.C. 2971	+ 70.634	G
3628	Leo	6.4	47 28.8	3.075	+ 0 19 49	19.06	Nic. 3138	+ 0.2710	G
3629	44 Ursae maj.	5.3	e 47 31.5	3.669	+ 55 7 0	19.06	Hels. 6532	+ 55.1418	G
3630	46 Leonis min.	4.0	e 47 43.2	3.366	+ 34 45 15	19.31	**Fd. K. 152**	+ 34.2172	
3631	45 ω Ursae maj.	5.0	10 48 13.5	+ 3.467	+ 43 43 20	− 19.08	Bonn 7802	+ 43.2058	
3632*	Leo	6.2	e 48 20.0	3.061	− 1 43 15	19.08	Nic. 3141	− 1.2459	
3633	Carina	5.7	48 25.2	2.448	− 56 42 33	19.08	Cordob. 14886		
3634	Crater	6.5	48 35.7	2.963	− 14 54 43	19.09	Cordob. 14881	− 14.3213	
3635	b^3 Hydrae	5.3	e 48 35.9	2.931	− 19 36 0	19.30	**Fd. K. s. 142**	− 19.3125	
3636	p^1 Leonis	*6.2*	48 38.4	3.062	− 1 35 52	19.09	Cordob. 14882	− 1.2460	
3637	48 Leonis min.	6.4	e 49 16.5	3.271	+ 26 1 23	19.10	Camb. E. 5549	+ 26.2147	
3638	Crater	5.9	49 20.0	2.977	− 13 13 33	19.10	Cordob. 14896	− 12.3293	
3639	47 Leonis min.	5.8	49 24.9	3.358	+ 34 34 8	19.11	Leid. 4314	+ 34.2178	
3640	u Carinae	3.8	e 49 25.8	2.423	− 58 19 19	19.08	**S. Fd. K. 204**		I 102/103
3641*	54 Leonis	4.5	e 10 50 12.2	+ 3.262	+ 25 17 0	− 19.13	Camb. E. 5554	+ 25.2314	Σ 1487
3642	Leo min.	5.2	e 50 12.5	3.344	+ 34 2 28	19.13	Leid. 4317	+ 34.2181	
3643*	Carina	6.1	50 25.4	1.963	− 70 11 16	19.14	Cordob. 14943		h 4383
3644	Vela	6.4*	50 29.0	2.717	− 41 43 5	19.14	Cordob. 14935		
3645	Ursa maj.	6.2	e 50 32.2	3.439	+ 42 32 42	19.14	Bonn 7824	+ 42.2162	
3646	55 Leonis	6.1	e 50 33.6	3.082	+ 1 16 12	19.14	Alb. 4168	+ 1.2501	β 1076
3647	56 Leonis	5.9	50 50.0	3.119	+ 6 43 9	19.15	Leipz. II. 5632	+ 6.2369	GR
3648	Leo	6.3	e 50 54.0	3.244	+ 22 53 6	19.15	Berl. B. 4138	+ 23.2279	R
3649	50 Leonis min.	6.5	51 9.1	3.266	+ 26 2 4	19.16	Camb. E. 5560	+ 26.2152	
3650	Draco	6.3	e 10 51 57.9	+ 4.936	+ 78 18 22	− 19.20	**Fd. K. 433**	+ 78.367	

Nr. 3604. Russell 152, Begl. 7.3m grün; d = 2″.5, p = 60°.
Nr. 3614. Σ 1476, Begl. 8.1m; d = 2″, p = 3°.
Nr. 3615. I. 204, Begl. 6.4m; d = 0″.6, p = 240°.
Nr. 3622. h 838, Begl. 9m; d = 27″, p = 303°.

Nr. 3626. Begl. 6.9m; d = 220″, p = 190°.
Nr. 3632. Begl. 9.0m; d = 36″, p = 180°.
Nr. 3641. Σ 1487, Begl. 7.0m blau; d = 6″.5, d = 107°.
Nr. 3643. h 4383, Begl. 7.3m; d = 1″.2, p = 280°.

Kat. Nr.	Bezeichnung des Sternes	Gr.	Mittl. A. R. für 1900.0	Jährl. Veränd.	Mittl. Dekl. für 1900.0	Jährl. Veränd.	Nachweis	B. D.	Bemerkungen
			h m s	s	° ′ ″	″		°	
3651*	ι Antliae	4.7	e 10 52 3.4	+ 2.788	— 36 36 0	— 19.30	**S. Fd. K. 205**		
3652	Vela	6.2	52 46.6	2.608	— 50 13 50	19.20	Cordob. 14982		
3653	Ursa maj.	6.3	53 23.7	3.576	+ 52 25 4	19.21	Camb. U.S. 3759	+ 52.1528	
3654	47 Ursa maj.	5.3	e 53 52.9	3.407	+ 40 57 51	19.22	Bonn 7847	+ 41.2147	
3655	Ursa maj.	6.2	53 58.1	3.355	+ 36 37 49	19.23	Lund 5088	+ 36.2139	G
3656	Ursa maj.	5.5	54 30.2	3.464	+ 46 3 45	19.24	Bonn 7852	+ 46.1680	G
3657*	Hydra	5.7	54 30.5	2.826	— 33 12 1	19.24	Cordob. 15020		I. 211
3658	Crater	6.2	54 34.4	2.967	— 15 49 1	19.24	München 6086	— 15.3174	OR
3659	Ursa maj.	6.3	e 54 40.8	3.429	+ 43 27 8	19.24	Bonn 7854	+ 43.2068	
3660	Ursa maj.	6.5	54 47.0	3.841	+ 63 57 33	19.25	Hels. 6581	+ 64.824	
3661*	7 α Crateris	4.3	e 10 54 54.8	+ 2.953	— 17 46 2	— 19.25	Cordob. 15027	— 17.3273	R
3662	Crater	6.0	55 13.3	2.983	— 13 32 6	19.26	Cordob. 15035	— 13.3271	
3663	49 Ursae maj.	5.3	e 55 14.4	3.383	+ 39 44 57	19.26	Lund 5091	+ 39.2400	
3664	58 *d* Leonis	5.0	55 23.7	3.098	+ 4 9 16	19.27	**Naut. Al.**	+ 4.2407	
3665	Vela	5.8	55 27.0	2.723	— 43 16 16	19.26	Cordob. 15043		
3666	59 *c* Leonis	5.3	e 55 33.9	3.116	+ 6 38 21	19.27	Leipz. II. 5657	+ 6.2384	β 598
3667	*i* Velorum	4.6	55 33.9	2.745	— 41 41 22	19.28	**S. Fd. K. 206**		
3668	Vela	6.5*	55 46.9	2.612	— 51 16 53	19.27	Cordob. 15058		
3669*	48 β Ursae maj.	2.6	e 55 48.6	3.649	+ 56 55 7	19.23	**Fd. K. 153**	+ 57.1302	
3670	Hydra	6.2	55 55.9	2.848	— 31 18 21	19.28	Cordob. 15061		
3671	Crater	6.5	10 55 59.2	+ 2.972	— 15 15 16	— 19.28	Cordob. 15060	— 15.3178	Hh 358
3672	Ursa maj.	6.6	56 43.5	4.106	+ 70 34 10	19.29	Greenw. (03) 2663	+ 70.645	
3673	61 p^2 Leonis	*5.1*	56 43.6	3.060	— 1 56 46	19.30	**Fd. K. s. 143**	— 1.2471	RG
3674	60 *b* Leonis	4.6	e 56 59.6	3.210	+ 20 42 58	19.30	Berl. B. 4166	+ 20.2547	
3675*	50 α Ursae maj.	2.0	e 57 33.6	3.740	+ 62 17 27	19.38	**Fd. K. 154**	+ 62.1161	β 1077
3676	Hydra	6.3	e 57 33.8	2.896	— 26 17 22	19.31	Cordob. 15090		
3677	Leo	6.4	e 58 7.7	3.072	— 0 12 36	19.33	Cordob. 15107	+ 0.2728	
3678	Crater	5.6	e 58 14.9	3.006	— 10 45 41	19.33	Cordob. 15110	— 10.3184	R
3679	62 p^3 Leonis	6.1	e 58 29.6	3.076	+ 0 32 16	19.33	Nic. 3177	+ 0.2729	
3680	Crater	6.4	58 37.1	2.991	— 12 53 46	19.34	Cordob. 15121	— 12.3333	
3681	51 Ursae maj.	6.1	e 10 58 57.9	+ 3.355	+ 38 46 49	— 19.35	Lund 5110	+ 39.2414	
3682	Crater	6.5	58 59.6	2.951	— 19 6 38	19.35	Cordob. 15129	— 18.3093	
3683	63 χ Leonis	4.9	e 10 59 51.5	+ 3.095	+ 7 52 36	19.39	**Fd. K. 434**	+ 8.2455	
3684	η Octantis	6.2	e 11 0 1.2	— 0.294	— 84 3 21	19.37	**S. P. C. „M."**		
3685	Vela	5.9	0 1.6	+ 2.700	— 47 8 27	19.37	Cordob. 15153		
3686	Antlia	5.6	0 10.8	2.829	— 35 15 55	19.37	Cordob. 15155		
3687	26 H. χ^1 Hydrae	5.0	e 0 30.8	2.881	— 26 45 14	19.38	**S. Fd. K. 207**		
3688	Crater	6.1	0 32.9	3.009	— 10 32 47	19.38	Cordob. 15164	— 10.3190	
3689	Vela	6.4*	0 35.4	2.680	— 48 51 10	19.38	Cordob. 15170		
3690	χ^2 Hydrae	5.6	1 6.5	2.901	— 26 44 50	19.39	Cordob. 15183		
3691*	Carina	cum.	11 1 37.0	+ 2.527	— 58 11 —	— 19.40	N. G. K. 3532		
3692	Crater	6.5	1 41.6	2.998	— 12 27 35	19.41	Cordob. 15193	— 12.3348	
3693	65 p^4 Leonis	5.8	e 1 48.7	3.087	+ 2 29 56	19.41	Alb. 4201	+ 2.2387	β 599
3694	Centaurus	6.2	2 0.5	2.667	— 50 24 59	19.41	Cordob. 15206		G
3695	Carina	6.0	2 14.4	2.537	— 58 8 4	19.42	Cordob. 15215		O
3696	z^1 Carinae	4.8	2 26.5	2.451	— 61 53 2	19.42	Cordob. 15222		
3697*	Centaurus	5.2	2 39.1	2.773	— 42 5 57	19.43	Cordob. 15224		h 4409
3698	Hydra	6.5	3 10.0	2.886	— 29 37 43	19.44	Cordob. 15234		
3699	Carina	5.9	e 3 13.2	2.145	— 70 20 13	19.44	**S. Fd. K. 208**		
3700	Ursa maj.	6.4	11 3 19.4	+ 3.872	+ 67 45 10	— 19.44	Christ. 1714	+ 68.632	

Nr. 3651. ι Antliae = ***Tureis.***

Nr. 3657. I. 211, Begl. 9.2m; d = 1″.5, p = 177°.

Nr. 3661. α Crateris = ***Alkes.***

Nr. 3669. β Ursae majoris = ***Merak.***

Nr. 3675. β 1077, Begl. 9m; d = 0″.8, p = 290°. α Ursae majoris = ***Dubhe.***

Nr. 3691. N. G. K. 3532. Reicher Sternhaufen von Sternen zwischen 7—10m.

Nr. 3697. h 4409, Begl. 9.1m; d = 2″, p = 270°.

Kat. Nr.	Bezeichnung des Sternes	Gr.	Mittl. A. R. für 1900.0	Jährl. Veränd.	Mittl. Dekl. für 1900.0	Jährl. Veränd.	Nachweis	B. D.	Bemerkungen
			h m s	s	° ′ ″	″		°	
3701	Hydra	6.5	11 3 26.3	+ 2.888	− 29 25 50	− 19.45	Cordob. 15239		
3702	67 Leonis	6.0	3 27.3	3.226	+ 25 12 0	19.45	Camb. E. 5647	+ 25.2344	
3703	Ursa maj.	5.9	3 49.3	3.316	+ 36 51 6	19.45	Lund 5136	+ 37.2162	O
3704	Hydra	5.5	e 3 53.8	2.904	− 27 32 19	19.45	Cordob. 15253		
3705	52 ψ Ursae maj.	3.3	e 4 2.6	3.390	+ 45 2 28	19.49	**Fd. K. 155**	+ 45.1897	O
3706	Ursa maj.	6.0	4 2.8	3.382	+ 43 44 58	19.46	Bonn 7916	+ 43.2083	
3707	x Carinae	4.0	e 4 19.0	2.545	− 58 26 0	19.45	**S. Fd. K. 209**		
3708	z^2 Carinae	5.5	4 24.3	2.483	− 61 24 20	19.47	Cordob. 15269		
3709	Hydra	5.7	5 5.0	2.876	− 31 49 27	19.48	Cordob. 15279		
3710	Ursa maj.	6.7	5 47.9	3.881	+ 68 48 53	19.49	Christ. 1725	+ 69.602	
3711	11 β Crateris	4.5	e 11 6 44.3	+ 2.945	− 22 16 48	− 19.60	**Fd. K. 578**	− 22.3095	
3712	Hydra	6.5	7 5.4	2.921	− 26 15 47	19.52	Cordob. 15324		
3713	Ursa maj.	6.5	7 6.4	3.298	+ 36 21 47	19.52	Lund 5147	+ 36.2162	
3714*	Crater	6.0	7 32.8	2.974	− 17 57 18	19.53	Cordob. 15332	− 17.3321	β 220
3715	Centaurus	5.7	8 0.0	2.731	− 48 33 30	19.54	Cordob. 15347		
3716	Ursa maj.	6.5	8 7.9	3.339	+ 41 37 55	19.54	Bonn 7938	+ 41.2170	
3717*	y Carinae	4.7	8 18.5	2.559	− 59 46 25	19.55	Cordob. 15356		h 4414
3718	Centaurus	6.3*	8 35.0	2.786	− 43 49 41	19.55	Cordob. 15361		
3719	Carina	5.5	e 8 36.8	2.463	− 63 37 33	19.55	**S. Fd. K. 211**		h 4415?
3720	69 p^5 Leonis	5.7	8 38.4	3.075	+ 0 28 29	19.55	Nic. 3210	+ 0.2761	
3721*	68 δ Leonis	2.9	e 11 8 47.5	+ 3.197	+ 21 4 18	− 19.67	**Fd. K. 156**	+ 21.2298	β 1282
3722	Leo	6.1	8 50.1	3.118	+ 8 36 30	19.56	Leipz. II. 5734	+ 8.2476	
3723	71 ϑ Leonis	3.6	e 8 59.6	3.151	+ 15 58 35	19.62	**Fd. K. 157**	+ 16.2234	
3724	Centaurus	6.4*	9 9.6	2.687	− 52 41 20	19.56	Cordob. 15374		
3725	72 Leonis	4.7	e 9 53.3	3.200	+ 23 38 26	19.58	Berl. B. 4219	+ 23.2322	O
3726*	Ursa maj.	6.9	e 10 18.4	3.459	+ 53 18 59	19.58	Camb. U. S. 3827	+ 53.1480	Σ 5120
3727	73 n Leonis	5.6	10 38.1	3.143	+ 13 51 11	19.59	Leipz. I. 4242	+ 14.2367	
3728	Ursa maj.	6.1	e 11 3.9	3.207	+ 50 1 20	19.61	**Fd. K. 435**	+ 50.1807	
3729	74 φ Leonis	*4.3*	e 11 34.6	3.049	− 3 6 17	19.63	**Fd. K. s. 145**	− 2.3315	Hh 364
3730*	Centaurus	6.4	11 49.4	2.790	− 45 20 11	19.61	Cordob. 15437		h 4423
3731*	Crater	6.0	11 11 54.1	+ 3.040	− 6 35 21	− 19.61	W.-Ott. 4242	− 6.3344	β 600
3732	75 Leonis	5.5	e 12 8.6	3.085	+ 2 33 40	19.62	Alb. 4235	+ 2.2409	G
3733	Centaurus	6.2	12 25.7	2.861	− 37 28 8	19.62	Cordob. 15448		Δ 106
3734	Hydra	6.5	12 49.8	2.887	− 34 11 27	19.63	Cordob. 15455		
3735*	53 ξ Ursae maj.	3.9	e 12 50.9	3.207	+ 32 5 31	20.20	**Fd. K. 158**	+ 32.2132	Σ 1523 med.
3736*	54 ν Ursae maj.	3.7	e 13 4.9	3.254	+ 33 38 24	19.58	**Fd. K. 159**	+ 33.2098	Σ 1524
3737	55 Ursae maj.	4.9	e 13 41.1	3.288	+ 38 44 3	19.64	Lund 5169	+ 38.2225	
3738	76 Leonis	6.1	e 13 47.2	3.083	+ 2 11 56	19.65	Alb. 4243	+ 2.2411	
3739	12 δ Crateris	3.7	e 14 20.4	2.995	− 14 14 15	19.45	**Fd. K. 579**	− 13.3345	
3740	Ursa maj.	6.5	e 14 46.9	3.710	+ 67 39 0	19.66	Christ. 1744	+ 67.692	
3741	Chamael.	6.3	11 15 38.3	+ 1.734	− 79 7 14	− 19.68	Cordob. 15525		
3742	77 σ Leonis	4.4	e 15 58.8	3.095	+ 6 34 39	19.68	**Fd. K. 160**	+ 6.2437	Σ 1532
3743	Ursa maj.	6.5	16 5.8	3.474	+ 57 37 20	19.69	Hels. 6726	+ 57.1316	
3744	π Centauri	4.4	e 16 26.7	2.720	− 53 56 35	19.70	**S. Fd. K. 212**		
3745	Ursa maj.	6.2	e 16 54.6	3.588	+ 64 52 40	19.67	**Fd. K. 436**	+ 65.828	
3746	56 Ursae maj.	5.1	e 17 20.6	3.312	+ 44 1 53	19.71	Bonn 8008	+ 44.2083	
3747	Leo	6.3	18 10.7	3.076	+ 0 40 52	19.72	Nic. 3244	+ 0.2782	G
3748	Centaurus	5.1	18 22.0	2.899	− 35 36 58	19.72	Cordob. 15571		
3749	13 λ Crateris	5.2	e 18 24.9	2.993	− 18 13 47	19.72	Cordob. 15572	− 17.3367	
3750*	78 ι Leonis	4.3	e 11 18 42.6	+ 3.128	+ 11 4 49	− 19.79	**Fd. K. 161**	+ 11.2348	Σ 1536

Nr. 3714. β 220, Begl. 7.2m; d = 0″.7, p = 140°.

Nr. 3717. h 4414, Begl. 10.0m; d = 20″, p = 275°.

Nr. 3721. δ Leonis = ***Zosma.***

Nr. 3726. Σ 5120, Begl. 7.8m bläulich; d = 13″, p = 345°.

Nr. 3730. h 4423, Begl. 7.3m; d = 2″, p = 275°.

Nr. 3731. β 600, 2 Begl. B, 10m; d = 1″.0, p = 240° (98 3). C, 7m; d = 60″, p = 98°.

Nr. 3735. Σ 1523, Begl. 5.0m; d = 2″.5, p = 156° (00.3). Siehe Tabelle „Bahnen von Doppelsternen“ Nr. 21.

Nr. 3736. Σ 1524, Begl. 10.1m; d = 7″, p = 147°.

Nr. 3750. Σ 1536, Begl. 7.1m blaurot; d = 2″.7, p = 50° (Bewegung in p und d).

Kat. Nr.	Bezeichnung des Sternes	Gr.	Mittl. A. R. für 1900.0	Jährl. Veränd.	Mittl. Dekl. für 1900.0	Jährl. Veränd.	Nachweis	B. D.	Bemerkungen
			h m s	s	° ′ ″	″		°	
3751	79 Leonis	5.8	11 18 54.3	+ 3.081	+ 1 57 24	− 19.73	Alb. 4263	+ 2.2418	
3752*	Musca	5.4	19 2.1	2.576	− 64 24 21	19.73	Cordob. 15588		h 4432
3753	14 ε Crateris	5.1	e 19 33.6	3.030	− 10 18 40	19.73	Cordob. 15595	− 10.3260	
3754	Centaurus	6.5*	19 35.1	2.861	− 42 7 11	19.74	Cordob. 15598		
3755	Leo	6.0	19 47.7	3.122	+ 11 58 47	19.74	Leipz. I. 4287	+ 12.2335	G
3756*	15 γ Crateris	4.0	e 19 53.1	2.992	− 17 8 5	19.71	**Fd. K. 580**	− 16.3244	h 840
3757	Musca	5.6	20 12.2	2.374	− 71 42 25	19.75	Cordob. 15612		
3758	Ursa maj.	5.9	20 19.2	3.419	+ 56 23 54	19.75	Hels. 6751	+ 56.1518	
3759	81 Leonis	5.9	e 20 23.9	3.143	+ 17 0 23	19.75	Berl. A. 4427	+ 17.2356	Σ¹ 1310
3760	Centaurus	5.4	e 20 38.4	2.899	− 35 30 50	19.75	**S. Fd. K. 213**		
3761	Centaurus	6.1	11 20 42.8	+ 2.901	− 37 11 51	− 19.76	Cordob. 15622		
3762	Ursa maj.	6.5	21 4.6	3.225	+ 33 59 59	19.76	Leid. 4436	+ 34.2222	
3763	Centaurus	5.3	e 21 24.5	2.624	− 63 25 12	19.77	Cordob. 15640		
3764	Centaurus	6.3*	21 58.0	2.785	− 52 36 37	19.78	Cordob. 15651		
3765	Centaurus	5.6	22 5.7	2.683	− 60 33 54	19.78	Cordob. 15652		
3766	16 ϰ Crateris	6.1	e 22 7.2	3.018	− 11 48 25	19.74	**Fd. K. s. 148**	− 11.3098	
3767	Leo	6.3	22 47.1	3.068	− 1 8 57	19.79	Cordob. 15662	− 0.2442	
3768*	84 τ Leonis	5.4	22 47.6	3.084	+ 3 24 25	19.80	**Naut. Al.**	+ 3.2504	OΣ² 110
3769	Ursa maj.	6.1	23 22.3	3.478	+ 62 19 14	19.80	Hels. 6772	+ 62.1183	
3770*	57 Ursae maj.	5.5	e 23 41.2	3.249	+ 39 53 14	19.80	Bonn 8057	+ 40.2433	Σ 1543
3771*	Centaurus	5.3	11 23 46.0	+ 2.882	− 42 7 28	− 19.80	Cordob. 15684		Δ 109
3772	Ursa maj.	6.5	24 8.2	3.897	+ 57 17 24	19.81	Hels. 6776	+ 57.1324	
3773	Musca	6.5*	24 13.2	2.435	− 71 55 22	19.81	Cordob. 15701		
3774	85 Leonis	6.1	e 24 29.4	3.132	+ 15 57 58	19.81	Berl. A. 4440	+ 16.2266	G
3775*	Hydra	5.7	24 40.3	2.980	− 23 54 49	19.82	Cordob. 15707		
3776	Camelopard.	6.4	24 48.1	4.471	+ 81 40 40	19.82	Greenw. (00) 2034	+ 81.373	
3777	Ursa maj.	6.5	24 57.8	3.293	+ 47 12 28	19.82	Bonn 8075	+ 47.1880	G
3778	58 Ursae maj.	6.1	e 25 6.5	3.260	+ 43 43 20	19.75	**Fd. K. 437**	+ 43.2122	
3779	87 e Leonis	*5.1*	25 12.3	3.064	− 2 27 5	19.82	**Fd. K. s. 149**	− 2.3360	
3780	86 Leonis	5.9	e 25 16.2	3.142	+ 18 57 37	19.82	Berl. A. 4446	+ 19.2459	
3781	Ursa maj.	6.5	11 25 27.7	+ 3.299	+ 48 28 58	− 19.82	Bonn 8081	+ 48.1952	
3782	1 λ Draconis	3.8	e 25 28.4	3.613	+ 69 52 59	19.85	**Fd. K. 162**	+ 70.665	Σ¹ 1317 G
3783	88 Leonis	6.4	e 26 35.9	3.125	+ 14 55 23	19.84	Berl. A. 4451	+ 15.2345	Σ 1547
3784*	Ursa maj.	5.7	26 41.1	3.431	+ 61 38 13	19.84	Hels. 6798	+ 61.1246	OΣ 235
3785	Crater	6.3	26 48.1	3.001	− 20 13 33	19.84	Cordob. 15748	+ 19.3285	
3786*	o¹ Centauri	4.9	27 8.8	2.760	− 58 53 24	19.85	Cordob. 15755		h 4445
3787	o² Centauri	5.3	27 11.6	2.760	− 58 57 49	19.85	Cordob. 15756		
3788*	N Hydrae	5.0	e 27 19.1	2.969	− 28 42 50	19.85	Cordob. 15760		Δ 111
3789	Hydra	6.5	27 25.4	2.980	− 26 11 44	19.85	Cordob. 15764		R
3790	Crater	6.2	27 42.5	3.049	− 7 16 32	19.85	W.-Ott. 4316	− 7.3250	GR
3791	Centaurus	5.8	11 27 55.9	+ 2.917	− 39 53 9	− 19.86	Cordob. 15776		O
3792	Hydra	5.3	e 27 57.4	2.965	− 30 32 6	19.86	Cordob. 15777		R
3793	ξ Hydrae	3.8	e 28 4.9	2.943	− 31 18 16	19.88	**Fd. K. 581**		h 4449 R
3794	Crater	6.1	28 12.2	3.020	− 15 43 35	19.86	Cordob. 15788	− 15.3295	
3795	Ursa maj.	6.5	e 28 37.6	3.212	+ 37 22 10	19.86	Lund 5233	+ 37.2195	
3796*	Centaurus	5.4	28 45.1	2.920	− 40 2 6	19.87	Cordob. 15795		I. 78
3797	89 Leonis	6.0	e 29 15.2	3.084	+ 3 36 58	19.87	Alb. 4307	+ 3.2521	
3798	Leo	6.5	29 16.4	3.056	− 4 58 30	19.87	Cordob. 15805	− 4.3096	
3799*	90 Leonis	6.1	29 30.3	3.128	+ 17 21 49	19.88	Berl. A. 4462	+ 17.2374	Σ 1552
3800	Ursa maj.	5.8	11 29 34.4	+ 3.329	+ 55 20 16	− 19.88	Hels. 6817	+ 55.1473	

Nr. 3752. h 4432, Begl. 7.4m; d=2″.5, p=295°.
Nr. 3756. h 840, Begl. 10.5m; d=5″, p=100°.
Nr. 3768. OΣ² 110, Begl. 7m: d=90″, p=170°.
Nr. 3770. Σ 1543, Begl. 8.2m; d=5″.5, p=5°.
Nr. 3771. Δ 109, Begl. 8.4m; d=13″.5, p=168°.
Nr. 3775 Begl. 8.0m; d=8″.5, p=78°.

Nr. 3784. OΣ 235. Siehe Tabelle „Bahnen von Doppelsternen“ Nr. 23.
Nr. 3786. h 4445, Begl. 10.5m; d=10″, p=130°.
Nr. 3788. Δ 111, Begl. 5.9m; d=9″, p=210°.
Nr. 3796. I. 78, Begl. 6.4m; d=1″, p=92°.
Nr. 3799. Σ 1532, 2 Begl. B, 7.3m; d=3″, p=210°. C, 9m; d=63″, p=235°.

Kat. Nr.	Bezeichnung des Sternes	Gr.	Mittl. A. R. für 1900.0	Jährl. Veränd.	Mittl. Dekl. für 1900.0	Jährl. Veränd.	Nachweis	B. D.	Bemerkungen
			h m s	s	° ′ ″	″		°	
3801	Hydra	6.0	e 11 29 39.8	+ 2.961	− 32 18 20	− 19.88	Cordob. 15815		
3802	A Centauri	4.8	30 1.5	2.833	− 53 42 43	19.88	Cordob. 15825		
3803	Centaurus	5.6	30 9.9	2.875	− 48 35 22	19.88	Cordob. 15827		
3804	2 Draconis	5.3	e 30 11.1	3.546	+ 69 52 46	19.88	Greenw. (99) 2568	+ 70.670	
3805	C^1 Centaurus	5.7	30 24.1	2.888	− 46 49 9	19.89	Cordob. 15832		
3806*	Leo	6.0	31 2.3	3.164	+ 28 20 2	19.89	Camb. E. 5809	+ 28.2022	Σ 1555; h 504
3807*	Centaurus	cum.	31 5.0	2.769	− 61 1 29	19.89	Cordob. 15843		N.G.K. 3766
3808	λ Centauri	3.3	e 31 10.0	2.742	− 62 27 59	19.91	**S. Fd. K. 216**		
3809	21 ϑ Crateris	4.6	e 31 36.5	3.040	− 9 14 57	19.89	**Fd. K. s. 150**	− 8.3202	
3810*	Hydra	5.8	e 31 37.4	2.965	− 33 0 55	19.90	Cordob. 15854		h 4453
3811*	Centaurus	cum.	11 31 41.6	+ 2.781	− 60 29 56	− 19.90	Cordob. 15862		
3812	Centaurus	6.2	31 44.9	2.949	− 36 41 1	19.90	Cordob. 15860		
3813	91 υ Leonis	*4.3*	e 31 49.7	3.070	− 0 16 18	19.85	**Fd. K. 438**	− 0.2458	R
3814	Hydra	6.4	32 3.5	2.968	− 32 25 57	19.90	Cordob. 15869		
3815	Centaurus	5.2	32 23.6	2.786	− 60 43 48	19.91	Cordob. 15877		
3816	Ursa maj.	6.3	e 32 28.6	3.272	+ 51 10 21	19.91	Camb. U.S. 3889	+ 51.1679	
3817	C^3 Centauri	5.4	32 43.3	2.901	− 47 11 38	19.91	Cordob. 15883		
3818	Leo	6.4	32 58.1	2.990	+ 9 26 14	19.91	Leipz. II. 5864	+ 9.2523	
3819	59 Ursae maj.	5.8	e 33 1.4	3.225	+ 44 10 48	19.91	Bonn 8130	+ 44.2110	
3820	π^1 Chamael.	5.7	e 33 8.2	2.436	− 75 20 34	19.92	**S. Fd. K. 217**		
3821	60 Ursae maj.	6.4	e 11 33 11.6	+ 3.242	+ 47 23 20	− 19.92	Bonn 8131	+ 47.1894	
3822*	Ursa maj.	6.6	33 12.2	3.405	+ 64 54 2	19.92	Christ. 1791	+ 65.843	Σ 1559
3823	Ursa maj.	6.4	33 15.8	3.178	+ 34 10 48	19.92	Leid. 4481	+ 34.2242	G
3824*	Virgo	6.2	33 17.5	3.068	− 1 52 57	19.92	Nic. 3285	− 1.2546	Σ 1560
3825	1 ω Virginis	5.5	33 18.2	3.096	+ 8 41 16	19.92	Leipz. II. 5867	+ 8.2532	RG
3826	Centaurus	5.4	33 27.2	2.791	− 61 16 24	19.92	Cordob. 15901		
3827	24 ι Crateris	5.5	e 33 35.2	3.039	− 12 39 8	19.92	Cordob. 15903	− 12.3466	
3828	Crater	6.4	33 59.2	3.004	− 24 9 33	19.92	Cordob. 15913		
3829	Crater	6.5	34 47.0	3.030	− 16 3 56	19.93	Cordob. 15930	− 15.3323	OR
3830	Crater	6.4	34 47.5	3.037	− 13 54 51	19.93	Cordob. 15931	− 13.3420	β 1078
3831	Musca	5.1	11 34 51.6	+ 2.760	− 64 50 36	− 19.93	Cordob. 15937		I. 34
3832	o Hydrae	4.8	e 35 14.7	2.970	− 34 11 26	19.92	**S. Fd. K. 218**		
3833	92 Leonis	5.4	e 35 35.2	3.130	+ 21 54 31	19.94	Berl. B. 4334	+ 22.2391	
3834	61 Ursae maj.	5.6	e 35 47.2	3.171	+ 34 46 4	19.94	Lund 5255	+ 35.2270	
3835	Centaurus	4.8	36 10.1	2.816	− 61 32 8	19.94	Cordob. 15975		
3836	Hydra	6.5	36 13.1	2.999	− 28 38 57	19.94	Cordob. 15972		
3837	Ursa maj.	6.4	36 18.8	3.275	+ 55 43 34	19.95	Hels. 6867	+ 55.1481	G
3838	62 Ursae maj.	6.0	e 36 22.9	3.160	+ 32 17 58	19.95	Leid. 4497	+ 32.2179	
3839	Centaurus	5.7	36 25.0	2.946	− 42 32 29	19.95	Cordob. 15983		
3840*	Hydra	5.4	e 36 44.4	2.988	− 31 56 38	19.95	Cordob. 15986		h 4465 R
3841	3 Draconis	5.5	e 11 36 54.0	+ 3.388	+ 67 17 54	− 19.92	**Fd. K. 439**	+ 67.714	
3842	Crater	6.3	37 0.6	3.024	− 19 44 16	19.95	Cordob. 15993	− 19.3326	
3843	Chamael.	6.2	37 33.5	2.074	− 82 32 44	19.96	Cordob. 16016		
3844	Centaurus	6.2	38 28.4	2.978	− 36 38 4	19.96	Cordob. 16026		
3845	Centaurus	5.2	38 45.1	2.840	− 61 56 3	19.97	Cordob. 16039		
3846	Virgo	6.2	38 48.6	3.060	− 6 7 15	19.97	W.-Ott. 4360	− 5.3340	
3847	Leo	6.2	39 0.8	3.132	+ 25 46 22	19.97	Camb. E. 5854	+ 26.2250	OΣ 239 G
3848	27 ζ Crateris	4.8	39 41.6	3.036	− 17 47 41	19.98	**Fd. K. s. 151**	− 17.3460	
3849	2 ξ Virginis	5.1	e 40 7.8	3.091	+ 8 48 50	19.98	Leipz. II. 5906	+ 9.2545	
3850	3 ν Virginis	4.2	e 11 40 43.2	+ 3.087	+ 7 5 26	− 19.98	Leipz. II. 5910	+ 7.2479	RG

Nr. 3806. Σ 1555, Begl. 6.8m; d = 0″.5, p = 345°.

Nr. 3807. N. G. K. 3766, ziemlich großer und reicher Sternhaufen 7—11m.

Nr. 3810. h 4453, Begl. 9.0m karminrot; d = 3″.5, p = 244°.

Nr. 3811. Cum., Hptst. eines weitzerstreuten Sternhaufens mit Sternen zwischen 7.—10. Größe.

Nr. 3822. Σ 1559, Begl. 8m; d = 2″.5, p = 330°.

Nr. 3824. Σ 1560, Begl. 10″.2m; d = 5″, p = 280°.

Nr. 3840. h 4465, Begl 10″.2m; d = 27″, p = 350°. Außerdem noch 2 Begl. C. 8.7m; 4″ n.f.; D. 8.7m; 60″ n.f.

Kat. Nr.	Bezeichnung des Sternes	Gr.	Mittl. A. R. für 1900.0	Jährl. Veränd.	Mittl. Dekl. für 1900.0	Jährl. Veränd.	Nachweis	B. D.	Bemerkungen
			h m s	s	° ′ ″	″		°	
3851	63 χ Ursae maj.	3.9	e 11 40 46.3	+ 3.184	+ 48 20 2	− 19.96	**Fd. K. 163**	+ 48.1966	Σ¹ 1346 G
3852	Centaurus	5.4	40 47.1	2.960	− 45 8 5	19.98	Cordob. 16080		
3853	λ Muscae	3.8	e 40 53.1	2.800	− 66 10 28	19.95	**S. Fd. K. 219**		h 4471
3854	Ursa maj.	5.4	41 34.6	3.233	+ 56 11 5	19.99	Hels. 6901	+ 56.1544	
3855	Centaurus	4.3	e 41 40.5	2.879	− 60 37 21	20.01	**S. Fd. K. 220**		
3856	Centaurus	5.0	e 41 47.0	2.984	− 39 57 28	19.99	Cordob. 16103		
3857	Centaurus	6.5	42 5.9	2.999	− 35 21 1	19.99	Cordob. 16110		
3858	Hydra	6.5	42 16.4	3.013	− 29 43 22	19.99	Cordob. 16114		
3859	Centaurus	6.3*	42 26.2	2.914	− 57 8 29	19.99	Cordob. 16120		
3860	4 A^1 Virginis	5.6	e 42 46.7	3.088	+ 8 48 4	20.00	Leipz. II. 5924	+ 9.2549	Hh 380
3861*	93 Leonis	4.8	e 11 42 49.9	+ 3.111	+ 20 46 29	− 20.00	Berl. B. 4366	+ 21.2358	Hh 381
3862	Crater	6.3	e 43 18.3	3.056	− 9 45 15	20.00	W.-Ott. 4384	− 9.3366	
3863	μ Muscae	4.7	43 25.7	2.852	− 66 15 31	20.00	Cordob. 16133		
3864	Leo	6.1	e 43 30.2	3.098	+ 14 50 23	20.00	Leipz. I. 4405	+ 15.2381	β 603
3865	Hydra	5.3	e 43 42.0	3.022	− 26 11 37	20.01	**S. Fd. K. 221**		
3866	Virgo	6.5	43 55.5	3.073	+ 0 14 12	20.00	Nic. 3311	+ 0.2843	
3867*	94 β Leonis	2.6	e 43 57.5	3.062	+ 15 7 52	20.10	**Fd. K. 164**	+ 15.2383	β604; Σ¹1350
3868	Leo	6.3	44 4.7	3.111	+ 16 48 3	20.00	Berl. A. 4529	+ 17.2402	
3869	Ursa maj.	6.0	44 30.2	3.137	+ 35 29 14	20.00	Lund 5285	+ 35.2284	
3870	j Centauri	4.6	44 49.3	2.898	− 63 13 37	20.01	Cordob. 16151		
3871	Musca	4.9	11 45 9.7	+ 2.839	− 69 40 10	− 20.01	Cordob. 16162		
3872	Crater	6.3	45 14.3	3.049	− 15 18 29	20.01	Cordob. 16161	− 15.3363	
3873*	5 β Virginis	3.9	e 45 29.1	3.124	+ 2 19 42	20.27	**Fd. K. 165**	+ 2.2489	Σ¹ 1351
3874	Centaurus	6.5*	45 33.4	2.914	− 62 5 35	20.01	Cordob. 16169		
3875	Hydra	6.5	45 34.3	3.030	− 26 43 19	20.01	Cordob. 16167		
3876	Virgo	5.9	45 55.4	3.065	− 4 46 38	20.01	Cordob. 16174	− 4.3152	
3877	Ursa maj.	6.4	45 57.9	3.128	+ 33 55 49	20.01	Leid. 4530	+ 34.2264	
3878	B Centauri	4.7	e 46 8.6	2.982	− 44 37 2	20.05	**S. Fd. K. 222**		
3879*	Crater	6.2	46 17.7	3.056	− 11 37 58	20.02	Radcliffe(90)3077	− 11.3190	
3880	Hydra	5.9	e 46 38.2	3.026	− 30 16 6	20.02	Cordob. 16192		R
3881	Musca	5.1	11 46 58.1	+ 2.912	− 64 38 58	− 20.02	Cordob. 16200		
3882	Centaurus	5.6	47 13.8	2.960	− 56 25 57	20.02	Cordob. 16206		
3883*	β Hydrae	4.3	e 47 51.4	3.026	− 33 21 6	20.02	Cordob. 16217		h 4478
3884	Hydra	6.2	48 24.0	3.026	− 34 30 33	20.03	Cordob. 16225		
3885*	64 γ Ursae maj.	2.7	e 48 34.4	3.175	+ 54 15 3	20.02	**Fd. K. 166**	+ 54.1475	Σ¹ 1358
3886	Centaurus	6.5	49 25.5	3.025	− 37 11 40	20.03	Cordob. 16247		Howe 17
3887	Hydra	5.5	49 37.1	3.045	− 25 9 34	20.03	Cordob. 16252		
3888*	65 Ursae maj.	6.2	49 53.7	3.136	+ 47 2 0	20.03	Bonn 8252	+ 47.1913	Σ1579; OΣ² [113
3889	6 A^2 Virginis	5.8	e 49 55.4	3.082	+ 9 0 1	20.03	Leipz. II. 5959	+ 9.2560	
3890	95 o Leonis	5.8	50 32.0	3.089	+ 16 12 12	20.03	Berl. A. 4564	+ 16.2319	Hh 386
3891	Hydra	6.1	11 50 35.0	+ 3.042	− 27 55 10	− 20.04	Cordob. 16277		
3892	66 Ursae maj.	6.1	50 45.0	3.156	+ 57 9 18	20.04	Hels. 6951	+ 57.1343	G
3893	Centaurus	6.3	50 50.3	3.030	− 39 7 56	20.04	Cordob. 16282		
3894	30 η Crateris	5.2	e 50 55.1	3.051	− 16 35 38	20.02	**Fd. K. s. 153**	− 16.3358	
3895	Ursae maj.	6.4	51 40.2	3.164	+ 62 6 26	20.04	Hels. 6962	+ 62.1204	
3896	Corvus	6.5	51 49.4	3.061	− 13 11 33	20.04	Cordob. 16302	− 12.3532	
3897	Hydra	6.2	51 59.2	3.043	− 32 45 31	20.04	Cordob. 16309		
3898	Crux	6.3*	52 38.5	2.993	− 61 53 30	20.04	Cordob. 16329		
3899	Crux	5.6	e 53 11.8	3.008	− 55 45 38	20.07	**S. Fd. K. 223**		
3900	Crux	6.3*	11 53 45.0	+ 3.005	− 63 46 58	− 20.05	Cordob. 16359		

Nr. 3861. Hh 381, Begl. 8.4m; d = 74″, p = 356°.

Nr. 3867. β Leonis (majoris) = ***Denebola.***

Nr. 3873. β Virginis = ***Alaraph.***

Nr. 3879. Dieser Stern ist in keinem der sonst benutzten Kataloge zu finden. Auch Lalande hat ihn nicht beobachtet. Heiß hat ihn auch nicht. B. D. gibt 6.2m, ebenso die Harvard-Photom.; Radcliffe Cat. 7—6m.

Nr. 3883. h 4478, Begl. 5.5m; d = 1″.8, p = 350°.

Nr. 3885. γ Ursae majoris = ***Plekda.***

Nr. 3888. Σ 1579, OΣ² 113, 2 Begl. B, 6.5m blau; d = 4″, p = 40°. C, 7.1m; d = 63″, p = 114°. (A+B = 6.8m nach Potsd. Ph.)

Kat. Nr.	Bezeichnung des Sternes	Gr.	Mittl. A. R. für 1900.0	Jährl. Veränd.	Mittl. Dekl. für 1900.0	Jährl. Veränd.	Nachweis	B. D.	Bemerkungen
			h m s	s	° ′ ″	″		°	
3901	Hydra	6.3	11 53 48.3	+ 3.057	− 25 21 5	− 20.05	Cordob. 16360		
3902	Virgo	6.4	e 53 56.5	3.073	+ 1 5 11	20.05	Alb. 4389	+ 1.2636	G
3903	Ursa maj.	6.2	54 9.0	3.095	+ 33 43 26	20.05	Leid. 4559	+ 33.2176	β 919
3904*	ε Chamael.	5.1	e 54 39.4	2.914	− 77 39 54	20.06	**S. Fd. K. 224**		h 4486
3905	7 b Virginis	5.7	54 49.6	3.075	+ 4 12 43	20.05	Alb. 4392	+ 4.2556	
3906	Camelopard.	6.4	55 5.6	3.262	+ 81 24 40	20.05	Greenw. (99) 2656	+ 81.389	G
3907	Corvus	6.4	55 35.4	3.062	− 21 16 49	20.05	Cordob. 16401	− 21.3443	β 1079
3908	Crater	5.6	e 55 36.4	3.072	− 9 52 34	20.55	**Fd. K. s. 154**	− 9.3413	
3909	Corona	5.3	55 44.3	3.064	− 19 6 8	20.05	Cordob. 16406	− 18.3295	
3910	8 π Virginis	4.9	e 55 44.8	3.074	+ 7 10 18	20.09	**C. d. T.**	+ 7.2502	
3911	Virgo	6.4	11 55 54.7	+ 3.072	− 1 12 33	− 20.05	Cordob. 16409	− 0.2520	
3912	Ursa maj.	5.7	56 32.6	3.088	+ 36 36 5	20.05	Lund 5327	+ 36.2230	
3913	67 Ursae maj.	5.4	e 57 2.9	3.089	+ 43 36 0	20.05	Bonn 8311	+ 43.2179	
3914*	Octans	5.9	57 19.2	2.890	− 85 4 30	20.05	Cape (90) 1370		h 4490
3915	Musca	6.1	57 31.2	3.036	− 68 38 6	20.05	Cordob. 16441		
3916	Virgo	6.5	57 44.6	3.071	− 7 7 38	20.05	W.-Ott. 4455	− 6.3499	
3917	ϑ Crucis	4.5	e 57 55.8	3.026	− 62 45 23	20.07	**S. Fd. K. 225**		
3918	Centaurus	5.2	e 58 28.7	3.091	− 41 52 27	20.18	**S. Fd. K. 226**		
3919	Draco	6.3	58 30.2	3.096	+ 69 34 36	20.05	Christ. 1848	+ 69.638	
3920	Virgo	6.5	e 58 38.4	3.074	+ 6 7 2	20.05	Leipz. II. 6004	+ 6.2543	
3921	Virgo	6.5	11 58 53.0	+ 3.072	− 9 44 23	− 20.05	W.-Ott. 4458	− 9.3425	
3922*	2 Comae	6.3	59 9.4	3.075	+ 22 0 58	20.05	Berl. B. 4433	+ 22.2437	Σ 1596
3923	ϑ^2 Crucis	4.9	59 10.2	3.063	− 62 36 32	20.05	Cordob. 16479		
3924	Musca	5.4	59 29.5	3.065	− 67 46 18	20.05	Cordob. 16481		
3925	κ Chamael.	4.9	59 37.1	3.074	− 75 57 50	20.05	Cordob. 16484		
3926	Camelopard.	6.5	e 59 44.6	3.089	+ 86 8 28	20.05	II. Ten. Y.C. 3203	+ 86.176	
3927	Crux	5.9	11 59 47.9	3.071	− 60 24 41	20.05	Cordob. 16488		R
3928	9 o Virginis	4.3	e 12 0 6.9	3.057	+ 9 17 18	20.00	**Fd. K. 167**	+ 9.2583	G
3929	Draco	5.9	e 0 10.3	3.112	+ 77 27 54	20.17	**Fd. K. 440**	+ 77.461	
3930	Ursa maj.	6.2	0 36.2	3.066	+ 63 29 32	20.05	Hels. 7014	+ 63.999	
3931	Musca	6.4	12 0 42.4	+ 3.082	− 64 59 24	− 20.05	Cordob. 16508		
3932	Hydra	6.3	0 48.4	3.076	− 35 8 14	20.05	Cordob. 16512		
3933*	Musca	5.9	1 12.0	3.087	− 65 9 8	20.05	Cordob. 16534		h 4498
3934	η Crucis	4.3	1 39.8	3.093	− 64 3 19	20.05	Cordob. 16541		h 4501
3935	λ Muscae	5.1	2 34.5	3.127	− 74 48 39	20.05	Cordob. 16560		
3936	Centaurus	6.4	2 54.2	3.094	− 50 12 24	20.05	Cordob. 16565		
3937	Centaurus	4.8	2 54.6	3.093	− 50 6 15	20.05	Cordob. 16566		
3938	E Centauri	5.6	3 4.2	3.091	− 48 8 6	20.05	Cordob. 16570		
3939	δ Centauri	2.8	e 3 10.4	3.089	− 50 9 56	20.07	**S. Fd. K. 227**		
3940	Crux	6.2	3 11.7	3.105	− 60 17 26	20.05	Cordob. 16574		
3941*	1 α Corvi	4.2	e 12 3 15.2	+ 3.080	− 24 10 16	− 20.05	Cape (90) 1383		
3942	Centaurus	5.9	3 43.4	3.094	− 43 46 6	20.05	Cordob. 16588		
3943	Centaurus	5.5	3 44.4	3.090	− 40 40 28	20.05	Cordob. 16589		
3944	10 Virginis	6.1	e 4 33.8	3.071	+ 2 27 37	20.05	Alb. 4440	+ 2.2517	
3945*	Hydra	6.0	4 52.6	3.092	− 34 8 53	20.05	Cordob. 16612		Jacob (8)
3946	Draco	6.5	4 55.9	2.963	+ 75 13 4	20.05	Kas. 2227	+ 75.469	
3947	11 Virginis	6.0	e 4 57.8	3.069	+ 6 21 46	20.05	Leipz. II. 6028	+ 6.2559	
3948	2 ε Corvi	3.4	e 4 58.8	3.079	− 22 3 49	20.03	**Fd. K. 582**	− 21.3487	
3949	Virgo	6.5	5 19.3	3.077	− 7 13 6	20.05	W.-Ott. 4484	− 6.3518	
3950*	Centaurus	6.0	12 5 22.5	+ 3.096	− 37 18 46	− 20.05	Cordob. 16622		λ 145; Δ 118

Nr. 3904. h 4486, Begl. 6.3m; d=2″, p=188°.
Nr. 3914. h 4490, Begl. 9.0m blau; d=25″, p=145°.
Nr. 3922. Σ 1596, Begl. 7.5m blau; d=3″.7, p=241°.
Nr. 3933. h 4498, Begl. 8.1m blau; d=9″, p=60°.
Nr. 3941. α Corvi = ***Alchita.***
Nr. 3945. Begl. 8.8m; d=3″, p=20°.
Nr. 3950. λ 145, Begl. 8.6m; d<1″, p=50°.

Kat. Nr.	Bezeichnung des Sternes	Gr.	Mittl. A. R. für 1900.0	Jährl. Veränd.	Mittl. Dekl. für 1900.0	Jährl. Veränd.	Nachweis	B. D.	Bemerkungen
			h m s	s	° ′ ″	″		°	
3951	Coma	6.2	12 5 41.4	+ 3.055	+ 27 50 17	— 20.05	Camb. E. 6016	+ 28.2084	
3952	Centaurus	6.4	5 50.9	3.106	— 44 51 59	20.05	Cordob. 16632		I. 423
3953	3 Corvi	5.4	e 5 55.0	3.087	— 23 2 43	20.05	Cordob. 16634	— 22.3305	
3954	ϱ Centauri	4.2	6 25.8	3.119	— 51 48 41	20.05	Cordob. 16652		
3955	Camelopard.	6.2	e 6 30.4	2.793	+ 82 15 59	20.04	Greenw. (00) 2125	+ 82.356	$O\Sigma^2$ 117 G
3956	68 Ursae maj.	6.5	6 45.9	3.011	+ 57 36 40	20.05	Hels. 7057	+ 57.1359	G
3957	4 Comae	5.8	e 6 47.0	3.053	+ 26 25 38	20.04	Camb. E. 6023	+ 26.2316	
3958	5 Comae	5.8	7 4.3	3.057	+ 21 5 56	20.04	Berl. B. 4463	+ 21.2398	
3959	4 Hev. Draconis	5.3	7 31.1	2.865	+ 78 10 19	20.02	**Fd. K. 168**	+ 78.412	
3960	Centaurus	5.9	8 13.1	3.110	— 38 22 20	20.04	Cordob. 16688		
3961	12 Virginis	6.1	e 12 8 20.5	+ 3.064	+ 10 49 7	— 20.04	Leipz. I. 4517	+ 11.2440	
3962*	Hydra	6.2	8 25.3	3.105	— 33 14 10	20.04	Cordob. 16690		I. 217
3963*	*D* Centauri	5.6	8 49.0	3.124	— 45 10 4	20.04	Cordob. 16700		R. 14
3964	Virgo	6.5	9 8.0	3.077	— 5 9 51	20.04	Cordob. 16713	— 4.3235	h 203
3965	1 Canum ven.	6.4	e 9 46.2	2.994	+ 53 59 29	20.03	Camb. U.S. 4030	+ 54.1504	
3966	Corvus	5.9	9 49.5	3.093	— 20 17 17	20.03	Cordob. 16727	— 20.3606	
3967	δ Crucis	3.1	e 9 50.0	3.158	— 58 11 34	20.04	**S. Fd. K. 229**		
3968	Hydra	6.5	9 55.4	3.104	— 28 40 49	20.03	Cordob. 16731		
3969	Virgo	*6.0*	e 10 1.7	3.083	— 9 43 34	20.03	W.-Ott. 4511	— 9.3468	
3970	Draco	5.8	10 22.7	2.899	+ 70 45 25	20.03	Greenw. (02) 1910	+ 71.610	
3971*	69 δ Ursae maj.	3.5	e 12 10 28.8	+ 2.990	+ 57 35 17	— 20.03	**Fd. K. 169**	+ 57.1363	
3972	Corvus	6.4	10 36.1	3.099	— 22 47 48	20.03	Cordob. 16740	+ 22.3322	
3973	4 γ Corvi	2.7	e 10 39.7	3.079	— 16 59 12	20.00	**Fd. K. 583**	— 16.3424	
3974	Musca	6.5*	10 52.8	3.268	— 72 3 28	20.03	Cape (90) 1400		
3975	Corvus	5.9	10 54.0	3.092	— 16 8 15	20.03	Cordob. 16752	— 15.3442	
3976	6 Comae	5.4	e 10 55.8	3.055	+ 15 27 21	20.03	Berl. A. 4631	+ 15.2436	
3977	Draco	6.4	10 59.6	2.862	+ 73 6 27	20.03	Greenw. (00) 2138	+ 73.549	
3978*	2 Canum ven.	5.8	11 7.0	3.018	+ 41 13 1	20.06	**Fd. K. 441**	+ 41.2284	Σ 1622 G
3979	7 Comae	5.2	e 11 17.1	3.043	+ 24 30 5	20.03	Berl. B. 4476	+ 24.2443	
3980	Canes ven.	5.1	11 28.7	3.028	+ 33 37 16	20.03	Leid. 4637	+ 33.2213	
3981	Musca	6.2	12 11 41.6	+ 3.219	— 65 8 12	— 20.03	Cordob. 16756		
3982	ε Muscae	4.2	e 12 9.9	3.199	— 67 24 16	20.05	**S. Fd. K. 230**		
3983	Coma	6.0	12 28.5	3.032	+ 29 29 30	20.02	Camb. E. 6053	+ 29.2275	Σ*O* 245
3984	β Chamael.	4.3	e 12 28.5	3.421	— 78 45 25	20.00	**S. Fd. K. 231**		
3985	Ursa maj.	5.9	12 33.6	2.973	+ 53 44 55	20.02	Camb. U.S. 4038	+ 54.1510	G
3986*	Centaurus	6.1	12 34.1	3.124	— 35 32 16	20.02	Cordob. 16772		Russell 193
3987	Coma	6.5	e 12 39.1	3.052	+ 15 42 7	20.02	Berl. A. 4634	+ 15.2442	G
3988	ζ Crucis	4.2	13 1.2	3.223	— 63 26 49	20.02	Cordob. 16778		h 4512
3989*	Virgo	6.1	13 1.8	3.077	— 3 23 38	20.02	Cordob. 16782	— 3.3262/3	Σ 1627
3990	Coma	6.5	13 29.0	3.026	+ 30 48 32	20.02	Leid. 4642	+ 31.2350	
3991	13 Virginis	6.2	12 13 32.7	+ 3.072	— 0 13 52	— 20.02	Nic. 3392	+ 0.2920	
3992	*F* Centauri	5.0	13 40.1	3.185	— 54 35 14	20.02	Cordob. 16793		
3993	Ursa min.	6.5	e 13 56.5	1.525	+ 86 59 30	20.02	Greenw. (00) 2144	+ 87.107	
3994	8 Comae	6.5	14 16.2	3.036	+ 23 35 25	20.01	Berl. B. 4490	+ 23.2448	
3995	Ursa min.	6.5	e 14 20.8	0.184	+ 88 15 15	19.95	**C. d. T.**	+ 88.71	
3996	Draco	5.7	e 14 21.0	2.744	+ 75 42 56	20.01	Kas. 2241	+ 75.470	
3997	15 η Virginis	4.2	e 14 47.3	3.067	— 0 6 40	20.03	**Fd. K. 170**	+ 0.2926	
3998	3 Canum ven.	5.4	14 53.4	2.971	+ 49 32 19	20.01	Bonn 8452	+ 49.2130	G
3999	Musca	6.4	14 59.1	3.262	— 65 17 13	20.01	Cordob. 16817		
4000*	Corvus	6.1	e 12 15 0.3	+ 3.107	— 21 37 10	— 20.01	Cordob. 16820	— 21.3511	β 605

Nr. 2962. I. 217, Begl. 9.1m; d = 1″, p = 165°.
Nr, 3963. R. 14, Begl. 7.2m; d = 3″, p = 240°.
Nr. 3971. δ Ursae maj. = ***Megrez.***
Nr. 3978. Σ 1622, Hptst. goldgelb, Begl. 8.0m blau; d = 11″.4, p = 260°.

Nr. 3986. Russell 193, Begl. 7.4m; d = 1″, p = 168°.
Nr. 3989. Σ 1627, Begl. 6.4m; d = 20″, p = 196°.
Nr. 4000. β 605, Begl. 8.8m; d = 1″, p = 140°.

Kat. Nr.	Bezeichnung des Sternes	Gr.	Mittl. A. R. für 1900.0	Jährl. Veränd.	Mittl. Dekl. für 1900.0	Jährl. Veränd.	Nachweis	B. D.	Bemerkungen
			h m s	s	° ′ ″	″		°	
4001	16 c Virginis	5.0	e 12 15 16.6	+ 3.067	+ 3 52 12	− 20.01	Alb. 4465	+ 4.2604	
4002	Coma	6.5	e 15 16.8	3.028	+ 26 33 22	20.01	Camb. E. 6070	+ 26.2329	
4003	Coma	5.7	15 18.2	3.027	+ 27 10 41	20.01	Camb. E. 6071	+ 27.2114	
4004	5 ζ Corvi	5.2	e 15 23.1	3.109	− 21 39 35	20.01	Cordob. 16824	− 21.3514	β 1245
4005	Coma	7.4	15 38.8	3.025	+ 27 36 44	20.01	Camb. E. 6072	+ 27.2115	} zusammen
4006	Coma	7.4	15 39.6	3.028	+ 27 36 48	20.01	Camb. E. 6073	+ 27.2115	6.5m
4007	11 Comae	4.9	e 15 40.1	3.042	+ 18 20 40	20.01	Berl. A. 4649	+ 18.2592	
4008	Corvus	5.2	15 45.9	3.093	− 13 0 39	19.99	**Fd. K. s. 159**	− 12.3614	
4009	ε Crucis	3.5	e 15 57.6	3.208	− 59 50 55	19.92	**S. Fd. K. 232**		RR
4010	70 Ursae maj.	5.7	e 16 0.1	2.921	+ 58 25 18	20.00	Hels. 7119	+ 58.1371	G
4011	ζ² Muscae	5.3	12 16 33.9	3.299	− 66 58 1	− 20.00	Cordob. 16845		
4012	ζ¹ Muscae	6.5*	16 37.0	3.310	− 67 45 2	20.00	Cordob. 16847		
4013	Coma	6.5	17 9.4	3.025	+ 25 19 44	20.00	Camb. E. 6088	+ 25.2498	
4014	Crux	6.3*	17 24.6	3.230	− 57 7 15	20.00	Cordob. 16867		
4015*	12 Comae	5.0	17 28.8	3.022	+ 26 24 3	19.99	Camb. E. 6089	+ 26.2337	Σ¹ 1415
4016	Octans	6.3	17 37.1	4.398	− 85 35 45	19.99	Cordob. 16859		
4017	6 Corvi	5.8	18 9.0	3.120	− 24 17 8	19.99	Cordob. 16887		
4018	χ¹ Centauri	5.4	18 19.9	3.147	− 34 51 28	19.99	Cordob. 16894		
4019	Centaurus	6.5	18 19.9	3.158	− 38 44 52	19.99	Cordob. 16893		
4020	Centaurus	6.0	18 29.2	3.158	− 38 21 23	19.99	Cordob. 16896		
4021	4 Canum ven.	6.2	e 12 18 52.2	+ 2.970	+ 43 5 47	− 19.99	Bonn 8482	+ 43.2218	
4022	5 Canum ven.	5.0	e 19 10.0	2.929	+ 52 6 59	19.98	Camb. U.S. 4064	+ 52.1626	
4023	13 Comae	5.5	19 17.6	3.016	+ 26 39 11	19.98	Camb. E. 6102	+ 26.2344	
4024	Musca	6.4	19 42.9	3.322	− 65 12 44	19.98	Cordob. 16918		
4025	Centaurus	6.2	19 51.0	3.176	− 41 57 33	19.98	Cordob. 16923		
4026	Virgo	5.9	20 2.4	3.095	− 11 3 19	19.98	Cordob. 16926	− 10.3467	
4027	Hydra	6.2	20 4.3	3.132	− 27 11 41	19.98	Cordob. 16927		
4028	χ² Centauri	5.8	e 20 5.4	3.141	− 34 37 56	20.00	**S. Fd. K. 234**		
4029	Coma	6.2	e 20 13.3	3.019	+ 24 28 54	19.97	Berl. B. 4514	+ 24.2455	
4030	71 Ursae maj.	6.1	e 20 16.4	2.888	+ 57 19 56	19.97	Hels. 7156	+ 57.1373	G
4031	Ursa maj.	6.4	12 20 26.5	+ 2.825	+ 64 21 24	− 19.97	Hels. 7158	+ 64.896	
4032	6 Canum ven.	5.2	e 20 55.5	2.966	+ 39 34 24	19.99	**Fd. K. 442**	+ 39.2521	
4033*	α Crucis	1.0	e 21 2.1	3.303	− 62 32 41	19.99	**S. Fd. K. IX.**		Δ 122 med.
4034	G Centauri	5.1	21 7.9	3.223	− 50 53 46	19.97	Cordob. 16946		
4035	14 Comae	5.2	21 24.2	3.007	+ 27 49 20	19.97	Camb. E. 6115	+ 28.2115	
4036	Hydra	5.5	e 21 35.4	3.149	− 32 16 33	20.01	**S. Fd. K. 235**		
4037	15 γ Comae	4.5	e 21 57.5	3.002	+ 28 49 29	19.96	Camb. E. 6118	+ 29.2288	G
4038	Crux	6.4*	21 58.2	3.281	− 58 26 18	19.96	Cordob. 16962		R
4039	16 Comae	5.2	21 59.4	3.006	+ 27 22 46	19.96	Camb. E. 6119	+ 27.2134	
4040	Draco	6.5	22 4.2	2.665	+ 72 29 2	19.96	Greenw. (01) 2219	+ 72.565	
4041	σ Centauri	4.1	e 12 22 37.8	+ 3.222	− 49 40 36	− 19.97	**S. Fd. K. 236**		
4042	Corvus	6.4	22 38.0	3.111	− 16 4 42	19.96	Cordob. 16979	− 15.3471	
4043	Crux	6.5*	22 43.4	3.341	− 63 47 12	19.95	Cordob. 16978		
4044	Virgo	6.2	e 22 43.7	3.076	− 4 3 44	19.98	**Fd. K. s. 160**	− 3.3298	
4045	73 Ursae maj.	5.9	e 22 50.0	2.874	+ 56 15 59	19.95	Hels. 7173	+ 56.1598	R
4046	u Centauri	5.6	23 3.4	3.179	− 38 29 14	19.95	Cordob. 16991		
4047	Crux	6.2	23 7.4	3.270	− 55 50 48	19.95	Cordob. 16992		
4048*	17 Comae	5.6	23 54.1	3.003	+ 26 28 0	19.94	Camb. E. 6133	+ 26.2354	S. 638; β 1080
4049	Crux	5.7	24 23.2	3.283	− 55 58 21	19.94	Cordob. 17014		R
4050	18 Comae	5.8	12 24 27.0	+ 3.007	+ 24 39 42	− 19.94	Berl. B. 4525	+ 24.2464	

Nr. 4015. Σ¹ 1415, Begl. 8.5m hellrot; d = 6″.6, p = 170°.

Nr. 4033. Δ 122, α_1—α_2 Crucis, α_1 = 1.5m, α_2 = 1.8m; d = 5″.5, p = 115°. Der angegebene Ort gehört dem Schwerpunkte des Systemes an.

Nr. 4048. S. 638, Begl. 6m bläulich; d = 145″, p = 251°. Begl. dplt. (β 1080)

Kat. Nr.	Bezeichnung des Sternes	Gr.	Mittl. A. R. für 1900.0	Jährl. Veränd.	Mittl. Dekl. für 1900.0	Jährl. Veränd.	Nachweis	B. D.	Bemerkungen
			h m s	s	° ′ ″	″		°	
4051*	7 δ Corvi	3.0	e 12 24 41.4	+ 3.100	− 15 57 32	− 20.08	**Fd. K. 584**	− 15.3482	Σ^1 1426
4052*	20 Comae	6.2	24 41.9	3.019	+ 21 27 0	19.95	**Fd. K. 443**	+ 21.2424	
4053	Corvus	6.4	e 24 55.8	3.105	− 12 50 19	19.93	Cordob. 17038	− 12.3647	β 28
4054	Corvus	5.9	25 3.4	3.135	− 23 8 37	19.93	Cordob. 17039	− 22.3383	
4055	74 Ursae maj.	5.5	e 25 17.3	2.822	+ 58 57 21	19.84	**Fd. K. 444**	+ 59.1444	
4056	7 Canum ven.	6.5	e 25 20.0	2.883	+ 52 5 16	19.93	Camb. U.S. 4089	+ 52.1631	
4057	75 Ursae maj.	6.2	25 23.5	2.824	+ 59 19 17	19.93	Hels. 7186	+ 59.1446	
4058	γ Crucis	1.6	e 25 37.0	3.300	− 56 33 12	20.19	**S. Fd. K. 237**		Δ 124 O
4059	4 Draconis	5.2	e 25 43.9	2.667	+ 69 45 18	19.93	Greenw. (99) 2755	+ 70.700	G
4060	21 Comae	5.7	26 1.0	3.002	+ 25 7 13	19.92	Camb. E. 6145	+ 25.2517	
4061	Canes ven.	6.4	e 12 26 4.8	+ 2.867	+ 53 37 20	− 19.92	Camb. U.S. 4093	+ 53.1554	
4062	Crux	6.4*	26 5.2	3.322	− 58 52 16	19.92	Cordob. 17062		
4063	Musca	6.0	26 7.4	3.552	− 72 26 54	19.92	Cordob. 17061		
4064	Virgo	6.2	26 16.5	3.051	+ 8 9 23	19.92	Leipz. II. 6154	+ 8.2609	RG
4065	γ Muscae	4.0	e 26 29.5	3.520	− 71 34 50	19.92	**S. Fd. K. 238**		
4066	Virgo	6.3	26 30.3	3.084	− 4 30 4	19.92	Cordob. 17077	− 4.3296	
4067	Hydra	6.5	26 46.6	3.170	− 31 58 52	19.92	Cordob. 17087		
4068	8 η Corvi	4.3	e 26 55.6	3.116	− 15 38 29	19.92	Cordob. 17090	− 15.3489	
4069	Corvus	6.5	27 20.0	3.132	− 20 39 29	19.91	Cordob. 17095	− 20.3667	
4070	Corvus	5.6	e 27 25.7	3.109	− 13 18 17	19.91	Cordob. 17098	− 13.3552	
4071	20 Virginis	6.5	e 12 27 59.4	+ 3.041	+ 10 50 50	− 19.90	Leipz. I. 4607	+ 11.2473	
4072	Corvus	6.2	28 8.8	3.130	− 19 14 24	19.90	Cordob. 17112	− 18.3416	
4073	Corvus	5.6	28 23.1	3.107	− 12 16 49	19.90	Cordob. 17116	− 12.3659	
4074	21 q Virginis	5.3	e 28 37.0	3.099	− 8 54 1	19.90	W.-Ott. 4590	− 8.3372	
4075	Canes ven.	5.6	28 43.4	2.961	+ 33 48 2	19.89	Leid. 4702	+ 34.2332	
4076	8 Canum ven.	4.5	e 28 59.7	2.856	+ 41 54 3	19.61	**Fd. K. 445**	+ 42.2321	
4077	9 β Corvi	2.7	e 29 7.9	3.141	− 22 50 38	19.94	**Fd. K. 585**	− 22.3401	G
4078	5 κ Draconis	4.1	e 29 12.9	2.581	+ 70 20 22	19.89	**Fd. K. 171**	+ 70.703	Σ^1 1437
4079	Centaurus	6.0	29 17.9	3.239	− 44 6 51	19.89	Cordob. 17130		
4080	23 Comae	5.1	e 29 52.7	3.010	+ 23 10 47	19.88	**C. d. T.**	+ 23.2475	
4081*	24 Comae	5.2	12 30 6.9	+ 3.012	+ 18 55 39	− 19.85	**Fd. K. 446**	+ 19.2584	Σ 1657
4082	Coma	6.0	30 8.4	3.000	+ 22 25 59	19.88	Berl. B. 4559	+ 22.2490	
4083*	Canes ven.	cum.	30 17.—	2.940	+ 36 58 —	19.88	Lund		
4084*	Corvus	6.7	30 21.8	3.108	− 11 28 8	19.88	Cordob. 17142	− 11.3328	
4085	Centaurus	5.3	30 22.6	3.223	− 40 28 15	19.88	Cordob. 17141		
4086	6 Draconis	5.0	30 30.6	2.608	+ 70 34 22	19.90	Greenw. (03) 2924	+ 70.705	G
4087	Centaurus	5.8	30 38.4	3.218	− 39 19 3	19.87	Cordob. 17119		
4088*	Corvus	6.6	30 40.6	3.108	− 11 31 9	19.87	Cordob. 17150	− 11.3333	
4089	Corvus	6.1	30 44.4	3.138	− 19 58 29	19.87	Cordob. 17152	− 19.3521	
4090	α Muscae	2.9	e 31 13.1	3.527	− 68 35 4	19.90	**S. Fd. K. X.**		
4091	25 f Virginis	*5.9*	e 12 31 38.4	+ 3.090	− 5 16 50	− 19.87	Cordob. 17166	− 5.3535	
4092*	T Ursae maj.	var.	31 50.5	2.756	+ 60 2 18	19.86	Hels. 7224		RG
4093	25 Comae	5.8	e 31 57.6	3.014	+ 17 38 25	19.86	Berl. A. 4714	+ 17.2504	G
4094	τ Centauri	4.0	32 14.6	3.281	− 47 59 25	19.86	Cordob. 17180		
4095	Hydra	5.4	32 24.0	3.167	− 26 35 10	19.85	Cordob. 17185		
4096	Virgo	5.7	33 16.5	3.065	+ 2 24 19	19.84	Alb. 4529	+ 2.2560	G
4097*	R Virginis	var.	33 25.6	3.047	+ 7 32 18	19.84	Leipz. II. 6184		GR
4098	Corvus	6.2	33 31.5	3.134	− 17 42 2	19.84	Cordob. 17212	− 17.3668	
4099	Hydra	5.9	33 44.4	3.188	− 29 52 19	19.84	Cordob. 17216		
4100	26 χ Virginis	*4.7*	e 12 34 5.0	+ 3.092	− 7 26 43	− 19.85	**Fd. K. s. 163**	− 7.3452	

Nr. 4051. h 145, Begl. 8.4m purpurfarben; d = 24″.5, p = 214°. Andere Sterne in der Umgebung von δ Corvi haben ähnliche Eigenbewegung wie dieser. δ Corvi = ***Algorab.***

Nr. 4052. β 28, Begl. 9.7m; d = 2″, p = 15°.

Nr. 4081. Σ 1657, Begl. 6.2m blau; d = 20″.5, p = 272°.

Nr. 4083. Cum., ausgedehnter Sternhaufen, Sterne bis 8m und kleiner.

Nr. 4084 und 4088 sind die Hauptsterne eines Sternhaufens.

Nr. 4092. Var. Max. 6.0—8.5m, Min. 12.2—13.0m; P = 257d mit Abweichungen.

Nr. 4097. Var. Max. 6.5—8.0m, Min. 9.7—11.0m; P = 145.5d mit Abweichungen.

Kat. Nr.	Bezeichnung des Sternes	Gr.	Mittl. A. R. für 1900.0	Jährl. Veränd.	Mittl. Dekl. für 1900.0	Jährl. Veränd.	Nachweis	B. D.	Bemerkungen
			h m s	s	° ′ ″	″		°	
4101	26 Comae	5.7	e 12 34 9.0	+ 2.994	+ 21 36 45	− 19.83	Berl. B. 4572	+ 21.2439	
4102	Canes ven.	6.5	34 25.1	2.925	+ 36 30 6	19.83	Lund 5498	+ 36.2295	
4103	*l* Centauri	4.7	34 27.8	3.237	− 39 26 13	19.83	Cordob. 17234		
4104	Centaurus	6.5*	35 53.3	3.286	− 45 35 55	19.81	Cordob. 17266		
4105*	γ Centauri	2.4	e 35 59.9	3.287	− 48 24 38	19.82	**S. Fd. K. 240**		h 4539
4106*	Corvus	5.2	36 4.5	3.118	− 12 27 53	19.80	Cordob. 17271	− 12.3676	Σ 1669 GR
4107	Crux	5.0	36 11.5	3.425	− 59 8 12	19.80	Cordob. 17270		
4108	27 Virginis	6.5	e 36 32.2	3.032	+ 10 58 30	19.80	Leipz. I. 4646	+ 11.2484	Hh 401
4109*	29 γ Virginis	2.7	e 36 35.6	3.038	− 0 54 4	19.78	**Fd. K. 172**	− 0.2601	Σ 1670; h 214
4110	Corvus	6.0	e 36 35.6	3.146	− 19 12 39	19.80	Cordob. 17290	− 18.3442	
4111	30 ρ Virginis	5.1	e 12 36 49.3	+ 3.035	+ 10 47 12	− 19.88	**Naut. Al.**	+ 11.2485	
4112	31 d^1 Virginis	5.8	e 36 53.1	3.045	+ 7 21 20	19.79	Leipz. II. 6203	+ 7.2568	β 924
4113	Crux	6.0	36 58.4	3.484	− 62 30 36	19.79	Cordob. 17296		
4114	*w* Centauri	4.6	37 3.7	3.313	− 48 15 49	19.79	Cordob. 17300		
4115	Crux	6.2	37 9.1	3.385	− 55 23 53	19.79	Cordob. 17301		
4116	76 Ursae maj.	6.2	e 37 11.9	2.638	+ 63 15 43	19.81	**Fd. K. 447**	+ 63.1026	
4117	Centaurus	6.5	37 58.7	3.254	− 39 37 46	19.78	Cordob. 17320		
4118	Virgo	6.1	38 29.8	3.076	− 1 1 35	19.77	Cordob. 17335	− 0.2603	
4119	Centaurus	6.3	38 33.9	3.234	− 35 48 4	19.77	Cordob. 17336		
4120	Hydra	5.9	e 38 40.6	3.187	− 27 46 31	19.82	**S. Fd. K. 241**		R
4121*	*S* Ursa maj.	var.	12 39 34.2	+ 2.647	+ 61 38 28	− 19.75	Hels. 7290	+ 61.1316	
4122*	ι Crucis	4.7	39 44.9	3.480	− 60 25 55	19.75	Cordob. 17366		h 4547
4123*	β Muscae	3.3	e 40 8.7	3.627	− 67 33 38	19.76	**S. Fd. K. 242**		Russell 203
4124	10 Canum ven.	6.2	e 40 16.6	2.878	+ 39 49 16	19.74	Bonn 8651	+ 40.2570	
4125	Canes ven.	5.2	40 25.9	2.830	+ 45 59 14	19.74	Bonn 8653	+ 46.1817	RG
4126	32 d^2 Virginis	5.5	e 40 34.0	3.039	+ 8 13 12	19.74	Leipz. II. 6218	+ 8.2639	
4127	Crux	4.9	40 38.4	3.420	− 55 56 28	19.74	Cordob. 17390		h 4548
4128	33 Virginis	5.8	e 41 17.1	3.030	+ 10 6 9	19.73	Leipz. I. 4674	+ 10.2468	
4129	Centaurus	6.1	41 22.3	3.226	− 32 46 4	19.73	Cordob. 17403		
4130	27 Comae	5.3	41 39.1	2.998	+ 17 7 26	19.72	Berl. A. 4749	+ 17.2533	G
4131*	β Crucis	1.5	e 12 41 52.5	+ 3.472	− 59 8 31	− 19.74	**S. Fd. K. 243**		Δ 125; I. 362
4132	34 Virginis	6.3	42 11.5	3.018	+ 12 30 17	19.71	Leipz. I. 4681	+ 12.2512	
4133	Virgo	6.3	42 23.2	3.096	− 5 45 16	19.74	**Fd. K. s. 164**	− 5.3569	
4134	Hydra	6.3	42 34.8	3.183	− 24 18 25	19.71	Cordob. 17427		
4135	Ursa maj.	6.1	43 2.8	2.576	+ 63 19 36	19.70	Hels. 7309	+ 63.1034	
4136	Hydra	5.7	43 6.8	3.200	− 27 2 58	19.70	Cordob. 17436		
4137	Musca	6.3*	43 16.0	3.818	− 71 26 27	19.70	Cordob. 17435		
4138	7 Draconis	5.5	43 29.3	2.469	+ 67 20 11	19.69	Christ. 1933	+ 67.764	G
4139	29 Comae	6.0	43 53.6	3.006	+ 14 40 7	19.69	Leipz. I. 4693	+ 14.2549	
4140	Coma	6.5	e 43 55.3	2.952	+ 25 23 21	19.69	Camb. E. 6253	+ 25.2568	
4141	11 Canum ven.	6.5	12 44 5.9	+ 2.779	+ 49 0 41	− 19.68	Bonn 8669	+ 49.2163	
4142	Crux	6.5	44 14.9	3.550	− 62 5 48	19.68	Cordob. 17450		
4143	Crux	6.0	44 17.1	3.513	− 59 51 18	19.68	Cordob. 17453		
4144	Ursa maj.	6.0	e 44 18.1	2.612	+ 60 51 55	19.68	Hels. 7318	+ 61.1320	
4145	30 Comae	6.0	e 44 25.4	2.936	+ 28 5 48	19.68	Camb. E. 6256	+ 28.2153	h 522
4146	ι Octantis	5.4	e 44 27.0	5.828	− 84 34 49	19.65	**S. P. C. „N.“**		
4147	Centaurus	5.9	45 14.8	3.412	− 52 14 31	19.66	Cordob. 17471		
4148	*p* Centauri	4.9	e 45 15.5	3.242	− 33 27 15	19.70	**S. Fd. K. 244**		
4149	Canes ven.	6.0	45 25.7	2.866	+ 38 3 39	19.66	Lund 5562	+ 38.2373	
4150	Centaurus	5.9	12 46 26.6	+ 3.291	− 39 8 7	− 19.64	Cordob. 17489		

Nr. 4105. h 4539, beide Komponenten 3.2m. 1900.0: d = 1″.7, p = 354°. Siehe Tabelle „Bahnen von Doppelsternen“ Nr. 26.

Nr. 4106. Σ 1669, Begl. 6.1m; d = 5″.5, p = 304°.

Nr. 4109. Σ 1670, beide Komponenten 3.3m. Siehe Tabelle „Bahnen von Doppelsternen“ Nr. 37. $d_{(max)}$ (1934) = 6″.5; (00.4) d = 5″.8, p = 149°; 1920: d = 6″.3, p = 324°. Näheres siehe: Doberek, W., „Orbit“, Astr. Nachr. Nr. 3364.

Nr. 4121. Var. Max. 6.7—8.2m, Min. 10.2—11.5; P = 226.1d mit periodischen Ungleichheiten.

Nr. 4122. h 4547, Begl. 7.8m blau; d = 27″, p = 37°.

Nr. 4123. Russell 207, Begl. 4.2m; d = 1″, p = 340°.

Nr. 4131. Δ 125, Begl. 9.8m; d = 44″, p = 322°.

Kat. Nr.	Bezeichnung des Sternes	Gr.	Mittl. A. R. für 1900.0	Jährl. Veränd.	Mittl. Dekl. für 1900.0	Jährl. Veränd.	Nachweis	B. D.	Bemerkungen
			h m s	s	° ′ ″	″		°	
4151	37 Virginis	6.1	e 12 46 31.5	+ 3.056	+ 3 36 1	− 19.64	Alb. 4586	+ 3.2703	G
4152	Hydra	6.1	46 37.4	3.205	− 26 11 44	19.64	Cordob. 17494		
4153	31 Comae	5.1	46 49.7	2.925	+ 28 5 5	19.65	**Naut. Al.**	+ 28.2156	
4154	32 Comae	6.4	e 47 13.8	2.986	+ 17 37 4	19.63	Berl. A. 4777	+ 17.2551	G
4155	Centaurus	6.5*	47 17.4	3.456	− 54 24 32	19.63	Cordob. 17502		
4156	Crux	5.8	47 24.2	3.544	− 59 47 6	19.63	Cordob. 17504		
4157	*e* Centauri	4.4	47 27.6	3.382	− 48 23 57	19.62	Cordob. 17506		
4158	Coma	6.5	47 29.1	2.990	+ 16 40 0	19.62	Berl. A. 4780	+ 16.2430	
4159	Crux	6.1	47 50.6	3.549	− 59 49 58	19.62	Cordob. 17518		R
4160	*n* Centauri	4.4	47 53.7	3.305	− 39 38 6	19.64	**S. Fd. K. 245**		
4161	38 Virginis	6.1	e 12 48 4.4	+ 3.087	− 3 0 35	− 19.61	Cordob. 17527	− 2.3593	
4162	Camelopard.	6.2	e 48 16.4	0.431	+ 83 57 42	19.61	Greenw. (00) 2228	+ 84.289	
4163*	35 Comae	5.1	e 48 22.5	2.961	+ 21 47 19	19.61	Berl. B. 4635	+ 22.2519	Σ 1687
4164*	Camelopard.	5.6	e 48 23.5	0.426	+ 83 57 24	19.61	Greenw. (00) 2229	+ 84.290	Σ 1694
4165	Virgo	6.5	48 28.8	3.091	− 3 40 46	19.61	Cordob. 17537	− 3.3373	
4166*	μ Crucis	4.3	48 43.0	3.502	− 56 38 4	19.60	Cordob. 17541		Δ 126
4167	λ Crucis	4.8	48 43.0	3.535	− 58 36 11	19.60	Cordob. 17540		
4168	41 Virginis	6.4	e 48 48.6	3.006	+ 12 57 43	19.60	Leipz. I. 4711	+ 13.2602	
4169	Virgo	6.0	49 6.5	3.129	− 11 6 22	19.59	Cordob. 17554	− 10.3570	GR
4170	40 ψ Virginis	*5.1*	e 49 9.1	3.114	− 8 59 45	19.61	**Fd. K. s. 165**	− 8.3449	G
4171	Centaurus	6.5*	e 12 49 24.9	+ 3.345	− 43 36 6	− 19.59	Cordob. 17560		
4172	Canes ven.	6.4	49 26.8	2.879	+ 34 4 33	19.59	Leid. 4789	+ 34.2369	
4173*	77 ε Ursae maj.	2.2	e 49 37.8	2.651	+ 56 30 8	19.61	**Fd. K. 173**	+ 56.1627	Σ^1 1472
4174	Centaurus	5.8	49 44.5	3.336	− 42 22 23	19.58	Cordob. 17568		
4175	Crux	5.6	50 3.7	3.506	− 56 17 37	19.58	Cordob. 17572		
4176	Canes ven.	6.0	50 22.6	3.752	+ 47 44 20	19.57	Bonn 8722	+ 47.2003	
4177	43 δ Virginis	3.6	e 50 33.9	3.019	+ 3 56 27	19.61	**Fd. K. 174**	+ 4.2669	S.C.C.464 G
4178	Corvus	6.1	50 37.8	3.149	− 14 47 6	19.57	Cordob. 17584	− 14.3605	
4179	*H* Centauri	5.2	51 19.0	3.435	− 50 39 24	19.55	Cordob. 17608		
4180*	12 α Canum ven.	3.1	e 51 21.0	2.811	+ 38 51 30	19.49	**Fd. K. 175**	+ 39.2580	Σ 1692
4181	8 Draconis	5.4	e 12 51 29.9	+ 2.407	+ 65 58 51	− 19.60	**Fd. K. 448**	+ 66.778	
4182	Ursa maj.	6.2	e 51 54.9	2.650	+ 54 38 24	19.54	Camb. U.S. 4172	+ 54.1556	Σ 1695
4183	Virgo	6.5	51 59.0	3.134	− 11 31 31	19.54	Cordob. 17623	− 11.3398	
4184	Hydra	6.4	52 13.1	3.195	− 22 12 42	19.53	Cordob. 17628	− 21.3635	
4185	Canes ven.	6.2	52 33.9	2.750	+ 46 44 11	19.53	Bonn 8737	+ 46.1833	
4186	36 Comae	4.8	e 53 58.8	2.972	+ 17 56 53	19.50	Berl. A. 4799	+ 18.2682	RG
4187	44 *k* Virginis	5.8	e 54 30.4	3.091	− 3 16 21	19.49	Cordob. 17683	− 3.3384	Σ 1704
4188	Centaurus	6.0	55 4.1	3.278	− 32 57 50	19.48	Cordob. 17695		
4189	Centaurus	6.5	55 6.0	3.276	− 32 30 36	19.48	Cordob. 17697		
4190	δ Muscae	3.6	e 55 23.2	4.051	− 71 0 34	19.50	**S. Fd. K. 246**		
4191*	46 Virginis	*6.0*	e 12 55 26.9	+ 3.089	− 2 49 52	− 19.47	Cordob. 17704	− 2.3609	A. C. (5)
4192	37 Comae	5.1	55 29.5	2.878	+ 31 19 28	19.47	Leid. 4819	+ 34.2434	β 1081
4193	Coma	6.3	e 55 44.8	2.962	+ 18 54 35	19.46	Berl. A. 4804	+ 19.2622	β 112
4194	Draco	6.2	55 49.9	1.778	+ 76 0 42	19.46	Kas. 2335	+ 76.473	
4195	9 Draconis	5.4	e 56 9.2	2.304	+ 67 8 13	19.45	Christ. 1960	+ 67.773	
4196	38 Comae	6.1	56 13.0	2.969	+ 17 39 45	19.45	Berl. A. 4811	+ 17.2573	
4197	78 Ursae maj.	5.1	e 56 25.9	2.573	+ 56 54 20	19.45	Hels. 7403	+ 57.1408	β 1082
4198	47 ε Virginis	3.1	e 57 11.9	2.986	+ 11 29 48	19.40	**Fd. K. 176**	+ 11.2529	S. C. C. 369
4199	ξ^1 Centauri	5.0	57 46.2	3.456	− 48 59 21	19.42	Cordob. 17747		
4200	Draco	6.2	12 57 53.3	+ 2.383	+ 64 8 50	− 19.42	Hels. 7409	+ 64.927	

Nr. 4163. Σ 1687, 2 Begl. B, 7.8m blau; d = 1″.2, p = 90°. C, 9m; d = 29″, p = 124°.

Nr. 4164. Σ 1694, Begl. 8.6m; d = 21″.8, p = 327°.

Nr. 4166. Δ 126, Begl. 5.4m; d = 34″, p = 17°.

Nr. 4173. ε Ursae majoris = ***Alioth.***

Nr. 4180. Σ 1692, Begl. 5.7m; d = 20″, p = 227°.

Nr. 4191. A. C. (5), Begl. 9.8m; d = 1″.4. p = 151°.

Kat. Nr.	Bezeichnung des Sternes	Gr.	Mittl. A. R. für 1900.0	Jährl. Veränd.	Mittl. Dekl. für 1900.0	Jährl. Veränd.	Nachweis	B. D.	Bemerkungen	
			h m s	s	° ′ ″	″		°		
4201*	Virgo	5.6	e 12 58 24.7	+ 3.204	− 20 2 47	− 19.38	**Fd. K. s. 167**	− 19.3629	β 341	
4202	Ursa maj.	6.8	58 34.1	2.481	+ 60 15 14	19.40	Hels. 7416	− 60.1439		
4203*	48 Virginis	*6.4*	e 12 58 45.3	3.091	− 3 7 31	19.40	Cordob. 17772	− 2.3622	β 929	
4204	f Centauri	4.9	13 0 29.1	3.458	− 47 55 36	19.36	Cordob. 17811		h 4567	
4205	Centaurus	6.3*	0 55.1	3.379	− 41 3 8	19.36	Cordob. 17822			
4206	14 Canum ven.	5.5	1 4.0	2.814	+ 36 20 2	19.35	Lund 5632	+ 36.2337		
4207*	ξ² Centauri	4.4	e 1 4.2	3.478	− 49 22 14	19.37	**S. Fd. K. 247**		Δ 128	G
4208	Centaurus	5.7	1 20.2	3.323	− 35 19 26	19.34	Cordob. 17835			
4209	Canes ven.	5.8	1 22.5	2.709	+ 45 48 10	19.34	Bonn 8804	+ 46.1847	β 930	
4210	39 Comae	6.2	e 1 28.9	2.932	+ 21 41 24	19.34	Berl. B. 4694	+ 21.2487		
4211	40 Comae	5.9	13 1 30.6	+ 2.921	+ 23 9 10	− 19.33	Berl. B. 4695	+ 23.2538		G
4212*	ϑ Muscae	5.6	1 40.0	3.827	− 64 46 16	19.33	Cordob. 17840		Δ 129	
4213	Centaurus	5.9	e 1 41.6	3.535	− 52 55 28	19.36	**S. Fd. K. 248**			
4214	Ursa min.	6.5	1 44.1	1.867	+ 73 33 37	19.33	Greenw. (02) 2043	+ 73.583	β 799	
4215	41 Comae	5.0	e 2 22.9	2.880	+ 28 9 42	19.31	Camb. E. 6356	+ 28.2185		
4216	Ursa maj.	6.3	2 26.0	2.379	+ 62 34 42	19.31	Hels. 7438	+ 62.1275		
4217	49 Virginis	5.2	2 39.4	3.137	− 10 12 21	19.31	Cordob. 17864	− 9.3628		G
4218	Coma	6.4	3 6.8	2.879	+ 28 5 31	19.30	Camb. E. 6363	+ 28.2187		G
4219	g Virginis	*5.9*	3 19.6	3.127	− 8 26 55	19.29	W.-Ott. 4725	− 8.3491		
4220	45 ψ Hydrae	5.0	e 3 40.1	3.225	− 22 35 0	19.28	Cordob. 17889	− 22.3515		
4221	Virgo	6.4	13 4 1.0	+ 3.131	− 9 0 17	− 19.28	W.-Ott. 4728	− 8.3495		
4222	Virgo	6.0	4 12.0	3.006	+ 10 33 21	19.27	Leipz. I. 4780	+ 10.2516		
4223	Virgo	6.2	4 31.2	3.137	− 9 47 45	19.26	W.-Ott. 4731	− 9.3636		G
4224*	51 ϑ Virginis	4.4	e 4 46.2	3.101	− 5 0 19	19.29	**Fd. K. 449**	− 4.3430	Σ 1724	
4225	Coma	6.0	e 4 53.0	2.956	+ 17 22 56	19.25	Berl. A. 4845	+ 17.2595		
4226	Musca	6.4*	4 57.3	4.051	− 69 24 34	19.25	Cordob. 17907			
4227	Centaurus	6.5*	5 1.2	3.554	− 52 2 2	19.25	Cordob. 17913			
4228	Canes ven.	6.2	5 2.3	2.781	+ 37 57 21	19.25	Lund 5656	+ 38.2407		RG
4229	15 Canum ven.	6.5	5 6.0	2.768	+ 39 4 0	19.25	Lund 5658	+ 39.2611		
4230*	42 Comae	4.6	e 5 8.3	2.951	+ 18 3 26	19.25	Berl. A. 4848	+ 18.2697	Σ 1728	
4231	Centaurus	5.8	13 5 27.2	+ 3.407	− 41 41 58	− 19.24	Cordob. 17925			
4232*	17 Canum ven.	6.2	e 5 27.7	2.759	+ 39 1 49	19.19	**Fd. K. 450**	+ 39.2614	β 608	
4233	Centaurus	5.3	5 40.1	3.423	− 42 50 10	19.24	Cordob. 17929			
4234	Chamael.	6.3*	5 58.1	4.845	− 77 54 58	19.23	Cordob. 17922			
4235	Ursa maj.	6.7	5 58.3	2.335	+ 62 45 43	19.23	Hels. 7460	+ 63.1056		
4236*	Centaurus	4.7	e 6 2.8	3.705	− 59 23 18	19.26	**S. Fd. K. 249**		λ 170; I. 424	
4237	Hydra	6.5	6 13.0	3.258	− 26 1 13	19.23	Cordob. 17945			
4238	Centaurus	5.0	6 28.5	3.364	− 37 16 22	19.22	Cordob. 17949			
4239	53 Virginis	5.1	e 6 44.1	3.184	− 15 39 33	19.49	**Fd. K. s. 169**	− 15.3613	h 2645	
4240	43 β Comae	4.5	e 7 12.5	2.803	+ 28 23 6	19.30	**Fd. K. 177**	+ 28.2193		
4241	Centaurus	6.0	13 7 32.6	+ 3.537	− 50 10 6	− 19.19	Cordob. 17963			
4242	Virgo	5.9	7 34.5	2.990	+ 12 5 17	19.19	Leipz. 4794	+ 12.2565		RG
4243	Coma	6.6	7 43.1	2.936	+ 19 16 59	19.18	Berl. A. 4856	+ 19.2648		
4244	Centaurus	5.0	e 8 4.5	3.711	− 58 34 3	19.18	Cordob. 17977			
4245*	54 Virginis	6.2	e 8 6.2	3.202	− 18 17 37	19.17	Cordob. 17987	− 18.3562	Σ¹ 1507	
4246	Centaurus	6.5*	8 14.4	3.434	− 42 36 33	19.17	Cordob. 17991			
4247	Coma	6.2	e 8 21.0	2.936	+ 19 15 34	19.17	Berl. A. 4862	+ 19.2649		G
4248	η Muscae	4.9	e 8 28.1	4.012	− 67 21 53	19.18	**S. Fd. K. 250**		Δ 131	
4249	55 Virginis	5.6	e 8 49.9	3.212	− 19 24 24	19.16	Cordob. 18005	− 19.3651		
4250	Centaurus	6.4*	13 8 50.7	+ 3.518	− 48 25 26	− 19.15	Cordob. 18002			

Nr. 4201. β 431, Begl. 6.6m gelblich; d = 0″.7, p = 320°. (1900).
Nr. 4203. β 429, Begl. 7.5m; d = 0″.6, p = 221°.
Nr. 4207. Δ 128, Begl. 9.5m blau; d = 24″, p = 100°.
Nr. 4212. Δ 129, Begl. 8.1m; d = 5″, p = 185°.
Nr. 4224. Σ 1724, 2 Begl. B, 9m; d = 7″.1, p = 344°. C, 10m; d = 64″, p = 295°.
Nr. 4230. Σ 1728, Begl. 6.0m; d = 0″.4, p = 200°. (1900.) Siehe Tabelle „Bahnen von Doppelsternen“ Nr. 7.
Nr. 4232. β 608, Begl. 10.5m; d 1″.4, p = 272°.
Nr. 4236. λ 170, Begl. 5.5m; d = 0″.4, p = 96°. 2. Begl. 7.9m; I. 424; d = 1″.5, p = 345°.
Nr. 4245. Σ¹ 1507, Begl. 7.4m; d = 5″, p = 34°.

Kat. Nr.	Bezeichnung des Sternes	Gr.	Mittl. A. R. für 1900.0	Jährl. Veränd.	Mittl. Dekl. für 1900.0	Jährl. Veränd.	Nachweis	B. D.	Bemerkungen
			h m s	s	° ′ ″	″		°	
4251	Canes ven.	5.2	13 9 11.2	+ 2.731	+ 40 40 56	− 19.15	Bonn 8863	+ 40.2633	
4252	Virgo	5.8	9 31.8	2.989	+ 11 51 47	19.14	Leipz. 4801	+ 12.2572	h 2647 RG
4253	Centaurus	6.4	9 32.4	3.362	− 35 50 29	19.14	Cordob. 18018		
4254	Chamael.	6.5*	9 47.1	5.221	− 79 26 51	19.13	Cordob. 18010		
4255	Musca	4.8	10 28.6	3.991	− 66 15 18	19.11	Cordob. 18039		
4256	57 Virginis	5.3	e 10 33.8	3.215	− 19 24 37	19.11	Cordob. 18045	− 19.3653	
4257	Ursa min.	6.7	10 40.4	1.718	+ 73 19 44	19.11	Greenw. (02) 2062	− 73.587	
4258	19 Canum ven.	5.9	11 2.4	2.713	+ 41 22 58	19.10	Bonn 8878	+ 41.2374	
4259	Virgo	6.5	11 17.6	3.079	− 0 51 42	19.09	Nic. 3558	− 0.2674	
4260	*r* Centauri	5.3	e 11 19.8	3.321	− 30 58 37	19.15	**S. Fd. K. 251**		
4261	Centaurus	5.9	13 11 25.8	+ 3.455	− 43 27 5	− 19.13	**S. Fd. K. 252**		
4262	Camelopard.	6.4	e 11 31.7	0.481	+ 81 0 2	19.08	Greenw. (01) 2356	+ 81.416	
4263	59 *e* Virginis	5.6	e 11 49.1	3.000	+ 9 56 44	19.08	Leipz. I. 4809	+ 10.2531	
4264	Coma	6.5	11 51.3	2.943	+ 17 33 15	19.08	Berl. A. 4874	+ 17.2611	β 800
4265	Virgo	6.5	12 6.7	3.154	− 10 57 24	19.07	Cordob. 18085	− 10.3644	
4266	Virgo	5.5	12 18.9	2.968	+ 14 12 6	19.06	Leipz. I. 4813	+ 14.2591	G
4267	Virgo	(6.3)	12 22.8	3.074	− 0 8 54	19.06	Cordob. 18095	+ 0.3040	
4268	60 σ Virginis	4.9	12 33.3	3.028	+ 5 59 48	19.06	Leipz. II. 6369	+ 6.2722	G
4269	20 Canum ven.	5.0	e 13 3.5	2.694	+ 41 5 56	19.02	**Fd. K. 451**	+ 41.2380	
4270	Draco	6.4	13 11.4	1.983	+ 68 56 4	19.04	Christ. 1993	+ 69.694	
4271	61 Virginis	4.8	e 13 13 12.0	+ 3.205	− 17 44 52	− 19.04	Cordob. 18112	− 17.3813	Hh 414
4272	46 γ Hydrae	3.3	e 13 28.9	3.251	− 22 38 39	19.07	**Fd. K. 586**	− 22.3554	G
4273	Canes ven.	6.1	13 49.9	2.780	+ 34 37 27	19.02	Leid. 4875	+ 34.2410	G
4274	21 Canum ven.	5.4	e 13 59.5	2.563	+ 50 12 28	19.02	Camb. U. S. 4258	+ 50.1994	
4275	Canes ven.	6.3	14 28.4	2.767	+ 35 39 12	19.00	Lund 5722	+ 35.2435	
4276	Centaurus	5.7	14 33.2	3.624	− 52 13 19	19.00	Cordob. 18139		
4277	Centaurus	6.2	14 36.5	3.689	− 55 16 32	19.00	Cordob. 18140		
4278	ι Centauri	2.9	e 14 58.4	3.356	− 36 11 6	19.08	**S. Fd. K. 254**		Δ 134
4279	Centaurus	6.4*	15 4.2	3.523	− 46 21 20	18.99	Cordob. 18150		
4280	23 Canum ven.	5.7	e 15 50.3	2.699	+ 40 40 31	18.96	Bonn 8919	+ 40.2647	
4281	Virgo	6.2	13 16 7.4	+ 3.221	− 18 57 52	− 18.96	Cordob. 18183	− 18.3587	
4282	*J* Centauri	4.6	16 10.3	3.842	− 60 27 50	18.96	Cordob. 18174		Δ 133
4283	Centaurus	6.5*	16 11.4	3.624	− 51 39 33	18.96	Cordob. 18178		
4284	Virgo	5.8	16 36.6	3.053	+ 2 36 46	18.94	Alb. 4703	+ 2.2664	
4285	64 Virginis	6.1	e 17 7.2	3.028	+ 5 40 45	18.93	Leipz. II. 6391	+ 5.2737	
4286	ι Muscae	4.9	e 17 14.9	4.652	− 74 21 37	18.93	Cordob. 18192		
4287	*m* Centauri	4.4	17 17.0	3.980	− 64 0 44	18.92	Cordob. 18202		
4288	Centaurus	6.4	17 31.7	3.356	− 32 40 1	18.92	Cordob. 18210		
4289	63 Virginis	5.6	e 17 39.7	3.210	− 17 12 40	18.91	Cordob. 18214	− 16.3650	GR
4290	Canes ven.	6.5	17 41.8	2.687	+ 44 25 35	18.91	Bonn 8933	+ 44.2269	$O\Sigma$ 264
4291	65 Virginis	*6.1*	e 13 18 8.0	+ 3.107	− 4 24 4	− 18.90	Cordob. 18230	− 4.3469	
4292	Virgo	6.5	18 32.5	3.239	− 20 24 6	18.89	Cordob. 18237	− 20.3818	β 610
4293	Musca	5.9	18 32.9	4.314	− 70 6 20	18.89	Cordob. 18227		
4294	66 Virginis	*6.0*	e 19 20.6	3.109	− 4 38 29	18.86	Cordob. 18255	− 4.3472	
4295	Canes ven.	6.2	19 22.0	2.724	+ 37 33 21	18.86	Lund 5754	+ 37.2404	G
4296	Virgo	6.4	19 33.8	2.968	+ 12 57 7	18.86	Leipz. I. 4840	+ 13.2663	
4297*	79 ζ Ursae maj.	2.4	e 19 54.0	2.423	+ 55 26 51	18.87	**Fd. K. 178**	+ 55.1598	Σ 1744
4298*	67 α Virginis	*1.0*	e 19 55.4	3.154	− 10 38 22	18.86	**Fd. K. 587**	− 10.3672	Σ^1 1520
4299	Centaurus	5.5	20 19.6	3.447	− 39 13 59	18.83	Cordob. 18268		
4300	Coma	6.1	20 20.6	2.865	+ 24 22 32	18.83	Berl. B. 4778	+ 24.2578	

Nr. 4297. Σ 1744, Begl. 4.2m; d = 14″, p = 150°. ζ—*g* Ursae maj. d = 707″.2, p = 71.4° (*g* = 4.2m Nr. 4304). ζ Ursae majoris = ***Mizar.***

Nr. 4298. Spektrographischer Doppelstern. P = $4^d.1034$. α Virginis = ***Spica.***

Kat. Nr.	Bezeichnung des Sternes	Gr.	Mittl. A. R. für 1900.0	Jährl. Veränd.	Mittl. Dekl. für 1900.0	Jährl. Veränd.	Nachweis	B. D.	Bemerkungen
			h m s	s	° ′ ″	″		°	
4301*	ω Centauri	cum.	13 20 45.0	+ 3.565	− 46 57 20	− 18.82	Cordob. 18278		N.G.K. 5139
4302	Virgo	6.0	21 4.3	3.078	− 0 40 21	18.81	Cordob. 18293	− 0.2688	
4303	Centaurus	5.9	21 6.9	3.456	− 40 58 39	18.81	Cordob. 18290		
4304*	80 *g* Ursae maj.	4.2	e 21 12.7	2.398	+ 55 30 33	18.81	Hels. 7562	+ 55.1603	
4305	68 *i* Virginis	5.7	e 21 26.4	3.173	− 12 11 14	18.80	Cordob. 18298	− 11.3516	G
4306	Centaurus	6.5	21 27.4	3.457	− 39 38 36	18.80	Cordob. 18296		h 4588
4307	Canes ven.	6.0	21 59.1	2.579	+ 46 32 53	18.78	Bonn 8964	+ 46.1868	
4308	69 Virginis	4.9	e 22 7.2	3.203	− 15 27 18	18.78	Cordob. 18316	− 15.3668	
4309	*K* Centauri	5.3	23 17.5	3.649	− 50 38 49	18.74	Cordob. 18332		
4310	70 Virginis	5.2	e 23 32.7	2.951	+ 14 18 57	18.73	Leipz. I. 4853	+ 14.2621	
4311	Ursa min.	5.9	13 23 34.9	+ 1.519	+ 72 54 39	− 18.76	**Fd. K. 452**	+ 73.592	G
4312	Draco	(6.1)	e 23 43.0	2.037	+ 65 15 10	18.73	Christ. 2007	+ 65.935	$O\Sigma^2$ 123
4313	Virgo	6.4	24 7.1	3.080	− 0 50 41	18.72	Cordob. 18359	− 0.2694	
4314*	*R* Hydrae	var.	24 14.9	3.274	− 22 45 52	18.71	Cordob. 18361		RR
4315	71 Virginis	5.8	e 24 15.9	2.976	+ 11 20 12	18.71	Leipz. I. 4859	+ 11.2575	
4316	ϰ Octantis	5.7	e 24 42.3	8.843	− 85 16 25	18.72	**S. T. C. „O“**		
4317	69 Hev. Ursae maj.	5.7	e 24 47.0	2.210	+ 60 27 43	18.69	**Fd. K. 453**	+ 60.1461	
4318	Virgo	6.3	24 59.2	3.007	+ 7 41 43	18.69	Leipz. II. 6421	+ 7.2655	G
4319	l^1 Virginis	6.1	25 12.4	3.123	− 5 57 14	18.68	Cordob. 18379	− 5.3706	Σ 1750 R
4320*	*d* Centauri	4.1	25 14.5	3.460	− 38 53 27	18.69	**S. Fd. K. 255**		λ 179
4321	Hydra	6.5	13 25 59.9	+ 3.329	− 27 35 50	− 18.66	Cordob. 18398		
4322	Camelopard.	5.9	e 26 6.0	0.485	+ 79 9 37	18.65	Kas. 2393	+ 79.422	
4323	Centaurus	6.2	26 17.8	3.454	− 37 52 56	18.65	Cordob. 18403		
4324	Musca	6.4	26 37.7	4.135	− 65 7 4	18.64	Cordob. 18407		
4325	73 Virginis	5.9	e 26 39.1	3.226	− 18 2 48	18.64	**Fd. K. s. 173**	− 17.3877	
4326	74 l^2 Virginis	*5.0*	e 26 46.0	3.122	− 5 44 23	18.63	Cordob. 18417	− 5.3714	R
4327	Canes ven.	6.2	26 55.9	2.617	+ 42 37 12	18.63	Bonn 8991	+ 42.2405	
4328	Hydra	6.5	26 59.1	3.348	− 29 3 2	18.63	Cordob. 18420		
4329	Hydra	5.7	e 27 1.6	3.327	− 28 10 40	18.66	**S. Fd. K. 256**		
4330	75 Virginis	5.6	e 27 31.1	3.205	− 14 50 55	18.61	Cordob. 18438	− 14.3739	h 2658
4331	76 *h* Virginis	*5.6*	e 13 27 42.0	+ 3.158	− 9 39 0	− 18.60	W.-Ott. 4830	− 9.3711	
4332*	*S* Virginis	var.	27 46.6	3.131	− 6 40 50	18.60	W.-Ott. 4831		R
4333	Coma	6.2	28 3.9	2.840	+ 24 52 2	18.59	Camb. E. 6514	+ 25.2643	
4334	Centaurus	6.5	29 3.0	3.399	− 32 47 52	18.56	Cordob. 18469		
4335	78 *o* Virginis	5.2	29 3.8	3.036	+ 4 10 22	18.56	Alb. 4753	+ 4.2764	
4336*	*y* Virginis	5.9	29 21.5	3.187	− 12 42 5	18.55	Cordob. 18477	− 12.3843	β 932
4337	79 ζ Virginis	3.6	e 29 35.8	3.053	− 0 5 5	18.48	**Fd. K. 179**	+ 0.3076	
4338	81 Ursae maj.	5.9	30 16.8	2.316	+ 55 51 40	18.52	Hels. 7620	+ 56.1667	
4339	80 Virginis	*5.9*	e 30 19.1	3.116	− 4 53 13	18.52	Cordob. 18495	− 4.3515	
4340	17 Hev. Canum ven.	5.1	e 30 19.9	2.680	+ 37 41 41	18.52	**Fd. K. 454**	+ 27.2426	
4341	24 Canum ven.	5.0	e 13 30 22.3	+ 2.471	+ 49 31 37	− 18.51	Bonn 9026	+ 49.2227	
4342	Centaurus	6.5*	30 24.9	3.996	− 61 10 37	18.51	Cordob. 18492		I. 365
4343	Centaurus	6.5*	31 7.9	3.566	− 43 37 55	18.49	Cordob. 18502		
4344	Musca	5.9	31 11.0	4.489	− 69 56 2	18.49	Cordob. 18498		
4345*	Hydra	5.4	31 15.7	3.326	− 25 59 6	18.48	Cordob. 18512		Δ138; Hh442
4346	Centaurus	6.3*	31 20.9	3.608	− 45 55 0	18.48	Cordob. 18509		
4347	Coma	5.8	32 16.9	2.827	+ 25 7 24	18.45	Camb. E. 6538	+ 25.2652	RG
4348	Centaurus	6.5*	32 17.4	3.884	− 57 6 48	18.45	Cordob. 18532		
4349	ϰ Muscae	6.5	32 19.8	4.533	− 70 16 43	18.45	Cordob. 18526		
4350	Ursa maj.	6.5	e 13 32 35.9	+ 2.446	+ 49 59 52	− 18.44	Camb. U. S. 4321	+ 50.2014	

Nr. 4301. Sehr schöner kugelförmiger Sternhaufen. (Etwa 4^m.)

Nr. 4304. *g* Ursae majoris = ***Alkor.***

Nr. 4314. Var. Max. 3.5—5.5^m, Min. 9.7^m; P = 425^d mit period. Schwankungen.

Nr. 4320. λ 179, sehr enger Doppelstern 0.2 = d.

Nr. 4332. Var. Max. 5.7—8^m, Min. 12.5^m; P = $376^d.4$.

Nr. 4336. β 932, Begl. 6.7^m; d = 0″.5, p = 85°.

Nr. 4345. Δ 138, Begl. 7.0^m; d = 10″, p = 192°.

Kat. Nr.	Bezeichnung des Sternes	Gr.	Mittl. A. R. für 1900.0	Jährl. Veränd.	Mittl. Dekl. für 1900.0	Jährl. Veränd.	Nachweis	B. D.	Bemerkungen
			h m s	s	° ′ ″	″		°	
4351*	25 Canum ven.	5.0	13 33 1.3	+ 2.677	+ 36 48 12	− 18.42	**C. d. T.**	+ 37.2433	Σ 1768
4352	Hydra	5.8	33 5.0	3.366	− 29 2 59	18.42	Cordob. 18554		
4353	Centaurus	6.4*	33 10.8	4.160	− 64 4 6	18.42	Cordob. 18549		
4354	Camelopard.	6.5	33 23.8	0.767	+ 77 3 26	18.41	Kas. 2407	+ 77.516	G
4355*	ε Centauri	2.6	e 33 32.9	3.771	− 52 57 29	18.44	**S. Fd. K. 258**		
4356	Ursa maj.	6.5	33 42.7	2.411	+ 51 13 25	18.40	Camb. U.S. 4326	+ 51.1856	Σ 1770 G
4357	Centaurus	6.4	33 48.7	3.507	− 39 14 20	18.40	Cordob. 18567		
4358	Centaurus	5.8	33 56.2	3.513	− 39 32 30	18.39	Cordob. 18568		
4359*	Bootes	5.8	34 38.9	2.966	+ 11 15 14	18.37	Leipz. I. 4904	+ 11.2589	β 612
4360	Ursa min.	5.5	e 34 46.8	1.435	+ 71 45 4	18.35	**Fd. K. 455**	+ 71.659	
4361*	Q Centaurus	5.5	13 35 20.5	+ 3.819	− 54 3 7	− 18.34	Cordob. 18587		Δ 141
4362	Centaurus	5.5	35 23.1	3.937	− 58 16 50	18.34	Cordob. 18586		
4363	82 Ursae maj.	5.7	e 35 38.8	2.342	+ 53 25 35	18.33	Camb. U. S. 4333	+ 53.1640	
4364	Canes ven.	6.4	35 42.7	2.740	+ 31 30 56	18.33	Leid. 4971	+ 31.2526	
4365*	1 Bootis	6.0	e 35 54.0	2.870	+ 20 27 40	18.32	Berl. B. 4852	+ 20.2858	Σ 1772
4366	Hydra	6.4	35 59.7	3.302	− 22 56 39	18.32	Cordob. 18610	− 22.3645	h 4606
4367*	T Centauri	var.	36 1.7	3.422	− 33 5 30	18.31	Cordob. 18609		
4368	Canes ven.	6.4	36 2.4	2.777	+ 28 34 16	18.32	Camb. E. 6564	+ 28.2248	S.C.C. 491 G
4369	2 Bootis	5.8	e 36 18.5	2.841	+ 23 0 10	18.31	Berl. B. 4854	+ 23.2600	
4370	82 m Virginis	*5.5*	e 36 21.7	3.143	− 8 11 54	18.26	**Fd. K. s. 175**	− 7.3674	GR
4371	Centaurus	6.5*	13 36 23.9	+ 3.880	− 56 15 46	− 18.31	Cordob. 18612		
4372	Ursa maj.	6.5	e 36 25.7	2.398	+ 51 1 26	18.30	Camb. U. S. 4335	+ 51.1859	Σ 1774
4373	Centaurus	6.2	36 39.0	3.731	− 50 17 4	18.30	Cordob. 18614		
4374	83 Ursae maj.	4.7	e 36 56.8	2.284	+ 55 11 16	18.29	Hels. 7660	+ 55.1625	G
4375	Coma	6.4	e 37 17.0	2.987	+ 8 53 45	18.27	Leipz. II. 6482	+ 9.2798	
4376*	Canes ven.	cum.	37 3.0	2.800	+ 28 53 —	18.26	N. G. K. 5272		
4377	Centaurus	6.4*	37 42.2	3.563	− 41 33 48	18.26	Cordob. 18638		
4378*	84 o Virginis	5.6	e 38 2.5	3.034	+ 4 2 39	18.24	Alb. 4781	+ 4.2775	Σ 1777 G
4379	Canes ven.	6.5	38 13.5	2.569	+ 42 10 40	18.24	Bonn 9083	+ 42.2431	
4380	Canes ven.	6.3	38 16.1	2.676	+ 35 29 33	18.24	Lund 5859	+ 35.2474	
4381	Draco	6.1	e 13 38 23.0	+ 1.861	+ 65 19 38	− 18.23	Christ. 2040	+ 65.953	
4382	Virgo	*6.0*	38 42.0	3.121	− 4 59 41	18.22	Cordob. 18664	− 4.3540	
4383	Coma	6.2	39 1.6	2.834	+ 23 12 17	18.21	Berl. B. 4870	+ 23.2606	G
4384	83 Virginis	5.6	39 6.0	3.230	− 15 40 33	18.20	Cordob. 18673	− 15.3731	
4385	Hydra	6.5	39 11.8	3.334	− 24 59 52	18.20	Cordob. 18675		
4386	1 i Centauri	4.4	e 40 0.2	3.394	− 32 32 17	18.33	**S. Fd. K. 259**		
4387	Ursa maj.	6.3	40 2.2	2.334	+ 52 34 1	18.17	Camb. U. S. 4356	+ 52.1733	
4388	Hydra	5.7	40 2.2	3.344	− 25 36 51	18.17	Cordob. 18698		
4389	Virgo	6.2	40 12.0	3.227	− 15 15 54	18.17	Cordob. 18702	− 15.3735	h 2677
4390	M Centauri	4.6	40 19.4	3.772	− 50 55 51	18.19	**S. Fd. K. 260**		
4391*	86 Virginis	5.6	13 40 36.6	+ 3.192	− 11 55 31	− 18.15	Cordob. 18711	− 11.3591	Σ 1780; β 935
4392	z Centauri	5.2	41 6.6	3.483	− 35 45 3	18.13	Cordob. 18718		h 4612
4393	Centaurus	5.6	41 17.9	3.749	− 49 49 13	18.12	Cordob. 18720		
4394	Virgo	6.5	41 46.1	3.268	− 18 45 19	18.11	Cordob. 18732	− 18.3681	
4395	Virgo	*6.2*	41 56.2	3.166	− 9 12 30	18.10	W.-Ott. 4912	− 8.3639	
4396	87 Virginis	5.8	41 58.8	3.252	− 17 21 33	18.10	Cordob. 18737	− 17.3932	
4397	Canes ven.	6.1	41 59.2	2.562	+ 41 35 26	18.10	Bonn 9107	+ 41.2424	
4398	Canes ven.	6.1	41 59.3	2.607	+ 39 0 16	18.10	Lund 5878	+ 39.2678	
4399	3 Bootis	6.2	e 42 4.7	2.789	+ 26 12 15	18.10	Camb. E. 6599	+ 26.2494	
4400	Ursa min.	6.0	13 42 13.4	+ 0.221	+ 78 33 55	− 18.09	Kas. 2423	+ 78.466	

Nr. 4351. Σ 1768, Begl. 7.6m blau; d = 1″.0, p = 130°. Siehe Tabelle „Bahnen von Doppelsternen“ Nr. 36.

Nr. 4355. Σ 1769, Begl. 7.9m grau; d = 2″.8, p = 24°.

Nr. 4359. β 612, Begl. 6.5m; d = 0″.3, p = 228° (99.2).

Nr. 4361. Δ 141, Begl. 7.1m; d = 5″, p = 163°.

Nr. 4365. Σ 1772, Begl. 9m blau; d = 4″.8, p = 144°.

Nr. 4367. Var. Max. 5.9m, Min. 9.2m; P = 91d.

Nr. 4376. Cum. N. G. K. 5272. Kugelförmiger Sternhaufen 5—6′ Durchmesser, bestehend aus Sternen 10m und schwächer. Gesamthelligkeit etwa gleich der eines Sterns 6,5. Größe.

Nr. 4378. Σ 1777, Begl. 8.2m blau; d = 3″.2, p = 230°. Hptst. gelb.

Nr. 4391. Σ 1780, Begl. 10.4m; d = 1″.5, p = 300°; Begl. dplt. β 935.

Kat. Nr.	Bezeichnung des Sternes	Gr.	Mittl. A. R. für 1900.0	Jährl. Veränd.	Mittl. Dekl. für 1900.0	Jährl. Veränd.	Nachweis	B. D.	Bemerkungen
			h m s	s	° ′ ″	″		°	
4401	4 τ Bootis	4.7	e 13 42 30.6	+ 2.851	+ 17 57 18	− 18.04	**Fd. K. 180**	+ 18.2782	OΣ270; h232
4402	Canes ven.	5.6	42 41.3	2.603	+ 39 2 35	18.07	Lund 5882	+ 39.2680	OΣ² 125 RG
4403	84 Ursa maj.	5.9	e 42 51.9	2.246	+ 54 55 57	18.07	Hels. 7701	+ 55.1634	
4404	Chamael.	5.8	42 52.2	7.286	− 82 10 13	18.07	Cape (90) 1584		
4405	88 Virginis	6.5	43 4.0	3.137	− 6 20 16	18.06	W.-Ott. 4921	− 6.3887	
4406*	Centaurus	6.3	43 10.8	3.483	− 35 11 58	18.06	Cordob. 18761		Howe 24
4407	ν Centauri	3.5	43 30.3	3.584	− 41 11 21	18.04	Cordob. 18772		
4408	μ Centauri	3.3	e 43 35.4	3.593	− 41 58 32	18.05	**S. Fd. K. 261**		
4409*	85 η Ursae maj.	2.3	e 43 36.1	2.370	+ 49 48 44	18.05	**Fd. K. 181**	+ 50.2027	Σ¹ 1561
4410	2 g Centauri	4.5	e 43 39.2	3.465	− 33 57 3	18.04	Cordob. 18779		
4411	Circinus	6.4*	13 44 1.0	+ 4.592	− 68 54 17	− 18.02	Cordob. 18774		
4412	Canes ven.	5.8	44 8.1	2.711	+ 31 41 12	18.02	Leid. 5012	+ 31.2547	
4413	89 Virginis	5.1	e 44 26.2	3.251	− 17 38 11	18.04	**Fd. K. 588**	− 17.3937	
4414	Hydra	6.2	44 26.5	3.392	− 28 34 59	18.01	Cordob. 18792		
4415	5 υ Bootis	4.1	e 44 39.4	2.900	+ 16 17 36	18.00	Berl. A. 5020	+ 16.2564	G
4416	6 e Bootis	5.2	44 59.1	2.837	+ 21 45 37	17.98	Berl. B. 4897	+ 21.2578	
4417	Virgo	6.5	45 6.0	+ 3.281	− 19 24 6	17.98	Cordob. 18807	− 19.3754	
4418	Camelopard.	6.1	45 10.1	− 1.933	+ 83 15 16	17.98	Greenw. (00) 2371	+ 83.397	
4419	Virgo	6.2	45 23.5	+ 3.010	+ 5 59 36	17.97	Leipz. II. 6519	+ 6.2800	
4420	Centaurus	5.9	45 35.5	3.697	− 46 24 9	17.96	Cordob. 18819		
4421*	N Centauri	5.4	13 45 38.4	+ 3.842	− 52 18 56	− 17.96	Cordob. 18817		R. 18; Δ 147
4422	Hydra	6.5	e 45 51.0	3.337	− 23 53 7	17.95	Cordob. 18830		
4423*	3 k Centauri	4.3	e 46 3.2	3.453	− 32 29 52	17.94	Cordob. 18833		Δ 148
4424*	Centaurus	6.1	46 16.8	3.433	− 31 7 22	17.93	Cordob. 18839		β 343
4425	Draco	6.2	46 29.9	1.947	+ 61 59 20	17.93	Hels. 7723	+ 62.1318	
4426	Canes ven.	5.9	46 44.5	2.650	+ 35 9 40	17.92	Lund 5904	+ 35.2493	
4427	Centaurus	6.0	47 13.6	3.860	− 52 52 44	17.90	Cordob. 18849		
4427a	Canes ven.	4.9	47 22.9	2.651	+ 34 57 22	17.89	Lund 5912	+ 35.2496	
4428	Bootes	6.4	47 24.4	2.937	+ 12 39 34	17.89	Leipz. I. 4954	+ 12.2635	
4429*	4 h Centauri	4.7	47 27.1	3.442	− 31 26 2	17.89	Cordob. 18855		Hh 428
4430*	y Centauri	5.6	47 42.0	3.499	− 35 10 14	17.88	Cordob. 18863		Howe 25; β [1108
4431	Centaurus	6.3	13 48 4.0	+ 3.495	− 34 49 9	− 17.87	Cordob. 18871		
4432	7 Bootis	5.9	e 48 26.3	2.870	+ 18 25 32	17.85	Berl. A. 5040	+ 18.2795	
4433	10 i Draconis	4.8	48 30.7	1.751	+ 65 13 2	17.86	**Fd. K. 456**	+ 65.963	h 3342 G
4434	Ursa min.	6.5	48 32.8	1.497	+ 68 48 42	17.85	Christ. 2070	+ 69.724	OΣ² 127
4435	Hydra	6.2	48 37.2	3.399	− 28 4 31	17.84	Cordob. 18890		
4436	Canes ven.	6.2	48 38.4	2.733	+ 29 8 23	17.84	Camb. E. 6636	+ 29.2464	
4437	Centaurus	5.8	48 45.0	3.845	− 51 40 6	17.84	Cordob. 18887		
4438	ζ Centauri	2.8	e 49 17.9	3.717	− 46 47 46	17.86	**S. Fd. K. 262**		h 4628
4439	90 p Virginis	*5.4*	e 49 34.0	3.077	− 1 0 39	17.82	**Fd. K. s. 177**	− 0.2758	
4440*	Virgo	6.5	e 49 43.5	3.154	− 7 34 0	17.80	W.-Ott. 4945	− 7.3728	Σ 1788
4441*	8 η Bootis	3.1	e 13 49 55.4	+ 2.857	+ 18 53 56	− 18.13	**Fd. K. 182**	+ 19.2725	Hh 430
4442	86 Ursae maj.	6.0	50 10.4	2.215	+ 54 13 13	17.78	Camb. U.S. 4394	+ 54.1630	
4443	Apus	6.5*	50 13.4	5.101	− 78 6 7	17.78	Cordob. 18896		
4444	Centaurus	4.8	e 50 24.5	4.290	− 63 11 47	17.85	**S. Fd. K. 263**		
4445	Bootes	6.4	51 1.2	2.911	+ 14 32 46	17.75	Leipz. I. 4970	+ 14.2680	
4446	Cirinus	6.2	51 3.5	4.427	− 65 18 37	17.74	Cordob. 18931		h 4632
4447	92 Virginis	6.1	e 51 22.2	3.056	+ 1 32 22	17.73	Alb. 4825	+ 1.2865	
4448	Canes ven.	6.5	51 44.6	2.674	+ 32 31 12	17.72	Leid. 5048	+ 32.2411	
4449	Hydra	6.3	51 53.8	3.332	− 22 32 3	17.71	Cordob. 18955	− 22.2687	
4450	9 Bootis	5.2	e 13 52 0.1	+ 2.739	+ 27 58 57	− 17.71	Camb. E. 6657	+ 28.2278	

Nr. 4406. Howe (24), Begl. 10m; d = 11″, p = 354°.

Nr. 4409. η Ursae majoris = ***Benetnash.***

Nr. 4421. R. 18, Begl. 7.3m; d = 18″, p = 288°.

Nr. 4423. Δ 148, Begl. 5.9m; d = 8″, p = 110°.

Nr. 4424. β 443, Begl. 8.4m; d = 1″, p = 223° (97.2).

Nr. 4429. Hh 428, Begl. 8.0m; d = 14″, p = 185°.

Nr. 4430. β 1108, Begl. 6.6m; d = 1″, p = 86°.

Nr. 4440. Σ 1788, Begl. 8,3m; d 2″.6, p 76°. Physisch, da Eg. Bew. bei beiden gleich ist.

Nr. 4441. η Bootis = ***Muphrid.***

Kat. Nr.	Bezeichnung des Sternes	Gr.	Mittl. A. R. für 1900.0	Jährl. Veränd.	Mittl. Dekl. für 1900.0	Jährl. Veränd.	Nachweis	B. D.	Bemerkungen	
			h m s	s	° ′ ″	″		°		
4451	φ Centauri	4.0	e 13 52 11.4	+ 3.627	− 41 36 44	− 17.73	**S. Fd. K. 264**			
4452	Hydra	6.5	52 20.3	3.373	− 25 30 38	17.69	Cordob. 18967			
4453	v^1 Centauri	4.3	52 30.2	3.688	− 44 18 54	17.69	Cordob. 18968			
4454	Centaurus	6.1	52 52.3	3.822	− 49 52 55	17.67	Cordob. 18973			
4455	47 Hydrae	5.2	e 52 54.4	3.356	− 24 29 3	17.70	**Fd. K. s. 178**			
4456	Circinus	6.4*	53 20.9	4.484	− 65 46 56	17.65	Cordob. 18980			
4457	Bootes	6.1	e 53 50.4	2.900	+ 15 8 17	17.63	Berl. A. 5070	+ 15.2651		G
4458	10 Bootis	6.0	e 53 57.8	2.813	+ 22 11 3	17.62	Berl. B. 4942	+ 22.2650		
4459	48 Hydrae	5.8	e 54 24.6	3.364	− 24 31 20	17.61	Cordob. 19005			
4460	Draco	6.6	54 25.7	1.870	+ 61 58 21	17.61	Hels. 7773	+ 62.1325		
4461	Virgo	6.3	13 54 38.4	+ 3.107	− 3 3 44	− 17.60	Cordob. 19016	− 2.3768		
4462	Hydra	6.5	54 57.0	3.383	− 25 46 34	17.58	Cordob. 19022			
4463	Centaurus	6.3	55 16.8	3.608	− 39 44 16	17.57	Cordob. 19024			
4464	v^2 Centauri	4.5	55 29.1	3.721	− 45 7 8	17.56	Cordob. 19027		Δ 152	
4465*	ϑ Apodis	var.	55 34.8	5.689	− 76 18 50	17.56	Cordob. 19014			
4466	Bootes	6.2	56 23.5	2.965	+ 9 22 43	17.52	Leipz. II. 6576	+ 9.2835		
4467*	93 τ Virginis	4.5	56 33.4	3.049	+ 2 1 41	17.55	**Fd. K. 183**	+ 2.2761	Hh 432	
4468	11 Bootis	6.4	e 56 38.4	2.721	+ 27 52 10	17.49	**Fd. K. 457**	+ 28.2287		
4469	Hydra	5.7	56 41.6	3.403	− 26 56 49	17.51	Cordob. 19046			R
4470	β Centauri	0.8	e 56 45.8	4.191	− 59 53 26	17.55	**S. Fd. K. XI.**			
4471	Bootes	6.5	e 13 56 51.4	+ 2.859	+ 18 9 17	− 17.50	Berl. A. 5083	+ 18.2813		
4472*	Centaurus	6.3	57 13.2	3.469	− 31 12 17	17.49	Cordob. 19054		β 1197	
4473	Centaurus	6.5*	57 22.0	3.940	− 40 56 27	17.48	Cordob. 19057			
4474	Virgo	6.5	57 37.6	3.271	− 16 53 6	17.47	Cordob. 19062	− 16.3785		
4475	Bootes	6.4	57 37.8	2.955	+ 10 10 13	17.47	Leipz. I. 4996	+ 10.2617		
4476	Canes ven.	6.4	58 13.9	2.384	+ 46 14 16	17.44	Bonn 9236	+ 46.1922		G
4477	Virgo	6.2	58 18.4	3.339	− 21 56 27	17.44	Cordob. 19077	− 21.3824		
4478	Bootes	6.4	58 37.5	2.941	+ 11 16 38	17.43	Leipz. I. 5003	+ 11.2625		
4479	Bootes	6.5	58 39.0	2.980	+ 8 1 39	17.42	Leipz. II. 6588	+ 8.2810		
4480	Virgo	6.4	58 54.6	3.010	+ 5 22 53	17.41	Leipz. II. 6592	+ 5.2836		
4481	Virgo	6.5	13 59 1.3	+ 3.129	− 4 54 2	− 17.41	Cordob. 19090	− 4.3614		
4482	Virgo	6.4	59 2.2	3.245	− 14 29 27	17.41	Cordob. 19089	− 14.3863		
4483	Virgo	6.5	59 3.6	3.175	− 8 46 37	17.41	W.-Ott. 4993	− 8.3689		
4484	Bootes	6.5	59 16.6	2.238	+ 51 27 10	17.40	Camb. U.S. 4430	+ 51.1889		
4485	Apus	6.4*	59 17.6	5.450	− 74 22 42	17.40	Cordob. 19078			
4486	Virgo	6.4	59 33.5	3.040	+ 2 46 38	17.39	Alb. 4865	+ 2.2768		
4487	Ursa min.	6.4	e 59 38.4	1.322	+ 69 9 36	17.38	Christ. 2097	+ 69.733		
4488	Virgo	6.5	59 47.0	3.262	− 15 51 25	17.38	Cordob. 19108	− 15.3805		
4489	χ Centauri	4.4	13 59 56.4	3.647	− 40 42 2	17.37	Cordob. 19107		Δ 153	
4490	49 π Hydrae	3.5	e 14 0 40.5	3.405	− 26 12 2	17.48	**S. Fd. K. 266**			
4491	5 ϑ Centauri	2.3	e 14 0 47.7	+ 3.514	− 35 52 41	− 17.86	**S. Fd. K. 267**		Δ 156	
4492	95 Virginis	*5.8*	e 1 25.6	3.177	− 8 50 10	17.30	W.-Ott. 5008	− 8.3697		
4493*	11 α Draconis	3.8	e 1 40.9	1.622	+ 64 51 13	17.28	**Fd. K. 184**	+ 65.978	Σ^1 1581	
4494	Circinus	6.1	2 10.9	4.922	− 69 49 52	17.27	Cordob. 19154			
4495	Circinus	6.4*	2 47.4	4.873	− 69 14 42	17.24	Cordob. 19164			
4496	Centaurus	4.8	3 15.8	3.980	− 52 57 41	17.21	Cordob. 19179			
4497	Bootes	6.5	3 40.7	2.756	+ 24 47 23	17.20	Camb. E. 6726	+ 25.2733		G
4498	96 Virginis	6.5	3 40.8	3.192	− 9 51 40	17.20	W.-Ott. 5016	− 9.3865		
4499	Bootes	5.4	3 55.9	2.400	+ 44 19 48	17.19	Bonn 9281	+ 44.2325		G
4500	13 Bootis	5.4	e 14 4 33.3	+ 2.251	+ 49 55 48	− 17.16	Camb. U.S. 4441	+ 50.2047	Hh 435	G

Nr. 4465. Var. Max. 5.6m, Min. 6.6m.

Nr. 4467. Hh 432, Begl. 9m; d = 79″, p = 290°.

Nr. 4472. β 1197, Begl. 8.7m; d = 1″, p = 185°.

Nr. 4493. α Draconis = ***Thuban.***

Kat. Nr.	Bezeichnung des Sternes	Gr.	Mittl. A. R. für 1900.0	Jährl. Veränd.	Mitt. Dekl. für 1900.0	Jährl. Veränd.	Nachweis	B. D.	Bemerkungen
			h m s	s	° ′ ″	″		°	
4501	40 Hev. Virginis	5.2	14 5 22.7	+ 3.270	— 15 49 46	— 17.13	**Fd. K. s. 180**	— 15.3817	G
4502	η Apodis	5.0	e 5 39.4	7.239	— 80 32 19	17.15	**S. Fd. K. 268**		
4503	Draco	(6.5)	5 40.8	1.875	+ 59 48 41	17.11	Hels. 7851	+ 60.1516	
4504	12 d Bootis	5.1	e 5 50.3	2.737	+ 25 33 54	17.19	**Fd. K. 458**	+ 25.2737	
4505	3 Ursae min.	6.3	6 9.2	0.451	+ 75 4 3	17.09	Kas. 2463	+ 75.529	
4506	Centaurus	5.5	6 32.6	4.010	— 53 11 44	17.07	Cordob. 19242		R
4507	Hydra	6.4	6 45.0	3.385	— 23 53 33	17.06	Cordob. 19250		
4508	Bootes	6.4	6 53.6	2.621	+ 32 45 55	17.06	Leid. 5116	+ 32.2443	
4509	50 Hydrae	5.3	e 7 2.3	3.429	— 26 47 26	17.05	Cordob. 19253		
4510	Virgo	5.3	7 12.0	3.037	+ 2 52 50	17.04	Alb. 4897	+ 3.2867	h 3343
4511	Hydra	6.3	e 14 7 30.2	+ 3.419	— 26 8 34	— 17.03	Cordob. 19269		
4512	98 ϰ Virginis	*4.1*	e 7 33.6	3.194	— 9 48 30	16.88	**Fd. K. 185**	— 9.3878	σ 453 R
4513	Centaurus	5.2	7 59.3	4.147	— 56 37 3	17.01	Cordob. 19273		
4514	Ursa min.	(6.5)	8 8.5	1.193	+ 69 20 3	17.00	Christ. 2114	+ 69.736	
4515	Virgo	5.8	e 8 31.0	3.077	— 0 22 21	16.98	Cordob. 19285	— 0.2796	
4516	Centaurus	6.4*	8 32.4	3.698	— 41 22 10	16.98	Cordob. 19283		
4517	Circinus	5.9	8 44.7	4.680	— 66 7 17	16.97	Cordob. 19280		
4518	Virgo	6.2	e 9 8.2	3.141	— 5 29 0	16.95	Cordob. 19301	— 5.3837	
4519	Hydra	6.0	9 13.8	+ 3.464	— 28 48 52	16.95	Cordob. 19299		
4520	4 Ursae min.	4.9	e 9 13.9	— 0.308	+ 78 1 3	16.91	**Fd. K. 459**	+ 78.478	G
4521	14 Bootis	5.8	e 14 9 17.2	+ 2.902	+ 13 25 43	— 16.95	Leipz. I. 5054	+ 13.2764	
4522*	*R* Centauri	var.	9 22.0	4.282	— 59 26 51	16.94	Cordob. 19295		
4523*	Bootes	6.5	9 47.5	2.888	+ 14 26 22	16.92	Leipz. 5055	+ 14.2718	
4524	Virgo	6.5	9 50.6	3.025	+ 3 48 11	16.92	Alb. 4911	+ 4.2841	
4525	Virgo	5.5	9 53.3	3.300	— 17 44 2	16.92	Cordob. 19312	— 17.4046	
4526*	17 ϰ Bootis	4.7	e 9 54.0	2.145	+ 52 15 27	16.92	Camb. U.S. 4465	+ 52.1782	Σ 1821
4527	15 Bootis	5.5	e 9 57.0	2.939	+ 10 34 21	16.92	Leipz. I. 5056	+ 10.2654	
4528	Ursa min.	5.3	e 10 12.7	1.107	+ 69 54 7	16.90	Greenw. (00) 2431	+ 70.778	G
4529	ε Apodis	5.3	10 16.8	7.011	— 79 38 49	16.90	Cordob. 19289		
4530	Bootes	6.4	e 10 21.7	2.425	+ 41 59 20	16.90	Bonn 9335	+ 42.2472	G
4531	Centaurus	6.5	14 10 23.2	+ 3.538	— 32 46 34	— 16.89	Cordob. 19315		
4532	99 ι Virginis	*3.9*	e 10 46.1	3.139	— 5 31 25	17.29	**Fd. K. 186**	— 5.3843	
4533	δ Octantis	4.1	e 10 52.5	9.139	— 83 12 35	16.88	Cape (90) 1651		
4534*	16 α Bootis	0.3	e 11 6.0	2.733	+ 19 42 11	18.84	**Fd. K. 187**	+ 19.2777	Σ1 1602
4535	Virgo	6.2	11 6.0	3.151	— 6 9 23	16.86	W.-Ott. 5050	— 5.3845	
4536	Virgo	*6.0*	11 19.3	3.107	— 2 43 50	16.85	Cordob. 19330	— 2.3812	
4537	Bootes	6.3	11 21.9	2.818	+ 19 22 39	16.85	Berl. A. 5170	+ 19.2779	
4538	Virgo	6.5	11 30.2	3.180	— 8 25 11	16.84	W.-Ott. 5052	— 8.3737	
4539	Virgo	6.4	11 32.0	3.310	— 18 7 18	16.84	Cordob. 19332	— 17.4053	
4540	Bootes	6.5	e 11 54.1	2.799	+ 20 35 20	16.82	Berl. B. 5026	+ 20.2954	Σ 1825
4541	Centaurus	6.4	14 12 29.0	+ 3.544	— 32 45 25	— 16.79	Cordob. 19347		
4542	Centaurus	5.2	12 31.9	4.379	— 60 48 30	16.79	Cordob. 19344		
4543	19 λ Bootis	4.4	e 12 34.9	2.281	+ 46 32 50	16.64	**Fd. K. 188**	+ 46.1949	[1606
4544*	21 ι Bootis	5.0	e 12 37.5	2.126	+ 51 49 42	16.70	**Fd. K. 189**	+ 52.1784	Σ 3124; Σ1
4545	101 Virginis	6.2	12 41.6	2.866	+ 15 43 33	16.79	Berl. A. 5174	+ 15.2690	RG
4546	Virgo	6.5	e 12 41.9	3.164	— 7 4 22	16.78	W.-Ott. 5060	— 6.3964	
4547*	ι Lupi	var.	13 0.0	3.820	— 45 35 48	16.78	**S. Fd. K. 269**		
4548	Virgo	5.7	13 6.5	3.314	— 18 15 10	16.76	Cordob. 19362	— 18.3789	
4549	Centaurus	5.9	13 16.2	3.620	— 36 32 25	16.75	Cordob. 19363		
4550	υ Centauri	4.4	e 14 13 20.2	+ 4.153	— 55 55 33	— 16.79	**S. Fd. K. 270**		

Nr. 4522. Var. Max. 6.0—6.3m, Min. 8.7—9.8m; P = 160d.

Nr. 4523. Dieser Stern wird vielfach als var. bezeichnet (5.5—7.7m).

Nr. 4526. Σ 1821, Begl. 7.2m bläulich; d = 13″, p = 238°.

Nr. 4534. α Bootis = ***Arcturus***.

Nr. 4544. Σ 3124, Begl. 7.5m; d = 38″, p = 330°. Der Hptst. ist von Σ doppelt gesehen; später wurde der Begl. nicht wiedergefunden.

Nr. 4547. Var. Max. 3.2m, Min. 4.1m.

Kat. Nr.	Bezeichnung des Sternes	Gr.	Mittl. A. R. für 1900.0	Jährl. Veränd.	Mittl. Dekl. für 1900.0	Jährl. Veränd.	Nachweis	B. D.	Bemerkungen
			h m s	s	° ′ ″	″		°	
4551	Hydra	5.9	e 14 13 21.0	+ 3.420	− 25 21 59	− 16.75	Cordob. 19366		β 1246
4552	100 λ Virginis	*4.7*	13 41.9	3.242	− 12 54 40	16.74	Cordob. 19372	− 12.4018	
4553	A Bootis	5.0	13 46.2	2.538	+ 35 58 14	16.73	Lund 6065	+ 36.2468	
4554	Bootes	6.5	13 48.0	2.137	+ 51 46 11	16.73	Camb. U.S. 4488	+ 51.1908	
4555*	Lupus	6.5*	13 53.0	3.750	− 42 35 56	16.73	Cordob. 19371		h 4672
4556	Bootes	6.5	14 5.8	2.239	+ 48 27 54	16.72	Bonn 9369	+ 48.2188	
4557	Lupus	5.1	14 19.6	3.805	− 44 43 28	16.71	Cordob. 19379		R
4558	102 υ^1 Virginis	*5.0*	e 14 23.4	3.096	− 1 48 9	16.70	Cordob. 19392	− 1.2938	
4559	18 Bootis	5.6	e 14 25.7	2.896	+ 13 27 56	16.70	Leipz. I. 5083	+ 13.2782	
4560	ψ Centauri	4.2	14 28.4	3.643	− 37 25 31	16.70	Cordob. 19387		
4561	Virgo	6.4	14 14 34.7	+ 3.062	+ 0 50 42	− 16.69	Alb. 4927	+ 1.2913	
4562	20 Bootis	5.1	e 15 1.6	2.849	+ 16 45 52	16.67	Berl. A. 5187	+ 16.2637	G
4563*	Centaurus	5.0	15 27.4	4.266	− 58 0 7	16.65	Cordob. 19406		Δ 159
4564	Bootis	6.4	15 41.4	2.463	+ 39 15 13	16.64	Lund 6078	+ 39.2750	
4565*	Lupus	6.5*	16 6.6	3.898	− 47 51 47	16.62	Cordob. 19428		Russell 244
4566	Centaurus	5.7	16 20.0	3.583	− 34 19 46	16.61	Cordob. 19435		
4567	Lupus	6.0	16 40.1	3.978	− 50 18 57	16.59	Cordob. 19437		R
4568	Circinus	5.9	e 16 48.5	4.901	− 67 44 26	16.62	**S. Fd. K. 271**		
4569	a Centauri	4.6	e 16 52.4	3.677	− 39 3 18	16.62	**S. Fd. K. 272**		
4570	51 k Hydrae	5.2	e 17 20.3	3.461	− 27 17 39	16.56	Cordob. 19455		
4571	Bootes	6.5	14 17 50.7	+ 2.640	+ 29 49 37	− 16.53	Leid. 5172	+ 30.2513	G
4572	2 Librae	6.3	e 18 2.7	3.220	− 11 15 26	16.58	**Fd. K. s. 183**	− 11.3729	
4573	Virgo	6.4	e 18 8.2	3.050	+ 1 42 45	16.52	Alb. 4941	+ 1.2920	
4574*	Bootes	5.0	18 27.7	2.954	+ 8 54 6	16.50	Leipz. II. 6679	+ 9.2882	Σ1835;β1111
4575	Bootes	6.4	18 37.8	2.705	+ 25 47 26	16.49	Camb. E. 6814	+ 25.2770	
4576	Apus	6.5*	19 2.9	6.193	− 76 16 41	16.48	Cordob. 19467		
4577	Bootes	6.2	19 5.1	2.956	+ 8 41 53	16.47	Leipz. II. 6683	+ 8.2857	
4578	Libra	5.4	e 19 6.1	3.411	− 24 21 9	16.50	**S. Fd. K. 273**		
4579	Circinus	5.7	19 8.0	4.736	− 65 22 9	16.47	Cordob. 19493		
4580	Bootes	5.4	19 12.8	2.989	+ 6 16 25	16.47	Leipz. II. 6684	+ 6.2875	
4581*	Libra	6.5	14 19 18.4	+ 3.225	− 11 12 56	− 16.46	Cordob. 19509	− 11.3736	Σ 1837
4582	Bootes	6.4	19 23.2	2.958	+ 8 32 29	16.46	Leipz. II. 6686	+ 8.2858	G
4583	τ^1 Lupi	4.6	19 43.0	3.831	− 44 46 8	16.44	Cordob. 19514		Δ 160
4584	τ^2 Lupi	4.4	19 44.9	3.835	− 44 55 36	16.44	Cordob. 19515		I. 402
4585*	Virgo	6.4	19 54.8	3.343	− 19 31 2	16.43	Cordob. 19522	− 19.3880	β225; $\Sigma^1$1617
4586	Hydra	6.5	20 1.5	3.453	− 26 23 55	16.43	Cordob. 19525		
4587	Centaurus	6.3	20 37.8	3.704	− 39 25 20	16.39	Cordob. 19537		
4588	Lupus	6.3*	20 45.8	3.862	− 45 40 52	16.39	Cordob. 19540		R
4589	Bootes	6.4	21 24.3	2.450	+ 38 50 42	16.36	Lund 6108	+ 39.2764	
4590	23 ϑ Bootis	4.4	e 21 47.5	2.041	+ 52 18 46	16.73	**Fd. K. 190**	+ 52.1804	Σ^1 1623
4591	22 f Bootis	5.8	e 14 21 48.2	+ 2.790	+ 19 40 35	− 16.30	**Naut. Al.**	+ 19.2810	
4592	104 Virginis	6.2	e 22 9.4	3.148	− 5 40 8	16.32	Cordob. 19576	− 5.3880	
4593	52 l Hydrae	4.9	e 22 18.9	3.500	− 29 2 32	16.34	**S. Fd. K. 274**		β 940
4594	Circinus	6.3*	22 55.3	4.935	− 67 16 8	16.28	Cordob. 19578		
4595*	105 φ Virginis	*4.9*	e 23 2.9	3.087	− 1 46 47	16.27	**Fd. K. 191**	− 1.2957	Σ 1846
4596	106 Virginis	*6.0*	e 23 25.2	3.160	− 6 27 5	16.25	Cordob. 19599	− 6.4009	G
4597	Lupus	5.5	23 41.3	3.975	− 49 4 16	16.24	Cordob. 19597		
4598	Lupus	5.6	23 41.7	3.854	− 44 52 28	16.24	Cordob. 19598		I. 426 R
4599	Bootes	6.4	24 8.1	2.488	+ 36 38 40	16.22	Lund 6122	+ 36.2495	
4600	Centaurus	6.3	14 24 40.7	+ 3.745	− 40 24 0	− 16.19	Cordob. 10624		

Nr. 4555. h 4672, Begl. 9.5m blau; d = 4″, p = 304°. Hptst. gelb.

Nr. 4563. Δ 159, Begl 6.8m grünlich; d = 9″, p = 160°.

Nr. 4565 Russell 244, Begl. 9.6m blau; d = 4″, p = 125°.

Nr. 4574. Σ 1835, Begl. 6.8m; d = 6″, p = 190°. Begl. dplt. β 1111, 8.3 + 8.5m; d = 0″.2, p = 18°.

Nr. 4581. Σ 1837, Begl. 8.4m; d = 1″.5, p = 300° (nimmt ab).

Nr. 4585. β 225, 2 Begl. B, 7m: d = 35″, p = 295°. C, 9m: B—C, d = 1″.4, p = 96°.

Nr. 4595. Σ 1846, Begl. 9.3m; d = 4″.5, p = 110°.

Kat. Nr.	Bezeichnung des Sternes	Gr.	Mittl. A. R. für 1900.0	Jährl. Veränd.	Mittl. Dekl. für 1900.0	Jährl. Veränd.	Nachweis	B. D.	Bemerkungen
			h m s	s	° ′ ″	″		°	
4601	Virgo	6.2	14 24 44.5	+ 3.055	+ 1 16 27	− 16.18	Alb. 4975	+ 1.2941	
4602	Centaurus	6.1	24 59.2	3.699	− 38 25 35	16.17	Cordob. 19637		
4603	24 *g* Bootis	5.7	e 25 10.1	2.120	+ 50 17 33	16.16	Camb. U.S. 4539	+ 50.2084	
4604	Bootes	6.2	25 32.7	2.573	+ 32 14 9	16.14	Leid. 5211	+ 32.2482	Σ 1854
4605	Virgo	6.3	25 45.1	3.000	+ 5 13 0	16.13	Leipz. II. 6723	+ 5.2886	G
4606	σ Lupi	4.6	25 52.9	4.020	− 50 0 50	16.13	Cordob. 19661		
4607	Lupus	6.5*	26 31.2	4.191	− 54 33 25	16.09	Cordob. 19674		
4608	Lupus	6.5*	26 36.9	4.102	− 52 14 13	16.09	Cordob. 19679		R
4609	Centaurus	6.2	27 8.0	3.540	− 30 16 20	16.06	Cordob. 19697		β 1112
4610	25 ϱ Bootis	3.8	e 27 31.2	+ 2.586	+ 30 48 37	15.92	**Fd. K. 192**	+ 31.2628	h 2728 R
4611	5 Ursae min.	4.4	14 27 43.9	− 0.183	+ 76 8 26	− 16.03	Kas. 2505	+ 76.527	Σ¹ 1637 G
4612	Bootes	6.2	27 54.8	+ 2.661	+ 27 7 10	16.02	Camb. E. 6873	+ 27.2388	
4613	26 Bootis	6.2	e 28 0.0	2.737	+ 22 42 0	16.01	Berl. B. 5095	+ 22.2715	GR
4614	27 γ Bootis	3.4	e 28 3.1	2.416	+ 38 44 44	15.86	**Fd. K. 193**	+ 38.2565	Σ¹1633; β616
4615	Draco	6.4	28 24.2	1.446	+ 63 37 40	15.99	Hels. 8015	+ 63.1136	
4616	Draco	6.5	e 28 59.8	1.624	+ 60 39 57	15.99	**Fd. K. 460**	+ 60.1547	
4617	η Centauri	2.6	e 29 9.3	3.790	− 41 43 7	15.98	**S. Fd. K. 275**		Δ 164
4618	Centaurus	5.6	29 12.0	3.779	− 41 4 43	15.95	Cordob. 19741		
4619	Libra	6.5	29 12.9	3.367	− 20 0 0	15.95	Cordob. 19744	− 19.3903	
4620	Draco	5.8	29 23.0	1.878	+ 55 50 19	15.94	Hels. 8023	+ 56.1746	G
4621	Circinus	6.5*	e 14 29 23.8	+ 5.029	− 67 29 10	− 15.94	Cordob. 19733		
4622	Lupus	5.3	29 46.4	3.909	− 45 48 32	15.92	Cordob. 19746		
4623	Bootes	6.5	29 56.2	2.545	+ 32 58 22	15.91	Leid. 5228	+ 33.2474	
4624	Centaurus	6.1	30 9.3	3.733	− 39 9 35	15.90	Cordob. 19760		
4625	28 σ Bootis	4.7	e 30 19.2	2.599	+ 30 10 43	15.89	Leid. 5230	+ 30.2536	
4626	Centaurus	5.9	30 27.5	3.751	− 39 46 28	15.89	Cordob. 19768		
4627	Bootes	6.1	30 33.3	2.456	+ 37 3 54	15.88	Lund 6165	+ 37.2551	GR
4628*	*a* Lupi	5.4	30 47.1	3.910	− 45 41 51	15.87	Cordob. 19773		h 4690
4629	ϱ Lupi	4.0	31 9.7	4.014	− 48 59 23	15.85	Cordob. 19785		
4630	Bootes	5.8	e 31 10.0	2.103	+ 49 48 14	15.85	Camb. U.S. 4558	+ 50.2095	G
4631	Bootes	6.5	14 31 35.7	+ 2.713	+ 23 41 7	− 15.82	Berl. B. 5108	+ 23.2710	
4632	Libra	6.2	e 31 41.9	3.245	− 11 52 57	15.82	Cordob. 19808	− 11.3770	
4633	Centaurus	6.3	32 4.9	3.723	− 38 21 34	15.80	Cordob. 19812		
4634*	α Centauri	0.2	e 32 48.2	4.041	− 60 25 22	16.49	**S. Fd. K. XII.**		Δ 165
4635	Bootes	6.2	33 35.0	2.791	+ 18 44 0	15.72	Berl. A. 5280	+ 18.2906	
4636*	α Circini	3.4	e 34 25.2	4.790	− 64 32 23	15.91	**S. Fd. K. XIII.**		Δ 166
4637	Bootes	5.9	34 27.4	2.265	+ 44 4 24	15.67	Bonn 9542	+ 44.2376	G
4638	Centaurus	5.7	34 52.8	3.674	− 35 42 17	15.65	Cordob. 19867		
4639	Bootes	6.1	e 35 5.0	1.901	+ 54 27 22	15.64	Camb. U.S. 4577	+ 54.1693	
4640	33 Bootis	5.6	e 35 6.9	2.233	+ 44 50 8	15.69	**Fd. K. 461**	+ 45.2204	
4641	α Lupi	2.6	14 35 16.6	+ 3.967	− 46 57 32	− 15.65	**S. Fd. K. 276**		
4642	α Apodis	3.8	e 35 25.5	7.230	− 78 37 13	15.65	**S. Fd. K. 277**		
4643	*b* Centauri	4.1	35 44.8	3.713	− 37 21 51	15.60	Cordob. 19890		
4644	Bootes	6.4	e 35 49.4	2.726	+ 22 24 15	15.59	Berl. B. 5126	+ 22.2731	Σ 1864
4645*	Centaurus	6.3	35 53.6	3.568	− 30 30 15	15.59	Cordob. 19894		β 414
4646	Bootes	6.2	35 55.4	2.864	+ 13 57 50	15.59	Leipz. I. 5177	+ 14.2769	
4647*	29 π Bootis	4.6	36 1.5	2.817	+ 16 50 48	15.60	**Fd. K. 194**	+ 17.2768	Σ 1864
4648*	30 ζ Bootis	4.0	36 22.3	+ 2.862	+ 14 9 26	15.57	**Fd. K. 195**	+ 14.2770	Σ 1865 med.
4649	Ursa min.	6.4	36 23.1	− 1.754	+ 80 5 32	15.56	Hamb. 190	+ 80.448	G
4650	31 Bootis	5.1	14 36 44.0	+ 2.943	+ 8 35 21	− 15.54	Leipz. II. 6777	+ 8.2903	G

Nr. 4628. h 4690, Begl. 7.8m blau; d = 20″, p = 24°. Hptst. gelb.
Nr. 4634. Hptst. 1.0m; Begl. 33m. Δ 165. Siehe Tabelle „Bahnen von Doppelsternen" Nr. 25. Die Angabe gilt für den Schwerpunkt des Systems. Es seien in nebenstehender Tabelle die Abstände der Komponenten vom Schwerpunkte nach Auwers (Astr. Nachr. Nr. 3432) gegeben.
Nr. 4636. Δ 166, Begl. 8.2m ziegelrot; d = 18″, p = 350°.
Nr. 4645. β 414, Begl. 8.2m; d = 1″, p = 345°.
Nr. 4647. Σ 1864, Begl. 6.0m; d = 7″.0, p = 100°.
Nr. 4648. Σ 1865, Begl. 3.9m; d = 0″.5, p = 150°.

Ephem. für α Cent. (Nr. 4634).

Ep.	Δα Begl.	Δα heller Stern	Δδ Begl.	Δδ heller Stern
	s	s	″	″
1890.0	−0 54	+0.49	− 8 7	+7.8
1900.0	−0.77	+0.70	−10.0	+9 0
1910.0	−0.81	+0.73	− 8.7	+7 9

Kat. Nr.	Bezeichnung des Sternes	Gr.	Mittl. A. R. für 1900.0	Jährl. Veränd.	Mittl. Dekl. für 1900.0	Jährl. Veränd.	Nachweis	B. D.	Bemerkungen	
			h m s	s	° ′ ″	″		°		
4651	32 Bootis	5.7	e 14 36 55.6	+ 2.892	+ 12 5 32	— 15.53	Leipz. I. 5184	+ 12.2729		G
4652	Circinus	5.2	e 37 21.6	4.703	— 62 26 56	15.61	**S. Fd. K. 278**			
4653	Libra	5.7	37 26.8	3.461	— 24 34 18	15.50	Cordob. 19930		h 4694	
4654	Circinus	6.4*	37 29.8	4.433	— 58 3 4	15.50	Cordob. 19922			
4655	c^1 Centauri	4.3	e 37 32.3	3.652	— 34 44 35	15.70	**S. Fd. K. 279**			
4656	107 μ Virginis	3.9	e 37 47.3	3.156	— 5 13 25	15.79	**Fd. K. 196**	— 5.3936		
4657	Circinus	6.2	37 58.3	4.294	— 55 10 39	15.48	Cordob. 19934		Δ 169	
4658	c^2 Centauri	5.0	38 51.1	3.665	— 34 46 6	15.43	Cordob. 19958			
4659	Octans	6.5	e 38 59.8	24.750	— 87 44 30	15.42	**S. P. C. „P“**			
4660*	34 *W* Bootis	4.9	39 1.6	2.638	+ 26 57 11	15.42	Camb. E. 6950	+ 27.2413		RG
4661	Draco	6.4	14 39 33.3	+ 1.481	+ 61 41 18	— 15.39	Hels. 8089	+ 61.1451	Σ 1878	
4662	Lupus	6.3*	39 47.9	3.993	— 47 1 8	15.37	Cordob. 19978			
4663	Bootes	5.8	39 51.7	2.329	+ 40 52 55	15.37	Bonn 9585	+ 41.2523		G
4664	*b* Lupi	5.1	e 40 1.5	4.169	— 51 57 37	15.49	**S. Fd. K. 280**		h 4698	R
4665	Virgo	6.2	e 40 3.0	3.087	— 0 59 42	15.36	Cordob. 19996	— 0.2867		G
4666*	54 *m* Hydrae	4.9	e 40 13.0	3.475	— 25 1 4	15.35	Cordob. 19997		h 4698	
4667	Lupus	6.5*	40 13.4	4.165	— 51 47 3	15.35	Cordob. 19988			
4668	Circinus	6.0	40 16.4	5.022	— 66 10 24	15.35	Cordob. 19980			
4669	Libra	5.8	40 22.2	3.432	— 22 43 47	15.34	Cordob. 20002	— 22.3844		
4670	108 Virginis	6.0	e 40 24.6	3.056	+ 1 8 22	15.34	Alb. 5044	+ 1.2972		
4671	Libra	6.4	14 40 30.6	+ 3.397	— 20 45 7	— 15.33	Cordob. 20010	— 20.4087		
4672	35 *o* Bootis	4.8	e 40 34.6	2.803	+ 17 23 17	15.33	Berl. A. 5323	+ 17.2780		
4673*	36 ε Bootis	2.7	40 37.1	2.620	+ 27 29 45	15.33	**C. d. T.**	+ 27.2417	Σ 1877	G
4674	Bootes	6.4	e 40 43.3	2.771	+ 19 20 2	15.32	Berl. A. 5325	+ 19.2854		
4675	Centaurus	6.1	40 48.6	3.742	— 37 52 2	15.32	Cordob. 20012			
4676	Bootes	6.4	41 2.6	2.507	+ 33 12 45	15.30	Leid. 5275	+ 33.2489		
4677	109 Virginis	4.1	e 41 11.5	3.028	+ 2 18 51	15.32	**Fd. K. 197**	+ 2.2862		
4678	Bootes	5.9	41 23.4	2.832	+ 15 33 5	15.28	Berl. A. 5332	+ 15.2758		RG
4679	Libra	6.1	41 32.5	3.403	— 20 54 18	15.27	Cordob. 20037	— 20.4093		
4680	55 Hydrae	5.5	e 41 33.6	3.481	— 25 12 15	15.27	Cordob. 20035			
4681	Hydra	5.4	e 14 41 54.4	+ 3.490	— 25 40 6	— 15.25	Cordob. 20044			
4682	Hydra	5.7	42 6.4	3.501	— 26 13 38	15.24	Cordob. 20048			
4683	Centaurus	6.4	42 25.7	3.710	— 36 12 54	15.22	Cordob. 20052			
4684	Libra	6.4	e 42 27.4	3.263	— 12 25 6	15.22	Cordob. 20059	— 12.4134		
4685*	Apus	5.6	43 13.2	5.891	— 72 46 40	15.18	Cordob. 20049		I. 236	
4686	Libra	5.8	43 32.1	3.460	— 23 50 8	15.16	Cordob. 20080		S.663;β617	R
4687	Libra	6.1	43 45.8	3.079	— 0 25 54	15.15	Cordob. 20089	— 0.2886		
4688*	7 μ Librae	5.4	e 43 50.2	3.286	— 13 43 57	15.14	Cordob. 20088	— 13.3986	β 106	
4689*	Bootes	6.1	e 43 57.4	2.668	+ 24 46 55	15.14	Berl. B. 5169	+ 24.2779	Σ 1884	
4690	π^1 Octantis	5.6	44 13.4	10.042	— 82 49 24	15.13	Cordob. 20034			
4691	58 Hydra	4.7	e 14 44 25.0	+ 3.531	— 27 32 38	— 15.11	Cordob. 20100			
4692	Circinus	6.4*	44 27.6	4.828	— 63 33 46	15.11	Cordob. 20087			
4693	*o* Lupi	4.4	45 6.6	3.899	— 43 9 43	15.07	Cordob. 20109			R
4694*	8 α^1 Librae	5.4	e 45 9.2	3.309	— 15 34 55	15.16	**Fd. K. 589**	— 15.3965	Σ^1 1661	
4695	Bootes	6.4	e 45 11.4	2.378	+ 38 13 23	15.07	Lund 6230	+ 38.2593		
4696*	9 α^2 Librae	2.7	e 45 20.7	3.310	— 15 37 35	15.13	**Fd. K. 590**	— 15.3966	Σ^1 1662	
4697	Bootes	6.0	45 40.1	2.582	+ 29 1 47	15.04	Camb. E. 6989	+ 29.2581	h 5489	
4698	Lupus	6.2*	45 41.6	4.000	— 46 20 52	15.04	Cordob. 20122			
4699*	38 *h* Bootis	6.0	e 45 44.7	2.139	+ 46 32 0	15.03	Bonn 9626	+ 46.1993		
4700	Bootis	6.0	e 14 45 47.2	+ 2.673	+ 24 19 28	— 15.03	Berl. B. 5182	+ 24.2786		

Nr. 4660. Mehrfach als variabel bezeichnet.

Nr. 4666. h 4698, Begl. 7.2m; d = 9″, p = 130°.

Nr. 4673. Σ 1877, Begl. 6.3m blau; d = 2″.7, p = 330°. ε Bootis = ***Izar* (*Mirac*).**

Nr. 4685. I. 236, Begl. 9.0m; d = 2″, p = 100°.

Nr. 4688. β 106, Begl. 6.6m blau, Hptst. rötlich; d = 1″.6, p = 340° (physisch). μ Librae = ***Zuben el schemali*.**

Nr. 4689. Σ 1884, Begl. 7.8m bläulich; d = 1″.2, p = 52°.

Nr. 4694 u. 4696 bilden zusammen den Doppelstern Sh 186. d = 230″.8, p = 314 5°. (Dem bloßen Auge noch nicht getrennt.)

Nr. 4699. *h* Bootis = ***Merga*.**

Kat. Nr.	Bezeichnung des Sternes	Gr.	Mittl. A. R. für 1900.0	Jährl. Veränd.	Mittl. Dekl. für 1900.0	Jährl. Veränd.	Nachweis	B. D.	Bemerkungen
			h m s	s	° ′ ″	″		°	
4701	11 Librae	5.0	e 14 45 49.7	+ 3.101	− 1 52 54	− 15.03	Cordob. 20127	− 1.2991	
4702	Libra	6.4	45 52.9	3.070	+ 0 9 20	15.02	Nic. 3812	+ 0.3253	G
4703	ζ Circini	6.1	46 14.3	5.026	− 65 34 51	15.01	Cordob. 20124		
4704*	39 Bootis	5.7	e 46 17.6	2.048	+ 49 7 53	15.00	Bonn 9634	+ 49.2326	Σ 1890 med.
4705*	R Apodis	var.	e 46 28.8	6.683	− 76 15 19	14.99	**S. Fd. K. 281**		
4706	Bootes	5.7	46 33.0	2.387	+ 37 40 54	14.99	Lund 6236	+ 37.2580	
4707	Centaurus	5.0	46 34.6	3.751	− 37 23 31	14.99	Cordob. 20132		Δ 173
4708	Centaurus	6.4	46 36.2	3.589	− 30 9 52	14.98	Cordob. 20135		
4709*	37 ξ Bootis	4.8	e 46 46.4	2.758	+ 19 30 59	14.98	Berl. A. 5363	+ 19.2870	Σ 1888
4710	π^2 Octantis	5.5	47 20.9	9.973	− 82 38 14	14.95	Cordob. 20104		
4711	Circinus	5.3	e 14 47 51.7	+ 4.580	− 59 42 12	− 15.04	**S. Fd. K. 282**		
4712	Apus	6.5*	48 26.5	6.881	− 76 45 24	14.88	Cordob. 20149		
4713*	Centaurus	6.0	48 31.5	3.654	− 32 53 32	14.87	Cordob. 20183		β 347 O
4714	12 Librae	5.5	e 48 31.6	3.477	− 24 13 59	14.87	Cordob. 20184		
4715	ϑ Circinus	5.2	48 40.6	4.787	− 62 22 28	14.86	Cordob. 20174		
4716	Bootes	6.2	e 48 52.3	2.754	+ 19 33 13	14.84	Berl. A. 5383	+ 19.2881	
4717	Draco	5.6	e 48 54.0	1.519	+ 59 42 2	14.68	**Fd. K. 462**	+ 59.1615	
4718	13 ξ^1 Librae	5.8	e 48 57.2	3.255	− 11 29 26	14.84	Cordob. 20193	− 11.3827	
4719	Apus	6.5*	49 8.5	6.344	− 74 37 43	14.84	Cordob. 20170		
4720	c Lupi	5.6	49 9.9	4.240	− 52 24 12	14.83	Cordob. 20189		
4720a	ω Octantis	5.8	49 21.6	12.240	− 84 23 40	14.83	Cordob. 20125		
4721	Centaurus	5.3	14 49 36.3	+ 3.670	− 33 26 59	− 14.82	**S. Fd. K. 283**		
4722*	Lupus	5.7	49 44.6	4.057	− 47 28 23	14.80	Cordob. 20202		h 4715
4723	Centaurus	6.3	50 14.0	3.805	− 39 0 39	14.77	Cordob. 20221		
4724	Centaurus	6.3	50 25.3	+ 3.643	− 32 13 50	14.76	Cordob. 20228		
4725*	7 β Ursae min.	2.3	e 50 59.6	− 0.221	+ 74 33 51	14.73	**Fd. K. 198**	+ 74.595	Σ^1 1674 G
4726	Hydra	6.3	51 15.6	+ 3.571	− 28 45 12	14.71	Cordob. 20247		
4727	15 ξ^2 Librae	5.7	51 20.4	3.248	− 11 0 22	14.70	**Fd. K. s. 189**	− 10.3989	
4728	Bootes	6.3	51 30.0	2.830	+ 14 51 2	14.67	**Fd. K. 463**	+ 15.2796	
4729*	Libra	5.7	e 51 35.8	3.420	− 20 57 15	14.69	Cordob. 20257	− 20.4125	Hh 457
4730	Bootes	6.4	51 50.3	2.488	+ 32 42 16	14.67	Leid. 5330	+ 32.2531	OΣ 289
4731	16 Librae	4.6	e 14 51 57.7	+ 3.134	− 3 56 18	− 14.67	Cordob. 20276	− 3.3696	
4732	β Lupi	2.8	e 51 58.8	3.908	− 42 43 52	14.72	**S. Fd. K. 284**		
4733	Centaurus	6.4	52 13.1	3.824	− 39 30 10	14.65	Cordob. 20274		
4734	1 M Serpentis	5.7	52 25.5	3.069	+ 0 14 7	14.64	Nic. 3835	+ 0.3277	
4735	Bootes	5.9	52 31.9	2.797	+ 16 47 27	14.63	Berl. A. 5397	+ 16.2715	
4736	ϰ Centauri	3.2	e 52 39.2	3.884	− 41 42 10	14.64	**S. Fd. K. XIV.**		
4737*	59 Hydrae	5.6	e 52 44.1	3.544	− 27 15 22	14.62	Cordob. 20295		β 239
4738	17 Librae	6.4	e 52 48.2	3.247	− 10 45 10	14.62	Cordob. 20301	− 10.3994	
4739	Centaurus	6.4	52 55.1	3.774	− 37 28 47	14.61	Cordob. 20299		
4740	Bootes	5.9	e 53 3.7	1.979	+ 50 2 22	14.60	Camb. U.S. 4648	+ 50.2126	
4741*	18 Librae	5.9	e 14 53 29.2	+ 3.248	− 10 44 30	− 14.58	Cordob. 20318	− 10.3999	Σ 1894
4742	Libra	6.0	53 40.1	3.146	− 4 35 8	14.57	Cordob. 20325	− 4.3783	β 1085
4743	Virgo	6.1	54 23.6	2.993	+ 4 58 2	14.32	Leipz. II. 6860	+ 5.2954	G
4744	Centaurus	6.1	54 52.7	+ 3.786	− 37 39 34	14.49	Cordob. 20341		
4745	Ursa min.	(6.5)	55 24.7	− 1.512	+ 78 34 49	14.42	Kas. 2554	+ 78.501	
4746*	19 δ Librae	var.	e 55 37.7	+ 3.199	− 8 7 20	14.46	**Fd. K. s. 190**		
4747	40 Bootis	5.8	e 55 47.0	2.303	+ 39 39 42	14.44	Lund 6288	+ 39.2820	
4748	Centaurus	6.4	55 47.2	3.698	− 33 57 44	14.44	Cordob. 20361		
4749	2 Hev. Ursae min.	4.8	e 55 59.7	0.947	+ 66 19 52	14.37	**Fd. K. 464**	+ 66.878	G
4750	Libra	5.7	14 56 7.9	+ 3.110	− 2 21 30	− 14.42	Cordob. 20380	− 2.3928	

Nr. 4704. Σ 1890, Begl. 6.5m rötlich; d = 3″.7, p = 44°.

Nr. 4705. Var. Max. 5.5m, Min. 6.2m.

Nr. 4709. Σ 1888, Bgl. 6.6m purpurrot, Hptst. gelb; d = 3″, p = 200°. Siehe Tabelle „Bahnen von Doppelsternen“ Nr 32.

Nr. 4713. β 347, Begl. 10.5m; d = 13″, p = 320° 2. Begl. 9.8m, d = 58″.5, p = 243°.

Nr. 4722. h 4715, Begl. 7.2m; d = 3″, p = 278°.

Nr. 4725. β Ursae minoris = ***Kochab.***

Nr. 4729. Hh 457, Hptst. gelb, Begl. 7.6m orange; d = 18″, p = 300°.

Nr. 4737. β 239, Begl. 6.6m; d = 1″, p = 316° (physisch).

Nr. 4741. Σ 1894, Begl. 10.2m; d = 19″.5, p = 39°.

Nr. 4746. Var. Algoltypus. Max. 5.0m, Min. 6.2m; P = 2d 7h 51m. Dauer der Lichtabnahme 5h.5, der Zunahme 6h 5.

Kat. Nr.	Bezeichnung des Sternes	Gr.	Mittl. A. R. für 1900.0	Jährl. Veränd.	Mittl. Dekl. für 1900.0	Jährl. Veränd.	Nachweis	B. D.	Bemerkungen
			h m s	s	° ′ ″	″		°	
4751	60 Hydra	6.1	e 14 56 8.6	+ 3.559	− 27 39 51	− 14.42	Cordob. 20376		
4752	Bootes	6.4	56 23.4	2.688	+ 22 26 29	14.40	Berl. B. 5214	+ 22.2772	
4753	η Circini	5.2	56 26.2	4.950	− 63 38 20	14.40	Cordob. 20367		
4754*	2 Serpentis	5.7	56 41.6	3.069	+ 0 15 19	14.38	Nic. 3849	+ 0.3297	Hh 460; β 348
4755	Lupus	5.4	56 52.0	+ 3.660	− 32 14 56	14.37	Cordob. 20392		
4756	Camelopard.	5.9	e 57 3.1	− 4.442	+ 82 55 23	14.36	Greenw. (00) 2540	+ 83.431	
4757	Libra	6.5	57 33.2	+ 3.114	− 2 38 14	14.33	Cordob. 20420	− 2.3933	
4758	41 ω Bootis	5.0	e 57 43.7	2.628	+ 25 24 13	14.32	Camb. E. 7050	+ 25.2861	σ 469 G
4759	110 Virginis	4.6	e 57 50.9	3.032	+ 2 29 2	14.31	Alb. 5118	+ 2.2905	Σ^1 1680
4760*	42 β Bootis	3.7	e 58 10.7	2.259	+ 40 47 5	14.33	**Fd. K. 199**	+ 40.2840	
4761*	1 Hev. γ Scorpii	3.5	e 14 58 12.9	+ 3.501	− 24 53 21	− 14.32	**Fd. K. 591**		R
4762*	π Lupi	3.8	e 58 18.4	4.062	− 46 39 36	14.32	**S. Fd. K. 286**		h 4728
4763	Lupus	5.2	58 49.2	3.880	− 40 40 36	14.25	Cordob. 20444		R
4764	Bootes	5.7	59 6.6	2.399	+ 35 35 50	14.24	Lund 6299	+ 35.2642	
4765	Draco	6.2	59 6.7	1.402	+ 60 35 51	14.23	Hels. 8212	+ 60.1582	
4766	Circinus	5.9	59 22.8	5.084	− 64 53 16	14.22	Cordob. 20447		
4767	Libra	6.5	14 59 54.6	3.522	− 25 24 1	14.18	Cordob. 20471		
4768	43 ψ Bootis	4.7	e 15 0 9.6	2.569	+ 27 20 15	14.18	**Fd. K. 465**	+ 27.2447	
4769	Lupus	6.4*	0 28.3	4.151	− 48 42 7	14.15	Cordob. 20478		
4770	Lupus	6.0	0 29.0	3.631	− 30 31 47	14.15	Cordob. 20484		
4771*	44 i Bootis	5.0	e 15 0 30.7	+ 2.019	+ 48 2 38	− 14.15	Bonn 9765	+ 48.2259	Σ1909; Hh464
4772	Triang.austr.	6.4*	0 36.4	5.274	− 66 41 56	14.14	Cordob. 20470		
4773	Libra	6.1	0 40.7	3.447	− 21 38 33	14.14	Cordob. 20492	− 21.4030	
4774*	21 ν Librae	5.3	e 1 2.9	3.342	− 15 52 7	14.11	Cordob. 20498	− 15.4026	O
4775	Libra	6.5	1 14.2	3.347	− 16 5 49	14.10	Cordob. 20504	− 15.4028	
4776	Lupus	6.1	1 43.1	3.877	− 40 11 51	14.07	Cordob. 20509		
4777	Lupus	6.0	2 3.1	3.947	− 42 28 56	14.05	Cordob. 20513		
4778	λ Lupi	4.3	2 6.5	4.022	− 44 53 41	14.05	Cordob. 20514		
4779	47 k Bootis	5.8	e 2 7.2	1.993	+ 48 32 14	14.05	Bonn 9779	+ 48.2262	β 1086
4780	Apus	6.4*	2 16.1	6.079	− 72 23 20	14.04	Cordob. 20503		
4781	Ursa min.	6.4	15 2 26.4	+ 0.888	+ 66 18 29	− 14.03	Christ. 2248	+ 66.887	
4782	Virgo	6.5	2 42.7	2.974	+ 5 53 0	14.01	Leipz. II. 6901	+ 6.3001	
4783	Bootes	6.2	e 2 45.2	2.747	+ 18 49 42	14.01	Berl. A. 5444	+ 19.2924	
4784	45 c Bootis	5.2	e 2 54.2	2.621	+ 25 15 35	14.00	Camb. E. 7084	+ 25.2873	G
4785	Draco	5.5	3 25.1	1.706	+ 54 56 28	13.97	Hels. 8229	+ 55.1730	
4786	Lupus	6.1	3 42.6	3.834	− 38 24 35	13.95	Cordob. 20546		
4787	Lupus	5.6	3 48.7	4.443	− 54 57 54	13.94	Cordob. 20543		h 4734
4788	46 b Bootis	5.9	4 4.7	2.589	+ 26 41 4	13.93	Camb. E. 7091	+ 26.2656	G
4789	Bootes ·	6.4	4 9.8	2.840	+ 13 36 55	13.92	Leipz. I. 5316	+ 13.2901	
4790	Bootes	6.0	4 14.2	2.614	+ 25 29 28	13.91	Camb. E. 7093	+ 25.2876	h 2766 G
4791	Libra	5.9	15 4 23.7	+ 3.542	− 25 57 5	− 13.91	Cordob. 20562		
4792*	Triang.austr.	var.	4 43.2	5.681	− 69 42 8	13.91	Cordob. 20554		R
4793	Lupus	6.3	4 49.6	4.033	− 44 53 54	13.88	Cordob. 20566		Δ 178
4794*	ϰ Lupi	4.0	4 59.1	4.159	− 48 21 25	13.87	Cordob. 20570		} Δ 177
4795*	Lupus	5.9	5 0.7	4.159	− 48 21 49	13.87	Cordob. 20571		}
4796	ζ Lupi	3.5	e 5 5.9	4.282	− 51 43 7	13.93	**S. Fd. K. 287**		Δ 176 R
4797	Bootes	6.5	5 9.1	1.903	+ 50 26 35	13.86	Camb. U.S. 4692	+ 50.2146	
4798	e Lupi	5.0	6 6.6	4.013	− 44 7 23	13.80	Cordob. 20591		
4799	24 ι Librae	4.5	e 6 31.2	3.412	− 19 24 49	13.81	**Fd. K. 592**	− 19.4047	β 618
4800	Lupus	6.0	15 6 49.3	+ 3.772	− 35 42 52	− 13.75	Cordob. 20604		

Nr. 4754. β 348, Begl. 6.8m; d = 0″.5, p = 120°.

Nr. 4760. β Bootis = ***Meres.***

Nr. 4761. In Cordob. mit σ Librae bezeichnet.

Nr. 4762. h 4728, Begl. 4.6m; d = 1″.3, p = 87°.

Nr. 4771. Σ 1909, Begl. 6.1m (var.?) bläulich; d = 6″, p = 245°. p und d nehmen ab.

Nr. 4774. ν Librae = ***Zuben hakrabi.***

Nr. 4792. Var. Max. 5.2m, Min. 6.2m.

Nr. 4794/5. Δ 177, Begl. 5.9m; d = 27″, p = 144°.

Kat. Nr.	Bezeichnung des Sternes	Gr.	Mittl. A. R. für 1900.0	Jährl. Veränd.	Mittl. Dekl. für 1900.0	Jährl. Veränd.	Nachweis	B. D.	Bemerkungen
			h m s	s	° ′ ″	″		°	
4801	Libra	6.4	15 7 26.6	+ 3.498	− 23 37 56	− 13.71	Cordob. 20623		
4802	Bootes	5.8	7 31.3	2.730	+ 19 21 8	13.71	Berl. A. 5473	+ 19.2935	G
4803	Libra	6.0	7 37.4	3.413	− 19 16 15	13.70	Cordob. 20633	− 19.4055	
4804	23 Librae	6.4	e 7 38.7	3.526	− 24 55 54	13.70	Cordob. 20630		
4805	Libra	6.0	7 57.9	3.546	− 25 49 8	13.68	Cordob. 20639		
4806	*i* Lupi	5.0	8 29.7	3.665	− 31 8 46	13.65	Cordob. 20651		
4807	Circinus	6.3*	8 32.2	4.805	− 60 31 56	13.64	Cordob. 20640		I. 428
4808	*δ* Circini	5.2	8 51.6	4.902	− 60 35 8	13.62	Cordob. 20649		
4809	Libra	6.3	8 55.1	3.380	− 17 23 42	13.62	Cordob. 20661	− 17.4285	
4810	Lupus	6.5*	8 56.4	4.152	− 47 42 5	13.62	Cordob. 20655		
4811	*ε* Circini	4.8	15 9 11.9	+ 5.020	− 63 14 27	− 13.60	Cordob. 20654		
4812	Lupus	5.2	9 29.3	3.930	− 41 7 11	13.58	Cordob. 20672		
4813	Libra	6.4	9 34.2	3.160	− 5 7 50	13.58	Cordob. 20689	− 4.3840	G
4814	*γ* Triang. austr.	3.0	e 9 34.2	5.533	− 68 18 36	13.61	**S. Fd. K. 288**		
4815	Ursa min.	6.4	9 40.5	0.617	+ 68 9 25	13.57	Christ. 2265	+ 68.823	
4816	*β* Circini	4.0	e 9 40.9	4.659	− 58 25 40	13.73	**S. Fd. K. 289**		
4817	Bootes	6.4	9 47.1	2.285	+ 38 38 21	13.56	Lund 6351	+ 38.2629	
4818	Bootes	6.1	10 0.3	2.453	+ 32 9 40	13.55	Leid. 5417	+ 32.2561	OΣ 292 G
4819	3 Serpentis	5.4	10 13.1	2.979	+ 5 18 37	13.53	**Fd. K. 466**	+ 5.2985	G
4820	48 *χ* Bootis	5.5	e 10 18.4	2.514	+ 29 32 6	13.53	Camb. E. 7125	+ 29.2640	
4821	Bootes	6.4	15 10 33.2	+ 2.166	+ 42 32 38	− 13.51	Bonn 9854	+ 42.2577	G
4822	Libra	5.8	10 35.2	3.472	− 22 1 47	13.51	Cordob. 20700	− 21.4065	
4823	4 Serpentis	5.7	e 10 43.6	3.060	+ 0 44 32	13.50	Alb. 5174	+ 0.3327	
4824	Circinus	5.4	10 46.0	4.793	− 60 7 44	13.50	Cordob. 20695		I. 370
4825*	49 *δ* Bootis	3.6	e 11 28.3	2.419	+ 33 41 16	13.56	**Fd. K. 201**	+ 33.2561	Σ¹ 1704
4826*	*μ* Lupi	4.2	11 34.6	4.155	− 47 30 24	13.45	Cordob. 20713		Δ 180; h 4753
4827*	27 *β* Librae	2.6	e 11 37.5	3.222	− 9 0 51	13.46	**Fd. K. 200**	− 8.3935	
4828	2 *δ* Lupi	4.3	11 44.6	3.640	− 29 46 52	13.43	Cordob. 20721		
4829	Lupus	5.7	12 22.9	3.920	− 40 25 17	13.39	Cordob. 20731		
4830	Lupus	6.4	12 33.6	3.666	− 30 50 36	13.38	Cordob. 20734		
4831	Lupus	6.2	15 13 9.4	+ 3.817	− 36 43 40	− 13.34	Cordob. 20746		
4832	Serpens	6.1	13 18.4	3.074	− 0 5 44	13.33	Nic. 3904	+ 0.3337	G
4833	1 Hev. Ursae min.	5.3	e 13 29.2	0.669	+ 67 43 35	13.71	**Fd. K. 467**	+ 67.876	
4834	Bootes	5.8	13 55.5	2.690	+ 20 56 18	13.29	Berl. B. 5282	+ 21.2755	
4835*	5 Serpentis	5.2	e 14 12.0	3.035	+ 2 8 46	13.27	Alb. 5186	+ 2.2944	Σ 1930
4836	*δ* Lupi	3.3	14 48.3	3.921	− 40 17 8	13.26	**S. Fd. K. 290**		R
4837	Lupus	6.1	15 1.1	3.928	− 40 23 15	13.22	Cordob. 20782		
4838*	Lupus	6.5	15 3.4	3.854	− 37 51 24	13.22	Cordob. 20787		Howe 32
4839	Circinus	5.6	15 4.4	4.834	− 60 17 48	13.22	Cordob. 20775		
4840	*ν*² Lupi	5.7	15 7.7	4.187	− 47 56 50	13.21	Cordob. 20783		
4841	*ν*¹ Lupi	5.0	15 15 10.7	+ 4.174	− 47 33 45	− 13.21	Cordob. 20786		R
4842	28 Librae	6.2	e 15 13.5	3.396	− 17 47 42	13.21	Cordob. 20792	− 17.4312	
4843*	*γ* Circini	4.4	15 24.6	4.747	− 58 57 37	13.20	Cordob. 20785		h 4757
4844	29 *o* Librae	6.2	e 15 25.8	3.346	− 15 11 16	13.19	Cordob. 20799	− 15.4083	
4845	*φ*¹ Lupi	3.7	e 15 27.5	3.793	− 35 53 55	13.28	**S. Fd. K. 291**		RR
4846	Serpens	6.4	e 15 37.8	3.108	− 2 2 46	13.18	Cordob. 20809	− 1.3047	
4847	Libra	5.6	15 50.6	3.168	− 5 27 49	13.17	Cordob. 20813	− 5.4057	
4848*	*ε* Lupi	3.6	15 53.4	4.058	− 44 19 48	13.16	Cordob. 20806		Δ 182
4849	6 Serpentis	5.7	e 15 56.8	3.054	+ 1 4 47	13.16	Alb. 5190	+ 1.3067	*β* 32
4850	1 *o* Coronae bor.	5.8	e 15 16 0.6	+ 2.491	+ 29 58 44	− 13.16	Leid. 5455	+ 30.2647	

Nr. 4825. Σ¹ 1704, Begl. 7.4m; d = 105″, p = 79°.

Nr 4826. h 4753, Begl. 5.2m; d = 2″, p = 150°. Beides nimmt langsam ab. Δ 180, Begl. 6.9m; d = 23″, p = 130°. Dieser dreifache Stern besitzt physischen Zusammenhang.

Nr. 4827. *β* Librae = ***Zuben el genubi.***

Nr. 4835. Σ 1930, Begl. 10.0m; d = 10″, p = 41°. Hptst. dpl., d = 0″.2.

Nr. 4838. Howe 32, Begl. 9.0m; d = 6″, p = 122°.

Nr. 4843. h 4757, Begl. 5.2m; d 1″, p 85° (physisch).

Nr. 4848. Δ 182, 2 Begl. B, 6.0m: d = 1″, p = 280°; C, 10m: d = 27″ p = 172°.

Kat. Nr.	Bezeichnung des Sternes	Gr.	Mittl. A. R. für 1900.0	Jährl. Veränd.	Mittl. Dekl. für 1900.0	Jährl. Veränd.	Nachweis	B. D.	Bemerkungen
			h m s	s	° ′ ″	″		°	
4851	φ^2 Lupi	4.6	15 16 45.9	+ 3.822	− 36 29 59	− 13.11	Cordob. 20825		
4852	Bootes	6.5	16 47.7	2.594	+ 25 19 7	13.10	Camb. E. 7168	+ 25.2902	
4853	Triang. austr.	6.5*	16 48.2	5.572	− 67 57 16	13.10	Cordob. 20811		
4854	Draco	6.0	17 8.7	+ 1.760	+ 52 19 7	13.08	Camb. U. S. 4734	+ 52.1869	
4855	11 Ursae min.	5.1	e 17 10.3	− 0.081	+ 72 11 12	13.08	Greenw. (00) 2594	+ 72.678	G
4856	Bootes	6.4	17 14.6	+ 2.066	+ 44 47 52	13.07	Bonn 9912	+ 44.2453	
4857*	S Coronae bor.	var.	17 19.4	2.446	+ 31 43 37	13.07	Leid. 5465	+ 31.2725	
4858	50 Bootis	5.7	e 17 48.5	2.406	+ 33 17 28	13.04	Leid. 5468	+ 33.2581	
4859	v Lupi	5.4	18 13.0	3.909	− 39 21 13	13.01	Cordob. 20847		R
4860	Libra	5.9	18 23.0	3.290	− 12 0 45	13.00	Cordob. 20855	− 11.3940	
4861	8 Serpentis	6.1	e 15 18 34.3	+ 3.089	− 0 39 57	− 13.00	**Fd. K. s. 194**	− 0.2961	
4862	31 ε Librae	5.0	e 18 46.6	3.252	− 9 57 46	12.97	W.-Ott. 5379	− 9.4138	
4863	Triang. austr.	6.3*	18 50.4	5.176	− 64 10 44	12.97	Cordob. 20849		
4864	k Lupi	4.6	18 51.1	3.881	− 38 22 46	12.97	Cordob. 20861		Δ 183
4865	Bootes	5.6	18 55.4	2.219	+ 39 56 18	12.96	Bonn 9929	+ 40.2877	G
4866*	2 η Coronae bor.	5.2	e 19 4.4	2.480	+ 30 38 56	13.15	**C. d. T.**	+ 30.2653	Σ 1937
4867	ϱ Octantis	5.7	e 20 11.5	13.129	− 84 7 55	12.80	**S. P. C. „Q“**		
4868	$\varkappa^1$ Apodis	5.6	e 20 36.6	6.436	− 73 2 33	12.89	**S. Fd. K. 292**		h 4764
4869*	51 μ Bootis	4.6	e 20 42.7	2.264	+ 37 43 40	12.76	**Fd. K. 202**	+ 37.2636	Σ 1938; Σ^1
4870	Bootes	6.3	20 42.9	2.023	+ 45 37 27	12.84	Bonn 9937	+ 45.2284	G [1713
4871	Draco	6.2	15 20 45.3	+ 1.108	+ 62 24 12	− 12.84	Hels. 8352	+ 62.1410	
4872*	13 γ Ursae min.	3.4	e 20 53.3	− 0.121	+ 72 11 24	12.81	**Fd. K. 203**	+ 72.679	Σ^1 1723
4873	Lupus	5.5	20 53.9	+ 3.830	− 36 24 59	12.83	Cordob. 20909		
4874	Draco	5.9	20 58.3	0.994	+ 63 41 57	12.82	Hels. 8353	+ 63.1192	
4875	9 τ^1 Serpentis	5.1	e 21 9.0	2.778	+ 15 46 47	12.81	**Fd. K. 468**	+ 15.2858	RG
4876	Serpens	6.5	e 21 23.5	2.702	+ 19 49 56	12.80	Berl. A. 5539	+ 19.2966	
4877	Bootes	5.6	22 22.7	2.358	+ 34 41 2	12.73	Leid. 5491	+ 34.2645	
4878*	Lupus	4.9	22 26.7	4.157	− 46 23 8	12.73	Cordob. 20948		RR
4879	32 ζ^1 Librae	5.9	e 22 36.9	3.375	− 16 22 4	12.76	**Fd. K. s. 195**	− 16.4089	
4880	12 ι Draconis	3.5	22 42.2	1.328	+ 59 18 59	12.68	**Fd. K. 204**	+ 59.1654	S.C.C. 545
4881	Lupus	6.5	15 22 49.4	+ 3.889	− 38 17 9	− 12.70	Cordob. 20959		
4882	Corona bor.	6.0	23 20.7	2.579	+ 25 26 59	12.66	Camb. E. 7207	+ 25.2916	G
4883	10 Serpentis	5.6	e 23 35.3	3.033	+ 2 11 23	12.65	Alb. 5216	+ 2.2965	
4884*	3 β Coronae bor.	4.0	e 23 42.4	2.473	+ 29 27 0	12.56	**Fd. K. 205**	+ 29.2670	
4885	Libra	6.2	24 49.4	9.459	− 20 23 3	12.56	Cordob. 21008	− 20.4246	
4886	34 ζ^3 Librae	6.0	25 1.8	3.378	− 16 15 59	12.55	Cordob. 21014	− 16.4099	
4887	Bootes	6.4	25 31.4	1.931	+ 47 32 44	12.52	Bonn 9978	+ 47.2227	
4888	Lupus	6.3	25 33.6	3.899	− 38 16 43	12.51	Cordob. 21022		
4889	Lupus	6.4	25 35.3	3.739	− 32 32 20	12.51	Cordob. 21024		
4890	Draco	6.0	25 52.4	1.185	+ 61 0 54	12.49	Hels. 8379	+ 61.1509	G
4891	Draco	(6.4)	15 25 54.0	+ 1.053	+ 62 37 18	− 12.49	Hels. 8380	+ 62.1414	
4892	Libra	6.1	25 58.2	3.449	− 19 49 21	12.48	Cordob. 21034	− 19.4128	
4893	Lupus	6.5	26 46.6	3.957	− 40 8 59	12.43	Cordob. 21048		
4894	Libra	5.4	26 52.0	3.441	− 19 19 47	12.42	Cordob. 21053	− 19.4135	
4895*	Libra	6.3	27 13.9	3.543	− 24 8 58	12.40	Cordob. 21062		S. 673
4896	35 ζ^2 Librae	5.6	27 16.2	3.384	− 16 30 50	12.40	Cordob. 21066	− 16.4110	
4897	Triang. austr.	6.4	27 18.5	5.354	− 65 16 33	12.40	Cordob. 21045		
4898	52 ν^1 Bootis	5.1	27 20.2	2.154	+ 41 10 25	12.40	**Fd. K. 206**	+ 41.2609	RG
4899	Lupus	6.1	27 26.0	3.946	− 39 43 39	12.39	Cordob. 21064		R
4900	ε Triang. austr.	4.1	e 15 27 33.9	+ 5.434	− 65 58 50	− 12.46	**S. Fd. K. 293**		Δ 188 R

Nr. 4857. Var. Max. 6.1—7.8m, Min. 11.9—12 5m; P = 361d.

Nr. 4866. Σ 1937, Begl. 5.7m goldgelb; d = 0″.8, p = 10°. Siehe Tabelle „Bahnen von Doppelsternen“ Nr. 12. d_{max} (1906.5) = 1″.1, bei 34° Positionswinkel.

Nr. 4869. 2 Begl.: B = 6.7m, C = 7.3m. B—C, (1900.0): d = 0″.9, p = ca. 70°. Siehe Tabelle „Bahnen von Doppelsternen“ Nr. 41. A—(BC), d = 108″, p = 171.6°. (BC) bezeichnet man auch als μ^2 Bootis. Die 3 Sterne stehen in physischem Zusammenhange, wie ihre gleiche Eig.-Bew. zeigt. Das Verhältnis ist etwa wie Sonne, Erde und Mond, indem C um B und dieses System wiederum um A kreist. Letztere Bewegung würde sehr gering sein (bei Annahme gleicher Massen von A und (B+C) jährlich in p eine Veränderung von 0.003°, was in der verhältnismäßig kurzen Zeit der Beobachtungen nicht zu erkennen ist). μ Bootis = ***Alkalurops.***

Nr. 4872. γ Ursae min. = ***Pherkad.***

Nr. 4878. Nicht bei Behrmann, Cordoba, 5.9m.

Nr. 4884. β Coronae = ***Nusakan.***

Nr. 4895. S 673, 2 Begl. B, 8.3m: d = 9″, p = 299°. C, 8.3m: d = 0″.2, p = 140°. (λ 238.)

Kat. Nr.	Bezeichnung des Sternes	Gr.	Mittl. A. R. für 1900.0	Jährl. Veränd.	Mittl. Dekl. für 1900.0	Jährl. Veränd.	Nachweis	B. D.	Bemerkungen
			h m s	s	° ′ ″	″		°	
4901	Draco	6.5	15 27 35.2	+ 1.057	+ 62 26 31	− 12.37	Hels. 8388	+ 62.1416	
4902	Lupus	6.3	27 47.2	3.925	− 39 0 39	12.36	Cordob. 21069		
4903	11 A^1 Serpentis	*5.9*	e 27 48.9	3.088	− 0 50 49	12.35	Nic. 3947	− 0.2982	
4904	53 ν^2 Bootis	5.2	28 12.2	2.145	+ 41 14 19	12.35	**Fd. K. 207**	+ 41.2611	
4905*	γ Lupi	2.9	e 28 28.5	3.979	− 40 49 50	12.35	**S. Fd. K. 294**		h 4786
4906	Libra	5.2	28 33.4	3.627	− 27 42 36	12.31	Cordob. 21090		R
4907	37 Librae	4.9	e 28 42.6	3.272	− 9 43 18	12.53	**Fd. K. s. 196**	− 9.4171	
4908	4 ϑ Coronae bor.	4.5	e 28 53.7	2.415	+ 31 47 47	12.30	**Fd. K. 208**	+ 31.2750	
4909*	d Lupi	4.8	29 0.1	4.117	− 44 37 23	12.28	Cordob. 21095		h 4788
4910	Libra	5.2	29 2.5	3.236	− 8 50 48	12.27	Cordob. 21105	− 8.4010	
4911	Libra	6.5	15 29 3.9	+ 3.171	− 5 21 34	− 12.27	Cordob. 21108	− 5.4100	
4912	$\varkappa^2$ Apodis	5.8	29 16.0	6.556	− 73 6 57	12.26	Cordob. 21078		
4913	Lupus	5.3	29 21.2	4.097	− 44 3 40	12.25	Cordob. 21102		RR
4914	Draco	5.9	29 31.6	0.848	+ 64 32 40	12.24	Hels. 8400	+ 64.1074	
4915	Apus	6.3*	29 37.0	7.244	− 75 45 10	12.24	Cordob. 21081		
4916	Lupus	6.2	29 54.9	3.755	− 32 45 32	12.21	Cordob. 21122		
4917*	38 γ Librae	4.1	e 29 55.9	3.350	− 14 27 22	12.19	**Fd. K. 593**	− 14.4237	O
4918*	13 δ Serpentis	4.1	e 30 1.7	2.869	+ 10 52 23	12.21	Leipz. I. 5430	+ 11.2821	Σ 1954
4919	Triang. austr.	6.4	30 8.1	5.971	− 69 53 49	12.20	Cordob. 21103		
4920*	5 α Coronae bor.	2.6	e 30 27.2	2.539	+ 27 3 4	12.27	**Fd. K. 209**	+ 27.2512	
4921*	3 Hev. Scorpii	3.9	15 30 57.1	+ 3.631	− 27 48 14	− 12.15	**S. Fd. K. 295**		R
4922	15 τ^8 Serpentis	6.4	e 31 1.0	2.727	+ 17 59 20	12.14	Berl. A. 5586	+ 18.3044	
4923	Serpens	6.4	31 8.0	2.854	+ 11 35 54	12.13	Leipz. I. 5435	+ 11.2826	G
4924	ω Lupi	4.0	31 19.0	4.039	− 42 14 21	12.12	Cordob. 21153		R
4925	Norma	5.4	e 31 23.4	4.433	− 52 2 34	12.17	**S. Fd. K. 296**		$\varLambda$ 189
4926	Serpens	6.4	31 25.8	3.076	− 0 13 46	12.11	Cordob. 21167	− 0.2988	
4927	Libra	6.0	31 28.5	3.590	− 25 56 54	12.10	Cordob. 21162		
4928	6 μ Coronae bor.	5.3	31 34.7	2.199	+ 39 20 31	12.10	Lund 6466	+ 39.2889	G
4929	16 Serpentis	5.7	31 41.2	2.878	+ 10 20 46	12.09	Leipz. I. 5438	+ 10.2884	
4930	Norma	6.4*	e 31 46.3	4.890	− 59 34 24	12.09	Cordob. 21155		
4931	18 τ^5 Serpentis	6.3	e 15 31 52.6	+ 2.758	+ 16 27 1	− 12.08	Berl. A. 5593	+ 16.2807	
4932	Libra	6.0	31 55.3	3.521	− 22 48 33	12.07	Cordob. 21176	− 22.3989	
4933	Lupus	6.5	31 58.2	3.931	− 38 49 52	12.07	Cordob. 21174		
4934	Corona bor.	6.5	32 7.3	2.217	+ 38 42 19	12.06	Lund 6471	+ 38.2678	GR
4935	Lupus	6.0	32 7.5	3.931	− 38 47 57	12.06	Cordob. 21177		
4936	Libra	6.3	32 10.9	3.639	− 27 52 38	12.06	Cordob. 21180		
4937	Libra	5.9	32 27.2	3.476	− 20 41 8	12.04	Cordob. 21187	− 20.4285	
4938*	4 Hev. Scorpii	3.7	32 30.8	3.676	− 29 26 54	12.03	Cordob. 21186		
4939	Draco	6.1	32 37.5	1.587	+ 54 15 12	12.02	Camb. U. S. 4798	+ 54.1756	G
4940	41 Librae	5.3	e 33 9.1	3.447	− 18 58 21	12.06	**Fd. K. s. 197**	− 18.4118	
4941*	Libra	5.9	15 33 16.1	+ 3.232	− 8 27 48	− 11.98	W.-Ott. 5464	− 8.4031	Σ 1962
4942	3 ψ Lupi	4.8	e 33 24.9	3.798	− 34 5 8	11.97	Cordob. 21207		Σ 3451 R
4943	Libra	6.2	33 28.4	3.523	− 22 49 22	11.97	Cordob. 21211	− 22.3996	
4944*	54 φ Bootis	5.4	e 34 14.2	2.154	+ 40 40 43	11.85	**Fd. K. 469**	+ 40.2907	
4945	g Lupi	4.5	e 34 19.2	4.124	− 44 19 42	11.90	Cordob. 21226		R
4946	42 Librae	5.0	34 22.1	+ 3.539	− 23 29 36	11.90	Cordob. 21234		R
4947	15 ϑ Ursae min.	5.1	e 34 23.0	− 1.854	+ 77 40 57	11.90	Kas. 2633	+ 75.592	G
4948	Bootes	6.3	34 57.0	+ 2.318	+ 35 0 3	11.86	Lund 6485	+ 35.2711	
4949	Draco	6.0	34 57.8	1.543	+ 54 50 11	11.86	Hels. 8435	+ 54.1758	G
4950	Hercules	6.0	15 35 3.8	+ 1.961	+ 47 7 41	− 11.85	Bonn 10076	+ 47.2253	

Nr. 4905. h 4786, sehr enger Doppelstern. h maß 1834 d = 0″.8, p = 94°. Später nicht mehr getrennt gesehen, erst 1897. d = 0″.4, p = 92°.

Nr. 4909. h 4788, Begl. 7.8m; d = 2″, p = 360°.

Nr. 4917. γ Librae = ***Zuben el gubi.***

Nr. 4918. Σ 1954, Begl 4.0m; d = 3″.5, p = 185°. Bewegung in p und d.

Nr. 4920. α Coronae borealis = ***Gemma.***

Nr. 4921. In Cordoba mit „ϱ Librae" bezeichnet.

Nr. 4938. Cordob.: r Librae.

Nr. 4941. Σ 1962, Begl. 6.4m; d = 11″.8, p = 188°.

Nr. 4944. φ Bootis = ***Ceginus.***

Kat. Nr.	Bezeichnung des Sternes	Gr.	Mittl. A. R. für 1900.0	Jährl. Veränd.	Mittl. Dekl. für 1900.0	Jährl. Veränd.	Nachweis	B. D.	Bemerkungen
			h m s	s	° ′ ″	″		°	
4951	Serpens	6.4	15 35 26.7	+ 2.836	+ 12 22 36	— 11.83	Leipz. I. 5458	+ 12.2875	OΣ 300
4952*	7 ζ Coronae bor.	4.8	e 35 36.7	2.256	+ 36 57 37	11.81	**Fd. K. 210**	+ 37.2665	Σ 1965
4953	Draco	6.1	35 39.0	1.751	+ 50 44 58	11.81	Camb. U.S. 4809	+ 50.2206	
4954	h Lupi	5.4	36 8.4	3.892	— 37 6 14	11.78	Cordob. 21269		
4955	43 κ Librae	5.0	e 36 11.0	3.452	— 19 21 13	11.78	Cordob. 21276	— 19.4188	RG
4956	4 ψ² Lupi	4.8	e 36 18.7	3.812	— 34 23 21	11.76	Cordob. 21274		
4957	19 τ⁶ Serpentis	6.2	e 36 23.2	2.755	+ 16 20 50	11.76	Berl. A. 5612	+ 16.2816	
4958	Draco	6.5	36 57.1	1.320	+ 58 14 50	11.72	Hels. 8449	+ 58.1583	
4959	20 χ Serpentis	5.5	37 5.0	2.819	+ 13 10 5	11.71	Leipz. I. 5461	+ 13.2983	
4960	21 ι Serpentis	4.8	e 37 5.6	2.678	+ 19 59 32	11.71	Berl. B. 5387	+ 20.3138	
4961	Ursa min.	5.8	e 15 37 22.8	+ 0.151	+ 69 36 20	— 11.69	Christ. 2341	+ 69.806	
4962	22 τ⁷ Serpentis	6.2	e 37 24.9	2.703	+ 18 46 56	11.69	Berl. A. 5618	+ 18.3059	
4963*	Lupus	6.5*	37 37.9	4.034	— 41 30 3	11.67	Cordob. 21309		Howe 37
4964	Libra	6.5	e 37 48.4	3.379	— 14 43 19	11.66	Cordob. 21318	+ 14.4266	
4965	44 η Librae	5.5	e 38 26.8	3.368	— 15 21 15	11.68	**Fd. K. s. 198**	+ 15.4171	
4966*	8 γ Coronae bor.	4.0	e 38 32.6	2.518	+ 26 36 44	11.57	**Fd. K. 211**	+ 26.2722	Σ 1967
4967*	Triang. austr.	5.8	38 46.2	5.426	— 65 7 42	11.59	Cordob. 21319		R. 20
4968	23 ψ Serpentis	6.2	e 39 0.1	3.019	+ 2 50 11	11.57	Alb. 5269	+ 2.2989	
4969	24 α Serpentis	2.9	e 39 20.5	2.951	+ 6 44 24	11.49	**Fd. K. 212**	+ 6.3088	Σ¹ 1742 G
4970	9 π Coronae bor.	5.8	e 40 3.0	2.366	+ 32 49 53	11.50	Leid. 5575	+ 32.2621	
4971*	Libra	6.4	15 40 7.6	+ 3.648	— 27 44 51	— 11.49	Cordob. 21355		β 620; h 4803
4972	Draco	5.8	40 7.8	1.636	+ 52 40 34	11.49	Camb. U.S. 4821	+ 52.1898	
4973	26 τ⁸ Serpentis	6.5	e 40 9.6	2.726	+ 17 34 42	11.49	Berl. A. 5633	+ 17.2906	
4974	Lupus	5.5	40 21.0	3.822	— 34 22 10	11.48	Cordob. 21360		
4975	Serpens	6.0	40 26.8	2.962	+ 5 45 30	11.47	Leipz. II. 7075	+ 5.3072	bläulich
4976	Serpens	6.5	40 34.1	3.050	+ 1 12 16	11.46	Alb. 5278	+ 1.3125	G
4977	Lupus	6.7	40 38.7	3.846	— 35 11 52	11.46	Cordob. 21363		} zusammen
4978	Lupus	6.9	40 40.4	3.846	— 35 12 20	11.46	Cordob. 21364		} 6.5ᵐ
4979	Norma	6.5	40 45.1	4.394	— 50 16 44	11.45	Cordob. 21361		
4980	Lupus	6.5	40 46.9	3.990	— 39 52 54	11.45	Cordob. 21366		
4981	25 A² Serpentis	*5.6*	e 15 40 55.3	+ 3.101	— 1 29 25	— 11.44	Cordob. 21378	— 1.3092	
4982	Lupus	6.1	e 41 0.2	3.918	— 37 35 54	11.43	Cordob. 21374		
4983	Libra	6.5	41 26.6	3.183	— 5 48 33	11.40	Cordob. 21388	— 5.4161	
4984*	28 β Serpentis	3.8	e 41 34.3	2.766	+ 15 44 5	11.43	**Fd. K. 213**	+ 15.2911	Σ 1970
4985	27 λ Serpentis	4.6	e 41 35.6	2.925	+ 7 40 0	11.39	Leipz. II. 7083	+ 7.3023	
4986	Norma	5.9	42 32.0	4.531	— 52 54 6	11.32	Cordob. 21399		h 4805
4987	31 υ Serpentis	6.1	42 38.8	2.789	+ 14 25 23	11.31	Leipz. I. 5499	+ 14.2939	
4988	Norma	6.4*	42 43.4	4.324	— 48 36 20	11.31	Cordob. 21405		
4989	Norma	6.2	43 15.9	4.181	— 45 5 40	11.27	Cordob. 21426		
4990*	Norma	5.7	43 20.4	4.639	— 54 45 1	11.26	Cordob. 21421		Δ 193
4991	Serpens	6.2	e 15 43 33.7	+ 2.795	+ 14 6 1	— 11.24	Leipz. I. 5500	+ 14.2940	RG
4992*	30 Serpentis	5.5	e 43 42.5	3.140	— 3 30 43	11.23	Cordob. 21440	— 3.3829	
4993	Triang. austr.	6.4	43 48.1	5.431	— 64 51 2	11.23	Cordob. 21428		
4994	Draco	6.0	44 11.9	1.442	+ 55 46 50	11.20	Hels. 8500	+ 55.1777	G
4995	35 κ Serpentis	4.2	e 44 14.3	2.699	+ 18 27 1	11.28	**Fd. K. 215**	+ 18.3074	RG
4996	32 μ Serpentis	*3.3*	e 44 24.0	3.126	— 3 7 27	11.19	**Fd. K. 214**	— 2.4052	
4997	Norma	6.5*	44 25.8	4.254	— 46 45 23	11.18	Cordob. 21446		
4998*	R Coronae bor.	var.	44 27.2	2.471	+ 28 27 48	11.18	Camb. E. 7350	+ 28.2477	R
4999	5 χ Lupi	4.1	44 36.1	3.800	— 33 19 21	11.20	**S. Fd. K. 297**		
5000	1 b Scorpii	4.7	e 15 44 57.9	+ 3.601	— 25 26 51	— 11.14	Cordob. 21469		

Nr. 4952. Σ 1965, Begl. 5.0m; d=7″.5, p=305°.
Nr. 4963. Howe 37, Begl. 8.9m; d=4″, p=350°.
Nr. 4966. Σ 1967, Begl. 7.0m purpurrot. Siehe Tabelle „Bahnen von Doppelsternen" Nr. 24.
Nr. 4967. R. 20. Beide Komponenten 6.5m; d=2″, p=152°.
Nr. 4971. β 620, Begl. 7.7m; d=0″.6, p=175°. 2. Begl. 9.3m; d=51″, p=215° (h 4803).
Nr. 4984. Σ 1970, Begl 9.2m; d=30″.6, p=265°.
Nr. 4990. Δ 193, Begl. 9.1m; d=21″, p=18°.
Nr. 4992. Cordob. ordnet diesen Stern der Libra ein.
Nr. 4998. Var. Max. 5.8m, Min 13.0m; unregelmäßig.

Kat. Nr.	Bezeichnung des Sternes	Gr.	Mittl. A. R. für 1900.0	Jährl. Veränd.	Mittl. Dekl. für 1900.0	Jährl. Veränd.	Nachweis	B. D.	Bemerkungen
			h m s	s	° ′ ″	″		°	
5001	12 Hev. Draconis	5.4	e 15 45 8.5	+ 0.906	+ 62 54 31	— 11.19	**Fd. K. 470**	+ 63.1225	
5002	Draco	6.1	45 12.8	1.443	+ 55 40 58	11.13	Hels. 8509	+ 55.1779	β 946
5003	34 ω Serpentis	5.4	e 45 14.5	3.024	+ 2 30 6	11.12	Alb. 5299	+ 2.3007	R
5004	10 δ Coronae bor.	4.8	e 45 24.2	2.521	+ 26 22 29	11.11	Camb. E. 7355	+ 26.2737	
5005	Norma	6.3	45 27.9	4.415	— 50 18 53	11.11	Cordob. 21472		
5006	ϰ Triang. austr.	5.3	45 36.5	5.870	— 68 18 17	11.10	Cordob. 21460		R
5007	37 ε Serpentis	4.0	e 45 49.8	2.986	+ 4 46 43	11.02	**Fd. K. 216**	+ 4.3069	
5008	Lupus	6.4	46 2.5	3.706	— 29 34 57	11.07	Cordob. 21489		
5009	36 b Serpentis	5.3	e 46 3.2	3.127	— 2 47 15	11.06	Cordob. 21496	— 2.4058	
5010	Libra	6.2	46 3.3	3.347	— 13 49 55	11.06	Cordob. 21493	— 13.4269	
5011*	R Serpentis	var.	e 15 46 5.1	+ 2.765	+ 15 26 14	— 11.06	Berl. A. 5666	+ 15.2918	
5012	β Triang. austr.	3.1	e 46 19.7	5.244	— 63 7 19	11.45	**S. Fd. K. 298**		
5013*	Triang. austr.	6.4*	46 25.1	5.041	— 60 28 45	11.04	Cordob. 21487		Sellors 11
5014	38 ϱ Serpentis	5.0	e 46 52.4	2.637	+ 21 16 42	11.00	Berl. B. 5434	+ 21.2829	G
5015*	Norma	6.0	47 9.6	5.001	— 59 52 44	10.98	Cordob. 21499		h 4813
5016	11 ϰ Cornae bor.	5.0	e 47 27.8	2.260	+ 35 58 7	10.96	Lund 6551	+ 36.2652	
5017	45 λ Librae	4.9	47 31.7	3.477	— 19 52 5	10.96	Cordob. 21520	— 19.4249	
5018*	2 A Scorpii	4.6	e 47 36.4	+ 3.595	— 25 1 43	10.95	Cordob. 21521		β 36
5019	16 ζ Ursae min.	4.6	47 37.2	— 2.240	+ 78 6 8	10.95	**Fd. K. 217**	+ 78.527	Σ1 1762
5020	Triang. austr.	6.0	47 40.2	+ 5.027	— 60 11 4	10.95	Cordob. 21509		
5021	Scorpius	5.4	e 15 47 55.5	+ 3.577	— 24 14 6	— 10.93	Cordob. 21529		
5022	Scorpius	5.3	47 58.7	3.564	— 23 40 50	10.92	Cordob. 21530		
5023	46 ϑ Librae	4.4	e 48 7.6	3.403	— 16 26 11	10.91	Cordob. 21534	— 16.4174	R
5024	Scorpius	6.0	48 24.8	3.646	— 27 2 29	10.89	Cordob. 21540		
5025	Serpens	6.5	e 48 24.9	2.715	+ 17 42 5	10.89	Berl. A. 5678	+ 17.2926	O
5026	39 Serpentis	6.4	e 48 32.9	2.803	+ 13 30 50	10.88	Leipz. I. 5527	+ 13.3024	S. C. C. 554
5027	Scorpius	5.9	48 39.3	3.596	— 24 56 50	10.87	Cordob. 21546		
5028	Serpens	6.5	49 0.2	2.742	+ 16 22 20	10.85	Berl. A. 5682	+ 16.2840	
5029	1 χ^1 Herculis	4.8	e 49 12.2	2.034	+ 42 43 39	10.83	Bonn 10198	+ 42.2648	
5030	47 Librae	5.8	e 49 13.6	3.462	— 19 5 14	10.83	Cordob. 21561	— 18.4195	
5031	Lupus	6.4	15 49 14.8	+ 3.743	— 30 47 25	— 10.83	Cordob. 21557		
5032	Lupus	6.0	49 25.2	3.995	— 39 34 11	10.82	Cordob. 21559		
5033	4 Scorpii	5.7	e 49 27.5	3.620	— 25 58 17	10.81	Cordob. 21567		
5034	λ Triang. austr.	5.9	49 47.6	5.462	— 64 44 48	10.79	Cordob. 21552		
5035	Lupus	6.5	49 56.3	3.765	— 31 29 35	10.78	Cordob. 21576		
5036	Draco	6.0	49 57.1	1.394	+ 56 7 17	10.77	Hels. 8543	+ 56.1838	
5037	Serpens	5.6	e 50 10.3	2.649	+ 20 36 12	10.76	Berl. B. 5445	+ 20.3166	G
5038*	ζ Lupi	4.5	50 29.8	3.825	— 33 40 24	10.73	Cordob. 21586		Δ 196
5039	Libra	6.4	50 37.9	3.357	— 14 6 18	10.70	Cordob. 21594	— 13.4290	
5040	5 ϱ Scorpii	4.0	e 50 42.5	3.693	— 28 55 19	10.75	**S. Fd. K. 299**		
5041	Lupus	6.0	15 50 51.2	+ 3.889	— 35 53 39	— 10.71	Cordob. 21595		
5042	Libra	6.2	50 55.7	3.367	— 14 32 12	10.71	Cordob. 21601	— 14.4314	
5043	2 Herculis	5.4	e 51 17.8	2.002	+ 43 25 45	10.68	Bonn 10213	+ 43.2542	G
5044	Scorpius	5.9	51 49.7	3.500	— 20 41 35	10.64	Cordob. 21621	— 20.4364	
5045	41 γ Serpentis	4.1	e 51 50.0	2.767	+ 15 59 16	11.92	**Fd. K. 218**	+ 16.2849	
5046	Lupus	6.3	51 56.4	3.933	— 37 12 52	10.63	Cordob. 21620		
5047	4 Herculis	6.1	52 8.6	2.020	+ 42 51 25	10.62	Bonn 10219	+ 42.2652	
5048	12 λ Coronae bor.	5.7	e 52 9.2	2.179	+ 38 14 8	10.62	Lund 6562	+ 38.2712	Hh 486
5049	Norma	6.5*	52 10.0	4.619	— 53 44 0	10.62	Cordob. 21618		
5050	Scorpius	5.4	15 52 30.0	+ 3.390	— 24 32 36	— 10.58	Cordob. 21632		R

Nr. 5011. Var. Max. 5.6—7.6m, Min. 13m; P = 357d.
Nr. 5013. Sellors 11, Begl. 8.1m; d = 1″, p = 95°.
Nr. 5015. h 4813, Begl. 9.7m blau; d = 4″, p = 100°.
Nr. 5018. β 36, Begl. 8.0m; d = 2″.9, p = 277°.
Nr. 5038. Δ 196, Begl. 6.2m; d = 11″, p = 48°.

Kat. Nr.	Bezeichnung des Sternes	Gr.	Mittl. A. R. für 1900.0	Jährl. Veränd.	Mittl. Dekl. für 1900.0	Jährl. Veränd.	Nachweis	B. D.	Bemerkungen
			h m s	s	° ′ ″	″		°	
5051	48 Librae	4.6	15 52 35.3	+ 3.353	− 13 59 27	− 10.60	**Fd. K. s. 201**	− 13.4302	
5052	φ Serpentis	5.8	52 38.0	2.775	+ 14 42 0	10.58	Leipz. I. 5548	+ 14.2969	G
5053	Lupus	5.1	52 41.7	4.076	− 41 27 26	10.58	Cordob. 21630		R
5054	6 π Scorpii	3.0	e 52 48.0	3.620	− 25 49 35	10.61	**S. Fd. K. XV.**		β 622
5055	Lupus	6.3	53 12.5	4.040	− 40 22 2	10.54	Cordob. 21644		
5056	13 ε Coronae bor.	4.3	e 53 26.8	2.481	+ 27 10 2	10.58	**Fd. K. 219**	+ 27.2558	RO
5057*	η Lupi	3.6	53 29.7	3.966	− 38 6 39	10.52	Cordob. 21653		Δ 197
5058	Draco	6.5	53 53.3	1.161	+ 59 11 59	10.49	Hels. 8569	+ 59.1691	
5059	Corona bor.	6.5	53 58.6	2.117	+ 39 58 50	10.48	Bonn 10227	+ 40.2948	G
5060*	Lupus	6.4	54 8.8	4.036	− 40 9 10	10.47	Cordob. 21676		
5061	7 δ Scorpii	2.7	15 54 25.1	+ 3.540	− 22 20 14	− 10.47	**Fd. K. 594**	− 22.4068	
5062	49 Librae	5.4	e 54 43.8	3.406	− 16 14 11	10.42	Cordob. 21692	− 16.4196	
5063	Apus	5.7	54 47.2	6.614	− 72 7 33	10.42	Cordob. 21663		
5064	Lupus	6.5	55 10.9	3.776	− 31 36 24	10.40	Cordob. 21696		
5065	Corona bor.	5.7	55 16.1	2.213	+ 36 55 38	10.38	Lund 6579	+ 37.2695	G
5066	50 Librae	5.4	55 23.6	3.236	− 8 7 43	10.37	W.-Ott. 5571	− 7.4162	
5067*	ι^1 Normae	4.8	55 24.2	4.868	− 57 29 34	10.37	Cordob. 21694		h 4825; λ 258
5068	Draco	5.2	e 55 24.8	1.411	+ 55 1 56	10.27	**Fd. K. 471**	+ 55.1793	
5069	η Normae	4.7	55 51.7	4.388	− 48 57 2	10.37	Cordob. 21710		
5070	Serpens	6.1	e 55 53.3	2.978	+ 4 42 25	10.34	Alb. 5336	+ 4.3096	G
5071	Hercules	6.3	15 56 14.0	+ 1.698	+ 50 9 59	− 10.31	Camb. U.S. 4880	+ 50.2239	
5072	Scorpius	6.2	56 27.7	3.704	− 28 51 22	10.29	Cordob. 21725		
5073	Lupus	4.8	56 44.8	3.979	− 38 19 24	10.27	Cordob. 21728		
5074	5 γ Herculis	5.3	e 56 44.8	2.698	+ 18 5 35	10.27	Berl. A. 5733	+ 18.3101	
5075	15 ϱ Coronae bor.	5.6	e 57 13.7	2.309	+ 33 36 41	10.24	Leid. 5652	+ 33.2663	Hh 490
5076	Lupus	6.0	57 15.4	3.783	− 31 43 19	10.23	Cordob. 21746		
5077	Scorpius	4.9	57 18.1	3.622	− 25 35 11	10.23	Cordob. 21748		
5078	14 ι Coronae bor.	5.2	57 26.2	2.405	+ 30 7 52	10.22	Leid. 5653	+ 30.2738	
5079	Scorpius	6.4	57 54.4	3.596	− 24 27 0	10.18	Cordob. 21768		
5080	Lupus	6.1	57 55.2	3.818	− 32 56 11	10.18	Cordob. 21765		
5081	44 π Serpentis	5.1	e 15 57 59.3	+ 2.582	+ 23 4 54	− 10.18	Berl. B. 5490	+ 23.2886	
5082	Lupus	5.9	58 1.1	3.958	− 37 35 0	10.18	Cordob. 21767		
5083	43 Serpentis	6.3	e 58 49.1	2.966	+ 5 15 43	10.12	Leipz. II. 7174	+ 5.3131	
5084*	ξ Scorpii	4.2	e 58 52.2	3.298	− 11 5 49	10.11	Cordob. 21786	− 10.4237	Σ 1998
5085	δ Normae	4.7	59 25.3	4.222	− 44 54 7	10.07	**S. Fd. K. 301**		
5086	Draco	6.0	59 32.4	1.527	+ 53 11 37	10.06	Camb. U.S. 4899	+ 53.1834	G
5087*	8 β Scorpii	2.7	59 37.2	3.480	− 19 31 55	10.08	**Fd. K. 595**	− 19.4307	$\Sigma^1$1773; β947
5088*	10 X Herculis	var.	59 38.8	1.810	+ 47 30 51	10.05	Bonn 10296	+ 47.2291	RR
5089	Corona bor.	6.1	59 38.8	2.204	+ 36 54 26	10.05	Lund 6604	+ 37.2708	
5090	6 υ Herculis	4.9	e 15 59 40.8	1.862	+ 46 18 52	10.05	Bonn 10297	+ 46.2142	
5091	13 ϑ Draconis	4.3	e 16 0 1.0	+ 1.122	+ 58 49 56	9.68	**Fd. K. 220**	+ 58.1608	Σ^1 1779
5092	ϑ Lupi	4.2	e 0 1.4	3.927	− 36 31 48	10.06	**S. Fd. K. 302**		
5093	Scorpius	5.7	0 8.5	3.572	− 23 20 1	10.02	Cordob. 21816		
5094*	Ophinchus	6.4	0 24.3	3.195	− 6 1 10	10.00	W.-Ott. 5591	− 5.4234	Σ2005; β948
5095	Ophinchus	6.4	0 40.4	3.192	− 5 52 6	9.98	Cordob. 21837	− 5.4235	
5096	Lupus	5.8	0 41.5	3.930	− 36 29 2	9.98	Cordob. 21828		h 4831
5097	9 ω^1 Scorpii	4.3	0 57.4	3.504	− 20 23 54	9.95	Cordob. 21841	− 20.4405	
5098	ι^2 Normae	5.8	1 5.3	4.906	− 57 39 53	9.95	Cordob. 21827		
5099	Draco	6.3	1 20.4	1.086	+ 59 41 7	9.92	Hels. 8626	+ 59.1697	RG
5100	Scorpius	6.3	e 16 1 29.2	+ 3.359	− 13 48 9	− 9.91	Cordob. 21850	− 13.4342	

Nr. 5057. Δ 197, Begl. 7.8m; d = 15″, p = 21°.

Nr. 5060. Begl. 9.8m; d = 8″, p = 158°.

Nr. 5067. 2 Begl. B = 5.8m: d = 0″.5, p = 230° (λ 258). C = 9m: d = 11″, p = 250° (h 4825).

Nr. 5084. Σ 1998, 3fach. A = 4.6m, B = 5.5m, C = 7.1m. Dicht daneben steht, wahrscheinlich physisch mit Σ 1998 verbunden, der Doppelstern Σ 1999. D = 7.4m, E = 8.1m. A—B (1900.5); d = 0″.7, p = 229.6°; siehe Tabelle „Bahnen von Doppelsternen" Nr. 13. A—C, d = 7″, p = 65°. D—E, d = 10″.5, p = 102°. A—D, d = 280″, p = 168.9°. β Scorpii = ***Akrab.***

Nr. 5087. β 947, 2 Begl. B, 10.1m: d = 1″, p = 90°. C, 6.4m: d = 14″, p = 25° (physisch).

Nr. 5088. Var. Max. 5.9—6.3m, Min. 6.8—7.2m; P = 92d mit großen Unregelmäßigkeiten.

Nr. 5094. β 948, Begl. 9.1m; d = 1″.5, p = 150°. Σ 2005, Begl. 10.4m; d = 28″.5, p = 234°.

Kat. Nr.	Bezeichnung des Sternes	Gr.	Mittl. A. R. für 1900.0	Jährl. Veränd.	Mittl. Dekl. für 1900.0	Jährl. Veränd.	Nachweis	B. D.	Bemerkungen
			h m s	s	° ′ ″	″		°	
5101	10 ω^2 Scorpii	4.6	e 16 1 32.3	+ 3.511	− 20 35 55	− 9.96	**S. Fd. K. 303**	− 20.4408	R
5102	Scorpius	6.2	1 51.7	3.594	− 24 11 37	9.89	Cordob. 21856		
5103	Scorpius	6.4	1 52.6	4.008	− 38 49 28	9.88	Cordob. 21854		
5104	Scorpius	5.5	2 1.7	3.642	− 26 3 33	9.87	Cordob. 21860		R
5105*	11 Scorpii	5.6	e 2 3.1	3.325	− 12 28 35	9.90	**Fd. K. s. 204**	− 12.4425	β 39
5106	Scorpius	5.8	2 45.2	3.577	− 23 25 7	9.82	Cordob. 21871		
5107	45 Serpentis	6.0	e 2 51.1	2.864	+ 10 9 34	9.81	Leipz. I. 5611	+ 10.2958	
5108*	Hercules	6.3	3 2.2	2.599	+ 22 5 28	9.80	Berl. B. 5525	+ 22.2926	G
5109	Scorpius	6.2	3 9.6	3.813	− 32 22 56	9.79	Cordob. 21875		Bris. 5613
5110	Scorpius	5.7	3 28.0	3.840	− 33 16 48	9.76	Cordob. 21887		
5111*	7 ϰ Herculis	5.1	e 16 3 33.8	+ 2.709	+ 17 18 48	− 9.75	Berl. A. 5764	+17.2964/5	Σ 2010 G
5112	47 Serpentis	6.0	3 38.8	2.892	+ 8 47 59	9.75	Leipz. II. 7202	+ 8.3141	RG
5113	Serpens	6.1	3 59.2	2.997	+ 3 43 7	9.72	Alb. 5364	+ 3.3132	
5114	Scorpius	6.4	4 9.8	3.455	− 18 4 29	9.71	Cordob. 21906	− 17.4502	
5115	Serpens	6.2	4 15.5	2.936	+ 6 39 58	9.70	Leipz. II. 7207	+ 6.3169	
5116	8 Herculis	6.5	4 16.2	2.705	+ 17 28 16	9.70	Berl. A. 5768	+ 17.2967	
5117	Scorpius	6.3*	4 29.1	4.086	− 40 51 11	9.69	Cordob. 21907		
5118	Serpens	5.4	4 36.4	3.137	− 3 12 12	9.68	Cordob. 21914	− 3.3884	
5119	Scorpius	5.0	4 49.2	3.726	− 29 9 8	9.66	Cordob. 21913		R
5120	16 τ Coronae bor.	5.0	e 5 19.0	2.197	+ 36 44 36	9.62	Lund 6633	+ 36.2699	β 1087
5121	δ^1 Apodis	4.7	16 5 23.7	+ 8.810	− 78 26 37	− 9.62	Cordob. 21881		
5122	ζ Normae	6.0	5 25.2	4.762	− 55 16 52	9.62	Cordob. 21918		
5123	δ^2 Apodis	5.2	5 30.6	8.797	− 78 24 58	9.61	Cape (90) 1921		
5124	ϰ Normae	5.1	e 5 35.3	4.704	− 54 22 19	9.65	**S. Fd. K. 304**		RR
5125	11 φ Herculis	4.5	e 5 36.8	1.881	+ 45 11 49	9.55	**Fd. K. 221**	+ 45.2376	
5126	Draco	5.8	6 3.2	0.154	+ 68 4 23	9.56	Christ. 2420	+ 68.864	
5127*	12 c^1 Scorpii	5.7	e 6 5.3	3.701	− 28 9 26	9.56	Cordob. 21948		h 4839
5128	13 c^2 Scorpii	4.6	6 8.7	3.688	− 27 40 0	9.56	Cordob. 21949		
5129*	14 ν Scorpii	3.9	6 10.9	3.481	− 19 12 2	9.55	Cordob. 21954	− 19.4333	Σ 1786; β 120
5130	δ Triang. austr.	4.0	6 20.0	5.421	− 63 25 48	9.56	**S. Fd. K. 305**		Bgl. 10.3^m; [Russell 270
5131	15 ψ Scorpii	5.0	e 16 6 31.9	+ 3.276	− 9 48 19	− 9.53	W.-Ott. 5627	− 9.4324	
5132	16 Scorpii	5.5	6 42.1	+ 3.244	− 8 17 21	9.51	W.-Ott. 5629	− 8.4180	
5133	Ursa min.	6.0	6 49.6	− 2.050	+ 77 3 38	9.51	Kas. 2710	+ 77.616	
5134	q Herculis	6.5	6 57.1	+ 2.714	+ 16 55 28	9.50	Berl. A. 5788	+ 17.2982	
5135	Draco	6.5	7 5.3	1.173	+ 58 11 53	9.49	Hels. 8678	+ 58.1622	
5136	Triang. austr.	6.1	7 7.0	5.942	− 67 41 8	9.48	Cordob. 21951		
5137	Draco	6.5	7 14.0	1.320	+ 56 5 20	9.47	Hels. 8679	+ 56.1867	
5138	10 Herculis	6.0	e 7 22.6	2.554	+ 23 45 12	9.46	Berl. B. 5540	+ 23.2909	G
5139	Norma	5.8	7 34.0	4.936	− 57 39 24	9.45	Cordob. 21967		
5140	Ophinchus	6.1	7 41.0	3.154	− 3 57 50	9.44	Cordob. 21982	− 3.3891	
5141	Scorpius	6.3	16 7 44.6	+ 3.601	− 24 9 57	− 9.44	Cordob. 21976		
5142	Scorpius	6.0	7 58.3	3.831	− 32 45 20	9.42	Cordob. 21983		
5143	ϑ Normae	5.3	7 59.8	4.342	− 47 7 0	9.42	Cordob. 21974		
5144	Corona bor.	5.9	8 8.6	2.193	+ 36 41 0	9.40	Lund 6647	+ 36.2706	G
5145	9 Herculis	5.6	8 18.5	2.964	+ 5 16 36	9.39	Leipz. II. 7229	+ 5.3165	G
5146	17 χ Scorpii	5.4	8 18.9	3.315	− 11 34 57	9.39	Cordob. 21994	− 11.4096	G
5147	Norma	6.1	8 26.9	4.161	− 42 38 46	9.38	Cordob. 21991		G
5148	Hercules	6.1	8 29.0	1.985	+ 42 37 49	9.38	Bonn 10392	+ 42.2683	Σ 2024
5149	Scorpius	6.3	8 36.0	3.523	− 20 51 11	9.37	Cordob. 22000	− 20.4444	
5150	Scorpius	6.1	16 8 49.8	+ 3.628	− 25 13 24	− 9.35	Cordob. 22004		

Nr. 5105. β 39, Begl. 10.5m; d = 3″.3, p = 258°.
Nr. 5108. Begl. 7.4m; d = 8″, p = 85°.
Nr. 5111. Begl. 6.1m; d = 31″, p = 10°. ϰ Herculis = ***Marsic.***
Nr. 5127. h 4839, Begl. 8.6m; d = 4″.5, p = 80°.
Nr. 5129. β 120, 4 fach. A = 4m, B = 6.5m, C = 7m, D = 8m. A—B: d = 1″, p = 360°. C—D, d = 2″, p = 44°. (AB)—C, d = 41″, p = 326°.

Kat. Nr.	Bezeichnung des Sternes	Gr.	Mittl. A. R. für 1900.0	Jährl. Veränd.	Mittl. Dekl. für 1900.0	Jährl. Veränd.	Nachweis	B. D.	Bemerkungen
			h m s	s	° ′ ″	″		°	
5151	Scorpius	6.4	16 8 53.2	+ 3.465	− 18 16 41	− 9.35	Cordob. 22007	− 18.4249	
5152	Norma	5.4	8 53.7	4.675	− 53 33 37	9.34	Cordob. 21995		R
5153*	1 δ Ophiuchi	*2.6*	e 9 6.2	3.139	− 3 26 13	9.47	**Fd. K. 222**	− 3.3903	S.C.C. 563 R
5154	Serpens.	6.4	9 18.5	2.945	+ 6 9 21	9.31	Leipz. II. 7235	+ 6.3184	
5155	γ^1 Normae	5.0	9 31.6	4.475	− 49 49 5	9.30	Cordob. 22012		
5156	18 Scorpii	5.5	e 10 11.0	3.242	− 8 6 14	9.24	W.-Ott. 5647	− 7.4242	
5157	Scorpius	6.1	10 12.6	3.380	− 14 35 55	9.24	Cordob. 22035	− 14.4383	
5158*	17 σ Coronae bor.	5.4	e 10 55.8	2.244	+ 34 6 42	9.23	**C. d. T.**	+ 34.2750	Σ 2032; OΣ
5159	16 Herculis	6.1	e 11 2.9	2.662	+ 19 3 40	9.18	Berl. A. 5819	+ 19.3075	[538
5160	Scorpius	6.5	11 5.2	3.531	− 21 3 17	9.18	Cordob. 22055	− 20.4454	
5161	Ophiuchus	6.1	16 11 39.6	+ 3.150	− 3 42 21	− 9.13	Cordob. 22070	− 3.3910	
5162	Hercules	6.3	11 42.7	2.449	+ 27 40 20	9.13	Camb. E. 7557	+ 27.2613	
5163	Draco	6.3	12 2.8	0.211	+ 67 23 52	9.10	Christ. 2431	+ 67.930	
5164	d Scorpii	4.8	12 5.7	3.716	− 28 21 53	9.09	Cordob. 22078		
5165*	λ Normae	5.5	12 20.0	4.163	− 42 25 44	9.08	Cordob. 22082		λ 271
5166*	γ^2 Normae	4.2	e 12 21.3	4.469	− 49 54 37	9.14	**S. Fd. K. 306**		h 4841
5167	Norma	6.0	12 25.8	4.769	− 54 53 45	9.07	Cordob. 22074		
5168	18 υ Coronae bor.	6.0	12 44.4	2.401	+ 29 23 52	9.05	Camb. E. 7566	+ 29.2803	Σ^1 1803
5169	2 ε Ophiuchi	*3.3*	e 13 1.7	3.170	− 4 26 57	8.99	**Fd. K. 223**	− 4.4086	G
5170*	Scorpius	5.3	13 13.0	3.780	− 30 39 52	9.01	Cordob. 22108		Bris. 5683
5171	Scorpius	6.2	16 13 16.3	+ 3.507	− 19 58 26	+ 9.01	Cordob. 22117	− 19.4357	
5172	Scorpius	6.1	13 21.6	+ 3.384	− 14 37 46	9.00	Cordob. 22122	− 14.4398	
5173	19 Ursae min.	5.7	e 13 40.0	− 1.774	+ 76 7 45	8.97	**Fd. K. 472**	+ 76.594	
5174	Scorpius	6.2	13 46.9	+ 4.046	− 39 11 13	8.96	Cordob. 22124		I. 91
5175	19 o Scorpii	4.9	e 14 37.0	3.604	− 23 55 42	8.90	Cordob. 22146		R
5176	Norma	5.4	14 59.7	+ 4.466	− 49 20 0	8.87	Cordob. 22147		
5177	20 Ursae min.	6.4	15 2.4	− 1.550	+ 75 27 30	8.87	Greenw. (99) 3464	+ 75.586	G
5178*	20 σ Scorpii	3.0	15 6.5	+ 3.638	− 25 21 11	8.88	**S. Fd. K. 307**		Hh 505 R
5179	Norma	6.5*	15 26.0	4.219	− 43 40 27	8.84	Cordob. 22159		Δ 200
5180	Draco	5.6	15 35.0	0.990	+ 59 59 50	8.82	Hels. 8740	+ 60.1665	G
5181	Hercules	6.2	e 16 15 44.0	+ 2.602	+ 21 22 27	− 8.81	Berl. B. 5570	+ 21.2902	
5182	Ursa min.	6.3	16 11.4	− 1.022	+ 73 38 21	8.78	Greenw. (02) 2474	+ 73.713	
5183	Hercules	6.0	16 23.6	+ 1.676	+ 49 16 38	8.76	Bonn 10467	+ 49.2491	
5184	Hercules	5.6	16 29.8	2.065	+ 39 56 51	8.75	Bonn 10466	+ 40.3005	
5185	22 τ Herculis	4.2	e 16 43.9	1.797	+ 46 33 5	8.70	**Fd. K. 224**	+ 46.2169	β 1198
5186	50 σ Serpentis	5.0	e 17 0.6	3.046	+ 1 15 49	8.71	Alb. 5420	+ 1.3215	
5187	Scorpius	5.4	e 17 14.8	4.051	− 38 57 33	8.71	**S. Fd. K. 308**		
5188	Ophiuchus	*6.1*	17 27.6	3.112	− 1 50 40	8.67	Cordob. 22206	− 1.3174	
5189*	20 γ Herculis	4.0	e 17 30.5	2.644	+ 19 23 16	8.62	**Fd. K. 225**	+ 19.3086	Σ^1 1810
5190*	Scorpius	6.3	17 30.6	3.854	− 32 57 52	8.67	Cordob. 22199		h 4848
5191	ζ Triang. austr.	5.0	e 16 17 42.4	+ 6.393	− 69 51 32	− 8.55	**S. Fd. K. 309**		
5192	Norma	6.4*	17 44.2	4.283	− 45 6 59	8.66	Cordob. 22202		
5193	Scorpius	5.5	17 51.7	3.993	− 37 19 56	8.64	Cordob. 22208		
5194	γ Apodis	3.9	e 18 6.2	9.051	− 78 40 21	8.70	**S. Fd. K. 310**		
5195	19 ξ Coronae bor.	5.0	e 18 12.2	+ 2.344	+ 31 7 24	8.62	Leid. 5774	+ 31.2845	
5196	Draco	6.4	18 12.4	− 0.038	+ 68 47 31	8.62	Christ. 2451	+ 68.868	
5197	4 ψ Ophiuchi	4.6	e 18 15.0	+ 3.505	− 19 48 12	8.68	**Fd. K. s. 207**	− 19.4365	
5198*	Scorpius	5.4	18 22.7	3.753	− 29 28 12	8.60	Cordob. 22222		h 4850
5189	20 ν^1 Coronae bor.	5.4	18 35.6	2.257	+ 34 2 5	8.59	Leid. 5777	+ 34.2773	
5200*	ι Triang. austr.	5.3	16 18 39.8	+ 5.531	− 63 49 51	− 8.58	Cordob. 22212		Δ 201 G

Nr. 5153. δ Ophiuchi = ***Yed.***
Nr. 5158. Σ 2032, Begl. 6.1m bläulich; d = 4″, p = 210°.
Nr. 5165. λ 271, Begl. 6.8m; d = 0″.4, p = 162°.
Nr. 5166. h 4841, Begl. 9.4m; d = 40″, p = 360°.
Nr. 5170. Begl. 7.2m; d = 23″, p = 320°.
Nr. 5178. Hh 505, Begl. 7.6m; d = 20″.5, p = 272°.
Nr. 5189. Σ^1 1810, Begl. 8m; d = 40″.5, p = 240°.
Nr. 5190. h 4848, Begl. 7.4m; d = 6″, p = 154°.
Nr. 5198. h 4850, Begl. 6.4m; d = 6″.5, p = 350°.
Nr. 5200. Δ 201, Begl. 8.9m blau; d = 22″, p = 20°.

Kat. Nr.	Bezeichnung des Sternes	Gr.	Mittl. A. R. für 1900.0	Jährl. Veränd.	Mittl. Dekl. für 1900.0	Jährl. Veränd.	Nachweis	B. D.	Bemerkungen
			h m s	s	° ′ ″	″		°	
5201	21 ν^2 Coronae bor.	5.5	16 18 43.1	+ 2.257	+ 33 56 8	− 8.59	Leid. 5778	+ 34.2774	Hh 510
5202	21 *o* Herculis	6.2	19 18.6	2.920	+ 7 10 45	8.53	Leipz. II. 7306	+ 7.3164	
5203*	5 ϱ Ophiuchi	4.7	19 35.3	3.593	− 23 13 2	8.51	Cordob. 22250		Hh 512
5204	Norma	5.8	19 49.0	5.040	− 58 22 19	8.49	Cordob. 22236		
5205*	ε Normae	4.7	19 50.9	+ 4.386	− 47 19 34	8.49	Cordob. 22246		h 4853
5206	21 η Ursae min.	5.2	e 20 25.4	− 1.805	+ 75 59 9	8.19	**Fd. K. 474**	+ 76.596	
5207*	24 ω Herculis	4.8	20 47.9	+ 2.761	+ 14 15 49	8.44	**Fd. K. 473**	+ 14.3049	β 625
5208	7 χ Ophiuchi	4.9	e 21 13.7	3.474	− 18 13 46	8.38	Cordob. 22280	− 18.4282	
5209	Hercules	6.2	21 29.3	2.823	+ 11 38 2	8.36	Leipz. I. 5737	+ 11.2984	
5210	Scorpius	5.9	21 34.6	3.987	− 36 57 16	8.35	Cordob. 22285		
5211	Serpens	6.5	16 21 47.8	+ 3.018	+ 2 34 27	− 8.33	Alb. 5451	+ 2.3106	
5212	25 Herculis	5.8	21 50.4	2.135	+ 37 37 18	8.33	Lund 6742	+ 37.2750	
5213	Triang. austr.	5.1	e 21 55.9	+ 5.297	− 61 24 44	8.34	**S. Fd. K. 311**		R
5214	Draco	5.4	22 2.3	− 0.154	+ 69 20 28	8.31	Christ. 2459	+ 69.845	
5215	Draco	6.0	e 22 14.1	+ 1.310	+ 55 25 56	8.31	**Fd. K. 475**	+ 55.1845	
5216	Ophiuchus	5.5	e 22 20.0	3.230	− 7 22 9	8.29	W.-Ott. 5708	− 7.4292	G
5217	3 *v* Ophinchi	*4.6*	22 23.6	3.247	− 8 8 53	8.28	W.-Ott. 5709	− 8.4243	
5218	Norma	5.4	22 27.4	4.332	− 46 1 17	8.28	**S. Fd. K. 312**		R
5219*	Draco	5.9	22 27.8	0.790	+ 61 55 26	8.28	Hels. 8811	+ 62.1478	Σ 2054
5220	Ophiuchus	6.5	22 31.2	3.007	+ 3 5 42	8.28	Alb. 5453	+ 3.3199	G
5221*	14 η Draconis	3.0	e 16 22 38.5	+ 0.813	+ 61 44 25	− 8.21	**Fd. K. 226**	+ 61.1591	Σ^1 1827
5222	Octans	6.4	22 54.1	29.835	− 87 23 33	8.27	Cape (90) 1958		
5223*	21 α Scorpii	*1.1*	23 16.4	3.671	− 26 12 38	8.24	**Fd. K. 596**		Σ^1 1819 R
5224	Apus	5.5	23 17.1	6.570	− 70 46 18	8.21	Cordob. 22293		
5225*	Ophiuchus	6.4	23 24.7	3.242	− 7 54 18	8.20	W.-Ott. 5712	− 7.4299	Σ 2048
5226	Ophiuchus	5.7	23 28.3	3.054	+ 0 53 21	8.20	Alb. 5457	+ 0.3529	G
5227	Octans	6.4	23 30.6	13.064	− 83 2 14	8.20	Cordob. 22253		
5228	Octans	6.0	23 34.5	21.341	− 86 10 43	8.19	**S. P. C. „R."**		
5229	Ophiuchus	6.7	23 53.7	3.067	+ 0 16 46	8.19	Radcliffe(00)1249	+ 0.3530	
5230	Ophiuchus	5.7	24 7.6	3.384	− 14 19 53	8.15	Cordob. 22332	− 14.4433	
5231	22 *i* Scorpii	4.8	16 24 7.9	+ 3.638	− 24 53 42	− 8.15	Cordob. 22331		
5232	Scorpius	5.4	24 44.8	4.158	− 41 35 59	8.10	Cordob. 22340		Δ 202; h 312
5233	*N* Scorpii	4.3	24 50.7	3.908	− 34 29 12	8.12	**S. Fd. K. 313**		
5234	Ophiuchus	6.4	25 6.6	3.229	− 7 17 48	8.07	W.-Ott. 5715	− 7.4305	
5235	Scorpius	6.2	25 14.5	3.678	− 26 19 11	8.06	Cordob. 22353		
5236*	30 *g* Herculis	var.	e 25 21.4	1.966	+ 42 6 6	8.05	Bonn 10552	+ 42.2714	G
5237	8 φ Ophiuchi	4.4	e 25 24.8	3.428	− 16 23 41	8.07	**Fd. K. s. 209**	− 16.4298	β 626
5238*	10 λ Ophiuchi	4.0	e 25 52.1	3.023	+ 2 12 9	8.07	**Fd. K. 227**	+ 2.3118	Σ 2055
5239*	27 β Herculis	3.0	e 25 55.2	2.576	+ 21 42 26	8.01	**Fd. K. 228**	+ 21.2934	S.C.C. 578 G
5240	ϑ Trianguli	5.4	26 6.9	5.737	− 65 17 0	7.99	Cordob. 22354		
5241	Draco	6.5	16 26 10.2	+ 1.524	+ 51 37 35	− 7.98	Camb. U.S. 5011	+ 51.2106	
5242	9 ω Ophiuchi	4.5	e 26 12.4	3.551	− 21 15 9	7.98	Cordob. 22374	− 21.4381	
5243	*s* Herculis	5.4	e 26 13.2	2.609	+ 20 41 52	7.98	Berl. B. 5626	+ 20.3283	
5244	Hercules	5.9	26 56.7	2.566	+ 22 24 37	7.92	Berl. B. 5629	+ 22.2983	G
5245	μ Normae	5.1	e 26 58.6	4.251	− 43 50 1	7.95	**S. Fd. K. 314**		
5246	Hercules	6.5	27 22.8	2.198	+ 35 26 30	7.89	Lund 6777	+ 35.2828	G
5247	28 *n* Herculis	5.8	27 40.4	2.949	+ 5 44 3	7.86	Leipz. II. 7376	+ 5.3223	
5248	29 *h* Herculis	4.9	e 27 56.1	2.828	+ 11 42 11	7.84	Leipz. I. 5772	+ 11.3008	RG
5249	Norma	6.4	27 56.4	+ 4.304	− 45 1 57	7.84	Cordob. 22417		RG
5250	15 *A* Draconis	5.2	e 16 28 10.4	− 0.140	+ 68 59 4	− 7.78	**Fd. K. 229**	+ 69.850	

Nr. 5203. Hh 512, Begl. 6.2m; d = 3″.4, p = 354°.
Nr. 5205. h 4853, Begl. 6.9m purpurrot; d = 23″, p = 336°. Hptst. grün.
Nr. 5207. ω Herculis = ***Cajam.***
Nr. 5219. Σ 2054, Begl. 6.9m; d = 1″, p = 7°.
Nr. 5221. Σ^1 1827, Begl. 10m; d = 5″, p = 144°.

Nr. 5223. Begl. 7.0m blau; d = 3″, p = 275°. — α Scorpii = ***Antares.***
Nr. 5225. Σ 2048, Begl. 9.0m; d = 5″, p = 302°.
Nr. 5236. Var. Max. 4.7—5.5m, Min. 5.4—6.0m, unregelmäßig.
Nr. 5238. Σ 2055, Begl. 6.1m blau; d = 1″.8, p = 70°; P = 232a.
Nr. 5239. β Herculis = ***Rutilicus.***

Kat. Nr.	Bezeichnung des Sternes	Gr.	Mittl. A. R. für 1900.0	Jährl. Veränd.	Mittl. Dekl. für 1900.0	Jährl. Veränd.	Nachweis	B. D.	Bemerkungen
			h m s	s	° ′ ″	″		°	
5251*	Hercules	5.8	16 28 46.5	+ 1.805	+ 45 48 34	− 7.77	Bonn 10592	+ 45.2422	Σ 2063
5252	β Apodis	4.2	e 28 47.2	8.448	− 77 18 29	8.11	**S. Fd. K. 315**		h 4858
5253	Norma	5.5	29 20.6	4.209	− 42 39 7	7.73	Cordob. 22441		
5254	23 τ Scorpii	2.8	29 39.3	3.726	− 28 0 31	7.73	**S. Fd. K. 316**		
5255	H Scorpii	4.3	29 47.6	3.938	− 35 2 59	7.69	Cordob. 22454		R
5256	Ara	6.5*	30 2.0	5.281	− 60 47 12	7.67	Cordob. 22448		
5257	Ara	6.5*	30 43.4	4.352	− 45 57 4	7.62	Cordob. 22468		
5258	35 σ Herculis	4.5	30 52.7	1.932	+ 42 38 35	7.58	**Fd. K. 230**	+ 42.2724	Σ1 1842
5259	Hercules	6.5	30 57.3	2.688	+ 17 15 48	7.60	Berl. A. 5945	+ 17.3053	
5260	Draco	6.1	31 0.9	0.833	+ 61 1 58	7.59	Hels. 8870	+ 61.1598	
5261	η Triang. austr.	6.0	16 31 4.2	+ 6.150	− 68 5 47	− 7.59	Cordob. 22459		
5262	12 Ophiuchi	5.9	e 31 6.2	+ 3.144	− 2 6 40	7.89	**Fd. K. s. 210**	− 1.3220	
5263	Ursa min.	5.8	31 18.5	− 3.402	+ 79 10 35	7.57	Kas. 2773	+ 79.498	
5264	Norma	6.3	31 21.9	+ 4.234	− 43 11 47	7.57	Cordob. 22476		h 4867
5265	13 ζ Ophiuchi	2.8	e 31 39.1	3.299	− 10 21 53	7.50	**Fd. K. 597**	− 10.4350	
5266	Ara	6.2	32 3.0	5.241	− 60 14 41	7.51	Cordob. 22482		
5267	Scorpius	6.0	32 23.7	4.007	− 37 0 57	7.48	Cordob. 22503		h 4870
5268	Ophiuchus	6.2	32 40.1	+ 3.210	− 6 20 12	7.46	W.-Ott. 5749	− 6.4467	
5269	Ursa min.	6.4	32 59.9	− 0.943	+ 72 49 7	7.43	Greenw. (99) 3533	+ 72.734	G
5270	Hercules	6.5	33 11.6	+ 2.766	+ 13 53 23	7.42	Leipz. I. 5797	+ 13.3177	
5271	Hercules	6.1	16 33 16.2	+ 1.749	+ 46 48 55	− 7.41	Bonn 10633	+ 46.2194	
5272*	16 Draconis	5.6	e 33 49.6	1.415	+ 53 6 2	7.36	II. Wash. C.	+ 53.1875	OΣ2 147a
5273*	Ara	5.6	33 51.0	4.482	− 48 34 1	7.36	Cordob. 22534		h 4876; I. 96
5274*	17 Draconis	5.3	e 33 52.3	1.415	+ 53 7 30	7.36	II. Wash. C.	+ 53.1876	Σ 2078; OΣ2 [147b
5275	Scorpius	6.5	34 1.1	3.957	− 35 29 25	7.35	Cordob. 22546		
5276	Ara	5.9	34 6.0	4.527	− 49 27 23	7.34	Cordob. 22540		
5277	Ophiuchus	6.4	34 10.9	+ 3.278	− 9 21 10	7.33	W.-Ott. 5757	− 9.4430	
5278	Ursa min.	6.4	e 34 56.5	− 2.636	+ 77 38 44	6.99	**Fd. K. 476**	+ 77.627	
5279	Scorpius	6.5	35 24.3	+ 3.725	− 27 36 52	7.24	Cordob. 22571		
5280	Scorpius	5.8	35 27.3	3.881	− 32 56 59	7.24	Cordob. 22570		
5281	Ophiuchus	6.1	16 35 32.6	+ 3.636	− 24 16 27	− 7.22	Cordob. 22576		
5282*	36 m Herculis	6.1	35 40.8	2.976	+ 4 24 53	7.21	Alb. 5517	+ 4.3235/4	Σ1 1847; Σ [2074
5283	24 Scorpii	5.0	35 47.3	3.465	− 17 32 55	7.18	**Fd. K. s. 212**	− 17.4618	
5284	Scorpius	6.5	35 47.7	4.008	− 36 53 1	7.20	Cordob. 22583		
5285	Draco	6.2	35 54.7	0.595	+ 63 16 28	7.19	Hels. 8915	+ 63.1289	G
5286	Draco	5.3	35 59.3	1.208	+ 56 12 37	7.19	Hels. 8913	+ 56.1907	G
5287	Ophiuchus	5.5	e 36 0.9	3.520	− 19 43 59	7.19	Cordob. 22592	− 19.4406	R
5288*	42 Herculis	5.0	36 2.0	1.631	+ 49 7 23	7.18	Bonn 20660	+ 49.2531	Σ 2082 RG
5289	Ophiuchus	6.2	36 2.2	3.091	− 0 48 23	7.17	Cordob. 22597	− 0.3168	
5290	Hercules	6.4	36 12.0	2.794	+ 12 35 21	7.17	Leipz. I. 5815	+ 12.3063	
5291	Triang. austr.	5.3	16 36 36.1	+ 6.005	− 66 55 20	− 7.14	Cordob. 22582		
5292	14 Ophiuchi	6.0	e 36 38.7	3.043	+ 1 22 20	7.13	Alb. 5524	+ 1.3290	
5293	Scorpius	6.5*	36 49.4	4.157	− 40 55 42	7.12	Cordob. 22601		
5294	Hercules	6.2	36 51.8	2.489	+ 25 3 7	7.12	Camb. E. 7762	+ 25.3115	
5295	Scorpius	6.5*	36 57.6	4.154	− 40 55 22	7.11	Cordob. 22602		
5296	Scorpius	6.1	37 2.1	4.049	− 37 57 54	7.10	Cordob. 22604		
5297	Scorpius	6.4	37 12.8	3.850	− 31 54 57	7.09	Cordob. 22610		
5298*	40 ζ Herculis	3.2	e 37 31.0	2.262	+ 31 47 2	6.65	**Fd. K. 231**	+ 31.2884	Σ 2084
5299	39 Herculis	6.2	e 37 33.3	2.432	+ 27 6 35	7.06	Camb. E. 7771	+ 27.2668	
5300	Scorpius	5.6	16 37 47.1	+ 4.149	− 40 39 5	− 7.04	Cordob. 22615		

Nr. 5251. Σ 2063, Begl. 8.2m; d=16″, p=195°.

Nr. 5272 u. 5274. OΣ2 147; d=90″.5, p=14° 42′.

Nr. 5273. h 4876, 2 Begl. B, 9.5m: d=1″.8, p=12°. C, 7.1m: d=9″.6, p=266°.

Nr. 5274. Σ 2078, Begl. 6.0m; d=4″, p=110°.

Nr. 5282. Σ1 1847, Begl. 7.2m; d=70″, p=230°.

Nr. 5288. Σ 2082, Begl. 10.7m; d=22″.4, p=92°.

Nr. 5298. Σ 2084, Begl. 6.5m. Siehe Tabelle „Bahnen von Doppelsternen“ Nr. 11.

Kat. Nr.	Bezeichnung des Sternes	Gr.	Mittl. A. R. für 1900.0	Jährl. Veränd.	Mittl. Dekl. für 1900.0	Jährl. Veränd.	Nachweis	B. D.	Bemerkungen
			h m s	s	° ′ ″	″		°	
5301	Ara	5.9	16 37 49.2	+ 5.101	− 58 19 3	− 7.04	Cordob. 22613		
5302	α Triang. austr.	1.9	e 38 4.3	6.310	− 68 50 39	7.06	**S. Fd. K. 317**		R
5303	Scorpius	6.4	38 5.1	3.718	− 27 16 6	7.02	Cordob. 22624		β 1116
5304	Scorpius	6.0	38 45.0	3.748	− 28 19 25	6.96	Cordob. 22634		
5305	Ara	5.7	38 48.5	5.091	− 58 9 25	6.96	Cordob. 22626		
5306*	Hercules	cum.	39 5.0	2.16	+ 36 39 —	6.94	N. G. K. 6205		
5307	44 η Herculis	3.8	e 39 28.1	2.055	+ 39 6 45	6.98	**Fd. K. 232**	+ 39.3029	Σ 2093
5308	Scorpius	5.7	39 57.6	4.096	− 39 11 36	6.87	Cordob. 22658		R
5309	Hercules	6.3	40 10.4	2.218	+ 34 13 21	6.85	Leid. 5905	+ 34.2830	
5310	18 g Draconis	5.0	40 13.5	0.405	+ 64 46 43	6.84	Hels. 8941	+ 64.1145	O
5311	16 Ophiuchi	6.3	16 40 24.8	+ 3.046	+ 1 12 13	− 6.83	Alb. 5541	+ 1.3298	
5312	Scorpius	6.8	40 44.0	3.668	− 25 20 47	6.80	Cordob. 22675		
5313	Hercules	5.7	40 50.7	2.714	+ 15 55 49	6.79	Berl. A. 6003	+ 16.3013	G
5314	Draco	6.5	40 55.5	1.216	+ 55 52 24	6.78	Hels. 8943	+ 55.1872	
5315*	43 i Herculis	5.1	e 41 1.8	2.879	+ 8 45 53	6.77	Leipz. II. 7486	+ 8.3271	Σ¹ 1867 RG
5316	η Arae	3.6	e 41 8.8	5.156	− 58 51 46	6.80	**S. Fd. K. 318**		
5317	Hercules	6.2	42 3.6	1.881	+ 43 24 4	6.69	Bonn 10710	+ 43.2642	
5318*	19 Ophiuchi	6.4	42 7.2	3.023	+ 2 14 41	6.68	Alb. 5553	+ 2.3175	Σ 2096
5319	Triang. austr.	6.2	42 10.8	5.800	− 65 12 3	6.68	Cordob. 22686		
5320	Ophiuchus	6.1	42 46.3	3.405	− 14 43 54	6.64	Cordob. 22717	− 14.4486	
5321	45 l Herculis	5.3	e 16 42 51.1	+ 2.953	+ 5 25 35	− 6.62	Leipz. II. 7496	+ 5.3272	
5322*	Ara	6.4	42 57.8	4.568	− 49 52 12	6.62	Cordob. 22711		
5323	Draco	5.0	e 43 24.1	1.136	+ 56 57 37	6.52	**Fd. K. 477**	+ 57.1702	
5324	Hercules	6.4	43 32.3	+ 2.763	+ 13 46 4	6.57	Leipz. I. 5861	+ 13.3225	
5325	Ursa min.	6.4	43 34.0	− 3.490	+ 79 6 25	6.57	Kas. 2801	+ 79.511	G
5326	26 ε Scorpii	2.4	e 43 41.1	+ 3.877	− 34 6 42	6.82	**S. Fd. K. 319**		R
5327	Ophiuchus	5.9	43 45.2	3.421	− 15 29 36	6.55	Cordob. 22738	− 15.4395	
5328	Hercules	6.1	44 7.8	1.918	+ 42 25 3	6.52	Bonn 10735	+ 42.2749	RG
5329*	Scorpius	6.1	44 15.6	4.037	− 37 20 21	6.51	Cordob. 22744		h 4889
5330	20 Ophiuchi	4.7	e 44 18.0	3.314	− 10 36 22	6.58	**Fd. K. s. 214**	− 10.4394	
5331	Scorpius	5.4	16 44 35.2	+ 4.174	− 41 3 31	− 6.48	Cordob. 22748		
5332*	Hercules	6.0	44 57.6	2.770	+ 13 26 8	6.45	Leipz. I. 5873	+ 13.3233	Σ 2103
5333	μ¹ Scorpii	3.1	45 5.7	4.055	− 37 52 33	6.47	**S. Fd. K. 320**		
5334	Ophiuchus	6.4	45 9.2	3.132	− 2 28 49	6.43	Cordob. 22777	− 2.4259	
5335*	47 κ Herculis	5.8	45 28.0	2.908	+ 7 25 13	6.41	Leipz. II. 7516	+ 7.3256	
5336	Ara	6.5*	45 31.2	5.079	− 57 44 15	6.40	Cordob. 22760		
5337	μ² Scorpii	3.7	45 33.7	4.054	− 37 50 49	6.43	**S. Fd. K. XVI.**		
5338	Ara	6.4*	46 4.9	5.573	− 63 6 11	6.36	Cordob. 22772		
5339*	52 Herculis	5.0	e 46 18.5	1.752	+ 46 9 27	6.34	Bonn 10757	+ 46.2220	β 627
5340*	21 Ophiuchi	5.9	46 20.6	3.042	+ 1 23 10	6.33	Alb. 5575	+ 1.3323	OΣ 315; Σ¹ [1877
5341	Hercules	6.3	16 46 34.1	+ 1.865	+ 43 36 10	− 6.32	Bonn 10759	+ 43.2654	G
5342	50 Herculis	5.9	46 44.9	2.341	+ 29 58 37	6.30	Leid. 5943	+ 30.2884	G
5343	ζ¹ Scorpii	4.8	46 56.4	4.222	− 42 11 44	6.29	Cordob. 22812		
5344	Hercules	6.4	46 57.1	2.257	+ 32 43 19	6.28	Leid. 5946	+ 32.2795	
5345	Hercules	6.5	47 24.1	1.926	+ 42 3 51	6.25	Bonn 10768	+ 42.2753	
5346	Ophiuchus	5.9	47 31.0	+ 3.540	− 20 14 53	6.24	Cordob. 22837	− 20.4572	
5347	Ursa min.	6.3	47 32.2	− 2.747	+ 77 41 6	6.24	Kas. 2809	+ 77.634	
5348	ζ² Scorpii	3.8	e 47 32.7	+ 4.209	− 42 11 24	6.47	**S. Fd. K. 321**		R
5349	51 Herculis	5.3	47 36.5	2.485	+ 24 49 28	6.23	Berl. B. 5752	+ 24.3069	
5350	Scorpius	6.1	16 48 0.0	+ 4.176	− 40 59 12	− 6.20	Cordob. 22843		

Nr. 5306. N. G. K. 6205, Sternhaufen, erscheint dem bloßen Auge eben noch als Nebel. Das sehr gedrängte Zentrum hat einen Durchmesser von 2′—2′.5, die ihn umgebende weniger helle Sternhülle einen solchen von 8′—9′. 5000—6000 Sterne 10—12m.

Nr. 5315. Σ¹ 1867, Begl. 9m; d = 75″, p = 230°.

Nr. 5318. Σ 2096, Begl. 9.3m; d = 22″, p = 93°.

Nr. 5322. Begl. 7.2m; d 2″ 2, p = 44°.

Nr. 5329. Begl. 9.5m; d 8″, p = 180°.

Nr. 5332. Σ 2103, Begl. 8m; d = 6″, p = 36°.

Nr. 5335. κ Herculis = ***Marsik.***

Nr. 5339. β 627, Begl. d 2″, p 315°.

Nr. 5340. OΣ 315, Begl. 8.1m, d = 0″.7, p = 150°.

Kat. Nr.	Bezeichnung des Sternes	Gr.		Mittl. A. R. für 1900.0	Jährl. Veränd.	Mittl. Dekl. für 1900.0	Jährl. Veränd.	Nachweis	B. D.	Bemerkungen
				h m s	s	° ′ ″	″		°	
5351	Scorpius	6.2		16 48 13.0	+ 3.821	− 30 25 23	− 6.18	Cordob. 22859		
5352	Triang. austr.	6.0		48 49.8	6.407	− 69 6 35	6.13	Cordob. 22841		
5353	Ophiuchus	6.2		48 59.7	3.105	− 1 26 46	6.11	Cordob. 22890	− 1.3268	
5354	Ophiuchus	6.5		49 6.2	3.335	− 11 37 44	6.11	Cordob. 22891	− 11.4231	
5355	53 Herculis	5.7	e	49 10.7	2.281	+ 31 52 2	6.10	Leid. 5962	+ 31.2925	
5356	23 Ophiuchi	*5.6*	e	49 15.0	3.206	− 5 59 25	6.09	W.-Ott. 5807	− 4.4374	
5357	25 ι Ophiuchus	4.6	e	49 16.7	2.841	+ 10 19 49	6.09	Leipz. I. 5895	+ 10.3092	
5358	Scorpius	6.5*		49 38.4	4.168	− 40 39 48	6.06	Cordob. 22899		
5359	Ophiuchus	6.5		50 15.3	3.454	− 16 38 50	6.01	Cordob. 22925	− 16.4371	
5360	ζ Arae	3.0	e	50 20.6	4.945	− 55 49 56	6.04	**S. Fd. K. 322**		
5361	Hercules	6.2		16 50 30.2	+ 1.677	+ 47 34 35	− 5.99	Bonn 10805	+ 47.2400	G
5362	Ara	5.6		50 35.0	4.619	− 50 28 57	5.98	Cordob. 22923		
5363	Hercules	5.7		50 36.5	2.580	+ 21 7 9	5.98	Berl. B. 5766	+ 21.2002	
5364	Scorpius	5.7		50 40.1	3.905	− 33 6 3	5.98	Cordob. 22931		R
5365*	24 Ophiuchi	5.5		50 46.1	3.613	− 22 59 29	5.98	**Fd. K. s. 215**	− 22.4249	β 1117
5366	56 Herculis	6.3		50 56.5	2.453	+ 25 53 31	5.95	Camb. E. 7891	+ 25.3156	Σ 2110
5367	54 Herculis	5.4	e	50 58.7	2.643	+ 18 35 33	5.95	Berl. A. 6066	+ 18.3266	β 954 G
5368*	Ophiuchus	6.1		51 11.4	3.521	− 19 22 53	5.93	Cordob. 22944	− 19.4471	h 240
5369	ε^1 Arae	4.2	e	51 36.7	4.765	− 53 0 24	5.89	**S. Fd. K. 324**		
5370	Ophiuchus	6.2		51 53.9	3.315	− 10 48 14	5.87	Cordob. 22966	− 10.4417	
5371	Ara	6.5*		16 51 58.9	+ 4.861	− 54 26 28	− 5.86	Cordob. 22949		
5372	Scorpius	6.1		52 6.2	4.052	− 37 27 52	5.85	Cordob. 22962		
5373*	Ara	6.4*		52 54.2	4.519	− 48 29 34	5.79	Cordob. 22980		λ 316
5374	27 κ Ophiuchi	3.4	e	52 56.0	2.837	+ 9 31 50	5.77	**Fd. K. 233**	+ 9.3298	
5375	Hercules	6.5		52 57.3	2.753	+ 14 2 12	5.78	Leipz. I. 5919	+ 14.3155	G
5376	Ophiuchus	6.5		53 0.4	3.409	− 14 42 53	5.78	Cordob. 22991	− 14.4509	
5377	Ara	6.4*		53 6.8	5.187	− 58 48 28	5.77	Cordob. 22978		
5378	Scorpius	6.5		53 14.7	4.366	− 45 18 1	5.76	Cordob. 22989		
5379	57 Herculis	6.5		53 24.7	2.462	+ 25 30 26	5.75	Camb. E. 7913	+ 25.3166	
5380	Hercules	6.5		53 33.3	2.488	+ 24 32 10	5.73	Berl. B. 5785	+ 24.3095	
5381	Ophiuchus	6.3		16 53 50.4	+ 3.668	− 24 56 26	− 5.71	Cordob. 23004		
5382	Ophiuchus	6.5		53 55.0	3.491	− 18 5 31	5.70	Cordob. 23008	− 18.4372	
5383	Scorpius	6.1		53 56.7	3.996	− 35 46 52	5.70	Cordob. 23002		
5384	26 Ophiuchus	5.8	e	54 1.8	3.665	− 24 50 11	5.69	Cordob. 23009		
5385	Hercules	6.5		54 41.2	1.890	+ 42 40 2	5.64	Bonn 10851	+ 42.2774	G
5386	ε^2 Arae	5.4	e	55 9.5	4.781	− 53 5 9	5.60	Cordob. 23018		
5387	Scorpius	5.0	e	55 24.5	3.871	− 31 59 42	5.65	**S. Fd. K. 325**		
5388	19 h Draconis	5.0	e	55 27.7	0.283	+ 65 17 12	5.57	Christ. 2562	+ 65.1157	Σ 2118
5389	30 Ophiuchi	*5.0*	e	55 47.1	3.159	− 4 4 21	5.62	**Fd. K. s. 216**	− 4.4215	GO
5390	Ara	5.9		55 53.8	5.093	− 57 34 2	5.54	Cordob. 23034		
5391*	20 Draconis	(6.5)		16 55 55.3	+ 0.283	+ 65 11 27	− 5.57	Hels. 9071	+ 65.1159	Hh 526
5392	Ophiuchus	6.4		56 0.2	+ 3.509	− 18 44 17	5.53	Cordob. 23054	− 18.4381	
5393	22 ε Ursae min.	4.5	e	56 12.2	− 6.304	+ 82 12 8	5.51	**Fd. K. 235**	+ 82.498	Σ^1 1908 G
5394	58 ε Herculis	4.2	e	56 27.8	+ 2.293	+ 31 4 25	5.46	**Fd. K. 234**	+ 31.2947	Σ^1 1887
5395	Hercules	5.8		56 44.8	2.533	+ 22 46 46	5.46	Berl. B. 5804	+ 22.3045	
5396*	Hercules	6.4		57 0.3	2.726	+ 15 5 44	5.44	Leipz. I. 5944	+ 15.3095	Σ 2115
5397	Scorpius	6.0		57 1.5	4.078	− 38 0 29	5.44	Cordob. 23072		
5398*	Ophiuchus	6.5		57 10.8	2.878	+ 8 35 44	5.43	Leipz. II. 7603	+ 8.3337	Σ 2114 med.
5399	Draco	6.3		57 31.5	1.103	+ 56 50 5	5.40	Hels. 9078	+ 56.1934	
5400	Scorpius	6.4		16 57 47.2	+ 4.376	− 45 21 36	− 5.38	Cordob. 23086		

Nr. 5365. β 1117, Begl. 6.5m; d=0″.7, p=270°.
Nr. 5368. h 240, Begl. 8.4m; d=4″.6, p=232°.
Nr. 5373. λ 316, Begl. 7.6m; d=0″.6, p=180°.

Nr. 5391. Σ 2118, Begl. 6.9m; d=0″.8, p=246°.
Nr. 5396. Σ 2115, Begl. 9.8m; d=19″, p=240°.
Nr. 5398. Σ 2114, Begl. 7.4m; d=1″.3, p=165°.

Kat. Nr.	Bezeichnung des Sternes	Gr.	Mittl. A. R. für 1900.0	Jährl. Veränd.	Mittl. Dekl. für 1900.0	Jährl. Veränd.	Nachweis	B. D.	Bemerkungen
			h m s	s	° ′ ″	″		°	
5401	59 *d* Herculis	5.6	16 57 54.8	+ 2.213	+ 33 42 47	− 5.37	Leid. 6018	+ 33.2817	
5402	Hercules	5.9	58 12.7	2.454	+ 25 38 46	5.34	Camb. 7959	+ 25.3183	
5403	*κ* Scorpii	4.9	58 14.6	+ 3.941	− 33 58 56	5.34	Cordob. 23098		
5404	Ursa min.	6.5	58 15.6	− 1.217	+ 73 16 44	5.34	Greenw. (01) 2974	+ 73.751	
5405	Hercules	5.1	e 58 33.0	+ 2.746	+ 14 14 10	5.31	Leipz. I. 5954	+ 14.3179	RG
5406	Ophiuchus	6.2	58 49.8	3.550	− 20 21 14	5.29	Cordob. 23115	− 20.4627	
5407	Hercules	6.2	e 59 3.8	2.757	+ 13 44 50	5.27	Leipz. I. 5959	+ 13.3292	
5408	Hercules	6.2	e 59 21.9	2.757	+ 13 42 42	5.25	Leipz. I. 5961	+ 13.3295	G
5409	Hercules	6.4	59 32.0	2.607	+ 19 49 48	5.23	Berl. A. 6124	+ 19.3218	G
5410	Scorpius	6.1	59 34.7	4.049	− 37 5 22	5.23	Cordob. 23126		3fach, 2 Bgl. [11.5^m
5411	Scorpius	6.3	16 59 49.0	+ 3.988	− 35 18 51	− 5.21	Cordob. 23133		
5412	61 Herculis	6.4	e 16 59 54.7	2.150	+ 35 33 20	5.20	Lund 6999	+ 35.2911	G
5413	Draco	6.3	17 0 0.7	0.763	+ 60 47 23	5.19	Hels. 9101	+ 60.1728	
5414	Ophiuchus	6.0	e 0 11.4	3.054	+ 0 51 5	5.17	Alb. 5634	+ 0.3629	
5415	Ophiuchus	6.3	e 0 13.5	3.579	− 21 25 33	5.17	Cordob. 23147	− 21.4512	
5416	Hercules	6.4	0 17.0	2.171	+ 34 55 47	5.17	Lund 7002	+ 34.2890	
5417	Hercules	6.5	e 0 20.2	2.609	+ 19 44 14	5.16	Berl. A. 6127	+ 19.3220	
5418	Ophinchus	*5.7*	0 23.0	3.090	− 0 45 18	5.16	Nic. 4264	− 0.3224	
5419	Ophiuchus	6.2	0 41.5	3.713	− 26 22 38	5.13	Cordob. 23154		
5420	60 Herculis	5.0	0 44.4	2.780	+ 12 52 41	5.13	**Fd. K. 479**	+ 12.3142	Σ 1895
5421	Ophiuchus	6.4	17 1 24.7	+ 2.848	+ 9 52 8	− 5.07	Leipz. II. 7625	+ 9.3322	G
5422	Ophiuchus	6.5	1 29.5	2.831	+ 10 35 18	5.06	Leipz. I. 5978	+ 10.3142	
5423	Ophiuchus	6.3	1 41.7	3.108	− 1 31 15	5.05	Cordob. 23175	− 1.3292	Σ 2122
5424	Draco	6.3	1 42.3	0.331	+ 64 44 21	5.05	Hels. 9118	+ 64.1170	
5425	Hercules	5.8	2 4.3	2.544	+ 22 13 10	5.02	Berl. B. 5847	+ 22.3073	G
5426	Hercules	6.2	2 10.4	1.587	+ 48 56 32	5.01	Bonn 10937	+ 49.2583	
5427	Scorpius	5.8	2 24.3	3.829	− 30 16 14	4.99	Cordob. 23189		
5428	Ophiuchus	6.2	2 26.3	3.479	− 17 28 34	4.98	Cordob. 23194	− 17.4717	
5429	Ophiuchus	6.0	3 4.1	3.095	− 0 56 52	4.93	Cordob. 23208	− 0.3230	
5430*	Ara	6.5*	3 5.0	6.135	− 67 4 7	4.93	Cordob. 23180		Δ 214
5431*	21 *μ* Draconis	5.1	e 17 3 16.0	+ 1.249	+ 54 36 2	− 4.91	Camb. U. S. 5154	+ 54.1857	Σ2130; β1088
5432	Scorpius	4.9	3 27.5	4.342	− 44 25 45	4.90	Cordob. 23206		
5433	Ophiuchus	6.4	3 39.0	3.157	− 3 44 54	4.88	Cordob. 23225	− 3.4063	
5434	Apus	6.4*	3 39.5	7.720	− 74 24 38	4.88	Cordob. 23177		
5435	Ophiuchus	5.6	4 16.2	3.311	− 10 23 31	4.83	Cordob. 23239	− 10.4445	
5436	*c* Herculis	5.7	4 29.4	2.128	+ 36 3 54	4.81	Lund 7025	+ 36.2827	
5437	Hercules	6.5	e 4 30.9	1.950	+ 40 38 48	4.82	**Fd. K. 480**	+ 40.3103	
5438*	35 *η* Ophiuchi	*2.4*	e 4 38.5	+ 3.436	− 15 36 5	4.70	**Fd. K. 598**	− 15.4467	β1118; S.C.C. [601
5439	Ursa min.	6.4	4 48.6	− 1.924	+ 75 26 13	4.78	Kas. 2854	+ 75.613	
5440	*η* Scorpii	3.3	e 4 59.4	+ 4.289	− 43 6 26	5.05	**S. Fd. K. 326**		
5441*	Scorpius	5.6	17 5 21.8	+ 4.139	− 39 22 52	− 4.74	Cordob. 23257		λ 320
5442	Ophiuchus	6.3	6 5.0	3.681	− 25 7 52	4.68	Cordob. 23275		
5443	Ophiuchus	6.1	6 9.4	3.753	− 27 38 20	4.67	Cordob. 23276		
5444	Hercules	5.1	6 19.0	1.946	+ 40 54 8	4.65	Bonn 10982	+ 40.3109	
5445	Scorpius	5.9	6 28.6	3.895	− 32 19 1	4.64	Cordob. 23285		
5446	63 Herculis	6.5	e 6 54.7	2.484	+ 24 21 34	4.60	Berl. B. 5878	+ 24.3140	
5447	Ophiuchus	6.4	6 55.9	2.890	+ 8 0 59	4.60	Leipz. II. 7671	+ 8.3367	
5448	37 Ophiuchi	5.3	7 45.0	2.827	+ 10 42 21	4.53	Leipz. I. 6011	+ 10.3165	RG
5449	Draco	6.5	8 13.3	1.373	+ 52 31 52	4.49	Camb. U.S. 5185	+ 52.2032	
5450	22 *ζ* Draconis	3.5	17 8 29.8	+ 0.165	+ 65 50 16	− 4.45	**Fd. K. 236**	+ 65.1170	

Nr. 5430. Δ 214, Begl. 9.4^m blau; d = 27″, p = 245° (optisch).

Nr. 5431. Σ 2130, 2 nahe gleich helle Sterne; d = 2.5^m, p = 150°.

Nr. 5438. β 1118, Begl. 3.6^m; d = 0″.4, p = 250°.

Nr. 5441. λ 320, Begl. 6.8^m; d = 0″.6, p = 295°.

Kat. Nr.	Bezeichnung des Sternes	Gr.	Mittl. A. R. für 1900.0	Jährl. Veränd.	Mittl. Dekl. für 1900.0	Jährl. Veränd.	Nachweis	B. D.	Bemerkungen
			h m s	s	° ′ ″	″		°	
5451	Scorpius	5.4	17 8 45.4	+ 3.932	− 33 25 58	− 4.45	Cordob. 23337		R
5452	Scorpius	6.1	8 46.4	4.109	− 38 28 52	4.44	Cordob. 23336		
5453	Apus	6.5	9 6.6	6.641	− 69 55 44	4.42	Cordob. 23323		
5454*	Hercules	6.4	9 7.2	1.526	+ 49 51 55	4.42	Bonn 11027	+ 49.2604	Σ 2142
5455*	36 *A* Ophiuchi	4.6	e 9 12.6	3.721	− 26 26 56	4.41	Cordob. 23354		Sh 243
5456	Scorpius	6.5	9 16.4	3.941	− 33 37 20	4.40	Cordob. 23352		
5457	Scorpius	6.1	9 28.1	3.828	− 30 5 42	4.39	Cordob. 23356		
5458	Ophiuchus	6.2	9 39.2	3.409	− 14 28 9	4.37	Cordob. 23363	− 14.4585	β 282
5459	Scorpius	6.2	9 41.5	4.007	− 35 37 31	4.37	Cordob. 23358		
5460*	64 α Herculis	var.	10 5.2	2.733	+ 14 30 15	4.30	**Fd. K. 237**		Σ 2140 R
5461	Scorpius	5.6	e 17 10 33.3	+ 3.897	− 32 33 0	− 4.34	**S. Fd. K. 327**		
5462*	65 δ Herculis	3.5	e 10 55.4	2.462	+ 24 57 25	4.41	**Fd. K. 238**	+ 25.3221	Σ 3127
5463*	ι Apodis	var.	e 10 56.5	6.659	− 70 1 4	4.30	**S. Fd. K. 328**		
5464	Ophiuchus	6.4	11 12.0	3.020	+ 2 17 54	4.24	Alb. 5708	+ 2.3183	
5465*	Ophiuchus	6.2	11 21.2	3.213	− 6 8 3	4.22	W.-Ott. 5880	− 6.4575	
5466*	*U* Ophiuchi	var.	11 27.3	3.043	+ 1 19 19	4.22	Alb. 5710	+ 1.3408	h 854
5467	41 Ophiuchi	*5.1*	e 11 28.6	3.076	− 0 19 57	4.28	**Fd. K. s. 218**	− 0.3255	
5468	Hercules	6.0	11 32.2	2.495	+ 23 51 14	4.21	Berl. B. 5912	+ 23.3070	G
5469	ζ Apodis	4.7	11 32.5	6.253	− 67 39 57	4.21	Cordob. 23378		
5470	Scorpius	6.3*	11 33.7	4.336	− 44 1 16	4.21	Cordob. 23403		
5471	67 π Herculis	3.3	e 17 11 33.8	+ 2.087	+ 36 55 18	− 4.20	**Fd. K. 239**	+ 36.2844	G
5472	Draco	5.7	11 40.6	0.509	+ 62 59 16	4.20	Hels. 9185	+ 63.1336	
5473	Ara	6.4	11 46.8	4.627	− 49 57 20	4.19	Cordob. 23405		
5474	Scorpius	6.4	11 49.7	3.902	− 32 26 38	4.18	Cordob. 23415		
5475*	39 ο Ophiuchi	5.1	e 11 54.8	3.658	− 24 10 41	4.18	Cordob. 23419		Hh 534
5476*	Scorpius	5.9	12 6.1	3.983	− 34 52 34	4.16	Cordob. 23422		h 4935; β 416
5477	Scorpius	6.3*	12 9.8	4.342	− 44 6 57	4.16	Cordob. 23417		
5478	Apus	6.0	12 45.2	11.124	− 80 45 57	4.11	Cordob. 23360		
5479	Hercules	6.4	13 24.6	2.512	+ 23 11 53	4.05	Berl. B. 5923	+ 23.3074	OΣ 328 G
5480	Ophiuchus	6.5	e 13 37.7	3.135	− 2 42 9	4.03	Cordob. 23456	− 2.4330	
5481*	68 *u* Herculis	var.	e 17 13 37.9	+ 2.216	+ 33 12 28	− 4.03	Leid. 6124	+ 33.2864	OΣ 228 G
5482	Hercules	6.2	e 13 38.5	2.662	+ 17 25 30	4.03	Berl. A. 6206	+ 17.3216	
5483	*e* Ophiuchi	5.0	e 13 54.9	2.819	+ 10 58 24	4.01	Leipz. I. 6057	+ 11.3156	G
5484*	Hercules	cum.	14 3.6	1.841	+ 43 14 40	3.99	Bonn 11070		N.G.K. 6341
5485*	Ophiuchus	6.0	14 4.0	3.489	− 17 39 6	3.99	Cordob. 23460	− 17.4773	β 126
5486	69 *e* Herculis	4.8	e 14 13.4	2.071	+ 37 23 45	3.98	Lund 7076	+ 37.2864	
5487	Ara	6.4*	14 18.0	5.162	− 57 54 36	3.97	Cordob. 23448		
5488	Ara	5.8	14 37.6	5.619	− 62 45 56	3.95	Cordob. 23455		
5489	Ophiuchus	6.3	e 14 38.5	3.207	− 5 48 29	3.94	Cordob. 23477	− 5.4426	
5490	Hercules	6.0	14 53.2	2.348	+ 28 55 38	3.92	Camb. E. 8132	+ 28.2719	
5491	40 ξ Ophiuchi	4.4	e 17 15 0.6	+ 3.593	− 21 0 20	− 4.11	**Fd. K. s. 219**	− 20.4731	
5492	Hercules	6.2	15 1.8	2.014	+ 38 54 49	3.91	Lund 7080	+ 38.2910	
5493*	53 ν Serpentis	*4.3*	15 11.9	3.370	− 12 44 44	3.90	Cordob. 23485	− 12.4722	Σ¹ 1925
5494	Draco	6.5	15 16.9	0.729	+ 60 46 36	3.89	Hels. 9203	+ 60.1743	Σ 2155
5495	Ara	6.3*	15 17.8	5.398	− 60 34 34	3.89	Cordob. 23472		
5496	Serpens.	6.3	15 20.1	3.319	− 10 35 39	3.88	Cordob. 23487	− 10.4477	
5497	ι Arae	5.4	15 45.7	4.497	− 47 22 11	3.85	Cordob. 23486		
5498	Scorpius	6.3	15 50.0	4.088	− 37 42 21	3.84	Cordob. 23492		
5499	42 ϑ Ophiuchi	*2.8*	e 15 52.0	3.679	− 24 54 0	3.87	**Fd. K. 599**		
5500	Hercules	5.0	17 15 54.5	+ 2.642	+ 18 9 37	− 3.84	Berl. A. 6226	+ 18.3351	RG

Nr. 5454. Σ 2142, Begl. 10.0m; d = 5″.3, p = 116°.
Nr. 5455. Sh 243, Begl. 5.6m; d = 4″.2, p = 190°.
Nr. 5460. Var. Max. 3.1m, Min. 3.9m; unregelmäßig. α Herculis = ***Ras-Algethi.*** Σ 2140, Hptst. gelb, Begl. 6.1m dunkelblau; d = 4″.8, p = 113°.
Nr. 5462. Σ 3127, Hptst. grünlich, Begl. 8.1m graublau; d = 15″, p = 195°.
Nr. 5463. Var. Max. 5.1m, Min. 6.0m.
Nr. 5465. Begl. 8.4m; d = 3″, p (1897.2 = 46°.3, 1898.7 = 55°.5).
Nr. 5466. Var. Algoltypus. Max. 6.0m, Min. 6.7m; P = 20h 7m 43s mit periodischen Abweichungen; Dauer der Lichtabnahme und Zunahme 2h.5.
Nr. 5475. Hh 534, Begl. 6.9m blau; d = 11″, p = 355°.
Nr. 5476. h 4935, 2 Begl. B, 8.1m und der Hptst. bilden ein enges System. Siehe Tabelle „Bahnen von Doppelsternen“ Nr. 15. C, 10.0m; d = 30″, p = 129°. Alle 3 Sterne haben gleiche Eigenbewegung. 1″.15 in 98°.1.
Nr. 5481. Var. Max. 4.6m, Min. 5.4m; unregelmäßig. Potsd. Ph. 5.12m W.
Nr. 5484. N. G. K. 6341. Glänzender, sehr gedrängter Sternhaufen. Durchmesser 6—7m. Gesamthelligkeit etwa 5.3m.
Nr. 5485. β 126, Begl. 8.2m; d = 2″, p = 262°.
Nr. 5493. Σ¹ 1925, Begl. 8m; d = 48″, p = 32°.

Kat. Nr.	Bezeichnung des Sternes	Gr.	Mittl. A. R. für 1900.0	Jährl. Veränd.	Mittl. Dekl. für 1900.0	Jährl. Veränd.	Nachweis	B. D.	Bemerkungen
			h m s	s	° ′ ″	″		°	
5501	Scorpius	6.3	17 15 54.8	+ 4.019	− 35 48 56	− 3.84	Cordob. 23497		
5502	Hercules	5.8	16 5.3	2.443	+ 25 38 21	3.82	Camb. E. 8145	+ 25.3246	
5503	Scorpius	6.1	16 7.4	4.065	− 37 7 19	3.82	Cordob. 23505		RR
5504	70 Herculis	5.5	16 47.1	2.472	+ 24 35 56	3.76	Berl. B. 5935	+ 24.3167	σ 543
5505	72 *w* Herculis	5.7	e 16 55.0	2.243	+ 32 35 48	4.77	**C. d. T.**	+ 32.2896	σ 544
5506	Scorpius	5.1	16 58.2	4.344	− 44 3 59	3.74	Cordob. 23522		
5507	*γ* Arae	3.4	16 58.5	5.038	− 56 17 0	3.75	**S. Fd. K. XVII**		h 4942
5508	*β* Arae	2.7	16 59.2	4.976	− 55 26 7	3.76	**S. Fd. K. 331**		
5509	43 Ophiuchi	5.4	17 3.8	3.772	− 28 2 45	3.73	Cordob. 23530		
5510	Hercules	6.5	17 5.8	2.675	+ 16 49 49	3.73	Berl. A. 6233	+ 16.3163	G
5511	74 Herculis	5.4	e 17 17 31.7	+ 1.696	+ 46 20 18	− 3.70	Bonn 11115	+ 46.2293	G
5512	Hercules	6.5	17 36.2	2.349	+ 28 51 20	3.69	Camb. E. 8156	+ 28.2728	
5513	Ophiuchus	6.3	17 38.2	3.125	− 2 17 18	3.69	Cordob. 23552	− 2.4343	
5514	Hercules	6.5	17 51.2	1.598	+ 48 17 16	3.67	Bonn 11121	+ 48.2506	
5515	*ϰ* Arae	5.3	17 59.7	4.168	− 50 32 32	3.64	Cordob. 23549		
5516	Scorpius	6.2	18 24.4	3.979	− 34 36 10	3.62	Cordob. 23567		
5517	Hercules	5.6	18 26.7	1.967	+ 40 4 23	3.62	Bonn 11129	+ 40.3136	
5518	Ophiuchus	5.9	18 43.1	3.587	− 21 20 54	3.59	Cordob. 23577	− 21.4597	
5519	Ophiuchus	6.3	18 45.7	3.509	− 18 21 10	3.59	Cordob. 23579	− 18.4516	
5520	Ophiuchus	6.3	18 59.4	3.662	− 24 9 8	3.57	Cordob. 23583		
5521	Ophiuchus	5.9	17 19 10.9	+ 2.866	+ 8 56 44	− 3.55	Leipz. II. 7793	+ 8.3405	G
5522*	Ara	5.8	19 28.8	4.424	− 45 45 11	3.53	Cordob. 23591		h 4949
5523	Draco	5.8	19 35.5	1.293	+ 53 30 55	3.52	Camb. U. S. 5236	+ 53.1937	G
5524	73 Herculis	5.9	19 55.6	2.513	+ 23 3 12	3.49	Berl. B. 5956	+ 23.3100	
5525	Ara	6.3*	20 0.0	4.771	− 52 12 29	3.48	Cordob. 23597		
5526	Ophiuchus	5.9	20 2.8	2.685	+ 16 23 36	3.48	Berl. A. 6255	+ 16.3174	
5527*	Ophiuchus	6.5	20 3.3	2.703	+ 15 42 48	3.48	Berl. A. 6256	+ 15.3179	Σ 2160
5528*	75 *ϱ* Herculis	4.4	e 20 14.0	2.072	+ 37 14 15	3.46	Lund 7110	+ 37.2878	Σ 2161
5529	44 *b* Ophiuchi	4.1	e 20 15.7	3.659	− 24 5 0	3.58	**S. Fd. K. 332**		
5530	Ara	6.0	20 22.2	4.959	− 55 5 0	3.45	Cordob. 23603		
5531	Ophiuchus	6.3	17 20 44.0	+ 3.711	− 25 51 19	− 3.42	Cordob. 23621		
5532	Ophiuchus	6.3	20 46.3	3.109	− 1 33 52	3.42	Nic. 4322	− 1.3329	
5533	45 *d* Ophiuchi	4.3	e 20 58.1	3.826	− 29 46 35	3.55	**S. Fd. K. 333**		
5534	Hercules	6.5	20 59.3	2.079	+ 37 2 26	3.40	Lund 7120	+ 37.2882	S. 688
5535	27 Hev. Ophinchi	4.7	e 21 19.5	3.181	− 4 59 54	3.41	**Fd. K. s. 220**	− 4.4275	
5536	Ophiuchus	6.3	21 25.3	3.364	− 12 25 16	3.36	Cordob. 23642	− 12.4750	
5537	Ophiuchus	6.3	21 27.3	2.670	+ 17 0 18	3.36	Berl. A. 6267	+ 17.3241	GR
5538	Ophiuchus	6.3	21 29.4	2.895	+ 7 40 59	3.35	Leipz. II. 7820	+ 7.3368	
5539	49 *σ* Ophiuchi	4.4	21 33.1	2.974	+ 4 13 38	3.33	**Naut. Al.**	+ 4.3422	G
5540	*δ* Arae	3.8	e 22 4.2	5.402	− 60 36 1	3.41	**S. Fd. K. 334**		h 4951
5541	Scorpius	6.1	17 22 10.2	+ 4.055	− 36 41 40	− 3.30	Cordob. 23649		
5542	Hercules	5.8	22 30.2	2.588	+ 20 9 57	3.27	Berl. B. 5976	+ 20.3481	
5543	Scorpius	6.3	22 33.0	4.118	− 38 26 5	3.26	Cordob. 23657		
5544	Ophiuchus	6.3	22 36.7	3.261	− 8 7 14	3.26	W.-Ott. 5918	− 8.4444	
5545	Ara	6.4*	22 53.3	5.092	− 56 50 28	3.23	Cordob. 23656		
5546	Hercules	6.2	23 10.7	2.156	+ 34 46 45	3.21	Leid. 6202	+ 34.2971	
5547	Ophiuchus	5.6	23 43.6	3.063	+ 0 24 41	3.16	Nic. 4334	+ 0.3697	
5548	34 *υ* Scorpii	2.8	e 23 57.8	4.073	− 37 12 58	3.18	**S. Fd. K. XVIII**		
5549	77 *x* Herculis	6.1	24 5.1	1.586	+ 48 20 37	3.16	**Fd. K. 481**	+ 48.2517	
5550	*α* Arae	2.9	e 17 24 6.6	+ 4.630	− 49 47 49	− 3.21	**S. Fd. K. 335**		h 4955

Nr. 5522. h 4949, Begl. 6.9m; d = 3″, p = 260°.
Nr. 5527. Σ 2106, Begl. 10.0m; d = 4″, p = 65°.
Nr. 5528. Σ 2161, Begl. 5.1m; d = 4″, p = 312°.

Kat. Nr.	Bezeichnung des Sternes	Gr.	Mittl. A. R. für 1900.0	Jährl. Veränd.	Mittl. Dekl. für 1900.0	Jährl. Veränd.	Nachweis	B. D.	Bemerkungen	
			h m s	s	° ′ ″	″		°		
5551	Draco	5.9	17 24 23.8	+ 0.773	+ 60 7 55	— 3.10	Hels. 9277	+ 60.1754		
5552	Ara	6.5*	24 24.7	4.439	— 45 57 34	3.10	Cordob. 23706		I. 40	
5553	Ophiuchus	6.3	24 26.5	3.207	— 5 50 15	3.10	Cordob. 23718	— 5.4450	β 1089	
5554	Scorpius	6.5	25 12.0	3.951	— 33 37 32	3.03	Cordob. 23732			R
5555*	Ophiuchus	*5.5*	e 25 15.1	3.094	— 0 58 44	3.03	Cordob. 23743	— 0.3300	Σ 2173	
5556	51 Ophiuchi	4.8	25 18.8	3.656	— 23 53 7	3.04	**Fd. K. s. 221**			
5557	Ophiuchus	6.0	25 31.8	3.723	— 26 11 35	3.01	Cordob. 23744			
5558	Scorpius	6.2	25 47.4	3.971	— 34 12 12	2.98	Cordob. 23750			
5559	Scorpius	6.5*	26 4.4	4.225	— 41 6 7	2.96	Cordob. 23752			
5560	Ophiuchus	5.9	26 20.5	3.008	+ 2 47 57	2.94	Alb. 5807	+ 2.3337		
5561*	76 λ Herculis	4.6	17 26 41.8	+ 2.422	+ 26 11 9	— 2.90	Camb. E. 8247	+ 26.3034		
5562*	35 λ Scorpii	1.5	e 26 49.0	4.068	— 37 1 51	2.93	**S. Fd. K. 337**		Δ 218	
5563	Hercules	5.9	27 8.2	+ 2.271	+ 31 13 57	2.87	Leid. 6235	+ 31.3047		
5564	Ursa min.	5.8	27 11.5	— 4.608	+ 80 13 30	2.86	Hamb. 225	+ 80.544		G
5565	78 Herculis	6.0	e 27 54.0	+ 2.355	+ 28 28 46	2.80	Camb. E. 8260	+ 28.2767		
5566	Ophiuchus	*6.1*	28 9.5	3.204	— 5 40 15	2.78	Cordob. 23814	— 5.4461		
5567	23 β Draconis	3.0	28 10.4	1.353	+ 52 22 31	2.77	**Fd. K. 240**	+ 52.2065	β 1090	
5568*	Scorpius	5.6	28 10.4	3.917	— 32 30 45	2.78	Cordob. 23811		h 4962	
5569	σ Arae	4.5	28 13.0	4.465	— 46 26 11	2.77	Cordob. 23805			
5570	Scorpius	6.5	28 54.4	4.084	— 37 22 17	2.71	Cordob. 23822			
5571	Hercules	5.8	e 17 29 2.2	+ 2.608	+ 19 19 48	— 2.70	Berl. A. 6325	+ 19.3354		
5572	Draco	6.5	29 7.3	0.957	+ 57 57 1	2.69	Hels. 9321	+ 57.1774		G
5573	Ophiuchus	6.5	e 29 10.4	2.720	+ 14 54 50	2.69	Berl. A. 6326	+ 14.3279		GR
5574	Ophiuchus	5.8	e 29 11.1	2.683	+ 16 23 21	2.69	Berl. A. 6327	+ 16.3218		
5575	Serpens	5.4	29 12.6	3.332	— 11 10 28	2.68	Cordob. 23837	— 11.4411		
5576	52 Ophiuchi	6.4	e 29 17.5	3.608	— 21 58 35	2.68	Cordob. 23836	— 21.4659		
5577*	ϱ Scorpii	var.	29 39.7	4.129	— 38 33 51	2.65	Cordob. 23841			R
5578	Ara	5.8	29 43.7	4.650	— 49 59 33	2.65	Cordob. 23835			
5579*	53 f Ophiuchi	6.0	e 29 51.8	2.847	+ 9 39 15	2.63	Leipz. II. 7909	+ 9.3424	Σ^1 1959	
5580	π Arae	5.2	e 29 52.6	4.914	— 54 26 0	2.79	**S. Fd. K. 338**			
5581	Hercules	5.8	17 29 57.0	+ 1.908	+ 41 18 52	— 2.62	Bonn 11256	+ 41.2850		
5582	Octans	6.4	30 0.0	18.778	— 85 10 34	2.62	Cape (90) 2131			
5583	ϑ Scorpii	2.0	30 7.9	4.304	— 42 56 3	2.62	**S. Fd. K. 339**			R
5584*	24 ν^1 Draconis	5.2	e 30 12.4	1.180	+ 55 15 9	2.55	**Fd. K. 242**	+ 55.1944		
5585*	55 α Ophiuchi	2.5	e 30 17.5	2.782	+ 12 37 58	2.81	**Fd. K. 241**	+ 12.3252	Σ^1 1960	
5586*	25 ν^2 Draconis	5.2	e 30 17.8	1.180	+ 55 14 27	2.55	**Fd. K. 243**	+ 55.1945	Σ^1 1964	
5587*	Hercules	6.3	31 43.2	2.562	+ 21 3 36	2.47	Berl. B. 6038	+ 21.3157	Σ 2190	
5588	55 ξ Serpentis	*3.3*	e 31 51.6	3.432	— 15 20 8	2.50	**Fd. K. 600**	— 15.4621		
5589	Serpens	5.9	31 51.9	3.442	— 15 30 36	2.46	Cordob. 23880	— 15.4622		
5590	Draco	6.5	31 53.0	0.980	+ 57 37 28	2.45	Hels. 9347	+ 57.1780		
5591	Hercules	6.3	17 32 16.2	+ 2.060	+ 37 21 52	— 2.42	Lund 7198	+ 37.2908		
5592	27 f Draconis	5.2	e 32 21.6	— 0.252	+ 68 11 55	2.29	**Fd. K. 482**	+ 68.938		G
5593	Hercules	6.5	32 23.5	+ 2.378	+ 27 37 52	2.41	Camb. E. 8311	+ 27.2849		
5594	57 μ Ophiuchi	*4.7*	32 24.5	3.258	— 8 3 28	2.41	**Fd. K. s. 223**	— 8.4472		
5595	Serpens	6.0	32 36.6	3.326	— 10 51 58	2.39	Cordob. 23897	— 10.4528		
5596	λ Arae	4.8	32 40.3	4.621	— 49 21 8	2.39	Cordob. 23888			
5597	Hercules	6.4	32 48.4	2.280	+ 30 50 48	2.38	Leid. 6273	+ 30.3033		
5598	79 Herculis	6.1	33 23.9	2.471	+ 24 22 9	2.32	Berl. B. 6054	+ 24.3218		
5599	Ara	6.3*	33 46.8	4.490	— 46 52 0	2.29	Cordob. 23912			
5600	26 Draconis	5.4	17 33 56.6	+ 0.580	+ 61 57 17	— 2.28	Hels. 9364	+ 61.1678	β 962	

Nr. 5555. Σ 2173, Begl. 6.4m; d = 1″.1, p = 230° (1900). Siehe Tabelle „Bahnen von Doppelsternen" Nr. 16.

Nr. 5561. λ Herculis = ***Maasym.***

Nr. 5562. λ Scorpii = ***Lefath.***

Nr. 5568. Begl. 10.5m; d = 5″, p = 100°.

Nr. 5577. Var. Max. 4.2m, Min. 5.2m.

Nr. 5579. Σ^1 1959, Begl. 7.3m; d = 41″, p = 192°.

Nr. 5584 u. 5586. ($\nu_1 - \nu_2$ Draconis) bilden zusammen ein physisches System ($O\Sigma^2$ 156).

Nr. 5585. α Ophiuchi = ***Ras-Alhague.***

Nr. 5587. Σ 2190, Begl. 9m; d = 10″.2, p = 23°.

Kat. Nr.		Bezeichnung des Sternes	Gr.	Mittl. A. R. für 1900.0	Jährl. Veränd.	Mittl. Dekl. für 1900.0	Jährl. Veränd.	Nachweis	B. D.	Bemerkungen
				h m s	s	° ′ ″	″		°	
5601	82 γ	Herculis	5.5	e 17 34 0.6	+ 1.564	+ 48 38 34	− 2.27	Bonn 11310	+ 48.2542	G
5602		Ophiuchus	6.4	34 5.6	3.024	+ 2 5 8	2.26	Alb. 5863	+ 2.3373	Σ^1 1965
5603		Ophiuchus	6.3	34 22.2	2.757	+ 13 23 4	2.24	Leipz. I. 6201	+ 13.3421	
5604		Ophiuchus	6.5	34 59.7	3.120	− 2 5 51	2.18	Cordob. 23964	− 2.4425	
5605	κ	Scorpii	2.5	35 34.1	4.145	− 38 58 42	2.14	**S. Fd. K. 340**		
5606	56 ο	Serpentis	*4.3*	e 35 47.6	3.369	− 12 49 18	2.15	**Fd. K. s. 224**	− 12.4808	
5607	η	Pavonis	3.5	e 35 55.0	5.877	− 64 40 33	2.15	**S. Fd. K. 341**		
5608		Scorpius	5.6	36 3.7	4.071	− 36 53 41	2.09	Cordob. 23982		RR
5609		Hercules	6.2	36 10.9	2.266	+ 31 15 19	2.08	Leid. 6309	+ 31.3075	G
5610	μ	Arae	5.3	e 36 12.2	+ 4.757	− 51 46 50	2.28	**S. Fd. K. 342**		
5611		Draco	(6.5)	17 36 15.1	− 0.457	+ 69 21 21	− 2.09	Christ. 2705	+ 69.930	
5612		Pavo	6.5*	36 19.2	+ 5.162	− 57 29 52	2.07	Cordob. 23973		
5613	85 ι	Herculis	4.1	36 38.5	1.692	+ 46 3 34	2.04	**Fd. K. 244**	+ 46.2349	Σ^1 1970
5614		Ophiuchus	6.1	36 39.8	2.924	+ 6 21 49	2.04	Leipz. II. 7985	+ 6.3498	G
5615		Hercules	6.5	36 55.4	2.263	+ 31 20 30	2.02	Leid. 6314	+ 31.3076	$O\Sigma^2$ 157
5616*		Hercules	6.5	e 36 59.0	2.465	+ 24 33 44	2.01	Berl. B. 6082	+ 24.3225	Σ 2194
5617		Ophiuchus	6.4	36 59.9	3.775	− 27 50 9	2.01	Cordob. 24007		
5618	58	Ophiuchi	4.8	e 37 26.4	3.600	− 21 38 4	1.97	Cordob. 24030	− 21.4712	
5619		Ophiuchus	5.7	e 37 29.3	2.691	+ 15 59 52	1.97	Berl. A. 6396	+ 16.3256	β 1251
5620		Scorpius	6.5*	37 31.8	+ 4.300	− 42 41 1	1.96	Cordob. 24021		
5622		Draco	6.5	17 37 31.4	− 0.511	+ 69 38 1	− 1.95	Christ. 2716	+ 69.933	
5623	28 ω	Draconis	5.0	e 37 32.2	− 0.355	+ 68 48 15	1.65	**Fd. K. 483**	+ 68.949	
5621		Hercules	6.5	37 35.9	+ 1.809	+ 43 31 10	1.96	Bonn 11355	+ 43.2781	G
5624		Serpens	6.3	38 9.6	+ 3.390	− 13 27 32	1.91	Cordob. 24050	− 13.4732	
5625	83	Herculis	5.8	e 38 22.4	2.463	+ 24 36 53	1.89	Berl. B. 6100	+ 24.3231	G
5626		Ophiuchus	6.2	38 23.1	3.237	− 7 2 0	1.89	W.-Ott. 5979	− 7.4487	
5627	60 β	Ophiuchi	3.1	e 38 31.9	2.961	+ 4 36 32	1.71	**Fd. K. 245**	+ 4.3489	G
5628		Ophiuchus	6.4	38 48.6	+ 2.732	+ 14 20 24	1.85	Leipz. I. 6227	+ 14.3321	
5629		Draco	6.0	39 2.4	− 1.152	+ 72 30 31	1.83	Greenw. (01) 3109	+ 72.800	
5630		Draco	6.2	39 4.3	+ 1.377	+ 51 51 59	1.83	Camb. U. S. 5324	+ 51.2243	G
5631	84	Herculis	6.0	e 17 39 15.5	+ 2.470	+ 24 22 14	− 1.81	Berl. B. 6107	+ 24.3237	
5632*	61	Ophiuchi	6.5	39 32.7	3.012	+ 2 37 21	1.79	Alb. 5896	+ 2.3390	Σ 2202
5633		Ophiuchus	6.4	39 44.2	2.729	+ 14 27 11	1.77	Leipz. I. 6242	+ 14.3329	h 1303
5634		Hercules	6.4	40 7.8	1.781	+ 44 7 39	1.74	Bonn 11379	+ 44.2757	RG
5635		Scorpius	6.2	40 12.9	4.116	− 38 4 18	1.73	Cordob. 24097		
5636*		Ara	6.4*	40 18.0	5.001	− 55 21 55	1.72	Cordob. 24087		h 4975
5637	ι^1	Scorpii	3.1	40 35.7	4.192	− 40 5 17	1.70	**S. Fd. K. 343**		λ 338
5638*		Ophiuchus	cum.	40 00.0	2.900	+ 5 40 —	1.60			
5639*	3 X	Sagittarii	var.	41 15.9	3.773	− 27 47 34	1.66	**S. Fd. K. 344**		
5640		Sagittarius	6.2	41 43.0	3.620	− 22 26 27	1.60	Cordob. 24143	− 22.4423	
5641		Draco	6.0	17 41 53.9	+ 1.249	+ 53 50 37	− 1.58	Camb. U. S. 5335	+ 53.1978	
5642		Serpens	6.1	41 54.6	3.420	− 14 41 17	1.58	Cordob. 24154	− 14.4770	
5643		Sagittarius	6.2	42 12.6	3.749	− 26 56 22	1.56	Cordob. 24156		
5644*	v^1	Arae	5.8	42 20.2	4.878	− 53 34 44	1.54	Cordob. 24147		h 4978
5645*	86 μ	Herculis	3.6	e 42 32.7	2.346	+ 27 46 44	2.27	**Fd. K. 246**	+ 27.2888	Σ2220; A.C.7
5646		Pavo	5.7	42 35.8	5.394	− 60 7 56	1.52	Cordob. 24148		
5647		Scorpius	4.7	42 40.7	3.896	− 31 40 8	1.51	Cordob. 24169		
5648*		Hercules	5.8	e 42 43.2	2.646	+ 17 44 1	1.51	Berl. A. 6436	+ 17.3334	Σ 2215
5649	62 γ	Ophiuchi	4.1	e 42 52.6	3.005	+ 2 44 41	1.55	**Fd. K. 247**	+ 2.3403	
5650	G	Scorpii	3.3	17 43 3.0	+ 4.080	− 37 0 41	− 1.46	**S. Fd. K. 345**		

Nr. 5616. Σ 2194, Begl. 8.5m; d = 16″, p = 9°.

Nr. 5632. Σ 2202, Begl. 6.7m; d = 20″.5, p = 94°.

Nr. 5636. h 4975, Begl. 9.5m; d und p unbestimmt variabel.

Nr. 5638. Cum. Weit zerstreuter Sternhaufen; in demselben ein Doppelstern (Σ 2212).

Nr. 5639. Var. Max. 4m, Min. 6m; P = 7d.0.

Nr. 5644. h 4978, Begl. 9.9m; d = 12″, p = 270°.

Nr, 5645. Σ 2220, Begl. 8; d = 31″.5, p = 245° (Begl. dpl. A. C. 7, 9m u. 10m; d = 0″.5). Siehe Tabelle „Bahnen von Doppelsternen“ Nr. 14.

Nr. 5648. Σ 2215, Begl. 7.9; d = 0″.9, p = 295°.

Kat. Nr.	Bezeichnung des Sternes	Gr.	Mittl. A. R. für 1900.0	Jährl. Veränd.	Mittl. Dekl. für 1900.0	Jährl. Veränd.	Nachweis	B. D.	Bemerkungen
			h m s	s	° ′ ″	″		°	
5651	ι^2 Scorpii	4.8	17 43 11.5	+ 4.193	− 40 3 29	− 1.47	Cordob. 24182		
5652	Ophiuchus	6.5	43 21.6	2.983	+ 3 50 18	1.46	Alb. 5932	+ 3.3493	
5653	Apus	6.3*	43 31.8	+ 8.483	− 76 9 18	1.44	Cordob. 24135		h 4974
5654*	31 ψ^1 Draconis	4.9	e 43 42.8	− 1.081	+ 72 11 53	1.69	**Fd. K. 484**	+ 72.804	} Σ 2241
5655*	ψ^2 Draconis	6.0	e 43 44.8	− 1.083	+ 72 12 23	1.70	Greenw. (01) 3128	+ 72.805	
5656	Hercules	5.9	44 7.3	+ 2.572	+ 20 35 54	1.39	Berl. B. 6137	+ 20.3570	
5657	Hercules	6.3	e 44 27.2	2.606	+ 19 17 14	1.36	Berl. A. 6453	+ 19.3435	
5658	Scorpius	6.5*	44 30.7	4.221	− 40 44 30	1.35	Cordob. 24218		
5659	87 Herculis	5.2	e 44 45.9	2.432	+ 25 39 23	1.33	Camb. E. 8451	+ 25.3353	
5660	Scorpius	6.3	44 46.4	3.859	− 30 31 38	1.33	Cordob. 24226		
5661	Apus	6.4	17 45 26.1	+11.974	− 81 28 26	− 1.27	Cordob. 24153		
5662	Scorpius	5.8	45 33.6	3.998	− 34 46 19	1.26	Cordob. 24240		
5663	Scorpius	5.8	45 41.0	3.985	− 34 23 24	1.25	Cordob. 24242		
5664	Ophiuchus	6.3	46 4.7	2.790	+ 11 58 32	1.22	Leipz. I. 6279	+ 12.3305	G
5665	Scorpius	6.1	46 11.5	3.976	− 34 5 21	1.21	Cordob. 24253		
5666	Scorpius	6.0	46 14.5	4.028	− 35 35 50	1.20	Cordob. 24255		
5667	Scorpius	6.5	46 15.0	4.007	− 34 59 37	1.20	Cordob. 24256		
5668	Hercules	5.7	46 30.2	2.322	+ 29 20 54	1.18	Camb. E. 8466	+ 29.3126	
5669	Hercules	6.4	e 46 35.8	2.524	+ 22 20 39	1.17	Berl. B. 6162	+ 22.3227	
5670	30 Draconis	5.4	e 46 41.2	1.436	+ 50 48 12	1.17	Camb. U. S. 5366	+ 50.2468	
5671	Scorpius	5.8	17 46 43.1	+ 4.003	− 34 52 15	− 1.16	Cordob. 24266		λ 342
5672*	Scorpius	6.1	46 39.7	3.997	− 34 42 23	1.15	Cordob. 24262		β 1123
5673	Ophiuchus	6.4	46 49.2	3.101	− 1 12 39	1.14	Cordob. 24274	− 1.3412	
5674	Scorpius	6.1	47 5.4	3.999	− 34 45 45	1.13	Cordob. 24271		
5675	Scorpius	6.0	47 14.6	3.998	− 34 43 47	1.12	Cordob. 24275		
5676	Scorpius	6.4	47 17.8	4.001	− 34 48 30	1.11	Cordob. 24276		
5677	Serpens	6.2	47 30.1	3.328	− 10 52 29	1.09	Cordob. 24291	− 10.4560	
5678	Ophiuchus	6.1	47 31.3	3.042	+ 1 19 46	1.09	Alb. 5967	+ 1.3528	G
5679	Scorpius	6.0	47 48.1	3.988	− 34 26 42	1.07	Cordob. 24293		
5680*	Y Ophiuchi	var.	48 17.0	3.216	− 6 7 9	1.11	W.-Ott. 6018	− 6.4672	
5681	Ophiuchus	5.9	17 48 22.1	+ 2.930	+ 6 7 18	− 1.02	Leipz. II. 8141	+ 6.3566	
5682	Scorpius	5.9	48 23.9	4.058	− 36 27 18	1.02	Cordob. 24301		
5683	Sagittarius	6.1	48 44.8	3.692	− 24 52 2	0.99	Cordob. 24312		
5684	Hercules	6.2	e 48 49.6	1.952	+ 40 0 13	0.98	Bonn 11495	+ 40.3228	G
5685	Ophiuchus	6.5	48 52.6	3.110	− 1 35 34	0.97	Cordob. 24319	− 1.3416	
5686	Ara	6.5*	49 10.8	5.121	− 56 52 46	0.95	Cordob. 24308		
5687	Hercules	6.5	49 14.5	1.657	+ 46 40 14	0.94	Bonn 11502	+ 46.2379	G
5688	Scorpius	5.1	49 29.7	4.377	− 44 19 30	0.92	Cordob. 24321		
5689	Scorpius	6.5	49 55.0	4.205	− 40 17 22	0.88	Cordob. 24330		
5690	Sagittarius	6.3	50 2.0	3.526	− 18 47 4	0.89	**Fd. K. s. 227**	− 18.4686	
5691*	90 f Herculis	5.2	e 17 50 2.8	+ 1.951	+ 40 1 34	− 0.87	Bonn 11516	+ 40.3233	β 130 G
5692	Sagittarius	5.7	50 22.9	3.784	− 28 2 57	0.84	Cordob. 24344		
5693	Serpens	5.9	50 33.9	3.451	− 15 47 39	0.84	Cordob. 24357	− 15.4722	h 2814
5694	Scorpius	4.9	50 41.5	4.264	− 41 42 9	0.81	Cordob. 24348		R
5695	Scorpius	6.3	51 1.8	4.159	− 39 7 19	0.78	Cordob. 24358		
5696	Ophiuchus	5.7	51 12.7	3.057	+ 0 41 9	0.77	Nic. 4453	+ 0.3813	
5697	89 Herculis	5.7	51 23.1	2.420	+ 26 3 57	0.74	**Naut. Al.**	+ 26.3120	
5698	Ophiuchus	5.5	51 30.9	3.167	− 4 4 3	0.74	Cordob. 24382	− 4.4376	
5699	Hercules	5.9	51 38.8	2.520	+ 22 28 45	0.73	Berl. B. 6202	+ 22.3237	R
5700	32 ξ Draconis	4.0	e 17 51 48.2	+ 1.041	+ 56 53 18	− 0.64	**Fd. K. 248**	+ 56.2033	Σ^1 2022

Nr. 5654 u. 5655 bilden zusammen Σ 2241; d=31″, p=15°.

Nr. 5655. An der Präzession ist die Eigenbewegung bereits angebracht.

Nr. 5672. β 1123, Begl. 7.3m; d=0″.5, p=220°. Von einem großen, ziemlich reichen, aber wenig gedrängten Sternhaufen von Sternen 7—12m (N. G. K. 6775) umgeben.

Nr. 5680. Var. Max. 6.2m, Min. 7.0m; P=17d.12.

Nr. 5691. β 130, Hptst. goldgelb, Begl. 9.7m blau; d=1.″7, p=122°.

Kat. Nr.	Bezeichnung des Sternes	Gr.	Mittl. A. R. für 1900.0	Jährl. Veränd.	Mittl. Dekl. für 1900.0	Jährl. Veränd.	Nachweis	B. D.	Bemerkungen
			h m s	s	° ′ ″	″		°	
5701	Ophiuchus	6.2	17 51 57.0	+ 3.071	+ 0 4 49	− 0.70	Nic. 4455	+ 0.3816	
5702	Sagittarius	5.7	52 8.0	4.074	− 36 50 54	0.69	Cordob. 24388		Δ 219
5703	Sagittarius	5.8	52 18.4	3.806	− 28 44 52	0.67	Cordob. 24395		
5704*	Sagittarius	5.0	52 39.9	3.851	− 30 14 34	0.64	Cordob. 24407		h 5003
5705	91 ϑ Herculis	4.0	52 49.3	2.054	+ 37 15 49	0.61	**Fd. K. 249**	+ 37.2982	Σ^1 2020
5706	Hercules	6.5	53 6.6	2.478	+ 24 0 19	0.60	Berl. B. 6214	+ 24.3283	
5707	64 ν Ophiuchi	*3.5*	e 53 31.2	3.300	− 9 45 40	0.66	**Fd. K. 250**	− 9.4632	
5708	Draco	6.3	53 33.6	1.093	+ 55 58 48	0.56	Hels. 9535	+ 55.1995	
5709	4 Sagittarii	4.8	e 53 41.2	3.663	− 23 48 24	0.55	Cordob. 24438		
5710	92 ξ Herculis	4.0	e 53 52.7	+ 2.330	+ 29 15 30	0.56	**Fd. K. 251**	+ 29.3156	
5711	35 Draconis	5.5	e 17 53 55.5	− 2.690	+ 76 58 34	0.29	**Fd. K. 485**	+ 76.667	
5712	Hercules	6.4	53 56.2	+ 1.719	+ 45 21 46	0.53	Bonn 11561	+ 45.2627	RG
5713	Sagittarius	6.4	54 3.1	3.566	− 20 19 54	0.52	Cordob. 24451	− 20.4940	
5714*	33 γ Draconis	2.5	54 17.0	1.391	+ 51 30 2	0.53	**Fd. K. 252**	+ 51.2282	$\Sigma^1$2032; β 633
5715	Ophiuchus	6.1	54 18.1	3.184	− 4 48 39	0.50	Cordob. 24460	− 4.4384	[G
5716	94 ν Herculis	4.7	54 40.6	2.295	+ 30 11 52	0.47	Leid. 6443	+ 30.3093	
5717	Sagittarius	6.3	55 2.7	4.058	− 36 22 24	0.43	Cordob. 24469		
5718	Ophiuchus	6.5	55 9.6	3.058	+ 0 38 5	0.42	Nic. 4468	+ 0.3832	
5719	57 ζ Serpentis	*4.5*	e 55 11.7	3.159	− 3 41 0	0.42	Cordob. 24486	− 3.4217	
5720	Hercules	6.3	55 13.0	2.091	+ 36 17 49	0.42	Lund 7421	+ 36.2986	
5721	66 Ophiuchi	4.9	17 55 18.6	+ 2.971	+ 4 22 27	− 0.41	Alb. 6023	+ 4.3570	
5722	6 Sagittarii	6.5	55 34.4	3.484	− 17 9 10	0.39	Cordob. 24492	− 17.4987	
5723	93 Herculis	4.7	55 36.4	2.670	+ 16 45 23	0.38	Berl. A. 6538	+ 16.3335	G
5724*	67 Ophiuchi	4.2	55 38.3	+ 3.006	+ 2 56 11	0.39	**Fd. K. 253**	+ 2.3458	O$\Sigma^2$162; β634
5725	Draco	6.3	55 48.6	− 3.395	+ 78 19 24	0.37	Kas. 3001	+ 78.616	G
5726	Sagittarius	5.7	55 50.9	+ 3.633	− 22 46 39	0.36	Cordob. 24498	− 22.4503	β 283
5727	Hercules	6.6	56 0.8	1.713	+ 45 28 53	0.35	Bonn 11587	+ 45.2635	
5728	χ Octantis	5.2	e 56 4.6	35.732	− 87 39 51	0.47	**S. P. C. „S.“**		
5729	Hercules	6.4	e 56 26.5	2.712	+ 15 6 1	0.31	Berl. A. 6548	+ 15.3327	
5730*	68 Ophiuchi	4.6	56 40.8	3.042	+ 1 18 27	0.29	Alb. 6038	+ 1.3560	β 1125
5731	7 Sagittarii	5.5	17 56 43.4	+ 3.674	− 24 16 53	− 0.29	Cordob. 24526		
5732	34 ψ² Draconis	5.7	56 55.1	1.045	+ 72 0 53	0.27	II. Ten. Y.C. 4472	+ 72.818	
5733	Hercules	6.2	56 56.5	2.197	+ 33 13 3	0.27	Leid. 6454	+ 33.3006	
5734	Hercules	5.8	57 5.0	1.712	+ 45 30 22	0.26	Bonn 11606	+ 45.2638	G
5735*	95 Herculis	4.5	57 15.4	2.544	+ 21 35 43	0.24	Berl. B. 6253	+ 21.3280	Σ 2264
5736	Apus	5.6	e 57 16.2	8.384	− 75 53 37	0.51	**S. Fd. K. 346**		
5737*	69 τ Ophiuchi	*5.1*	57 38.1	3.265	− 8 10 49	0.21	W.-Ott. 6074	− 8.4549	Σ 2262 med.
5738	9 Sagittarii	6.0	57 44.5	3.676	− 24 21 46	0.20	Cordob. 24550		h 5010
5739	Hercules	6.4	57 56.1	2.194	+ 33 18 40	0.18	Leid. 6458	+ 33.3009	
5740	Sagittarius	5.8	58 6.5	4.040	− 35 54 13	0.17	Cordob. 24557		
5741	96 Herculis	5.6	17 58 6.6	+ 2.564	+ 20 49 59	− 0.17	Berl. B. 6270	+ 20.3649	
5742	97 Herculis	6.5	58 19.3	2.508	+ 22 55 20	0.15	Berl. B. 6272	+ 22.3260	
5743*	*W* Sagittarii	var.	58 37.8	3.831	− 29 35 3	0.12	Cordob. 24577		
5744	ϑ Arae	3.8	58 50.8	4.671	− 50 5 52	0.10	Cordob. 24574		
5745	π Pavonis	4.4	e 58 57.2	5.774	− 63 40 22	0.31	**S. Fd. K. 347**		
5746	10 γ Sagittarii	3.1	e 59 23.0	3.852	− 30 25 33	0.26	**Fd. K. 601**		
5747	Ophiuchus	6.4	59 34.5	3.028	+ 1 54 50	0.04	Alb. 6066	+ 1.3578	
5748*	Corona austr.	5.0	59 36.0	4.338	− 43 25 44	0.04	Cordob. 24598		h 5014
5749	Sagittarius	5.8	59 38.1	4.044	− 36 1 39	0.03	Cordob. 24601		
5750*	Apus	6.0	17 59 52.2	+ 7.638	− 73 40 48	− 0.01	Cape (90) 2212		

Nr. 5704. h 5003, Begl. 7.0m blau; d = 6″, p = 105°.

Nr. 5714. γ Draconis = ***Etamin.***

Nr. 5724. OΣ^2 162, Begl. 8.3m; d = 54″.5, p = 144°.

Nr. 5730. β 1125, Begl. 9.9m; d = 1″, p = 15°.

Nr. 5735. Σ 2264, Begl. 5.7m rötlich; d = 6″, p = 262°.

Nr. 5737. Σ 2262, Begl. 6.0m; d = 1″.3, p = 260° (00). Siehe Tabelle „Bahnen von Doppelsternen“ Nr. 39.

Nr. 5743. Var. Max. 4.8m, Min. 5.8m; P = 7d.6.

Nr. 5748. h 5014, Begl. 6.0m; d = 1″.5, p = 240° (vgl. M. Notices 58.4N).

Nr. 5750. Begl. 9.1m; d = 2″.5, p = 230°.

Kat. Nr.	Bezeichnung des Sternes	Gr.	Mittl. A. R. für 1900.0	Jährl. Veränd.	Mittl. Dekl. für 1900.0	Jährl. Veränd.	Nachweis	B. D.	Bemerkungen
			h m s	s	° ′ ″	″		°	
5751	Octans	6.5	18 0 16.0	+16.760	− 84 25 17	+ 0.02	Cape (90) 2207		
5752*	70 *p* Ophiuchi	4.2	e 0 23.8	3.029	+ 2 31 21	1.09	**C. d. T.**	+ 2.3482	Σ 2272
5753*	Hercules	6.4	0 32.2	1.564	+ 48 27 34	0.05	Bonn 11661	+ 48.2627	Σ 2277
5754	Serpens	5.8	0 40.5	3.268	− 8 19 54	0.06	W.-Ott. 6092	− 8.9558	
5755	Serpens	6.0	0 55.5	3.183	− 4 45 31	0.08	Cordob. 24636	− 4.4395	
5756	Ophiuchus	6.4	0 59.1	3.083	− 0 27 15	0.09	Cordob. 24639	− 0.3414	
5757	Pavo	6.5*	1 8.0	5.302	− 59 3 12	0.10	Cordob. 24624		
5758	ι Pavonis	5.4	e 1 8.6	5.589	− 62 1 25	0.10	Cordob. 24618		
5759	Sagittarius	6.2	1 11.5	3.596	− 21 27 15	0.10	Cordob. 24638	− 21.4855	
5760	Hercules	6.3	1 15.7	2.543	+ 21 38 17	0.11	Berl. B. 6292	+ 21.3300	
5761	Sagittarius	4.7	18 1 44.9	+ 3.797	− 28 28 4	+ 0.15	Cordob. 24649		R
5762	98 Herculis	5.3	1 49.3	2.527	+ 22 12 33	0.16	Berl. B. 6298	+ 22.3273	G
5763	Sagittarius	5.7	2 0.6	3.485	− 17 10 5	0.18	Cordob. 24660	− 17.5028	
5764	Hercules	6.0	2 6.4	2.230	+ 32 13 18	0.19	Leid. 6486	+ 32.3047	
5765	71 Ophiuchi	4.8	2 31.5	2.868	+ 8 43 16	0.22	Leipz. II. 8298	+ 8.3582	
5766	Sagittarius	6.5	2 35.8	4.069	− 36 41 12	0.23	Cordob. 24677		
5767	72 Ophiuchi	4.0	e 2 36.5	2.842	+ 9 32 58	0.32	**Fd. K. 254**	+ 9.3564	OΣ342;h5493
5768	Sagittarius	6.3	2 43.0	3.710	− 25 29 14	0.24	Cordob. 24685		
5769*	99 *b* Herculis	5.3	e 3 13.9	2.284	+ 30 32 50	0.28	Leid. 6496	+ 30.3128	A. C. 15
5770	103 *o* Herculis	4.1	3 38.5	2.338	+ 28 44 55	0.32	**Fd. K. 255**	+ 28.2925	
5771*	Sagittarius	5.4	18 3 38.9	+ 3.868	− 30 44 40	+ 0.32	Cordob. 24708		β 245
5772*	100 Herculis	5.4	3 47.7	2.418	+ 26 5 10	0.33	Camb. 8675	+ 26.3178	Σ 2280
5773	ε Telescopii	4.5	e 3 48.3	4.451	− 45 58 18	0.30	**S. Fd. K. 349**		R
5774	Corona bor.	5.8	4 0.3	4.249	− 41 22 34	0.35	Cordob. 24713		
5775	Serpens	6.5	4 2.8	3.404	− 13 57 4	0.35	Cordob. 24721	− 13.4863	
5776	Sagittarius	6.2	4 18.6	3.968	− 33 49 6	0.38	Cordob. 24723		
5777	Hercules	5.3	4 28.1	1.807	+ 43 26 58	0.39	Bonn 11718	+ 43.2892	
5778	102 Herculis	4.6	4 28.9	2.565	+ 20 47 54	0.39	Berl. B. 6318	+ 20.3674	
5779	Draco	6.4	4 30.1	+ 1.434	+ 50 48 21	0.39	Camb. U. S. 5465	+ 50.2525	
5780	23 δ Ursae min.	4.7	e 4 32.8	−19.485	+ 86 36 48	0.44	**Fd. K. 256**	+ 86.269	Σ1 2112
5781	101 Herculis	5.4	18 4 34.2	+ 2.585	+ 20 1 46	+ 0.40	Berl. B. 6319	+ 20.2675	
5782	[illegible] Hercules	5.7	4 34.2	2.088	+ 36 23 30	0.40	Lund 7503	+ 36.3027	
5783*	73 Ophiuchi	5.9	4 35.5	2.980	+ 3 58 35	0.40	Alb. 6116	+ 3.3610	Σ 2281
5784	Ophiuchus	5.9	e 4 53.8	3.000	+ 3 6 30	0.44	Alb. 6121	+ 3.3613	β 637
5785*	Sagittarius	6.3	5 19.2	3.555	− 19 51 40	0.47	Cordob. 24747	− 19.4886	β 132
5786	Hercules	6.4	5 20.6	2.287	+ 30 26 49	0.47	Leid. 6513	+ 30.3138	
5787	Sagittarius	6.4	5 36.8	3.811	− 28 55 20	0.49	Cordob. 24751		
5788	Sagittarius	5.2	e 5 37.2	3.659	− 23 43 18	0.49	Cordob. 24755		h 5030 R
5788a	Ophiuchus	5.6	5 40.5	2.996	+ 3 18 17	0.50	Radcliffe(00)1374	+ 3.3620	G
5789	Hercules	6.3	5 40.8	2.678	+ 16 27 28	0.50	Berl. A. 6630	+ 16.3390	Σ 2289
5790	Serpens	6.5	6 7.4	3.194	− 5 13 34	0.53	Cordob. 24770	− 5.4586	
5791	Corona austr.	5.3	18 6 8.0	+ 4.249	− 41 21 34	+ 0.54	Cordob. 24763		
5792	Pavo	5.6	6 11.2	5.704	− 63 4 51	0.54	Cordob. 24745		h 5024 R
5793	Hercules	6.5	6 19.3	2.012	+ 38 27 14	0.55	Lund 7524	+ 38.3095	
5794	Hercules	5.8	6 30.2	2.086	+ 36 26 46	0.57	Lund 7525	+ 36.3039	
5795	Pavo	6.5*	7 19.3	+ 6.424	− 68 15 34	0.64	Cordob. 24767		
5796	40 Draconis	6.3	e 7 31.6	− 4.495	+ 79 59 17	0.66	Greenw. (02) 2779	+ 79.570	} Σ 2308
5797	41 Draconis	6.0	e 7 37.8	− 4.497	+ 79 59 29	0.66	Greenw. (02) 2780	+ 79.571	}
5798*	13 μ Sagittarii	4.0	7 47.0	+ 3.586	− 21 5 7	0.68	**Fd. K. 602**	− 21.4908	h 2822, 5035;
5799	24 Ursae min.	6.1	e 7 47.5	−22.368	+ 86 59 38	0.68	Greenw. (00) 3143	+ 86.272	[β 292 G
5800	Serpens	6.5	18 7 53.0	+ 3.166	− 4 2 17	+ 0.69	Cordob. 24815	− 4.4415	

Nr. 5752. Σ 2272, Begl. 6.1m rosa (00.6); d = 1″.6, p = 247°. Siehe Tabelle „Bahnen von Doppelsternen“ Nr. 27.

Nr. 5753. Σ 2277, Begl. 8.2m; d = 28″, p = 118°.

Nr. 5769. A. C. 15, Begl. 11m. Siehe Tabelle „Bahnen von Doppelsternen“ Nr. 22.

Nr. 5771. β 245, Begl. 7.9m; d = 4″.5, p = 353°.

Nr. 5772. Σ 2280, Begl. 5.9m; d = 14″, p = 183°.

Nr. 5783. Σ 2281, Begl. 7.2m; d = 0″.4, p = 230°.

Nr. 5785. β 132, Begl. 7.5m; d = 1″, p = 220° (1900). p nimmt pro Jahr etwa um 1° ab.

Nr. 5798. h 4822, Begl. 10.4m; d = 17″, p = 258°.

Kat. Nr.	Bezeichnung des Sternes	Gr.	Mittl. A. R. für 1900.0	Jährl. Veränd.	Mittl. Dekl. für 1900.0	Jährl. Veränd.	Nachweis	B. D.	Bemerkungen
			h m s	s	° ′ ″	″		°	
5801	Hercules	6.2	18 8 5.7	+ 2.191	+ 33 25 20	+ 0.71	Leid. 6544	+ 33.3044	
5802	104 *A* Herculis	5.1	8 8.4	2.258	+ 31 22 48	0.71	Leid. 6545	+ 31.3199	O
5803	Sagittarius	5.6	8 15.4	3.606	− 21 44 23	0.72	Cordob. 24817	− 21.4916	G
5804	Draco	6.2	e 8 28.2	1.217	+ 54 15 16	0.74	Camb. U. S. 5486	+ 54.1950	
5805	Corona austr.	5.6	8 35.4	4.373	− 44 14 11	0.75	Cordob. 24818		
5806	Telescopium	5.5	e 8 42.0	5.049	− 56 3 16	0.74	**S. Fd. K. 351**		
5807	Ophiuchus	6.5	8 50.4	3.018	+ 2 21 58	0.77	Alb. 6154	+ 2.3537	G
5808	Hercules	6.2	9 2.2	2.537	+ 21 51 5	0.79	Berl. B. 6356	+ 21.3347	G
5809	Octans	5.8*	9 9.2	8.089	− 75 5 11	0.80	Cordob. 24805		
5810	15 Sagittarii	5.3	9 14.9	3.578	− 20 45 28	0.81	Cordob. 24850	− 20.5054	R
5811	Sagittarius	5.9	18 9 15.9	+ 3.568	− 20 25 3	+ 0.81	Cordob. 24854	− 20.5055	β 286
5812	Lyra	6.5	9 32.0	1.907	+ 41 7 18	0.84	Bonn 11795	+ 41.3011	
5813	Sagittarius	6.1	9 38.2	3.524	− 18 41 31	0.84	Cordob. 24860	− 18.4864	
5814	Lyra	6.3	9 44.7	2.001	+ 38 44 44	0.85	Lund 7562	+ 48.3113	
5815	Draco	(6.3)	9 54.9	0.723	+ 60 23 1	0.87	Hels. 9687	+ 60.1813	
5816	Pavo	6.4*	e 9 59.9	5.800	− 63 54 46	0.88	Cordob. 24848		I. 249
5817	Octans	5.5	10 9.2	8.088	− 75 5 9	0.89	Cordob. 24821		
5818	Serpens	6.3	10 42.0	3.158	− 3 39 1	0.94	Cordob. 24896	− 3.4259	
5819*	*η* Sagittarii	3.4	e 10 51.6	4.058	− 36 47 30	0.79	**S. Fd. K. 352**		β 760 R
5820	Sagittarius	6.3	e 11 3.3	3.792	− 28 19 5	0.97	Cordob. 24897		
5821	Sagittarius	6.0	17 11 3.7	+ 3.804	− 28 41 10	+ 0.97	Cordob. 24898		
5822	Ophiuchus	6.2	11 3.8	3.018	+ 2 20 42	0.97	Alb. 6167	+ 2.3547	RG
5823	Octans	5.9	11 18.4	10.870	− 80 16 48	0.99	Cordob. 24819		
5824	Sagittarius	5.9	11 22.5	3.491	− 17 24 28	1.00	Cordob. 24909	− 17.5112	
5825	Sagittarius	6.4	11 36.6	3.519	− 18 29 55	1.02	Cordob. 24916	− 18.4886	
5826	Serpens	6.1	e 11 38.6	3.143	− 3 1 58	1.02	Cordob. 24924	− 3.4263	
5827	Sagittarius	4.7	11 47.7	3.756	− 27 4 44	1.03	Cordob. 24919		R
5828	Serpens	6.3	11 53.7	3.303	− 9 47 33	1.04	W.-Ott. 6136	− 9.4678	
5829	Sagittarius	6.4	12 30.4	3.713	− 25 38 30	1.09	Cordob. 24937		
5830	Lyra	5.8	e 12 31.9	1.858	+ 42 7 31	1.10	**Fd. K. 486**	+ 42.3035	
5831	Hercules	6.4	18 12 40.4	+ 1.730	+ 45 10 43	+ 1.11	Bonn 11837	+ 45.2684	
5832*	Sagittarius	6.4	12 50.9	3.523	− 18 39 29	1.12	Cordob. 24942	− 18.4896	β 639
5833	36 Draconis	5.2	e 13 19.2	0.344	+ 64 21 47	1.18	**Fd. K. 487**	+ 64.1252	
5834	Hercules	6.5	13 28.3	2.746	+ 13 44 19	1.18	Leipz. I. 6531	+ 13.3593	
5835	Hercules	6.5	13 44.0	2.637	+ 18 5 34	1.20	Berl. A. 6712	+ 18.3623	
5836	Lyra	6.3	e 13 56.9	1.917	+ 40 53 48	1.22	Bonn 11849	+ 40.3332	
5837	Hercules	6.5	13 57.6	2.499	+ 23 15 30	1.22	Berl. B. 6398	+ 23.3299	G
5838*	*ξ* Pavonis	4.2	e 14 0.6	5.529	− 61 32 21	1.24	**S. Fd. K. 353**		R
5839	Corona austr.	6.5	14 5.6	4.099	− 37 31 47	1.23	Cordob. 24976		
5840	Ophiuchus	5.5	14 19.5	2.904	+ 7 13 8	1.25	Leipz. II. 8415	+ 7.3629	h 5494
5840a	Serpens	5.7	14 22.1	3.452	− 15 52 20	1.26	Cordob. 24986	− 15.4927	
5841	19 *δ* Sagittarii	2.9	18 14 35.5	+ 3.840	− 29 52 14	+ 1.24	**S. Fd. K. 354**		R
5842*	Serpens	6.5	14 38.8	3.261	− 8 1 24	1.28	W.-Ott. 6154	− 8.4585	Σ 2303
5843	105 Herculis	5.4	15 3.8	2.467	+ 24 24 15	1.32	Berl. B. 6406	+ 24.3381	
5844	Sagittarius	6.4	15 22.0	3.694	− 24 57 36	1.34	Cordob. 25007		
5845	Corona austr.	6.1	15 25.1	4.142	− 38 42 6	1.35	Cordob. 25003		
5846*	*Y* Sagittarii	var.	15 30.1	3.529	− 18 54 16	1.35	Cordob. 25012		
5847	Sagittarius	6.1	15 40.4	+ 3.796	− 28 28 32	1.37	Cordob. 25013		
5848	37 Draconis	6.2	e 15 51.9	− 0.351	+ 68 43 12	1.39	Christ. 2827	+ 68.984	
5849	74 Ophiuchi	4.8	15 52.5	+ 2.995	+ 3 19 56	1.39	Alb. 6199	+ 3.3680	h 5495
5850	Hercules	6.2	18 16 0.5	+ 2.314	+ 29 37 22	+ 1.40	Camb. E. 8823	+ 29.3236	G

Nr. 5819. β 760, Begl. 10.3m; d = 3″.7, p = 100°.

Nr. 5832. β 639, Begl. 8.3m; d = 0″.5 (zirka), p = 140°. Mehrere Sterne sind dicht in der Nähe. 9.0m; d = 17″, p = 52°. Heiß bezeichnet diese Gruppe mit „cum.".

Nr. 5838. Begl. 10m; d = 3″, p = 150°.

Nr. 5842. Σ 2303, Begl. 9.6m; d = 3″, p = 225°.

Nr. 5846. Var. Max. 5.8m, Min. 6.6m; P = 5d.8.

Kat. Nr.	Bezeichnung des Sternes	Gr.	Mittl. A. R. für 1900.0	Jährl. Veränd.	Mittl. Dekl. für 1900.0	Jährl. Veränd.	Nachweis	B. D.	Bemerkungen
			h m s	s	° ′ ″	″		°	
5851	Pavo	6.4*	18 16 2.6	+ 5.698	− 63 4 6	+ 1.40	Cordob. 25002		
5852	106 Herculis	5.1	e 16 4.1	2.536	+ 21 55 8	1.41	Berl. B. 6416	+ 21.3390	
5853	Sagittarius	5.4	16 6.6	4.067	− 36 42 57	1.41	Cordob. 25020		
5854	58 η Serpentis	*3.6*	e 16 8.0	3.101	− 2 55 29	0.74	**Fd. K. 257**	− 2.4599	Hh 564
5855	1 $\varkappa$ Lyrae	4.5	e 16 21.4	2.103	+ 36 1 10	1.43	Lund 7614	+ 36.3094	
5856	Ophiuchus	6.3	16 33.7	2.947	+ 5 23 24	1.45	Leipz. II. 8434	+ 5.3704	
5857	Sagittarius	5.6	16 43.8	4.053	− 36 17 12	1.46	Cordob. 25037		
5858	Corona austr.	5.3	17 1.7	4.367	− 44 9 34	1.49	Cordob. 25040		
5859	108 Herculis	5.8	e 17 6.0	2.309	+ 29 48 38	1.50	Camb. E. 8833	+ 29.3241	
5860	107 t Herculis	5.4	e 17 7.1	2.339	+ 28 49 19	1.50	Camb. E. 8834	+ 28.2981	
5861	Scutum	6.3	18 17 30.5	+ 3.314	− 10 16 3	+ 1.53	Cordob. 25067	− 10.4673	
5862	20 ε Sagittarii	1.9	e 17 32.1	3.982	− 34 25 55	1.40	**S. Fd. K. 355**		
5863	Draco	6.5	17 35.6	1.409	+ 51 18 15	1.54	Camb. U.S. 5561	+ 51.2357	G
5864	Scutum	5.8	17 41.5	3.358	− 12 3 48	1.54	Cordob. 25069	− 12.5024	
5865	Ophiuchus	6.2	17 56.2	2.790	+ 11 58 48	1.57	Leipz. I. 6573	+ 11.3442	
5866	Hercules	5.6	e 17 58.5	2.501	+ 23 14 2	1.57	Berl. B. 6433	− 23.3316	RG
5867	ζ Scuti	*5.1*	18 10.8	3.283	− 8 59 11	1.59	W.-Ott. 6167	− 9.4712	
5868	Hercules	5.2	e 18 23.8	2.646	+ 17 46 33	1.61	Berl. A. 6756	+ 17.3555	G
5869	Hercules	6.4	18 35.5	2.675	+ 16 38 17	1.62	Berl. A. 6758	+ 16.3478	G
5870	Sagittarius	5.6	18 35.8	3.868	− 30 48 27	1.63	Cordob. 25086		
5871	Sagittarius	6.3	18 18 38.0	+ 4.043	− 36 2 44	+ 1.63	Cordob. 25084		
5872	Serpens	6.4	18 48.0	3.158	− 3 38 0	1.64	Cordob. 25100	− 3.4277	
5873	Draco	5.2	18 59.2	1.537	+ 49 4 13	1.66	Bonn 11919	+ 49.2782	G
5874	Scutum	6.5	19 17.2	3.239	− 7 7 43	1.68	W.-Ott. 6176	− 7.4598	
5875	Sagittarius	6.3	19 17.7	3.971	− 34 0 0	1.69	Cordob. 25104		
5876	Telescopium	5.4	19 18.2	4.561	− 48 10 17	1.69	Cordob. 25095		R
5877*	21 Sagittarii	5.0	19 23.6	3.573	− 20 36 2	1.70	Cordob. 25108	− 20.5134	A. C. 10 G
5878	109 Herculis	4.1	e 19 26.2	2.555	+ 21 43 26	1.44	**Fd. K. 258**	+ 21.3411	
5879	α Telescopii	3.6	e 19 33.5	4.449	− 46 1 24	1.65	**S. Fd. K. 356**		
5880*	Serpens	6.1	19 46.0	3.111	− 1 38 0	1.73	Cordob. 25118	− 1.3486	A. C. 11
5881	Pavo	5.8	e 18 20 5.0	+ 7.723	− 74 1 39	− 1.64	**S. Fd. K. 357**		
5882	Ophiuchus	5.7	20 50.1	2.886	+ 7 58 32	1.82	Leipz. II. 8483	+ 7.3682	$O\Sigma$ 348
5883	2 μ Lyrae	5.4	20 56.2	1.977	+ 39 27 10	1.83	Lund 7658	+ 39.3410	
5884	Hercules	6.4	21 0.0	2.384	+ 27 20 22	1.83	Camb. E. 8880	+ 27.3016	Σ 2315
5885	ζ Telescopii	4.0	21 7.5	4.610	− 49 7 22	1.85	Cordob. 25140		R
5886	Pavo	5.8	21 19.6	5.170	− 57 35 4	1.84	Cordob. 25137		R
5887	Hercules	6.5	21 23.4	2.718	+ 14 54 33	1.87	Leipz. I. 6612	+ 14.3533	
5888	Sagittarius	5.8	21 25.9	3.838	− 29 52 38	1.87	Cordob. 25157		
5889*	Sagittarius	6.2	21 29.7	3.742	− 26 41 37	1.88	Cordob. 25160		β 133
5890	Corona austr.	5.6	21 32.2	4.153	− 39 3 16	1.88	Cordob. 25155		
5891	Octans	6.3	18 21 42.3	+12.406	− 81 53 7	+ 1.90	Cordob. 25077		
5892	22 λ Sagittarii	2.9	e 21 47.9	3.701	− 25 28 37	1.72	**S. Fd. K. 358**		R
5893	Sagitarius	6.3	21 51.8	3.745	− 26 49 0	1.91	Cordob. 25072		
5894	ν Pavonis	4.8	22 2.1	5.612	− 62 20 29	1.93	Cordob. 25153		
5895*	59 d Serpentis	var.	22 5.5	3.070	+ 0 8 12	1.93	Nic. 4583	+ 0.3936	Σ 2316
5896	Sagittarius	6.0	22 6.4	3.502	− 17 51 39	1.93	Cordob. 25182	− 17.5203	
5897	Lyra	5.9	22 7.3	+ 2.312	+ 29 46 17	1.93	Camb. E. 8903	+ 29.3259	
5898*	43 φ Draconis	4.5	22 11.6	− 0.855	+ 71 17 4	1.96	**Fd. K. 489**	+ 71.889	$O\Sigma$ 353
5899	Corona austr.	6.5	22 12.4	+ 4.147	− 38 54 48	1.95	Cordob. 25181		
5900	τ Telescopii	6.5*	18 22 24.7	+ 4.514	− 47 17 1	+ 1.96	Cordob. 25179		

Nr. 5877. Jakob (10), Begl. 8.5m; d=9″, p=290°.

Nr. 5880. Alv. Clark. 11, Begl. 7.3m; d=0″.3, p=175°.

Nr. 5889. β 133, Begl. 7.7m; d=2″, p=260°.

Nr. 5895. Σ 2316, Begl. 7.8m blau; d=4″, p=314°. Var. Max. 5.0m, Min. 5.7m; P=8d.7 (Potsd. Ph. D. 5.3m).

Nr. 5898. $O\Sigma$ 353, Begl. 6.7m; d=0″.4, p=50°.

Kat. Nr.	Bezeichnung des Sternes	Gr.	Mittl. A. R. für 1900.0	Jährl. Veränd.	Mittl. Dekl. für 1900.0	Jährl. Veränd.	Nachweis	B. D.	Bemerkungen
			h m s	s	° ′ ″	″		°	
5901*	39 *b* Draconis	5.2	e 18 22 27.0	+ 0.876	+ 58 44 33	+ 2.01	**Fd. K. 488**	+ 58.1809	Σ 2323
5902*	Ophiuchus	cum.	22 40.—	3.00	+ 6 3 —	2.00	N. G. K. 6633		
5903	Sagittarius	6.5	22 43.4	+ 3.740	− 26 38 41	1.99	Cordob. 25197		
5904	44 χ Draconis	3.8	e 22 51.5	− 1.082	+ 72 41 22	1.62	**Fd. K. 259**	+ 72.839	Σ^1 2106
5905	Ophiuchus	6.2	22 51.6	+ 2.987	+ 3 41 15	2.00	Alb. 6238	+ 3.3716	RG
5906	Ophiuchus	6.0	23 5.8	2.930	+ 6 7 59	2.02	Leipz. II. 8530	+ 6.3790	
5907	Sagittarius	6.2	23 11.8	3.702	− 25 19 13	2.03	Cordob. 25217		
5908	2 Hev. Scuti	4.7	23 29.9	3.420	− 14 37 46	2.06	**Fd. K. s. 232**	− 14.5071	
5909	Corona austr.	6.3*	23 56.4	4.269	− 41 58 46	2.09	Cordob. 25233		
5910	Scutum	6.0	e 24 4.6	3.421	− 14 38 52	2.10	Cordob. 25251	− 14.5077	
5911	Sagittarius	5.7	18 24 19.1	+ 3.526	− 18 47 32	+ 2.12	Cordob. 25257	− 18.4982	
5912	δ^1 Telescopii	4.8	24 21.1	4.449	− 45 58 55	2.13	Cordob. 25243		
5913	60 *c* Serpentis	*5.6*	24 28.7	3.120	− 2 3 0	2.14	Cordob. 25266	− 2.4641	R
5914	Sagittarius	5.4	24 31.3	3.937	− 33 3 17	2.14	Cordob. 25259		β 1128
5915	δ^2 Telescopii	5.0	24 38.2	4.440	− 45 49 33	2.15	Cordob. 25255		
5916	Corona austr.	5.7	24 43.0	4.337	− 43 34 32	2.16	Cordob. 25262		
5917	Scutum	6.4	24 53.4	3.207	− 5 47 26	2.17	Cordob. 25273	− 5.4675	
5918	Corona austr.	5.4	25 23.6	4.180	− 39 46 21	2.22	Cordob. 25274		
5919	Hercules	6.2	25 26.9	2.487	+ 23 47 58	2.22	Berl. B. 6494	+ 23.3347	
5920	Sagittarius	5.0	25 34.8	3.516	− 18 28 15	2.23	Cordob. 25285	− 18.4988	
5921	42 Draconis	4.9	e 18 25 41.6	+ 0.158	+ 65 30 6	+ 2.24	Christ. 2848	+ 65.1271	G
5922*	Scutum	5.8	25 53.0	3.328	− 10 51 52	2.26	Cordob. 25295	− 10.4713	Σ 2325
5923	Corona austr.	6.2	26 1.8	4.186	− 39 57 37	2.27	Cordob. 25291		
5924	Draco	6.5	26 19.4	0.820	+ 59 28 56	2.30	Hels. 9818	− 59.1899	
5925	ϑ Coronae austr.	4.7	26 21.7	4.284	− 42 23 4	2.27	**S. Fd. K. 359**		
5926*	ϰ Coronae austr.	5.7	26 29.3	4.141	− 38 47 52	2.31	Cordob. 25306		Δ 222
5927	Hercules	5.7	26 37.6	2.670	+ 16 51 34	2.32	Berl. A. 6847	+ 16.3529	
5928	Serpens	5.8	26 47.1	3.097	− 1 4 26	2.34	Cordob. 25327	− 1.3504	σ 577
5929	Scutum	5.9	27 0.6	3.426	− 14 56 16	2.36	Cordob. 25328	− 14.5099	G
5930	Sagittarius	5.4	27 24.2	3.937	− 33 5 25	2.39	Cordob. 25330		R
5931	24 Sagittarii	5.7	18 27 47.1	+ 3.667	− 24 6 25	+ 2.42	Cordob. 25344		R
5932	Scutum	5.8	27 56.2	3.426	− 14 55 39	2.44	Cordob. 25347	− 14.5106	G
5933	25 Sagittarii	6.5	28 25.7	3.672	− 24 17 54	2.48	Cordob. 25355		
5934	Hercules	6.1	28 36.5	2.495	+ 23 32 32	2.50	Berl. B. 6528	+ 23.3363	G
5935	Lyra	5.7	29 0.5	2.292	+ 30 28 43	2.53	Leid. 6715	+ 30.3223	β 1253
5936	Scutum	5.2	29 28.9	3.334	− 11 3 18	2.57	**Fd. K. s. 233**	− 11.4681	
5937	3 Hev. α Scuti	*4.2*	e 29 45.9	3.266	− 8 18 43	2.60	W.-Ott. 6228	− 8.4638	
5938	Hercules	6.1	30 48.5	2.639	+ 18 7 24	2.69	Berl. A. 6893	+ 18.3740	
5939	45 *d* Draconis	5.0	30 51.1	1.036	+ 56 58 8	2.69	Hels. 9856	+ 56.2113	
5940	Hercules	5.8	31 20.7	2.496	+ 23 31 28	2.73	Berl. B. 6556	+ 23.3385	OΣ 359
5941	ζ Pavonis	4.0	e 18 31 21.1	+ 7.026	− 71 30 49	+ 2.56	**S. Fd. K. 360**		h 5048 R
5942*	Hercules	6.3	e 31 25.6	2.671	+ 16 53 47	2.74	Berl. A. 6898	+ 16.3560	OΣ 358
5943	Lyra	6.4	31 36.7	2.167	+ 34 22 36	2.76	Leid. 6738	+ 34.3245	
5944	Telescopium	6.3*	31 40.1	4.542	− 47 59 46	2.76	Cordob. 25411		
5945*	Draco	5.4	e 31 40.7	1.361	+ 52 16 27	2.76	Camb. U.S. 5663	+ 52.2238	Σ2348; β643 [G
5946	Ophiuchus	5.5	31 41.7	2.862	+ 9 2 39	2.77	Leipz. II. 8665	+ 9.3783	
5947	Ophiuchus	5.6	e 31 47.3	2.920	+ 6 35 37	2.77	Leipz. II. 8666	+ 6.3855	
5948	Sagittarius	5.8	e 31 55.2	3.594	− 21 28 48	2.78	Cordob. 25424	− 21.5076	
5949	Scutum	6.4	32 24.1	3.405	− 14 5 24	2.83	Cordob. 25439	− 14.5139	β 135
5950	Corona austr.	5.3	18 32 24.2	+ 4.318	− 43 16 16	+ 3.83	Cordob. 25428		

Nr. 5901. Σ 2323, 2 Begl. B, 7.7m; d=3″, p=2°. C, 7.1m; d=89″, p=22°.
Nr. 5902. Cum. Großer, grob zerstreuter Sternhaufen. N. G. R. 6633.
Nr. 5922. Σ 2325, Begl. 9m; d−12″, p−258°.
Nr. 5926. Δ 222, Begl. 6.7m; d=22″, p=359°.
Nr. 5942. OΣ 358, Begl. 7.1m; d=1″.8, p=190°.
Nr. 5945. Σ 2348, Begl. 8.1m blau; d=26″, p=270°.

Kat. Nr.	Bezeichnung des Sternes	Gr.	Mittl. A. R. für 1900.0	Jährl. Veränd.	Mittl. Dekl. für 1900.0	Jährl. Veränd.	Nachweis	B. D.	Bemerkungen
			h m s	s	° ′ ″	″		°	
5951	Sagittarius	5.8	18 32 25.8	+ 3.648	− 23 35 25	+ 2.82	**Fd. K. s. 234**		
5952	*e* Serpentis	*5.8*	32 27.6	3.081	− 0 23 37	2.83	Cordob. 25444	− 0.3521	
5953	Octans	6.4*	32 27.9	9.285	− 77 58 16	2.83	Cordob. 25386		
5954	Pavo	6.4	32 36.4	5.877	− 64 43 57	2.84	Cordob. 25418		
5955	Hercules	6.5	e 32 39.8	2.691	+ 16 6 45	2.85	Berl. A. 6910	+ 16.3563	
5956	Sagittarius	6.5	32 40.7	3.974	− 34 15 10	2.85	Cordob. 25441		
5957	Sagittarius	5.9	e 32 55.7	3.585	− 21 8 1	2.87	Cordob. 25455	− 21.5081	
5958*	Lyra	5.7	32 57.3	2.201	+ 33 23 5	2.87	Leid. 6753	+ 33.3154	Σ 2349
5959	Serpens	6.5	33 8.9	3.149	− 3 16 52	2.89	Cordob. 25462	− 3.4331	
5960	Serpens	6.5	33 9.3	3.100	− 1 11 58	2.89	Cordob. 25463	− 1.3529	
5961*	3 α Lyrae	0.4	e 18 33 33.2	+ 2.031	+ 38 41 26	+ 3.22	**Fd. K. 260**	+ 38.3238	Σ1 2123
5962	Lyra	6.4	33 41.8	1.834	+ 43 8 13	2.94	Bonn 12148	+ 43.3027	
5963	Pavo	5.8	33 52.4	5.863	− 64 38 37	2.95	Cordob. 25454		R
5964	Scutum	6.1	34 35.0	+ 3.256	− 7 52 48	3.01	W.-Ott. 6257	− 7.4648	Σ 2350 R
5965	Draco	5.8	e 34 35.2	− 2.865	+ 77 28 8	3.00	**Fd. K. 490**	+ 77.699	
5966	Lyra	6.2	34 48.3	+ 1.980	+ 39 34 48	3.04	Lund 7803	+ 39.3476	G
5967	Pavo	4.8	e 35 38.0	5.900	− 64 57 51	3.10	Cordob. 25500		
5968	26 Sagittarii	6.1	35 45.7	3.658	− 23 55 36	3.12	Cordob. 25526		
5969	Draco	6.3	35 54.3	0.186	+ 65 23 56	3.16	**Fd. K. 491**	+ 65.1283	
5970	Pavo	6.5*	36 5.3	5.485	− 61 11 33	3.15	Cordob. 25516		R
5971	Lyra	6.4	18 36 19.8	+ 1.932	+ 40 50 36	+ 3.17	Bonn 12179	+ 40.3446	
5972	Draco	6.0	36 39.5	0.545	+ 62 26 6	3.19	Hels. 9906	+ 62.1637	
5973	4 Hev. δ Scuti	*5.0*	36 47.9	3.285	− 9 8 54	3.21	W.-Ott. 6279	− 9.4796	Σ1 2131
5974	λ Coronae austr.	5.2	e 36 55.3	4.116	− 38 25 10	3.16	**S. Fd. K. 362**		
5975	Scutum	6.2	37 12.3	+ 3.239	− 7 10 12	3.24	W.-Ott. 6287	− 7.4670	
5976	Cepheus	6.4	e 37 22.0	− 7.830	+ 83 6 5	3.26	Greenw. (00) 3271	+ 83.536	
5977	Sagittarius	6.3	37 22.1	+ 4.059	− 36 48 54	3.26	Cordob. 25560		
5978*	Pavo	6.2	e 37 25.4	7.405	− 73 6 3	3.27	**S. Fd. K. 363**		Russell 308
5979	Draco	6.2	37 34.9	1.378	+ 52 6 6	3.27	Camb. U.S. 5688	+ 52.2263	
5980	Sagittrius	4.8	37 37.6	4.022	− 35 44 24	3.28	Cordob. 25565		
5981	Corona austr.	5.6	18 38 0.5	+ 4.170	− 39 47 10	+ 3.31	Cordob. 25572		
5982	Corona austr.	6.5	38 2.5	4.171	− 39 50 38	3.31	Cordob. 25573		
5983	5 Hev. Scuti	*5.2*	38 4.5	3.266	− 8 22 26	3.35	**Fd. K. s. 235**	− 8.4686	
5984	Telescopium	6.5*	38 6.9	4.700	− 50 58 25	3.32	Cordob. 25570		
5985	Scutum	6.3	38 27.8	3.233	− 6 54 40	3.35	W.-Ott. 6307	− 6.4859	
5986	Sagittarius	5.7	38 40.8	3.689	− 25 6 40	3.37	Cordob. 25600		
5987	ϑ Pavonis	5.9	38 48.6	5.929	− 65 10 50	3.38	Cordob. 25574		
5988	Telescopium	6.5	39 14.6	4.651	− 50 11 50	3.42	Cordob. 25604		
5989	Sagittarius	6.4	39 20.5	3.580	− 21 6 10	3.43	Cordob. 25615	− 21.5131	
5990	27 φ Sagittarii	3.3	39 24.5	3.746	− 27 5 37	3.43	Cordob. 25614		
5991	4 Aquilae	5.1	18 39 47.1	+ 3.028	+ 1 57 30	+ 3.46	Alb. 6359	+ 1.3766	
5992	Lyra	6.5	39 56.6	1.999	+ 39 12 0	3.48	Lund 7856	+ 39.3505	G
5993	Draco	6.2	40 3.8	0.527	+ 62 38 59	3.49	Hels. 9930	+ 62.1641	
5994	Lyra	6.2	40 5.8	2.100	+ 36 27 12	3.49	Lund 7858	+ 36.3246	
5995	Lyra	5.9	40 6.3	2.256	+ 31 49 47	3.49	Leid. 6822	+ 31.3348	
5996	Sagittarius	5.6	40 18.7	3.618	− 22 29 48	3.51	Cordob. 25642	− 22.4854	R
5997	Hercules	6.5	40 30.0	2.501	+ 23 29 24	3.53	Berl. B. 6635	+ 23.3439	
5998*	Serpens	6.0	40 33.5	2.948	+ 5 23 46	3.53	Leipz. II. 8794	+ 5.3941	Σ 2375
5999	46 *c* Draconis	5.3	e 40 41.9	1.163	+ 55 26 16	3.54	Hels. 9933	+ 55.2107	Hh 575
6000	μ Coronae austr.	5.3	18 40 45.2	+ 4.197	− 40 30 44	+ 3.55	Cordob. 25647		

Nr. 5958. Σ 2349, Begl. 10.7m; d = 7″.3, p = 205°.

Nr. 5961. α Lyrae = ***Wega.***

Nr. 5978. Russell 314, Begl. 8.4m; d = 1″.5, p = 260°.

Nr. 5998. Σ 2375, Begl. 6.6m; d = 2″.2, p = 114°.

Kat. Nr.	Bezeichnung des Sternes	Gr.	Mittl. A. R. für 1900.0	Jährl. Veränd.	Mittl. Dekl. für 1900.0	Jährl. Veränd.	Nachweis	B. D.	Bemerkungen
			h m s	s	° ′ ″	″		°	
6001*	4 ε Lyrae	5.0	e 18 41 1.5	+ 1.984	+ 39 33 56	+ 3.65	**Fd. K. 261**	+ 39.3509	Σ 2383
6002*	5 Lyrae	4.9	e 41 4.0	1.988	+ 39 30 29	3.65	**Fd. K. 262**	+ 39.3510	Σ 2382
6003	Scutum	5.7	41 12.3	3.310	— 10 13 52	3.59	Cordob. 25667	— 10.4797	
6004*	5 Aquilae	*6.1*	41 18.7	3.097	— 1 4 1	3.60	Cordob. 25676	— 1.3559	Σ 2379
6005*	6 ζ Lyrae	4.7	41 19.7	2.064	+ 37 30 1	3.60	Lund 7870	+37.3222/3	β968; ΣApp.
6006	Draco	6.5	41 21.3	1.278	+ 53 46 9	3.60	Camb. U.S. 5711	+ 53.2126	[I. 38
6007	110 Herculis	4.5	e 41 21.4	2.579	+ 20 27 1	3.25	**Fd. K. 263**	+ 20.3926	h 2839
6008	η^1 Coronae austr.	5.7	41 37.5	4.332	— 43 47 19	3.62	**S. Fd. K. 364**		
6009	6 Hev. β Scuti	*4.5*	41 52.1	3.182	— 4 51 17	3.63	**Fd. K. s. 236**	— 4.4582	
6010	Lyra	5.1	42 2.6	2.416	+ 26 33 18	3.66	Camb. E. 9211	— 26.3349	
6011	Telescopium	6.3*	18 42 4.1	+ 4.430	— 45 55 21	+ 3.66	Cordob. 25683		
6012*	*R* Scuti	var.	42 8.6	3.206	— 5 48 44	3.67	Cordob. 25694	— 5.4760	OG
6013	Hercules	6.3	42 18.1	2.630	+ 18 35 57	3.68	Berl. A. 7004	+ 18.3817	G
6014	η^2 Coronae austr.	5.8	42 23.4	4.322	— 43 32 39	3.69	Cordob. 25691		G
6015	111 Herculis	4.4	e 42 36.2	2.644	+ 18 4 8	3.71	Berl. A. 7009	+ 18.3823	
6016	Sagittarius	6.4	42 38.5	3.988	— 34 51 21	3.71	Cordob. 25699		
6017	Sagittarius	6.5	42 53.7	3.518	— 18 42 42	3.73	Cordob. 23711	— 18.5079	
6018	18 Draconis	6.5	42 54.3	1.211	+ 54 47 29	3.73	Camb. U.S. 5720	+ 54.2034	
6019	λ Pavonis	4.4	e 42 57.1	5.568	— 62 18 7	3.68	**S. Fd. K. 365**		h 5062
6020	Lyra	6.4	43 1.2	1.918	+ 41 20 2	3.74	Bonn 12290	+ 41.3137	
6021	Serpens	6.3	18 43 4.9	+ 2.978	+ 4 7 52	+ 3.75	Alb. 6381	+ 4.3884	G
6022*	Draco	6.2	43 7.7	0.709	+ 60 56 30	3.75	Hels. 9965	+ 60.1845	Σ 2403
6023	Scutum	6.5	43 18.1	3.213	— 6 6 59	3.77	W.-Ott. 6351	— 6.4913	Σ 2391
6024	29 Sagittarii	5.3	e 43 44.1	3.562	— 20 26 18	3.80	Cordob. 25735	— 20.5277	
6025	Hercules	6.4	44 5.7	2.505	+ 23 24 12	3.84	Berl. B. 6668	+ 23.3461	
6026	Lyra	6.3	44 11.0	+ 2.264	+ 31 38 45	3.84	Leid. 6875	+ 31.3369	
6027	Draco	6.4	44 18.3	— 0.671	+ 70 41 15	3.85	Greenw. (03) 4164	+ 70.1023	G
6028	Scutum	6.2	44 19.9	+ 3.211	— 6 1 33	3.86	W.-Ott. 6363	— 6.4922	Hh 581 OR
6029	Draco	6.2	e 44 29.1	1.340	+ 52 52 40	3.87	Camb. U.S. 5727	+ 52.2280	
6030	Aquila	6.5	44 31.6	3.056	+ 0 43 24	3.87	Nic. 4691	+ 0.4027	
6031	Hercules	6.3	e 18 44 31.6	+ 2.616	+ 19 13 0	+ 3.87	Berl. A. 7031	+ 19.3798	
6032	ϰ Telescopii	5.2	44 43.6	4.765	— 52 13 17	3.89	Cordob. 25748		R
6033	30 Sagittarii	6.2	e 44 49.8	3.604	— 22 16 35	3.87	**Fd. K. s. 237**	— 22.4881	
6034	Scutum	6.5	44 52.1	3.392	— 13 41 14	3.90	Cordob. 25770	— 13.5119	
6035	Telescopium	5.4	45 1.2	4.465	— 46 42 46	3.91	Cordob. 25758		
6036	Telescopium	6.4*	45 28.1	4.552	— 48 28 38	3.95	Cordob. 25776		
6037	Scutum	6.0	45 28.5	3.301	— 9 53 26	3.95	W.-Ott. 6384	— 9.4859	
6038	Draco	6.5	45 38.0	1.584	+ 48 39 8	3.97	Bonn 12342	+ 48.2770	
6039	8 Lyrae	6.1	46 2.6	2.232	+ 32 41 50	4.00	Leid. 6903	+ 32.3227	Σ¹ 2174
6040*	Aquila	6.5	46 3.4	2.821	+ 10 51 33	4.00	Leipz. I. 6861	+ 10.3685	Σ 2404 G
6041	Aquila	6.1	18 46 7.0	+ 3.151	— 3 26 4	+ 4.01	Cordob. 25813	— 3.4392	
6042	9 ν Lyrae	5.4	46 8.9	2.240	+ 32 26 8	4.01	Leid. 6905	+ 32.3228	
6043	Sagittarius	6.3	46 15.2	3.734	— 26 46 4	4.02	Cordob. 25810		
6044	Sagittarius	6.3	46 16.0	3.812	— 29 29 52	4.02	Cordob. 25808		R
6045	Sagittarius	6.5	46 16.6	3.854	— 30 51 9	4.02	Cordob. 25806		
6046*	10 β Lyrae	var.	46 23.3	2.214	+ 33 14 48	4.05	**Fd. K. 264**	+ 33.3223	OΣ²173; Σ¹
6047*	ϰ Pavonis	var.	e 46 38.3	6.202	— 67 21 32	4.06	**S. Fd. K. 367**		[2175
6048	Telescopium	6.5	46 50.0	4.631	— 50 0 1	4.07	Cordob. 25815		
6049	Aquila	6.2	47 26.9	2.750	+ 13 50 45	4.12	Leipz. I. 6877	+ 13.3787	
6050	Scutum	6.3	18 47 32.1	+ 3.296	— 9 41 50	+ 4.13	W.-Ott. 6412	— 9.4876	

Nr. 6001. Σ 2383, Begl. 6.3m; d = 3″.2, p = 10° (langsame Abnahme von p).

Nr. 6002. Σ 2382, Begl. 5.2m; d = 2″.3, p = 120°.

Nr. 6001 u. 6002. ε und 5 Lyrae bilden zusammen ein physisches System; d = 207″, p = 173°.

Nr. 6004. Σ 2379, Begl. 7.7m blau; d = 13″, p = 120°.

Nr. 6005. β 968, Begl. (7 Lyrae) 6.2m; d = 44″, p = 149°.

Nr. 6012. Var. Max. 4.7—5.7m, Min. 6.0—9.0m; P = 71d mit großen Unregelmäßigkeiten.

Nr. 6022. Σ 2403, Begl. 9.0m blau; d = 1″.9, p = 259°.

Nr. 6040. Σ 2404, Begl. 7.0m blau; d = 3″.5, p = 183°.

Nr. 6046. Var. Max. 3.4m, Min. 4.5m; P = 12d 21h 47m. OΣ² 173, Begl. 6.7m; d = 46″, p = 150°. β Lyrae = ***Sheliak.***

Nr. 6047. Var. Max. 4.0m, Min. 5.5m; P = 9d.

Kat. Nr.	Bezeichnung des Sternes	Gr.	Mittl. A. R. für 1900.0	Jährl. Veränd.	Mittl. Dekl. für 1900.0	Jährl. Veränd.	Nachweis	B. D.	Bemerkungen
			h m s	s	° ′ ″	″		°	
6051	Lyra	6.4	18 47 40.0	+ 2.358	+ 28 39 49	+ 4.14	Camb. E. 9301	+ 28.3104	$O\Sigma^2$ 175
6052	112 Herculis	5.6	48 0.2	2.563	+ 21 18 16	4.17	Berl. B. 6710	+ 21.3582	
6053	33 Sagittarii	5.8	48 1.5	3.587	− 21 28 56	4.17	Cordob. 25849	− 21.5176	
6054	Lyra	6.4	48 5.7	2.108	+ 36 25 9	4.18	Lund 7952	+ 36.3295	
6055	32 ν^1 Sagittarii	5.0	48 7.9	+ 3.625	− 22 52 4	4.18	Cordob. 25853	− 22.4907	G
6056	Draco	5.4	48 16.3	− 1.477	+ 73 58 11	4.19	Greenw. (00) 3316	+ 73.835	
6057	Corona austr.	6.5	48 46.5	+ 4.075	− 37 30 43	4.22	Cordob. 25863		
6058	Lyra	6.5	48 54.7	1.926	+ 41 15 41	4.25	Bonn 12389	+ 41.3167	
6059	Scutum	5.0	48 59.2	3.440	− 15 43 39	4.25	Cordob. 25875	− 15.5143	
6060	34 σ Sagittarii	2.1	e 49 3.9	3.720	− 26 25 16	4.19	**Fd. K. 603**		S. C. C. 668
6061	35 ν^2 Sagittarii	5.1	e 18 49 4.3	+ 3.622	− 22 47 45	+ 4.26	Cordob. 25876	− 22.4915	β 1033 R
6062	Corona austr.	5.4	49 9.5	4.285	− 42 50 12	4.27	Cordob. 25870		
6063	Draco	5.6	e 49 20.8	+ 1.350	+ 52 50 39	4.28	Camb. U.S. 5756	+ 52.2294	
6064	50 Draconis	5.6	e 49 36.2	− 1.910	+ 75 18 57	4.31	Kas. 3177	+ 75.682	
6065*	47 o Draconis	4.8	e 49 43.5	+ 0.886	+ 59 15 58	4.34	**Fd. K. 265**	+ 59.1925	Σ 2420 G
6066	ω Pavonis	5.1	49 43.8	5.365	− 60 19 54	4.32	Cordob. 25872		R
6067	Corona austr.	5.3	49 53.7	4.073	− 37 28 15	4.33	Cordob. 25886		
6068	Sagittarius	5.5	49 45.4	3.459	− 16 29 50	4.33	Cordob. 25890	− 16.5078	
6069	Pavo	6.5*	49 54.4	6.116	− 66 47 3	4.35	Cordob. 25869		
6070	Sagittarius	5.9	49 57.4	3.634	− 23 18 4	4.36	Cordob. 25895		
6071	11 δ^1 Lyrae	6.0	18 50 14.0	+ 2.095	+ 36 50 48	+ 4.36	Lund 7985	+ 36.3307	Hh 586
6072	Lyra	5.7	50 14.8	2.385	+ 27 47 9	4.36	Camb. E. 9345	+ 27.3150	G
6073	λ Telescopii	4.9	50 27.8	4.806	− 53 4 10	4.39	**S. Fd. K. 369**		
6074	113 Herculis	4.7	50 31.6	2.532	+ 22 31 6	4.39	Berl. B. 6732	+ 22.3524	β 646
6075	62 Serpentis	5.6	e 50 34.9	2.924	+ 6 29 25	4.39	Leipz. II. 8905	+ 6.3978	G
6076	Corona austr.	6.2	50 38.4	4.166	− 39 57 16	4.40	Cordob. 25902		
6077	Draco	5.2	50 45.0	1.486	+ 50 35 2	4.40	Camb. U.S. 5770	+ 50.2686	
6078	12 δ^2 Lyrae	4.4	51 0.4	2.098	+ 36 46 17	4.43	Lund 8001	+ 36.3319	G
6079	Aquila	*6.0*	51 11.0	3.117	− 1 55 43	4.44	Cordob. 25917	− 1.3602	
6080*	Lyra	6.2	51 12.6	2.199	+ 33 50 28	4.44	Leid. 6961	+ 33.3257	Σ^1 2187
6081*	63 ϑ Serpentis	5.0	e 18 51 14.9	+ 2.981	+ 4 4 25	+ 4.50	**Fd. K. 266**	+ 4.3916/7	Σ 2417
6082	Serpens	6.3	51 23.7	3.020	+ 2 20 30	4.46	Alb. 6431	+ 2.3730	G
6083	36 ξ^1 Sagittarii	5.1	51 24.0	3.566	− 20 47 13	4.46	Cordob. 25919	− 20.5339	
6084	Lyra	5.6	51 40.1	1.921	+ 41 28 28	4.48	Bonn 12428	+ 41.3177	G
6085	Hercules	5.9	e 51 41.5	2.650	+ 17 58 53	4.49	Berl. A. 7100	+ 17.3779	G
6086	η Scuti	*5.2*	51 42.4	3.209	− 5 58 34	4.49	W.-Ott. 6469	− 6.4976	R
6087	37 ξ^2 Sagittarii	3.7	51 45.9	3.580	− 21 14 17	4.48	**S. Fd. K. XIX.**	− 21.5201	G
6088	Sagittarius	6.2	51 56.1	3.861	− 31 10 1	4.51	Cordob. 25930		
6089	ε Coronae austr.	4.9	e 51 58.6	4.047	− 37 14 16	4.41	**S. Fd. K. 370**		
6090	Draco	6.4	52 2.2	1.039	+ 57 21 35	4.51	Hels. 10059	+ 57.1915	G
6091	Draco	6.1	e 18 52 9.0	+ 1.589	+ 48 44 5	+ 4.52	Bonn 12437	+ 48.2793	β 1255
6092	Sagittarius	6.4	52 12.7	3.680	− 25 0 35	4.53	Cordob. 25941		
6093	64 Serpentis	5.6	52 14.9	3.018	+ 2 24 13	4.53	Alb. 6442	+ 2.3738	
6094	Corona austr.	6.2	52 16.5	4.154	− 39 40 3	4.53	Cordob. 25937		
6095*	13 R Lyrae	var.	e 52 17.5	1.825	+ 43 48 51	4.60	**Fd. K. 492**	+ 43.3117	O
6096	Sagittarius	6.0	52 23.5	+ 3.617	− 22 39 48	4.54	Cordob. 25944	− 22.4928	
6097	Draco	6.6	52 41.4	− 4.178	+ 79 49 18	4.57	Kas. 3190	+ 79.604	
6098	Pavo	5.9	52 48.7	+ 6.445	− 68 53 41	4.58	Cordob. 25923		
6099	Lyra	5.5	e 53 16.3	2.235	+ 32 46 26	4.62	Leid. 6990	+ 32.3267	β 648
6100	Serpens	6.5	18 53 30.5	+ 2.934	+ 6 6 32	+ 4.64	Leipz. II. 8933	+ 6.3989	

Nr. 6065. Σ 2420, Begl. 7.6m; d = 32″, p = 340°.
Nr. 6080. Σ^1 2187, Begl. 6.5m; d = 45″, p = 351°.
Nr. 6081. Σ 2417, Begl. 5.4m; d = 22″, p = 204°.
Nr. 6095. Var. Max. 4.1m, Min. 4.7m; P = 46d.

Kat. Nr.	Bezeichnung	Gr.	Mittl. A. R. für 1900.0	Jährl. Veränd.	Mittl. Dekl. für 1900.0	Jährl. Veränd.	Nachweis	B. D.	Bemerkungen
			h m s	s	° ′ ″	″		°	
6101	Sagittarius	6.3	18 53 35.7	+ 3.513	− 18 42 6	+ 4.65	Cordob. 25964	− 18.5155	
6102	Sagittarius	5.4	53 46.6	3.372	− 12 58 34	4.66	Cordob. 25971	− 13.5172	
6103	Aquila	5.6	53 47.8	2.670	+ 17 13 35	4.66	Berl. A. 7116	+ 17.3799	
6104	10 Aquilae	6.3	e 54 11.5	2.754	+ 13 46 20	4.70	Leipz. I. 6942	+ 13.3838	
6105	Sagittarius	6.4	54 16.6	3.681	− 25 4 53	4.70	Cordob. 25986		
6106*	Corona austr.	5.7	54 17.8	4.058	− 37 11 56	4.71	Cordob. 25978		Bris. 6556
6107	Sagitta	6.4	54 24.2	2.609	+ 19 39 30	4.72	Berl. A. 7125	+ 19.3858	
6108*	11 Aquilae	5.4	e 54 29.4	2.701	+ 13 29 24	4.72	Leipz. I. 6944	+ 13.3841	Σ 2424
6109	Lyra	6.1	54 36.6	2.053	+ 38 7 50	4.73	Lund 8035	+ 38.3373	
6110	48 Draconis	5.8	55 3.6	1.020	+ 57 40 57	4.77	Hels. 10087	+ 57.1922	G
6111	13 ε Aquilae	4.3	e 18 55 5.0	+ 2.722	+ 14 55 56	+ 4.69	**Fd. K. 267**	+ 14.3736	G
6112*	14 γ Lyrae	3.6	55 12.1	2.242	+ 32 33 8	4.79	**Fd. K. 268**	+ 32.3286	Σ1 2199
6113	Pavo	6.4*	55 26.5	5.158	− 58 6 12	4.80	Cordob. 25998		
6114	Lyra	6.4	55 30.4	1.963	+ 40 32 30	4.81	Bonn 12481	+ 40.3544	Σ 2431
6115	Sagittarius	6.3	55 36.1	+ 3.620	− 22 50 11	4.82	Cordob. 26022	− 22.4946	O
6116	52 υ Draconis	5.1	e 55 37.5	− 0.721	+ 71 9 48	4.85	**Fd. K. 493**	+ 71.915	G
6117	Lyra	5.4	55 40.9	+ 2.437	+ 26 5 30	4.82	Camb. E. 9453	+ 26.3418	
6118	Hercules	6.4	55 45.2	2.531	+ 22 40 30	4.83	Berl. B. 6782	+ 22.3549	RG
6119	Sagittarius	6.4	55 50.7	3.431	− 15 25 24	4.84	Cordob. 26035	− 15.5185	
6120	Draco	5.9	55 59.3	0.275	+ 65 7 25	4.85	Christ. 2930	+ 65.1309	
6121	ζ Coronae austr.	4.8	18 56 1.9	+ 4.250	− 42 14 12	+ 4.85	Cordob. 26027		
6122	Telescopium	6.0	56 9.9	4.684	− 51 9 28	4.87	Cordob. 26026		
6123	15 λ Lyrae	5.1	56 14.5	2.262	+ 32 0 19	4.87	Leid. 7030	+ 31.3424	
6124*	38 ζ Sagittarii	2.6	e 56 15.0	3.818	− 30 1 23	4.88	**S. Fd. K. 371**		Hh 591 O
6125	Draco	(6.4)	56 17.0	0.607	+ 62 15 42	4.87	Hels. 10099	+ 62.1669	Σ 2440
6126	12 i Aquilae	*4.0*	e 56 20.5	3.206	− 5 52 46	4.88	Cordob. 26048	− 5.4840	R
6127	Sagittarius	5.8	e 56 20.5	3.676	− 24 59 1	4.88	Cordob. 26045		R
6128	Corona austr.	5.7	56 28.2	4.000	− 38 23 51	4.89	Cordob. 26044		
6129	Cygnus	6.5	56 30.3	1.491	+ 50 40 11	4.89	Camb. U.S. 5810	+ 50.2705	
6130*	Sagittarius	6.1	57 11.1	3.528	− 19 23 23	4.95	Cordob. 26063	− 19.5273	h 5082
6131	Lyra	5.9	18 57 13.3	+ 2.437	+ 26 8 57	+ 4.96	Camb. E. 9484	+ 26.3429	
6132	Lyra	6.2	57 14.0	2.210	+ 33 39 35	4.96	Leid. 7038	+ 33.3287	
6133	Sagittarius	6.4	57 14.6	3.524	− 19 14 50	4.96	Cordob. 26065	− 19.5275	
6134	Aquila	6.4	57 33.0	2.886	+ 8 13 46	4.98	Leipz. II. 8980	+ 8.3951	RG
6135	14 g Aquilae	*5.7*	57 38.3	3.160	− 3 50 37	4.99	Cordob. 26082	− 3.4460	
6136	Draco	5.7	57 42.7	1.508	+ 50 23 29	5.00	Camb. U.S. 5815	+ 50.2708	
6137	Sagittarius	5.4	57 59.8	3.856	− 31 11 38	5.02	Cordob. 26084		
6138	ϱ Telescopii	5.0	e 58 24.9	4.755	− 52 29 15	4.94	**S. Fd. K. 372**		
6139	Aquila	6.1	58 28.8	3.035	+ 1 40 28	5.06	Alb. 6495	+ 1.3865	
6140	Sagitta	6.3	e 58 31.1	2.614	+ 19 30 55	5.07	Berl. A. 7185	+ 19.3888	
6141	16 Lyrae	5.3	18 58 36.5	+ 1.696	+ 46 47 36	+ 5.07	Bonn 12534	+ 46.2602	h 1632
6142	39 ο Sagittarii	3.9	e 58 41.2	3.592	− 21 53 15	5.08	Cordob. 26102	− 21.5237	R
6143	49 Draconis	5.7	58 44.8	1.190	+ 55 30 53	5.08	Hels. 10121	+ 55.2137	
6144	Pavo	5.2	59 16.1	6.366	− 68 34 40	5.13	Cordob. 26091		
6145	Sagittarius	6.4*	59 23.4	+ 4.531	− 48 27 1	5.14	Cordob. 26110		
6146	Draco	(6.4)	59 29.9	− 0.363	+ 69 23 22	5.15	Christ. 2939	+ 69.1018	
6147*	γ Coronae austr.	4.2	59 39.6	+ 4.052	− 37 12 25	5.16	Cordob. 26123		h 5084
6148	15 h Aquilae	*5.7*	59 40.9	3.168	− 4 10 48	5.16	Cordob. 26133	− 4.4684	Σ1 2211 GR
6149	σ Octantis	5.5	e 59 43.7	102.438	− 89 15 16	5.16	**S. P. C. „T.“**		
6150	Cygnus	6.5	18 59 46.0	+ 1.413	+ 52 6 58	+ 5.17	Camb. U.S. 5830	+ 52.2326	Σ 2450 G

Nr. 6106. Bris. 6556, Begl. 7.2m; d = 12″, p = 282°.

Nr. 6108. Σ 2424, Begl. 9.2m grau; d = 16″, p = 270°. Bewegung in p und d.

Nr. 6112. γ Lyrae = ***Sulaphat.***

Nr. 6124. Hh 591, Harv. 150, Begl. 3.6m. Siehe Tabelle „Bahnen von Doppelsternen“ Nr. 4.

Nr. 6130. h 5082, Begl. 8.5m; d = 7″, p = 90°.

Nr. 6147. h 5084, Begl. 5.1m; physisches System. Siehe Tabelle „Bahnen von Doppelsternen“ Nr. 33.

Kat. Nr.	Bezeichnung des Sternes	Gr.	Mittl. A. R. für 1900.0	Jährl. Veränd.	Mittl. Dekl. für 1900.0	Jährl. Veränd.	Nachweis	B. D.	Bemerkungen
			h m s	s	° ′ ″	″		°	
6151	Sagittarius	5.8	18 59 57.6	+ 3.439	− 15 48 42	+ 5.19	Cordob. 26136	− 15.5223	h 5507
6152	Corona austr.	6.2	19 0 7.2	4.080	− 37 57 1	5.20	Cordob. 26134		
6153	Aquila	6.4	0 7.7	3.110	− 1 39 46	5.20	Cordob. 26145	− 1.3642	
6154	40 τ Sagittarii	3.5	e 0 41.8	3.747	− 27 49 0	5.00	**S. Fd. K. 373**		R
6155*	17 ζ Aquilae	3.3	e 0 48.8	2.755	+ 13 42 53	5.17	**Fd. K. 270**	+ 13.3899	β 287; S.C.C.
6156	16 λ Aquilae	*3.3*	e 0 56.5	3.182	− 5 1 58	5.19	**Fd. K. 269**	− 5.4876	[681
6157	Lyra	6.3	1 6.9	2.311	+ 30 34 59	5.28	Leid. 7083	+ 30.3409	G
6158*	Sagittarius	5.9	1 7.2	3.453	− 16 22 57	5.29	Cordob. 26163	− 16.5153	S. 710
6159	Lyra	5.9	1 9.1	2.280	+ 31 35 45	5.29	Leid. 7085	+ 31.3453	G
6160	Sagittarius	6.2	1 13.0	3.780	− 28 47 27	5.29	Cordob. 26161		R
6161	Sagittarius	6.4	19 1 17.1	+ 3.514	− 18 53 30	+ 5.30	Cordob. 26165	− 18.5206	
6162	δ Coronae austr.	4.7	1 23.3	4.180	− 40 39 4	5.31	Cordob. 26162		
6163	Lyra	6.4	1 53.5	2.336	+ 29 46 8	5.35	Camb. E. 9574	+ 29.3472	G
6164*	Pavo	cum.	2 3.—	5.318	− 60 8 —	5.36	N. G. K. 6752		
6165	Sagittarius	6.1	2 8.0	3.668	− 24 48 49	5.37	Cordob. 26182		
6166	18 Υ Aquilae	5.3	2 16.2	2.824	+ 10 55 2	5.38	Leipz. I. 7042	+ 10.3787	
6167	Sagittarius	5.4	2 24.1	3.528	− 19 26 48	5.39	Cordob. 26187	− 19.5312	
6168	Vulpecula	6.0	e 2 28.1	2.497	+ 24 5 44	5.40	Berl. B. 6846	+ 24.3640	
6169	Lyra	5.8	2 39.4	2.375	+ 28 28 14	5.41	Camb. E. 9588	+ 28.3193	
6170	α Coronae austr.	4.1	e 2 40.2	4.076	− 38 3 37	5.30	**S. Fd. K. 374**		
6171	51 Draconis	5.6	e 19 2 40.3	+ 1.350	+ 53 14 35	+ 5.42	Camb. U.S. 5853	+ 53.2178	
6172	Sagittarius	6.5	2 42.1	3.628	− 23 20 51	5.42	Cordob. 26199		
6173	Corona austr.	6.4	2 45.2	4.152	− 39 59 6	5.42	Cordob. 26191		
6174	Corona austr.	5.9	2 55.2	4.233	− 42 3 3	5.44	Cordob. 26198		
6175	Sagittarius	6.4	2 55.3	4.018	− 36 19 24	5.44	Cordob. 26202		
6176*	Lyra	6.8	3 2.7	1.944	+ 41 15 31	5.45	Bonn 12600	+ 41.3232	
6177	β Coronae austr.	4.2	3 9.1	4.133	− 39 29 57	5.46	Cordob. 26206		
6178	Aquila	6.0	e 3 28.1	2.687	+ 16 42 25	5.48	Berl. A. 7249	+ 16.3752	
6179*	17 Lyrae	5.5	e 3 38.4	2.259	+ 32 20 37	5.50	Leid. 7113	+ 32.3326	Σ 2461
6180	18 ι Lyrae	5.4	3 44.0	2.140	+ 35 56 36	5.51	**Fd. K. 494**	+ 35.3485	
6181	Vulpecula	6.5	e 19 3 46.5	+ 2.565	+ 21 32 18	+ 5.51	Berl. B. 6860	+ 21.3672	
6182	41 π Sagittarii	3.0	3 49.0	3.570	− 21 10 58	5.48	**Fd. K. 604**	− 21.5275	
6183	Sagittarius	6.3	3 54.3	3.540	− 19 57 39	5.52	Cordob. 26228	− 20.5415	
6184	Sagittarius	6.5	4 5.4	3.820	− 30 9 57	5.54	Cordob. 26232		
6185	19 Aquilae	5.4	e 4 6.1	2.940	+ 5 54 58	5.54	Leipz. II. 9052	+ 5.4040	
6186	Sagittarius	5.9	4 10.8	4.120	− 39 9 58	5.54	Cordob. 26229		
6187	Aquila	6.4	4 43.0	3.085	− 0 35 20	5.59	Cordob. 26256	− 0.3662	
6188*	Sagittarius	6.1	4 58.8	3.803	− 29 39 53	5.61	Cordob. 26254		
6189	Telescopium	6.5*	5 3.0	4.637	− 50 38 58	5.62	Cordob. 26246		
6190*	Lyra	6.5	5 6.4	2.188	+ 34 36 0	5.62	Leid. 7131	+ 34.3437	Σ 2470
6191	Corona austr.	6.5	19 5 23.9	+ 4.066	− 37 44 51	+ 5.65	Cordob. 26261		
6192	τ Pavonis	6.5*	5 44.6	6.477	− 69 21 34	5.68	Cordob. 26244		
6193	Cygnus	6.2	e 6 5.6	1.417	+ 52 15 59	5.70	Camb. U.S. 5879	+ 52.2350	G
6194	Sagittarius	6.4	6 29.5	3.585	− 21 49 25	5.74	Cordob. 26296	− 21.5292	
6195	Sagittarius	5.9	7 4.2	3.699	− 26 4 28	5.80	Cordob. 26309		R
6196*	Pavo	5.6	e 7 8.8	6.060	− 66 50 0	5.80	**S. Fd. K. 376**		
6197	20 Aquilae	5.5	7 15.2	3.253	− 8 6 24	5.81	**Fd. K. s. 242**	− 8.4887	
6198	Corona austr.	5.9	e 7 23.2	4.372	− 45 21 44	5.77	**S. Fd. K. 377**		
6199	Sagittarius	5.5	7 40.1	3.355	− 12 27 0	5.83	Cordob. 26322	− 12.5311	R
6200	19 Lyrae	6.1	19 7 55.9	+ 2.301	+ 31 6 59	+ 5.86	Leid. 7170	+ 31.3497	

Nr. 6155. β 287, Begl. 12m; d = 5″.6.

Nr. 6158. S. 710, Begl. 8.9m; d = 6″.2. p = 0°.

Nr. 6164. Cum. N. G. K. 6752. Kugelförmiger, sehr großer, leicht auflösbarer Haufen von Sternen 9—13m.

Nr. 6176. Die Helligkeit dieses Sternes ist sonst stets größer angegeben. Argelander Uranometria Nova gibt 6m; Harvard Durchm. 6.3m; B. D. 6.3m, Heiß 6m; Bonn 6.5m Er ist deswegen mit aufgenommen worden.

Nr. 6179. Σ 2461, Begl. 9.8m bläulich; d = 3″.7, p = 330°.

Nr. 6188. Die Größe dieses Sternes wird sehr verschieden angegeben. Harv. Phot. D. gibt 5.1m (6.1m?); Harv. südl. D. 6.4m; Cordob. 6.5m. Behrmann hat den Stern nicht gesehen.

Nr. 6190. Σ 2470, Begl. 7.4m; d = 13″, p = 172°.

Nr. 6196. Begl. 7.8m; d = 1″, p = 45°.

Kat. Nr.	Bezeichnung des Sternes	Gr.	Mittl. A. R. für 1900.0	Jährl. Veränd.	Mittl. Dekl. für 1900.0	Jährl. Veränd.	Nachweis	B. D.	Bemerkungen
			h m s	s	° ′ ″	″		°	
6201	Lyra	6.4	19 8 4.1	+ 1.990	+ 40 15 48	+ 5.87	Bonn 12693	+ 40.3620	
6202	Vulpecula	6.4	8 19.3	2.572	+ 21 23 9	5.89	Berl. B. 6893	+ 21.3690	
6203	21 Aquilae	5.4	8 40.2	3.025	+ 2 7 25	5.92	Alb. 6593	+ 2.3824	h 879
6204	Aquila	6.5	8 48.6	3.272	— 8 53 21	5.93	W.-Ott. 6636	— 8.4900	
6205	Sagittarius	5.3	9 5.0	4.378	— 45 38 26	5.95	Cordob. 26355		
6206	55 Draconis	6.5	e 9 23.5	0.232	+ 65 48 39	5.98	Christ. 2965	+ 65.1326	
6207	42 ψ Sagittarii	4.8	9 24.5	3.679	— 25 25 44	5.98	Cordob. 26371		
6208	Sagittarius	6.1	9 27.5	3.649	— 24 20 58	5.98	Cordob. 26373		
6209*	Cygnus	6.3	e 9 30.0	1.570	+ 49 39 49	5.99	Bonn 12729	+ 49.2959	Σ 2486
6210	53 Draconis	5.4	e 9 47.0	1.132	+ 56 41 18	6.01	Hels. 10269	+ 56.2209	G
6211*	20 η Lyrae	4.8	19 10 21.3	+ 2.042	+ 38 58 26	+ 6.06	Lund 8236	+ 38.3490	Σ 2487
6212	Sagitta	6.3	10 41.9	2.608	+ 20 0 45	6.09	Berl. A. 7330	+ 19.3956	
6213	Aquila	5.7	10 46.8	2.734	+ 14 54 33	6.10	Leipz. I. 7132	+ 14.3846	OΣ² 178
6214	1 Sagittae	6.0	10 58.8	2.583	+ 21 3 26	6.11	Berl. B. 6917	+ 20.4088	
6215	Lyra	6.0	11 31.7	2.328	+ 30 21 7	6.16	Leid. 7218	+ 30.3491	G
6216	22 Aquilae	5.8	11 34.0	2.969	+ 4 39 29	6.16	Alb. 6612	+ 4.4045	
6217	43 d Sagittarii	5.1	11 47.0	3.512	— 19 7 51	6.18	**Fd. K. s. 243**	— 19.5379	R
6218	Aquila	5.9	11 52.0	2.747	+ 14 22 2	6.19	Leipz. I. 7139	+ 14.3852	Σ 2489
6219	1 Vulpeculae	5.1	11 55.1	2.579	+ 21 12 49	6.19	Berl. B. 6924	+ 21.3713	h 2862
6220*	Sagittarius	6.5	11 56.0	3.442	— 16 8 44	6.19	Cordob. 26419	— 16.5253	h 596
6221	Lyra	6.4	19 11 59.1	+ 2.406	+ 27 44 58	+ 6.19	Camb. E. 9771	+ 27.3314	
6222	54 Draconis	5.2	12 8.3	1.075	+ 57 31 59	6.21	Hels. 10307	+ 57.1968	G
6223	57 δ Draconis	3.3	e 12 31.9	0.024	+ 67 29 8	6.32	**Fd. K. 271**	+ 67.1129	Σ¹ 2274
6224	Aquila	6.4	12 45.1	+ 3.031	+ 1 51 11	6.26	Alb. 6617	+ 1.3960	
6225	59 Draconis	5.3	e 12 49.8	— 2.174	+ 76 23 43	6.27	Kas. 3234	+ 76.717	
6226	21 ϑ Lyrae	4.6	e 12 53.7	+ 2.078	+ 37 57 19	6.27	**Fd. K. 496**	+ 37.3398	Hh 608
6227	Sagittarius	5.6	13 2.6	3.981	— 35 36 11	6.28	Cordob. 26444		
6228	25 ω¹ Aquilae	5.4	13 7.3	2.815	+ 11 24 54	6.32	**Fd. K. 495**	+ 11.3790	
6229	Sagittarius	6.2	13 18.1	3.430	— 15 42 37	6.30	Cordob. 26446	— 15.5310	h 2863 R
6230*	23 Aquilae	5.2	13 27.2	3.053	+ 0 54 11	6.32	Nic. 4835	+ 0.4168	Σ 2492 G
6231*	2 Vulpeculae	5.7	19 13 29.7	+ 2.538	+ 22 50 42	+ 6.32	Berl. B. 6936	+ 22.3648	β 248
6232	24 Aquilae	6.5	13 44.0	3.069	+ 0 9 24	6.34	Nic. 4838	+ 0.4170	
6233	Cygnus	6.2	e 13 59.3	1.722	+ 46 48 32	6.36	Bonn 12809	+ 46.2658	
6234	Sagittarius	5.5	14 38.6	3.600	— 22 35 19	6.42	Cordob. 26474	— 22.5063	
6235	η Telescopii	5.0	14 47.2	4.855	— 54 36 32	6.43	Cordob. 26462		
6236	1 ϰ Cygni	4.0	e 14 47.5	1.388	+ 53 11 2	6.54	**Fd. K. 272**	+ 53.2216	G
6237	Telescopium	6.5*	14 52.3	4.659	— 51 25 8	6.44	Cordob. 26469		
6238	Sagittarius	6.4	14 52.9	3.964	— 35 9 59	6.44	Cordob. 26476		
6239*	28 A Aquilae	5.7	14 59.4	2.799	+ 12 11 23	6.45	Leipz. I. 7165	+ 12.3879	Σ¹ 2272
6240	29 ω² Aquilae	6.3	e 15 10.8	2.819	+ 11 20 58	6.46	Leipz. I. 7169	+ 11.3802	
6241	26 f Aquilae	*5.2*	e 19 15 12.4	+ 3.196	— 5 36 12	+ 6.46	Cordob. 26492	— 5.4936	
6242	27 d Aquilae	*5.7*	15 26.1	3.096	— 1 4 42	6.48	Cordob. 26497	— 1.3716	
6243*	β¹ Sagittarii	4.2	15 27.0	4.323	— 44 38 47	6.48	Cordob. 26485		Δ 226
6244	Lyra	6.5	15 30.0	2.110	+ 37 15 39	6.49	Lund 8310	+ 37.3413	
6245	Sagittarius	6.4	15 45.5	3.518	— 19 25 17	6.51	Cordob. 26505	— 19.5412	Hh 611
6246	44 ϱ¹ Sagittarii	4.0	15 52.4	3.484	— 18 2 8	6.52	Cordob. 26508	— 18.5322	
6247	Cygnus	6.5	e 15 57.8	1.599	+ 49 23 1	6.53	Bonn 12856	+ 49.2977	G
6248	β² Sagittarii	4.5	15 59.6	4.336	— 44 59 15	6.53	Cordob. 26500		
6249	46 υ Sagittarii	4.4	16 0.0	3.437	— 16 8 34	6.52	**Fd. K. s. 244**	— 16.5283	
6250	45 ϱ² Sagittarii	6.0	e 19 16 0.8	+ 3.495	— 18 29 38	+ 6.53	Cordob. 26509	— 18.5325	

Nr. 6209. Σ 2486, Begl. 7.2m; d = 10″, p = 220°.
Nr. 6211. Σ 2487, Begl. 8.1m blau; d = 28″, p = 84°.
Nr. 6220. h 596, Begl. 7.8m; d = 8″, p = 15°.
Nr. 6230. Σ 2492, Begl. 9.5m blau; d = 3″.4, p = 11°.
Nr. 6231. β 248, Begl. 9.5m; d = 2″, p = 125°.
Nr. 6239. Σ¹ 2272, Begl. 9m blau; 1′ südl.
Nr. 6243. Δ 226, Begl. 7.2m; d 29″, p 77°.

Kat. Nr.	Bezeichnung	Gr.	Mittl. A. R. für 1900.0	Jährl. Veränd.	Mittl. Dekl. für 1900.0	Jährl. Veränd.	Nachweis	B. D.	Bemerkungen
			h m s	s	° ′ ″	″		°	
6251	Lyra	6.4	19 16 8.0	+ 2.115	+ 37 9 3	+ 6.54	Lund 8320	+ 37.3417	
6252	Lyra	6.5	16 54.0	2.189	+ 34 59 54	6.60	Leid. 7279	+ 34.3503	
6253	Aquila	6.5	16 55.1	3.259	− 8 23 23	6.60	W.-Ott. 6705	− 8.4950	
6254*	α Sagittarii	4.0	e 16 57.5	4.164	− 40 48 14	6.49	**S. Fd. K. 378**		
6255	Aquila	*5.9*	e 17 13.0	3.083	− 0 26 40	6.63	Nic. 4860	− 0.3725	G
6256	Cygnus	6.5	17 24.0	+ 1.325	+ 54 11 22	6.64	Camb. U.S. 5975	+ 54.2123	
6257	60 τ Draconis	4.4	e 17 28.7	− 1.128	+ 73 10 12	6.76	**Fd. K. 273**	+ 73.857	G
6258	Aquila	6.4	17 40.4	+ 3.241	− 7 35 29	6.67	W.-Ott. 6715	− 7.4942	
6259	Sagittarius	5.9	18 16.1	3.744	− 28 3 32	6.72	Cordob. 26570		
6260	Draco	6.0	18 25.9	1.099	+ 57 27 22	6.73	Hels. 10399	+ 57.1986	G
6261	3 Vulpeculae	5.4	19 18 45.2	+ 2.457	+ 26 4 14	+ 6.76	Camb. E. 9885	+ 25.3811	
6262*	Sagittarius	6.1	18 46.3	3.787	− 29 30 7	6.76	Cordob. 26582		h 5113
6263	Lyra	6.2	18 48.7	2.245	+ 33 19 37	6.76	Leid. 7306	+ 33.3434	
6264	Draco	(6.4)	18 59.9	0.470	+ 64 12 5	6.78	Hels. 10420	+ 64.1344	
6265	47 χ Sagittarii	4.9	e 19 11.4	3.652	− 24 42 9	6.79	Cordob. 26592		
6266	49 Sagittarii	5.5	19 26.6	3.636	− 24 9 30	6.81	Cordob. 26601		
6267	Aquila	6.4	19 42.9	3.184	− 5 4 50	6.83	Cordob. 26609	− 5.4964	
6268	Sagittarius	5.8	19 42.5	3.388	− 14 5 43	6.84	Cordob. 26606	− 14.5428	
6269*	Telescopium	5.4	e 19 46.1	4.827	− 54 31 29	6.86	**S. Fd. K. 379**		h 5114 G
6270*	2 Sagittae	6.2	19 52.6	2.695	+ 16 44 34	6.85	Berl. A. 7416	+ 16.3839	
6271	58 π Draconis	4.8	19 20 9.5	+ 0.314	+ 65 31 17	+ 6.87	Christ. 3007	+ 65.1345	
6272	2 Cygni	5.1	20 11.0	2.364	+ 29 25 32	6.87	Camb. E. 9921	+ 29.3584	
6273	31 b Aquilae	5.3	e 20 12.2	2.865	+ 11 43 52	7.54	**C. d. T.**	+ 11.3833	
6274	50 Sagittarii	5.5	20 21.3	3.580	− 21 58 29	6.89	Cordob. 26613	− 22.5105	R
6275	30 δ Aquilae	3.7	e 20 27.4	3.024	+ 2 54 55	6.99	**Fd. K. 274**	+ 2.3879	S. C. C. 693
6276	Sagittarius	5.7	20 29.6	3.414	− 15 15 5	6.90	Cordob. 26619	− 15.5348	
6277	Sagittarius	5.6	e 20 37.3	3.795	− 29 56 28	6.85	**S. Fd. K. 380**		
6278	Sagittarius	6.5	20 44.1	3.404	− 14 44 58	6.92	Cordob. 26628	− 14.5435	
6279	Lyra	5.9	20 47.1	1.895	+ 43 11 33	6.92	Bonn 12932	+ 43.3229	
6280	Pavo	6.5*	20 47.6	6.301	− 68 38 15	6.94	Cordob. 26604		R
6281	Vulpecula	6.5	e 19 21 1.0	+ 2.615	+ 20 4 29	+ 6.94	Berl. A. 7430	+ 19.4009	
6282*	4 Vulpeculae	5.3	e 21 5.1	2.626	+ 19 36 10	6.95	Berl. A. 7431	+ 19.4010	h 2871 G
6283	Vulpecula	6.4	e 21 17.7	2.495	+ 24 44 7	6.96	Berl. B. 7012	+ 24.3737	
6284	32 ν Aquilae	4.8	21 24.2	3.070	+ 0 8 20	6.97	Nic. 4880	+ 0.4206	
6285	Telescopium	6.4*	21 43.6	4.906	− 55 38 36	7.00	Cordob. 26633		
6286	Aquila	6.0	21 45.4	2.788	+ 12 49 19	7.00	Leipz. I. 7228	+ 12.3907	
6287	5 Vulpeculae	5.9	21 51.2	2.619	+ 19 53 57	7.01	Berl. A. 7439	+ 19.4015	
6288*	Vulpecula	6.0	22 6.2	2.625	+ 19 41 35	7.03	Berl. A. 7446	+ 19.4017	Σ 2521 RG
6289	Sagittarius	5.7	22 17.3	+ 4.267	− 43 38 41	7.05	Cordob. 26648		
6290	λ Ursae min.	6.5	e 22 30.2	−67.777	+ 88 59 15	7.06	**Fd. K. 284**	+ 88.112	h 2985 G
6291	4 Cygni	5.4	e 19 22 33.0	+ 2.160	+ 36 7 2	+ 7.07	Lund 8411	+ 36.3557	
6292	Aquila	6.1	23 19.6	3.013	+ 2 43 36	7.13	Alb. 6696	+ 2.3892	
6293*	Sagittarius	5.8	23 41.0	3.715	− 27 11 24	7.16	Cordob. 26682		Hh 619
6294	Sagittarius	6.4	23 48.3	3.862	− 32 17 47	7.17	Cordob. 26684		
6295	35 c Aquilae	6.2	23 57.7	3.035	+ 1 44 45	7.18	Alb. 6701	+ 1.4010	
6296	6 α Vulpeculae	4.5	e 24 32.6	2.495	+ 24 27 44	7.13	**Naut. Al.**	+ 24.3759	S.C.C. 697 G
6297	Aquila	5.9	24 46.5	2.753	+ 14 23 25	7.25	Leipz. I. 7261	+ 14.3936	G
6298	8 Vulpeculae	6.0	24 46.6	2.503	+ 24 33 44	7.25	Berl. B. 7050	+ 24.3761	
6299	Sagittarius	6.1	24 57.9	3.564	− 21 31 12	7.26	Cordob. 26724	− 21.5410	
6300	7 Cygni	6.1	e 19 24 59.1	+ 1.471	+ 52 6 59	+ 7.27	Camb. U.S. 6029	+ 52.2434	

Nr. 6254. α Sagittarii = ***Alrami.***
Nr. 6262. h 5113, Begl. 9.2m; d = 16″, p = 170°.
Nr. 6269. h 5114, Begl. 8.1m; d = 65″, p = 260°.
Nr. 6270. Begl. 7m (3 Sagittae); d = 336″, p = 79°.
Nr. 6282. Begl. 9m; d = 26″, p = 107°.
Nr. 6288. Σ 2521, Begl. 10m; d = 23″, p = 44°.
Nr. 6293. Hh 619, Begl. 8.7m; d = 8″, p = 140°.

Kat. Nr.	Bezeichnung des Sternes	Gr.	Mittl. A. R. für 1900.0	Jährl. Veränd.	Mittl. Dekl. für 1900.0	Jährl. Veränd.	Nachweis	B. D.	Bemerkungen
			h m s	s	° ′ ″	″		°	
6301	Telescopium	6.0	19 25 0.2	+ 4.751	− 53 23 45	+ 7.27	Cordob. 26709		
6302	Draco	6.2	25 6.9	− 2.061	+ 76 21 42	7.28	Kas. 3272	+ 76.734	GR
6303	Aquila	6.3	25 9.2	+ 3.014	+ 2 41 45	7.28	Alb. 6713	+ 2.3904	Σ 2532 RG
6304	Draco	6.5	25 17.0	0.696	+ 62 21 6	7.29	Hels. 10499	+ 62.1716	
6305	36 *e* Aquilae	*5.2*	25 26.0	3.136	− 2 59 50	7.31	**Fd. K. s. 246**	− 3.4612	GR
6306	Aquila	6.4	25 32.8	3.002	+ 3 14 8	7.31	Alb. 6716	+ 3.4043	
6307	Sagittarius	5.7	26 9.1	4.336	− 45 29 0	7.36	Cordob. 26741		
6308*	6 β Cygni	3.2	26 41.3	2.417	+ 27 44 58	7.39	**Fd. K. 275**	+27.3410/11	Σ^1 2310 O
6309	Cygnus	6.4	27 9.8	2.170	+ 36 1 6	7.44	Lund 8480	+ 35.3658	
6310	10 ι Cygni	4.0	e 27 11.1	1.514	+ 51 30 59	7.57	**Fd. K. 276**	+ 51.2605	
6311	Cygnus	6.1	19 27 15.8	+ 2.457	+ 26 24 17	+ 7.45	Camb. E. 10062	+ 26.3573	
6312	Sagittarius	5.8	27 17.2	+ 4.125	− 40 14 57	7.45	Cordob. 26776		
6313	Draco	6.4	27 44.7	− 3.553	+ 79 24 9	7.46	**Fd. K. 497**	+ 79.628	
6314	*i* Telescopii	5.0	e 27 47.9	+ 4.459	− 48 18 53	7.46	**S. Fd. K. 381**		
6315	8 Cygni	4.9	28 3.3	2.229	+ 34 14 26	7.52	Leid. 7422	+ 34.3590	
6316	Cygnus	5.7	e 28 40.5	1.593	+ 50 5 32	7.56	Camb. U.S. 6058	+ 49.3034	
6317	38 μ Aquilae	4.6	e 29 12.2	2.930	+ 7 10 0	7.48	**Naut. Al.**	+ 7.4132	β 653 G
6318	37 *k* Aquilae	*5.5*	29 36.6	3.308	− 10 46 43	7.64	Cordob. 26824	− 10.5122	G
6319	51 h^1 Sagittarii	5.8	29 57.4	3.647	− 24 56 17	7.67	Cordob. 26827		
6320	Sagittarius	6.3	29 59.2	3.346	− 12 28 18	7.67	Cordob. 26831	− 12.5461	
6321	Pavo	6.3*	19 30 1.4	+ 5.066	− 58 12 15	+ 7.68	Cordob. 26819		R
6322	Aquila	6.4	30 5.9	3.239	− 7 40 42	7.68	W.-Ott. 6825	− 7.4998	
6323	9 Vulpeculae	5.2	30 11.4	2.635	+ 19 33 18	7.69	Berl. A. 7529	+ 19.4063	β 1130
6324	Sagittarius	6.1	30 36.4	3.498	− 19 4 25	7.72	Cordob. 26844	− 19.5521	
6325	52 h^2 Sagittarii	4.7	30 37.3	5.652	− 25 6 16	7.71	**Fd. K. 605**		β 654
6326	9 Cygni	5.5	30 52.5	2.382	+ 29 14 34	7.75	Camb. E. 10128	+ 29.3651	
6327	Cygnus	6.1	30 56.4	1.652	+ 49 2 40	7.75	Bonn 13145	+ 48.2914	
6328	Sagittarius	5.8	31 15.2	3.484	− 18 27 12	7.78	Cordob. 26855	− 18.5432	O
6329	Cygnus	5.7	31 25.7	1.956	+ 42 11 36	7.79	Bonn 13152	+ 42.3386	
6330	39 ϰ Aquilae	*5.0*	31 30.7	3.228	− 7 14 59	7.80	**Fd. K. s. 248**	− 7.5006	
6331	41 ι Aquilae	*4.5*	19 31 32.8	+ 3.104	− 1 30 30	+ 7.80	Cordob. 26866	− 1.3782	
6332*	Draco	6.4	31 36.0	0.945	+ 59 56 24	7.81	Hels. 10586	+ 59.2060	$O\Sigma^2$ 186 G
6333	Cygnus	5.9	e 31 44.4	+ 1.551	+ 51 1 25	7.82	Camb. U.S. 6089	+ 50.2815	
6334	Draco	6.2	31 48.4	− 0.456	+ 70 46 19	7.82	Greenw. (99) 4245	+ 70.1073	G
6335	Sagittarius	5.5	e 31 56.4	+ 3.391	− 14 31 15	7.83	Cordob. 26872	− 14.5479	
6336	Aquila	6.2	32 9.2	2.833	+ 11 3 0	7.85	Leipz. I. 7353	+ 10.3984	
6337	11 Cygni	6.2	32 12.7	2.155	+ 36 43 21	7.85	Lund 8542	+ 36.3619	
6338	Telescopium	6.2	32 19.0	4.806	− 54 38 41	7.86	Cordob. 26868		
6339	42 Aquilae	*5.7*	e 32 28.9	+ 3.177	− 4 52 14	7.87	Cordob. 26887	− 4.4861	
6340	61 σ Draconis	4.9	e 32 30.8	− 0.216	+ 69 30 9	7.88	Christ. 3041	+ 69.1053	
6341*	4 ε Sagittae	5.7	19 32 45.7	+ 2.715	+ 16 14 18	+ 7.90	Berl. A. 7567	+ 16.3918	$O\Sigma^2$ 185; Σ^1 [2325; Hh627
6342	Sagittarius	6.4	33 6.8	4.091	− 39 39 32	7.92	Cordob. 26890		
6343	Cygnus	5.4	33 32.3	1.868	+ 44 28 26	7.96	Bonn 13199	+ 44.3185	
6344	13 ϑ Cygni	4.6	e 33 45.6	1.608	+ 49 59 22	8.22	**Fd. K. 498**	+ 49.3062	β 1131
6345	53 Sagittarii	6.3	e 33 49.0	3.610	− 23 39 19	7.98	Cordob. 26915		λ 389
6346	Cygnus	6.5	33 58.8	2.221	+ 34 47 48	8.00	Leid. 7511	+ 34.3637	G
6347	Sagittarius	6.1	34 6.5	3.610	− 23 39 28	8.00	Cordob. 26921		
6348*	*R* Cygni	var.	34 8.1	1.613	+ 49 58 29	8.01	II. Ten. Y.C. 5041	+ 49.3062	
6349	44 σ Aquilae	5.3	34 15.6	2.962	+ 5 10 12	8.02	Leipz. II. 9427	+ 5.4225	h 2886
6350	Sagitta	6.5	19 34 53.9	+ 2.714	+ 16 20 33	+ 8.07	Berl. A. 7591	+ 16.3936	Σ^1 2332 RG

Nr. 6308. Σ^1 2310, Hptst. rötlichgelb, Begl. 5.7^m blau; d = 34″.3, p = 55° 44″. Schöner Farbenkontrast. β Cygni = ***Albireo.***

Nr. 6332. $O\Sigma^2$ 186, Hptst. golden, Begl. 7.2^m blau; d = 77″, p = 287°.

Nr. 6341. $O\Sigma^2$ 185, Begl. 7.8^m; d = 92″, p = 81°.

Nr. 6348. Var. Max. 5.9—8 om, Min. $< 14^m$; P = 426^d.

Kat. Nr.	Bezeichnung des Sternes	Gr.	Mittl. A. R. für 1900.0	Jährl. Veränd.	Mittl. Dekl. für 1900.0	Jährl. Veränd.	Nachweis	B. D.	Bemerkungen
			h m s	s	° ′ ″	″		°	
6351*	54 e^1 Sagittarii	5.5	e 19 34 59.6	+ 3.435	− 16 31 20	+ 8.07	Cordob. 26949	− 16.5399	h 599 R
6352	12 φ Cygni	4.8	e 35 25.6	2.369	+ 29 55 21	8.11	Camb. E. 10234	+ 29.3684	
6353	45 Aquilae	*5.5*	35 34.2	3.091	− 0 51 11	8.12	Cordob. 26965	− 0.3813	h 2888
6354	5 α Sagittae	4.5	35 37.6	2.681	+ 17 47 1	8.13	Berl. A. 7607	+ 17.4042	
6355	Cygnus	6.3	35 59.2	2.257	+ 33 44 52	8.16	Leid. 7545	+ 33.3547	
6356	14 Cygni	5.7	e 36 11.2	1.951	+ 42 35 12	8.17	Bonn 13240	+ 42.3413	
6357	Cygnus	6.1	36 26.2	1.347	+ 54 44 18	8.19	Camb. U. S. 6124	+ 54.2193	
6358	Aquila	6.1	36 27.8	2.777	+ 13 35 0	8.19	Leipz. I. 7396	+ 13.4098	
6359	Cygnus	6.3	36 32.5	1.822	+ 45 43 31	8.20	Bonn 13250	+ 45.2940	
6360	6 β Sagittae	4.6	e 36 33.4	2.694	+ 17 14 41	8.20	Berl. A. 7616	+ 17.4048	
6361	55 e^2 Sagittarii	5.2	19 36 47 9	+ 3.430	− 16 21 30	− 8.22	Cordob. 26989	− 16.5413	β 1288
6362	Sagittarius	6.1	36 56.9	4.017	− 37 46 27	8.23	Cordob. 26987		
6363	Vulpecula	6.5	36 57.1	2.575	+ 22 13 10	8.23	Berl. B. 7205	+ 22.3767	G
6364	Cygnus	6.3	37 26.7	1.943	+ 42 50 40	8.27	Bonn 13266	+ 42.3419	G
6365	Octans	6.3	37 36.6	11.317	− 81 36 1	8.28	**S. P. C. „U.“**		
6366	Cygnus	5.3	e 37 44.9	1.843	+ 45 17 14	8.30	Bonn 13272	+ 45.2949	
6367	Sagittarius	5.5	e 37 51.0	3.416	− 15 42 3	8.30	Cordob. 27016	− 15.5444	
6368*	47 χ Aquilae	5.4	37 51.6	2.823	+ 11 35 28	8.30	Leipz. I. 7421	+ 11.3955	$O\Sigma$ 380
6369	Pavo	5.5	e 37 53.3	6.984	− 72 44 50	8.34	**S. Fd. K. 383**		
6370	Cygnus	6.5	38 32.5	2.052	+ 40 1 3	8.36	Lund 8638	+ 39.3878	
6371	Cygnus	6.2	19 38 53.7	+ 2.308	+ 32 11 22	+ 8.39	Leid. 7590	+ 32.3531	
6372*	16 c Cygni	6.3	e 39 9.7	1.611	+ 50 17 38	8.41	Camb. U. S. 6149	+ 50.2847	Σ^1 2348
6373	Cygnus	6.3	39 13.6	2.360	+ 30 26 22	8.41	Leid. 7592	+ 30.3706	
6374	10 Vulpeculae	5.6	39 33.4	2.493	+ 25 31 57	8.44	Camb. E. 10326	+ 25.3933	
6375	Sagittarius	5.5	e 39 38.4	3.832	− 32 9 0	8.41	**S. Fd. K. 384**		
6376	Cygnus	6.4	39 50.2	2.458	+ 26 53 46	8.46	Camb. E. 10331	+ 26.3654	β 658
6377	Cygnus	6.4	39 51.3	1.327	+ 55 13 38	8.46	Hels. 10720	+ 55.2245	G
6378	ν Telescopii	5.6	e 39 51.3	4.915	− 56 36 10	8.31	**S. Fd. K. 385**		
6379	48 ψ Aquilae	6.5	39 55.2	2.792	+ 13 3 46	8.47	Leipz. 7440	+ 12.4059	
6380	Cygnus	6.4	40 5.6	2.258	+ 33 55 22	8.48	Leid. 7609	+ 33.3572	
6381	Cygnus	5.9	19 40 24.8	+ 2.000	+ 41 31 58	+ 8.51	Bonn 13325	+ 41.3469	
6382	56 f Sagittarii	5.1	e 40 31.8	3.502	− 20 0 5	8.44	**Fd. K. s. 249**	− 20.5698	R
6383	Aquila	6.5	40 38.5	3.139	− 3 7 33	8.53	Cordob. 27081	− 3.4701	
6384	15 Cygni	5.0	e 40 40.2	2.164	+ 37 6 45	8.57	**Fd. K. 499**	+ 37.3586	
6385	49 υ Aquilae	6.2	40 48.0	2.916	+ 7 22 14	8.54	Leipz. II. 9520	+ 7.4210	
6386	Cygnus	6.5	40 52.9	2.252	+ 34 10 22	8.55	Leid. 7615	+ 34.3691	G
6387	Cygnus	6.5	41 17.3	1.157	+ 57 46 41	8.58	Hels. 10741	+ 57.2057	
6388	Cygnus	6.5	41 25.4	2.042	+ 40 28 32	8.59	Bonn 13345	+ 40.3866	G
6389	Pavo	6.4*	41 26.9	5.767	− 65 50 54	8.59	Cordob. 27074		OR
6390*	50 γ Aquilae	3.1	41 30.3	2.851	+ 10 22 10	8.60	**Fd. K. 277**	+ 10.4043	Σ^1 2351 G
6391	Pavo	6.4	19 41 36.9	+ 5.279	− 61 18 36	+ 8.60	Cordob. 27083		
6392	Cygnus	6.5	41 37.1	1.227	+ 56 48 2	8.60	Hels. 10747	+ 56.2291	
6393*	18 δ Cygni	3.2	e 41 51.0	1.875	+ 44 53 11	8.66	**Fd. K. 278**	+ 44.3234	Σ 2579
6394	Cygnus	6.3	42 7.6	2.235	+ 34 46 8	8.64	Leid. 7631	+ 34.3701	$O\Sigma^2$ 191; Σ^1
6395*	Pavo	5.5	42 15.9	5.116	− 59 26 34	8.65	Cordob. 27100		I. 121 [2357
6396	Sagittarius	6.1	42 25.8	3.372	− 13 56 59	8.67	Cordob. 27114	− 14.5555	
6397*	17 χ Cygni	5.1	e 42 37.8	2.275	+ 33 29 54	8.68	Leid. 7636	+ 33.3587	Σ 2580
6398	Cygnus	6.3	42 43.7	2.301	+ 32 38 35	8.69	Leid. 7641	+ 32.3558	Σ^1 2360 G
6399	Sagittarius	6.3*	42 55.5	4.400	− 47 48 24	8.71	Cordob. 27115		R
6400	7 δ Sagittae	3.9	e 42 55.7	2.673	+ 18 17 15	8.74	**Fd. K. 279**	+ 18.4240	G
6400a	Sagittarius	6.1	19 42 57.0	+ 3.741	− 29 2 3	+ 8.71	Cordob. 27120		

Nr. 6351. h 599, Begl. 8m; d=45″, p=42°.
Nr. 6368. $O\Sigma$ 380, Begl. 7.2m; d=0″.6, p=70°.
Nr. 6372. Σ^1 2348, Begl. 6.3m; d=37″, p=136°.
Nr. 6390. γ Aquilae = ***Tarazed.***

Nr. 6393. Σ 2579, Hptst. grünlich, Begl. 7.9m grau; d=1″.5, p=290°.
Nr. 6395. I. 121, Begl. 7.7m; d=0″.7, p=80°.
Nr. 6397. Σ 2580, Begl. 8.1m bläulich; d=26″, p=73°.

Kat. Nr.	Bezeichnung des Sternes	Gr.	Mittl. A. R. für 1900.0	Jährl. Veränd.	Mittl. Dekl. für 1900.0	Jährl. Veränd.	Nachweis	B. D.	Bemerkungen
			h m s	s	° ′ ″	″		°	
6401	Aquila	*6.4*	19 43 31.3	+ 3.310	− 11 7 9	+ 8.75	Cordob. 27134	− 11.5131	
6402	Vulpecula	6.1	43 36.9	2.508	+ 25 8 13	8.76	Camb. E. 10418	+ 25.3972	
6403	Cygnus	6.1	43 54.9	2.128	+ 38 9 35	8.78	Lund 8714	+ 38.3758	
6404*	52 π Aquilae	5.8	43 59.4	+ 2.827	+ 11 34 0	8.79	Leipz. I. 7488	+ 11.3994	Σ 2583
6405	Draco	6.2	44 26.9	− 0.070	+ 69 5 34	8.83	Christ. 3079	+ 68.1079	
6406	Cygnus	6.2	44 31.7	+ 1.756	+ 47 39 38	8.83	Bonn 13411	+ 47.2916	G
6407*	8 ζ Sagittae	5.3	44 32.3	2.662	+ 18 53 28	8.83	Berl. A. 7712	+ 18.4254	Σ 2585
6408*	Telescopium	5.3	44 39.7	4.801	− 55 13 31	8.84	Cordob. 27144		Δ 227
6409	Sagittarius	5.2	45 3.2	4.083	− 40 7 39	8.87	Cordob. 27165		
6410	51 Aquilae	*5.6*	e 45 16.7	3.302	− 11 1 2	8.95	**Fd. K. s. 250**	− 11.5149	
6411*	53 α Aquilae	1.2	e 19 45 54.2	+ 2.927	+ 8 36 14	+ 9.32	**Fd. K. 280**	+ 8.4236	Σ1 2367
6412	Cygnus	6.2	45 55.2	2.122	+ 38 27 31	8.94	Lund 8742	+ 38.3772	
6413	Pavo	6.2	45 56.7	5.268	− 61 25 44	8.96	**S. Fd. K. 387**		
6414	Aquila	*6.4*	45 58.4	3.130	− 2 42 49	8.95	Cordob. 27194	− 2.5133	G
6415	54 ο Aquilae	5.2	e 46 13.9	2.858	+ 10 9 58	8.97	Leipz. I. 7515	+ 10.4073	
6416	57 Sagittarii	6.0	e 46 23.3	3.491	− 19 17 57	8.98	Cordob. 27200	− 19.5631	
6417	Draco	6.5	46 37.6	0.088	+ 68 11 17	9.00	Christ. 3088	+ 68.1082	
6418*	χ Cygni	var.	46 43.5	2.307	+ 32 39 41	9.00	Leid. 7707	+ 32.3593	R
6419	12 Vulpeculae	5.1	46 45.7	2.582	+ 22 21 20	9.01	Berl. B. 7316	+ 22.3833	
6420	19 Cygni	5.2	e 47 1.4	2.125	+ 38 27 52	9.03	Lund 8761	+ 38.3780	G
6421	Cygnus	6.4	19 47 11.2	+ 2.155	+ 37 34 17	+ 9.04	Lund 8764	+ 37.3636	RG
6422	Cygnus	5.8	47 11.5	2.059	+ 40 20 42	9.04	Bonn 13451	+ 40.3902	
6423*	55 η Aquilae	var.	47 22.7	3.055	+ 0 44 56	9.05	**Fd. K. 281**	+ 0.4337	
6424	Aquila	6.4	47 23.3	2.833	+ 11 23 0	9.06	Leipz. I. 7523	+ 11.4019	
6425	Sagittarius	6.4	47 27.9	3.389	− 14 51 33	9.06	Cordob. 27223	− 14.5578	
6426	Vulpecula	5.7	47 49.2	2.524	+ 24 44 6	9.09	Berl. B. 7328	+ 24.3914	
6427	9 Sagittae	6.5	47 54.2	2.676	+ 18 24 54	9.10	Berl. A. 7751	+ 18.4276	
6428	Aquila	*5.6*	48 4.4	3.142	− 3 22 24	9.11	Cordob. 27242	− 3.4742	
6429	20 d Cygni	5.1	e 48 7.3	1.508	+ 52 44 4	9.11	Camb. U. S. 6229	+ 52.2547	
6430*	Sagittarius	6.3	e 48 18.6	3.607	− 24 11 16	9.13	Cordob. 27244		h 2904
6431	Cygnus	6.4	19 48 20.3	+ 1.791	+ 47 7 12	+ 9.13	Bonn 13477	+ 47.2937	
6432	Pavo	5.8	48 21.2	6.244	− 69 25 31	9.13	Cordob. 27219		
6433	ι Sagittarii	4.3	e 48 21.8	+ 4.147	− 42 7 51	9.20	**S. Fd. K. 388**		
6434*	63 ε Draconis	4.0	e 48 30.7	− 0.186	+ 70 0 47	9.16	**Fd. K. 282**	+ 69.1070	Σ 2603
6435	Cygnus	6.3	48 35.9	+ 2.203	+ 36 10 27	9.15	Lund 8793	+ 36.3744	G
6436	Pavo	6.5	48 40.6	6.175	− 69 1 32	9.16	Cordob. 27224		
6437	Sagittarius	6.4	48 40.8	3.855	− 33 18 26	9.16	Cordob. 27250		
6438	Pavo	5.3	48 42.5	5.065	− 59 9 51	9.16	Cordob. 27237		
6439*	56 Aquilae	6.0	48 42.7	3.258	− 8 50 2	9.16	W.-Ott. 6968	− 8.5150	h 900
6440	Cygnus	5.8	48 58.2	1.808	+ 46 46 8	9.18	Bonn 13487	+ 46.2793	
6441	ε Pavonis	4.0	e 19 49 1.8	+ 7.016	− 73 10 27	+ 9.05	**S. Fd. K. 389**		
6442	Cygnus	6.1	49 10.4	1.768	+ 47 40 25	9.19	Bonn 13491	+ 47.2939	
6443	13 Vulpeculae	4.8	e 49 12.6	2.548	+ 23 49 6	9.20	Berl. B. 7341	+ 23.2820	σ 649
6444*	57 Aquilae	*5.4*	49 12.8	3.250	− 8 29 16	9.20	W.-Ott. 6970	− 8.5154	Σ 2594
6445	59 ξ Aquilae	4.8	e 49 24.0	2.902	+ 8 12 11	9.21	Leipz. II. 9651	+ 8.4261	
6446	58 Aquilae	*5.7*	49 37.4	3.072	+ 0 0 45	9.23	Cordob. 27275	− 0.3871	
6447	58 ω Sagittarii	4.8	e 49 42.4	3.665	− 26 33 56	9.24	Cordob. 27272		
6448	Aquila	6.4	49 47.2	2.930	+ 6 52 42	9.24	Leipz. II. 9655	+ 6.4351	β 659
6449*	Aquila	6.4	49 57.8	3.218	− 6 59 45	9.26	W.-Ott. 6979	− 7.5102	Σ 2597
6450	Vulpecula	5.8	e 19 50 16.5	+ 2.544	+ 24 3 25	+ 9.28	Berl. B. 7349	+ 23.3829	

Nr. 6404. Σ 2583, Begl. 6.8m; d = 1″.5, p = 121°.

Nr. 6407. Σ 2585, Hptst. grünlich, Begl. 8.8m blau; d = 8″.7, p = 310°.

Nr. 6408. Δ 227, Begl. 6.9m grünlich; d = 23″, p = 150°.

Nr. 6411. α Aquilae = ***Athair.***

Nr. 6418. Var. Max. 4.0—6.5m, Min. 13.5m; P = 406d mit periodischen Abweichungen.

Nr. 6423. Var. Max. 3.7m, Min. 4.7m; P = 7d 4h 14m.

Nr. 6430. h 2904, Begl. 9.8m; d = 15″, p = 120°. p nimmt ab, ebenso d (1911. $d_{min.}$ = 14″).

Nr. 6434. Σ 2603, Begl. 7 6m blau; d = 2″.8, p = 354°

Nr. 6439. h 900, Begl. 6.2m; d = 36″, p = 171°.

Nr. 6444. Σ 2594, Begl. 6.2m bläulichgrün; 35″ südl.

Nr. 6449. Σ 2597, Begl. 7.3m, d = 1″.7, p = 90°.

Kat. Nr.	Bezeichnung des Sternes	Gr.	Mittl. A. R. für 1900.0	Jährl. Veränd.	Mittl. Dekl. für 1900.0	Jährl. Veränd.	Nachweis	B. D.	Bemerkungen
			h m s	s	° ′ ″	″		°	
6451*	60 β Aquilae	3.9	e 19 50 24.0	+ 2.946	+ 6 9 25	+ 8.82	**Fd. K. 283**	+ 6.4357	Σ¹ 8228
6452	μ¹ Pavonis	5.7	50 39.4	5.890	— 67 12 40	9.31	Cordob. 27273		
6453	59 b¹ Sagittarii	4.6	50 48.7	3.686	— 27 26 6	9.32	Cordob. 27289		R
6454	Sagittarius	6.4	51 0.7	4.007	— 38 19 19	9.34	Cordob. 27292		
6455	Cygnus	6.0	51 9.0	2.190	+ 36 43 55	9.35	Lund 8830	+ 36.3766	
6456	23 Cygni	5.3	51 14.2	1.234	+ 57 15 39	9.35	Hels. 10891	+ 57.2084	
6457*	10 S Sagittae	var.	51 28.7	2.726	+ 16 22 11	9.38	Berl. A. 7797	+ 16.4067	
6458	61 φ Aquilae	5.4	51 30.0	2.840	+ 11 9 28	9.38	Leipz. I. 7562	+ 11.4055	
6459	Cygnus	6.3	51 48.0	1.073	+ 59 26 38	9.40	Hels. 19898	— 59.2137	OΣ² 194
6460	μ² Pavonis	5.2	52 8.8	5.882	— 67 12 50	9.43	Cordob. 27299		R
6461	61 g Sagittarii	5.1	e 19 52 16.7	+ 3.406	— 15 45 22	+ 9.43	Cordob. 27321	— 15.5516	
6462	22 Cygni	5.1	52 17.3	2.144	+ 38 13 15	9.44	Lund 8844	+ 38.3817	
6463	21 η Cygni	4.2	52 33.4	2.253	+ 34 49 4	9.46	Leid. 7786	+ 34.3798	h 1455; β 980
6464	Sagittarius	6.2	52 38.9	3.776	— 30 48 20	9.47	Cordob. 27326		
6465	60 A Sagittarii	4.9	52 51.7	3.659	— 26 28 0	9.48	Cordob. 27332		
6466	Cygnus	6.2	53 2.3	2.218	+ 35 58 59	9.49	Lund 8860	+ 35.3878	
6467	Telescopium	6.2	53 2.6	4.459	— 49 37 20	9.50	Cordob. 27329		
6468*	24 ψ Cygni	5.1	e 53 2.7	1.550	+ 52 10 23	9.45	**Fd. K. 285**	+ 52.2572	Σ 2625
6469	11 Sagittae	5.7	53 13.0	2.724	+ 16 31 11	9.51	Berl. A. 7819	+ 16.4081	
6470	ϑ¹ Sagittarii	4.3	e 53 13.7	3.910	— 35 32 48	9.47	**S. Fd. K. 390**		
6471	Pavo	4.9	19 53 19.4	+ 5.083	— 59 38 52	+ 9.52	Cordob. 27330		
6472	ϑ² Sagittarii	5.3	53 21.7	3.895	— 34 58 1	9.52	Cordob. 27346		R
6473	Cygnus	6.2	53 23.0	1.191	+ 57 59 10	9.52	Hels. 10922	+ 57.2092	
6474	Sagittarius	6.1	53 37.8	3.991	— 37 58 24	9.54	Cordob. 27354		R
6475	Sagittarius	5.8	53 43.6	4.265	— 45 23 8	9.55	Cordob. 27352		
6476	Cygnus	5.7	53 45.4	2.083	+ 40 5 56	9.55	Lund 8873	+ 39.3968	
6477	Sagittarii	5.6	53 53.5	3.869	— 33 57 54	9.56	Cordob. 27363		
6478	Cygnus	5.1	54 0.9	1.150	+ 58 34 44	9.57	Hels. 10935	+ 58.2013	Krüger 48 G
6479	Cygnus	6.4	54 8.6	1.304	+ 56 25 6	9.58	Hels. 10939	+ 56.2331	
6480	Aquila	6.4	54 17.6	3.050	+ 1 6 14	9.59	Nic. 5027	+ 0.4375	
6481	12 γ Sagittae	3.8	e 19 54 18.6	+ 2.666	+ 19 13 14	+ 9.63	**Fd. K. 286**	+ 19.4229	G
6482	Aquila	*6.0*	e 54 21.5	3.284	— 10 13 0	9.60	Cordob. 27379	— 10.5238	
6483	Sagittarius	6.5	54 38.3	4.096	— 41 5 14	9.62	Cordob. 27378		
6484	Cygnus	5.7	54 40.0	2.376	+ 30 42 44	9.62	Leid. 7819	+ 30.3837	
6485	14 Vulpeculae	5.8	e 54 53.2	2.579	+ 22 49 44	9.64	Berl. B. 7397	+ 22.3872	
6486	Cygnus	6.5	54 58.1	2.163	+ 37 50 3	9.64	Lund 8899	+ 37.3703	
6487	Sagittarius	6.1	55 27.4	3.570	— 23 0 44	9.68	Cordob. 27406		R
6488	Pavo	6.5*	e 55 28.8	5.911	— 67 34 36	9.68	Cordob. 27380		
6489	13 Sagittarii	5.5	55 32.3	2.709	+ 17 14 37	9.69	Berl. A. 7842	+ 17.4183	G
6490	Aquila	6.0	56 8.8	2.903	+ 8 16 58	9.73	Leipz. II. 9754	+ 8.4300	G
6491	Cygnus	6.2	19 56 12.0	+ 1.884	+ 45 29 58	+ 9.74	Bonn 13631	+ 45.3025	
6492	25 Cygni	5.4	56 15.2	2.200	+ 36 46 7	9.74	Lund 8916	+ 36.3806	
6493	63 Sagittarii	5.7	56 22.5	3.362	— 13 54 51	9.78	**Fd. K. s. 252**	— 14.5618	G
6494	62 c Sagittarii	4.6	56 30.6	3.693	— 27 59 16	9.78	**S. Fd. K. 391**		R
6495	Cygnus	6.4	56 36.3	1.591	+ 51 46 53	9.77	Camb. U. S. 6302	+ 51.2728	
6496	Sagittarius	5.0	56 54.8	3.992	— 38 13 3	9.79	Cordob. 27440		R
6497	15 Vulpeculae	4.9	56 58.9	2.466	+ 27 28 37	9.80	Camb. E. 10726	+ 27.3587	
6498	Draco	6.4	57 13.8	0.759	+ 63 15 40	9.82	Hels. 10984	+ 63.1584	
6499	Vulpecula	6.2	57 30.5	2.541	+ 24 31 22	9.84	Berl. B. 7429	+ 24.3975	
6500	Cygnus	6.4	19 57 34.8	+ 2.201	+ 36 49 13	+ 9.84	Lund 8937	+ 36.3820	

Nr. 6451. β Aquilae = ***Alschain.***

Nr. 6457. Var. Max. 5.6m, Min. 6.4m; P = 8d.4.

Nr. 6468. Σ 2625, Begl. 7.5m; d = 3″.3, p = 185°.

Kat. Nr.	Bezeichnung des Sternes	Gr.	Mittl. A. R. für 1900.0	Jährl. Veränd.	Mittl. Dekl. für 1900.0	Jährl. Veränd.	Nachweis	B. D.	Bemerkungen
			h m s	s	° ′ ″	″		°	
6501*	16 Vulpeculae	5.4	e 19 57 46.8	+ 2.538	+ 24 39 27	+ 9.86	Berl. B. 7430	+ 24.3977	OΣ 395
6502	Sagittarius	6.5	57 48.8	3.563	— 22 52 34	9.86	Cordob. 27461	— 22.5318	
6503	Sagittarius	5.1	57 59.2	3.810	— 32 20 12	9.87	Cordob. 27463		h 5165 R
6504*	26 *e* Cygni	5.1	58 31.7	1.697	+ 49 49 36	9.91	Bonn 13685	+ 49.3158	OΣ² 197; Σ¹
6505	Aquila	6.5	58 38.2	3.231	— 7 44 59	9.92	W.-Ott. 7051	— 7.5159	[2408 G
6506	Sagitta	6.2	58 47.2	2.691	+ 18 13 16	9.93	Berl. A. 7884	+ 18.4365	OΣ 396 G
6507	δ Pavonis	3.6	e 58 55.1	5.927	— 66 26 13	8.80	**S. Fd. K. 393**		R
6508	14 Sagittae	5.7	58 55.5	+ 2.745	+ 15 45 2	9.94	Berl. A. 7888	+ 15.4033	
6509	Draco	6.4	58 56.4	— 0.133	+ 70 5 20	9.95	Christ. 3121	+ 69.1084	
6510	Sagittarius	6.4	59 9.5	+ 3.833	— 33 16 59	9.96	Cordob. 27486		R
6511	62 Aquilae	*5.9*	e 19 59 14.0	+ 3.093	— 0 59 14	+ 9.97	Cordob. 27497	— 1.3887	
6512	63 τ Aquilae	5.9	e 59 15.3	2.931	+ 6 59 44	9.97	Leipz. II. 9783	+ 6.4416	G
6513	Cygnus	6.0	e 59 29.3	2.413	+ 29 38 0	9.99	Camb. E. 10780	+ 29.3872	
6514	Aquila	6.5	59 34.2	3.317	— 11 52 56	9.99	Cordob. 27502	— 12.5641	Hh 659
6515	15 Sagittae	5.7	e 59 37.5	2.723	+ 16 48 9	10.00	Berl. A. 7897	+ 16.4121	
6516	Telescopium	6.5*	59 42.7	4.746	— 55 18 12	10.01	Cordob. 27495		
6517	ξ Telescopii	4.8	e 59 43.5	4.612	— 53 10 1	10.02	**S. Fd. K. 394**		
6518	Sagittarius	6.4	19 59 52.8	3.339	— 12 56 51	10.02	Cordob. 27505	— 13.5569	
6519	64 *e* Draconis	5.3	20 0 25.0	0.644	+ 64 32 28	10.06	Hels. 11044	+ 64.1405	Hh 664 G
6520	Cygnus	5.9	0 41.0	2.352	+ 31 56 5	10.08	Leid. 7923	+ 31.3925	h 1471
6521	16 η Sagittae	5.0	e 20 0 43.4	+ 2.659	+ 19 42 12	+ 10.08	Berl. A. 7914	+ 19.4277	OΣ² 200
6522	65 Draconis	6.5	1 13.4	0.669	+ 64 21 6	10.12	Hels. 11057	+ 64.1407	
6523	Cygnus	6.3	1 29.4	1.794	+ 47 56 42	10.14	Bonn 13733	+ 47.3004	
6524	Cygnus	6.4	1 30.6	2.166	+ 38 11 22	10.14	Lund 8994	+ 38.3896	
6525	67 ϱ Draconis	4.7	2 22.1	0.283	+ 67 35 17	10.21	Christ. 3134	+ 67.1222	G
6526	Cygnus	6.2	e 2 24.2	1.623	+ 51 33 8	10.21	Camb. U. S. 6361	+ 51.2763	G
6527	69 Draconis	6.3	e 2 25.2	1.613	+ 76 12 12	10.21	Kas. 3415	+ 76.771	G
6528	17 Vulpeculae	5.3	2 35.6	2.577	+ 23 19 34	10.22	Berl. B. 7485	+ 23.3896	
6529	27 *b*¹ Cygni	5.6	e 2 39.1	2.247	+ 35 41 54	10.23	Lund 9016	+ 35.3959	GG
6530	64 Aquilae	6.0	e 2 51.8	3.092	— 0 57 56	10.24	Cordob. 27568	— 1.3899	Hh 666
6531	Pavo	6.5*	20 3 0.5	+ 4.898	— 57 48 58	+ 10.25	Cordob. 27553		
6532	Capricornus	6.2	3 3.2	3.282	— 10 21 7	10.26	Cordob. 27573	— 10.5285	
6533	Cygnus	6.4	3 5.1	1.367	+ 56 3 3	10.26	Hels. 11077	+ 55.2324	
6534*	Draco	6.5	3 29.2	0.761	+ 63 36 8	10.29	Hels. 11093	+ 63.1593	Σ 2640
6535	Aquila	6.5	3 32.9	2.736	+ 16 22 26	10.29	Berl. A. 7961	+ 16.4153	RG
6536	Octans	6.3	3 33.3	13.330	— 83 37 8	10.30	Cordob. 27498		
6537	Cygnus	6.0	e 3 35.5	1.559	+ 52 51 6	10.30	Camb. U. S. 6370	+ 52.2623	
6538	Cygnus	6.4	3 51.8	2.296	+ 34 7 58	10.32	Leid. 7967	+ 34.3881	
6539	66 Draconis	5.4	e 3 56.9	0.944	+ 61 42 17	10.32	Hels. 11100	+ 61.1970	G
6540	Draco	6.4	4 27.7	0.277	+ 67 44 22	10.36	Christ. 3139	+ 67.1226	
6541	Sagittarius	5.4	e 20 4 36.9	+ 3.914	— 36 20 30	+ 10.37	Cordob. 27600		h 5173 R
6542	Sagittarius	6.4	5 31.7	4.137	— 43 4 25	10.44	Cordob. 27622		R
6543	Pavo	6.4*	5 33.5	5.384	— 63 42 57	10.45	Cordob. 27609		
6544	28 *b*² Cygni	5.2	e 5 42.8	2.227	+ 36 32 42	10.46	Lund 9074	+ 36.3907	
6545	Capricornus	6.4	5 44.8	3.256	— 9 8 19	10.46	W.-Ott. 7103	+ 9.5382	
6546	65 ϑ Aquilae	*3.3*	6 8.7	3.095	— 1 7 6	10.50	**Fd. K. 287**	— 1.3911	Hh 672
6547	18 Vulpeculae	5.7	6 23.0	2.502	+ 26 36 27	10.51	Camb. E. 10942	+ 26.3815	
6548	1 Capricorni	6.4	6 25.4	3.328	— 12 41 22	10.51	Cordob. 27657	— 12.5664	
6549	Sagitta	6.5	6 39.3	2.640	+ 20 50 11	10.53	Berl. B. 7533	+ 20.4462	
6550	Telescopium	5.7	20 6 44.2	+ 4.567	— 52 44 40	+ 10.53	Cordob. 27647		R

Nr. 6501. OΣ 395, Begl. 6.2m; d=0″.7, p=100°.
Nr. 6604. OΣ² 197, Begl. 8.5m; d=42″, p=146°.
Nr. 6534. Σ 2640, Begl. 9.3m; d=4″, p=40°.

Kat. Nr.	Bezeichnung des Sternes	Gr.	Mittl. A. R. für 1900.0	Jährl. Veränd.	Mittl. Dekl. für 1900.0	Jährl. Veränd.	Nachweis	B. D.	Bemerkungen
			h m s	s	° ' ''	''		°	
6551	2 ξ Capricorni	5.8	e 20 6 51.2	+ 3.333	— 12 54 34	+ 10.54	Cordob. 27670	— 13.5608	
6552	Aquila	6.5	7 29.1	3.061	+ 0 34 6	10.59	Nic. 5090	+ 0.4444	Σ 2644 med.
6553	19 Vulpeculae	5.6	7 37.3	2.507	+ 26 30 38	10.60	Camb. E. 10974	+ 26.3825	G
6554	20 Vulpeculae	6.2	7 49.1	2.515	+ 26 10 48	10.61	Camb. E. 10981	+ 26.3828	
6555	66 Aquilae	*5.8*	8 4.0	3.099	— 1 18 33	10.63	Cordob. 27697	— 1.3920	G
6556	Capricornus	5.8	e 9 0.9	3.657	— 27 19 48	10.70	Cordob. 27708		
6557	Sagittarius	6.5	e 9 37.9	3.733	— 30 18 38	10.75	Cordob. 27726		
6558	67 ϱ Aquilae	5.1	e 9 38.9	2.773	+ 14 53 32	10.75	Leipz. I. 7801	+ 14.4227	
6559	Cygnus	6.2	9 44.8	1.671	+ 51 9 45	10.76	Camb. U. S. 6413	+ 51.2796	A. C. 17
6560	68 Draconis	5.9	e 9 56.2	0.972	+ 61 46 29	10.77	Hels. 11180	+ 61.1983	
6561	21 Vulpeculae	5.4	20 10 8.0	+ 2.464	+ 28 23 30	+ 10.78	Camb. E. 11028	+ 28.3675	
6562	30 o^1 Cygni	5.0	10 9.4	1.885	+ 46 30 47	10.79	Bonn 13920	+ 46.2881	
6563	Cygnus	6.2	10 20.8	2.020	+ 43 4 32	10.80	Bonn 13923	+ 42.3642	β 660 G
6564	31 o^2 Cygni	4.0	10 29.0	1.888	+ 46 26 16	10.81	**Fd. K. 288**	+ 46.2882	Hh 677 O
6565	29 b^3 Cygni	5.2	e 10 47.3	2.240	+ 36 29 59	10.83	Lund 9158	+ 36.3955	
6566	Capricornus	6.4	10 50.6	3.325	— 12 38 35	10.84	Cordob. 27770	— 12.5680	
6567	Vulpecula	5.0	11 1.6	2.542	+ 25 17 11	10.85	Camb. E. 11045	+ 25.4165	β 983
6568	33 Cygni	4.5	e 11 4.5	1.400	+ 56 15 41	10.91	**Fd. K. 500**	+ 56.2376	
6569	22 Vulpeculae	5.3	11 11.0	2.591	+ 23 12 11	10.86	Berl. B. 7591	+ 23.3944	
6570	Cygnus	6.0	11 30.8	2.332	+ 33 25 36	10.89	Leid. 8096	+ 33.3827	
6571	Cygnus	5.9	e 20 11 37.3	+ 1.102	+ 60 20 4	+ 10.89	Hels. 11204	+ 60.2099	
6572	23 Vulpeculae	4.6	e 11 37.5	2.488	+ 27 30 25	10.89	Camb. E. 11062	+ 27.3666	G
6573	Telescopium	6.5*	11 45.8	4.319	— 48 1 15	10.91	Cordob. 27779		R
6574	18 Sagittae	6.3	11 56.1	2.636	+ 21 17 31	10.92	Berl. B. 7598	+ 21.4130	
6575	Telescopium	6.3*	e 12 6.2	2.312	— 47 53 4	10.93	Cordob. 27788		
6576*	5 α^1 Capricorni	4.7	12 6.3	3.327	— 12 49 2	10.96	**Fd. K. 606**	— 12.5683	h607; $\Sigma^1$2444 [GO
6577	4 Capricorni	5.8	12 8.9	+ 3.528	— 22 7 8	10.90	**Fd. K. s. 256**	— 22.5384	
6578*	1 κ Cephei	4.6	12 15.6	— 1.945	+ 77 24 37	10.95	**Fd. K. 502**	+ 77.764	Σ 2675
6579	32 Cygni	4.2	12 22.9	+ 1.855	+ 47 24 23	10.95	Bonn 13975	+ 47.3059	Hh 681 G
6580	24 Vulpeculae	5.6	12 30.3	2.566	+ 24 21 46	10.93	**Fd. K. 501**	+ 24.4075	
6581	6 α^2 Capricorni	3.8	20 12 30.4	+ 3.330	— 12 51 18	+ 10.98	**Fd. K. 607**	— 12.5685	h608; $\Sigma^1$2445 [GR
6582	Cygnus	6.1	12 46.1	1.943	+ 45 16 24	10.98	Bonn 13983	+ 45.3119	
6583	Cygnus	5.3	e 13 21.8	2.134	+ 40 3 20	11.02	Lund 9206	+ 39.4114	β 661 G
6584	Vulpecula	6.4	13 25.7	2.458	+ 28 50 11	11.03	Camb. E. 11101	+ 28.3695	
6585*	7 σ Capricorni	5.5	13 37.4	3.466	— 19 25 50	11.04	Cordob. 27827	— 19.5776	Σ^1 2447 O
6586	Cygnus	6.5	14 3.7	2.055	+ 42 24 40	11.07	Bonn 14013	+ 42.3670	G
6587*	34 P Cygni	5.0	14 6.1	2.211	+ 37 43 19	11.08	Lund 9217	+ 37.3871	
6588*	Sagittarius	6.4	14 18.4	3.703	— 29 30 43	11.09	Cordob. 27847		h 5188
6589	Telescopium	6.5*	14 26.5	4.414	— 50 18 22	11.10	Cordob. 27842		
6590	Aquila	*6.3*	14 33.2	3.100	— 1 23 36	11.11	Cordob. 27859	— 1.3951	
6591	Cygnus	6.1	20 14 34.6	+ 2.125	+ 40 25 12	+ 11.11	Bonn 14024	+ 40.4103	Σ 2666
6592	36 Cygni	6.0	e 14 43.8	2.244	+ 36 41 11	11.12	Lund 9236	+ 36.3998	
6593	Delphinus	6.0	14 47.6	2.818	+ 12 54 13	11.13	Leipz. I. 7843	+ 12.4289	RG
6594	35 Cygni	5.3	14 48.6	2.303	+ 34 40 13	11.13	Leid. 8141	+ 34.3967	
6595	8 ν Capricorni	5.0	15 7.0	3.330	— 13 4 26	11.15	Cordob. 27872	— 13.5642	
6596	Capricornus	6.2	15 9.4	3.372	— 15 6 1	11.15	Cordob. 27873	— 15.5626	
6597	Delphinus	6.3	15 19.0	2.812	+ 13 14 0	11.16	Leipz. I. 7851	+ 13.4360	
6598*	9 β Capricorni	3.2	15 23.6	3.373	— 15 5 50	11.19	**Fd. K. 608**	— 15.5629	Hh 684
6599	$\varkappa^1$ Sagittari	5.5	e 15 40.3	4.089	— 42 21 53	11.08	**S. Fd. K. 396**		h 5190
6600	Delphinus	6.4	20 15 41.6	+ 2.791	+ 14 15 12	+ 11.19	Leipz. I. 7858	+ 14.4263	

Nr. 6576. α Capricorni = ***Gredi.***

Nr. 6578. Σ 2675, Begl. 8.0m blau; d = 7''.4, p = 124°.

Nr. 6585. Σ^1 2447, Begl. 9m; d = 54'', p = 176°.

Nr. 6587. Kepler sah diesen Stern 1600 3m. Im Jahre 1621 verschwand er; gelangte dann 1655 bis zur 3. Größe, um dann abermals zu verschwinden, 1665 tauchte er als Stern 5. Größe auf und blieb so bis heute.

Nr. 6588. h 5188, Begl. 9.2m; d = 4'', p = 60°.

Nr. 6598. Hh 684, Hptst. goldgelb, Begl. 6m blau; d = 205'', p = 267°.

Kat. Nr.	Bezeichnung des Sternes	Gr.	Mittl. A. R. für 1900.0	Jährl. Veränd.	Mittl. Dekl. für 1900.0	Jährl. Veränd.	Nachweis	B. D.	Bemerkungen
			h m s	s	° ′ ″	″		°	
6601	Aquila	6.1	20 15 48.8	+ 2.724	+ 17 28 43	+ 11.20	Berl. A. 8117	+ 17.4294	RG
6602*	Cygnus	5.9	15 56.7	1.485	+ 55 5 5	11.21	Camb. U.S. 6486	+ 54.2329	Σ 2671 med.
6603	Draco	6.2	16 30.6	0.524	+ 66 31 48	11.25	Christ. 3163	+ 66.1281	
6604	Octans	5.8	16 39.0	10.295	— 81 17 38	11.26	Cordob. 27836		h 5182
6605*	Cygnus	6.8	16 45.5	1.907	+ 46 31 16	11.27	Bonn 14073	+ 46.2910	
6606*	$\varkappa^2$ Sagittarii	5.5	17 5.4	4.094	— 42 44 38	11.29	Cordob. 27909		β 763
6607	Capricornus	6.3	17 34.3	3.266	— 9 58 27	11.33	Cordob. 27933	— 10.5369	
6608	α Pavonis	2.0	e 17 44.3	4.773	— 57 3 19	11.26	**S. Fd. K. 397**		
6609	25 Vulpeculae	5.9	17 45.5	2.579	+ 24 7 37	11.34	Berl. B. 7664	+ 23.3986	
6610	Cygnus	6.3	17 51.3	1.595	+ 53 16 41	11.35	Camb. U.S. 6508	+ 53.2384	β 663 G
6611	71 Draconis	5.9	20 17 56.6	+ 1.006	+ 61 56 22	+ 11.35	Hels. 11291	+ 61.2000	
6612	Delphinus	6.2	18 12.4	2.793	+ 14 13 50	11.37	Leipz. I. 7886	+ 14.4275	
6613	Aquila	5.5	18 13.4	2.976	+ 5 1 24	11.37	Alb. 7096	+ 4.4434	
6614	Cygnus	6.3	18 35.9	2.413	+ 30 56 43	11.40	Leid. 8184	+ 30.4005	
6615	37 γ Cygni	2.5	18 38.4	2.152	+ 39 56 12	11.42	**Fd. K. 289**	+ 39.4159	β665; $\Sigma^1$1466
6616	Cygnus	5.8	18 49.6	1.955	+ 45 28 24	11.42	Bonn 14120	+ 45.3152	
6617	Sagittarius	6.3*	19 7.4	4.032	— 41 7 2	11.44	Cordob. 27966		R
6618	Cygnus	6.1	19 12.5	2.128	+ 40 42 22	11.44	Bonn 14131	+ 40.4141	G
6619	Sagittarius	5.8	e 19 19.5	3.677	— 28 59 15	11.47	**S. Fd. K. 398**		
6620	Cygnus	6.4	e 19 28.8	2.062	+ 42 39 38	11.46	Bonn 14140	+ 42.3721	$O\Sigma^2$ 207
6621*	Aquila	6.5	20 19 31.8	+ 3.059	+ 0 44 41	+ 11.47	Nic. 5160	+ 0.4495	Σ 2677
6622	Aquila	6.5	19 36.7	3.053	+ 1 2 43	11.47	Nic. 5161	+ 0.4496	
6623	Draco	5.8	e 19 39.4	0.281	+ 68 33 37	11.48	Christ. 3165	+ 68.1121	Σ 2684
6624	Cygnus	5.8	19 46.3	0.860	+ 63 39 31	11.49	Hels. 11312	+ 63.1618	β 1134 G
6625	39 Cygni	4.6	19 52.0	2.392	+ 31 52 3	11.49	Leid. 8200	+ 31.4062	G
6626	Cygnus	6.1	19 59.9	2.243	+ 37 9 12	11.50	Lund 9333	+ 37.3916	
6627	Sagittarius	6.4	20 24.4	3.919	— 37 43 36	11.53	Cordob. 28001		Russel 32
6628	Aquila	6.3	20 29.6	3.133	— 3 7 28	11.54	Cordob. 28013	— 3.4888	
6629	Delphinus	6.5	20 55.5	2.885	+ 9 43 53	11.57	Leipz. II. 10069	+ 9.4526	G
6630	Vulpecula	5.8	21 15.2	2.652	+ 21 5 1	11.59	Berl. B. 7694	+ 20.4559	
6631	Delphinus	6.5	20 21 20.4	+ 2.809	+ 13 35 8	+ 11.60	Leipz. I. 7916	+ 13.4390	
6632	Octans	5.7	21 25.0	10.480	— 81 37 36	11.61	Cordob. 27956		
6633*	10 π Capricorni	5.1	21 35.8	3.439	— 18 32 22	11.62	Cordob. 28036	+ 18.5685	β 60
6634	Delphinus	6.5	21 49.1	2.740	+ 16 59 18	11.63	Berl. A. 8174	+ 16.4259	
6635	Microscopium	6.1	22 21.8	3.860	— 35 55 31	11.67	Cordob. 28048		
6636	Capricornus	6.4	23 5.5	3.385	— 16 4 21	11.72	Cordob. 28072	— 16.5609	
6637*	11 ϱ Capricorni	5.0	23 9.4	3.425	— 18 8 40	11.72	**Fd. K. 609**	— 18.5689	$\Sigma^1$2474; β61
6638	68 Aquilae	*6.1*	23 10.7	3.142	— 3 42 17	11.73	Cordob. 28079	— 3.4906	
6639	Delphinus	6.3	23 15.5	2.918	+ 8 6 22	11.73	Leipz. II. 10109	+ 7.4477	G
6640	Capricornus	6.2	23 39.3	3.526	— 22 43 23	11.76	Cordob. 28092	— 22.5442	
6641	40 Cygni	5.9	e 20 23 52.0	+ 2.224	+ 38 6 43	+ 11.78	Lund 9401	+ 37.3941	
6642	Cygnus	6.5	23 58.7	1.451	+ 56 18 31	11.79	Hels. 11372	+ 56.2421	Σ 2687
6643	43 Cygni	5.9	e 23 58.7	1.826	+ 49 3 3	11.79	Bonn 14244	+ 48.3128	
6644*	12 o Capricorni	5.6	e 24 9.9	3.443	— 18 54 50	11.80	Cordob. 28100	— 19.5831	Σ^1 2476
6645	69 Aquilae	*5.2*	24 25.3	3.133	— 3 13 5	11.82	Cordob. 28105	— 3.4918	
6646	Microscopium	6.1	24 49.4	3.683	— 29 26 51	11.85	Cordob. 28108		
6647	41 Cygni	4.3	25 18.6	2.450	+ 30 2 4	11.88	Camb. E. 11387	+ 29.4057	
6648	Capricornus	6.2	25 28.3	3.370	— 15 23 25	11.89	Cordob. 28122	— 15.5696	
6649	1 Delphini	6.2	25 30.6	2.872	+ 10 33 38	11.89	Leipz. II. 7952	+ 10.4303	β 63; β 297
6650	42 Cygni	6.1	20 25 31.6	+ 2.287	+ 36 7 14	+ 11.89	Lund 9425	+ 35.4141	

Nr. 6602. Σ 2671, Begl. 7.4m grau; d = 3″, p = 340°.

Nr. 6605. Dieser Stern ist in Arg. Ur. N. und bei Heiß 6. Größe. Bonn bezeichnet ihn mit 6.4m, die B. D. 6.5m, Harv. mit 6.23m; er ist daher hier mit aufgenommen.

Nr. 6606. β 763, Begl. 7.9m; d = 1″, p = 210°.

Nr. 6621. Σ 2677, Begl. 10.5m; d = 33″, p = 29°.

Nr. 6633. β 60, Begl. 8.8m; d = 3″.5, p = 146°.

Nr. 6637. Σ^1 2474, Begl. 7.6m; d = 3″, p = 173°.

Nr. 6644. Σ^1 2476, Begl. 7m; d = 22″, p = 240°.

Kat. Nr.	Bezeichnung des Sternes	Gr.	Mittl. A. R. für 1900.0	Jährl. Veränd.	Mittl. Dekl. für 1900.0	Jährl. Veränd.	Nachweis	B. D.	Bemerkungen
			h m s	s	° ′ ″	″		°	
6651	Pavo	6.1	20 25 56.6	+ 6.018	— 69 56 59	+ 11.93	Cordob. 28110		R
6652	Vulpecula	6.4	26 29.7	2.677	+ 20 16 3	11.96	Berl. B. 7746	+ 20.4602	
6653	Capricornus	6.2	26 55.2	3.579	— 25 16 52	11.99	Cordob. 28144		
6654	Capricornus	5.9	e 26 55.4	3.285	— 10 11 40	12.09	**Fd. K. s. 260**	— 10.5423	β 668
6655	Cygnus	6.1	26 57.2	1.500	+ 55 43 56	11.99	Hels. 11411	+ 55.2411	
6656	45 ω^1 Cygni	5.2	26 57.7	1.857	+ 48 36 55	11.99	Bonn 14316	+ 48.3142	β 669
6657	ν Microscopii	5.4	27 2.8	4.138	— 44 51 16	12.00	Cordob. 28141		
6658	Cygnus	6.4	27 11.3	2.278	+ 36 35 56	12.01	Lund 9455	+ 36.4105	A. C. 18 G
6659	φ^1 Pavonis	4.7	27 17.9	4.996	— 60 55 2	12.02	Cordob. 28140		Δ 233
6660	2 ϑ Cephei	4.4	e 27 54.2	1.012	+ 62 39 28	12.03	**Fd. K. 291**	+ 62.1821	
6661	Pavo	6.5*	20 28 1.6	+ 5.211	— 63 27 42	+ 12.07	Cordob. 28151		
6662	46 ω^2 Cygni	5.5	e 28 13.6	1.851	+ 48 52 58	12.08	Bonn 14347	+ 48.3154	Σ¹ 2491 G
6663	Microscopium	6.4	28 24.8	3.918	— 38 25 54	12.10	Cordob. 28170		
6664	2 ε Delphini	4.4	28 26.1	2.866	+ 10 57 47	12.08	**Fd. K. 290**	+ 10.4321	
6665	Cygnus	6.3	e 28 29.7	1.710	+ 51 58 7	12.10	Camb. U.S. 6620	+ 51.2882	
6666	Microscopium	6.4	28 37.5	3.709	— 30 48 54	12.11	Cordob. 28178		
6667	Capricornus	6.1	28 37.6	3.339	— 14 3 55	12.11	Cordob. 28183	— 14.5781	
6668	Microscopium	6.5	28 57.1	4.117	— 44 40 55	12.14	Cordob. 28182		
6669	ϱ Pavonis	5.0	e 29 12.3	5.063	— 61 52 24	12.11	**S. Fd. K. 399**		
6670	3 η Delphini	5.7	e 29 13.1	2.833	+ 12 41 2	12.15	Leipz. I. 8001	+ 12.4378	
6671	Cygnus	6.3	20 29 20.1	+ 1.471	+ 56 26 23	+ 12.16	Hels. 11451	+ 56.2444	G
6672	μ^1 Octantis	6.1	e 29 42.1	7.558	— 76 31 50	12.16	**S. Fd. K. 400**		
6673*	μ^2 Octantis	6.4	29 49.2	7.234	— 75 41 43	12.20	Cordob. 28171		Δ 232
6674	Capricornus	6.2	29 52.7	3.396	— 16 52 8	12.20	Cordob. 28206	— 17.6027	
6675	47 Cygni	4.8	30 3.8	+ 2.333	+ 34 54 30	12.21	Leid. 8316	+ 34.4079	RG
6676	Draco	6.5	30 26.5	— 0.224	+ 72 11 34	12.24	Greenw. (99) 4449	+ 72.957	G
6677	α Indi	3.2	e 30 32.1	+ 4.236	— 47 38 25	12.32	**S. Fd. K. 401**		h 5209
6678	4 ζ Delphini	4.8	30 37.9	2.802	+ 14 19 44	12.25	Leipz. I. 8016	+ 14.4353	
6679	Cygnus	6.0	30 38.3	1.964	+ 46 21 3	12.25	Bonn 14408	+ 46.2977	
6680	70 Aquilae	*5.3*	31 31.2	3.126	— 2 53 47	12.32	**Fd. K. s. 261**	— 3.4961	G
6681	φ^2 Pavonis	5.2	e 20 31 45.0	+ 4.965	— 60 52 44	+ 12.33	Cordob. 28236		R
6682	Capricornus	6.3	31 55.0	3.574	— 25 27 26	12.34	Cordob. 28256		
6683	Cygnus	6.4	31 55.7	1.748	+ 51 30 33	12.34	Camb. E. 6647	+ 51.2895	
6684	Aquila	6.0	32 10.7	3.077	— 0 15 2	12.36	Cordob. 28268	— 0.4056	
6685	υ Pavonis	5.3	32 47.0	5.561	— 67 6 47	12.40	Cordob. 28259		
6686	27 Vulpeculae	5.9	32 48.6	+ 2.558	+ 26 6 50	12.40	Camb. E. 11533	+ 25.4302	
6687	73 Draconis	5.4	32 49.8	— 0.742	+ 74 36 43	12.38	**Fd. K. 504**	+ 74.872	
6688*	6 β Delphini	4.0	e 32 51.5	+ 2.811	+ 14 14 50	12.38	**Fd. K. 292**	+ 14.4369	Σ2704; β151
6689	5 ι Delphini	5.6	33 2.0	2.868	+ 11 1 42	12.42	Leipz. I. 8043	+ 10.4339	
6690	71 Aquilae	*4.6*	33 10.4	3.099	— 1 27 16	12.43	Cordob. 28291	— 1.4016	β 672
6691	Delphinus	6.0	e 20 33 21.1	+ 2.734	+ 17 54 59	+ 12.44	Berl. A. 8297	+ 17.4370	RG
6692*	48 Cygni	6.0	e 33 27.8	2.437	+ 31 13 23	12.45	Leid. 8358	+ 31.4159	
6693	Cygnus	6.3	33 37.8	2.255	+ 37 58 50	12.46	Lund 9546	+ 37.4002	
6694	14 τ Capricorni	5.2	33 41.0	3.360	— 15 18 19	12.46	Cordob. 28298	— 15.5743	
6695	8 ϑ Delphini	5.7	34 0.8	2.832	+ 12 57 50	12.48	Leipz. I. 8051	+ 12.4411	G
6696	Aquila	6.2	34 1.1	3.123	— 2 45 53	12.48	Cordob. 28313	— 2.5328	
6697	29 Vulpeculae	5.0	34 3.2	2.674	+ 20 50 59	12.49	Berl. B. 7828	+ 20.4658	
6698	Microscopium	5.6	34 3.5	3.773	— 33 47 9	12.49	**S. Fd. K. 402**		
6699	28 Vulpeculae	5.2	34 10.5	2.612	+ 23 45 54	12.50	Berl. B. 7832	+ 23.4084	
6700	Vulpecula	6.1	20 34 12.7	+ 2.622	+ 23 19 46	+ 12.50	Berl. B. 7833	+ 23.4085	

Nr. 6673. Δ 232, Begl. 7.9m; d = 18″, p = 16°.

Nr. 6688. β 151, Begl. 6.1m; d = 0″.4, p = 20°. Σ 2704, Begl. 10m; d = 35″, p = 330°. Siehe Tabelle „Bahnen von Doppelsternen" Nr. 9.

Nr. 6692. Begl. 6.7m; d = 178″.1, p = 175°.

Kat. Nr.	Bezeichnung des Sternes	Gr.	Mittl. A. R. für 1900.0	Jährl. Veränd.	Mittl. Dekl. für 1900.0	Jährl. Veränd.	Nachweis	B. D.	Bemerkungen
			h m s	s	° ′ ″	″		s	
6701	Microscopium	6.3*	20 34 13.3	+ 4.039	− 42 45 1	+ 12.50	Cordob. 28307		h 5211
6702	Capricornus	6.3	e 34 13.9	3.541	− 24 8 34	12.50	Cordob. 28314		
6703	7 ϰ Delphini	5.2	e 34 16.3	2.913	+ 9 44 1	12.51	**Fd. K. 503**	+ 9.4600	$O\Sigma$ 533 R
6704	1 Aquarii	(5.4)	e 34 17.4	3.070	+ 0 8 5	12.50	Nic. 5234	− 0.4064	h 2984
6705	15 υ Capricorni	5.4	34 21.5	3.419	− 18 29 27	12.52	**Fd. K. 610**	− 18.5738	R
6706	Delphinus	6.3	34 26.7	+ 2.783	+ 15 29 12	12.51	Berl. A. 8306	+ 15.4220	
6707	75 Draconis	5.4	e 34 31.7	− 3.581	+ 81 4 50	12.52	Hamb. 277	+ 80.659	
6708	Capricornus	6.4	34 36.2	+ 3.605	− 26 59 52	12.52	Cordob. 28323		
6709	Microscopium	6.4*	34 43.0	4.028	− 42 29 13	12.53	Cordob. 28321		
6710	Vulpecula	6.4	34 44.1	2.662	+ 21 27 52	12.53	Berl. B. 7839	+ 21.4305	
6711	Cygnus	5.8	20 34 52.6	+ 2.471	+ 29 59 3	+ 12.54	Camb. E. 11572	+ 29.4121	G
6712	Capricornus	5.9	34 55.5	3.382	− 16 28 50	12.55	Cordob. 28335	− 16.5663	R
6713	9 α Delphini	4.1	34 59.6	2.786	+ 15 33 33	12.55	**Fd. K. 293**	+ 15.4222	h1554; S.C.C. [758
6714	Microscopium	5.9	35 11.4	+ 3.722	− 31 57 3	12.57	Cordob. 28337		
6715	74 Draconis	6.3	e 35 15.1	− 3.317	+ 80 44 30	12.57	Hamb. 278	+ 80.660	
6716	Capricornus	6.4	35 26.2	+ 3.589	− 26 21 15	12.58	Cordob. 28346		
6717	Cygnus	6.4	35 53.9	2.194	+ 40 13 31	12.61	Bonn 14505	+ 40.4266	$O\Sigma$ 410
6718	β Pavonis	3.5	e 35 57.0	5.460	− 66 33 45	12.60	**S. Fd. K. 403**		
6719	Microscopium	6.4	36 20.1	3.940	− 39 54 57	12.64	Cordob. 28361		
6720	Cygnus	6.3	36 27.3	2.487	+ 29 26 56	12.65	Camb. E. 11612	+ 29.4131	
6721	Cygnus	6.2	20 36 33.6	+ 2.102	+ 43 6 21	+ 12.66	Bonn 14519	+ 42.3818	
6722	10 Delphini	6.2	36 35.4	2.810	+ 14 13 37	12.66	Leipz. I. 8083	+ 14.4393	G
6723	η Indi	4.7	e 36 41.8	4.428	− 52 16 41	12.60	**S. Fd. K. 404**		
6724*	49 Cygni	5.7	36 59.7	2.427	+ 31 57 6	12.69	Leid. 8402	+ 31.4181	Σ 2716
6725	Delphinus	6.5	e 37 22.6	2.753	+ 17 9 45	12.71	Berl. A. 8329	+ 17.4382	
6726*	50 α Cygni	1.6	38 1.4	2.044	+ 44 55 22	12.76	**Fd. K. 294**	+ 44.3541	Σ^1 2512
6727	Cepheus	6.2	e 38 10.3	1.279	+ 60 8 32	12.77	Hels. 11574	+ 59.2272	
6728	Cygnus	5.9	38 19.8	2.166	+ 41 21 31	12.78	Bonn 14554	+ 41.3856	
6729	11 δ Delphini	4.6	e 38 47.4	2.800	+ 14 42 57	12.77	**Fd. K. 295**	+ 14.4403	
6730	51 Cygni	5.7	39 7.8	1.849	+ 49 58 51	12.83	Bonn 14570	+ 49.3353	β 675
6731	Capricornus	6.5	20 39 13.2	+ 3.614	− 27 36 34	+ 12.84	Cordob. 28437		
6732*	Cygnus	var.	39 29.3	2.348	+ 35 13 39	12.85	Lund 9620	+ 35.4324	
6733	Microscopium	5.4	39 49.3	3.920	− 39 33 43	12.88	Cordob. 28444		
6734	σ Pavonis	5.5	39 50.6	5.762	− 69 8 28	12.88	Cordob. 28430		
6735	Microscopium	6.4	39 56.6	3.831	− 36 28 55	12.89	Cordob. 28448		
6736	16 ψ Capricorni	4.2	e 40 10.6	3.558	− 25 37 49	12.74	**S. Fd. K. 405**		
6737	17 Capricorni	5.8	40 22.1	3.483	− 21 52 38	12.91	Cordob. 28462	− 22.5523	h 2994
6738	Cepheus	6.4	40 31.7	1.285	+ 60 14 29	12.92	Hels. 11596	+ 60.2154	
6739	30 Vulpeculae	5.1	e 40 32.9	2.598	+ 24 54 48	12.93	Berl. B. 7912	+ 24.4229	G
6740*	U Delphini	var.	e 40 53.5	2.746	+ 17 43 35	12.95	Berl. A. 8370	+ 17.4401	RG
6741*	52 Cygni	4.4	20 41 32.1	+ 2.476	+ 30 21 16	+ 12.99	Leid. 8458	+ 30.4167	Σ 2726
6742	ι Microscopii	5.0	e 41 42.5	4.082	− 44 21 11	12.89	**S. Fd. K. 406**		
6743	Cepheus	6.1	41 46.4	1.557	+ 56 7 30	13.01	Hels. 11610	+ 55.2462	RG
6744	Aquarius	6.3	41 51.6	3.124	− 2 51 9	13.01	Cordob. 28506	− 3.5018	GR
6745	4 Cephei	5.8	41 56.1	0.757	+ 66 17 37	13.02	Christ. 3222	+ 66.1318	
6746*	12 γ Delphini	4.2	e 42 1.1	2.782	+ 15 45 49	12.83	**Fd. K. 296**	+ 15.4255	Σ 2727
6747	53 ε Cygni	2.7	e 42 9.9	2.426	+ 33 35 44	13.37	**Fd. K. 298**	+ 33.4018	$\Sigma^1$2521; β676
6748	2 ε Aquarii	3.6	42 15.8	3.249	− 9 51 43	13.01	**Fd. K. 297**	− 10.5506	
6749	3 k Aquarii	*4.8*	42 27.7	3.168	− 5 23 37	13.05	Cordob. 28517	− 5.5378	G
6750	ζ Indi	4.9	20 42 36.1	+ 4.146	− 46 35 49	+ 13.06	Cordob. 28510		

Nr. 6724. Σ 2716, Begl. 8.1m blau; d = 2″.7, p = 49°.

Nr. 6726. α Cygni = ***Deneb.***

Nr. 6732. Var. Max. 6.4m, Min. 7.2—7.7m; P = 16d.4.

Nr. 6740. Var. Max. 6.4m, Min. 7.3m; P unregelmäßig.

Nr. 6741. Σ 2726, Begl. 9.3m; d = 6″.6, p = 57°.

Nr. 6746. Σ 2727, Hptst. goldgelb, Begl. 5.0m bläulichgrün; d = 12″, p = 274°.

Kat. Nr.	Bezeichnung des Sternes	Gr.	Mittl. A. R. für 1900.0	Jährl. Veränd.	Mittl. Dekl. für 1900.0	Jährl. Veränd.	Nachweis	B. D.	Bemerkungen
			h m s	s	° ′ ″	″		°	
6751*	13 Delphini	5.7	20 42 51.1	+ 2.973	+ 5 38 27	+ 13.08	Leipz. II. 10357	+ 5.4613	β 65
6752	6 Hev. Cephei	4.7	e 42 52.1	1.487	+ 57 13 14	12.84	**Fd. K. 505**	+ 57.2240	
6753*	T Cygni	5.2	43 11.2	2.390	+ 34 0 23	13.10	Leid. 8483	+ 33.4028	β 677 G
6754	3 η Cephei	3.7	e 43 15.4	1.226	+ 61 27 1	13.92	**Fd. K. 299**	+ 61.2050	Σ1 2524
6755	Cygnus	6.5	43 16.8	2.019	+ 46 9 56	13.11	Bonn 14661	+ 45.3270	
6756*	Pavo	5.8	43 17.5	5.041	− 62 47 58	13.11	Cordob. 28519		R. 26
6757	Capricornus	5.8	43 21.4	3.569	− 26 9 1	13.11	Cordob. 28539		
6758	Cygnus	6.5	e 43 27.5	1.749	+ 52 37 55	13.12	Camb. U.S. 6762	+ 52.2799	G
6759*	54 λ Cygni	4.8	43 30.8	2.334	+ 36 7 23	13.14	**Fd. K. 506**	+ 35.4267	OΣ 413; Hh
6760	Capricornus	6.4	43 40.2	3.409	− 18 24 16	13.13	Cordob. 28550	− 18.5783	h 3000 [707
6761*	α Microscopii	5.0	20 43 43.4	+ 3.758	− 34 8 58	+ 13.14	Cordob. 28544		h 5224
6762	Cygnus	6.4	43 55.0	2.056	+ 45 12 45	13.15	Bonn 14671	+ 45.3275	
6763	Aquarius	6.5	44 8.8	3.089	− 0 56 0	13.17	Nic. 5280	− 1.4057	
6764	ι Indi	5.1	44 16.4	4.363	− 51 58 49	13.17	Cordob. 28555		
6765	Cygnus	5.7	44 31.7	1.975	+ 47 27 48	13.19	Bonn 14686	+ 47.3188	G
6766	Microscopium	5.6	44 35.6	3.866	− 38 17 5	13.20	Cordob. 28565		h 5227
6767	15 Delphini	5.9	e 44 51.8	2.856	+ 12 10 13	13.21	Leipz. I. 8160	+ 12.4472	
6768	Cygnus	6.5	e 44 53.7	1.784	+ 52 2 37	13.22	Camb. U.S. 6772	+ 51.2954	
6769	14 Delphini	6.2	44 54.1	2.940	+ 7 29 31	13.22	Leipz. II. 10389	+ 7.4556	
6770	Delphinus	6.3	45 0.7	2.982	+ 5 10 22	13.22	Leipz. II. 10391	+ 5.4626	
6771	Capricornus	6.0	20 45 10.9	+ 3.303	− 12 54 56	+ 13.23	Cordob. 28588	− 13.5773	
6772	55 Cygni	5.0	45 31.9	2.043	+ 45 44 35	13.26	Bonn 14713	+ 45.3291	h 1581
6773	Cygnus	6.5	45 41.6	1.811	+ 51 32 27	13.27	Camb. U.S. 6778	+ 51.2957	Σ 2732
6774	β Microscopii	6.0	45 46.1	3.736	− 33 33 7	13.27	Cordob. 28597		
6775	18 ω Capricorni	4.2	45 51.2	3.587	− 27 17 36	13.27	**S. Fd. K. 407**		
6776*	4 Aquarii	6.0	e 46 7.6	3.178	− 6 0 2	13.30	W.-Ott. 7466	− 6.5604	Σ 2729
6777	56 Cygni	5.2	e 46 31.5	2.119	+ 43 40 53	13.32	Bonn 14729	+ 43.3739	
6778	Cygnus	6.4	46 31.7	2.028	+ 46 17 17	13.32	Bonn 14730	+ 46.3067	β 250
6779	5 Aquarii	*5.7*	46 51.4	3.176	− 5 52 56	13.34	W.-Ott. 7472	− 6.5606	
6780	β Indi	3.7	46 59.8	4.720	− 58 49 53	13.34	**S. Fd. K. 408**		
6781*	Capricornus	6.2	20 47 9.2	+ 3.520	− 24 9 29	+ 13.36	Cordob. 28629		h 3003
6782	Microscopium	5.4	e 47 9.8	3.914	− 40 11 3	13.26	**S. Fd. K. 409**		
6783*	T Vulpeculae	var.	47 13.5	2.546	+ 27 52 31	13.37	Camb. E. 11843	+ 27.3890	
6784	6 μ Aquarii	*4.9*	47 15.6	3.237	− 9 21 31	13.37	W.-Ott. 7475	− 9.5598	
6785	Microscopium	6.5	47 18.5	3.679	− 31 5 42	13.37	Cordob. 28633		
6786	Indus	6.5*	47 26.8	4.310	− 51 6 16	13.39	Cordob. 28628		
6787	Cepheus	(6.3)	47 32.1	1.062	+ 63 40 7	13.39	Hels. 11679	+ 63.1663	
6788	Aquarius	6.4	47 37.4	3.283	− 11 57 7	13.39	Cordob. 28645	− 12.5854	
6789	31 Vulpeculae	4.8	e 47 51.0	2.572	+ 26 43 22	13.41	Camb. E. 11853	+ 26.4017	
6790	Microscopium	6.5	48 6.8	3.608	− 28 18 10	13.42	Cordob. 28656		
6791	Aquarius	*6.5*	20 48 38.6	+ 3.199	− 7 16 3	+ 13.46	W.-Ott. 7486	− 7.5433	
6792	Vulpecula	6.5	48 55.4	2.518	+ 29 16 22	13.48	Camb. E. 11873	+ 29.4221	
6793	19 Capricorni	5.7	e 49 8.8	3.394	− 18 18 8	13.49	**Fd. K. s. 264**	− 18.5805	σ 700
6794	57 Cygni	5.0	49 42.6	2.120	+ 44 0 30	13.53	Bonn 14793	+ 43.3755	
6795	Cygnus	5.6	49 48.9	+ 2.093	+ 44 48 10	13.54	Bonn 14796	+ 44.3617	
6796	76 Draconis	6.2	e 49 50.5	− 4.076	+ 82 9 40	13.54	**Fd. K. 508**	+ 81.718	
6797	Cygnus	5.6	49 50.8	+ 2.431	+ 33 3 26	13.54	Leid. 8559	+ 32.3980	G
6798	Aquarius	6.5	49 58.2	3.103	− 1 45 16	13.55	Cordob. 28693	− 1.4075	
6799	32 Vulpeculae	5.1	50 17.9	2.555	+ 27 40 37	13.56	**Fd. K. 507**	+ 27.3911	G
6800*	Equuleus	5.9	20 50 40.2	+ 3.002	+ 4 9 1	+ 13.59	Alb. 7335	+ 3.4461	Σ 2735

Nr. 6751. β 65, Begl. 9.0m; d = 2″, p = 187°.
Nr. 6753. Variabilität (von etwa einer halben Größenklasse) zweifelhaft.
Nr. 6756. R. 26, Begl. 6.6m; d = 2″.6, p = 96°.
Nr. 6759. OΣ 413, Begl. 6.5m; d = 0″.7, p = 60°.
Nr. 6761. h 5224, Begl. 9.4m; d = 20″, p = 166°.
Nr. 6776. Σ 2729, Begl. 6.8m grünlich; (1900.8) d = 0″.12, p = 244°; (1899.8) d = 0″.14, p = 224°.
Nr. 6781. h 3003, Begl. 8.9m grünlich; d = 2″.4, p = 167°.
Nr. 6783. Var. Max. 5.5m, Min. 6.5m; P = 4d.4.
Nr. 6800. Σ 2735, Begl. 8m; d = 2″, p = 300°.

Kat. Nr.	Bezeichnung des Sternes	Gr.	Mittl. A. R. für 1900.0	Jährl. Veränd.	Mittl. Dekl. für 1900.0	Jährl. Veränd.	Nachweis	B. D.	Bemerkungen
			h m s	s	° ′ ″	″		°	
6801	Capricornus	5.6	20 50 50.7	+ 3.568	− 26 40 39	+ 13.60	Cordob. 28702		
6802	16 Delphini	5.6	50 52.2	2.861	+ 12 11 9	13.60	Leipz. I. 8228	+ 12.4501	h 1592
6803	17 Delphini	5.2	50 52.5	2.840	+ 13 20 24	13.61	Leipz. I. 8229	+ 13.4572	G
6804	Aquarius	6.4	51 4.3	3.140	− 3 56 41	13.62	Cordob. 28708	− 4.5307	
6805	7 Aquarii	5.7	51 29.9	3.247	− 10 4 52	13.64	Cordob. 28715	− 10.5553	β 1034
6806	Aquarius	6.2	e 52 3.6	3.071	+ 0 4 54	13.68	Cordob. 28726	− 0.4132	G
6807	Capricornus	5.7	52 4.7	+ 3.360	− 16 24 58	13.68	Cordob. 28725	− 16.5741	
6808	Draco	5.4	e 52 8.2	− 2.578	+ 80 10 38	13.64	**Fd. K. 509**	+ 80.672	
6809	Cygnus	5.9	52 27.3	+ 2.025	+ 47 2 3	13.70	Bonn 14865	+ 46.3111	
6810	α Octantis	5.3	e 52 36.5	7.430	− 77 24 18	13.34	**S. Fd. K. 410**		
6811	Cygnus	6.2	20 53 3.2	+ 2.115	+ 44 32 25	+ 13.74	Bonn 14879	+ 44.3639	
6812	Cygnus	6.1	e 53 9.4	1.961	+ 48 48 39	13.75	Bonn 14882	+ 48.3249	G
6813	Capricornus	5.9	53 9.7	3.331	− 14 52 9	13.75	Cordob. 28739	− 15.5848	
6814	Cygnus	6.1	e 53 15.1	1.899	+ 50 20 39	13.75	Camb. U.S. 6835	+ 50.3233	β 1137 G
6815	Indus	5.8	53 15.2	4.303	− 51 39 29	13.76	Cordob. 28735		
6816	58 ν Cygni	4.2	53 26.7	2.234	+ 40 46 56	13.77	**Fd. K. 300**	+ 40.4364	
6817	Cepheus	6.4	53 36.5	1.605	+ 56 30 8	13.78	Hels. 11756	+ 56.2515	
6818	18 Delphini	5.5	e 53 37.0	2.894	+ 10 27 13	13.78	Leipz. I. 8257	+ 10.4425	
6819	Microscopium	6.0	53 40.9	3.791	− 36 30 59	13.78	Cordob. 28745		
6820	33 Vulpeculae	5.4	53 48.1	2.682	+ 21 56 20	13.79	Berl. B. 8024	+ 21.4424	G
6821	20 Capricorni	6.2	20 53 55.2	+ 3.414	− 19 25 22	+ 13.80	Cordob. 28753	− 19.5982	
6822*	1 ε Equulei	5.3	e 54 4.8	3.007	+ 3 54 37	13.81	Alb. 7352	+ 3.4473	Σ 2737
6823	Cygnus	5.8	e 54 44.4	2.136	+ 44 4 55	13.86	Bonn 14917	+ 43.3777	
6824	Cygnus	6.4	54 49.2	2.216	+ 41 33 6	13.86	Bonn 14918	+ 41.3949	
6825	Equuleus	6.3	55 8.6	2.952	+ 7 7 34	13.87	Leipz. II. 10509	+ 6.4718	
6826	1 γ Piscis austr.	4.7	55 9.5	3.689	− 32 38 55	13.88	**S. Fd. K. 411**		
6827	21 Capricorni	6.5	e 55 14.1	3.385	− 17 55 14	13.88	Cordob. 28789	− 18.5831	
6828	10 Aquarii	6.5	e 55 15.6	3.172	− 5 52 2	13.88	W.-Ott. 7335	− 6.5650	
6829	Cygnus	5.9	55 17.7	1.920	+ 50 4 25	13.89	Bonn 14931	+ 49.3426	Σ 2741 med.
6830	11 Aquarii	*6.5*	e 55 17.9	3.161	− 5 7 0	13.74	**Fd. K. s. 265**	− 5.5433	
6831	Microscopium	6.5	20 55 35.5	+ 3.984	− 43 23 24	+ 13.90	Cordob. 28791		
6832	Microscopium	6.5	55 40.5	3.982	− 43 23 6	13.91	Cordob. 28797		
6833	Capricornus	5.9	55 49.2	3.570	− 27 16 19	13.92	Cordob. 28807		
6834	Delphinus	5.6	e 55 53.5	+ 2.723	+ 18 56 28	13.92	Berl. A. 8533	+ 18.4675	G
6835	Cepheus	6.3	e 55 54.8	− 0.657	+ 75 32 18	13.92	Kas. 3630	+ 75.764	
6836	Microscopium	6.0	56 2.2	+ 3.848	− 38 55 4	13.93	Cordob. 28810		
6837*	59 f^1 Cygni	4.9	56 25.5	2.039	+ 47 7 51	13.96	Bonn 14955	+ 46.3133	Σ 2743
6838	ζ Microscopii	5.3	e 56 34.6	3.847	− 39 1 19	13.83	**S. Fd. K. 412**		
6839	Cepheus	5.6	56 57.2	1.476	+ 59 2 50	13.99	Hels. 11814	+ 58.2201	
6840	Capricornus	6.2	57 12.5	3.583	− 28 7 28	14.01	Cordob. 28837		λ 435
6841	Cygnus	6.1	20 57 14.0	+ 2.387	+ 35 38 1	+ 14.01	Lund 9826	+ 35.4357	
6842*	2 λ Equulei	6.5	e 57 16.8	2.959	+ 6 47 11	14.01	Leipz. II. 10534	+ 6.4731	Σ 2742
6843*	60 Cygni	5.6	57 41.6	2.092	+ 45 45 46	14.04	Bonn 14979	+ 45.3364	OΣ 426
6844	Aquarius	6.3	57 50.3	3.094	− 1 19 10	14.05	Cordob. 28858	− 1.4095	
6845	μ Indi	5.2	57 53.0	4.440	− 55 7 20	14.05	Cordob. 28844		
6846	Delphinus	6.4	58 18.7	2.829	+ 14 20 6	14.07	Leipz. I. 8301	+ 14.4518	RG
6847	Cygnus	6.5	58 30.8	2.299	+ 39 6 52	14.08	Lund 9840	+ 38.4321	G
6848	22 η Capricorni	4.8	e 58 42.9	3.423	− 20 15 0	14.10	Cordob. 28879	− 20.6115	R
6849*	12 Aquarii	*5.7*	58 47.3	3.176	− 6 13 11	14.10	W.-Ott. 7549	− 6.5664	Σ 2745
6850	Cygnus	6.3	20 58 49.9	+ 2.143	+ 44 23 48	+ 14.11	Bonn 14998	+ 44.3679	G

Nr. 6822. Σ 2737, 2 Begl. B, 6.2m; d = 0″.8, p = 285°. C, 7.4m; d = 11″, p = 74°.

Nr. 6837. Σ 2743, Begl. 9.0m blau; d = 20″, p = 352°.

Nr. 6842. Σ 2742, Begl. 7.1m; d = 2″.6, p = 224°.

Nr. 6843. OΣ 426, Begl. 10m; d = 2″.8, p = 125°.

Nr. 6849. Σ 2745, Begl. 8.0m bläulich; d = 3″, p = 190°.

Kat. Nr.	Bezeichnung des Sternes	Gr.	Mittl. A. R. für 1900.0	Jährl. Veränd.	Mittl. Dekl. für 1900.0	Jährl. Veränd.	Nachweis	B. D.	Bemerkungen
			h m s	s	° ′ ″	″		°	
6851*	Pavo	5.9	e 20 58 52.0	+ 6.292	− 73 33 45	+ 14.11	Cordob. 28851		I. 379
6852	Cygnus	6.3	59 12.0	2.325	+ 38 15 42	14.13	Lund 9846	+ 38.4325	
6853	Cepheus	5.9	59 23.6	1.653	+ 56 16 28	14.14	Hels. 11843	+ 56.2524	Σ 2751 med.
6854	3 Equulei	5.6	59 35.8	2.988	+ 5 6 18	14.15	Alb. 7386	+ 4.4606	G
6855	Equuleus	6.5	59 38.7	3.031	+ 2 32 41	14.16	Alb. 7387	+ 2.4297	G
6856	Aquarius	6.5	59 40.7	3.042	+ 1 52 28	14.16	Alb. 7389	+ 1.4418	
6857	η Microscopii	5.4	59 55.2	3.919	− 41 47 5	14.17	Cordob. 28904		
6858	δ Microscopii	5.8	20 59 58.9	3.628	− 30 31 19	14.18	Cordob. 28907		
6859	Pavo	5.8	21 0 14.2	5.038	− 64 19 47	14.19	Cordob. 28900		
6860	Cygnus	6.5	0 15.9	2.079	+ 46 28 6	14.20	Bonn 15026	+ 46.3159	
6861	2 Piscis austr.	5.3	e 21 0 17.9	+ 3.678	− 32 44 30	+ 14.20	Cordob. 28918		
6862	23 ϑ Capricorni	4.1	e 0 19.4	3.372	− 17 37 48	14.20	Cordob. 28921	− 17.6174	
6863	4 Equulei	6.1	e 0 29.5	2.981	+ 5 33 47	14.21	Leipz. II. 10565	+ 5.4697	
6864	Cygnus	6.1	0 44.2	1.828	+ 52 53 15	14.23	Camb. U.S. 6881	+ 52.2859	
6865	Indus	6.5*	0 59.1	4.168	− 49 20 23	14.25	Cordob. 28925		
6866	Pavo	6.5*	1 16.8	6.136	− 72 56 52	14.26	Cordob. 28915		
6867	24 A Capricorni	4.6	e 1 16.8	3.514	− 25 24 20	14.22	**S. Fd. K. 413**		
6868	62 ξ Cygni	3.9	1 17.6	2.180	+ 43 31 43	14.25	**Fd. K. 301**	+ 43.3800	Σ¹ 2551 G
6869	Vulpecula	6.3	2 2.5	2.605	+ 26 31 26	14.31	Camb. E. 12121	+ 26.4073	
6870	Capricornus	6.0	2 7.7	3.374	− 17 51 23	14.31	Cordob. 28968	− 18.5862	
6871	Aquarius	6.5	21 2 13.0	+ 3.093	− 1 10 4	+ 14.32	Cordob. 28977	− 1.4108	
6872	Cygnus	6.0	2 18.6	2.515	+ 30 47 0	14.32	Leid. 8712	+ 30.4318	
6873	61¹ Cygni	5.4	e 2 24.5	2.676	+ 38 15 26	17.52	**C. d. T.**	+ 38.4344	(61 Cygni **Fd.**
6874	61² Cygni	6.1	e 2 26.1	2.682	+ 38 15 11	17.31	**C. d. T.**	+ 38.4343	**K. 302**) G
6875	25 χ Capricorni	5.3	e 2 50.0	3.442	− 21 35 42	14.35	Cordob. 28990	− 21.5933	h 3009
6876	Delphinus	6.5	e 2 51.4	2.818	+ 15 15 30	14.35	Berl. A. 8594	+ 15.4340	
6877	63 f² Cygni	4.6	3 9.5	2.065	+ 47 14 48	14.37	Bonn 15080	+ 47.3292	G
6878	Equuleus	6.3	3 31.9	2.965	+ 6 35 5	14.40	Leipz. II. 10586	+ 6.4754	G
6879	27 Capricorni	6.1	e 3 49.8	3.428	− 20 57 26	14.41	Cordob. 29014	− 21.5940	
6880	o Pavonis	5.0	e 3 57.9	5.702	− 70 32 4	14.38	**S. Fd. K. 414**		R
6881	Microscopium	6.5	21 4 5.8	+ 3.610	− 30 7 36	+ 14.43	Cordob. 29020		
6882	Aquarius	6.5	4 7.4	3.083	− 0 38 23	14.43	Cordob. 29027	− 0.4173	
6883	13 ν Aquarii	4.4	e 4 8.8	3.270	− 11 46 36	14.43	**Fd. K. 611**	− 11.5538	
6884*	Cygnus	6.0	4 24.3	2.542	+ 29 48 5	14.45	Camb. E. 12174	+ 29.4324	Σ 2762
6885	Aquarius	6.4	5 23.4	3.232	− 9 45 36	14.51	W.-Ott. 7597	− 9.5674	
6886*	5 γ Equulei	4.7	e 5 28.7	2.915	+ 9 43 45	14.51	Leipz. II. 10603	+ 9.4732	β 71
6887*	6 Equulei	6.3	5 39.8	2.916	+ 9 38 28	14.53	Leipz. II. 10606	+ 9.4735	
6888	Cepheus	6.2	5 47.7	0.393	+ 71 1 53	14.53	Greenw. (99) 4560	+ 70.1164	
6889	Microscopium	5.9	e 5 48.4	3.864	− 40 40 13	14.53	Cordob. 29048		
6890	Aquarius	6.5	6 9.9	3.318	− 14 52 52	14.56	Cordob. 29065	− 15.5908	
6891	Microscopium	5.3	21 6 39.2	+ 3.838	− 39 49 56	+ 14.59	Cordob. 29075		
6892	Microscopium	6.1	7 4.2	3.760	− 36 50 3	14.61	Cordob. 29084		
6893	Cygnus	5.9	7 10.0	1.851	+ 53 9 17	14.62	Camb. U.S. 6935	+ 52.2880	
6894	3 Piscis austr.	5.5	e 7 21.4	3.559	− 28 1 35	14.62	Cordob. 29093		
6895	Octans	6.5*	7 22.6	+ 6.675	− 75 45 38	14.63	Cordob. 29057		
6896	Cepheus	6.2	e 7 30.2	− 1.119	+ 77 43 15	14.66	**Fd. K. 510**	+ 77.800	Σ¹ 2579
6897*	T Cephei	var.	8 13.1	+ 0.809	+ 68 5 0	14.68	Greenw. (00) 3965		R
6898	Indus	5.8	e 8 37.4	4.306	− 53 40 37	14.66	**S. Fd. K. 415**		
6899	64 ζ Cygni	3.5	e 8 40.8	2.550	+ 29 48 59	14.64	**Fd. K. 303**	+ 29.4348	S. C. C. 779
6900	Delphinus	6.4	21 8 46.4	+ 2.820	+ 15 34 15	+ 14.71	Berl. A. 8642	+ 15.4375	

Nr. 6851. Begl. 6.8m; d = 1″, p = 350°.

Nr. 6884. Σ 2762, Begl. 8.0m bläulich, d = 3″.5, p = 310°.

Nr. 6886/7. 5 γ und 6 Equulei; d = 366″, p = 153°. Mit bloßem Auge sind diese Sterne eben noch getrennt zu erkennen.

Nr. 6897. Var. Max. 5.2—6.8m, Min. 8.6—10.7m; P = 387d.

Kat. Nr.	Bezeichnung des Sternes	Gr.	Mittl. A. R. für 1900.0	Jährl. Veränd.	Mittl. Dekl. für 1900.0	Jährl. Veränd.	Nachweis	B. D.	Bemerkungen
			h m s	s	° ′ ″	″		°	
6901	Microscopium	6.3	21 8 49.0	+ 3.860	− 40 55 12	+ 14.72	Cordob. 29123		h 5254
6902	Aquarius	6.5	8 52.1	3.250	− 11 1 6	14.72	Cordob. 29134	− 11.5553	
6903*	Cepheus	5.9	9 15.5	1.528	+ 59 34 30	14.72	**Fd. K. 511**	+ 59.2334	Σ 2780
6904	Cygnus	6.4	9 25.2	2.409	+ 36 13 13	14.75	Lund 9991	+ 36.4470	
6905	Aquarius	6.5	9 29.1	3.076	− 0 19 17	14.75	Cordob. 29153	− 0.4186	
6906	Capricornus	6.1	9 30.9	3.361	− 17 45 31	14.76	Cordob. 29150	− 17.6216	
6907	Indus	6.3	9 33.5	3.746	− 36 37 32	14.76	Cordob. 29147		
6908*	7 δ Equulei	4.7	e 9 36.6	2.920	+ 9 36 9	14.76	Leipz. II. 10630	+ 9.4746	Σ 2777; OΣ [535
6909	Pavo	6.3	9 43.8	5.021	− 65 5 51	14.77	Cordob. 29136		
6910	Cygnus	6.3	9 53.8	2.562	+ 29 29 13	14.78	Camb. E. 12272	+ 29.4354	
6911	28 φ Capricorni	5.3	21 9 56.4	+ 3.421	− 21 4 1	+ 14.78	Cordob. 29161	+ 21.5974	GR
6912	29 Capricorni	5.5	10 12.7	3.323	− 15 35 13	14.80	Cordob. 29169	− 15.5935	RO
6913	Aquarius	6.5	10 31.0	3.292	− 13 36 59	14.82	Cordob. 29176	− 13.5891	
6914	Octans	6.5	10 32.7	13.884	− 85 14 17	14.83	Cape (90) 2650		
6915*	65 τ Cygni	4.0	e 10 47.9	2.392	+ 37 37 7	15.29	**Fd. K. 305**	+ 37.4240	A. G. C. 13
6916	8 α Equulei	4.1	e 10 49.5	2.999	+ 4 50 3	14.75	**Fd. K. 304**	+ 4.4635	
6917	Aquarius	6.4	11 29.1	3.105	− 2 1 28	14.87	Cordob. 29195	− 2.5495	
6918	Cepheus	6.5	11 39.1	1.236	+ 63 59 34	14.88	Hels. 12021	+ 63.1708	Hh 723
6919	Aquarius	6.2	11 45.1	3.292	− 13 41 49	14.89	Cordob. 29201	− 13.5897	
6920*	4 Piscis austr.	4.7	e 11 52.5	3.648	− 32 35 26	14.86	**S. Fd. K. 416**		
6921	30 Capricorni	5.4	21 12 20.8	+ 3.369	− 18 24 15	+ 14.92	Cordob. 29215	− 18.5903	
6922	Capricornus	6.3	12 38.0	3.360	− 17 52 54	14.94	Cordob. 29220	− 18.5904	
6923	Cygnus	6.4	12 41.8	2.275	+ 41 50 4	14.94	Bonn 15290	+ 41.4067	G
6924*	ϑ Indi	4.6	12 44.1	4.292	− 53 52 5	14.95	Cordob. 29216		h 5258
6925	15 Aquarii	*6.0*	12 56.3	3.149	− 4 56 22	14.96	Cordob. 29228	− 5.5512	
6926	Microscopium	6.4	13 0.1	3.569	− 29 11 1	14.96	Cordob. 29227		
6927	67 σ Cygni	4.5	13 29.2	2.355	+ 38 58 31	14.97	**C. d. T.**	+ 38.4431	
6928	Indus	6.1	13 34.0	3.975	− 45 26 36	14.99	Cordob. 29232		R
6929	Cygnus	6.4	13 36.2	2.266	+ 42 15 51	15.00	Bonn 15306	+ 42.4046	
6930	66 υ Cygni	4.6	13 48.4	2.464	+ 34 28 36	15.01	Leid. 8846	+ 34.4371	OΣ433; h932
6931	Cepheus	6.3	21 13 54.3	+ 1.872	+ 53 34 38	+ 15.01	Camb. U.S. 6986	+ 53.2588	
6932	Capricornus	6.5	13 59.9	3.520	− 26 45 43	15.02	Cordob. 29240		
6933	Equuleus	6.2	14 1.4	2.904	+ 10 46 54	15.03	Leipz. I. 8438	+ 10.4516	G
6934	Cepheus	6.0	14 14.9	1.791	+ 55 22 40	15.03	Hels. 12044	+ 55.2549	G
6935	ϑ[1] Microscopii	4.8	e 14 22.0	3.853	− 41 13 56	15.03	**S. Fd. K. 417**		
6936	Indus	6.4*	14 25.2	4.140	− 50 21 21	15.04	Cordob. 29246		R
6937	68 A Cygni	5.1	14 43.5	2.235	+ 43 31 30	15.06	Bonn 15325	+ 43.3877	
6938	Cygnus	6.3	15 3.5	2.317	+ 40 37 6	15.08	Bonn 15333	+ 40.4485	
6939	Pavo	6.5	15 13.4	5.513	− 70 9 35	15.08	Cordob. 29252		
6940	Cygnus	6.2	15 22.9	2.390	+ 37 48 55	15.10	Lund 10053	+ 37.4271	
6941	Pavo	6.4*	21 15 46.4	+ 5.812	− 72 13 35	+ 15.12	Cordob. 29261		h 5260
6942	16 Aquarii	*6.1*	15 49.7	3.146	− 4 59 4	15.13	**Fd. K. s. 268**	− 5.5524	
6943	Cygnus	5.9	16 2.3	2.061	+ 49 5 12	15.14	Bonn 15355	+ 48.3345	
6944	9 Equulei	6.0	16 8.0	2.966	+ 6 55 50	15.14	Leipz. II. 10685	+ 6.4802	G
6945*	5 α Cephei	2.8	e 16 11.6	1.435	+ 62 9 42	15.17	**Fd. K. 306**	+ 61.2111	Σ[1] 2589
6946*	Cepheus	5.6	16 29.8	1.662	+ 58 12 1	15.16	Hels. 12073	+ 58.2249	Σ 2790 G
6947	34 Vulpeculae	5.8	e 16 32.8	2.694	+ 23 26 7	15.17	Berl. B. 8187	+ 23.4294	
6948	32 ι Capricornii	4.3	16 40.7	+ 3.344	− 17 15 38	15.17	II. Ten. Y.C. 5814	− 17.6245	R
6949	Cepheus	6.1	16 47.7	− 0.591	+ 76 35 29	15.18	Greenw. (03) 4977	+ 76.833	G
6950	Cygnus	6.3	e 21 17 9.1	+ 2.524	+ 32 11 15	+ 15.20	Leid. 8875	+ 32.4134	

Nr. 6903. Σ 2780, Begl. 7.2m; d = 1″.1, p = 230°.

Nr. 6908. Σ 2777, Begl. 10.5m. Siehe Tabelle „Bahnen von Doppelsternen" Nr. 1. OΣ 535, Begl. 10.2m; d = 44″, p = 17°.

Nr. 6915. Begl. 8m. Siehe Tabelle „Bahnen von Doppelsternen" Nr. 19.

Nr. 6920. Cordoba nennt diesen Stern ε Microscopii.

Nr. 6924. h 5258, Begl. 7.2m (1900.6); d = 4″.4, p = 285° d_{max} (um 1837) 4″.6. p nimmt ab. (1834) = 307.

Nr. 6945. α Cephei = ***Alderamin.***

Nr. 6946. Σ 2790, Begl. 9.9m blau; d = 4″.5, p = 46°.

Kat. Nr.	Bezeichnung des Sternes	Gr.	Mittl. A. R. für 1900.0	Jährl. Veränd.	Mittl. Dekl. für 1900.0	Jährl. Veränd.	Nachweis	B. D.	Bemerkungen
			h m s	s	° ′ ″	″		°	
6951	Capricornus	5.7	21 17 16.5	+ 3.444	− 23 5 45	+ 15.21	Cordob. 29306		
6952	6 Cephei	5.2	e 17 17.7	1.250	+ 64 26 51	15.21	Hels. 12091	+ 64.1527	
6953*	1 Pegasi	4.3	e 17 27.6	+ 2.773	+ 19 22 36	15.29	**Fd. K. 512**	+ 19.4691	$\Sigma^1$2587; $O\Sigma^2$
6954	Cepheus	6.4	17 30.8	− 2.308	+ 80 48 41	15.22	Hamb. 296	+ 80.690	[218 G
6955	17 Aquarii	6.3	e 17 34.7	+ 3.222	− 9 44 45	15.22	W.-Ott. 7677	− 9.5728	
6956	Octans	6.5	17 36.6	10.276	− 83 7 8	15.23	Cordob. 29257		
6957	Indus	6.4	17 41.8	4.005	− 47 2 32	15.23	Cordob. 29308		
6958	10 β Equulei	5.4	17 55.8	2.976	+ 6 23 1	15.25	Leipz. II. 10699	+ 6.4811	h 3023
6959	Cepheus	6.2	17 59.5	1.549	+ 60 19 55	15.25	Hels. 12104	+ 60.2225	
6960*	ϑ^2 Microscopii	5.7	18 2.4	3.840	− 41 26 6	15.25	Cordob. 29314		β 766
6961	γ Pavonis	4.2	e 21 18 10.7	+ 5.016	− 65 49 7	+ 16.05	**S. Fd. K. 418**		
6962	Cygnus	6.3	18 23.9	2.575	+ 29 52 56	15.27	Camb. E. 12425	+ 29.4397	
6963	Capricornus	6.5	18 24.6	3.443	− 23 10 32	15.27	Cordob. 29322		
6964	33 Capricorni	5.3	e 18 29.3	3.411	− 21 16 34	15.28	Cordob. 29326	− 21.6007	G
6965	Cygnus	5.8	18 32.0	2.078	+ 48 57 35	15.28	Bonn 15401	+ 48.3357	G
6966	18 Aquarii	5.5	e 18 43.5	3.278	− 13 18 26	15.29	Cordob. 29332	− 13.5923	h 5517
6967	γ Indi	6.2	19 7.5	4.307	− 55 5 33	15.34	**S. Fd. K. 419**		
6968	Pegasus	5.8	e 19 28.3	2.692	+ 23 50 39	15.33	Berl. B. 8208	+ 23.4300	h 1641
6969	Equuleus	6.5	19 31.6	2.935	+ 9 44 38	15.34	Leipz. II. 10714	+ 9.4800	
6970	Aquarius	6.4	19 39.0	3.130	− 3 49 37	15.34	Cordob. 29351	− 4.5444	
6971	Vulpecula	6.5	21 19 39.6	+ 2.673	+ 24 52 57	+ 15.34	Berl. B. 8210	+ 24.4394	
6972	Pavo	5.4	19 48.3	5.427	− 69 56 13	15.35	Cordob. 29336		R
6973	19 Aquarii	5.6	e 19 50.6	3.227	− 10 10 24	15.35	Cordob. 29355	− 10.5668	
6974	21 Aquarii	5.8	e 20 4.0	3.132	− 3 59 6	15.36	Cordob. 29363	− 4.5446	
6975	Vulpecula	5.8	20 7.5	2.659	+ 25 44 39	15.37	Camb. E. 12462	+ 25.4531	
6976	Microscopium	5.7	20 7.6	3.748	− 38 15 37	15.37	Cordob. 29358		
6977*	Microscopium	5.5	20 36.9	3.870	− 42 58 51	15.40	Cordob. 29368		β 767
6978	Aquarius	(6.4)	20 44.3	3.071	+ 0 6 8	15.40	Nic. 5453	− 0.4215	
6979	34 ζ Capricorni	4.1	20 57.5	3.432	− 22 50 42	15.43	**Fd. K. 612**		
6980	Aquarius	6.4	e 21 21.2	3.063	+ 0 40 34	15.44	Nic. 5454	+ 0.4726	
6981	35 Capricorni	6.0	e 21 21 34.7	+ 3.410	− 21 37 42	+ 15.45	Cordob. 29392	− 21.6020	R
6982	Cygnus	5.7	e 21 38.7	2.182	+ 46 16 50	15.45	Bonn 15474	+ 46.3305	
6983	69 Cygni	6.2	21 41.8	2.449	+ 36 14 7	15.46	Lund 10131	+ 36.4557	Σ^1 2599
6984	Pegasus	6.4	e 21 47.8	2.781	+ 18 56 31	15.46	Berl. A. 8745	+ 18.4794	
6985	Indus	6.5*	21 57.3	4.246	− 54 18 24	15.47	Cordob. 29394		
6986	Capricornus	6.5	22 49.0	3.253	− 12 0 6	15.52	Cordob. 29421	− 12.6005	
6987	36 b Capricorni	4.7	e 23 1.1	3.418	− 22 14 33	15.53	Cordob. 29426	− 22.5692	
6988	5 Piscis austr.	6.4	23 5.4	3.595	− 31 40 26	15.53	Cordob. 29425		
6989	35 Vulpecula	5.6	23 15.6	2.639	+ 27 10 22	15.54	Camb. E. 12516	+ 26.4164	
6990	70 Cygni	5.5	23 16.7	2.444	+ 36 40 55	15.55	Lund 10147	+ 36.4568	
6991	Cygnus	5.4	21 23 18.4	+ 2.122	+ 48 24 0	+ 15.55	Bonn 15520	+ 48.3390	
6992	Cygnus	6.2	23 27.1	1.975	+ 52 27 50	15.55	Camb. U.S. 7079	+ 52.2939	
6993	Equuleus	6.5	23 29.1	2.958	+ 7 45 38	15.55	Leipz. II. 10757	+ 7.4696	G
6994	Cygnus	5.9	23 51.5	2.551	+ 31 47 12	15.58	Leid. 8944	+ 31.4462	
6995	Pegasus	6.5	24 19.1	2.808	+ 17 28 9	15.60	Berl. A. 8762	+ 17.4592	G
6996	Capricornus	6.5	24 22.9	3.372	− 19 35 1	15.60	Cordob. 29464	− 19.6107	
6997	Pegasus	6.0	24 25.5	2.738	+ 21 44 31	15.61	Berl. B. 8244	+ 21.4555	h 1647
6998	Pegasus	6.5	24 36.4	2.982	+ 6 8 38	15.62	Leipz. II. 10772	+ 5.4790	G
6999	Cepheus	6.1	24 39.6	1.660	+ 59 18 54	15.62	Hels. 12222	+ 59.2383	h 1650 . G
7000*	Pegasus	cum.	21 25 8.—	+ 2.899	+ 11 44 —	+ 15.65	N. G. K. 7078	+ 11.4577	

Nr. 6953. $O\Sigma^2$ 218, Begl. 8.6m; d = 37″, p = 310°.
Nr. 6960. β 766, Begl. 7.4m (1900.8); d = 1″.0, p = 292°.
Nr. 6977. β 767, Begl. 7.9m (1900.6); d = 2″.9, p = 146°.

Nr. 7000. Cum. N. G. K. 7078. Sternhaufen von 6′ Durchmesser. Leicht auflösbar; in der Mitte gedrängter, kugelförmig.

Kat. Nr.	Bezeichnung des Sternes	Gr.	Mittl. A. R. für 1900.0	Jährl. Veränd.	Mittl. Dekl. für 1900.0	Jährl. Veränd.	Nachweis	B. D.	Bemerkungen
			h m s	s	° ′ ″	″		°	
7001	2 Pegasi	4.6	21 25 25.0	+ 2.715	+ 23 12 2	+ 15.66	Berl. B. 8252	+ 23.4325	β 685 O
7002	Cepheus	6.3	25 44.0	1.883	+ 54 58 50	15.68	Camb. U.S. 7090	+ 54.2544	
7003	71 g Cygni	5.4	e 25 45.4	2.209	+ 46 5 57	15.78	**Fd. K. 513**	+ 45.3558	
7004	ξ Gruis	5.3	25 46.2	3.813	− 41 37 12	15.68	Cordob. 29482		
7005	7 Cephei	5.5	e 25 50.5	1.169	+ 66 22 22	15.68	Christ. 3358	+ 66.1405	
7006*	6 Piscis austr.	var.	e 26 11.8	3.643	− 34 23 6	15.70	Cordob. 29490		
7007*	22 β Aquarii	*3.1*	26 17.7	3.160	− 6 0 41	15.71	**Fd. K. 307**	− 6.5770	β 73; h 936 G
7008	Pegasus	6.4	26 19.4	2.901	+ 11 41 52	15.71	Leipz. I. 8532	+ 11.4583	
7009	Indus	6.5*	26 22.6	4.184	− 53 10 43	15.71	Cordob. 29489		
7010	Octans	6.4	26 26.3	7.727	− 79 53 14	15.72	Cordob. 29467		
7011	Capricornus	6.4	21 26 47.6	+ 3.461	− 25 1 56	+ 15.74	Cordob. 29496		
7012	Grus	5.6	e 26 54.8	3.904	− 45 17 26	15.74	**S. Fd. K. 421**		
7013	Cygnus	6.2	e 27 0.6	1.993	+ 52 31 5	15.75	Camb. U.S. 7102	+ 52.2957	
7014*	8 β Cephei	3.5	27 22.3	+ 0.790	+ 70 7 18	15.76	**Fd. K. 308**	+ 69.1173	Σ 2806
7015	Cepheus	6.3	27 46.8	− 1.625	+ 80 5 20	15.77	Hamb. 299	+ 79.707	G
7016	Grus	6.5*	27 54.4	+ 3.850	− 43 22 4	15.80	Cordob. 29514		
7017*	Aquarius	cum.	28 —	3.10	− 1 16 —	15.80	N. G. K. 7089	− 1.4175	
7018	Cygnus	6.4	28 6.0	2.013	+ 52 10 42	15.81	Camb. U.S. 7113	+ 51.3079	
7019*	Cygnus	cum.	28 —	2.15	+ 48 9 —	15.80	N. G. K. 7092		
7020	Cepheus	5.7	28 14.6	1.648	+ 60 1 6	15.82	Hels. 12284	+ 59.2395	
7021	Piscis austr.	6.4	21 28 59.2	+ 3.548	− 30 8 25	+ 15.85	Cordob. 29535		
7022	37 Capricorni	5.7	29 14.3	3.380	− 20 31 49	15.87	Cordob. 29544	− 20.6235	R
7023	Cygnus	5.9	29 24.5	2.116	+ 49 32 2	15.88	Bonn 15675	+ 49.3553	
7024	Indus	6.4	29 32.8	3.435	− 23 53 57	15.88	Cordob. 29554		
7025	Cygnus	6.2	29 33.1	2.245	+ 45 24 37	15.88	Bonn 15677	+ 45.3584	G
7026	Indus	6.3	30 4.0	4.837	− 65 16 18	15.91	**S. Fd. K. 422**		
7027	Aquarius	*5.9*	30 4.4	3.134	− 4 25 44	15.91	Cordob. 29571	− 4.5489	
7028	73 ϱ Cygni	4.3	e 30 13.3	2.256	+ 45 9 1	15.92	Bonn 15684	+ 44.3865	
7029	ν Octantis	3.7	e 30 21.7	6.851	− 77 50 2	15.67	**S. Fd. K. 423**		
7030	Piscis austr.	5.6	e 30 22.9	3.477	− 26 37 3	15.93	Cordob. 29577		
7031	72 Cygni	5.0	e 21 30 41.4	+ 2.437	+ 38 5 6	+ 15.95	Lund 10213	+ 37.4359	
7032	7 Piscis austr.	6.1	30 48.5	3.609	− 33 29 43	15.95	Cordob. 29580		
7033	Cygnus	6.4	31 0.8	2.065	+ 51 15 10	15.96	Camb. U.S. 7140	+ 51.3091	
7034	39 ε Capricorni	4.7	31 28.9	3.364	− 19 54 51	15.98	**Fd. K. s. 271**	− 20.6251	h 3040
7035*	W Cygni	var.	32 14.3	2.271	+ 44 55 36	16.02	Bonn 15732	+ 44.3877	
7036	23 ξ Aquarii	*4.7*	e 32 25.6	3.190	− 8 18 10	16.04	W.-Ott. 7705	− 8.5701	
7037*	Aquarius	*6.0*	32 25.6	3.084	− 0 50 21	16.04	Cordob. 29614	− 1.4180	Σ 2809
7038*	3 Pegasi	6.5	32 44.7	2.986	+ 6 10 9	16.05	Leipz. II. 10845	+ 5.4830	Σ1 2612
7039	74 Cygni	5.3	32 56.4	2.401	+ 39 57 50	16.07	**Fd. K. 514**	+ 39.4612	
7040	5 Pegasi	5.6	e 32 4.4	2.799	+ 18 52 6	16.07	Berl. A. 8822	+ 18.4827	
7041	Piscis austr.	6.4	21 33 5.3	+ 3.615	− 34 7 40	+ 16.07	Cordob. 29625		
7042	Indus	6.4*	33 10.3	4.126	− 52 48 38	16.08	Cordob. 29622		
7043	Indus	6.5*	33 30.7	4.264	− 56 11 25	16.09	Cordob. 29628		
7044	4 Pegasi	5.9	e 33 31.3	2.998	+ 5 19 12	16.09	Leipz. II. 10855	+ 5.4834	h 941
7045	Cygnus	6.4	33 37.7	2.296	+ 44 14 51	16.10	Bonn 15765	+ 44.3889	
7046	Capricornus	6.2	34 5.6	3.227	− 11 1 36	16.12	Cordob. 29650	− 11.5640	
7047	Pegasus	6.4	34 14.8	2.702	+ 24 59 52	16.13	Berl. B. 8326	+ 24.4445	
7048	Cepheus	6.3	34 19.0	1.997	+ 53 35 31	16.14	Camb. U.S. 7181	+ 53.2659	
7049	Pegasus	6.0	e 34 21.3	2.787	+ 19 48 50	16.14	Berl. A. 8829	+ 19.4754	
7050	25 d Aquarii	5.3	e 21 34 28.9	+ 3.048	+ 1 47 39	+ 16.14	Alb. 7565	+ 1.4517	G

Nr. 7006. Var. Max. 5.5m, Min. 6.2m.

Nr. 7007. β Aquarii = ***Sadalsud.***

Nr. 7014. Σ 2806, Begl. 8.0m blau; d = 13″.5, p = 250°.

Nr. 7017. Cum. N. G. K. 7089. Großer runder Sternhaufen von 5—6′ Durchmesser. Auflösbar in Tausende von Sonnen. Gesamthelligkeit etwa 6—6.5m.

Nr. 7019. Cum. N. G. K. 7092. Im Schwanze des Schwanes. Ein prachtvoller Sternhaufen, dessen einzelne Sterne schon in einem gewöhnlichen Fernrohr sichtbar sind.

Nr. 7035. Var. Max. 5.0—6.3m, Min. 6.1—6.7m; P = 132d.

Nr. 7037. Σ 2809, Begl. 8.4m; d = 31″, p = 163″.5.

Nr. 7038. Σ1 2612, Begl. 7.4m; d = 39″, p = 349°.

Kat. Nr.	Bezeichnung des Sternes	Gr.	Mittl. A. R. für 1900.0	Jährl. Veränd.	Mittl. Dekl. für 1900.0	Jährl. Veränd.	Nachweis	B. D.	Bemerkungen
			h m s	s	° ′ ″	″		°	
7051*	40 γ Capricorni	3.7	e 21 34 33.1	+ 3.329	− 17 6 51	+ 16.13	**Fd. K. 613**	− 17.6340	
7052	9 Cephei	5.1	35 14.1	1.611	+ 61 37 51	16.18	Hels. 12388	+ 61.2169	
7053*	λ Octantis	5.4	35 35.7	9.650	− 83 10 43	16.21	Cape (90) 2711		h 5278
7054*	13 Hev. Cephei	5.9	35 51.4	1.861	+ 57 2 12	16.20	**Fd. K. 515**	+ 56.2617	Σ2816; β1143
7055	Piscis austr.	6.5	36 2.5	3.450	− 25 33 22	16.22	Cordob. 29678		
7056	42 Capricorni	5.1	e 36 6.8	3.275	− 14 29 30	16.23	Cordob. 29681	− 14.6102	
7057*	75 Cygni	5.2	e 36 15.5	2.346	+ 42 49 10	16.24	Bonn 15827	+ 42.4177	$O\Sigma^2$ 221; h
7058	41 Capricorni	5.4	e 36 19.1	3.422	− 23 42 55	16.15	**S. Fd. K. 424**		[1678 G
7059	Indus	6.1	36 36.9	5.407	− 71 27 58	16.26	Cordob. 29670		
7060	Indus	6.4*	36 53.3	4.313	− 57 46 50	16.27	Cordob. 29695		
7061	26 Aquarii	5.7	21 37 4.2	+ 3.062	+ 0 49 47	+ 16.28	Nic. 5497	+ 0.4770	G
7062	43 ϰ Capricorni	4.8	e 37 4.3	3.345	− 19 19 18	16.28	Cordob. 29708	− 19.6152	R
7063	7 Pegasi	5.3	37 15.3	3.001	+ 5 13 28	16.29	Leipz. II. 10886	+ 5.4850	RG
7064	Cepheus	6.2	37 24.6	1.984	+ 54 25 3	16.29	Camb. U.S. 7222	+ 54.2595	
7065	76 Cygni	6.3	e 37 33.0	2.410	+ 40 21 4	16.30	Bonn 15854	+ 40.4611	Σ^1 2620
7066	Capricornus	6.0	37 37.0	3.278	− 14 51 25	16.31	Cordob. 29718	− 15.6046	
7067	Capricornus	6.1	37 37.9	3.357	− 20 4 39	16.31	Cordob. 29717	− 20.6270	
7068	Pegasus	6.3	37 39.8	2.930	+ 10 22 6	16.31	Leipz. I. 8638	+ 10.4604	
7069	Pegasus	6.1	37 47.9	2.528	+ 35 3 15	16.32	Leid. 9087	+ 34.4500	GR
7070	Cygnus	6.2	38 19.0	2.290	+ 45 18 35	16.34	Bonn 15874	+ 45.3637	G
7071	Grus	6.3	21 38 20.1	+ 3.700	− 39 0 18	+ 16.34	Cordob. 29726		
7071a	77 Cygni	6.0	38 21.4	2.408	+ 40 37 15	16.34	Bonn 15872	+ 40.4615	
7072*	80 π^1 Cygni	4.9	38 32.7	2.126	+ 50 44 0	16.35	Camb. U.S. 7227	+ 50.3410	
7073	45 Capricorni	5.8	e 38 33.4	3.282	− 15 12 28	16.35	Cordob. 29734	− 15.6052	
7074	9 ι Piscis austr.	4.4	e 38 59.5	3.582	− 33 28 55	16.28	**S. Fd. K. 425**		
7075	Cygnus	6.2	39 0.5	2.181	+ 49 8 35	16.38	Bonn 15889	+ 48.3480	
7076	Cygnus	5.5	39 5.3	2.410	+ 40 41 52	16.38	Bonn 15888	+ 40.4623	G [798 G
7077*	8 ε Pegasi	2.8	39 16.5	2.946	+ 9 24 59	16.40	**Fd. K. 309**	+ 9.4891	$O\Sigma^2$ 223; S.
7078*	79 Cygni	5.9	39 17.5	2.475	+ 37 49 33	16.39	Lund 10297	+ 37.4408	S. 799
7079*	78 μ Cygni	4.7	e 39 39.8	2.659	+ 28 17 31	16.41	Camb. E. 12835	+ 28.4169	Σ 2822 med.
7080	46 c^1 Capricorni	5.3	39 40.4	3.202	− 9 32 31	16.41	W.-Ott. 7812	− 9.5829	
7081	Pegasus	6.2	21 39 41.5	+ 2.877	+ 14 19 0	+ 16.41	Leipz. I. 8653	+ 14.4668	
7082	Cepheus	6.2	39 45.1	1.804	+ 58 48 46	16.41	Hels. 12450	+ 58.2314	
7083	9 Pegasi	4.4	39 46.6	2.840	+ 16 53 29	16.42	Berl. A. 8858	+ 16.4582	G
7084*	10 ϰ Pegasi	4.3	40 6.9	2.712	+ 25 11 7	16.44	**Fd. K. 310**	+ 24.4463	Σ2824; β989
7085*	· μ Cephei	var.	40 26.9	1.834	+ 58 19 17	16.45	Hels. 12465	+ 58.2316	β 690 RR
7086	11 Cephei	4.7	e 40 27.4	0.892	+ 70 51 3	16.53	**Fd. K. 516**	+ 70.1193	G
7087	47 c^2 Capricorni	6.3	40 56.2	3.204	− 9 44 14	16.47	W.-Ott. 7818	− 9.5833	OR
7088	48 λ Capricorni	5.5	41 9.2	3.233	− 11 49 39	16.47	**Fd. K. 614**	− 12.6087	
7089	12 Pegasi	5.6	41 28.2	2.758	+ 22 29 15	16.50	Berl. B. 8385	+ 22.4472	G
7090	Cygnus	6.5	41 30.0	2.533	+ 35 23 46	16.50	Lund 10313	+ 35.4626	
7091*	49 δ Capricorni	3.0	e 21 41 31.3	+ 3.315	− 16 34 53	+ 16.20	**Fd. K. 615**	− 16.5943	h 3056
7092	Cygnus	6.5	41 41.3	2.108	+ 51 48 24	16.51	Camb. U.S. 7253	+ 51.3135	RG
7093	Grus	5.7	e 41 45.4	3.908	− 47 45 22	16.51	Cordob. 29785		Bris. 7080
7094	Pegasus	6.4	41 50.5	2.718	+ 25 6 0	16.52	Berl. B. 8389	+ 24.4473	G
7095*	78 Draconis	5.3	e 41 51.3	0.759	+ 71 51 42	16.52	Greenw. (03) 5138	+ 71.1082	
7096*	10 ϑ Piscis austr.	5.0	e 41 52.3	3.534	− 31 21 39	16.52	Cordob. 29795		h 5296
7097	Indus	6.5*	41 54.9	4.228	− 56 44 15	16.52	Cordob. 29789		
7098	Cepheus	6.1	42 8.5	1.650	+ 61 59 59	16.53	Hels. 12504	+ 61.2193	
7099	11 Pegasi	5.8	42 9.7	3.043	+ 2 13 25	16.53	Alb. 7601	+ 2.4414	
7100	Indus	6.0*	21 42 15.2	+ 4.707	− 65 10 33	+ 16.54	Cordob. 29794		

Nr. 7051. γ Capricorni = ***Deneb Algedi.***
Nr. 7053. h 5278, Begl. 7.7m; d = 3″, p = 75°.
Nr. 7054. Σ 2816, 2 Begl. B, 7.3m; d = 12″, p = 120°. C, 7.3m; d = 20″, p = 340°.
Nr. 7057. $O\Sigma^2$ 221, 2 Begl. B, 10m; d = 2″.8, p = 323°. C, 9m; d = 55″, p = 255°.
Nr. 7072. π Cygni = ***Azelfafage.***
Nr. 7077. $O\Sigma^2$ 223, Begl. 7.8m; d = 138″, p = 323°. ε Pegasi = ***Enif.***
Nr. 7078. S. 799, Begl. 7m; d = 153″, p = 59°.
Nr. 7079. Σ 2822, Begl. 6.0m; d = 2″, p = 125°.
Nr. 7084. 2 Begl. B, 5.5m; d = 0″.1. Kurze Umlaufszeit: 11.4ª (β 989). C, 10m; d = 12″, p = 295° (Σ 2824).
Nr. 7085. Var. Max. 4m, Min. 5m. Ganz unregelmäßige Schwankungen; der rötste sichtbare Stern am nördlichen Himmel; Granatstern genannt.
Nr. 7091. δ Capricorni = ***Scheddi.***
Nr. 7095. Auch mit 16 Hev. Cephei bezeichnet (Bradley).
Nr. 7096. h 5296, Begl. 10m (1900.9); d = 35″.8, p = 339°.0.

Kat. Nr.	Bezeichnung des Sternes	Gr.	Mittl. A. R. für 1900.0	Jährl. Veränd.	Mittl. Dekl. für 1900.0	Jährl. Veränd.	Nachweis	B. D.	Bemerkungen
			h m s	s	° ′ ″	″		°	
7101	Pegasus	6.4	21 42 19.2	+ 2.846	+ 16 43 54	+ 16.54	Berl. A. 8883	+ 16.4598	
7102	*o* Indi	5.6	e 42 19.8	5.148	− 70 5 41	16.52	**S. Fd. K. 426**		
7103	Aquarius	6.1	42 22.4	3.157	− 6 22 49	16.54	W.-Ott. 7831	− 6.5827	
7104	10 *ν* Cephei	4.5	42 33.7	1.730	+ 60 39 33	16.55	Hels. 12506	+ 60.2288	
7105	81 π^2 Cygni	4.5	43 5.9	2.214	+ 48 50 48	16.56	**Fd. K. 517**	+ 48.3504	
7106	Cygnus	6.4	43 55.6	2.527	+ 36 6 59	16.62	Lund 10339	+ 35.4643	RG
7107	Capricornus	6.1	44 16.8	3.247	− 13 11 20	16.64	Cordob. 29856	− 13.3027	
7108	Cygnus	6.2	44 20.1	2.486	+ 38 11 1	16.64	Lund 10343	+ 37.4427	
7109	12 Cephei	5.6	44 28.4	1.770	+ 60 13 44	16.65	Hels. 12529	+ 60.2294	GR
7110	Capricornus	6.5	44 43.0	3.305	− 17 18 40	16.66	Cordob. 29869	− 17.6389	
7111	Pegasus	6.5	21 44 46.5	+ 2.802	+ 19 59 48	+ 16.66	Berl. A. 8896	+ 19.4793	
7112	Cepheus	(6.5)	45 15.3	1.070	+ 69 41 15	16.69	Christ. 3440	+ 69.1198	
7113	13 Pegasi	5.6	e 45 23.0	2.849	+ 16 49 16	16.69	Berl. A. 8907	+ 16.4612	
7114	14 Pegasi	5.4	45 25.2	2.650	+ 29 42 30	16.69	Camb. E. 12937	+ 29.4525	
7115	Capricornus	6.1	46 15.9	3.627	− 19 5 19	16.73	Cordob. 29903	− 19.6176	
7116	Cepheus	6.4	46 23.1	1.756	+ 60 48 24	16.74	Hels. 12555	+ 60.2300	G
7117	Cepheus	(6.5)	46 49.2	1.399	+ 66 19 39	16.76	Christ. 3446	+ 66.1441	Σ 2836
7118	Pegasus	6.0	46 52.4	2.815	+ 19 21 28	16.76	Berl. A. 8916	+ 19.4797	h 947
7119	Cygnus	6.4	46 56.7	2.478	+ 39 4 6	16.77	Lund 10364	+ 38.4621	
7120	Indus	6.5*	47 6.9	5.144	− 70 32 18	16.78	Cordob. 29908		
7121	Aquarius	6.5	21 47 9.4	+ 3.118	− 3 38 37	+ 16.78	Cordob. 29925	− 3.5316	
7122	Indus	6.3*	47 48.8	4.464	− 62 21 18	16.81	Cordob. 29926		
7123	51 *μ* Capricorni	5.1	e 47 50.2	3.256	− 14 1 21	16.81	Cordob. 29938	− 14.6149	
7124	*γ* Gruis	3.1	e 47 52.5	3.644	− 37 50 7	16.78	**S. Fd. K. 427**		
7125	15 Pegasi	5.8	e 48 2.2	2.680	+ 28 19 31	16.82	Camb. E. 12966	+ 28.4215	
7126	Capricornus	6.5	48 15.3	3.211	− 10 46 57	16.83	Cordob. 29945	− 10.5785	
7127	16 Pegasi	5.3	48 30.7	2.727	+ 25 27 16	16.84	**Fd. K. 518**	+ 25.4635	
7128*	Cygnus	6.2	48 37.9	2.025	+ 55 19 36	16.85	Hels. 12579	+55.2638/9	Σ 2840
7129	Pegasus	5.9	48 55.0	2.821	+ 19 11 48	16.86	Berl. A. 8930	+ 18.4879	
7130	Aquarius	*6.0*	48 57.0	3.133	− 4 44 42	16.77	**Fd. K. s. 274**	− 4.5568	
7131	Pegasus	6.3	21 48 58.1	+ 2.992	+ 6 23 34	+ 16.86	Leipz. II. 11000	+ 6.4919	
7132*	Cepheus	6.5	49 7.5	1.503	+ 65 17 0	16.87	Christ. 3454	+ 65.1664	Σ 2843 med.
7133	*π* Indi	6.4*	49 13.1	4.245	− 58 22 23	16.88	Cordob. 29955		
7134	Indus	6.5*	49 23.4	4.029	− 52 56 9	16.88	Cordob. 29958		
7135	Aquarius	*6.5*	49 24.0	3.121	− 3 46 20	16.88	Cordob. 29968	− 3.5329	Σ 2838
7136	Pegasus	6.5	e 49 35.5	2.821	+ 19 14 47	16.89	Berl. A. 8941	+ 19.4814	Σ 2841 G
7137	Grus	5.4	50 21.8	3.627	− 37 43 39	16.93	Cordob. 29989		
7138	Grus	6.2	51 0.2	3.634	− 38 13 18	16.96	Cordob. 30004		
7139	*δ* Indi	4.5	e 51 6.8	4.112	− 55 28 5	16.92	**S. Fd. K. 428**		
7140	Octans	6.5*	51 26.0	6.458	− 78 8 26	16.98	Cordob. 29985		
7141	$\varkappa^1$ Indi	6.4*	21 51 26.0	+ 4.281	− 59 29 21	+ 16.98	Cordob. 30009		
7142	13 Cephei	5.9	51 31.5	2.014	+ 56 8 15	16.98	Hels. 12636	+ 55.2644	Σ^2 2648
7143	Pegasus	6.3	51 43.4	2.804	+ 20 45 51	16.99	Berl. B. 8460	+ 20.5046	
7144	17 Pegasi	5.8	52 3.8	2.927	+ 11 36 4	17.00	Leipz. I. 8738	+ 11.4696	
7145	Cepheus	6.3	52 21.0	1.794	+ 61 4 3	17.02	Hels. 12650	+ 60.2318	G
7146	Cepheus	6.0	52 53.7	1.574	+ 64 50 44	17.05	Hels. 12661	+ 64.1607	$O\Sigma^2$ 457
7147	Aquarius	*6.4*	e 52 58.7	3.145	− 5 53 53	17.05	Cordob. 30052	− 6.5878	
7148	Capricornus	6.3	53 9.2	3.352	− 21 39 35	17.06	Cordob. 30055	− 21.6131	
7149	Grus	5.6	53 15.2	3.639	− 38 52 23	17.06	Cordob. 30054		
7150	Octans	5.9	21 53 16.4	+ 6.019	− 76 35 45	+ 17.07	Cordob. 30034		h 5306

Nr. 7128. Σ 2840, Begl. 7.0m; d = 20″, p = 194°.

Nr. 7132. Σ 2843, Begl. 7.3m; d = 3″, p = 145°.

Kat. Nr.	Bezeichnung des Sternes	Gr.	Mittl. A. R. für 1900.0	Jährl. Veränd.	Mittl. Dekl. für 1900.0	Jährl. Veränd.	Nachweis	B. D.	Bemerkungen
			h m s	s	° ′ ″	″		°	
7151	Indus	6.3*	21 53 35.3	+ 4.126	− 56 21 40	+ 17.08	Cordob. 30057		
7152	Aquarius	6.3	e 53 42.1	3.131	− 4 50 31	17.08	Cordob. 30074	− 5.5674	
7153	Cepheus	5.1	53 50.0	1.691	+ 63 8 57	17.09	Hels. 12678	+ 62.2007	RG
7154	Cepheus	6.7	54 37.7	1.534	+ 65 40 45	17.13	Christ. 3484	+ 65.1691	Begl.7^m; d ca.
7155*	12 η Piscis austr.	5.4	55 5.7	3.456	− 28 56 2	17.15	Cordob. 30101		β 276 [2′
7156	18 Pegasi	6.2	55 8.2	2.997	+ 6 14 17	17.15	Leipz. II. 11054	+ 6.4940	
7157	ε Indi	4.8	e 55 42.8	4.624	− 57 11 48	14.57	**S. Fd. K. 430**		R
7158	Cepheus	6.1	55 56.7	1.765	+ 62 13 7	17.19	Hels. 12709	+ 62.2010	G
7159	28 Aquarii	*5.8*	55 58.1	3.071	+ 0 7 29	17.19	Nic. 5551	− 0.4296	
7160	19 Pegasi	5.8	56 11.5	2.979	+ 7 46 36	17.20	Leipz. II. 11071	+ 7.4779	RG
7161	20 Pegasi	5.9	e 21 56 13.1	+ 2.922	+ 12 38 26	+ 17.15	**Fd. K. 519**	+ 12.4737	h 289
7162	Aquarius	6.4	e 56 41.4	3.300	− 18 22 58	17.22	Cordob. 30141	− 18.6056	
7163	Cepheus	6.4	56 53.9	0.603	+ 74 31 5	17.23	Greenw. (00) 4196	+ 74.946	G
7164	Aquarius	6.5	56 58.4	3.286	− 17 26 45	17.23	Cordob. 30147	− 17.6422	Σ1 2654
7165	16 Cephei	5.3	e 57 49.6	0.891	+ 72 42 14	17.27	Greenw. (00) 4202	+ 72.1009	
7166	30 Aquarii	*5.6*	58 0.9	3.156	− 7 0 21	17.28	W.-Ott. 7906	− 7.5688	
7167	31 ο Aquarii	4.6	58 8.5	3.104	− 2 38 18	17.28	II. Ten. Y.C. 6099	− 2.5681	
7168	Cygnus	6.0	58 10.7	2.193	+ 52 23 59	17.29	Camb. U.S. 7422	+ 52.3083	
7169	21 Pegasi	6.1	58 24.6	2.942	+ 10 54 12	17.30	Leipz. I. 8794	+ 10.4681	
7170	14 Cephei	5.8	58 43.0	2.013	+ 57 31 4	17.31	Hels. 12752	+ 57.2441	
7171	κ² Indi	5.6	21 58 49.7	+ 4.247	− 60 7 10	+ 17.32	Cordob. 30176		RR
7172	Lacerta	5.8	58 54.5	2.418	+ 44 10 3	17.32	Bonn 16290	+ 43.4119	β 694
7173	Piscis austr.	5.9	58 55.5	3.419	− 27 18 23	17.32	Cordob. 30190		
7174	32 Aquarii	*5.6*	21 59 38.9	3.089	− 1 23 24	17.35	Cordob. 30204	− 1.4242	
7175	λ Gruis	4.6	e 22 0 5.4	3.631	− 40 1 33	17.26	**S. Fd. K. 431**		
7176	Pegasus	6.5	0 9.3	2.648	+ 32 27 25	17.37	Leid. 9296	+ 32.4329	h 953
7177	Pegasus	6.5	0 13.3	2.902	+ 14 19 51	17.38	Leipz. I. 8812	+ 14.4730	RG
7178	Pegasus	6.0	0 36.2	2.745	+ 26 11 13	17.39	Camb. E. 13168	+ 25.4671	
7179*	34 α Aquarii	*3.0*	0 38.8	3.081	− 0 48 21	17.40	**Fd. K. 311**	− 1.4246	Σ1 2660
7180	22 ν Pegasi	5.1	e 0 38.0	3.020	+ 4 34 8	17.39	Alb. 7686	+ 4.4800	G
7181	18 Cephei	5.4	22 0 52.9	+ 1.790	+ 62 37 58	+ 17.40	Hels. 12787	+ 62.2028	G
7182*	17 ξ Cephei	4.4	e 0 52.9	1.703	+ 64 8 24	17.41	Hels. 12792	+ 63.1802	Σ 2863
7183	33 ι Aquarii	4.4	e 1 2.2	3.242	− 14 21 18	17.36	**Fd. K. 616**	− 14.6209	
7184	23 Pegasi	5.9	1 2.7	2.713	+ 28 28 40	17.41	Camb. E. 13175	+ 28.4284	
7185	Octans	6.5*	1 17.3	5.875	− 76 22 10	17.42	Cordob. 30211		
7186	Lacerta	6.4	1 18.2	2.381	+ 46 15 33	17.42	Bonn 16330	+ 46.3574	G
7187	α Gruis	1.9	e 1 55.9	3.801	− 47 26 43	17.28	**S. Fd. K. 432**		
7188	Lacerta	6.4	1 55.9	2.348	+ 47 44 41	17.45	Bonn 16346	+ 47.3692	
7189	20 Cephei	5.5	e 1 58.1	1.821	+ 62 17 52	17.50	**Fd. K. 520**	+ 62.2029	G
7190	Lacerta	5.2	1 59.0	2.425	+ 44 31 40	17.45	Bonn 16347	+ 44.4043	G
7191	19 Cephei	5.4	e 22 2 3.9	+ 1.846	+ 61 47 37	+ 17.46	Hels. 12815	+ 61.2246	β 697
7192	Lacerta	6.5	2 9.4	2.421	+ 44 45 41	17.46	Bonn 16350	+ 44.4044	
7193	24 ι Pegasi	4.1	e 2 21.3	2.790	+ 24 51 23	17.49	**Fd. K. 312**	+ 24.4533	
7194	14 μ Piscis austr.	4.5	2 33.0	3.509	− 33 28 35	17.44	**S. Fd. K. 433**		
7195	Piscis austr.	5.2	2 34.9	3.525	− 34 31 50	17.48	Cordob. 30261		
7196	Pegasus	6.0	e 2 42.5	2.848	+ 18 59 9	17.48	Berl. A. 9041	+ 18.4930	
7197	Pegasus	6.5	e 2 43.0	2.866	+ 17 30 49	17.48	Berl. A. 9042	+ 17.4693	G
7198	Piscis austr.	6.4	2 53.1	3.508	− 33 36 56	17.49	Cordob. 30268		
7199	25 Pegasi	5.9	e 3 8.5	2.819	+ 21 12 58	17.50	Berl. B. 8532	+ 21.4695	
7200	35 Aquarii	5.7	22 3 29.9	+ 3.296	− 19 0 33	+ 17.52	Cordob. 30279	− 19.6227	

Nr. 7155. β 276, Begl. 6.5m; d = 1″.8, p = 117°.

Nr. 7179. α Aquarii = ***Sadalmelek.***

Nr. 7182. Σ 2863, Begl. 6.5m blau; d = 6″.0, p = 285°.

Kat. Nr.	Bezeichnung des Sternes	Gr.	Mittl. A. R. für 1900.0	Jährl. Veränd.	Mittl. Dekl. für 1900.0	Jährl. Veränd.	Nachweis	B. D.	Bemerkungen
			h m s	s	° ′ ″	″		°	
7201	Grus	6.5*	22 3 38.4	+ 3.810	− 48 35 45	+ 17.52	Cordob. 30277		
7202	Pegasus	6.3	3 40.3	2.769	+ 25 3 19	17.53	Berl. B. 8536	+ 24.4540	
7203	Lacerta	6.3	3 43.5	2.217	+ 52 49 7	17.53	Camb. U.S. 7470	+ 52.3114	σ 741
7204	Cepheus	6.5	3 47.5	2.019	+ 58 21 10	17.53	Hels. 12843	+ 58.2393	G
7205	Aquarius	6.5	3 53.2	3.365	− 24 8 57	17.53	Cordob. 30287		
7206	Piscis austr.	5.3	4 5.6	3.520	− 34 30 23	17.54	Cordob. 30290		R
7207	15 τ Piscis austr.	5.0	e 4 16.5	3.494	− 33 2 22	17.55	Cordob. 30294		R
7208	Piscis austr.	6.5	4 18.2	3.427	− 28 47 3	17.55	Cordob. 30297		
7209	Lacerta	6.4	4 23.5	2.321	+ 49 18 27	17.56	Bonn 16382	+ 49.3746	G
7210	Lacerta	6.5	4 38.8	2.422	+ 45 15 2	17.56	Bonn 16387	+ 45.3813	
7211	27 Pegasi	5.7	e 22 4 47.7	+ 2.654	+ 32 41 2	+ 17.51	**Fd. K. 313**	+ 32.4349	S.C.C. 803
7212	Aquarius	*6.1*	e 5 9.1	3.121	− 4 23 2	17.59	Cordob. 30312	− 4.5623	
7213	26 ϑ Pegasi	4.1	e 5 9.3	3.026	+ 5 42 21	17.63	**Fd. K. 314**	+ 5.4961	
7214	38 ε Aquarii	5.4	5 16.7	3.210	− 12 3 24	17.59	Cordob. 30315	− 12.6196	
7215	Aquarius	6.1	5 20.9	3.121	− 4 45 31	17.60	Cordob. 30319	− 4.5625	
7216	Aquarius	6.2	5 29.3	3.328	− 21 43 24	17.60	Cordob. 30320	− 21.6173	
7217	28 π Pegasi	4.5	5 32.7	2.660	+ 32 41 15	17.60	**Fd. K. 315**	+ 32.4352	
7218	Pegasus	6.3	e 5 32.9	2.851	+ 19 7 41	17.60	Berl. A. 9055	+ 18.4946	
7219	29 τ Pegasi	6.0	5 43.1	2.947	+ 11 8 4	17.61	Leipz. I. 8849	+ 10.4701	G
7220	Pegasus	6.5	6 20.6	2.705	+ 30 3 39	17.64	Camb. E. 13248	+ 29.4604	
7221	Pegasus	6.2	22 7 1.6	+ 2.897	+ 15 32 53	+ 17.66	Berl. A. 9073	+ 15.4592	
7222	39 Aquarii	6.2	e 7 2.2	3.239	− 14 41 10	17.67	Cordob. 30354	− 14.6229	
7223	Lacerta	5.6	e 7 16.4	2.312	+ 50 19 45	17.68	Camb. U.S. 7500	+ 50.3602	
7224	Piscis austr.	6.2	7 19.6	3.392	− 26 49 15	17.68	Cordob. 30359		
7225	21 ζ Cephei	3.7	7 23.0	2.073	+ 57 42 29	17.67	**Fd. K. 316**	+ 57.2475	Σ^1 2680 G
7226	Pegasus	6.1	7 29.1	2.786	+ 24 27 25	17.68	Berl. B. 8557	+ 24.4548	G
7227	Aquarius	*6.5*	7 31.5	3.130	− 5 12 48	17.69	Cordob. 30366	− 5.5732	
7228	24 Cephei	5.0	7 53.1	1.159	+ 71 50 55	17.69	**Fd. K. 521**	+ 71.1111	
7229	22 λ Cephei	5.3	e 8 6.9	2.033	+ 58 55 16	17.71	Hels. 12926	+ 58.2402	
7230	Piscis austr.	5.5	8 7.3	3.375	− 25 40 35	17.71	Cordob. 30374		R
7231	ψ Octantis	5.6	22 8 7.5	+ 6.023	− 78 0 34	+ 17.71	Cordob. 30350		
7232	Cepheus	5.4	e 8 11.4	2.132	+ 56 20 27	17.71	Hels. 12927	+ 56.2727	
7233	Pegasus	5.5	8 22.3	2.650	+ 34 6 42	17.72	Leid. 9360	+ 33.4456	
7234	Cepheus	5.7	e 8 22.3	1.387	+ 69 38 17	17.72	Christ. 3542	+ 69.1228	Σ 2883
7235	Cepheus	6.5	8 29.4	2.049	+ 58 35 15	17.72	Hels. 12936	+ 58.2403	
7236	16 λ Piscis austr.	5.4	8 38.8	3.409	− 28 15 45	17.72	**S. Fd. K. 434**		
7237	Cepheus	5.6	8 43.4	1.981	+ 60 15 52	17.74	Hels. 12942	+ 60.2358	Hh 754
7238*	41 Aquarii	5.4	e 8 46.6	3.318	− 21 34 19	17.74	Cordob. 30385	− 21.6180	S.u.h339; Hh [753
7239	ε Octantis	5.2	e 8 49.3	6.989	− 80 56 15	17.68	**S. Fd. K. 435**		
7240	Pegasi	6.1	9 3.6	2.740	+ 28 6 46	17.75	Camb. E. 13292	+ 27.4280	
7241	Cepheus	5.8	22 9 15.6	+ 1.864	+ 62 47 49	+ 17.76	Hels. 12955	+ 62.2048	G
7242	Grus	6.1	9 28.0	3.692	− 44 56 53	17.77	Cordob. 30393		
7243	Lacerta	4.6	9 35.0	2.567	+ 39 13 7	17.77	Lund 10564	+ 38.4711	h 1746 RG
7244	μ^1 Gruis	4.8	9 35.6	3.630	− 41 50 40	17.79	**S. Fd. K. 436**		O
7245	Lacerta	5.8	9 42.2	2.455	+ 44 56 38	17.78	Bonn 16491	+ 44.4073	
7246	μ^2 Gruis	5.2	10 25.7	3.629	− 42 7 29	17.80	Cordob. 30405		
7247	Lacerta	5.9	10 32.1	2.511	+ 42 27 26	17.81	Bonn 16504	+ 42.4333	
7248	Cepheus	6.3	10 40.8	1.885	+ 62 39 58	17.81	Hels. 12973	+ 62.2053	
7249	Piscis austr.	6.1	11 0.4	3.377	− 26 23 45	17.83	Cordob. 30414		
7250	Pegasus	6.5	22 11 1.0	+ 2.986	+ 8 3 7	+ 17.83	Leipz. II. 11194	+ 7.4834	

Nr. 7238. S. u. h 339, Begl. 7.7m blau; d = 5″, p = 117°.

Kat. Nr.	Bezeichnung des Sternes	Gr.	Mittl. A. R. für 1900.0	Jährl. Veränd.	Mittl. Dekl. für 1900.0	Jährl. Veränd.	Nachweis	B. D.	Bemerkungen
			h m s	s	° ′ ″	″		°	
7251*	Cepheus	6.3	e 22 11 4.3	+ 1.095	+ 72 48 38	+ 17.83	Greenw. (99) 4820	+ 72.1022	Σ 2893 G
7252	23 ε Cephei	4.4	e 11 19.5	2.149	+ 56 32 40	17.84	Hels. 12980	+ 56.2741	
7253	Aquarius	6.1	11 24.6	3.095	— 2 5 40	17.84	Cordob. 30427	— 2.5726	
7254	Aquarius	6.4	11 26.0	3.340	— 23 38 12	17.84	Cordob. 30424		
7255	42 Aquarii	5.5	11 26.8	3.218	— 13 19 49	17.84	Cordob. 30426	— 13.6148	G
7256*	43 ϑ Aquarii	*4.4*	e 11 33.4	3.167	— 8 16 53	17.83	**Fd. K. 522**	— 8.5845	
7257	Aquarius	6.0	11 35.8	3.175	— 9 32 19	17.85	W.-Ott. 7982	— 9.5948	
7258	1 Lacertae	4.4	11 36.6	2.610	+ 37 15 2	17.85	Lund 10586	+ 37.4526	
7259	α Tucanae	2.9	e 11 39.2	4.147	— 60 45 29	17.80	**S. Fd. K. 437**		R
7260	Grus	5.4	e 11 42.3	3.960	— 54 6 32	17.18	**S. Fd. K. 438**		
7261	44 Aquarii	*5.9*	e 22 11 53.3	+ 3.135	— 5 53 12	— 17.86	W.-Ott. 7983	— 6.5960	
7262	Pegasus	6.5	11 53.5	2.759	+ 27 18 20	17.86	Camb. E. 13329	+ 27.4288	
7263	υ Octantis	5.7	e 12 34.9	12.834	— 86 28 34	17.96	**S. P. Ç. „X."**		
7264	Cepheus	6.0	12 49.6	2.155	+ 56 43 15	17.90	Hels. 12995	+ 56.2746	
7265	Aquarius	6.4	12 56.8	3.080	— 0 44 8	17.91	Cordob. 30458	— 0.4333	
7266	45 Aquarii	6.1	e 13 38.6	3.220	— 13 48 20	17.93	Cordob. 30471	— 14.6255	
7267	Tucana	6.3	13 56.8	4.028	— 58 0 40	17.94	Cordob. 30468		
7268	Lacerta	6.5	14 33.0	2.621	+ 37 16 0	17.97	Lund 10600	+ 37.4537	dpl. bor. sequ.
7269	46 ϱ Aquarii	*5.5*	14 56.2	3.159	— 8 19 24	17.98	W.-Ott. 7993	— 8.5855	[Σ 2894
7270	25 Cephei	5.8	14 56.7	1.946	+ 62 18 12	17.98	Hels. 13040	+ 62.2059	
7271	30 Pegasi	5.7	22 15 25.7	+ 3.018	+ 5 17 13	+ 18.00	Leipz. II. 11218	+ 5.4998	h 962
7272	Pegasus	6.5	15 56.1	2.994	+ 7 40 58	18.02	Leipz. II. 11224	+ 7.4853	
7273	ν Indi	5.4	e 16 2.0	5.244	— 72 44 30	17.30	**S. Fd. K. 439**		R
7274	47 Aquarii	5.5	e 16 5.3	3.307	— 22 5 57	17.96	**Fd. K. s. 281**	— 22.5897	R
7275*	48 γ Aquarii	*4.0*	e 16 29.5	3.099	— 1 53 29	18.06	**Fd. K. 317**	— 2.5741	h 3106
7276	31 Pegasi	5.2	16 35.7	2.951	+ 11 42 4	18.06	**Fd. K. 523**	+ 11.4784	
7277*	π^1 Gruis	var.	16 37.6	3.687	— 46 27 6	18.05	Cordob. 30526		RR
7278	Lacerta	6.5	16 42.1	2.367	+ 50 28 40	18.05	Camb. U.S. 7618	+ 50.3673	G
7279	32 Pegasi	5.0	16 42.3	2.765	+ 27 49 37	18.05	Camb. E. 13384	+ 27.4299	
7280	2 Lacertae	4.7	16 53.7	2.470	+ 46 1 57	18.06	Bonn 16622	+ 45.3894	h 1755
7281	π^2 Gruis	5.8	22 16 59.0	+ 3.684	— 46 25 52	+ 18.06	Cordob. 30534		I. 382
7282	Cepheus	6.5	17 3.6	2.147	+ 57 54 20	18.06	Hels. 13074	+ 57.2508	G
7283	Octans	6.1	17 10.1	5.318	— 75 31 20	18.07	Cordob. 30520		
7284	Indus	5.9	17 21.0	4.748	— 70 56 8	18.08	Cordob. 30532		
7285	49 Aquarii	5.6	e 17 56.4	3.345	— 25 16 5	18.10	Cordob. 30555		
7286	Aquarius	6.0	18 17.5	3.150	— 7 42 2	18.11	W.-Ott. 8009	— 7.5765	
7287	Tucana	5.4	e 18 17.6	4.002	— 58 17 30	18.11	Cordob. 30557		I. 383 R
7288*	33 Pegasi	6.5	e 18 50.4	2.861	+ 20 20 34	18.13	Berl. B. 8620	+ 20.5139	Σ 2900
7289*	51 Aquarii	*5.9*	18 54.4	3.126	— 5 20 35	18.13	Cordob. 30580	— 5.5780	Σ¹2705; β172
7290	50 Aquarii	5.9	19 5.7	3.217	— 14 2 11	18.15	**Fd. K. s. 283**	— 14.6276	
7291	Cepheus	6.4	22 19 18.4	+ 2.205	+ 56 46 43	+ 18.15	Hels. 13110	+ 56.2765	
7292	Lacerta	6.4	e 19 28.4	2.628	+ 38 3 48	18.16	Lund 10642	+ 37.4560	
7293	3 Lacertae	4.6	e 19 37.5	2.351	+ 51 43 40	17.96	**Fd. K. 524**	+ 51.3358	Σ¹ 2710
7294	Cepheus	6.2	19 38.6	2.011	+ 61 54 46	18.16	Hels. 13116	+ 61.2291	
7295	52 π Aquarii	4.6	20 10.2	3.064	+ 0 52 10	18.18	Nic. 5640	+ 0.4872	
7296*	δ Tucanae	4.7	20 13.1	4.308	— 65 28 30	18.18	Cordob. 30594		h 5334
7297	4 Lacertae	4.8	20 27.7	2.426	+ 48 58 8	18.19	Bonn 16694	+ 48.3715	
7298	Aquarius	6.1	20 38.9	3.325	— 24 11 26	18.20	Cordob. 30610		
7299	Pegasus	6.4	20 51.1	2.891	+ 17 56 7	18.20	Berl. A. 9165	+ 17.4746	[2711
7300*	53 f Aquarii	5.7	e 22 21 8.4	+ 3.246	— 17 15 3	+ 18.22	Cordob. 30618	—17.6520/1	S. u. h345; Σ¹

Nr. 7251. Σ 2893, Begl. 7.6m; d = 39″, p = 349°.
Nr. 7256. ϑ Aqutrii = *Ancha*.
Nr. 7275. γ Aquarii = *Sadalachbia*.
Nr. 7277. Var. Max. 5m; Min. 6.7m.
Nr. 7288. Σ 2900, Begl. 9.2m; d = 1″.4, p = 178°.
Nr. 7289. 2 Begl. B, 6.7m; d = 5″, p = 10° (Σ¹ 2705). C. 6m; d = 0″.5, p = 5° (β 172).
Nr. 7296. h 5334, Begl. 9.2m; d = 6.5″, p = 284°.
Nr. 7300. S. u. h 345, Begl. 6.5m; d = 7″, p = 310°

Kat. Nr.	Bezeichnung des Sternes	Gr.	Mittl. A. R. für 1900.0	Jährl. Veränd.	Mittl. Dekl. für 1900.0	Jährl. Veränd.	Nachweis	B. D.	Bemerkungen
			h m s	s	° ′ ″	″		°	
7301	Indus	5.7	22 21 15.4	+ 4.453	− 67 59 46	+ 18.22	Cordob. 30611		
7302	32 Hev. Cepheus	5.4	e 21 19.2	− 4.188	+ 85 36 17	18.22	Greenw. (01) 4092	+ 85.383	
7303	34 Pegasi	6.2	e 21 31.6	+ 3.035	+ 3 53 0	18.23	Alb. 7771	+ 3.4705	β 290
7304	ν Gruis	5.4	e 22 47.6	3.531	− 39 38 16	18.10	**S. Fd. K. 441**		R
7305	35 Pegasi	4.9	e 22 47.7	3.032	+ 4 11 46	18.28	Alb. 7776	+ 3.4710	G
7306	Lacerta	6.5	23 3.5	2.624	+ 39 18 1	18.29	Lund 10673	+ 39.4841	
7307	Pegasus	6.0	23 11.3	2.739	+ 31 19 44	18.29	Leid. 9493	+ 31.4701	G
7308	δ¹ Gruis	4.0	23 17.6	3.602	− 44 0 23	18.28	**S. Fd. K. 442**		
7309	Cepheus	5.7	23 25.7	1.549	+ 70 15 41	18.30	Greenw. (01) 4106	+ 70.1240	
7310*	55 ζ Aquarii	*3.7*	e 23 40.8	3.078	− 0 31 57	18.31	Cordob. 30663	− 0.4365	Σ 2909
7311	δ² Gruis	4.3	22 23 47.2	+ 3.603	− 44 15 40	+ 18.31	Cordob. 30657		Δ 239
7312	26 Cephei	5.8	23 52.4	1.925	+ 64 37 20	18.31	Hels. 13163	+ 64.1664	
7313	36 Pegasi	5.5	24 8.5	2.990	+ 8 37 6	18.32	Leipz. II. 11279	+ 8.4874	G
7314	Piscis austr.	6.0	24 10.4	3.357	− 27 37 6	18.32	Cordob. 30670		
7315	Pegasus	5.9	24 29.0	2.806	+ 26 15 6	18.34	Camb. E. 13478	+ 26.4439	
7316	Aquarius	6.2	e 24 40.4	3.202	− 13 25 37	18.34	Cordob. 30680	− 13.6204	
7317*	37 Pegasi	6.0	e 24 54.7	3.036	+ 3 55 29	18.35	Alb. 7780	+ 3.4713	Σ 2912
7318	56 Aquarii	6.1	e 24 55.8	3.219	− 15 5 48	18.35	Cordob. 30687	− 15.6231	
7319	Cepheus	6.5	24 59.6	1.989	+ 63 34 29	18.35	Hels. 13187	+ 63.1852	
7320	ζ Piscis austr.	6.5	25 20.2	3.342	− 26 35 4	18.37	Cordob. 30695		
7321	57 σ Aquarii	4.8	e 22 25 21.3	+ 3.177	− 11 11 23	+ 18.33	**Fd. K. s. 284**	− 11.5850	
7322	5 Lacertae	4.5	25 21.8	2.494	+ 47 11 41	18.37	Bonn 16784	+ 46.3719	RG
7323	38 Pegasi	5.7	25 27.3	2.737	+ 32 3 39	18.37	Leid. 9512	+ 31.4708	
7324*	27 δ Cephei	var.	25 27.4	2.219	+ 57 54 12	18.36	**Fd. K. 318**		Σ¹2721; β702
7325*	17 β Piscis austr.	4.3	e 25 49.1	3.418	− 32 51 30	18.38	Cordob. 30704		Δ 240 [GR
7326	Octans	6.5*	25 54.8	5.889	− 79 17 11	18.39	Cordob. 30683		
7327	28 ϱ Cephei	6.1	e 25 57.4	0.503	+ 78 16 34	18.39	Kas. 3915	+ 78.796	
7328	Lacerta	6.5	25 59.6	2.463	+ 48 50 40	18.39	Bonn 16802	+ 48.3747	G
7329	Aquarius	*6.4*	e 26 3.6	3.139	− 7 3 56	18.39	W.-Ott. 8040	− 7.5797	
7330	Aquarius	6.3	26 8.4	3.105	− 3 25 23	18.39	Cordob. 30713	− 3.5460	
7331	6 Lacertae	4.7	22 26 10.4	+ 2.563	+ 42 36 38	+ 18.40	Bonn 16806	+ 42.4420	
7332	ν Tucanae	4.8	26 14.5	4.095	− 62 29 45	18.36	**S. Fd. K. 443**		R
7333	58 Aquarii	6.4	26 23.2	3.180	− 11 25 4	18.40	Cordob. 30720	− 11.5855	
7334	7 α Lacertae	4.0	e 27 10.2	2.463	+ 49 46 5	18.43	**Fd. K. 319**	+ 49.3875	β703; Σ¹2726
7335	Pegasus	6.5	27 53.6	2.929	+ 15 20 52	18.45	Berl. A. 9216	+ 15.4670	
7336	Lacerta	6.2	28 1.1	2.646	+ 39 15 56	18.46	Lund 10724	+ 39.4871	
7337	Lacerta	6.5	28 20.7	2.369	+ 53 31 18	18.47	Camb. U.S. 7765	+ 53.2910	
7338	60 Aquarii	*6.1*	28 53.7	3.091	− 2 5 19	18.49	Cordob. 30776	− 2.5781	
7339	29 ϱ Cephei	5.6	29 0.1	0.574	+ 78 18 39	18.49	Kas. 3931	+ 78.801	
7340	59 υ Aquarii	5.3	e 29 13.5	3.287	− 21 13 14	18.35	**Fd. K. s. 285**	− 21.6251	
7341	Tucana	6.2	22 29 24.3	+ 3.910	− 58 24 1	+ 18.51	Cordob. 30779		
7342	Cepheus	5.8	29 47.5	2.309	+ 56 6 26	18.52	Hels. 13257	+ 55.2769	
7343	Aquarius	6.0	30 6.4	3.306	− 24 30 28	18.53	Cordob. 30797		
7344	Cepheus	6.2	30 8.3	1.714	+ 69 23 42	18.53	Christ. 3623	+ 69.1262	Σ 2924
7345	62 η Aquarii	*4.1*	e 30 13.0	3.082	− 0 37 59	18.48	**Fd. K. 320**	− 0.4384	
7346	Cepheus	(6.5)	30 17.6	2.143	+ 61 15 41	18.54	Hels. 13261	+ 61.2314	
7347	Cepheus	5.9	30 31.1	1.075	+ 75 42 40	18.54	Kas. 3938	+ 75.836	
7348	σ¹ Gruis	6.0	30 39.0	3.516	− 41 5 54	18.55	Cordob. 30805		
7349	Piscis austr.	5.8	30 57.9	3.391	− 32 10 50	18.56	Cordob. 30810		h 5346
7350	σ² Gruis	5.6	22 31 8.9	+ 3.514	− 41 6 24	+ 18.57	Cordob. 30814		β 771

Nr. 7310. Σ 2909, Begl. 4.6m; d = 3″.2, p = 310°.

Nr. 7317. Σ 2912, Begl. 7.2m; d = 0″.4, p = 290°.

Nr. 7324. Var. Max. 3.7m, Min. 4.9m; P = 5d 8h 48m. Σ¹ 2721, Hptst. gelb, Begl. 5.1m blau; d = 41″, p = 192°.

Nr. 7325. Δ 240, Begl. 7.5m; d = 30″, p = 172°.

Kat. Nr.	Bezeichnung des Sternes	Gr.	Mittl. A. R. für 1900.0	Jährl. Veränd.	Mittl. Dekl. für 1900.0	Jährl. Veränd.	Nachweis	B. D.	Bemerkungen
			h m s	s	° ′ ″	″		°	
7351*	8 Lacertae	5.9	22 31 25.3	+ 2.663	+ 39 7 0	+ 18.57	Lund 10759	+ 38.4808	Σ 2922
7352	Lacerta	6.3	31 35.3	2.720	+ 35 3 42	18.58	Leid. 9573	+ 34.4728	OΣ 474
7353	Lacerta	6.5	31 44.0	2.484	+ 49 33 10	18.58	Bonn 16909	+ 49.3903	
7354	Pegasus	6.5	32 8.3	2.966	+ 12 3 32	18.60	Leipz. I. 9030	+ 11.4838	G
7355	Lacerta	6.4	32 15.1	2.721	+ 35 8 2	18.60	Leid. 9582	+ 34.4729	G
7356*	63 ϰ Aquarii	*5.4*	e 32 34.7	3.114	− 4 44 34	18.61	Cordob. 30842	− 4.5716	h 5529
7357	Aquarius	6.4	33 7.3	3.146	− 8 25 2	18.63	W.-Ott. 8074	− 8.5912	
7358	Piscis austr.	6.4	33 11.1	3.349	− 29 16 4	18.63	Cordob. 30854		
7359	Piscis austr.	5.5	e 33 12.5	3.401	− 33 36 6	18.68	**S. Fd. K. 445**		
7360	9 Lacertae	4.9	e 33 16.0	2.462	+ 51 1 47	18.63	Camb. U.S. 7808	− 50.3770	
7361	31 Cephei	5.3	e 22 33 18.1	+ 1.487	+ 73 7 27	+ 18.66	**Fd. K. 525**	+ 72.1049	
7362	40 Pegasi	6.1	e 34 2.3	2.904	+ 19 0 20	18.66	Berl. A. 9253	+ 18.5014	
7363	Piscis austr.	6.3	34 10.0	3.341	− 28 50 40	18.66	Cordob. 30870		
7364	Tucana	5.8	34 26.3	3.850	− 57 56 35	18.67	Cordob. 30875		
7365	Cepheus	5.1	34 41.5	2.344	+ 56 16 35	18.68	Hels. 13309	+ 56.2821	G
7366	10 Lacertae	5.1	34 46.4	2.687	+ 38 31 47	18.68	**Fd. K. 526**	+ 38.4826	Σ1 2739
7367	Piscis austr.	6.0	e 34 47.8	3.365	− 31 10 21	18.68	Cordob. 30884		
7368	41 Pegasi	6.5	34 56.3	2.904	+ 19 9 38	18.69	Berl. A. 9263	+ 18.5021	
7369	Lacerta	6.3	35 2.8	2.707	+ 37 4 18	18.69	Lund 10807	+ 36.4902	OΣ 475
7370	Cepheus	5.9	35 4.7	1.284	+ 74 51 6	18.69	Greenw. (99) 4924	+ 74.978	
7371	30 Cephei	5.4	e 22 35 6.1	+ 2.118	+ 63 3 52	+ 18.65	**Fd. K. 527**	+ 62.2102	
7372	18 ε Piscis austr.	4.3	35 7.5	3.325	− 27 33 55	18.69	**S. Fd. K. 446**		
7373	Aquarius	6.3	35 37.5	3.107	− 4 4 28	18.71	Cordob. 30896	− 4.5728	
7374	β Octantis	4.4	e 35 51.0	6.413	− 81 54 21	18.71	**S. Fd. K. 447**		
7375	Pegasus	5.8	e 35 54.8	2.953	+ 14 1 19	18.72	Leipz. I. 9054	+ 13.4971	
7376	11 Lacertae	4.6	e 36 7.6	2.615	+ 43 45 14	18.72	Bonn 16991	+ 43.4266	G
7377	Lacerta	6.1	36 14.1	2.431	+ 53 19 30	18.73	Camb. U.S. 7849	+ 53.2950	
7378	42 ζ Pegasi	3.7	e 36 28.5	2.990	+ 10 18 33	18.72	**Fd. K. 321**	+ 10.4797	S. C. C. 818
7379	Grus	6.5*	e 36 39.3	3.595	− 47 43 22	18.74	Cordob. 30909		Cordob. (63)
7380	β Gruis	2.1	e 36 41.8	3.602	− 47 24 27	18.72	**S. Fd. K. 448**		Δ 243 R
7381	Grus	6.3	22 36 50.3	+ 3.543	− 44 46 20	+ 18.75	Cordob. 30916		
7382	Pegasus	6.5	36 50.8	2.794	+ 30 26 37	18.75	Leid. 9618	+ 30.4771	RG
7383	12 Lacertae	5.6	37 0.0	2.679	+ 39 42 10	18.75	Lund 10831	+ 39.4912	Hh 772
7384	Pegasus	6.1	37 0.9	2.955	+ 13 59 38	18.75	Leipz. I. 9063	+ 13.4974	Hough 296 G
7385	43 ο Pegasi	5.0	37 3.7	2.813	+ 28 47 8	18.75	Camb. E. 13646	+ 28.4436	
7386	Lacerta	6.1	37 7.6	2.661	+ 41 1 28	18.76	Bonn 17006	+ 40.4885	
7387	ϱ Gruis	4.8	37 42.1	3.495	− 41 56 8	18.77	Cordob. 30930		
7388	Tucana	6.3*	37 48.4	3.920	− 61 1 27	18.78	Cordob. 30926		
7389	Aquarius	6.5	37 49.0	3.146	− 8 50 6	18.78	W.-Ott. 8097	− 9.6038	Σ 2935 med.
7390	67 Aquarii	*6.4*	38 0.9	3.134	− 7 29 11	18.78	W.-Ott. 8099	− 7.5838	
7391	66 g1 Aquarii	4.9	e 22 38 12.4	+ 3.234	− 19 21 13	+ 18.74	**Fd. K. s. 287**	− 19.6324	R
7392	Cepheus	6.2	38 15.3	2.445	+ 53 23 8	18.79	Camb. U.S. 7866	+ 53.2960	G
7393*	44 η Pegasi	3.2	38 18.8	2.807	+ 29 41 53	18.76	**Fd. K. 322**	+ 29.4741	Hh775; β1144
7394	Lacerta	6.5	38 45.4	2.581	+ 46 38 41	18.81	Bonn 17037	+ 46.3803	OΣ 476
7395	η Gruis	4.9	39 29.5	3.707	− 54 1 34	18.83	Cordob. 30968		[RG
7396	Lacerta	6.1	39 34.3	2.711	+ 38 56 29	18.83	Lund 10860	+ 38.4855	OΣ478; h1802
7397	13 Lacertae	5.3	39 37.8	2.666	+ 41 17 39	18.84	**Fd. K. 528**	+ 41.4594	OΣ479; h1803
7398	Grus	5.3	39 46.8	3.566	− 47 4 20	18.84	Cordob. 30974		
7399	Grus	6.5*	39 54.2	3.741	− 55 35 21	18.84	Cordob. 30975		
7400	Grus	6.5	e 22 40 27.6	+ 3.618	− 50 12 8	+ 18.86	Cordob. 30992		

Nr. 7351. Σ 2922, Hptst. 5.9m, Begl. 6.7m; d = 22″.5, p = 186°.
Nr. 7356. ϰ Aquarii = ***Situla.***

Nr. 7393. Hh 775, Begl. 10m; d = 91″, p = 339°. Begl. dplt. (β 1144).
η Pegasi = ***Matar.***

Kat. Nr.	Bezeichnung des Sternes	Gr.	Mittl. A. R. für 1900.0	Jährl. Veränd.	Mittl. Dekl. für 1900.0	Jährl. Veränd.	Nachweis	B. D.	Bemerkungen
			h m s	s	° ′ ″	″		°	
7401	45 Pegasi	6.3	e 22 40 36.3	+ 2.918	+ 18 50 19	+ 18.86	Berl. A. 9308	+ 18.5046	
7402	ξ Octantis	5.5	41 3.0	5.812	− 80 39 3	18.88	Cordob. 30980		
7403	46 ξ Pegasi	4.4	e 41 41.3	2.980	+ 11 39 50	18.89	Leipz. I. 9091	+ 11.4875	h 301
7404	47 λ Pegasi	4.2	41 42.8	2.885	+ 23 2 22	18.89	**Fd. K. 323**	+ 22.4709	
7405	Piscis austr.	6.4	41 42.9	3.383	− 34 41 23	18.89	Cordob. 31024		
7406	Lacerta	6.1	41 44.0	2.640	+ 44 1 6	18.89	Bonn 17089	+ 43.4300	
7407	Tucana	6.5*	41 52.2	3.920	− 62 12 42	18.90	Cordob. 31022		
7408	Grus	6.5	42 6.2	3.429	− 38 44 48	18.91	Cordob. 31035		
7409	Indus	6.4*	42 8.8	4.357	− 70 52 38	18.91	Cordob. 31025		
7410	68 g^2 Aquarii	5.4	e 42 11.0	3.235	− 20 8 0	18.91	Cordob. 31041	− 20.6486	O
7411	Tucana	6.5*	22 42 20.7	+ 3.994	− 64 14 47	+ 18.91	Cordob. 31036		
7412*	69 Aquarii	5.6	42 24.2	3.189	− 14 35 0	18.92	Cordob. 31047	− 14.6346	Σ 2943 R
7413	Piscis austr.	6.5	42 26.7	3.294	− 26 26 7	18.92	Cordob. 31046		
7414	ε Gruis	3.7	e 42 30.9	3.644	− 51 50 34	18.85	**S. Fd. K. 449**		
7415	70 Aquarii	6.1	43 14.4	3.159	− 11 5 0	18.94	Cordob. 31061	− 11.5923	
7416	Lacerta	6.1	43 36.3	2.744	+ 36 53 26	18.95	Lund 10887	+ 36.4934	
7417	71 τ Aquarii	4.4	e 44 17.8	3.179	− 14 7 15	18.93	**Fd. K. 617**	− 14.6354	Hh 781 O
7418	Piscis austr.	6.3	44 25.1	3.358	− 33 19 59	18.97	Cordob. 31083		
7419	Lacerta	6.4	44 38.6	2.481	+ 53 53 13	18.98	Camb. U.S. 7935	+ 53.2993	
7420	Cepheus	6.2	44 57.9	2.250	+ 62 24 41	18.99	Hels. 13461	+ 62.2115	G
7421	48 μ Pegasi	3.9	e 22 45 10.5	+ 2.891	+ 24 4 24	+ 18.95	**Fd. K. 324**	+ 23.4615	
7422	Grus	5.5	45 20.7	3.428	− 39 41 11	19.00	**S. Fd. K. 450**		R
7423	Tucana	6.4*	45 27.0	3.824	− 60 24 41	19.00	Cordob. 31098		
7424	Cepheus	6.4	e 45 35.9	2.015	+ 68 2 22	19.00	Christ. 3666	+ 67.1468	Σ 2947 med.
7425	Cepheus	5.5	45 38.4	2.456	+ 55 22 20	19.01	Hels. 13467	+ 55.2820	G
7426	Tucana	6.0	e 45 40.5	3.933	− 63 43 5	18.96	**S. Fd. K. 451**		I. 340 R
7427	21 Piscis austr.	6.0	e 45 50.2	3.318	− 30 3 57	19.01	Cordob. 31105		
7428	14 Lacertae	6.3	45 51.2	2.698	+ 41 25 26	19.01	Bonn 17156	+ 41.4623	
7429	Lacerta	6.4	45 52.6	2.564	+ 50 8 49	19.01	Bonn 17157	+ 49.3954	
7430	32 ι Cephei	3.7	e 46 7.1	2.122	+ 65 40 27	18.88	**Fd. K. 325**	+ 65.1814	$Σ^1$ 2759 G
7431*	22 γ Piscis austr.	4.5	e 22 46 58.0	+ 3.344	− 33 24 21	+ 19.02	**S. Fd. K. 452**		h 5367
7432	49 σ Pegasi	5.2	e 47 19.5	3.004	+ 9 18 12	19.05	Leipz. II. 11430	+ 9.5122	
7433	73 λ Aquarii	*3.8*	e 47 23.8	3.130	− 8 6 43	19.10	**Fd. K. 326**	− 8.5968	R
7434	Cepheus	5.8	e 47 28.0	2.317	+ 61 9 53	19.06	Hels. 13488	+ 60.2450	Σ 2950
7435	15 Lacertae	5.0	e 47 31.1	2.688	+ 42 46 50	19.06	Bonn 17183	+ 42.4521	β 451 G
7436	$τ^1$ Gruis	6.3*	47 37.4	3.351	− 49 7 37	19.06	Cordob. 31133		
7437	ϱ Indi	6.3	e 47 42.3	+ 4.236	− 70 36 28	19.12	**S. Fd. K. 453**		
7438	34 Hev. Cephei	4.8	e 47 53.0	− 0.124	+ 82 37 23	19.07	Greenw. (00) 4443	+ 82.703	OΣ 482 G
7439	Pegasus	5.6	e 48 7.0	+ 2.952	+ 16 18 39	19.07	Berl. A. 9354	+ 16.4831	G
7440	74 Aquarii	5.8	48 12.9	3.162	− 12 8 54	19.08	Cordob. 31143	− 12.6371	
7441	Lacerta	6.5	22 48 37.2	+ 2.731	+ 39 38 9	+ 19.09	Lund 10936	+ 39.4957	
7442	Cepheus	6.0	49 4.4	2.380	+ 59 34 10	19.10	Hels. 13526	+ 59.2595	RG
7443*	Lacerta	6.0	49 11.6	2.677	+ 44 13 2	19.10	Bonn 17210	+ 43.4331	h 1828; β 382
7444*	76 δ Aquarii	3.5	e 49 20.6	3.187	− 16 21 10	19.10	**Fd. K. 618**	− 16.6173	
7445	78 Aquarii	6.4	e 49 21.7	3.124	− 7 44 10	19.11	W. Ott. 8155	− 7.5886	
7446	$τ^2$ Gruis	6.5	49 27.1	3.538	− 49 1 35	19.11	Cordob. 31161		
7447	Aquarius	5.7	49 28.1	3.196	− 16 48 7	19.11	Cordob. 31166	− 17.6619	R
7448	Lacerta	5.9	49 31.7	2.735	+ 39 50 37	19.11	Lund 10950	+ 39.4964	
7449	Piscis austr.	6.5	49 38.2	3.375	− 36 55 18	19.12	Cordob. 31168		
7450	1 Piscium	6.4	22 49 52.5	+ 3.069	+ 0 31 54	+ 19.12	Nic. 5742	+ 0.4939	

Nr. 7412. Σ 2943, Begl. 9.2m; d = 28″.5.

Nr. 7431. h 5367, Begl. 8.8m; d = 4″, p = 270°.

Nr. 7443. β 382, Begl. 8m; d = 1″, p = 230°. h 1828, Begl. 10m; d = 27″, p = 355°.

Nr. 7444. δ Aquarii = ***Scheat.***

Kat. Nr.	Bezeichnung des Sternes	Gr.	Mittl. A. R. für 1900.0	Jährl. Veränd.	Mittl. Dekl. für 1900.0	Jährl. Veränd.	Nachweis	B. D.	Bemerkungen
			h m s	s	° ′ ″	″		°	
7451*	Aquarius	*6.0*	22 49 59.8	+ 3.112	− 5 31 14	+ 19.12	Cordob. 31173	− 5.5885	β 178
7452	Aquarius	6.5	50 8.6	3.224	− 20 40 19	19.13	Cordob. 31179	− 20.6507	
7453	50 ϱ Pegasi	5.1	e 50 11.6	3.014	+ 8 16 56	19.13	Leipz. II. 11455	+ 8.4961	
7454	Piscis austr.	6.3	50 20.4	3.324	− 32 9 58	19.13	Cordob. 31180		
7455	Lacerta	6.1	50 23.5	2.776	+ 36 32 37	19.13	Lund 10955	+ 36.4956	
7456*	23 δ Piscis austr.	4.1	e 50 24.6	3.333	− 33 4 27	19.14	Cordob. 31184		β 772
7457	τ^3 Gruis	6.0	50 58.3	3.521	− 48 30 12	19.15	Cordob. 31196		[239
7458	Lacerta	6.0	51 4.9	2.787	+ 35 49 4	19.15	Lund 10962	+ 35.4917	(h 975); $O\Sigma^2$
7459	16 Lacertae	5.8	51 49.7	2.731	+ 41 4 12	19.17	Bonn 17258	+ 40.4949	Σ2960; $O\Sigma^2$240
7460	Aquarius	6.5	51 57.0	3.099	− 3 46 48	19.18	Cordob. 31211	− 4.5793	Σ2959; β713
7461	Lacertae	5.0	22 52 2.9	+ 2.620	+ 49 11 57	+ 19.18	Bonn 17265	+ 48.3887	RG
7462	Aquarius	6.3	52 6.7	3.109	− 5 20 40	19.18	Cordob. 31215	− 5.5894	
7463*	24 α Piscis austr.	1.3	e 52 7.5	3.322	− 30 9 9	19.02	**Fd. K. 619**	.	
7464	Pisces	6.4	52 27.2	3.050	+ 3 16 28	19.19	Alb. 7923	+ 3.4799	G
7465	51 Pegasi	5.6	e 52 33.0	2.930	+ 20 13 56	19.19	II. Ten. Y.C. 6479	+ 19.5036	
7466	Lacerta	5.3	52 39.2	2.630	+ 48 9 0	19.19	Bonn 17275	+ 47.3985	
7467	Piscis austr.	6.3	53 1.0	3.354	− 36 3 19	19.20	Cordob. 31231		
7468	Lacerta	6.4	53 3.6	2.764	+ 38 46 26	19.20	Lund 10980	+ 38.4904	
7469	Pisces	6.2	53 6.6	3.092	− 2 55 47	19.21	Cordob. 31236	− 3.5539	
7470	Pisces	6.4	53 14.5	3.085	− 1 56 42	19.21	Cordob. 31238	− 2.5858	
7471	36 Hev. Cephei	6.0	e 22 53 28.6	+ 1.162	+ 84 50 17	+ 19.21	Greenw. (01) 4210	+ 84.517	
7472	Aquarius	5.4	54 7.8	3.291	− 29 59 54	19.23	Cordob. 31247		
7473*	52 Pegasi	6.1	54 11.6	2.998	+ 11 11 40	19.23	Leipz. I. 9166	+ 10.4859	OΣ 483
7474	Aquarius	6.3	54 19.8	3.164	− 13 36 24	19.24	Cordob. 31254	− 13.6318	G
7475	2 Piscium	5.6	e 54 19.8	3.070	+ 0 25 45	19.24	Nic. 5752	+ 0.4950	G
7476	Aquarius	5.8	54 41.0	3.254	− 25 41 54	19.24	Cordob. 31257		R
7477	Andromed.	6.4	e 54 50.5	2.591	+ 52 7 4	19.25	Camb. U.S. 8023	+ 51.3514	G
7478	ζ Gruis	4.1	e 54 58.6	3.564	− 53 17 25	19.24	**S. Fd. K. 454**		
7479	Piscis austr.	6.4	54 59.0	+ 3.257	− 26 9 43	19.25	Cordob. 31267		
7479a	Cepheus	4.8	e 55 13.2	− 0.366	+ 83 48 40	19.26	Greenw. (99) 5023	+ 83.640	G
7480	Grus	5.6	55 15.8	+ 3.541	− 51 29 12	19.26	Cordob. 31273		
7481	3 Piscium	*6.5*	22 55 30.2	+ 3.075	− 0 21 4	+ 19.26	Cordob. 31284	− 0.4443	
7482	Pisces	6.1	55 37.2	3.057	+ 2 28 40	19.27	Alb. 7938	+ 2.4594	σ 770 G
7483	Aquarius	5.8	55 51.8	3.282	− 29 23 25	19.27	Cordob. 31288		R
7483a	Cassiopeia	5.3	55 52.1	2.517	+ 56 24 32	19.27	Hels. 13633	+ 56.2923	
7484	Aquarius	6.4	56 0.3	3.232	− 23 19 37	19.28	Cordob. 31290		
7485	81 Aquarii	6.4	56 11.8	3.122	− 7 35 53	19.28	W.-Ott. 8185	− 7.5910	
7486	Aquarius	6.1	56 21.2	3.106	− 5 14 55	19.28	Cordob. 31294	− 5.5910	
7487*	Grus	6.5	57 0.6	3.347	− 36 57 27	19.29	Cordob. 31304		β 1011
7488	Cassiopeia	6.4	57 17.0	2.525	+ 56 34 6	19.31	Hels. 13651	+ 56.2927	G
7489	1 o Andromed.	4.0	57 19.1	2.751	+ 41 47 18	19.31	**Fd. K. 327**	+ 41.4664	
7490	82 Aquarii	6.4	57 21.1	3.118	− 7 6 39	19.31	W.-Ott. 8190	− 7.5913	
7491	Aquarius	6.2	e 22 57 24.0	+ 3.214	− 21 24 15	+ 19.31	Cordob. 31317	− 21.6354	
7492	Andromed.	6.5	57 37.8	2.725	+ 44 2 8	19.31	Bonn 17367	+ 43.4375	
7493	π Piscis austr.	5.1	57 57.7	3.326	− 35 17 24	19.32	Cordob. 31327		
7494*	2 Andromed.	5.3	e 58 0.0	2.749	+ 42 13 12	19.32	Bonn 17375	+ 41.4665	β 1147
7495	Indus	5.5	e 58 15.6	4.019	− 69 21 40	19.39	**S. Fd. K. 455**		
7496	Grus	5.7	58 22.0	3.393	− 42 1 10	19.33	Cordob. 31337		R
7497	ϰ Gruis	5.2	58 44.8	3.567	− 54 29 59	19.34	Cordob. 31340		
7498	4 β Piscium	4.7	58 47.3	3.052	+ 3 16 54	19.34	Alb. 7957	+ 3.4818	
7499*	53 β Pegasi	var.	e 58 55.5	2.902	+ 27 32 25	19.48	**Fd. K. 328**	+ 27.4480	h 1842 GR
7500	Cassiopeia	6.5	22 59 8.0	+ 2.511	+ 58 1 32	+ 19.35	Hels. 13690	+ 57.2676	

Nr. 7451. β 178, Begl. 7.8m; d = 0″.8, p = 322°.
Nr. 7456. β 772, Begl. 9.7m; d = 5″, p = 235°.
Nr. 7463. α Piscis austrini = ***Fomalhaut.***
Nr. 7473. OΣ 483, Begl. 7.7m; d = 1″, p = 225°.

Nr. 7487. β 1011, Begl. 9.7m; d = 2″, p = 300°.
Nr. 7494. β 1147, Begl. 8.5m; d = 0″.4, Umlaufsbewegung. p zunehmend.
Nr. 7499. Var. Max. 2.2m, Min. 2.7m; irregulär. β Pegasi = ***Scheat.***

Kat. Nr.	Bezeichnung des Sternes	Gr.	Mittl. A. R. für 1900.0	Jährl. Veränd.	Mittl. Dekl. für 1900.0	Jährl. Veränd.	Nachweis	B. D	Bemerkungen
			h m s	s	° ′ ″	″		°	
7501	3 Andromed.	4.8	e 22 59 41.1	+ 2.665	+ 49 30 26	+ 19.36	Bonn 17404	+ 49.4028	
7502	Cepheus	5.4	59 44.1	2.267	+ 66 40 12	19.36	Christ. 3717	+ 66.1575	G
7503*	54 α Pegasi	3.2	59 46.7	2.985	+ 14 40 2	19.33	**Fd. K. 329**	+ 14.4926	Σ^1 2782
7504	Aquarius	6.4	e 59 55.5	3.183	— 17 37 3	19.37	Cordob. 31365	— 17.6661	h 3164
7505	83 *h* Aquarii	*5.6*	e 22 59 56.9	3.130	— 8 14 0	19.39	**Fd. K. s. 291**	— 8.6018	
7506	30 Octantis	6.1	23 0 14.6	5.029	— 80 1 12	19.38	Cape (90) 2882		
7507*	ϑ Gruis	4.4	e 1 14.8	3.393	— 44 3 38	19.35	**S. Fd. K. 456**		β 751
7508	86 c^1 Aquarii	4.7	1 18.6	3.229	— 24 17 0	19.40	**S. Fd. K. 457**		
7509	Pegasus	6.4	e 1 19.5	2.963	+ 17 58 31	19.40	Berl. A. 9454	+ 17.4866	
7510	*v* Gruis	5.5	1 19.6	3.351	— 39 25 58	19.40	Cordob. 31383		β 773
7511	Grus	6.4	23 1 23.7	+ 3.478	— 50 8 48	+ 19.40	Cordob. 31384		
7512*	Grus	6.1	1 28.3	3.494	— 51 13 34	19.40	Cordob. 31388		Δ 246
7513	Indus	6.1	1 37.9	4.258	— 74 7 37	19.41	Cordob. 31381		
7514	55 Pegasi	4.6	1 58.0	3.021	+ 8 52 9	19.41	Leipz. II. 11532	+ 8.4997	GR
7515	56 Pegasi	4.9	2 14.4	2.918	+ 24 55 43	19.42	Berl. B. 8859	+ 24.4716	
7516	1 Cassiopeiae	5.0	2 23.0	2.522	+ 58 52 46	19.42	Hels. 13745	+ 58.2545	
7517	Pegasus	6.2	e 2 32.6	2.948	+ 20 35 41	19.42	Berl. B. 8860	+ 20.5278	
7518	Andromed.	6.3	2 44.2	2.645	+ 52 16 32	19.43	Camb. U. S. 8094	+ 52.3371	
7519	Sculptor	5.8	2 56.6	3.259	— 29 21 49	19.43	Cordob. 31414		
7520	4 Andromed.	5.3	3 4.9	2.734	+ 45 50 49	19.44	Bonn 17467	+ 45.4149	h 1849 G
7521	5 Andromed.	5.9	e 23 3 12.6	+ 2.699	+ 48 45 0	+ 19.44	Bonn 17468	+ 48.3944	
7522	Indus	6.5*	3 20.5	3.900	— 68 24 59	19.44	Cordob. 31418		
7523	5 *A* Piscium	5.6	e 3 33.4	3.064	+ 1 34 57	19.45	Alb. 7986	+ 1.4686	
7524	Cepheus	6.5	3 42.7	2.432	+ 63 5 32	19.45	II. Ten. Y. C. 6556	+ 62.2171	
7525	Indus	6.5*	3 47.5	3.852	— 67 24 3	19.45	Cordob. 31425		
7526	Octans	6.5	3 50.0	5.228	— 81 27 18	19.46	Cape (90) 2889		
7527	Cepheus	6.5	3 53.4	2.418	+ 63 40 53	19.46	Hels. 13767	+ 63.1931	G
7528	88 c^2 Aquarii	3.9	e 4 6.9	3.203	— 21 42 55	19.51	**Fd. K. 620**	— 21.6368	
7529	Sculptor	6.0	4 20.5	3.249	— 28 37 51	19.46	Cordob. 31436		
7530	Grus	5.6	4 24.4	3.377	— 43 24 10	19.47	Cordob. 31437		
7531*	57 Pegasi	5.0	23 4 28.6	+ 3.027	+ 8 8 5	+ 19.47	Leipz. II. 11543	+ 7.4981	Σ 2983 RG
7532	Aquarius	6.4	4 33.8	3.159	— 15 3 8	19.47	Cordob. 31444	— 15.6360	
7533	89 c^3 Aquarii	5.0	e 4 34.4	3.208	— 22 59 57	19.47	Cordob. 31442		
7534	Grus	6.1	4 35.9	3.352	— 41 7 56	19.47	Cordob. 31441		
7535	ι Gruis	4.2	e 4 41.9	3.412	— 45 47 19	19.41	**S. Fd. K. 459**		
7536*	33 π Cephei	4.5	e 4 43.0	1.897	+ 74 50 49	19.43	**Fd. K. 529**	+ 74.1006	OΣ489; h1852
7537	58 Pegasi	5.5	4 59.3	3.021	+ 9 16 48	19.48	Leipz. II. 11545	+ 9.5170	
7538	Sculptor	6.4	5 22.5	3.256	— 30 3 58	19.49	Cordob. 31458		
7539	2 Cassiopeiae	5.8	5 27.4	2.553	+ 58 47 25	19.49	Hels. 13794	+ 58.2552	
7540	Pegasus	5.8	5 44.4	2.977	+ 17 3 10	19.49	Berl. A. 9478	+ 16.4882	RG
7541	6 Andromed.	6.1	e 23 5 50.3	+ 2.781	+ 43 0 30	+ 19.50	Bonn 17516	+ 42.4592	
7542	59 Pegasi	5.4	6 41.3	3.029	+ 8 10 36	19.51	Leipz. II. 11552	+ 7.4991	
7543	60 Pegasi	6.4	e 6 58.2	2.921	+ 26 18 28	19.52	Camb. E. 13952	+ 26.4580	
7544	Grus	6.4	7 33.7	3.436	— 50 9 43	19.52	Cordob. 31490		
7545	Tucana	6.4*	e 7 55.0	3.670	— 63 13 46	19.54	Cordob. 31496		
7546	7 Andromed.	4.7	e 7 57.8	2.728	+ 48 51 33	19.54	Bonn 17542	+ 48.3964	
7547	Pegasus	6.0	8 24.6	3.017	+ 10 31 15	19.55	Leipz. I. 9245	+ 10.4902	Σ 2991
7548	Cassiopeia	5.7	e 8 27.9	2.869	+ 56 36 58	19.83	**Fd. K. 530**	+ 56.2966	
7549	Pegasus	6.5	9 1.7	2.971	+ 19 5 23	19.56	Berl. A. 9489	+ 18.5125	
7550	90 φ Aquarii	*4.3*	e 23 9 8.6	+ 3.107	— 6 35 17	+ 19.56	W.-Ott. 8253	— 6.6170	O

Nr. 7503. α Pegasi = ***Markab.***

Nr. 7507. β 751, Begl. 8.2m bläulich; d = 3″, p = 25°.

Nr. 7512. Δ 246, Begl. 7.1m; d = 8″, p = 260°.

Nr. 7531. Σ 2983, Begl. 10.5m; d = 32″.5, p = 200°.

Nr. 7536. OΣ 489, Begl. 8.9m; d = 1″.2, p = 50°.

Kat. Nr.	Bezeichnung des Sternes	Gr.	Mittl. A. R. für 1900.0	Jährl. Veränd.	Mittl. Dekl. für 1900.0	Jährl. Veränd	Nachweis	B. D.	Bemerkungen
			h m s	s	° ′ ″	″		°	
7551	Grus	5.8	23 9 26.7	+ 3.333	− 41 38 47	+ 19.57	Cordob. 31523		
7552	Aquarius	6.4	9 27.5	3.130	− 11 13 56	19.57	Cordob. 31528	− 11.6032	β 715
7553	Tucana	6.5*	9 33.2	3.526	− 57 14 8	19.57	Cordob. 31526		
7554	Pegasus	6.5	e 9 40.4	2.946	+ 23 33 28	19.57	Berl. B. 8894	+ 23.4704	
7555	Aquarius	*5.5*	10 25.2	3.093	− 4 2 29	19.58	Cordob. 31540	− 4.5852	
7556*	91 ψ^1 Aquarii	4.5	e 10 39.0	3.121	− 9 37 58	19.59	W.-Ott. 8260	− 9.6156	Σ^1 2804; β
7557	Tucana	5.6	e 10 57.0	3.641	− 62 32 47	19.54	**S. Fd. K. 460**		[1220
7558	Cepheus	6.2	e 11 4.0	2.105	+ 73 41 10	19.60	Greenw. (00) 4571	− 73.1023	
7559	Grus	5.8	11 6.0	3.357	− 45 2 4	19.60	Cordob. 31549		h 5390
7560	γ Tucana	4.0	e 11 35.6	3.527	− 58 47 2	19.68	**S. Fd. K. 461**		
7561	Octans	6.2	23 11 36.8	+ 4.663	− 80 1 9	+ 19.61	Cordob. 31548		
7562	92 χ Aquarii	*5.5*	11 40.0	3.113	− 8 16 20	19.61	W.-Ott. 8267	− 8.6076	R
7563	Cepheus	5.8	e 11 46.1	2.291	+ 70 20 33	19.61	Christ. 3762	+ 70.1311	
7564	6 γ Piscium	4.1	e 11 58.8	3.108	+ 2 44 9	19.63	**Fd. K. 330**	+ 2.4648	
7565	Andromed.	5.7	e 12 8.4	2.709	+ 52 40 33	19.62	Camb. U.S. 8162	+ 52.3410	
7566	Indus	6.3*	12 8.9	3.759	− 68 1 5	19.62	Cordob. 31569		
7567	Aquarius	6.4	12 26.8	3.332	− 12 15 33	19.62	Cordob. 31577	− 12.6461	
7568	φ Gruis	5.6	12 38.8	3.314	− 41 21 59	19.63	Cordob. 31580		
7569	93 ψ^2 Aquarii	4.6	12 42.4	3.120	− 9 43 42	19.63	W.-Ott. 8274	− 9.6160	
7570	8 Andromed.	5.0	13 6.2	2.766	+ 48 28 8	19.63	Bonn 17629	+ 48.3991	β 717 G
7571	ι Octantis	5.6	e 23 13 9.5	+ 10.99	− 88 1 53	+ 19.64	**S. P. C. „Y.“**		
7572	γ Sculptoris	4.5	e 13 25.5	3.246	− 33 4 37	19.57	**S. Fd. K. 462**		
7573	9 Andromed.	6.2	13 38.6	2.837	+ 41 13 38	19.64	Bonn 17639	+ 40.5043	
7574	95 ψ^3 Aquarii	5.2	13 45.5	3.119	− 10 9 26	19.65	Cordob. 31601	− 10.6094	
7575	Cepheus	6.5	13 47.4	2.091	+ 74 45 9	19.65	Greenw. (02) 3868	+ 74.1016	
7576*	94 Aquarii	5.2	e 13 50.7	3.139	− 14 0 9	19.65	Cordob. 31605	− 14.6448	Σ 2998 GR
7577	Aquarius	6.1	14 8.4	3.163	− 18 37 22	19.65	Cordob. 31610	− 18.6283	
7578	96 Aquarii	*5.8*	e 14 12.7	3.099	− 5 40 14	19.65	Cordob. 31614	− 5.5966	h 5394
7579*	34 o Cephei	4.9	e 14 30.8	2.434	+ 67 33 49	19.66	Christ. 3769	+ 67.1514	Σ 3001
7580	Pegasus	6.5	14 37.0	2.894	+ 34 14 47	19.66	Leid. 9904	+ 34.4899	
7581	Andromed.	5.5	e 23 14 50.1	+ 2.781	+ 48 4 35	+ 19.66	Bonn 17664	+ 47.4110	
7582	11 Andromed.	6.5	e 14 59.8	2.801	+ 47 49 58	19.66	Bonn 17669	+ 47.4114	OΣ^2 244 G
7583	Aquarius	6.5	e 15 4.4	3.093	− 4 27 46	19.67	Cordob. 31629	− 4.5868	
7584	10 Andromed.	5.8	e 15 6.7	2.842	+ 41 31 49	19.67	Bonn 17671	+ 41.4752	G
7585*	Grus	6.0	15 12.7	3.391	− 50 51 4	19.67	Cordob. 31630		Δ 248
7586	7 b Piscium	5.2	e 15 14.8	3.051	+ 4 50 8	19.67	Alb. 8053	+ 4.4997	Hh 794 G
7587	Aquarius	6.3	15 31.6	3.102	− 6 27 14	19.68	W.-Ott. 8288	− 6.6191	
7588	62 τ Pegasi	4.6	15 41.2	2.964	+ 23 11 34	19.67	**Fd. K. 531**	+ 22.4810	
7589	Cepheus	6.4	e 15 52.4	2.603	+ 61 25 23	19.68	Hels. 13960	+ 61.2427	G
7590	63 Pegasi	5.8	e 15 55.6	2.926	+ 29 52 11	19.68	Camb. E. 14041	+ 29.4908	G
7591	Sculptor	5.8	e 23 15 55.8	+ 3.202	− 27 32 4	+ 19.63	**S. Fd. K. 463**		
7592	Andromed.	6.5	16 0.3	2.830	+ 43 34 13	19.68	Bonn 17682	+ 43.4440	Σ 3004
7593	12 Andromed.	6.0	e 16 3.5	2.876	+ 37 38 11	19.68	Lund 11150	+ 37.4817	
7594	Cassiopeia	6.4	16 12.4	2.602	+ 61 39 57	19.69	Hels. 13967	+ 61.2428	β 278 G
7595*	64 Pegasi	5.6	17 2.0	2.921	+ 31 15 52	19.70	Leid. 9919	+ 31.3897	β 718
7596	Tucana	6.4*	17 7.2	3.513	− 60 36 14	19.70	Cordob. 31659		R
7597	97 Aquarii	5.2	e 17 24.6	3.132	− 15 35 17	19.71	Cordob. 31667	− 15.6406	
7598	Pegasus	6.5	17 32.3	2.956	+ 25 22 14	19.71	Camb. E. 14060	+ 25.4927	
7599	98 b^1 Aquarii	4.3	e 17 43.2	3.157	− 20 38 47	19.62	**Fd. K. s. 294**	− 20.6587	
7600	66 Pegasi	5.2	23 18 1.9	+ 3.022	+ 11 45 56	+ 19.72	Leipz. I. 9295	+ 11.4993	

Nr. 7556. Σ^1 2804, Begl. 8.5^m bläulich; d=49″, p=312°.
Nr. 7576. Σ 2998, Begl. 7.2^m blau; d=13″, p=346°.
Nr. 7579. Σ 3001, Begl. 7.8^m tiefblau; d=2″.8, p=210°.

Nr. 7585. Δ 248, Begl. 7.5^m; d=16″, p=210°.
Nr. 7595. β 718, Begl. 8^m; d=0″.7, p=86°.

Kat. Nr.	Bezeichnung des Sternes	Gr.	Mittl. A. R. für 1900.0	Jährl. Veränd.	Mittl. Dekl. für 1900.0	Jährl. Veränd.	Nachweis	B. D.	Bemerkungen
			h m s	s	° ′ ″	″		°	
7601	Cepheus	5.6	23 18 4.9	+ 2.659	+ 59 35 6	+ 19.72	Hels. 13999	+ 59.2710	G
7602*	Grus	5.9	18 14.9	3.412	− 54 21 23	19.72	Cordob. 31687		Δ 249
7603	Grus	6.4	18 16.6	3.304	− 43 40 24	19.72	Cordob. 31688		
7604	Pisces	6.4	18 24.0	3.074	− 0 15 28	19.72	Cordob. 31694	− 0.4509	h 3189 RG
7605	Grus	5.5	18 37.0	3.385	− 52 26 20	19.73	Cordob. 31697		
7606	Aquarius	6.5	18 48.1	3.171	− 22 19 17	19.73	Cordob. 31701	− 22.6119	
7607	Aquarius	6.2	18 51.5	3.156	− 19 14 20	19.73	Cordob. 31703	− 19.6450	
7608	Tucana	5.5	19 37.1	3.440	− 57 23 51	19.74	Cordob. 31714		R
7609	67 Pegasi	5.8	19 57.0	2.928	+ 31 50 8	19.75	Leid. 9940	+ 31.4904	
7610	68 υ Pegasi	4.7	e 20 23.2	2.987	+ 22 51 13	19.79	**Fd. K. 532**	+ 22.4833	
7611	4 Cassiopeiae	5.0	23 20 23.6	+ 2.646	+ 61 44 1	+ 19.73	**Fd. K. 533**	+ 61.2444	S.C.C. 838 G
7612	99 b^2 Aquarii	4.7	e 20 47.7	3.160	− 21 11 22	19.76	Cordob. 31734	− 21.6420	R
7613	*o* Gruis	5.5	e 21 0.8	3.374	− 53 16 31	19.89	**S. Fd. K. 465**		
7614	Tucana	5.5	21 32.8	3.443	− 59 1 45	19.77	Cordob. 31750		
7615	Grus	6.2	21 34.5	3.346	− 50 42 27	19.77	Cordob. 31752		Δ 250
7616	8 ϰ Piscium	5.2	e 21 48.3	3.074	+ 0 42 29	19.67	**Fd. K. 534**	+ 0.4998	Hh 798
7617	9 Piscium	6.4	22 7.4	3.071	+ 0 34 24	19.78	Nic. 5827	+ 0.4999	
7618	13 Andromed.	5.9	e 22 18.0	2.873	+ 42 21 40	19.78	Bonn 17794	+ 42.4672	
7619	Sculptor	6.5	22 38.7	3.231	− 36 5 43	19.79	Cordob. 31767		
7620	69 Pegasi	6.3	e 22 42.2	2.973	+ 24 37 4	19.79	Berl. B. 8984	+ 24.4778	
7621	Aquarius	6.5	23 22 52.9	+ 3.118	− 11 59 58	+ 19.79	Cordob. 31770	− 12.6496	
7622	10 ϑ Piscium	4.5	e 22 53.8	3.051	+ 5 49 47	19.79	Leipz. II. 11651	+ 5.5173	Hh 799 G
7623	Cepheus	5.8	e 23 2.1	2.489	+ 69 48 33	19.79	Christ. 3788	+ 69.1332	
7624	Tucana	5.6	23 13.6	3.505	− 63 39 40	19.77	**S. Fd. K. 466**		
7625	Phoenix	6.5	23 33.6	3.285	− 45 2 54	19.80	Cordob. 31780		
7626	Phoenix	6.5	23 41.8	3.376	− 55 3 10	19.80	Cordob. 31782		
7627	Aquarius	6.3	23 50.4	3.108	− 9 48 57	19.80	Cordob. 31787	− 10.6120	
7628	70 *q* Pegasi	4.7	24 5.7	3.029	+ 12 12 31	19.84	**Fd. K. 535**	+ 11.5009	
7629	Pisces	6.5	24 19.0	3.082	− 2 20 29	19.81	Cordob. 31794	− 2.5973	
7630	Aquarius	*6.1*	e 24 21.7	3.091	− 5 4 33	19.81	Cordob. 31795	− 5.5999	
7631	Andromed.	6.2	25 21.2	+ 2.844	+ 48 34 54	+ 19.82	Bonn 17848	+ 48.4070	G
7632*	Cassiopeia	5.1	25 24.5	2.751	+ 57 59 51	19.83	Hels. 14105	+ 57.2748	$O\Sigma^2$ 247
7633	Andromed.	6.3	25 46.6	2.917	+ 38 6 37	19.83	Lund 11217	+ 37.4856	
7634	Aquarius	6.4	25 51.7	3.096	− 6 50 19	19.83	W.-Ott. 8335	− 7.6036	
7635	Phoenix	5.8	26 0.9	3.274	− 45 23 39	19.83	Cordob. 31826		R
7636	Aquarius	6.5	e 26 21.3	3.089	− 4 37 57	19.84	Cordob. 31837	− 4.5896	
7637	14 Andromed.	5.3	e 26 22.0	2.916	+ 38 41 14	19.84	Lund 11220	+ 38.5023	
7638	100 Aquarii	6.2	26 27.5	3.150	− 21 55 17	19.84	Cordob. 31839	− 22.6141	
7639	13 Piscium	6.4	26 49.7	3.079	− 1 38 17	19.84	Cordob. 31847	− 1.4450	
7640	Octans	5.8	26 52.0	3.971	− 77 56 16	19.84	**S. Fd. K. 467**		
7641	Pegasus	6.5	23 27 29.3	+ 2.991	+ 23 17 32	+ 19.85	Berl. B. 9015	+ 23.4759	G
7642	β Sculptoris	4.4	e 27 36.6	3.226	− 38 22 17	19.84	**S. Fd. K. 468**		
7643	Cepheus	(6.5)	27 41.6	+ 2.666	+ 65 11 12	19.85	Greenw. (03) 5765	+ 64.1819	
7644	Cepheus	5.8	e 27 48.6	− 0.144	+ 86 45 19	19.86	**C. d. T.**	+ 86.344	
7645	101 b^3 Aquarii	4.8	28 2.7	+ 3.142	− 21 28 2	19.87	**Fd. K. s. 296**	− 21.6437	
7646	71 Pegasi	5.8	28 27.6	2.999	+ 21 56 48	19.86	Berl. B. 9020	+ 21.4952	G
7647	Andromed.	6.4	28 52.3	2.895	+ 44 30 19	19.87	Bonn 17914	+ 44.4441	
7648	Pegasus	6.3	28 54.5	3.006	+ 20 17 20	19.87	Berl. B. 9026	+ 20.5352	G
7649*	72 Pegasi	5.1	28 59.4	2.967	+ 30 46 24	19.86	**Fd. K. 536**	+ 30.4978	β 720
7650	14 Piscium	*6.1*	e 23 29 0.4	+ 3.078	− 1 47 59	+ 19.87	Cordob. 31893	− 2.5986	

Nr. 7602. Δ 249, Begl. 7.5m; d = 26″, p = 211°.

Nr. 7632. Vielfacher Stern. A = 5.4m, B = 10.0m, C = 7.4m, D = 8.9m, E = 9.2m, F = 9.8m, G = 10.0m, H = 11.5m. A—B ($O\Sigma$ 496): d = 1″.2, p = 344°; A=C (Sh 355): d = 75″, p = 269°; C—D (Dawes 2): d = 1″.4, p = 221°; C—H (h 1886): d = 27″, p = 337°; A—E: d = 67″, p = 338°; E—F (h 1887): d = 10″.8, p = 74°; A—G (h 1888); d = 43″, p = 115°.

Nr. 7649. β 720, Begl. 6.5m; d = 0″.4, p = 150°.

Kat. Nr.	Bezeichnung des Sternes	Gr.	Mittl. A. R. für 1900.0	Jährl. Veränd.	Mittl. Dekl. für 1900.0	Jährl. Veränd.	Nachweis	B. D.	Bemerkungen
			h m s	s	° ′ ″	″		°	
7651	Aquarius	6.1	23 29 37.1	+ 3.124	− 15 47 45	+ 19.88	Cordob. 31905	− 16.6314	
7652	73 Pegasi	5.8	e 29 41.5	2.958	+ 32 56 38	19.88	Leid. 10001	+ 32.4667	
7653	ι Phoenicis	4.7	29 41.8	3.238	− 43 10 5	19.87	**S. Fd. K. 470**		
7654	15 Andromed.	6.0	e 29 44.0	2.927	+ 39 41 7	19.88	Lund 11233	+ 39.5114	
7655	Andromed.	6.3	29 51.8	2.938	+ 37 28 15	19.88	Lund 11238	+ 37.4866	β 388 G
7656	Aquarius	6.5	30 22.6	3.095	− 8 1 4	19.91	**Fd. K. s. 297**	− 8.6142	
7657	Cepheus	5.9	30 38.5	2.574	+ 71 5 21	19.89	Greenw. (02) 3931	+ 70.1327	G
7658	Sculptor	6.5	30 54.6	3.159	− 27 25 46	19.89	Cordob. 31929		
7659	Pegasus	6.5	30 55.6	2.997	+ 24 0 27	19.89	Berl. B. 9036	+ 23.4769	
7660	16 Piscium	6.0	e 31 17.3	3.068	+ 1 32 49	19.90	Alb. 8121	+ 1.4744	
7661	Octans	6.4*	23 32 10.5	+ 3.798	− 77 25 22	+ 19.91	Cordob. 31946		
7662	Phoenix	5.0	e 32 28.0	3.242	− 46 2 45	19.87	**S. Fd. K. 471**		
7663	Aquarius	5.8	32 28.5	3.111	− 13 36 53	19.91	Cordob. 31957	− 13.6439	Σ¹ 2835
7664	74 Pegasi	6.5	e 32 35.5	3.026	+ 16 16 19	19.91	Berl. A. 9636	+ 16.4954	
7665*	Andromed.	6.1	32 38.6	2.920	+ 43 52 34	19.91	Bonn 17970	+ 43.4508	OΣ 500
7666	16 λ Andromed.	4.0	e 32 40.1	2.924	+ 45 54 58	19.48	**Fd. K. 331**	+ 45.4283	Σ¹ 2837
7667	75 Pegasi	5.8	32 53.6	3.022	+ 17 50 47	19.91	Berl. A. 9637	+ 17.4952	
7668	17 ι Andromed.	4.5	33 13.8	2.930	+ 42 42 51	19.90	**Fd. K. 332**	+ 42.4720	Hh 804
7669*	ϑ Phoenicis	6.2	34 6.0	3.236	− 47 11 35	19.93	Cordob. 31982		Δ 251 R
7670	18 Andromed.	5.5	34 17.6	2.895	+ 49 55 6	19.93	Bonn 18009	+ 49.4180	
7671	102 ω¹ Aquarii	5.1	e 23 34 35.9	+ 3.113	− 14 46 29	+ 19.93	Cordob. 31991	− 15.6471	
7672	17 ι Piscium	4.3	e 34 48.4	3.083	+ 5 5 3	19.49	**Fd. K. 333**	+ 4.5035	
7673	Pegasus	6.3	34 49.3	3.049	+ 9 7 24	19.93	Leipz. II. 11723	+ 8.5095	
7674	Cepheus	6.2	34 52.9	2.536	+ 74 44 19	19.93	Greenw. (00) 4683	+ 74.1032	
7675	Cepheus	6.2	34 59.6	2.583	+ 73 26 55	19.93	Greenw. (02) 3953	+ 73.1047	
7676	35 γ Cephei	3.4	e 35 14.4	2.424	+ 77 4 27	20.07	**Fd. K. 334**	+ 76.928	Σ¹ 2841
7677	μ Sculptoris	5.4	e 35 23.3	3.151	− 32 37 33	19.90	**S. Fd. K. 472**		
7678	19 ϰ Andromed.	4.5	e 35 28.9	2.943	+ 43 46 49	19.91	**Fd. K. 335**	+ 43.4522	h 1898
7679	Andromed.	6.5	35 40.6	2.969	+ 36 9 57	19.94	Lund 11281	+ 35.5074	
7680	Aquarius	6.4	35 53.9	3.137	− 24 44 52	19.94	Cordob. 32013		
7681	Aquarius	6.2	23 35 58.3	+ 3.102	− 12 14 7	+ 19.94	Cordob. 32014	− 12.6535	
7682	103 A¹ Aquarii	5.6	e 36 23.4	3.120	− 18 34 45	19.95	Cordob. 32019	− 18.6357	R
7683	Andromed.	6.5	36 33.8	2.916	+ 48 57 30	19.95	Bonn 18049	+ 48.4127	
7684	104 A² Aquarii	5.1	36 34.3	3.118	− 18 22 16	19.95	Cordob. 32023	− 18.6358	h 5413
7685	Pisces	6.2	36 51.0	3.057	+ 6 41 50	19.95	Leipz. II. 11738	+ 6.5183	
7686	18 λ Piscium	4.8	e 36 56.7	3.070	+ 1 13 49	19.95	Alb. 8141	+ 0.5037	
7687	Cassiopeia	6.4	37 5.4	2.870	+ 56 42 20	19.95	Hels. 14273	+ 56.3067	G
7688	Aquarius	5.4	37 17.0	3.110	− 16 0 8	19.95	Cordob. 32034	− 16.6345	
7689	Andromed.	6.5	37 19.2	2.943	+ 44 26 15	19.95	Bonn 18063	+ 44.4473	G
7690*	105 ω² Aquarii	4.5	e 37 32.2	3.113	− 15 5 52	19.90	**Fd. K. 621**	− 15.6476	β 279
7691	Cassiopeia	6.4	23 37 44.7	+ 2.838	+ 61 7 30	+ 19.96	Hels. 14287	+ 60.2609	
7692	77 Pegasi	5.2	38 17.0	3.051	+ 9 46 33	19.96	Leipz. II. 11745	+ 9.5268	G
7693	Octans	5.6	38 35.7	3.735	− 79 20 48	19.97	Cordob. 32060		
7694*	R Aquarii	var.	38 38.8	3.107	− 15 50 18	19.97	Cordob. 32068		RR
7695	Phoenix	6.4*	38 39.2	3.199	− 45 38 17	19.97	Cordob. 32067		
7696	Tucana	5.5	38 41.6	3.339	− 64 57 38	19.97	Cordob. 32065		Δ 252
7697	Tucana	6.0	e 38 42.2	3.480	− 71 2 49	20.05	**S. Fd. K. 473**		
7698*	78 Pegasi	5.1	e 38 57.4	3.005	+ 28 48 27	19.97	Camb. E. 14239	+ 28.4627	
7699	106 i¹ Aquarii	5.3	39 0.9	3.113	− 18 49 54	19.97	Cordob. 32076	− 19.6500	
7700*	Sculptor	6.3	23 39 16.6	+ 3.112	− 26 48 4	+ 19.97	Cordob. 32078		h 5417

Nr. 7665. OΣ 500, Begl. 7m; d = 0″.5, p = 325°.
Nr. 7669. Δ 251, Begl. 7.6m; d = 4″.3, p = 270°.
Nr. 7690. β 279, Begl. 10.7m; d = 6″, p = 85°.

Nr. 7694. Var. Max. 5.8—8.5m, Min. < 11m; P = 387d.
Nr. 7698. Begl. 7m; d = 1″.5, p = 200°.
Nr. 7700. h 5417, Begl. 9.5m; d = 9″, p = 320°.

Kat. Nr.	Bezeichnung des Sternes	Gr.	Mittl. A. R. für 1900.0	Jährl. Veränd.	Mittl. Dekl. für 1900.0	Jährl. Veränd.	Nachweis	B. D.	Bemerkungen
			h m s	s	° ′ ″	″		°	
7701	Phoenix	6.2	23 40 44.6	+ 3.170	− 40 44 12	+ 19.98	Cordob. 32101		
7702*	107 i^2 Aquarii	5.4	e 40 49.1	3.112	− 19 14 3	19.98	Cordob. 32105	− 19.6506	Σ^1 2846
7703	20 ψ Andromed.	5.1	41 4.6	2.959	+ 45 51 54	19.99	Bonn 18130	+ 45.4321	
7704	19 Piscium	5.2	e 41 16.8	3.067	+ 2 55 55	19.99	Alb. 8154	+ 2.4709	R
7705	Cepheus	6.1	41 50.4	2.832	+ 66 13 37	19.99	Christ. 3860	+ 65.1943	
7706	σ Phoenicis	5.4	e 41 57.5	3.194	− 50 46 53	19.97	**S. Fd. K. 474**		
7707	Aquarius	6.0	42 7.0	3.095	− 12 27 50	19.99	Cordob. 32134	− 12.6559	
7708	Cassiopeia	5.5	42 8.6	2.913	+ 56 53 44	19.99	Hels. 14371	+ 56.3085	G
7709	5 τ Cassiopeiae	5.0	e 42 9.6	2.906	+ 58 5 39	19.99	Hels. 14372	+ 57.2804	
7710	Andromed.	6.3	42 35.0	2.967	+ 46 16 36	19.99	Bonn 18155	+ 46.4169	β 995
7711	20 Piscium	5.8	e 23 42 48.0	+ 3.078	− 3 19 4	+ 20.00	Cordob. 32147	− 3.5707	σ 788
7712	41 Hev. Cephei	5.3	e 43 7.4	2.834	+ 67 15 4	20.00	**Fd. K. 537**	+ 67.1562	
7713	Aquarius	6.3	43 24.1	3.085	− 6 56 8	20.00	W.-Ott. 8406	− 7.6086	
7714	δ Sculptoris	4.6	e 43 43.0	3.128	− 28 41 0	19.90	**Fd. K. 622**		β 1013
7715	Cassiopeia	6.5	43 48.2	2.876	+ 64 19 16	20.00	Hels. 14403	+ 64.1861	$O\Sigma$ 507; $O\Sigma^2$
7716	6 Cassiopeiae	5.6	43 57.6	2.899	+ 61 39 30	20.00	Hels. 14406	+ 61.2533	$O\Sigma$ 508 [250
7717	Cassiopeia	6.5	e 43 59.7	2.923	+ 59 25 22	20.01	Hels. 14408	+ 59.2777	
7718	Cassiopeia	6.5	44 16.8	2.924	+ 58 24 27	20.01	Hels. 14412	+ 58.2653	
7719	21 Piscium	6.1	44 20.2	3.072	+ 0 31 14	20.01	Nic. 5898	+ 0.5054	
7720	Aquarius	6.4	44 21.6	3.099	− 16 24 58	20.01	Cordob. 32174	− 16.6373	
7721	79 Pegasi	6.3	e 23 44 35.7	+ 3.020	+ 28 17 7	+ 20.01	Camb. E. 14304	+ 28.4649	
7722	Sculptor	6.4	44 38.9	3.117	− 25 53 12	20.01	Cordob. 32180		
7723	Andromed.	6.1	44 39.1	3.008	+ 35 52 15	20.01	Lund 11338	+ 35.5110	
7724	Aquarius	6.0	e 45 5.1	3.100	− 10 31 56	20.10	**Fd. K. s. 300**	− 10.6177	
7725	Aquarius	6.0	45 23.7	3.095	− 14 57 24	20.01	Cordob. 32194	− 15.6507	
7726	108 i^2 Aquarii	5.2	46 11.5	3.100	− 19 27 55	20.02	**Fd. K. s. 301**	− 19.6522	
7727	80 Pegasi	5.9	e 46 14.9	3.060	+ 8 45 31	20.02	Leipz II. 11791	+ 8.5127	RG
7728	γ^1 Octantis	5.1	46 15.0	3.686	− 82 34 29	20.02	Cordob. 32200		
7729	22 Piscium	5.8	46 50.6	3.070	+ 2 22 27	20.02	Alb. 8179	+ 2.4725	G
7730	Pegasus	6.3	e 47 18.8	3.044	+ 21 6 54	20.02	Berl. B. 9119	+ 20.5386	
7731	Aquarius	6.1	23 47 21.9	+ 3.092	− 14 48 26	20.02	Cordob. 32221	− 15.6515	
7732	81 φ Pegasi	5.2	e 47 23.9	3.045	+ 18 33 53	19.98	**Fd. K. 538**	+ 18.5231	GR
7733	82 Pegasi	5.6	47 31.0	3.059	+ 10 23 27	20.02	Leipz. I. 9468	+ 10.5004	
7734	Cepheus	6.5	47 31.7	2.801	+ 74 59 13	20.02	Greenw. (01) 4398	+ 74.1047	β 996 G
7735	h Aquarii	6.0	47 41.7	3.085	− 9 33 9	20.02	W.-Ott. 8421	− 9.6277	
7736	24 Piscium	6.1	e 47 47.2	3.076	− 3 42 37	20.02	Cordob. 32231	− 3.5723	
7737	Aquarius	6.2	48 10.6	3.105	− 24 47 8	20.01	**S. Fd. K. 476**		
7738*	Sculptor	6.2	49 10.9	3.105	− 27 35 58	20.03	Cordob. 32251		Δ 253
7739	7 ϱ Cassiopeiae	4.9	49 23.0	2.974	+ 56 56 34	20.02	**Fd. K. 539**	+ 56.3111	G
7740	Sculptor	6.0	e 49 23.4	3.127	− 40 51 27	20.03	Cordob. 32256		
7741	Pisces	6.0	23 49 39.6	+ 3.073	− 0 26 48	+ 20.03	Cordob. 32262	− 0.4585	G
7742	. 26 Piscium	6.4	50 0.8	3.066	+ 6 30 54	20.03	Leipz. II. 11815	+ 6.5216	
7743	Sculptor	6 0	50 6.4	3.110	− 32 28 41	20.03	Cordob. 32265		
7744	Sculptor	6.5	50 6.6	3.110	− 32 26 28	20.03	Cordob. 32266		
7745	Andromed.	6.1	50 30.7	3.014	+ 46 47 58	20.04	Bonn 18274	+ 46.4214	G
7746	Cassiopeia	6.3	50 32.8	2.785	+ 56 51 20	20.04	Hels. 14507	+ 56.3115	
7747	Cetus	6.3	51 20.9	3.096	− 25 17 39	20.04	Cordob. 32293		
7748	Pegasus	6.3	51 35.8	3.053	+ 22 5 30	20.04	Berl. B. 9149	+ 21.4999	G
7749*	V Cephei	var.	e 51 45.3	2.701	+ 82 38 4	20.04	II. Ten. Y.C. 6827	+ 82.743	
7750	Sculptor	6.4	23 51 58.6	+ 3.096	− 27 10 52	+ 20.04	Cordob. 32304		

Nr. 7702. Σ 2846, Begl. 7.2m; d = 6″, p = 134°.
Nr. 7738. Δ 253, Begl. 7.4m; d = 6″.5, p = 267°.

Nr. 7749. Var. Max. 6.2—6.4m, Min. 6.8—7.1m; P = 360d.

Kat. Nr.	Bezeichnung des Sternes	Gr.	Mittl. A. R. für 1900.0	Jährl. Veränd.	Mittl. Dekl. für 1900.0	Jährl. Veränd.	Nachweis	B. D.	Bemerkungen
			h m s	s	° ′ ″	″		°	
7751	Andromed.	6.2	23 51 59.3	+ 3.030	+ 42 6 6	+ 20.04	Bonn 18300	+ 41.4902	
7752	γ^2 Octantis	5.6	52 4.2	3.428	− 82 43 33	20.04	Cape (90) 2990		
7753	Tucana	6.0	52 4.9	3.181	− 63 30 49	20.04	Cordob. 32307		
7754	Cassiopeia	5.6	e 52 5.9	3.006	+ 55 8 58	20.04	Camb. U. S. 8544	+ 54.3076	
7755	η Tucanae	5.1	52 20.0	3.168	− 64 51 10	20.04	Cordob. 32311		
7756	84 ψ Pegasi	4.8	e 52 39.8	3.053	+ 24 35 9	20.04	Berl. B. 9157	+ 24.4865	O
7757	1 Ceti	6.3	e 53 12.3	3.083	− 16 24 15	20.04	Cordob. 32325	− 16.6394	
7758*	R Cassiopeiae	var.	e 53 19.6	3.025	+ 50 49 53	20.04	Camb. U. S. 8551	+ 50.4202	RR
7759	27 Piscium	*5.3*	e 53 33.2	3.070	− 4 6 38	19.99	**Fd. K. s. 302**	− 4.5996	β 730
7760	π Phoenicis	5.1	e 53 44.9	3.122	− 53 18 16	20.09	**S. Fd. K. 477**		
7761*	8 σ Cassiopeiae	5.1	23 53 56.0	+ 3.022	+ 55 11 54	+ 20.05	Camb. U. S. 8558	+ 54.3082	Σ 3049
7762	Phoenix	6.5*	54 0.0	3.106	− 42 47 40	20.05	Cordob. 32335		
7763	28 ω Piscium	4.3	e 54 10.5	3.078	+ 6 18 35	19.94	**Fd. K. 336**	+ 6.5227	σ 792
7764	Sculptor	5.8	54 19.6	3.091	− 30 2 30	20.05	Cordob. 32337		R
7765*	37 Andromed.	6.0	54 23.7	3.051	+ 33 10 14	20.05	Leid. 10185	+ 32.4747	Σ 3050 med.
7766	ε Tucana	4.6	e 54 43.3	3.146	− 66 8 0	20.00	**S. Fd. K. 478**		
7767	Phoenix	6.2	55 9.8	3.100	− 44 50 37	20.05	Cordob 32355		
7768	Cassiopeia	6.3	55 26.9	3.029	+ 59 0 14	20.05	Hels. 14593	+ 58.2685	G
7769	τ Phoenicis	5.6	55 56.6	3.101	− 49 21 59	20.05	Cordob. 32365		
7770	Phoenix	5.3	56 11.7	3.101	− 50 53 41	20.05	Cordob. 32372		R
7771	Cassiopeia	6.4	23 56 12.7	+ 3.047	+ 49 25 30	+ 20.05	Bonn 18376	+ 49.4309	
7772	ϑ Octantis	4.6	e 56 27.5	3.138	− 77 37 4	19.89	**S. Fd. K. 479**		
7773	Cassiopeia	5.7	56 31.0	3.037	+ 60 39 58	20.05	Hels. 14603	+ 60.2657	
7774	Andromed.	6.4	56 36.9	3.055	+ 41 48 38	20.05	Bonn 18383	+ 41.4920	
7775	29 Piscium	*5.3*	56 41.9	3.074	− 3 35 2	20.05	Cordob. 32379	− 3.5749	
7776	30 Piscium	*4.6*	56 49.8	3.075	− 6 34 11	20.05	W.-Ott. 8453	− 6.6345	G
7777*	85 Pegasi	6.0	e 56 55.1	3.064	+ 26 33 36	20.05	Camb. E. 14413	+ 26.4734	β 733
7778	ζ Sculptoris	4.9	57 12.3	3.082	− 30 16 39	20.05	Cordob. 32389		
7779	32 c Piscium	6.0	e 57 23.1	3.071	+ 7 55 49	20.05	Leipz. II. 11861	+ 7.5121	
7780	Cassiopeia	6.0	57 28.5	3.040	+ 65 32 31	20.05	Christ. 3929	+ 65.1987	Σ 3053
7781	Cetus	6.3	23 57 49.2	+ 3.078	− 20 36 19	+ 20.05	Cordob. 32394	− 20.6703	
7782	Cetus	6.5	58 0.1	3.078	− 24 42 7	20.05	Cordob. 32396		
7783	Cassiopeia	6.5	58 17.5	3.053	+ 63 4 0	20.05	Hels. 14628	+ 62.2356	
7784	2 Ceti	4.5	58 37.0	3.075	− 17 53 33	20.06	**Fd. K. s. 303**	− 18.6417	
7785	Cassiopeia	6.4	58 42.3	3.055	+ 66 9 21	20.05	Christ. 3937	+ 65.1993	G
7786	9 Cassiopeiae	6.0	59 4.7	3.063	+ 61 43 52	20.05	Hels. 14641	+ 61.2586	Hh 813
7787	Cetus	5.8	59 12.3	3.074	− 17 5 2	20.05	Cordob. 32413	− 17.6868	
7788	Sculptor	6.3	59 13.2	3.076	− 29 49 32	20.05	Cordob. 32414		
7789	3 Ceti	5.3	e 59 23.0	3.075	− 11 3 57	20.05	Cordob. 32417	− 11.6194	
7790	Andromed.	6.4	59 28.4	3.070	+ 41 32 10	20.05	Bonn 18433	+ 41.4933	$O\Sigma$ 514
7791	Cepheus	5.8	e 23 59 29.6	+ 3.051	+ 66 36 31	+ 20.05	Christ. 3938	+ 66.1679	
7792	Tucana	5.6	59 37.0	3.083	− 71 59 37	20.02	**S. Fd. K. 480**		
7793	Andromed.	6.4	e 59 38.1	3.071	+ 34 5 59	20.05	Leid. 10226	+ 33.4828	
7794	Pegasus	6.4	59 47.0	3.072	+ 26 5 32	20.05	Camb. E. 14434	+ 25.5068	G
7795	Pisces	6.3	59 56.1	3.072	− 1 3 29	20.05	Cordob. 32426	− 1.4525	
7796	Cassiopeia	6.0	23 59 56.1	+ 3.058	+ 60 45 26	+ 20.05	Hels. 14657	+ 60.2667	

Nr. 7758. Var. Max. 4.8—7.0m, Min. 9.7—12m; P = 430d mit Schwankungen.
Nr. 7761. Σ 3049, Begl. 7.5m; d = 3″, p = 325° (physisch).
Nr. 7765. Σ 3050, 2 St. 6.0m; d = 2″.2, p = 220°.

Nr. 7777. β 733, 2 Begl. 10m in 0″.8 und 20″ Entfernung. Ersterer zeigt rasche Umlaufsbewegung. Siehe Tabelle „Bahnen von Doppelsternen“ Nr. 8.

EIGENBEWEGUNGEN.

Nr.	Eigenbewegung in A. R.	Eigenbewegung in Dekl.	Nachweis	Epoche des Kat. Ortes
	s	″		
1	−0.002	+0.10	Br. 3208	78.8
14	+0.010	−0.16	Fd. K. 1	00.0
18	+0.034	−0.04	Br. 3217	70.1
19	+0.066	−0.19	Fd. K. 2	00.0
20	+0.008	−0.02	Br. 3218	70.8
23	+0.010	−0.21	S. Fd. K. 1	00.0
27	−0.014	−0.05	Cape 15	78.—
29	−0.008	−0.26	Br. 3222	78.7
31	+0.009	+0.12	S. Fd. K. 3	00.0
36	−0.012	−0.13	Br. 2	79.6
41	+0.005	+0.01	Br. 3	69.9
43	−0.003	−0.06	Fd. K. s. 2	00.0
46	+0.005	−0.02	Br. 5	88.0
49	−0.19	−0.02	Fd. K. 338	00.0
52	−0.004	−0.01	Br. 7	70.6
54	−0.007	−0.01	Br. 9	78.8
59	+0.028	−0.06	Paris 264	80.8
60	−0.005	−0.05	Br. 12	86.5
61	−0.005	−0.05	Cape (90) 28	85.1
69	+0.269	+1.14	S. Fd. K. 4	00.0
73	+0.004	−0.02	Br. 17	86.5
77	+0.002	+0.04	Br. 19	00.9
78	+0.026	+0.06	Fd. K. s. 4	00.0
85	−0.003	−0.01	Naut. Al.	00.0
86	+0.699	+0.31	S. Fd. K. 5	00.0
89	+0.017	−0.41	S. Fd. K. 6	00.0
92	+0.007	+0.02	Br. 32	70.7
96	−0.010	−0.11	Fd. K. s. 5	00.0
100	+0.10	−0.04	Br. 34	88.8
103	+0.002	−0.06	Br. 35	78.1
105	−0.004	+0.03	Fd. K. s. 7	00.0
111	+0.006	−0.05	A.G.Camb.U.S.213	78.0
112	+0.009	+0.01	S. Fd. K. 8	00.0
116	+0.008	−0.04	Br. 45	69.9
119	−0.006	−0.04	S. Fd. K. 9	00.0
120	+0.028	0.00	Cinc. 41	76.9
121	+0.020	+0.01	S. Fd. K. 10	00.0
122	+0.025	−0.03	C. d. T.	00.0
123	+0.008	−0.09	Br. 51	79.8
136	+0.100	−0.01	S. Fd. K. 11	00.0
137	+0.005	−0.06	A. G. Alb. 128	80.5
139	−0.018	−0.25	Fd. K. 8	00.0
141	+0.010	−0.08	Fd. K. 9	00.0
142	−0.034	−0.36	Br. 58	82.4
144	+0.004	−0.04	Fd. K. 10	00.0
147	+0.047	−0.32	Paris 844	76.—
148	+0.120	+0.43	Cinc. 54	78.8
152	+0.007	−0.01	A. G. Berl. B. 208	81.5
154	−0.006	−0.03	S. Fd. K. 12	00.0
155	+0.005	−0.01	Br. 63	72.8
164	+0.015	+0.03	Fd. K. 540	00.0
167	−0.006	+0.05	Br. 68	79.9
168	−0.009	−0.04	Fd. K. 340	00.0
169	−0.003	−0.11	Br. 71	80.8
171	+0.014	+0.12	S. Fd. K. 14	00.0
172	−0.005	+0.05	A.G.Camb.U.S. 318	74.9
173	−0.006	+0.09	S. Fd. K. 15	00.0
177	−0.005	−0.21	Br. 73	80.8
184	−0.004	−0.05	Br. 75	76.8
187	+0.006	+0.01	Br. 77	70.0
188	−0.009	−0.07	Fd. K. 11	00.0
191	+0.135	−0.48	Fd. K. 12	00.0
193	+0.005	0.00	Br. 84	85.9
194	+0.039	−1.18	C. d. T.	00.0
195	+0.01	—	A.G.Camb.U.S. 354	72.9
196	+0.004	−0.04	Fd. K. 342	00.0
197	−0.001	−0.20	Br. 86	70.5
202	+0.004	−0.01	Br. 88	74.7
206	−0.018	−0.22	Fd. K. s. 10	00.0
207	+0.026	0.00	S. Fd. K. 16	00.0
210	+0.027	−0.02	Br. 74	99.3
213	0.000	−0.06	Br. 91	80.2
214	−0.010	+0.13	Br. 90	77.8
221	−0.009	−0.08	Br. 94	73.8
222	0.000	−0.04	Br. 98	78.7
226	+0.009	−0.03	Br. 97	93.2
232	−0.011	−0.07	Br. 3224	74.3
234	−0.004	−0.02	Fd. K. s. 11	00.0
236	+0.014	+0.05	Fd. K. 14	00.0
237	−0.010	−0.05	S. Fd. K. 17	00.0
238	−0.003	−0.04	Br. 104	81.6
240	+0.004	−0.01	A. G. Christ. 181	73.9
249	+0.070	−0.01	Fd. K. 344	00.0
251	−0.004	−0.01	Br. 108	72.5
255	−0.007	+0.04	Fd. K. 15	00.0
256	−0.008	0.00	S. Fd. K. 19	00.0
257	−0.009	−0.09	Br. 115	80.9
259	−0.001	−0.10	A.G.Camb.U.S. 486	78.9
262	+0.006	−0.03	Fd. K. s. 13	00.0
264	+0.050	−0.02	Br. 95	00.5
266	+0.001	+0.05	Br. 119	72.9
271	−0.001	−0.12	Br. 124	80.4
272	−0.035	−0.06	Br. 109	70.1
278	0.000	+0.04	Br. 127	70.9
279	+0.388	−1.54	C. d. T.	00.0
280	−0.006	−0.01	S. Fd. K. 20	00.0
282	+0.014	−0.06	Br. 129	83.0
285	+0.012	−0.03	Br. 131	72.3
286	+0.005	−0.08	Br. 132	70.4
287	+0.009	+0.01	Br. 135	78.8
288	−0.020	−0.17	Br. 136	80.8
290	+0.007	−0.01	S. Fd. K. 21	00.0
291	+0.012	−0.12	Fd. K. 541	00.0
292	+0.030	−0.02	Fd. K. 345	00.0
294	+0.004	−0.02	Br. 130	72.5
295	+0.014	−0.08	Fd. K. 16	00.0
298	−0.014	−0.04	Br. 143	79.8
300	0.000	−0.11	A. G. Berl. B. 355	80.0
302	+0.023	−0.02	Br. 142	77.9
308	+0.004	−0.01	Fd. K. 17	00.0
316	+0.008	−0.05	Naut. Al.	00.0
318	−0.005	−0.02	Br. 161	70.4
319	−0.005	+0.01	Br. 151	99.7
320	+0.006	+0.28	Br. 164	78.8
322	−0.006	+0.22	Br. 165	78.7
323	+0.066	+0.17	Cinc. 96	81.—
326	−0.009	−0.06	Fd. K. s. 15	00.0
329	−0.016	+0.08	Br. 155	89.7
330	+0.077	+0.08	Cinc. 98	81.—
331	−0.005	−0.02	Br. 171	80.6
339	0.000	−0.09	Br. 176	82.1
248	+0.004	0.00	Br. 179	80.0
350	−0.005	−0.07	S. Fd. K. 23	00.0
351	+0.011	+0.01	Fd. K. 346	00.0
352	−0.007	−0.20	Fd. K. 21	00.0
353	+0.038	−0.04	Fd. K. 20	00.0
363	−0.006	+0.03	Br. 185	70.0
364	+0.001	−0.04	Br. 189	70.0
368	+0.031	−0.10	Br. 186	76.9
370	+0.130	−0.00	Fd. K. 19	00.0

Nr.	Eigen-bewegung in A. R.	Eigen-bewegung in Dekl.	Nachweis	Epoche des Kat. Ortes	Nr.	Eigen-bewegung in A. R.	Eigen-bewegung in Dekl.	Nachweis	Epoche des Kat. Ortes
	s	″				s	″		
373	+0.026	−0.07	Br. 188	73.9	565	+0.005	−0.04	Br. 291	73.3
374	+0.015	0.00	A. G. Christ. 281	76.3	566	−0.004	−0.07	Fd. K. s. 27	00.0
375	−0.005	−0.21	S. Fd. K. 25	00.0	568	+0.020	−0.02	Br. 282	00.4
376	−0.001	−0.04	Br. 196	74.8	569	−0.004	0.00	Br. 294	80.0
380	+0.018	−0.03	Br. 199	87.5	571	+0.005	−0.03	Br. 296	70.4
385	+0.012	+0.15	S. Fd. K. 27	00.0	574	−0.010	−0.10	Br. 302	84.4
387	−0.006	−0.03	Br. 202	74.9	576	+0.230	+0.76	Cinc. 153	77.9
396	+0.004	+0.01	Br. 210	78.0	579	−0.006	−0.06	Br. 301	78.6
400	−0.005	−0.02	Br. 207	79.3	581	−0.005	−0.02	Br. 300	76.4
402	+0.005	+0.03	A. G. Berl. A. 464	70.3	582	+0.035	−0.17	Fd. K. 351	00.0
403	−0.005	−0.02	Fd. K. 347	00.0	584	+0.009	+0.02	Br. 303	81.3
404	−0.016	−0.37	Br. 209	83.4	585	+0.005	−0.02	Br. 305	96.7
409	−0.006	+0.05	Br. 214	71.7	587	+0.024	−0.05	Br. 308	79.9
410	+0.004	−0.11	Fd. K. 23	00.0	593	−0.008	−0.08	Br. 315	82.0
412	+0.020	+0.08	Paris 2023	77.9	594	+0.012	−0.06	Br. 314	81.5
413	−0.014	−0.15	S. Fd. K. 28	00.0	595	−0.007	−0.04	S. Fd. K. 40	00.0
415	−0.004	0.00	Br. 218	79.0	597	+0.004	+0.02	Br. 310	79.9
417	+0.009	−0.04	S. Fd. K. I.	00.0	598	+0.090	−0.22	Br. 317	82.3
425	+0.007	0.00	Fd. K. 348	00.0	601	+0.004	−0.11	Fd. K. 353	00.0
426	+0.013	0.00	Br. 215	76.2	606	+0.023	+0.34	Paris 2861	79.0
427	+0.078	−0.15	Paris 2081	80.9	607	−0.005	−0.01	Br. 319	74.0
431	−0.004	0.00	Fd. K. 349	00.0	608	+0.007	−0.04	S. Fd. K. 41	00.0
433	+0.008	−0.01	Br. 224	77.8	612	−0.002	−0.23	Fd. K. 35	00.0
436	−0.021	−0.66	Br. 229	70.4	614	−0.016	+0.43	Cinc. 166	74.5
440	−0.005	−0.04	S. Fd. K. 29	00.0	615	+0.005	+0.01	Cape 302	77.9
448	−0.122	+0.86	Fd. K. 542	00.0	622	−0.003	−0.05	Br. 335	77.9
450	+0.003	+0.05	Fd. K. 25	00.0	623	+0.013	−0.05	Paris 2948	77.0
452	+0.070	+0.06	Cape 228	93.5	625	+0.001	−0.05	Br. 331	74.7
453	+0.008	−0.07	Fd. K. 543	00.0	626	+0.015	−0.06	Fd. K. s. 30	00.0
455	+0.015	+0.01	S. Fd. K. 31	00.0	635	−0.012	+0.01	S. Fd. K. 43	00.0
459	+0.009	+0.05	S. Fd. K. 32	00.0	637	−0.005	0.00	Fd. K. 36	00.0
462	−0.013	−0.32	Paris 2223	72.4	639	+0.001	−0.10	Br. 337	74.9
465	+0.020	+0.03	S. P. C. „B."	00.0	644	−0.010	−0.14	S. Fd. K. 44	00.0
470	−0.013	−0.08	Br. 242	78.0	645	−0.030	−0.02	S. Fd. K. 45	00.0
473	0.000	+0.26	Cinc. 137	77.0	646	−0.004	−0.08	Br. 342	84.9
474	−0.006	−0.03	Br. 243	70.3	648	−0.007	+0.07	Br. 346	83.9
480	+0.004	−0.02	Fd. K. 26	00.0	656	+0.004	−0.02	Br. 349	70.5
482	0.000	−0.23	Fd. K. 27	00.0	658	+0.001	−0.09	Br. 351	70.5
483	+0.004	−0.09	Fd. K. 28	00.0	660	+0.008	0.00	Paris 3107	75.9
489	+0.002	−0.05	Br. 250	79.9	667	−0.006	−0.11	Fd. K. s. 32	00.0
492	+0.005	−0.10	Fd. K. 30	00.0	668	−0.003	+0.04	Br. 352	71.0
493	−0.014	−0.14	S. Fd. K. 33	00.0	670	−0.004	−0.01	Fd. K. 38	00.0
494	+0.016	0.00	Paris 2381	84.9	671	−0.007	−0.01	S. Fd. K. 47	00.0
496	+0.013	+0.02	Br. 255	92.5	676	+0.001	−0.04	Br. 357	73.4
499	+0.009	+0.21	A. G. Nic. 387	00.9	678	+0.004	−0.07	Br. 359	94.4
505	+0.067	+0.26	S. Fd. K. 34	00.0	681	−0.005	−0.03	Br. 362	80.7
510	−0.021	−0.29	Paris 2424	77.8	684	−0.004	−0.06	Br. 365	95.0
512	−0.009	−0.02	Br. 263	80.5	686	+0.018	−0.08	Br. 364	71.9
513	+0.012	+0.05	S. Fd. K. 35	00.0	687	+0.009	−0.01	Br. 361	81.0
518	−0.014	−0.01	Br. 258	99.1	692	−0.003	−0.28	Cinc. 178	76.9
520	+0.013	0.00	Paris 2463	81.0	694	+0.002	−0.10	Br. 344	00.1
523	−0.011	+0.02	Fd. K. 31	00.0	696	+0.039	−0.04	S. Fd. K. 48	00.0
524	+0.014	−0.25	Br. 271	79.4	698	+0.002	−0.05	S. Fd. K. 49	00.0
526	+0.033	−0.05	Br. 254	89.0	701	+0.008	−0.24	Br. 375	80.0
528	+0.006	−0.02	Fd. K. 545	00.0	702	+0.004	−0.03	Br. 370	88.9
533	+0.034	+0.01	S. Fd. K. 37	00.0	703	−0.009	−0.05	Paris 3317	94.4
535	−0.010	−0.02	Br. 259	78.0	704	+0.004	−0.02	Br. 369	76.0
545	+0.002	−0.05	Fd. K. 32	00.0	705	−0.002	−0.18	Br. 371	89.2
546	+0.009	+0.01	Br. 278	75.3	709	+0.004	−0.12	Br. 378	86.5
553	+0.004	−0.06	Fd. K. s. 25	00.0	710	0.000	−0.04	Fd. K. 356	00.0
558a	+0.042	−0.05	Greenw. (00) 399	00.8	712	+0.008	−0.03	S. Fd. K. 50	00.0
559	+0.013	−0.13	Fd. K. 33	00.0	713	+0.001	−0.04	Br. 377	70.5
561	+0.011	−0.04	Br. 288	85.0	716	+0.033	−0.09	Fd. K. 40	00.0
562	0.000	−0.05	Br. 3226	77.9	721	+0.015	0.00	S. Fd. K. 51	00.0
564	+0.012	−0.03	Fd. K. 34	00.0	722	−0.011	−0.16	Br. 383	00.0

Nr.	Eigen-bewegung in A. R.	Eigen-bewegung in Dekl.	Nachweis	Epoche des Kat. Ortes	Nr.	Eigen-bewegung in A. R.	Eigen-bewegung in Dekl.	Nachweis	Epoche des Kat. Ortes
	s	″				s	″		
729	+ 0.007	− 0.07	Br. 386	83.6	969	+ 0.001	− 0.04	Br. 489	87.0
730	+ 0.016	− 0.02	Fd. K. 42	00.0	970	− 0.014	+ 0.01	Br. 473	75.5
733	+ 0.022	+ 0.05	Br. 390	77.0	973	+ 0.048	+ 0.35	S. Fd. K. 64	00.0
737	+ 0.010	− 0.11	Br. 389	75.3	974	− 0.068	+ 0.01	Fd. K. 56	00.0
742	− 0.011	+ 0.02	Br. 392	81.4	975	+ 0.010	− 0.28	Paris 4203	70.1
749	+ 0.003	− 0.12	Fd. K. 44	00.0	976	0.000	− 0.04	Br. 491	81.3
750	+ 0.016	− 0.06	Br. 394	90.3	978	+ 0.002	− 0.04	Br. 488	75.0
751	+ 0.005	+ 0.15	S. Fd. K. 52	00.0	979	+ 0.002	+ 0.07	S. Fd. K. 66	00.0
753	0.000	− 0.07	Br. 398	73.4	987	0.000	− 0.15	Paris 4264	90.6
756	0.000	− 0.04	Br. 400	70.0	989	− 0.016	− 0.50	Br. 497	89.8
758	− 0.006	− 0.02	Fd. K. 548	00.0	990	− 0.004	+ 0.06	Fd. K. 363	00.0
764	+ 0.004	− 0.06	Br. 401	87.2	996	− 0.004	− 0.20	Br. 502	95.0
765	+ 0.002	− 0.05	A. G. Berl. A. 777	70.5	1001	− 0.006	+ 0.02	Br. 503	80.4
767	+ 0.026	− 0.12	Paris 3524	78.0	1006	+ 0.001	− 0.04	Fd. K. 57	00.0
778	+ 0.019	− 0.19	Br. 408	70.5	1015	+ 0.007	− 0.03	Br. 507	70.4
780	+ 0.005	− 0.06	Br. 410	86.0	1020	− 0.008	+ 0.74	Fd. K. 550	00.0
783	+ 0.004	− 0.21	Fd. K. 46	00.0	1023	+ 0.001	− 0.06	Br. 508	81.0
787	+ 0.015	0.00	Br. 412	81.0	1024	0.000	− 0.04	Fd. K. 60	00.0
790	− 0.011	+ 0.02	Fd. K. 358	00.0	1027	− 0.001	− 0.05	Br. 510	81.5
793	+ 0.005	− 0.03	Br. 418	76.0	1028	− 0.001	− 0.04	Br. 511	81.6
800	+ 0.003	+ 0.06	Br. 421	77.9	1033	0.000	− 0.04	Br. 512	82.8
805	− 0.008	+ 0.03	S. Fd. K. II.	00.0	1038	0.000	− 0.04	Br. 516	81.0
813	− 0.022	0.00	Br. 396	00.1	1044	0.000	+ 0.07	Br. 526	85.0
816	0.000	− 0.04	S. Fd. K. 54	00.0	1045	0.000	− 0.04	Fd. K. 61	00.0
817	− 0.003	− 0.07	Fd. K. 47	00.0	1051	− 0.001	− 0.04	Br. 522	81.9
820	0.000	− 0.15	Paris 3671	93.5	1052	− 0.013	− 0.53	Fd. K. 551	00.0
821	+ 0.021	− 0.41	Cinc. 208	78.9	1054	+ 0.046	+ 0.06	S. Fd. K. 70	00.0
824	− 0.012	− 0.04	Fd. K. s. 39	00.0	1056	0.000	− 0.05	Fd. K. 62	00.0
827	+ 0.010	− 0.09	Fd. K. 49	00.0	1057	− 0.004	+ 0.01	Br. 524	76.1
837	− 0.003	− 0.08	Br. 417	00.9	1058	− 0.001	− 0.06	Br. 528	80.1
838	− 0.012	− 0.06	S. Fd. K. 57	00.0	1060	+ 0.001	+ 0.05	Br. 532	77.8
842	+ 0.127	− 0.06	Fd. K. 51	00.0	1062	+ 0.005	− 0.02	A. G. Berl. B. 1207	81.1
845	+ 0.015	− 0.16	Br. 438	74.5	1063	0.000	− 0.28	Cinc. 253	76.1
850	0.000	+ 0.07	Br. 444	88.9	1072	− 0.005	− 0.05	S. Fd. K. 71	00.0
855	+ 0.010	0.00	Fd. K. 359	00.0	1077	+ 0.015	− 0.05	Paris 4542	70.5
865	+ 0.003	− 0.04	Fd. K. 360	00.0	1084	+ 0.008	+ 0.10	S. Fd. K. 72	00.0
867	+ 0.024	+ 0.66	Fd. K. 549	00.0	1086	+ 0.008	− 0.12	Br. 533	72.8
870	+ 0.046	− 0.12	Br. 402	00.4	1094	+ 0.008	− 0.14	Paris 4596	81.6
874	− 0.003	− 0.07	Br. 451	81.5	1095	+ 0.004	− 0.02	Br. 541	80.5
884	− 0.002	+ 0.04	Fd. K. s. 41	00.0	1101	0.000	− 0.06	S. Fd. K. 73	00.0
885	+ 0.002	− 0.04	Br. 453	73.0	1104	+ 0.003	− 0.11	Fd. K. 552	00.0
887	− 0.004	− 0.01	Br. 448	73.6	1105	− 0.004	− 0.21	Paris 4648	95.0
895	+ 0.016	− 0.07	Br. 461	77.0	1108	+ 0.008	− 0.04	A. G. Berl. A. 1063	70.6
898	− 0.004	− 0.08	Br. 460	78.1	1119	+ 0.009	− 0.27	Paris 4690	77.0
899	+ 0.016	+ 0.11	Br. 463	80.4	1123	+ 0.014	0.00	Paris 4709	87.0
903	0.000	− 0.09	Br. 462	78.2	1124	+ 0.005	− 0.06	Br. 554	81.0
904	− 0.007	− 0.01	Br. 458	74.6	1125	+ 0.004	− 0.09	A.G.Camb.U.S.1712	75.0
906	+ 0.001	+ 0.04	Fd. K. s. 42	00.0	1126	+ 0.009	− 0.17	Paris 4722	80.8
909	+ 0.196	+ 0.62	Cinc. 225	75.0	1130	+ 0.012	− 0.12	Br. 556	82.0
910	+ 0.003	− 0.04	Br. 468	79.9	1136	+ 0.001	− 0.06	Br. 558	77.1
911	+ 0.275	+ 0.75	S. Fd. K. 62	00.0	1137	− 0.006	+ 0.01	Br. 559	95.8
912	+ 0.189	+ 0.64	Cinc. 227	74.0	1143	+ 0.011	− 0.12	A.G.Camb.U.S.1731	77.0
917	− 0.004	− 0.01	Br. 470	81.5	1144	+ 0.013	+ 0.10	S. Fd. K. 76	00.0
923	0.000	− 0.05	Br. 472	80.7	1145	− 0.009	− 0.14	Br. 560	91.6
924	0.000	− 0.25	Paris 4034	94.7	1146	+ 0.014	− 0.18	Br. 561	80.0
925	+ 0.033	+ 0.06	S. Fd. K. 63	00.0	1151	+ 0.006	− 0.03	Br. 562	71.0
929	− 0.005	− 0.07	Fd. K. 53	00.0	1154	− 0.003	− 0.04	Br. 563	75.8
931	0.000	− 0.04	Br. 476	75.9	1160	+ 0.008	+ 0.02	Br. 566	89.1
935	+ 0.003	− 0.05	Fd. K. 54	00.0	1161	+ 0.002	− 0.04	A.G.Berl.A.1107	70.6
942	− 0.009	+ 0.02	A.G.Camb.U.S.1506	77.4	1164	− 0.001	+ 0.08	Fd. K. 366	00.0
944	− 0.001	− 0.12	Br. 482	80.5	1178	− 0.003	+ 0.04	A.G.Camb.U.S.1777	75.6
948	+ 0.002	− 0.04	A. G. Bonn 2940	80.5	1181	− 0.002	− 0.16	Fd. K. s. 55	00.0
953	− 0.006	0.00	Paris 4136	94.4	1184	− 0.144	− 3.45	C. d. T.	00.0
961	− 0.006	− 0.08	Br. 484	75.0	1185	+ 0.001	− 0.23	S. Fd. K. 77	00.0
964	− 0.009	+ 0.02	A.G.Camb.U.S.1531	75.5	1186	+ 0.005	− 0.02	A.G.Camb.U.S.1790	77.1

Nr.	Eigen-bewegung in A. R.	Eigen-bewegung in Dekl.	Nachweis	Epoche des Kat. Ortes	Nr.	Eigen-bewegung in A. R.	Eigen-bewegung in Dekl.	Nachweis	Epoche des Kat. Ortes
	s	"				s	"		
1189	−0.004	−0.04	Br. 575	81.5	1341	0.000	−0.09	Fd. K. s. 61	00.0
1192	+0.006	−0.03	Br. 576	82.5	1345	−0.015	−0.08	S. Fd. K. 88	00.0
1193	+0.006	+0.08	A.G.Camb.U.S.1799	71.0	1246	+0.002	+0.20	Cinc. 292	78.0
1195	+0.004	+0.05	S. Fd. K. 78	00.0	1352	+0.003	−0.16	Fd. K. 371	00.0
1197	+0.007	+0.16	S. Fd. K. 79	00.0	1356	+0.010	−0.10	Paris 5450	71.6
1205	+0.007	−0.03	Fd. K. 70	00.0	1367	−0.001	+0.04	S. Fd. K. 89	00.0
1208	−0.002	−0.07	Br. 582	75.4	1370	+0.008	+0.18	Br. 664	77.1
1209	0.000	−0.04	Br. 577	78.0	1371	−0.005	+0.06	Br. 658	85.4
1210	+0.006	−0.02	Br. 585	69.7	1374	+0.010	−0.22	Paris 5510	94.6
1213	+0.007	−0.06	A. G. Berl. A. 1140	70.1	1377	0.000	+0.06	Br. 668	77.0
1214	−0.011	−0.17	Cinc. 278	75.2	1380	+0.030	+0.02	Br. 663	84.5
1216	+0.006	−0.01	Br. 586	69.6	1383	+0.005	−0.03	Br. 666	70.1
1217	+0.007	−0.02	Br. 587	69.7	1384	+0.002	+0.06	Fd. K. s. 64	00.0
1224	0.000	+0.05	Fd. K. s. 56	00.0	1392	−0.001	−0.06	Br. 672	69.7
1225	+0.006	−0.02	Br. 589	77.8	1396	−0.004	+0.04	Br. 676	82.0
1230	+0.007	−0.02	Fd. K. 71	00.0	1402	−0.004	+0.03	A.G.Camb.U.S.2014	75.7
1234	0.000	−0.04	Br. 591	77.6	1403	−0.002	+0.04	Br. 3232	87.1
1235	+0.002	−0.07	Br. 593	85.5	1404	+0.002	−0.13	Br. 679	78.6
1236	+0.007	−0.02	Br. 597	70.1	1411	−0.006	−0.05	Br. 682	69.7
1238	−0.005	−0.04	Fd. K. s. 57	00.0	1418	−0.005	−0.01	Br. 674	80.1
1241	+0.010	0.00	Br. 3231	70.9	1419	+0.001	−0.05	Br. 685	81.1
1242	+0.004	−0.05	Br. 599	81.4	1422	0.000	−0.10	Br. 683	93.1
1243	+0.009	−0.05	Br. 600	80.3	1424	+0.012	−0.39	Br. 671	72.7
1245	+0.006	−0.02	Br. 601	70.7	1437	+0.001	−0.12	Br. 697	77.0
1247	+0.004	+0.05	S. Fd. K. 81	00.0	1439	0.000	−0.10	Br. 699	78.1
1248	+0.007	−0.03	Br. 604	80.6	1447	+0.004	−0.04	Fd. K. 372	00.0
1249	+0.007	−0.01	Br. 605	70.7	1456	+0.003	+0.04	Br. 704	79.0
1250	+0.011	+0.14	S. Fd. K. 82	00.0	1458	−0.003	−0.17	Br. 696	75.8
1257	+0.006	−0.04	A. G. Berl. B. 1437	81.3	1461	+0.002	−0.06	Fd. K. 83	00.0
1260	+0.006	−0.02	Br. 611	69.6	1472	0.000	−0.07	Fd. K. 554	00.0
1261	−0.001	+0.04	A. G. Berl. A. 1186	70.1	1473	+0.038	+0.02	Br. 705	70.1
1263	+0.007	−0.03	Fd. K. 72	00.0	1479	−0.002	−0.38	Br. 709	84.1
1264	+0.005	−0.02	Br. 612	70.1	1481	+0.001	−0.05	Br. 711	81.0
1266	+0.006	0.00	Br. 613	70.6	1483	−0.007	−0.06	Fd. K. 84	00.0
1267	+0.007	−0.01	Br. 614	79.8	1484	+0.009	−0.17	Paris 5920	75.1
1271	−0.008	−0.30	Cinc. 283	76.0	1487	−0.001	−0.04	Br. 718	95.7
1274	+0.005	0.00	Br. 617	70.6	1489	−0.009	+0.11	S. F. K. 93	00.0
1276	+0.006	+0.09	S. Fd. K. 83	00.0	1490	+0.005	−0.01	Br. 716	85.4
1277	+0.007	−0.02	Br. 619	70.7	1493	−0.004	+0.04	S. Fd. K. 94	00.0
1278	+0.007	−0.02	Br. 620	70.8	1497	+0.007	−0.12	Paris 5996	77.1
1279	+0.006	−0.02	Br. 621	69.6	1499	−0.037	+0.14	Fd. K. 373	00.0
1280	+0.002	−0.04	Br. 622	69.6	1502	−0.005	−0.07	Fd. K. 374	00.0
1282	+0.006	−0.03	Br. 623	00.5	1506	0.000	+0.08	Br. 724	77.0
1284	+0.004	−0.09	Paris 5199	71.0	1518	+0.008	−0.42	Fd. K. 86	00.0
1293	+0.006	−0.02	Br. 627	69.6	1524	−0.013	0.00	S. Fd. K. 95	00.0
1299	−0.003	−0.05	Br. 633	95.4	1534	+0.003	−0.15	Br. 733	72.6
1300	−0.004	+0.01	Br. 634	95.6	1535	−0.003	+0.06	Br. 728	74.6
1302	−0.010	−0.26	Br. 636	77.1	1537	+0.045	−0.66	Br. 731	89.6
1305	+0.001	−0.05	Br. 632	75.7	1544	+0.001	−0.08	Br. 741	81.3
1306	+0.004	−0.18	Fd. K. 73	00.0	1545	−0.004	−0.01	A. G. Berl. A. 1464	71.1
1307	+0.013	+0.01	Paris 5270	80.0	1547	−0.001	+0.04	S. Fd. K. 96	00.0
1312	−0.006	0.00	S. Fd. K. 85	00.0	1548	+0.006	−0.34	S. Fd. K. 97	00.0
1313	+0.004	−0.01	S. Fd. K. 86	00.0	1549	−0.002	−0.05	Br. 744	80.4
1315	+0.005	−0.09	Br. 628	78.1	1553	+0.001	−0.04	Br. 740	77.4
1318	+0.005	−0.01	Br. 638	71.2	1555	−0.002	−0.06	Br. 735	71.2
1320	+0.006	−0.01	Br. 639	69.6	1569	+0.001	+0.20	S. Fd. K. 99	00.0
1321	+0.003	−0.07	Br. 642	77.8	1574	−0.004	−0.01	Br. 752	70.2
1324	+0.001	−0.07	Br. 641	71.2	1579	+0.016	+0.01	Br. 754	70.1
1325	+0.005	−0.02	Br. 643	70.7	1585	−0.001	+0.14	Br. 762	77.0
1326	−0.008	−0.16	Fd. K. 553	00.0	1589	+0.001	−0.18	Fd. K. 90	00.0
1333	+0.006	−0.12	Br. 650	77.1	1600	−0.002	−0.04	Br. 758	74.1
1334	+0.021	0.00	Paris 5342	90.4	1609	0.000	−0.04	A. G. Berl. A. 1532	70.1
1336	+0.010	−0.13	Fd. K. 369	00.0	1616	−0.002	+0.10	S. Fd. K. 100	00.0
1339	−0.006	+0.01	S. Fd. K. 87	00.0	1617	−0.002	−0.08	Fd. K. 555	00.0
1340	+0.004	−0.06	Br. 644	72.5	1626	+0.001	−0.07	Paris 6367	85.6

Nr.	Eigen-bewegung in A. R.	Eigen-bewegung in Dekl.	Nachweis	Epoche des Kat. Ortes	Nr.	Eigen-bewegung in A. R.	Eigen-bewegung in Dekl.	Nachweis	Epoche des Kat. Ortes
	s	"				s	"		
1634	−0.001	−0.04	Br. 791	77.1	2002	−0.005	−0.01	Br. 925	75.8
1638	−0.002	−0.17	S. Fd. K. 101	00.0	2005	−0.004	−0.08	Br. 939	81.2
1642	+0.002	−0.05	S. Fd. K. 102	00.0	2019	+0.017	−0.23	Paris 7678	77.1
1663	−0.005	+0.02	Br. 801	95.2	2035	−0.003	−0.33	Br. 930	72.2
1665	−0.003	+0.04	Fd. K. 94	00.0	2042	−0.007	−0.03	A. G. Berl. A. 2167	71.1
1676	+0.002	−0.04	Br. 798	70.7	2048	−0.014	−0.22	Cinc. 387	76.0
1678	+0.004	−0.30	Br.805	91.2	2054	−0.005	+0.02	S. Fd. K. 120	00.0
1695	−0.003	−0.49	A.G.Camb.U.S.2262	74.1	2058	−0.001	−0.09	A. G. Berl. A. 2188	70.4
1703	−0.003	−0.04	Br. 816	94.5	2066	−0.002	+0.21	S. Fd. K. 121	00.0
1717	+0.025	+0.32	S. Fd. K. 104	00.0	2067	+0.001	+0.04	Br. 956	71.2
1728	−0.005	−0.01	Br. 822	81.4	2071	−0.004	+0.01	Br. 957	80.9
1733	+0.002	−0.05	Br. 811	70.7	2077	−0.006	+0.01	Br. 962	75.1
1745	−0.023	−0.37	Fd. K. 557	00.0	2084	−0.031	−0.27	Fd. K. 388	00.0
1749	0.000	−0.14	Paris 6740	80.1	2093	−0.026	−0.66	Fd. K. 387	00.0
1750	0.000	−0.06	Br. 833	70.6	2105	−0.004	−0.09	Fd. K. 389	00.0
1763	+0.02	—	A.G.Camb.U.S.2316	72.8	2108	+0.002	−0.04	Fd. K. 107	00.0
1773	−0.004	+0.03	Fd. K. 101	00.0	2114	−0.001	−0.07	Br. 965	72.2
1774	−0.008	−0.01	S. Fd. K. 107	00.0	2115	+0.003	−0.04	Br. 978	80.1
1781	+0.087	+1.10	Cinc. 352	80.4	2121	−0.004	−0.01	S. Fd. K. 123	00.0
1785	−0.005	+0.02	Br. 838	70.2	2122	0.000	−0.09	Paris 7970	77.0
1787	+0.003	−0.06	Br. 854	94.5	2140	−0.005	−0.04	Br. 973	76.1
1790	+0.016	−0.65	Fd. K. 559	00.0	2146	−0.001	−0.08	Br. 982	70.7
1796	+0.002	+0.41	S. Fd. K. 109	00.0	2149	−0.011	+0.01	Br. 971	74.6
1797	+0.006	−0.07	S. Fd. K. 110	00.0	2154	+0.006	−0.04	Br. 976	72.7
1799	−0.015	−0.10	Br. 856	81.7	2155	−0.001	−0.06	Br. 987	71.7
1800	0.000	−0.19	Paris 6939	71.5	2160	−0.003	+0.15	Fd. K. 390	00.0
1808	−0.01	+0.06	S. P. C. „F.“	00.0	2161	−0.009	−0.20	Fd. K. 110	00.0
1821	+0.008	−0.12	Fd. K. 379	00.0	2163	−0.005	0.00	Br. 984	84.4
1827	−0.004	−0.15	Fd. K. 560	00.0	2167	−0.037	−1.20	Fd. K. s. 90	00.0
1831	−0.006	−0.01	Fd. K. 103	00.0	2173	−0.011	−0.34	Cinc. 397	75.1
1837	+0.004	−0.08	Fd. K. 104	00.0	2186	0.000	+0.04	Fd. K. 391	00.0
1842	+0.023	+0.48	Cinc. 361	74.2	2190	−0.008	−0.13	Br. 992	77.4
1853	−0.002	−0.08	Fd. K. s. 82	00.0	2195	−0.006	+0.05	Br. 968	74.2
1858	+0.010	−0.16	Br. 868	72.2	2201	+0.023	−0.02	Fd. K. 393	00.0
1862	−0.013	+0.10	S. Fd. K. 112	00.0	2202	−0.002	−0.04	Br. 1004	82.1
1868	−0.003	−0.17	Br. 873	72.5	2204	0.000	−0.20	Cinc. 398	77.1
1871	−0.001	−0.09	Br. 880	82.3	2214	+0.002	−0.18	Br. 1000	85.4
1875	−0.007	−0.29	Paris 7190	90.8	2219	−0.012	+0.28	S. Fd. K. 126	00.0
1885	+0.004	+0.03	Br. 876	74.8	2222	−0.033	0.00	Paris 8293	77.1
1886	−0.008	+0.24	S. Fd. K. 113	00.0	2223	+0.003	−0.09	S. Fd. K. 127	00.0
1889	−0.005	+0.25	Cinc. 368	82.1	2229	−0.006	+0.08	S. Fd. K. 128	00.0
1893	0.000	−0.07	S. Fd. K. 114	00.0	2230	0.000	−0.12	Fd. K. 394	00.0
1895	−0.009	−0.05	Fd. K. 381	00.0	2236	+0.004	−0.07	Br. 1009	71.6
1897	−0.002	+0.09	Br. 898	77.0	2238	−0.004	+0.01	Br. 1007	76.4
1899	−0.004	+0.01	A. G. Berl. B. 2215	81.6	2243	−0.010	0.00	Fd. K. 565	00.0
1904	−0.000	−0.06	Br. 886	83.5	2244	+0.025	−0.48	Cinc. 403	78.2
1912	−0.001	−0.05	Br. 896	93.0	2250	−0.005	+0.01	Br. 1006	76.0
1918	+0.004	−0.05	A.G.Camb.U.S.2450	71.7	2255	+0.002	+0.04	Fd. K. s. 93	00.0
1921	0.000	−0.08	S. Fd. K. 115	00.0	2263	−0.004	−0.12	Br. 1010	81.2
1935	−0.001	−0.11	Fd. K. 383	00.0	2267	−0.013	+0.08	Br. 1013	76.2
1937	−0.005	−0.02	S. Fd. K. 116	00.0	2274	−0.042	−0.05	Fd. K. 111	00.0
1941	−0.005	0.00	Fd. K. 105	00.0	2275	0.000	+0.04	Fd. K. s. 94	00.0
1943	−0.008	−0.17	Br. 911	71.1	2296	+0.013	−0.80	Radcliffe (00) 610	78.4
1944	−0.005	−0.26	Br. 907	93.7	2298	−0.041	−0.05	Naut. Al.	00.0
1955	−0.011	−0.18	A. G. Nic. 1604	77.0	2313	−0.006	+0.22	Cinc. 407	75.1
1959	0.000	+0.04	Fd. K. 384	00.0	2318	−0.012	+0.36	Cinc. 409	76.2
1960	+0.004	+0.20	Br. 919	71.6	2330	−0.004	−0.02	S. Fd. K. 132	00.0
1966	−0.001	−0.06	Br. 921	77.3	2332	−0.002	−0.10	Br. 1030	71.2
1968	−0.015	+0.17	Paris 7527	85.1	2335	−0.008	−0.02	S. Fd. K. 133	00.0
1970	+0.013	−0.25	Paris 7558	77.0	2342	−0.003	−0.05	Br. 1033	74.1
1971	−0.002	+0.07	S. Fd. K. 117	00.0	2346	−0.002	−0.04	Br. 1034	74.1
1975	+0.017	−0.22	S. Fd. K. 118	00.0	2347	0.000	+0.21	Fd. K. s. 97	00.0
1979	−0.006	−0.09	Br. 915	75.8	2349	+0.004	+0.03	A.G.Camb.U.S.2771	71.0
1988	0.000	−0.31	Cinc. 381	78.1	2353	−0.002	−0.04	Br. 1038	80.4
1997	0.004	−0.10	Fd. K. 106	00.0	2357	−0.016	−0.26	Br. 1031	78.7

Nr.	Eigen-bewegung in A. R.	Eigen-bewegung in Dekl.	Nachweis	Epoche des Kat. Ortes	Nr.	Eigen-bewegung in A. R.	Eigen-bewegung in Dekl.	Nachweis	Epoche des Kat. Ortes
	s	″				s	″		
2364	+ 0.005	− 0.18	Paris 8852	74.1	2694	− 0.005	+ 0.02	S. Fd. K. 151	00.0
2366	+ 0.003	− 0.10	Br. 1049	86.5	2697	− 0.006	+ 0.01	Fd. K. s. 108	00.0
2370	− 0.010	+ 0.03	A G. Alb. 2694	80.1	2707	+ 0.073	+ 0.12	Cinc. 454	75.2
2376	− 0.016	+ 0.08	S. Fd. K. 135	00.0	2711	+ 0.002	− 0.07	Br. 1151	77.2
2382	− 0.002	+ 0.05	Br. 1059	75.2	2714	− 0.002	+ 0.12	Br. 1153	79.9
2385	+ 0.009	+ 0.35	Cinc. 418	75.1	2716	− 0.002	− 0.04	Fd. K. 404	00.0
2387	− 0.003	− 0.16	Br. 1061	80.1	2729	− 0.002	− 0.06	Br. 1156	70.6
2399	− 0.004	− 0.03	Fd. K. 114	00.0	2731	+ 0.002	− 0.05	Br. 1155	76.1
2417	− 0.018	+ 0.56	Cinc. 421	77.1	2734	− 0.003	0.00	Br. 1157	81.0
2418	− 0.004	− 0.03	Fd. K. 397	00.0	2736	− 0.010	0.00	Fd. K. 405	00.0
2425	− 0.008	− 0.01	Br. 1063	85.7	2739	+ 0.001	− 0.06	Br. 1161	81.0
2427	− 0.005	− 0.01	Br. 1065	81.6	2743	− 0.001	− 0.07	Br. 1159	70.7
2436	− 0.006	− 0.02	Br. 1068	82.2	2748	− 0.008	+ 0.06	Fd. K. 570	00.0
2441	− 0.001	− 0.05	Br. 1066	78.1	2753	− 0.007	− 0.35	Br. 1167	75.0
2445	− 0.010	− 0.08	Fd. K. 117	00.0	2760	− 0.016	+ 0.06	Br. 1176	79.2
2453	+ 0.003	− 0.07	Fd. K. 116	00.0	2765	+ 0.003	− 0.10	Br. 1175	70.7
2463	− 0.004	− 0.03	Fd. K. 118	00.0	2774	− 0.016	− 0.25	Cinc. 459	76.3
2464	− 0.005	− 0.10	Br. 1077	81.4	2787	− 0.005	− 0.05	Br. 1160	00.5
2466	+ 0.01	0.00	S. P. C. „H."	00.0	2795	− 0.005	0.00	A.G.Camb.U.S.3083	75.2
2467	+ 0.004	− 0.08	Br. 1073	80.1	2799	− 0.004	− 0.04	Fd. K. 123	00.0
2470	− 0.006	+ 0.03	Br. 1083	85.2	2804	+ 0.005	+ 0.04	Br. 1178	72.4
2472	+ 0.009	+ 0.20	Fd. K. 398	00.0	2807	+ 0.016	− 1.00	Fd. K. s. 111	00.0
2477	− 0.004	− 0.05	Br. 1080	75.0	2810	− 0.002	− 0.37	Br. 1181	79.0
2486	+ 0.007	+ 0.13	Paris 9216	94.6	2814	+ 0.004	− 0.05	A. G. Berl. B. 3343	80.8
2497	+ 0.001	− 0.08	A. G. Berl. A. 2882	70.7	2816	− 0.002	− 0.03	Br. 1182	80.4
2498	− 0.011	+ 0.18	Naut. Al.	00.0	2817	− 0.014	+ 0.08	S. Fd. K. 155	00.0
2502	− 0.005	− 0.17	Paris 9284	95.2	2821	0.000	− 0.11	Fd. K. 407	00.0
2506	− 0.002	+ 0.04	Br. 1092	80.8	2823	0.000	− 0.12	Paris 10207	78.2
2508	− 0.015	− 0.08	Fd. K. 119	00.0	2831	− 0.005	− 0.02	Naut. Al.	00.0
2518	− 0.002	− 0.10	Br. 1094	74.2	2842	− 0.014	0.00	Paris 10304	77.1
2519	− 0.003	+ 0.04	Fd. K. s. 101	00.0	2846	− 0.014	− 0.14	Br. 1192	70.9
2532	0.000	− 0.10	Paris 9390	78.1	2848	− 0.013	0.00	A. G. Christ. 1350	76.2
2536	− 0.008	+ 0.03	Fd. K. 569	00.0	2849	− 0.005	− 0.12	Br. 1190	82.7
2538	− 0.004	− 0.11	Br. 1099	71.2	2851	− 0.004	+ 0.01	S. Fd. K. 156	00.0
2547	0.000	− 0.14	Paris 9409	77.0	2854	0.000	− 0.37	Paris 10320	78.5
2549	− 0.047	− 1.03	Fd. K. 120	00.0	2855	− 0.006	+ 0.01	Fd. K. 124	00.0
2552	− 0.006	− 0.06	Fd. K. 399	00.0	2856	− 0.006	+ 0.01	Br. 1197	76.5
2575	− 0.008	− 0.02	Fd. K. s. 104	00.0	2861	− 0.003	− 0.09	Br. 1196	69.2
2576	− 0.002	− 0.04	Br. 1104	72.2	2863	− 0.005	− 0.05	Br. 1199	78.2
2578	+ 0.004	− 0.22	Br. 1108	77.2	2865	− 0.019	− 0.11	Fd. K. 125	00.0
2580	+ 0.004	+ 0.02	Br. 1098	73.7	2871	− 0.004	− 0.06	Br. 1198	85.6
2586	− 0.003	− 0.06	Fd. K. 121	00.0	2879	− 0.044	+ 0.02	S. Fd. K. 157	00.0
2589	+ 0.001	− 0.04	Br. 1116	75.2	2884	− 0.008	− 0.18	S. Fd. K. 158	00.0
2590	− 0.048	− 0.05	Fd. K. 122	00.0	2887	0.000	− 0.11	Paris 10431	79.5
2592	− 0.001	+ 0.06	Br. 1118	75.2	2889	− 0.007	− 0.06	Br. 1201	80.1
2594	− 0.204	+ 0.04	Hamb. 108	00.0	2890	− 0.010	− 0.06	Br. 1195	73.6
2596	− 0.003	− 0.55	Cinc. 439	75.3	2892	− 0.005	− 0.05	Br. 1203	70.7
2600	− 0.006	− 0.04	Br. 1115	70.8	2896	− 0.015	− 0.21	Fd. K. 408	00.0
2611	− 0.004	− 0.01	S. Fd. K. 144	00.0	2898	− 0.004	− 0.05	Fd. K. 409	00.0
2612	− 0.021	+ 1.66	Cinc. 440	79.1	2899	− 0.012	+ 0.01	Br. 1204	70.7
2622	− 0.004	+ 0.07	A.G.Camb.U.S.2962	74.7	2902	− 0.007	− 0.04	Br. 1205	81.5
2624	− 0.009	+ 0.08	Br. 1124	70.6	2907	− 0.003	− 0.10	Fd. K. 410	00.0
2633	− 0.010	+ 0.05	Br. 1130	75.0	2912	− 0.088	+ 0.69	Cinc. 474	75.2
2635	+ 0.004	− 0.11	Br. 1129	78.1	2919	− 0.004	+ 0.09	Br. 1202	73.5
2643	− 0.006	− 0.01	A. G. Berl. A. 3067	70.1	2921	− 0.001	− 0.16	Paris 10546	85.2
2648	− 0.004	+ 0.01	Br. 1131	80.7	2922	− 0.004	+ 0.03	Fd. K. s. 114	00.0
2653	− 0.006	− 0.34	Fd. K. s. 106	00.0	2924	− 0.008	+ 0.01	A.G.Camb.U.S.3189	74.2
2657	− 0.006	− 0.02	Fd. K. 402	00.0	2926	− 0.011	+ 0.02	Br. 1206	74.2
2662	− 0.011	− 0.03	Fd. K. 401	00.0	2930	− 0.004	+ 0.03	Br. 1212	75.4
2663	− 0.017	+ 0.22	Cinc. 445	75.2	2931	− 0.011	− 0.03	Fd. K. 411	00.0
2665	− 0.004	− 0.01	S. Fd. K. 149	00.0	2933	− 0.006	0.00	C. d. T.	00.0
2669	− 0.003	− 0.04	Br. 1137	80.2	2941	− 0.004	0.00	Br. 1221	80.1
2681	− 0.013	0.00	Radcliffe (00) 696	80.2	2944	+ 0.002	+ 0.09	Br. 1214	74.2
2683	− 0.004	+ 0.03	Fd. K. s. 107	00.0	2947	− 0.004	− 0.01	Br. 1219	77.2
2687	− 0.012	+ 0.08	Br. 1139	80.1	2948	− 0.008	+ 0.02	Br. 1222	81.7

Nr.	Eigen-bewegung in A. R.	Eigen-bewegung in Dekl.	Nachweis	Epoche des Kat. Ortes
	s	"		
2949	−0.006	0.00	Br. 1225	—
2950	−0.019	+0.40	S. Fd. K. 160	00.0
2951	−0.008	+0.01	Fd. K. s. 115	00.0
2961	+0.001	−0.08	Br. 1234	77.2
2969	−0.009	−0.03	Naut. Al.	00.0
2973	−0.005	−0.03	S. Fd. K. 162	00.0
2977	−0.003	−0.23	Fd. K. 126	00.0
2985	−0.003	−0.04	A. G. Christ. 1391	73.7
2991	+0.004	+0.08	A. G. Nic. 2693	80.3
2994	−0.006	−0.03	Br. 1242	70.2
2995	−0.014	−0.02	Fd. K. 128	00.0
2998	+0.001	−0.09	S. Fd. K. 164	00.0
2999	−0.004	+0.02	Fd. K. s. 116	00.0
3000	+0.004	+0.01	Fd. K. s. 117	00.0
3010	−0.004	−0.06	Br. 1245	71.7
3011	−0.004	−0.02	Br. 1249	77.1
3013	−0.017	+0.02	S. Fd. K. 166	00.0
3015	0.000	+0.05	Br. 1247	71.2
3025	−0.012	+0.08	S. Fd. K. 167	00.0
3029	−0.039	−0.23	Br. 1254	76.1
3030	−0.005	0.00	Fd. K. s. 118	00.0
3036	−0.005	−0.09	Br. 1246	72.2
3044	−0.031	−0.24	Paris 10891	76.4
3049	−0.007	+0.02	Fd. K. 129	00.0
3054	−0.006	−0.06	Br. 1259	71.7
3061	+0.005	+0.02	Br. 1263	71.5
3063	+0.003	+0.04	Br. 1266	70.7
3066	−0.044	−0.25	Fd. K. 130	00.0
3067	−0.003	+0.05	S. Fd. K. 168	00.0
3070	−0.004	−0.02	Br. 1267	72.2
3071	0.000	−0.13	Paris 11034	70.4
3072	−0.004	+0.02	Fd. K. 413	00.0
3073	+0.020	+0.23	Fd. K. s. 119	00.0
3074	−0.040	−0.26	Fd. K. 132	00.0
3082	−0.006	−0.08	Br. 1273	76.6
3085	+0.004	+0.02	Fd. K. 414	00.0
3086	−0.004	−0.07	Fd. K. 133	00.0
3098	+0.001	−0.05	Br. 1271	73.2
3100	+0.006	−0.06	C. d. T.	00.0
3101	−0.008	−0.02	S. Fd. K. 169	00.0
3103	−0.004	−0.11	S. Fd. K. 170	00.0
3104	0.000	−0.06	Fd. K. 415	00.0
3105	−0.015	−0.04	Br. 1280	72.8
3107	−0.004	0.00	Br. 1285	85.3
3109	+0.014	−0.07	Br. 1279	75.2
3110	−0.010	−0.14	Paris 11221	72.1
3111	−0.010	−0.38	Br. 1286	76.2
3115	−0.005	+0.01	S. Fd. K. 171	00.0
3123	−0.015	+0.01	S. Fd. K. 172	00.0
3129	0.000	−0.04	Fd. K. 416	00.0
3130	−0.003	+0.05	Fd. K. s. 121	00.0
3132	−0.003	+0.05	Br. 1301	77.2
3138	+0.006	+0.07	Br. 1297	75.2
3141	−0.012	+0.06	Br. 1300	80.2
3142	+0.008	−0.31	Fd. K. 134	00.0
3144	−0.003	−0.02	Br. 1304	70.6
3152	−0.09	+0.05	S. P. C. „K.“	00.0
3159	−0.032	+0.09	S. Fd. K. 173	00.0
3163	−0.003	−0.11	Fd. K. 135	00.0
3167	−0.004	+0.14	Br. 1306	72.3
3169	−0.005	0.00	S. Fd. K. 174	00.0
3176	−0.020	+0.03	Fd. K. 136	00.0
3182	+0.006	−0.12	Paris 11524	77.3
3196	−0.003	−0.04	Br. 1320	74.5
3198	−0.005	+0.02	S. Fd. K. 176	00.0

Nr.	Eigen-bewegung in A. R.	Eigen-bewegung in Dekl.	Nachweis	Epoche des Kat. Ortes
	s	"		
3207	−0.002	−0.13	Br. 1325	74.6
3208	−0.005	0.00	Br. 1327	92.7
3210	−0.002	+0.05	Fd. K. 138	00.0
3211	+0.016	−0.15	Cinc. 514	77.4
3213	−0.017	−0.02	Fd. K. 137	00.0
3217	−0.004	0.00	Br. 1329	84.2
3219	+0.014	+0.03	Fd. K. 139	00.0
3221	+0.008	0.00	Br. 1334	80.2
3226	−0.002	−0.05	Br. 1331	72.2
3227	−0.004	−0.02	S. Fd. K. 177	00.0
3230	−0.006	−0.08	Br. 1333	89.8
3231	+0.011	−0.07	Br. 1322	99.8
3233	−0.008	−0.12	Paris 11698	77.3
3234	−0.012	+0.08	Fd. K. 418	00.0
3237	−0.104	−0.56	Fd. K. 140	00.0
3240	−0.008	−0.06	Naut. Al.	00.0
3244	−0.019	+0.08	S. Fd. K. 178	00.0
3251	−0.060	+0.08	Cape 1107	87.1
3254	−0.007	−0.04	Br. 1336	83.0
3258	−0.006	+0.01	S. Fd. K. VI.	00.0
3269	−0.060	−0.24	Br. 1343	88.7
3274	−0.009	0.00	S. Fd. K. 180	00.0
3277	−0.016	+0.10	A. G. Christ. 1514	72.2
3280	−0.006	+0.02	Br. 1349	84.2
3286	+0.002	−0.06	Br. 1356	92.7
3287	−0.012	−0.03	Br. 1352	85.0
3288	−0.012	+0.03	S. Fd. K. 182	00.0
3290	−0.018	−0.08	Fd. K. 420	00.0
3291	−0.007	−0.03	Br. 1342	01.8
3297	−0.004	+0.02	Br. 1358	93.2
3302	−0.010	−0.02	Fd. K. 141	00.0
3303	−0.005	−0.03	A. G. Bonn 7241	74.3
3304	−0.003	−0.04	Br. 1357	76.1
3310	−0.003	−0.10	Br. 1365	73.2
3316	0.000	+0.04	Br. 1364	71.2
3318	−0.004	+0.03	S. Fd. K. 183	00.0
3319	−0.004	−0.01	Fd. K. 142	00.0
3326	+0.020	−0.08	Br. 1369	78.2
3328	−0.004	+0.01	S. Fd. K. 184	00.0
3329	−0.010	−0.04	A. G. Christ. 1538	75.2
3331	−0.039	−0.15	Fd. K. 143	00.0
3332	−0.005	−0.02	Br. 1377	80.5
3333	−0.004	+0.01	S. Fd. K. VII.	00.0
3335	−0.009	−0.03	Br. 1380	84.2
3341	+0.002	−0.18	Br. 1382	84.3
3346	−0.014	+0.13	Br. 1386	80.6
3348	−0.018	−0.04	Fd. K. 144	00.0
3351	−0.005	−0.03	Br. 1389	92.8
3357	+0.006	+0.03	A.G.Camb.U.S.3511	71.2
3358	−0.023	−0.04	Fd. K. 421	00.0
3361	−0.002	−0.06	Fd. K. s. 129	00.0
3366	−0.008	+0.03	Br. 1393	84.2
3368	−0.012	−0.01	Fd. K. 422	00.0
3377	−0.004	0.00	S. Fd. K. 186	00.0
3383	−0.009	−0.02	S. Fd. K. 187	00.0
3384	−0.004	−0.01	Fd. K. 423	00.0
3385	−0.043	−0.43	Br. 1397	72.7
3394	−0.012	−0.01	S. Fd. K. 188	00.0
3396	−0.003	+0.04	Fd. K. s. 131	00.0
3399	+0.004	+0.02	Br. 1401	85.9
3400	−0.005	+0.02	Br. 1404	84.2
3405	−0.008	−0.04	Br. 1405	90.1
3407	−0.018	+0.02	Fd. K. 146	00.0
3419	−0.015	−0.06	Fd. K. 573	00.0
3426	−0.006	+0.02	Br. 1417	84.2

Nr.	Eigenbewegung in A. R.	Eigenbewegung in Dekl.	Nachweis	Epoche des Kat. Ortes	Nr.	Eigenbewegung in A. R.	Eigenbewegung in Dekl.	Nachweis	Epoche des Kat. Ortes
	s	″				s	″		
3427	−0.013	−0.16	Cinc. 557	77.3	3626	−0.003	−0.04	A.G.Camb.U.S.3733	79.8
3432	−0.006	−0.12	Paris 12533	80.3	3629	−0.011	−0.01	Br. 1506	70.2
3433	−0.030	+0.03	Lick, Piazzi s. stars	78.3	3630	+0.005	−0.25	Fd. K. 152	00.0
3439	−0.017	+0.06	S. Fd. K. 189	00.0	3632	−0.007	−0.08	A. G. Nic. 3141	85.3
3442	−0.016	−0.01	Br. 1415	74.6	3635	+0.004	−0.22	Fd. K. s. 142	00.0
3440	−0.006	−0.03	Br. 1422	71.3	3637	−0.006	+0.01	Br. 1512	74.3
3444	−0.018	+0.02	Br. 1424	80.3	3640	+0.007	+0.03	S. Fd. K. 204	00.0
3445	−0.016	−0.06	Fd. K. 147	00.0	3641	−0.006	+0.01	Br. 1515	74.6
3451	−0.004	+0.01	S. Fd. K. 190	00.0	3642	−0.012	−0.03	Br. 1514	72.7
3453	−0.033	−0.08	Br. 1427	80.3	3645	0.000	−0.12	Paris 13368	72.7
3455	−0.012	−0.02	Fd. K. s. 133	00.0	3646	+0.006	+0.01	Br. 1517	79.9
3465	−0.018	−0.20	Br. 1431	81.2	3648	−0.005	+0.02	A. G. Berl. B. 4138	80.5
3467	+0.021	−0.05	C. d. T.	00.0	3650	−0.026	−0.03	Fd. K. 433	00.0
3471	−0.106	+0.06	C. d. T.	00.0	3651	+0.005	−0.12	S. Fd. K. 205	00.0
3475	−0.012	−0.13	Br. 1433	78.3	3654	−0.030	+0.06	Br. 1522	72.8
3477	−0.008	+0.03	Fd. K. 149	00.0	3659	−0.009	−0.15	Paris 13462	74.2
3478	−0.005	−0.02	Br. 1436	80.5	3661	−0.034	+0.16	Br. 1525	82.3
3481	−0.007	−0.01	Fd. K. 424	00.0	3663	−0.007	−0.01	Br. 1524	87.7
3485	−0.003	−0.09	Br. 1441	84.8	3666	−0.006	0.00	Br. 1527	84.2
3489	−0.005	0.00	Fd. K. s. 134	00.0	3669	+0.009	+0.04	Fd. K. 153	00.0
3493	−0.052	+0.03	Fd. K. 425	00.0	3673	−0.003	+0.05	Br. 1529	80.5
3495	−0.015	−0.05	S. Fd. K. 192	00.0	3674	−0.018	−0.07	Fd. K. 154	00.0
3498	−0.006	−0.05	Br. 1445	72.3	3675	+0.003	−0.12	Br. 1331	75.2
3499	−0.011	+0.14	Br. 1447	92.7	3677	0.000	−0.17	Paris 13526	79.3
3500	−0.010	−0.06	Fd. K. 574	00.0	3678	0.000	−0.15	Paris 13527	77.4
3504	−0.011	−0.08	Fd. K. 426	00.0	3679	−0.007	+0.02	Br. 1533	86.2
3506	−0.009	−0.02	S. Fd. K. 193	00.0	3681	−0.008	−0.01	Br. 1532	80.3
3507	−0.008	+0.01	S. Fd. K. 194	00.0	3683	−0.026	−0.02	Fd. K. 434	00.0
3509	−0.006	−0.04	A. G. Christ. 1625	72.9	3684	−0.045	0.00	S. P. C. „M."	00.0
3515	−0.023	−0.03	Fd. K. 427	00.0	3687	−0.017	+0.01	S. Fd. K. 207	00.0
3518	−0.005	−0.02	Br. 1457	77.2	3693	−0.029	−0.06	Br. 1539	81.4
3523	−0.005	+0.02	Fd. K. s. 136	00.0	3699	−0.01	0.00	S. Fd. K. 208	00.0
3527	−0.015	0.00	Fd. K. 150	00.0	3704	−0.006	+0.03	Br. 1544	76.4
3528	−0.004	+0.02	Br. 1463	69.3	3705	−0.007	−0.04	Fd. K. 155	00.0
3534	−0.006	+0.02	Br. 1465	87.7	3707	−0.004	+0.01	S. Fd. K. 209	00.0
3537	−0.004	0.00	S. Fd. K. 196	00.0	3711	−0.002	−0.09	Fd. K. 578	00.0
3539	+0.005	+0.04	Fd. K. 428	00.0	3719	−0.01	0.00	S. Fd. K. 211	00.0
3543	−0.009	+0.07	Br. 1468	84.8	3721	+0.010	−0.12	Fd. K. 156	00.0
3544	−0.004	+0.01	Br. 1469	85.7	3723	−0.006	−0.06	Fd. K. 157	00.0
3545	−0.011	+0.01	Br. 1472	77.4	3725	−0.004	0.00	Br. 1549	80.5
3551	−0.004	+0.02	Br. 1474	77.8	3726	+0.012	+0.07	A.G.Camb.U.S.3827	74.2
3559	−0.008	−0.08	A.G.Camb.U.S.3685	75.0	3728	−0.009	−0.01	Fd. K. 435	00.0
3561	−0.017	−0.02	S. Fd. K. 198	00.0	3729	−0.008	−0.02	Fd. K. s. 145	00.0
3562	−0.022	−0.02	Br. 1477	93.3	3732	+0.002	−0.14	Br. 1552	80.0
3563	−0.010	+0.04	Fd. K. s. 138	00.0	3735	−0.057	−0.57	Fd. K. 158	00.0
3565	−0.017	+0.03	S. Fd. K. 199	00.0	3736	0.000	+0.05	Fd. K. 159	00.0
3569	−0.028	−0.08	Br. 1476	74.9	3737	−0.006	−0.07	Br. 1555	87.2
3570	−0.067	0.00	S. Fd. K. 200	00.0	3738	−0.005	−0.05	Br. 1556	80.3
3573	−0.012	−0.10	Fd. K. 576	00.0	3739	−0.011	+0.21	Fd. K. 579	00.0
3576	+0.001	−0.04	Br. 1481	71.2	3740	+0.011	0.00	A. G. Christ. 1744	71.6
3578	−0.010	−0.05	Br. 1483	81.3	3742	−0.007	0.00	Fd. K. 160	00.0
3581	−0.028	−0.06	Paris 13129	77.4	3744	−0.005	−0.01	S. Fd. K. 212	00.0
3582	−0.010	+0.03	Fd. K. 430	00.0	3745	−0.017	+0.03	Fd. K. 436	00.0
3589	−0.005	0.00	S. Fd. K. 201	00.0	3746	−0.004	−0.02	Br. 1559	73.0
3592	−0.006	−0.06	Br. 1488	71.8	3749	−0.023	−0.02	Br. 1561	77.3
3593	−0.004	−0.02	Fd. K. 431	00.0	3750	+0.008	−0.06	Fd. K. 161	00.0
3596	+0.006	−0.04	Br. 1492	70.1	3753	−0.004	+0.05	Br. 1563	76.4
3597	−0.011	−0.06	Br. 1494	69.3	3756	−0.009	+0.03	Fd. K. 580	00.0
3604	+0.005	−0.05	S. Fd. K. 202	00.0	3759	−0.012	0.00	Br. 1565	70.1
3616	−0.002	+0.05	Br. 1501	76.0	3760	−0.011	+0.01	S. Fd. K. 213	00.0
3617	+0.005	+0.22	Fd. K. 577	00.0	3763	−0.045	−0.10	Cinc. 647	75.2
3619	−0.020	0.00	S. Fd. K. 203	00.0	3766	−0.009	+0.03	Fd. K. s. 148	00.0
3620	−0.008	−0.04	Br. 1498	73.8	3770	−0.007	+0.02	Br. 1571	76.2
3621	−0.012	+0.01	Br. 1499	71.8	3774	−0.003	−0.04	Br. 1573	70.2
3625	−0.004	+0.05	Br. 1507	77.3	3778	−0.006	+0.07	Fd. K. 437	00.0

Nr.	Eigenbewegung in A. R.	Eigenbewegung in Dekl.	Nachweis	Epoche des Kat. Ortes
	s	″		
3780	−0.008	+0.02	Br. 1575	70.1
3782	−0.007	−0.03	Fd. K. 162	00.0
3783	−0.026	−0.18	Br. 1577	70.1
3788	+0.002	+0.18	Br. 1578	74.4
3792	−0.004	+0.02	Br. 1579	75.4
3793	−0.017	−0.02	Fd. K. 581	00.0
3795	−0.017	−0.12	Paris 14124	90.0
3797	−0.013	−0.09	Br. 1582	79.9
3801	−0.053	+0.87	Br. 1584	83.4
3804	+0.019	−0.13	Br. 1581	99.2
3808	−0.009	−0.02	S. Fd. K. 216	00.0
3809	−0.006	+0.01	Fd. K. s. 150	00.0
3810	+0.014	+0.01	Br. 1587	79.3
3813	−0.002	+0.05	Fd. K. 438	00.0
3816	−0.002	−0.05	A.G.Camb.U.S.3889	76.3
3819	−0.014	−0.06	Br. 1588	72.3
3820	−0.039	−0.01	S. Fd. K. 217	00.0
3821	−0.004	−0.02	Br. 1589	73.8
3827	+0.004	+0.13	Br. 1591	77.3
3832	−0.004	+0.01	S. Fd. K. 218	00.0
3833	−0.005	−0.05	Br. 1592	80.2
3834	−0.002	−0.38	Br. 1593	87.7
3838	−0.028	+0.03	Br. 1596	71.7
3840	−0.006	0.00	Br. 1597	75.3
3841	−0.006	+0.03	Fd. K. 439	00.0
3849	+0.004	−0.01	Br. 1599	86.3
3850	−0.003	−0.16	Br. 1601	87.3
3851	−0.014	+0.03	Fd. K. 163	00.0
3853	−0.020	+0.03	S. Fd. K. 219	00.0
3855	−0.004	−0.03	S. Fd. K. 220	00.0
3856	−0.133	+0.39	Cinc. 671	84.3
3860	−0.005	+0.02	Br. 1602	84.1
3861	−0.012	+0.01	Br. 1603	81.2
3862	−0.010	−0.18	Paris 14426	93.8
3864	−0.010	+0.01	Br. 1604	69.8
3865	−0.004	−0.01	S. Fd. K. 221	00.0
3867	−0.036	−0.10	Fd. K. 164	00.0
3873	+0.048	−0.26	Fd. K. 165	00.0
3878	−0.011	−0.03	S. Fd. K. 222	00.0
3880	−0.006	−0.30	Cinc. 677	75.4
3883	−0.005	+0.01	Br. 1607	76.4
3885	+0.010	+0.01	Fd. K. 166	00.0
3889	−0.004	+0.01	Br. 1611	84.1
3894	−0.006	+0.02	Fd. K. s. 153	00.0
3899	−0.006	−0.03	S. Fd. K. 223	00.0
3902	−0.006	+0.04	Radcliffe (00) 986	80.3
3904	−0.017	−0.01	S. Fd. K. 224	00.0
3908	+0.003	−0.50	Fd. K. s. 154	00.0
3910	−0.001	−0.04	C. d. T.	00.0
3913	−0.029	+0.06	Br. 1621	77.9
3917	−0.023	−0.02	S. Fd. K. 225	00.0
3918	+0.026	−0.12	S. Fd. K. 226	00.0
3920	−0.012	−0.07	Radcliffe (00) 990	84.2
3926	−0.056	+0.08	Greenw. (00) 2109	93.6: 91.6
3928	−0.016	+0.05	Fd. K. 167	00.0
3929	+0.044	−0.11	Fd. K. 440	00.0
3939	−0.005	−0.02	S. Fd. K. 227	00.0
3941	+0.004	−0.03	Br. 1624	89.0
3944	+0.001	−0.19	Br. 1625	80.7
3947	−0.012	−0.04	Br. 1627	83.3
3948	−0.006	+0.02	Fd. K. 582	00.0
3953	−0.005	0.00	Br. 1629	76.5
3955	−0.018	+0.02	Br. 3241	00.7
3957	−0.004	−0.04	Br. 1630	79.3
3961	−0.008	0.00	Br. 1635	68.3
3965	+0.005	+0.02	A.G.Camb.U.S.4030	76.2
3967	−0.007	−0.01	S. Fd. K. 229	00.0
3969	0.000	−1.01	Paris 14988	92.7
3971	+0.013	0.00	Fd. K. 169	00.0
3973	−0.012	+0.03	Fd. K. 583	00.0
3976	−0.007	−0.01	Br. 1639	70.2
3979	−0.004	0.00	Br. 1641	70.6
3982	−0.044	−0.03	S. Fd. K. 230	00.0
3984	−0.018	+0.02	S. Fd. K. 231	00.0
3987	+0.004	0.00	A. G. Berl. A. 4634	70.1
3993	+0.23	−0.02	Br. 1656	00.7
3995	+0.184	+0.06	C. d. T.	00.0
3996	−0.008	+0.01	Br. 1650	75.1
3997	−0.006	−0.02	Fd. K. 170	00.0
4000	−0.008	−0.02	Br. 1649	77.4
4001	−0.021	−0.06	Br. 1652	79.6
4002	−0.010	0.00	Paris 15100	76.3
4004	−0.009	−0.04	Br. 1653	79.3
4007	−0.010	+0.09	Br. 1654	70.5
4009	−0.025	+0.08	S. Fd. K. 232	00.0
4010	+0.004	−0.06	Br. 1655	71.8
4021	−0.009	−0.01	Br. 1660	74.7
4022	+0.005	+0.05	A.G.Camb.U.S.4064	73.4
4028	−0.013	−0.02	S. Fd. K. 234	00.0
4029	+0.004	−0.02	A. G. Berl. B. 4514	81.2
4030	−0.005	−0.02	Br. 1663	77.1
4032	−0.006	−0.03	Fd. K. 442	00.0
4033	−0.006	−0.02	S. Fd. K. IX.	00.0
4036	−0.003	−0.05	S. Fd. K. 235	00.0
4037	−0.008	−0.09	Br. 1666	75.3
4041	−0.006	−0.02	S. Fd. K. 236	00.0
4044	−0.006	−0.03	Fd. K. s. 160	00.0
4045	−0.004	−0.02	Br. 1670	76.3
4051	−0.014	−0.15	Fd. K. 584	00.0
4053	−0.018	−0.07	Paris 15328	77.4
4055	−0.006	+0.10	Fd. K. 444	00.0
4056	−0.025	+0.01	Br. 1677	74.4
4058	+0.002	−0.27	S. Fd. K. 237	00.0
4059	−0.007	−0.06	Br. 1680	99.8
4061	+0.004	+0.18	Paris 15369	71.4
4065	−0.016	−0.01	S. Fd. K. 238	00.0
4068	−0.033	−0.05	Br. 1681	77.3
4070	−0.011	−0.08	Paris 15401	77.4
4071	−0.005	0.00	Br. 1682	68.3
4074	−0.008	+0.01	Br. 1683	92.7
4076	−0.065	+0.28	Fd. K. 445	00.0
4077	−0.003	−0.05	Fd. K. 585	00.0
4078	−0.016	0.00	Fd. K. 171	00.0
4080	+0.013	0.00	C. d. T.	00.0
4090	−0.008	−0.03	S. Fd. K. X.	00.0
4091	−0.004	−0.02	Br. 1690	78.2
4093	−0.005	−0.02	Br. 1692	70.1
4100	−0.007	−0.02	Fd. K. s. 163	00.0
4101	−0.007	−0.01	Br. 1695	80.5
4105	−0.022	−0.02	S. Fd. K. 240	00.0
4108	−0.010	+0.01	Br. 1697	68.3
4109	−0.038	+0.02	Fd. K. 172	00.0
4110	−0.012	0.00	Paris 15572	77.4
4111	+0.003	−0.09	Naut. Al.	00.0
4112	−0.007	+0.01	Br. 1702	83.3
4116	−0.006	−0.02	Fd. K. 447	00.0
4120	−0.004	−0.05	S. Fd. K. 241	00.0
4123	−0.010	−0.01	S. Fd. K. 242	00.0
4124	−0.033	+0.15	Br. 1705	69.8
4126	−0.009	0.00	Br. 1704	83.3

Nr.	Eigenbewegung in A. R.	Eigenbewegung in Dekl.	Nachweis	Epoche des Kat. Ortes
	s	"		
4128	+ 0.018	− 0.44	Br. 1706	68.3
4131	− 0.007	− 0.02	S. Fd. K. 243	00.0
4140	− 0.024	0.00	Paris 15763	83.1
4144	+ 0.014	0.00	Paris 15772	73.3
4145	− 0.008	+ 0.04	Br. 1711	73.7
4146	+ 0.04	+ 0.03	S. P. C. „N."	00.0
4148	− 0.004	− 0.03	S. Fd. K. 244	00.0
4151	− 0.004	+ 0.03	Br. 1714	80.0
4154	− 0.004	0.00	Br. 1716	70.2
4161	− 0.017	− 0.01	Br. 1718	77.5
4162	− 0.016	+ 0.02	Br. 1730	00.7
4163	− 0.007	− 0.02	Br. 1719	80.3
4164	− 0.019	+ 0.02	Br. 1731	00.7
4168	+ 0.006	− 0.03	Br. 1720	79.3
4170	− 0.004	− 0.02	Fd. K. s. 165	00.0
4171	− 0.017	− 0.27	Cinc. 739	75.4
4173	+ 0.012	− 0.03	Fd. K. 173	00.0
4177	− 0.034	− 0.05	Fd. K. 174	00.0
4180	− 0.022	+ 0.07	Fd. K. 175	00.0
4181	+ 0.003	− 0.05	Fd. K. 448	00.0
4182	− 0.011	0.00	Br. 1726	71.4
4186	− 0.003	+ 0.05	Br. 1728	70.2
4187	− 0.004	+ 0.01	Br. 1729	77.3
4190	+ 0.049	− 0.03	S. Fd. K. 246	00.0
4191	− 0.004	+ 0.06	Br. 1732	77.4
4193	− 0.021	+ 0.10	A. G. Berl. A. 4804	70.2
4195	− 0.020	− 0.01	Br. 1737	71.6
4197	+ 0.007	− 0.02	Br. 1736	71.3
4198	− 0.019	+ 0.03	Fd. K. 176	00.0
4201	+ 0.008	+ 0.03	Fd. K. s. 167	00.0
4203	− 0.006	− 0.02	Br. 1738	77.3
4207	− 0.005	− 0.02	S. Fd. K. 247	00.0
4210	− 0.007	− 0.05	Br. 1740	80.4
4213	− 0.008	− 0.03	S. Fd. K. 248	00.0
4215	0.000	− 0.08	Br. 1743	89.4
4220	− 0.004	− 0.04	Br. 1744	78.5
4224	− 0.004	− 0.04	Fd. K. 449	00.0
4225	− 0.010	+ 0.01	A. G. Berl. A. 4845	70.6
4230	− 0.033	+ 0.15	Br. 1748	70.6
4232	− 0.008	+ 0.05	Fd. K. 450	00.0
4236	− 0.010	− 0.03	S. Fd. K. 249	00.0
4239	+ 0.004	− 0.28	Fd. K. s. 169	00.0
4240	− 0.060	+ 0.90	Fd. K. 177	00.0
4244	− 0.040	− 0.20	Cinc. 757	74.5
4245	− 0.006	0.00	Br. 1754	77.4
4247	− 0.017	− 0.03	A. G. Berl. A. 4862	70.9
4248	− 0.004	− 0.02	S. Fd. K. 250	00.0
4249	− 0.010	+ 0.20	Br. 1756	76.5
4256	+ 0.021	− 0.11	Paris 16245	77.4
4260	+ 0.003	− 0.06	S. Fd. K. 251	00.0
4262	− 0.006	− 0.04	S. Fd. K. 252	00.0
4263	− 0.023	+ 0.18	Paris 16268	82.1
4269	− 0.013	+ 0.02	Fd. K. 451	00.0
4271	− 0.076	− 0.06	Br. 1763	77.4
4272	+ 0.002	− 1.04	Fd. K. 586	00.0
4274	− 0.004	0.00	Br. 1767	75.1
4278	− 0.030	− 0.09	S. Fd. K. 254	00.0
4280	− 0.005	0.00	Br. 1769	69.8
4285	− 0.006	− 0.03	Br. 1770	83.6
4286	− 0.029	− 0.15	Cinc. 768	74.5
4289	− 0.005	− 0.04	Br. 1771	77.4
4291	− 0.004	− 0.01	Br. 1772	79.4
4294	+ 0.009	− 0.02	Br. 1773	77.4
4297	+ 0.013	− 0.02	Fd. K. 178	00.0
4298	− 0.004	− 0.02	Fd. K. 587	00.0

Nr.	Eigenbewegung in A. R.	Eigenbewegung in Dekl.	Nachweis	Epoche des Kat. Ortes
	s	"		
4304	+ 0.014	− 0.02	Br. 1779	70.5
4305	− 0.012	− 0.02	Br. 1775	78.6
4308	− 0.011	+ 0.03	Br. 1778	77.5
4310	− 0.018	− 0.57	Br. 1780	81.3
4312	− 0.017	+ 0.05	A. G. Christ. 2007	73.8
4315	− 0.005	− 0.03	Br. 1781	68.8
4316	− 0.07	− 0.02	S. P. C. „O."	00.0
4317	− 0.009	+ 0.01	Fd. K. 453	00.0
4320	− 0.004	− 0.01	S. Fd. K. 255	00.0
4322	− 0.048	+ 0.04	Greenw. (00) 2324	88.7
4325	− 0.009	− 0.01	Fd. K. s. 173	00.0
4326	− 0.008	− 0.03	Br. 1784	76.5
4329	− 0.011	− 0.04	S. Fd. K. 256	00.0
4330	− 0.005	0.00	Br. 1785	77.4
4331	− 0.004	− 0.02	Br. 1786	93.8
4337	− 0.020	+ 0.06	Fd. K. 179	00.0
4339	− 0.001	+ 0.10	Br. 1790	79.4
4340	+ 0.004	− 0.01	Fd. K. 454	00.0
4341	− 0.013	+ 0.01	Br. 1791	80.7
4350	+ 0.002	+ 0.06	A.G.Camb.U.S.4321	81.9; 84.4
4355	− 0.005	− 0.03	S. Fd. K. 258	00.0
4360	− 0.009	+ 0.01	Fd. K. 455	00.0
4363*	− 0.008	+ 0.05	Br. 1796	71.4
4365	− 0.005	+ 0.02	Br. 1797	80.6
4369	− 0.004	− 0.03	Br. 1798	80.5
4370	− 0.008	+ 0.05	Fd. K. s. 175	00.0
4372	− 0.015	+ 0.10	A.G.Camb.U.S.4335	77.2
4374	− 0.006	0.00	Br. 1802	70.3
4375	− 0.024	0.00	Paris 16737	83.7
4378	− 0.022	− 0.06	Br. 1800	80.0
4381	+ 0.006	− 0.03	A. G. Christ. 2040	71.4
4386	− 0.039	− 0.15	S. Fd. K. 259	00.0
4399	− 0.004	− 0.06	Br. 1808	84.4
4401	− 0.035	+ 0.04	Fd. K. 180	00.0
4404	+ 0.007	− 0.01	Br. 1812	71.3
4408	− 0.005	− 0.01	S. Fd. K. 261	00.0
4409	− 0.012	− 0.01	Fd. K. 181	00.0
4410	− 0.005	− 0.09	Br. 1807	74.5
4413	− 0.009	− 0.03	Fd. K. 588	00.0
4415	− 0.009	+ 0.04	Br. 1813	70.4
4422	− 0.038	− 0.35	Paris 16947	74.5
4423	− 0.004	− 0.02	Br. 1814	76.5
4432	− 0.004	− 0.01	Br. 1818	70.1
4438	− 0.009	− 0.04	S. Fd. K. 262	00.0
4439	− 0.007	− 0.01	Fd. K. s. 177	00.0
4440	− 0.014	0.00	Br. 1820	93.8
4441	− 0.005	− 0.34	Fd. K. 182	00.0
4444	− 0.009	− 0.08	S. Fd. K. 263	00.0
4447	− 0.004	+ 0.02	Br. 1822	81.1
4450	+ 0.001	− 0.06	Br. 1826	75.7
4451	− 0.004	− 0.03	S. Fd. K. 264	00.0
4455	− 0.005	− 0.03	Fd. K. s. 178	00.0
4457	− 0.007	− 0.05	A. G. Berl. A. 5070	70.4
4458	− 0.001	− 0.05	Br. 1828	80.6
4459	− 0.016	− 0.09	Br. 1827	75.4
4468	− 0.007	+ 0.02	Fd. K. 457	00.0
4470	− 0.006	− 0.05	S. Fd. K. XI.	00.0
4471	0.000	− 0.05	A. G. Berl. A. 5083	70.2
4487	− 0.008	− 0.01	A. G. Christ. 2097	74.6
4490	+ 0.002	− 0.15	S. Fd. K. 266	00.0
4491	− 0.046	− 0.52	S. Fd. K. 267	00.0
4492	− 0.012	+ 0.02	Br. 1834	92.9
4493	− 0.009	+ 0.02	Fd. K. 184	00.0

Nr. 4363. Paris. 16707 gibt $\mu\,\alpha$ − 0s.019.

Nr.	Eigenbewegung in A. R.	Eigenbewegung in Dekl.	Nachweis	Epoche des Kat. Ortes
	s	″		
4500	−0.007	+0.04	Br. 1838	71.4
4502	−0.015	−0.04	S. Fd. K. 268	00.0
4504	−0.002	−0.08	Fd. K. 458	00.0
4509	−0.002	−0.05	Br. 1837	74.6
4511	−0.005	−0.05	Br. 1840	78.5
4512	0.000	+0.14	Fd. K. 185	00.0
4515	+0.011	−0.15	Paris 17453	77.5
4518*	−0.022	+0.09	Br. 1843	77.5
4520	−0.014	+0.04	Fd. K. 459	00.0
4521	−0.019	−0.05	Br. 1844	68.8
4526	+0.005	−0.04	Br. 1849	71.4
4527	0.000	−0.15	Br. 1845	78.4
4528	−0.007	−0.05	A. G. Christ. 2118	00.2
4530	0.000	−0.13	Paris 17495	69.9
4532	−0.003	−0.42	Fd. K. 186	00.0
4533	−0.053	−0.02	Cape 1651	87.2
4534	−0.080	−1.98	Fd. K. 187	00.0
4540	−0.012	−0.09	A. G. Berl. B. 5026	80.7
4543	−0.020	+0.15	Fd. K. 188	00.0
4544	−0.016	+0.08	Fd. K. 189	00.0
4546	+0.020	−0.24	Paris 17525	93.3
4550	−0.006	−0.04	S. Fd. K. 270	00.0
4551	−0.026	+0.33	Cinc. 809	74.5
4558	−0.009	−0.07	Br. 1851	77.4
4559	+0.008	−0.01	Br. 1853	68.8
4562	−0.011	+0.06	Br. 1855	70.6
4568	−0.008	−0.04	S. Fd. K. 271	00.0
4569	−0.005	−0.04	S. Fd. K. 272	00.0
4570	−0.016	−0.13	Br. 1857	81.5
4572	−0.003	−0.06	Fd. K. s. 183	00.0
4573	+0.015	−0.48	Paris 17642	80.1
4578	−0.006	−0.03	S. Fd. K. 273	00.0
4590	−0.027	−0.40	Fd. K. 190	00.0
4591	−0.006	+0.03	Naut. Al.	00.0
4592	−0.006	−0.06	Br. 1863	77.4
4593	−0.005	−0.03	S. Fd. K. 274	00.0
4595	−0.010	0.00	Fd. K. 191	00.0
4596	−0.003	−0.05	Br. 1866	77.5
4603	−0.033	−0.07	Br. 1868	71.4
4610	−0.008	+0.12	Fd. K. 192	00.0
4613	−0.011	+0.04	Br. 1870	81.4
4614	−0.011	+0.15	Fd. K. 193	00.0
4616	−0.009	−0.03	Fd. K. 460	00.0
4617	−0.004	−0.03	S. Fd. K. 275	00.0
4621	−0.060	−0.25	Cinc. 822	83.5
4625	+0.014	+0.13	Br. 1872	83.5
4630	−0.006	+0.03	A.G.Camb.U.S.4558	74.5
4632	−0.060	+0.37	Paris 17969	77.4
4634	−0.488	−0.73	S. Fd. K. XII.	00.0
4636	−0.035	−0.24	S. Fd. K. XIII.	00.0
4639	+0.005	+0.02	A.G.Camb.U.S.4577	84.4
4640	−0.007	−0.06	Fd. K. 461	00.0
4642	−0.010	−0.03	S. Fd. K. 277	00.0
4644	−0.004	+0.06	A. G. Berl. B. 5126	81.4
4651	−0.012	−0.11	Br. 1879	68.4
4652	+0.006	−0.10	S. Fd. K. 278	00.0
4655	−0.009	−0.20	S. Fd. K. 279	00.0
4656	+0.006	−0.30	Fd. K. 196	00.0
4659	−0.185	−0.06	S. P. C. „P.“	00.0
4664	−0.002	−0.13	S. Fd. K. 280	00.0
4665	−0.006	+0.04	A. G. Nic. 3791	78.4
4666	−0.015	−0.10	Br. 1881	75.5
4670	−0.005	0.00	Br. 1884	80.4
4672	−0.005	−0.05	Br. 1888	71.7
4674	0.000	+0.04	A. G. Berl. A. 5325	71.4
4677	−0.009	−0.03	Fd. K. 197	00.0
4680	−0.004	−0.03	Br. 1885	76.5
4681	+0.012	−0.03	Br. 1887	75.0
4684	+0.004	−0.09	Paris 18217	77.5
4688	−0.007	−0.02	Br. 1891	78.5
4689	−0.010	+0.08	A. G. Berl. B. 5169	81.4
4691	−0.020	−0.06	Br. 1892	74.6
4694	−0.010	−0.09	Fd. K. 589	00.0
4695	−0.021	−0.12	Paris 18277	91.1
4696	−0.009	−0.07	Fd. K. 590	00.0
4699	−0.001	−0.10	Br. 1900	75.3
4700	+0.010	+0.03	A. G. Berl. B. 5182	80.4
4701	+0.004	−0.13	Br. 1897	77.5
4704	−0.007	+0.08	Br. 1902	76.9
4705	−0.020	0.00	S. Fd. K. 281	00.0
4709	+0.009	−0.10	Br. 1898	71.4
4711	−0.023	−0.13	S. Fd. K. 282	00.0
4714	−0.001	−0.04	Br. 1899	78.0
4716	−0.033	+0.24	Paris 18361	71.1
4717	−0.017	+0.17	Fd. K. 462	00.0
4718	−0.006	−0.01	Br. 1901	76.4
4725	−0.008	0.00	Fd. K. 198	00.0
4729	+0.72	−1.80	Cinc. 849	78.—
4731	−0.006	−0.16	Br. 1905	77.5
4732	−0.006	−0.06	S. Fd. K. 284	00.0
4736	−0.004	−0.02	S. Fd. K. XIV.	00.0
4737	−0.005	−0.05	Br. 1904	78.0
4738	−0.004	0.00	Br. 1907	77.4
4740	+0.013	−0.18	A.G.Camb.U.S.4648	71.4
4741	−0.008	−0.07	Br. 1909	77.6
4746	−0.006	−0.01	Fd. K. s. 190	00.0
4747	−0.013	+0.05	Br. 1914	88.6
4749	−0.007	+0.06	Fd. K. 464	00.0
4751	+0.005	−0.01	Br. 1910	74.6
4756	+0.103	−0.25	Paris 18612	00.4
4758	−0.002	−0.05	Br. 1916	82.0
4759	−0.005	+0.01	Br. 1915	81.4
4760	−0.005	−0.04	Fd. K. 199	00.0
4761	−0.007	−0.03	Fd. K. 591	00.0
4762	−0.005	−0.03	S. Fd. K. 286	00.0
4768	−0.014	−0.01	Fd. K. 465	00.0
4771*	−0.043	+0.02	Br. 1923	78.3
4774	−0.005	−0.03	Br. 1919	77.5
4779	−0.008	+0.01	Br. 1925	76.8
4783	+0.003	−0.06	A. G. Berl. A. 5444	70.6
4784	+0.012	−0.19	Br. 1924	75.8
4796	−0.015	−0.07	S. Fd. K. 287	00.0
4799	−0.004	−0.04	Fd. K. 592	00.0
4804	−0.030	−0.09	Paris 18828	74.5
4814	−0.014	−0.04	S. Fd. K. 288	00.0
4816	−0.016	−0.16	S. Fd. K. 289	00.0
4820	−0.008	+0.03	Br. 1935	78.2
4823	−0.008	0.00	Br. 1933	81.1
4825	+0.007	−0.10	Fd. K. 201	00.0
4827	−0.008	−0.02	Fd. K. 200	00.0
4833	+0.037	−0.39	Fd. K. 467	00.0
4835	+0.024	−0.53	Br. 1937	81.8
4842	−0.002	−0.06	Br. 1938	77.5
4844	+0.001	+0.04	Br. 1939	79.6
4845	−0.008	−0.08	S. Fd. K. 291	00.0
4846	−0.020	−0.22	Paris 19005	78.—

Nr. 4518. Paris. 17465 gibt $\mu\alpha - 0^s.019$; $\mu\delta + 0''.05$.

Nr. 4771. Paris. 18639 gibt $\mu\alpha - 0^s.038$.

Nr.	Eigenbewegung in A. R.	Eigenbewegung in Dekl.	Nachweis	Epoche des Kat. Ortes	Nr.	Eigenbewegung in A. R.	Eigenbewegung in Dekl.	Nachweis	Epoche des Kat. Ortes
	s	″				s	″		
4849	−0.005	−0.10	Br. 1940	80.1	5018	−0.004	−0.01	Br. 2006	74.6
4850	−0.011	−0.05	Br. 1942	71.2	5021	−0.005	−0.03	Br. 2009	75.6
4855	+0.008	0.00	Br. 1954	00.4	5023	+0.007	+0.13	Br. 2011	77.6
4858	−0.005	0.00	Br. 1946	72.0	5025	−0.004	0.00	A. G. Berl. A. 5678	72.1
4861	+0.004	−0.02	Fd. K. s. 194	00.0	5026	−0.012	−0.53	Br. 2016	70.4
4862	−0.008	−0.15	Br. 1944	95.0	5029	+0.037	+0.60	Br. 2021	79.1
4866	+0.012	−0.18	C. d. T.	00.0	5030	−0.004	−0.01	Br. 2015	77.5
4867	+0.085	+0.08	S. P. C. „Q."	00.0	5033	−0.006	−0.04	Br. 2014	74.6
4868	−0.003	−0.04	S. Fd. K. 292	00.0	5037	−0.008	+0.03	A. G. Berl. B. 5445	80.3
4869	−0.015	+0.08	Fd. K. 202	00.0	5040	−0.004	−0.02	S. Fd. K. 299	00.0
4872	+0.004	+0.02	Fd. K. 203	00.0	5043	−0.006	+0.05	Br. 2025	73.1
4875	−0.004	0.00	Fd. K. 468	00.0	5045	+0.019	−1.29	Fd. K. 218	00.0
4876	−0.004	+0.03	A. G. Berl. A. 5539	71.4	5048	+0.003	+0.08	Br. 2027	88.7
4879	−0.001	−0.05	Fd. K. s. 195	00.0	5054	−0.003	−0.04	S. Fd. K. XV.	00.0
4883	−0.007	−0.04	Br. 1952	81.5	5056	−0.007	−0.06	Fd. K. 219	00.0
4884	−0.013	+0.08	Fd. K. 205	00.0	5062	−0.047	−0.37	Br. 2026	77.6
4900	+0.001	−0.08	S. Fd. K. 293	00.0	5068	−0.025	+0.10	Fd. K. 471	00.0
4903	−0.001	−0.05	Br. 1959	80.9	5070	−0.005	+0.08	Br. 2031	71.5
4905	−0.005	−0.04	S. Fd. K. 294	00.0	5074	−0.005	+0.16	Br. 2032	71.2
4907	+0.018	−0.24	Fd. K. s. 196	00.0	5075	−0.018	−0.78	Br. 2037	71.4
4908	−0.006	−0.02	Fd. K. 208	00.0	5081	0.000	+0.04	Br. 2038	80.7
4917	+0.004	+0.02	Fd. K. 593	00.0	5083	−0.006	+0.03	Br. 2035	83.4
4918	−0.006	+0.02	Br. 1969	83.0	5084	−0.006	−0.02	Br. 2033	77.6
4920	+0.008	−0.09	Fd. K. 209	00.0	5090	+0.005	−0.06	Br. 2044	74.0
4922	−0.004	+0.01	Br. 1974	70.9	5091	−0.037	+0.34	Fd. K. 220	00.0
4925	−0.006	−0.06	S. Fd. K. 296	00.0	5092	−0.004	−0.04	S. Fd. K. 302	00.0
4930	−0.015	−0.26	Cinc. 887	74.6	5100	−0.019	0.00	Paris 20123	78.6
4931	+0.006	0.00	Br. 1977	70.6	5101	+0.001	−0.05	S. Fd. K. 303	00.0
4940	+0.006	−0.08	Fd. K. s. 197	00.0	5105	−0.005	−0.03	Fd. K. s. 204	00.0
4942	−0.006	−0.02	Br. 1972	74.6	5107	−0.004	0.00	Br. 2045	68.7
4944	+0.005	+0.05	Fd. K. 469	00.0	5111	−0.006	−0.01	Br. 2049	71.9
4945	−0.016	−0.29	Cinc. 893	84.6	5120	−0.006	+0.34	Br. 2058	85.1
4947	−0.040	+0.01	Br. 2008	71.5	5124	−0.006	−0.05	S. Fd. K. 304	00.0
4952	−0.004	0.00	Fd. K. 210	00.0	5125	−0.010	+0.04	Fd. K. 221	00.0
4955	−0.005	−0.10	Br. 1981	77.5	5127	−0.006	−0.05	Br. 2051	72.5
4956	−0.006	−0.02	Br. 1980	74.6	5131	−0.004	−0.01	Br. 2056	92.9; 96.1
4957	+0.005	+0.05	Br. 1982	70.6	5138	−0.004	−0.01	Br. 2064	80.8
4960	−0.006	−0.03	Br. 1986	80.3	5153	−0.005	−0.14	Fd. K. 222	00.0
4961	−0.011	0.00	A. G. Christ. 2341	73.6	5156	+0.011	−0.51	Br. 2067	92.9
4962	−0.008	+0.07	Br. 1988	70.9	5158	−0.023	−0.04	C. d. T.	00.0
4964	−0.001	−0.08	Br. 1987	77.6	5159	−0.006	−0.08	Br. 2072	69.5
4965	−0.004	−0.06	Fd. K. s. 198	00.0	5166	−0.020	−0.06	S. Fd. K. 306	00.0
4966	−0.008	+0.03	Fd. K. 211	00.0	5169	+0.004	+0.03	Fd. K. 223	00.0
4968	−0.006	−0.14	Br. 1989	81.4	5173	−0.005	0.00	Fd. K. 472	00.0
4969	+0.008	+0.06	Fd. K. 212	00.0	5175	−0.004	−0.02	Br. 2076	72.5
4970	−0.004	0.00	Br. 1994	71.4	5181	−0.003	−0.05	A. G. Berl. B. 5570	80.7
4973	−0.005	+0.02	Br. 1993	71.4	5185	−0.005	+0.04	Fd. K. 224	00.0
4981	−0.004	−0.03	Br. 1992	77.5	5186	−0.013	+0.04	Br. 2081	80.5
4982	−0.043	−0.29	Cinc. 897	78.5	5187	+0.004	−0.02	S. Fd. K. 308	00.0
4984	+0.003	−0.04	Fd. K. 213	00.0	5189	−0.005	+0.05	Fd. K. 225	00.0
4985	−0.016	−0.06	Br. 1995	83.9	5191	+0.033	+0.11	S. Fd. K. 309	00.0
4991	+0.004	−0.14	Paris 19660	70.4	5194	−0.046	−0.08	S. Fd. K. 310	00.0
4992	−0.004	+0.02	Br. 1999	77.5	5195	−0.006	+0.12	Br. 2087	71.4
4995	−0.004	−0.08	Fd. K. 215	00.0	5197	−0.003	−0.06	Fd. K. s. 207	00.0
4996	−0.008	0.00	Fd. K. 214	00.0	5206	−0.020	+0.25	Fd. K. 474	00.0
5000	−0.006	−0.04	Br. 2000	74.6	5208	−0.004	−0.02	Br. 2088	77.6
5001	+0.007	−0.06	Fd. K. 470	00.0	5213	−0.008	−0.02	S. Fd. K. 311	00.0
5003	+0.003	−0.06	Br. 2003	81.2	5215	+0.004	−0.01	Fd. K. 475	00.0
5004	−0.008	−0.08	Br. 2010	78.5	5216	+0.001	−0.18	Paris 20635	94.1
5007	+0.007	+0.06	Fd. K. 216	00.0	5221	+0.006	+0.05	Fd. K. 226	00.0
5009	−0.008	−0.02	Br. 2004	77.5	5236	0.000	+0.04	Br. 2102	71.0
5011	−0.003	−0.05	A. G. Berl. A. 5666	70.4	5237	−0.005	−0.03	Fd. K. s. 209	00.0
5012	−0.030	−0.40	S. Fd. K. 298	00.0	5238	−0.003	−0.06	Fd. K. 227	00.0
5014	−0.005	+0.02	Br. 2013	81.4	5239	−0.009	−0.01	Fd. K. 228	00.0
5016	−0.003	−0.36	Br. 2018	86.9	5242	0.000	+0.05	Br. 2095	77.5

Nr.	Eigenbewegung in A. R.	Eigenbewegung in Dekl.	Nachweis	Epoche des Kat. Ortes
	s	"		
5243	−0.006	−0.08	A. G. Berl. B. 5626	80.5
5245	−0.001	−0.04	S. Fd. K. 314	00.0
5248	−0.015	−0.07	Br. 2105	70.9
5250	−0.009	+0.04	Fd. K. 229	00.0
5252	−0.097	−0.34	S. Fd. K. 315	00.0
5262	+0.025	−0.31	Fd. K. s. 210	00.0
5265	−0.001	+0.04	Fd. K. 597	00.0
5272	−0.004	+0.02	Br. 2124	77.5
5274	+0.015	−0.04	A.G.Camb.U.S.5041	78.2
5278	−0.021	+0.28	Fd. K. 476	00.0
5287	−0.002	+0.04	Br. 2115	77.6
5292	−0.010	+0.02	Br. 2120	81.2
5298	−0.036	+0.41	Fd. K. 231	00.0
5299	−0.002	−0.05	Br. 2125	76.5
5302	+0.001	−0.05	S. Fd. K. 317	00.0
5307	+0.003	−0.08	Fd. K. 232	00.0
5315	−0.001	+0.05	Br. 2131	87.7
5316	0.000	−0.04	S. Fd. K. 318	00.0
5321	−0.004	−0.04	Br. 2137	83.4
5323	+0.005	+0.06	Fd. K. 477	00.0
5326	−0.051	−0.26	S. Fd. K. 319	00.0
5330	+0.005	−0.08	Fd. K. s. 214	00.0
5339	−0.004	−0.06	Br. 2149	74.5
5348	−0.015	−0.24	S. Fd. K. 321	00.0
5355	−0.009	−0.02	Br. 2151	72.4
5356	−0.004	−0.05	Br. 2146	92.4
5357	−0.005	−0.03	Br. 2150	68.4
5360	−0.006	−0.04	S. Fd. K. 322	00.0
5367	−0.008	+0.02	Br. 2152	71.2
5369	−0.003	0.00	S. Fd. K. 324	00.0
5374	−0.021	+0.01	Fd. K. 233	00.0
5384*	−0.004	−0.08	Br. 2155	74.6
5386	−0.003	−0.17	Cinc. 964	74.6
5387	−0.004	−0.07	S. Fd. K. 325	00.0
5388	+0.036	+0.04	Br. 2169	75.6
5389	−0.005	−0.07	Fd. K. s. 216	00.0
5393	+0.009	0.00	Fd. K. 235	00.0
5394	−0.005	+0.03	Fd. K. 234	00.0
5405	0.000	−0.04	Br. 2163	81.8
5407	−0.005	−0.02	Br. 2164	70.4
5408	−0.001	−0.13	Br. 2166	80.4
5412	+0.004	−0.02	Br. 2168	80.5
5414	0.000	−0.36	Paris 21585	80.9
5415	−0.005	−0.10	Br. 2162	80.—
5417	0.000	−0.05	A. G. Berl. A. 6127	69.5
5431	−0.011	+0.08	Br. 2175	71.5
5437	−0.008	−0.01	Fd. K. 480	00.0
5438	0.000	+0.10	Fd. K. 598	00.0
5440	+0.001	−0.29	S. Fd. K. 326	00.0
5446	+0.006	+0.07	Br. 2177	80.4
5455	−0.039	−1.14	Br. 2176	76.6
5461	−0.009	−0.05	S. Fd. K. 327	00.0
5462	−0.003	−0.15	Fd. K. 238	00.0
5463	−0.006	−0.04	S. Fd. K. 328	00.0
5467	−0.004	−0.06	Fd. K. s. 218	00.0
5471	−0.004	0.00	Fd. K. 239	00.0
5475	−0.006	−0.02	Br. 2181	74.6
5480	−0.010	−0.06	Paris 21893	77.6
5481	−0.004	+0.01	Br. 2194	71.5
5482	−0.003	+0.04	A. G. Berl. A. 6206	70.2
5483	−0.003	−0.08	Br. 2191	70.0
5486	−0.005	+0.08	Br. 2195	90.0
5489	+0.005	−0.16	Paris 21919	78.6

Nr. 5384. Die Eigenbewegung in R. A. ist zweifelhaft.

Nr.	Eigenbewegung in A. R.	Eigenbewegung in Dekl.	Nachweis	Epoche des Kat. Ortes
	s	"		
5491	+0.016	−0.20	Fd. K. s. 219	00.0
5499	−0.002	−0.04	Fd. K. 599	00.0
5505	+0.011	−1.00	C. d. T.	00.0
5511	−0.004	+0.03	Br. 2203	80.2: 83.3
5528	−0.006	+0.03	Br. 2207	86.2
5529	−0.002	−0.12	S. Fd. K. 332	00.0
5533	0.000	−0.15	S. Fd. K. 333	00.0
5535	−0.007	−0.04	Fd. K. s. 220	00.0
5540	−0.010	−0.11	S. Fd. K. 334	00.0
5548	−0.003	−0.04	S. Fd. K. XVIII.	00.0
5550	−0.006	−0.08	S. Fd. K. 335	00.0
5555	−0.008	−0.21	A. G. Nic. 4347	77.7
5562	−0.003	−0.04	S. Fd. K. 337	00.0
5565	0.000	+0.04	Br. 2214	79.0
5571	−0.004	−0.10	A. G. Berl. A. 6325	70.2
5573	+0.002	−0.10	A. G. Berl. A. 6326	71.0
5574	+0.002	−0.04	A. G. Berl. A. 6327	69.6
5576	−0.003	−0.04	Br. 2212	77.6
5579	−0.004	−0.02	Br. 2215	84.5
5580	−0.012	−0.16	S. Fd. K. 338	00.0
5584	+0.018	+0.05	Fd. K. 242	00.0
5585	+0.007	−0.22	Fd. K. 241	00.0
5586	+0.018	+0.04	Fd. K. 243	00.0
5588	−0.005	−0.05	Fd. K. 600	00.0
5592	−0.007	+0.12	Fd. K. 482	00.0
5601	+0.003	+0.05	Br. 2227	76.9
5606	−0.006	−0.04	Fd. K. s. 224	00.0
5607	−0.006	−0.04	S. Fd. K. 341	00.0
5610	−0.004	−0.20	S. Fd. K. 342	00.0
5616	−0.001	+0.05	Br. 2228	80.4
5618	−0.007	−0.04	Br. 2226	77.6
5619	−0.001	+0.12	A. G. Berl. A. 6396	69.9
5621	+0.002	+0.31	Fd. K. 483	00.0
5625	−0.006	−0.11	Br. 2232	81.4
5627	−0.004	+0.17	Fd. K. 245	00.0
5631	−0.010	+0.09	Br. 2235	80.4
5645	−0.024	−0.74	Fd. K. 246	00.0
5648	−0.008	0.00	A. G. Berl. A. 6436	69.5
5649	−0.004	−0.06	Fd. K. 247	00.0
5654	0.000	−0.27	Fd. K. 484	00.0
5655	0.000	−0.25	Paris 22821	01.3
5657	−0.001	+0.06	A. G. Berl. A. 6453	70.0
5659	−0.001	−0.04	Br. 2239	79.9
5669	−0.009	−0.02	A. G. Berl. B. 6162	80.6
5670	−0.005	+0.20	Br. 2243	73.6
5684	−0.001	−0.06	A. G. Bonn 11495	70.1
5691	0.000	+0.06	Br. 2248	71.6
5700	+0.017	+0.08	Fd. K. 248	00.0
5707	−0.002	−0.10	Br. 2250	00.0
5709	−0.001	−0.05	Br. 2246	79.6
5710	+0.006	−0.03	Fd. K. 251	00.0
5711	+0.013	+0.24	Fd. K. 485	00.0
5719	+0.008	−0.04	Br. 2254	77.6
5728	−0.11	−0.12	S. P. C. „S."	00.0
5729	−0.005	−0.07	A. G. Berl. A. 6548	69.5
5736	−0.006	−0.27	S. Fd. K. 346	00.0
5745	0.000	−0.22	S. Fd. K. 347	00.0
5746	−0.005	−0.21	Fd. K. 601	00.0
5752	+0.017	−1.09	C. d. T.	00.0
5758	−0.011	+0.27	Cinc. 1018	76.6
5767	−0.006	+0.09	Fd. K. 254	00.0
5769	−0.009	+0.07	Br. 2278	73.0
5773	−0.004	−0.04	S. Fd. K. 349	00.0
5780	+0.027	+0.04	Fd. K. 256	00.0
5784	0.000	−0.19	Radcliffe (00) 1372	81.2

Nr.	Eigenbewegung in A. R.	Eigenbewegung in Dekl.	Nachweis	Epoche des Kat. Ortes
	s	″		
5788	0.000	−0.06	Br. 2276	74.7
5796	+0.022	+0.13	Br. 2318	02.6
5797	+0.020	+0.13	Br. 2321	02.6
5799	+0.070	−0.02	Br. 2417	00.8
5804	+0.011	+0.21	A.G.Camb.U.S.5486	71.6
5806	−0.008	−0.02	S. Fd. K. 351	00.0
5816	+0.013	−0.25	Cinc. 1023	74.6
5819	−0.014	−0.16	S. Fd. K. 352	00.0
5820	+0.009	−0.20	Cinc. 1024	74.5
5826	−0.004	−0.26	Br. 2293	77.7
5830	−0.008	0.00	Fd. K. 486	00.0
5833	+0.052	+0.02	Fd. K. 487	00.0
5836	−0.014	+0.09	Paris 23751	77.3; 75.8
5838	−0.005	+0.01	S. Fd. K. 353	00.0
5848	+0.002	−0.06	Br. 2316	76.7
5852	0.000	−0.05	Br. 2301	81.5
5854	−0.040	−0.68	Fd. K. 257	00.0
5855	−0.002	+0.04	Br. 2305	88.7
5859	0.000	+0.05	Br. 2307	76.0
5860	−0.002	+0.05	Br. 2306	74.0
5862	−0.005	−0.14	S. Fd. K. 355	00.0
5866	−0.003	+0.08	Br. 2308	81.5
5868	+0.001	+0.08	A. G. Berl. A. 6756	69.5
5878	+0.013	−0.26	Fd. K. 258	00.0
5879	−0.004	−0.06	S. Fd. K. 356	00.0
5881	−0.002	−0.12	S. Fd. K. 357	00.0
5892	−0.005	−0.18	S. Fd. K. 358	00.0
5901	−0.005	+0.05	Fd. K. 488	00.0
5904	+0.114	−0.37	Fd. K. 259	00.0
5910	−0.004	+0.04	Br. 2314	77.6
5921	+0.016	−0.04	Br. 2336	74.2
5937	−0.003	−0.31	Br. 2330	93.2
5941	−0.008	−0.17	S. Fd. K. 360	00.0
5942	+0.002	−0.09	A. G. Berl. A. 6898	70.7
5945	+0.005	+0.02	A.G.Camb.U.S.5663	79.4
5947	−0.004	−0.26	Paris 24354	74.6
5948	−0.004	−0.06	Br. 2332	74.6
5955	−0.002	+0.07	A. G. Berl. A. 6910	70.6
5957	−0.008	−0.15	Br. 2335	77.6
5961	+0.017	+0.30	Fd. K. 260	00.0
5965	+0.009	−0.02	Fd. K. 490	00.0
5967	0.000	−0.17	Cinc. 1042	74.6
5974	−0.003	−0.05	S. Fd. K. 362	00.0
5976	+0.023	−0.03	Br. 2412	00.0
5978	−0.009	+0.01	S. Fd. K. 363	00.0
5999	−0.004	+0.02	Br. 2360	69.7
6001	−0.001	+0.08	Fd. K. 261	00.0
6002	−0.001	+0.07	Fd. K. 262	00.0
6007	−0.003	−0.35	Fd. K. 263	00.0
6015	+0.003	+0.12	Br. 2354	70.7
6019	−0.007	−0.06	S. Fd. K. 365	00.0
6024	−0.002	+0.04	Br. 2352	77.6
6029	+0.006	−0.03	A.G.Camb.U.S.5727	75.7
6031	−0.001	−0.04	A. G. Berl. A. 7031	70.7
6033	−0.006	−0.03	Fd. K. s. 237	00.0
6047	−0.010	+0.01	S. Fd. K. 367	00.0
6060	−0.001	−0.07	Fd. K. 603	00.0
6061	+0.005	−0.01	Br. 2366	76.6
6063	0.000	+0.29	Paris 24943	74.7
6064	−0.003	+0.07	Br. 2404	76.0
6065	+0.009	+0.02	Fd. K. 265	00.0
6075	0.000	−0.09	Br. 2374	83.6
6081	+0.001	+0.05	Fd. K. 266	00.0
6085	0.000	−0.19	Paris 25021	74.7
6089	−0.015	−0.10	S. Fd. K. 370	00.0
6091	−0.004	−0.17	Paris 25046	81.2
6095	+0.001	+0.07	Fd. K. 492	00.0
6099*	+0.010	−0.16	Br. 2388	74.5
6104	−0.002	−0.05	Br. 2385	70.5
6108	−0.001	−0.11	Br. 2387	77.5
6111	−0.005	−0.08	Fd. K. 267	00.0
6116	+0.010	+0.03	Fd. K. 493	00.0
6124	−0.004	+0.01	S. Fd. K. 371	00.0
6126	−0.005	−0.02	Br. 2391	77.6
6127	0.000	−0.18	Paris 25168	74.6
6138	−0.003	−0.12	S. Fd. K. 372	00.0
6140	−0.002	−0.04	A. G. Berl. A. 7185	70.0
6142	+0.003	−0.06	Br. 2393	77.6
6149	+0.09	−0.01	S. T. C. „T.“	00.0
6154	−0.007	−0.25	S. Fd. K. 373	00.0
6155	−0.003	−0.09	Fd. K. 270	00.0
6156	−0.004	−0.08	Fd. K. 269	00.0
6168	+0.005	+0.03	Br. 2409	81.5
6170	+0.004	−0.12	S. Fd. K. 374	00.0
6171	−0.002	+0.04	A.G.Camb.U.S.5853	75.7
6178	+0.007	−0.32	Paris 25404	70.7
6179	+0.008	+0.04	Br. 2413	71.5
6181	+0.001	+0.11	A. G. Berl. B. 6860	81.1
6185	−0.002	−0.06	Br. 2410	83.6
6193	−0.009	−0.04	A.G.Camb.U.S.5879	75.7
6196	−0.004	+0.01	S. Fd. K. 376	00.0
6198	+0.003	−0.04	S. Fd. K. 377	00.0
6206	+0.002	−0.09	A.G.Camb.U.S.5975	71.6
6209*	−0.014 / −0.019	+0.60 / +0.57	Paris 25686	81.1
6210	+0.004	+0.04	Br. 2433	71.6
6223	+0.016	+0.08	Fd. K. 271	00.0
6225	+0.009	−0.13	Br. 2466	72.0
6226	−0.004	0.00	Fd. K. 496	00.0
6233	−0.002	+0.27	A. G. Bonn 12809	76.0
6236	+0.007	+0.11	Fd. K. 272	00.0
6240	+0.001	+0.1	Br. 2442	70.0
6241	+0.005	+0.06	Br. 2435	77.6
6247	+0.007	−0.33	Cinc. 1056	80.4
6250	+0.006	−0.06	Br. 2436	78.5
6254	+0.002	−0.12	S. Fd. K. 378	00.0
6255	+0.004	+0.13	Br. 3250	85.5
6257	−0.032	+0.11	Fd. K. 273	00.0
6265	+0.002	−0.05	Br. 2445	72.6
6269	−0.009	+0.02	S. Fd. K. 379	00.0
6273	+0.054	+0.69	C. d. T.	00.0
6275	+0.015	+0.09	Fd. K. 274	00.0
6277	−0.001	−0.05	S. Fd. K. 380	00.0
6281	−0.004	0.00	Br. 2457	70.2
6282	+0.003	−0.06	Br. 2458	70.7
6283	−0.015	−0.63	Br. 2459	81.2
6290	−0.050	−0.01	Fd. K. 284	00.0
6291	−0.002	+0.04	Br. 2464	85.5
6296	−0.011	−0.10	Naut. Al.	00.0
6300	−0.004	−0.04	Br. 2476	71.7
6310	+0.002	+0.12	Fd. K. 276	00.0
6314	−0.006	−0.03	S. Fd. K. 381	00.0
6316	−0.005	+0.04	A.G.Camb.U.S.6058	85.4
6317	+0.013	+0.13	Naut. Al.	00.0
6333	+0.003	−0.18	A.G.Camb.U.S.6089	71.7
6335	−0.007	−0.13	Paris 26510	79.3
6339	+0.006	−0.05	Br. 2485	77.6

Nr. 6099. Paris. 25075: $\mu\alpha + 0^s.015$; $\mu\delta - 0''.19$.

Nr. 6209. Σ 2486. Die erste Eigenbewegung gehört der helleren, die zweite der schwächeren Komponente an.

Nr.	Eigenbewegung in A. R.	Eigenbewegung in Dekl.	Nachweis	Epoche des Kat. Ortes
	s	″		
6340	+ 0.097	− 1.77	Br. 2505	76.5
6344	− 0.003	+ 0.24	Fd. K. 498	00.0
6345	− 0.003	− 0.05	Br. 2486	74.7
6351	+ 0.003	− 0.04	Br. 2490	81.7
6352	− 0.001	+ 0.05	Br. 2497	77.1
6356	+ 0.001	+ 0.04	Br. 2503	76.6
6360	− 0.001	− 0.04	Br. 2499	70.4
6366	+ 0.013	+ 0.14	Paris 26791	64.7
6367	+ 0.012	− 0.18	Paris 26736	77.6
6369	− 0.007	+ 0.03	S. Fd. K. 383	00.0
6372	− 0.018	− 0.15	Br. 2512	83.4
	− 0.013	− 0.15	Br. 2513	82.6
6375	− 0.003	− 0.04	S. Fd. K. 384	00.0
6378	+ 0.004	− 0.15	S. Fd. K. 385	00.0
6382	− 0.011	− 0.08	Fd. K. s. 249	00.0
6384	+ 0.006	+ 0.04	Fd. K. 499	00.0
6393	+ 0.005	+ 0.04	Fd. K. 278	00.0
6397	− 0.001	− 0.43	Br. 2517	72.7
6400	− 0.002	+ 0.04	Fd. K. 279	00.0
6410	− 0.004	+ 0.06	Fd. K. s. 250	00.0
6411	+ 0.035	+ 0.38	Fd. K. 280	00.0
6415	+ 0.015	− 0.15	Br. 2525	81.0
6416	− 0.001	− 0.04	Br. 2522	77.0
6420	+ 0.001	+ 0.11	Br. 2534	83.9
6429	− 0.003	− 0.08	Br. 2542	71.7
6430	− 0.010	− 0.45	Cinc. 1099	84.7
6433	− 0.003	+ 0.07	S. Fd. K. 388	00.0
6434	+ 0.001	− 0.47	Fd. K. 283	00.0
6441	+ 0.014	− 0.13	S. Fd. K. 389	00.0
6443	+ 0.001	+ 0.04	Br. 2537	81.0
6445	+ 0.006	− 0.07	Br. 2536	84.6
6447	+ 0.013	+ 0.09	Br. 2528	72.6
6450	+ 0.004	− 0.01	Br. 2541	81.2
6451	+ 0.001	− 0.47	Fd. K. 283	00.0
6461	− 0.001	− 0.08	Br. 2540	77.6
6468	− 0.006	− 0.05	Fd. K. 285	00.0
6470	− 0.004	− 0.04	S. Fd. K. 390	00.0
6481	+ 0.003	+ 0.04	Fd. K. 286	00.0
6482	− 0.020	− 0.39	Paris 27161	77.7
6485	− 0.006	+ 0.02	Br. 2553	80.8
6488	+ 0.186	− 0.67	Cinc. 1107	74.6
6501	+ 0.005	+ 0.06	Br. 2561	81.4
6507	+ 0.193	− 1.15	S. Fd. K. 393	00.0
6511	− 0.002	− 0.10	Br. 2562	77.6
6512	0.000	+ 0.04	Br. 2564	84.2
6513	+ 0.053	− 0.54	Paris 27369	74.5
6515	− 0.030	− 0.38	Br. 4568	70.7
6517	− 0.008	+ 0.01	S. Fd. K. 394	00.0
6521	0.000	+ 0.09	Br. 2569	70.2
6526	+ 0.008	+ 0.05	A.G.Camb.U.S.6361	76.8
6527	− 0.009	− 0.07	Br. 2604	72.6
6529	− 0.020	− 0.42	Br. 4573	87.2
6530	+ 0.006	− 0.06	Br. 4571	77.6
6537	+ 0.026	+ 0.25	A.G.Camb.U.S.6370	76.8
6539	+ 0.015	+ 0.05	Br. 2586	75.3
6541	+ 0.037	− 1.64	Cinc. 1119	75.−
6544	0.000	+ 0.05	Br. 2582	87.7
6551	+ 0.011	− 0.18	Br. 2577	77.7
6556	+ 0.095	− 0.23	Paris 27705	75.6
6557	− 0.004	− 0.01	A.G.Camb.U.S.6413	77.7
6558	+ 0.003	+ 0.08	Br. 2590	71.1
6560	+ 0.016	+ 0.06	Br. 2610	77.1
6565	+ 0.002	+ 0.10	Br. 2598	87.6
6568	+ 0.010	+ 0.06	Fd. K. 500	00.0
6571	+ 0.009	+ 0.05	Br. 2615	75.8
6572	− 0.005	+ 0.01	Br. 2602	80.7
6575	+ 0.021	− 0.19	Cinc. 1124	74.6
6583	+ 0.006	− 0.01	Br. 2613	93.4
6592	+ 0.003	+ 0.05	Br. 2617	81.8
6599	+ 0.005	− 0.11	S. Fd. K. 396	00.0
6608	− 0.001	− 0.08	S. Fd. K. 397	00.0
6619	− 0.004	+ 0.02	S. Fd. K. 398	00.0
6620	+ 0.007	+ 0.04	A. G. Bonn 14140	80.1
6623	+ 0.013	+ 0.02	Br. 2636	74.5
6641	− 0.004	− 0.04	Br. 2634	86.1
6643	+ 0.007	+ 0.04	A. G. Bonn 14244	76.6
6644	− 0.001	− 0.08	Br. 2631	78.6
6654	+ 0.020	+ 0.10	Fd. K. s. 260	00.0
6660	+ 0.005	− 0.03	Fd. K. 291	00.0
6662	+ 0.001	− 0.04	Br. 2647	82.1
6665	+ 0.004	+ 0.06	A.G.Camb.U.S.6620	75.1
6669	+ 0.001	− 0.04	S. Fd. K. 399	00.0
6670	+ 0.003	+ 0.05	Br. 2644	70.7
6672	+ 0.053	− 0.03	S. Fd. K. 400	00.0
6677	+ 0.002	+ 0.08	S. Fd. K. 401	00.0
6681	+ 0.042	− 0.54	Cinc. 1134	74.7
6688	+ 0.006	− 0.03	Fd. K. 292	00.0
6691	+ 0.002	+ 0.06	A. G. Berl. A. 8297	69.6
6692	− 0.004	− 0.03	Br. 2665	82.6 : 85.9
6702	+ 0.034	+ 0.41	Cinc. 1135	73.8
6703	+ 0.020	+ 0.01	Fd. K. 503	00.0
6704	+ 0.005	− 0.02	Br. 2661	85.7
6707	+ 0.009	− 0.01	Br. 2704	00.0
6715	+ 0.026	+ 0.21	Br. 2705	00.0
6718	− 0.010	− 0.01	S. Fd. K. 403	00.0
6723	+ 0.015	− 0.07	S. Fd. K. 404	00.0
6725	+ 0.002	+ 0.06	A. G. Berl. A. 8329	70.7
6727	+ 0.004	+ 0.18	Paris 28804	73.8
6729	− 0.002	− 0.04	Fd. K. 295	00.0
6736	− 0.006	− 0.16	S. Fd. K. 405	00.0
6739	− 0.004	− 0.18	Br. 2680	82.6
6740	+ 0.003	− 0.05	A. G. Berl. A. 8370	70.3
6742	+ 0.014	− 0.11	S. Fd. K. 406	00.0
6746	− 0.003	− 0.20	Fd. K. 296	00.0
6747	+ 0.028	+ 0.34	Fd. K. 298	00.0
6752	− 0.012	− 0.25	Fd. K. 505	00.0
6754	+ 0.012	+ 0.81	Fd. K. 299	00.0
6758	− 0.009	− 0.10	A.G.Camb.U.S.6762	76.8
6767	+ 0.002	+ 0.10	Br. 2693	70.1
6768	+ 0.008	− 0.11	A.G.Camb.U.S.6772	83.8
6776	+ 0.004	0.00	Br. 2694	93.1
6777	+ 0.012	+ 0.11	Br. 2702	73.2
6782	0.000	− 0.11	S. Fd. K. 409	00.0
6789	− 0.006	− 0.07	Br. 2703	79.0
6793	− 0.006	0.00	Fd. K. s. 264	00.0
6796	+ 0.014	+ 0.01	Fd. K. 508	00.0
6806	0.000	− 0.12	Paris 29243	78.3
6808	− 0.008	− 0.04	Fd. K. 509	00.0
6810	− 0.008	− 0.37	S. Fd. K. 410	00.0
6812	+ 0.021	0.00	Br. 2725	81.3
6814	+ 0.006	− 0.03	A.G.Camb.U.S.6835	76.8
6818	− 0.005	− 0.06	Br. 2716	70.1
6822	− 0.010	− 0.14	Br. 2717	80.6
6823	+ 0.011	+ 0.07	Br. 2726	76.1
6827	− 0.004	+ 0.01	Br. 2718	77.7
6828	+ 0.005	0.00	Br. 2721	94.2
6830	+ 0.002	− 0.14	Fd. K. s. 265	00.0
6834	− 0.005	− 0.07	A. G. Berl. A. 8533	70.3
6835	+ 0.004	+ 0.05	Br. 2748	76.7
6838	− 0.003	− 0.14	S. Fd. K. 412	00.0

Nr.	Eigenbewegung in A. R.	Eigenbewegung in Dekl.	Nachweis	Epoche des Kat. Ortes
	s	"		
6842	−0.004	−0.01	Br. 2728	89.7
6848	−0.005	−0.04	Br. 2729	77.8
6851	+0.108	−0.38	Cinc. 1164	82.7
6861	−0.005	−0.01	Br. 2731	74.8
6862	+0.004	−0.05	Br. 2733	77.8
6863	−0.006	−0.13	Br. 2739	83.6
6867	−0.005	−0.04	S. Fd. K. 413	00.0
6873	+0.342	+3.30	C. d. T.	00.0
6874	+0.347	+3.03	C. d. T.	00.0
6875	0.000	−0.05	Br. 2741	78.7
6876	+0.005	−0.09	Paris 29663	70.7
6879	+0.007	−0.13	Br. 2743	77.7
6880	+0.002	−0.04	S. Fd. K. 414	00.0
6883	+0.004	−0.01	Fd. K. 611	00.0
6886	+0.002	−0.17	Br. 2751	86.4
6889	+0.005	−0.20	Cinc. 1177	74.7
6894	+0.006	−0.11	Br. 2753	76.7
6896	+0.007	+0.02	Fd. K. 510	00.0
6898	−0.003	−0.04	S. Fd. K. 415	00.0
6899	−0.002	−0.07	Fd. K. 303	00.0
6908*	+0.001	−0.29	Br. 2761	84.7
6915	+0.012	+0.46	Fd. K. 305	00.0
6916	+0.002	−0.08	Fd. K. 304	00.0
6920	+0.003	−0.04	S. Fd. K. 416	00.0
6935	+0.006	−0.01	S. Fd. K. 417	00.0
6945	+0.021	+0.03	Fd. K. 306	00.0
6947	+0.017	−0.14	Paris 30139	81.8
6950	+0.016	+0.01	Br. 2796	78.6
6952	+0.006	+0.08	Br. 2780	80.7
6953	+0.006	+0.08	Fd. K. 512	00.0
6955	−0.005	−0.02	Br. 2776	93.7
6961	+0.011	+0.79	S. Fd. K. 418	00.0
6964	−0.003	−0.12	Br. 2778	78.7
6966	+0.005	0.00	Br. 2781	77.8
6968	+0.008	+0.02	A. G. Berl. B. 8208	81.6
6973	−0.002	−0.17	Br. 2782	78.6
6974	−0.004	−0.07	Br. 2784	77.7
6980	+0.008	−0.12	A. G. Nic. 5454	80.1; 79.5
6981	−0.004	−0.03	Br. 2787	77.7
6982	+0.017	+0.06	Br. 2792	75.1
6984	+0.004	+0.01	A. G. Berl. A. 8745	70.3
6987	+0.008	−0.01	Br. 2790	77.8
7003	+0.002	+0.10	Fd. K. 513	00.0
7005	−0.003	−0.04	Br. 2805	74.5
7006	−0.007	−0.04	Br. 2794	75.7
7012	−0.005	0.00	S. Fd. K. 421	00.0
7013	+0.004	+0.03	A.G.Camb.U.S.7102	83.8
7028	−0.003	−0.10	Br. 2810	73.3
7029	+0.004	−0.26	S. Fd. K. 423	00.0
7030	+0.006	−0.02	Br. 2802	74.7
7031	+0.010	+0.10	Br. 2809	88.5
7036	+0.006	−0.02	Br. 2808	93.3; 95.7
7040	+0.005	+0.03	Br. 2814	70.2
7044	+0.006	+0.03	Br. 2813	83.6
7049	+0.007	0.00	A. G. Berl. A. 8829	70.3
7050	−0.003	−0.07	Br. 2817	80.7
7051	+0.012	−0.01	Fd. K. 613	00.0
7056	−0.011	−0.30	Br. 2820	77.8
7057	+0.006	+0.01	Br. 2826	83.8; 81.4
7058	+0.005	−0.09	S. Fd. K. 424	00.0
7062	+0.007	0.00	Br. 2821	77.8
7065	−0.001	−0.04	Br. 2831	74.8
7073	−0.004	−0.05	Br. 2828	78.7
7074	−0.001	−0.10	S. Fd. K. 425	00.0
7079	+0.019	−0.25	Br. 2839	82.8
7086	+0.021	+0.08	Fd. K. 516	00.0
7091	+0.017	−0.30	Fd. K. 615	00.0
7093	+0.016	−0.31	Cinc. 1207	74.7
7095	−0.014	−0.06	Br. 2861	03.9
7096	−0.006	+0.04	Br. 2842	74.7
7102	−0.012	−0.02	S. Fd. K. 426	00.0
7113	+0.003	−0.07	Br. 2858	70.5
7123	+0.018	+0.01	Br. 2860	77.7
7124	+0.005	−0.03	S. Fd. K. 427	00.0
7125	−0.006	−0.08	Br. 2863	79.5
7136	−0.005	0.00	A. G. Berl. A. 8941	70.6
7139	+0.003	−0.04	S. Fd. K. 428	00.0
7147	−0.003	−0.12	Br. 2870	77.8
7152	0.000	−0.25	Paris 32290	77.8
7157	+0.474	−2.60	S. Fd. K. 430	00.0
7161	+0.003	−0.05	Fd. K. 519	00.0
7162	+0.013	−0.18	Paris 31380	77.7
7165	−0.014	−0.18	Br. 2900	00.0
7175	−0.003	−0.11	S. Fd. K. 431	00.0
7180	+0.005	−0.11	Br. 2891	80.7
7182	+0.028	+0.06	Br. 2907	80.3; 81.6
7183	0.000	−0.05	Fd. K. 616	00.0
7187	+0.010	−0.18	S. Fd. K. 432	00.0
7189	+0.002	−0.04	Fd. K. 520	00.0
7191	+0.010	−0.03	Br. 2910	77.2
7193	+0.021	+0.02	Fd. K. 312	00.0
7196	+0.005	+0.03	A. G. Berl. A. 9041	70.5
7197	+0.005	−0.02	A. G. Berl. A. 9042	70.8
7199	−0.004	−0.06	Br. 2903	80.7
7207	+0.035	+0.02	Br. 2901	74.8
7211	−0.005	−0.06	Fd. K. 313	00.0
7212	+0.003	−0.07	Br. 2912	78.7
7213	+0.018	+0.04	Fd. K. 314	00.0
7218	+0.005	−0.09	A. G. Berl. A. 9055	70.6
7222	0.000	−0.04	Br. 2919	78.8
7223	+0.018	+0.06	Paris 31677	73.8
7229	+0.006	−0.02	Br. 2927	73.9
7232	+0.028	+0.13	Br. 2926	92.9
7234	−0.009	+0.02	A. G. Christ. 3542	73.8; 74.5
7238	−0.002	+0.07	Br. 2923	77.7
7239	+0.008	−0.06	S. Fd. K. 435	00.0
7251	+0.004	−0.01	Br. 2942	99.2
7252	+0.054	+0.03	Br. 2937	73.7
7256	+0.006	−0.02	Fd. K. 522	00.0
7259	−0.013	−0.06	S. Fd. K. 437	00.0
7260	+0.046	−0.67	S. Fd. K. 438	00.0
7261	−0.002	+0.04	Br. 2931	93.8
7263	−0.045	+0.06	S. P. C. „X."	00.0
7266	+0.004	0.00	Br. 2936	77.8
7273	+0.286	−0.73	S. Fd. K. 439	00.0
7274	−0.003	−0.07	Fd. K. s. 281	00.0
7275	+0.007	+0.02	Fd. K. 317	00.0
7285	+0.005	0.00	Br. 2945	75.8
7287	+0.018	−0.35	Cinc. 1239	74.8
7288	+0.022	−0.02	Br. 2951	80.7
7292	+0.027	+0.13	Paris 32032	90.4
7293	−0.004	−0.20	Fd. K. 524	00.0
7300	+0.014	−0.02	Br. 2954	77.8
7302	+0.055	+0.04	Br. 2993	01.3
7303	+0.017	+0.04	Br. 2957	79.1
7304	+0.002	−0.18	S. Fd. K. 441	00.0
7305	+0.003	−0.30	Br. 2959	79.1
7310	+0.011	+0.04	Br. 2960	77.9

Nr. 6908. Paris. 29887 (ohne Br.): $\mu\alpha + 0^{s}.006$; $\mu\delta - 0.''37$.

Nr.	Eigen-bewegung in A. R.	Eigen-bewegung in Dekl.	Nachweis	Epoche des Kat. Ortes
	s	"		
7316	+ 0.010	+ 0.01	Br. 2961	78.8
7317	− 0.004	− 0.14	Br. 2965	79.1
7318	0.000	− 0.04	Br. 2963	79.8
7321	− 0.001	− 0.04	Fd. K. s. 284	00.0
7325	+ 0.001	− 0.04	Br. 2964	76.8
7327	− 0.005	− 0.05	Br. 2980	88.8
7329	+ 0.008	− 0.11	Paris 32253	93.8
7334	+ 0.013	0.00	Fd. K. 319	00.0
7340	+ 0.014	− 0.15	Fd. K. s. 285	00.0
7345	+ 0.004	− 0.05	Fd. K. 320	00.0
7356	− 0.006	− 0.11	Br. 2983	77.8
7359	0.000	+ 0.05	S. Fd. K. 445	00.0
7360	− 0.002	− 0.11	Br. 2987	73.9
7361	+ 0.042	+ 0.02	Fd. K. 525	00.0
7362	− 0.005	− 0.09	Br. 2985	70.4
7367	+ 0.009	− 0.23	Cinc. 1250	74.8
7371	− 0.003	− 0.04	Fd. K. 527	00.0
7374	− 0.034	− 0.01	S. Fd. K. 447	00.0
7375	+ 0.018	+ 0.12	Paris 32535	70.8
7376	+ 0.008	− 0.02	Br. 2995	81.1
7378	+ 0.004	− 0.02	Fd. K. 321	00.0
7379	− 0.001	− 0.27	Cinc. 1253	74.9
7380	+ 0.012	− 0.02	S. Fd. K. 448	00.0
7390	− 0.003	− 0.05	Fd. K. s. 287	00.0
7400	+ 0.007	− 0.35	Cinc. 1256	75.9
7401	− 0.003	+ 0.06	Br. 3006	70.8
7403	+ 0.013	− 0.48	Br. 3008	70.8
7410	− 0.010	− 0.20	Br. 3007	77.8
7414	+ 0.007	− 0.07	S. Fd. K. 449	00.0
7417	− 0.003	− 0.04	Fd. K. 617	00.0
7421	+ 0.010	− 0.04	Fd. K. 324	00.0
7424	+ 0.024	+ 0.06	A. G. Christ. 3666	72.9
7426	− 0.002	− 0.05	S. Fd. K. 451	00.0
7427	− 0.002	+ 0.05	Br. 3015	75.8
7430	− 0.014	− 0.14	Fd. K. 325	00.0
7431	− 0.005	− 0.02	S. Fd. K. 452	00.0
7432	+ 0.034	+ 0.05	Br. 3020	87.0
7433	− 0.002	+ 0.04	Fd. K. 326	00.0
7434	+ 0.015	+ 0.04	Br. 3028	76.8
7435	+ 0.009	+ 0.01	Br. 3023	78.5
7437	− 0.015	+ 0.06	S. Fd. K. 453	00.0
7438	+ 0.006	+ 0.04	Br. 3038	00.4
7439	− 0.004	− 0.01	A. G. Berl. A. 9354	69.9
7444	− 0.005	− 0.01	Fd. K. 618	00.0
7445	− 0.004	− 0.03	Br. 3027	93.8
7453	+ 0.003	+ 0.04	Br. 3031	88.3
7456	− 0.001	+ 0.09	Br. 3029	78.8
7463	+ 0.023	− 0.16	Fd. K. 619	00.0
7465	+ 0.015	+ 0.06	Br. 3035	94.0
7475	+ 0.004	− 0.07	Br. 3036	83.7
7477	− 0.003	+ 0.06	A.G.Camb.U.S.8023	71.9
7478	− 0.010	− 0.01	S. Fd. K. 454	00.0
7490	+ 0.056	+ 0.01	Br. 3058	99.5
7491	− 0.005	− 0.18	Paris 33096	77.8
7494	+ 0.004	− 0.01	Br. 3045	82.1
7495	+ 0.002	+ 0.06	S. Fd. K. 455	00.0
7499	+ 0.013	+ 0.13	Fd. K. 328	00.0
7501	+ 0.017	+ 0.15	Br. 3052	78.3
7504	− 0.007	− 0.04	Br. 3265	78.8
7505	+ 0.007	+ 0.02	Fd. K. s. 291	00.0
7507	− 0.008	− 0.05	S. Fd. K. 456	00.0
7509	+ 0.016	+ 0.06	A. G. Berl. A. 9454	70.8
7517	+ 0.008	− 0.06	A. G. Berl. B. 8860	81.2
7521	+ 0.014	+ 0.12	Br. 3064	78.2
7523	+ 0.008	+ 0.12	Br. 3059	80.8
7528	+ 0.001	+ 0.05	Fd. K. 620	00.0
7533	− 0.004	− 0.01	Br. 3065	77.5
7535	+ 0.011	− 0.06	S. Fd. K. 459	00.0
7536	+ 0.004	− 0.04	Fd. K. 529	00.0
7541	− 0.020	− 0.19	Br. 3070	72.9
7543	− 0.015	− 0.10	Br. 3073	75.8
7545	+ 0.073	− 0.40	Cinc. 1286	74.7
7546	+ 0.009	+ 0.09	Br. 3075	76.2
7548	+ 0.250	+ 0.29	Fd. K. 530	00.0
7550	+ 0.001	− 0.18	Br. 3076	81.8
7554	+ 0.006	− 0.01	A. G. Berl. B. 8894	81.5
7556	+ 0.024	0.00	Br. 3078	93.8
7557	+ 0.022	− 0.05	S. Fd. K. 460	00.0
7558	+ 0.019	0.00	Br. 3085	01.0
7560	− 0.009	+ 0.08	S. Fd. K. 461	00.0
7563	+ 0.004	− 0.01	Br. 3086	74.2
7564	+ 0.049	+ 0.02	Fd. K. 330	00.0
7565	+ 0.010	− 0.28	Br. 3084	76.5
7571	+ 0.02	+ 0.01	S. P. C. „Y."	00.0
7572	− 0.003	− 0.07	S. Fd. K. 462	00.0
7576	+ 0.018	− 0.09	Br. 3088	78.8
7578	+ 0.011	0.00	Br. 3090	78.9
7579	+ 0.009	+ 0.01	Br. 3097	73.7
7581	0.000	+ 0.04	Br. 3093	78.4
7582	+ 0.016	+ 0.05	Br. 3094	83.9
7583	+ 0.019	− 0.11	Paris 33538	77.8
7584	+ 0.004	+ 0.02	Br. 3095	74.8
7586	+ 0.003	− 0.07	Br. 3092	80.8
7589	− 0.006	− 0.02	Br. 3101	81.2
7590	+ 0.003	− 0.07	Br. 3098	81.3
7591	− 0.004	− 0.05	S. Fd. K. 463	00.0
7593	+ 0.009	− 0.07	Br. 3099	86.4
7597	+ 0.005	+ 0.02	Br. 3102	78.8
7599	− 0.009	− 0.09	Fd. K. s. 294	00.0
7610	+ 0.011	+ 0.04	Fd. K. 532	00.0
7612	− 0.005	− 0.05	Br. 3113	77.8
7613	− 0.002	+ 0.13	S. Fd. K. 465	00.0
7616	+ 0.004	− 0.01	Fd. K. 534	00.0
7618	+ 0.007	+ 0.02	Br. 3118	78.3
7620	0.000	− 0.04	Br. 3119	81.7
7622	− 0.010	− 0.04	Br. 3120	91.8
7623	+ 0.028	− 0.01	Br. 3125	72.8
7630	+ 0.013	− 0.21	Paris 33793	78.9
7636	+ 0.012	− 0.21	Paris 33847	77.9
7637	+ 0.023	− 0.08	Br. 3128	87.1
7642	+ 0.005	− 0.02	S. Fd. K. 468	00.0
7644	+ 0.085	+ 0.01	C. d. T.	00.0
7650	+ 0.006	0.00	Br. 3133	78.7
7652	− 0.001	+ 0.05	Br. 3136	72.2
7654	− 0.002	− 0.04	Br. 3137	83.3
7660	− 0.009	+ 0.06	Br. 3139	79.5
7662	+ 0.003	− 0.04	S. Fd. K. 471	00.0
7664	+ 0.008	− 0.01	Br. 3141	70.8
7666	+ 0.016	− 0.42	Fd. K. 331	00.0
7671	+ 0.002	− 0.04	Br. 3145	79.8
7672	+ 0.023	− 0.44	Fd. K. 333	00.0
7676	− 0.020	+ 0.14	Fd. K. 334	00.0
7677	− 0.014	− 0.04	S. Fd. K. 472	00.0
7678	+ 0.007	− 0.02	Fd. K. 335	00.0
7682	− 0.004	− 0.08	Br. 3150	78.9
7686	− 0.011	− 0.14	Br. 3153	80.4
7690	+ 0.005	− 0.06	Fd. K. 621	00.0
7697	+ 0.046	+ 0.08	S. Fd. K. 473	00.0
7698	+ 0.005	− 0.03	Br. 3160	82.1
7702	+ 0.005	+ 0.05	Br. 3161	78.8

Nr.	Eigenbewegung in A. R.	Eigenbewegung in Dekl.	Nachweis	Epoche des Kat. Ortes	Nr.	Eigenbewegung in A. R.	Eigenbewegung in Dekl.	Nachweis	Epoche des Kat. Ortes
	s	"				s	"		
7704	−0.005	−0.02	Br. 3162	80.2	7754	−0.005	−0.02	A.G.Camb.U.S.8544	77.9
7706	−0.008	−0.02	S. Fd. K. 474	00.0	7756	−0.004	−0.02	Br. 3186	82.0
7709	+0.007	+0.05	Br. 3164	72.5	7757	+0.004	+0.01	Br. 3188	80.8
7711	+0.005	0.00	Br. 3165	77.9	7758	+0.010	−0.06	A.G.Camb.U.S.8551	73.3
7712	−0.004	−0.01	Fd. K. 537	00.0	7759	−0.005	−0.06	Fd. K. s. 302	00.0
7714	+0.004	−0.10	Fd. K. 622	00.0	7760	0.000	+0.04	S. Fd. K. 477	00.0
7717	+0.008	0.00	Br. 3168	75.7	7763	+0.009	−0.11	Fd. K. 336	00.0
7721	+0.004	+0.01	Br. 3171	74.8	7766	+0.004	−0.04	S. Fd. K. 478	00.0
7724	+0.008	+0.09	Fd. K. s. 300	00.0	7772	−0.029	−0.16	S. Fd. K. 479	00.0
7727	−0.003	−0.04	Br. 3173	84.9	7777	+0.062	−0.98	Br. 3198	74.0
7730	−0.005	−0.02	Br. 3175	81.6	7779	−0.006	−0.03	Br. 3201	84.8
7732	−0.003	−0.04	Fd. K. 538	00.0	7789	−0.004	−0.01	Br. 3206	78.8
7736	+0.004	−0.02	Br. 3179	80.7	7791	+0.008	+0.03	A. G. Christ. 3938	72.4
7740	+0.034	0.00	Cinc. 1329	76.8	7793	+0.063	+0.04	Paris 34682	80.1
7749	+0.024	0.00	Br. 3187	92.5					

ANHANG.

Bahnelemente

(Nach R. G. Aitken.

Nr.	Stern	P	T	e	a	ω	Ω	i	Positions-winkel	Berechner
					''	°	°	°		
1	δ Equulei	5.70	1901.18	0.54	0.25	181.0	24.1	± 74.5	a	Hu.
2	κ Pegasi	11.37	1897.37	0.40	0.29	106.1	109.2	77.5	a	β
3	ε Hydrae	15.70	1901.10	0.685	0.24	264.7	109.5	54.5	z	A.
4	ζ Sagittarii	21.17	1900.37	0.185	0.565	1.4	75.5	69.4	a	A.
5	9 Puppis	23.3	1892.7	0.68	0.61	73.6	95.6	76.6	z	β
6	Ceti 82	24.00	1899.70	0.15	0.66	159.4	110.8	76.65	z	A.
7	42 Comae	25.56	1885.69	0.461	0.642	280.5	11.9	90.0	—	See.
8	85 Pegasi	25.70	1883.70	0.43	0.78	261.5	123.5	49.0	z	β
9	β Delphini	27.66	1883.10	0.363	0.475	351.95	178.9	60.9	z	A.
10	20 Persei	27.7	1883.8	0.475	0.237	85.5	132.4	73.6	a	β
11	ζ Herculis	34.53	1898.42	0.457	1.355	112.58	54.06	47.82	a	Dob.
12	η Coron. Bor.	41.51	1892.28	0.278	0.891	219.35	24.09	59.18	z	Dob.
13	ξ Scorpii	44.5	1905.4	0.767	0.701	352.6	20.4	29.1	z	A.
14	86 μ Herc. B-C.	45.39	1880.14	0.214	1.369	181.98	62.11	67.01	z	Leu.
15	β 416	45.90	1891.56	0.618	1.93	68.57	135.73	49.73	a	Dob.
16	Σ 2173	46.0	1869.50	0.20	1.143	322.2	153.7	± 80.75	a	See.
17	Sirius	48.84	1894.09	0.588	7.594	147.89	44.50	+ 46.03	a	Zwiers.
18	γ Andr. B-C.	55.0	1892.0	0.82	0.346	201.2	113.5	± 76.6	a	Hu.
19	τ Cygni	57.25	1890.25	0.370	1.16	121.8	161.4	55.6	a	See.
20	ζ Cancri	59.11	1868.11	0.381	0.858	250.26	80.19	11.14	a	Seel.
21	ξ Ursae maj.	60.0	1875.22	0.397	2.508	126.33	100.8	55.92	a	See.
22	99 Herc.	64.52	1884.00	0.811	1.282	120.1	28.47	52.97	z	Dob.
23	OΣ 235	66.0	1906.72	0.50	0.83	131.0	85.3	45.6	z	Hu.
24	γ Coron. Bor.	73.0	1841.0	0.482	0.736	97.95	110.7	82.63	a	See.
25	α Centauri	81.185	1875.715	0.529	17.71	52.02	25.10	79.36	z	Rob.
26	γ Centauri	88.0	1848.0	0.800	1.023	194.3	4.6	62.15	a	See.
27	70 Ophiuchi	88.395	1896.466	0.500	4.548	198.25	125.7	58.42	a	See.
28	φ Ursae maj.	99.70	1882.46	0.438	0.32	342.15	186.50	14.62	z	Dob.
29	Σ 3062	104.61	1836.26	0.450	1.371	90.9	47.15	43.85	z	See.
30	ω Leonis	116.20	1842.10	0.537	0.882	124.22	146.70	63.47	z	See.
31	Σ 228	123.1	1905.19	0.309	0.899	4.87	90.68	66.00	z	Dob.
32	ξ Bootis	148.46	1908.95	0.545	4.988	33.72	175.40	41.87	a	Van B.
33	γ Coron. Austr.	152.7	1876.80	0.420	2.453	180.2	72.3	34.0	a	See.
34	Σ 2	166.24	1890.87	0.40	0.55	316.1	154.9	70.2	a	Gl.
35	o^2 Eridani	180.03	1843.18	0.134	4.791	319.54	150.82	63.25	a	Doo.
36	25 Can. ven.	184.0	1866.0	0.752	1.131	201.0	123.0	33.5	a	See.
37	γ Virginis	194.0	1836.53	0.897	3.989	270.0	50.4	31.0	a	See.
38	55 Tauri	200.0	1896.9	0.76	0.85	83.7	87.5	57.9	z	Hu.
39	48 τ Ophiuchi	230.0	1815.0	0.592	1.25	18.05	76.4	57.6	z	See.
40	Σ 1879	238.0	1868.3	0.700	1.06	151.40	74.10	57.6	a	Van B.
41	μ^2 Bootis	275.73	1864.59	0.601	1.482	338.09	175.07	45.67	a	Dob.
42	η Cassiop.	327.87	1899.00	0.409	9.48	131.60	78.80	32.28	z	Dob.
43	Castor	346.82	1969.82	0.441	5.756	277.57	33.93	63.62	a	Dob.

Anmerkung zu: Nr. 17, Nachweis: K. Akad. v. Wettanschappen te Amsterdam, Mai 1899.
Nr. 20, Nachweis: K. Bayr. Akad. d. Wissenschaften, II. Klasse, XVII. Bd., I. Abt.

von Doppelsternen.

Lick Observatory Bulletin 84.)

Nachweis	Große Halbachse der scheinbaren Bahn	Kleine Halbachse der scheinbaren Bahn	Positionswinkel der großen Achse	Stern	Nr.
	″	″	°		
Publ. L. O. 5 205, 1901	0.50	0.11	24.0	$O\Sigma$ 535	1
Publ. L. O. 2 252, 1894	0.54	0.13	110.0	β 989	2
L. O. Bull. 2 55, 1903	0.37	0.29	116.6	Schiaparelli	3
Pop. Astron. 9 57, 1901	1.13	0.39	75.0	Winlock	4
Publ. L. O. 2 239, 1894	0.937	0.275	98.7	β 101	5
L. O. Bull. 3 88, 1905	1.32	0.30	111.0	β 395	6
Ev. St. Syst. 1 130, 1896	1.147	0.00	11.9	Σ 1728	7
Publ. Y. O. 1 268, 1900	1.48	1.02	126.1	β 733	8
L. O. Bull. 1 190, 1902	0.96	0.41	178.4	β 151	9
Publ. L. O. 2 235, 1894	0.42	0.13	131.5	β 524	10
A. N. 144 241, 1897	2.46	1.77	61.3	Σ 2084	11
A. N. 141 153, 1896	1.76	0.89	25.6	Σ 1937	12
L. O. Bull. 3 147, 1905	1.464	0.802	11.0	Σ 1998	13
Publ. A. S. P. 2 46, 1890	2.74	1.04	62.2	A. C. 7	14
A. N. 163 313, 1903	3.22	2.36	119.9	β 416	15
Ev. St. Syst. 1 194, 1896	2.22	0.35	154.5	Σ 2173	16
Siehe unten Bem.	14.59	8.88	55.4	A. G. C. 1	17
Publ. L. O. 5 43, 1901	0.66	0.10	110.1	$O\Sigma$ 38	18
A. N. 152 75, 1900	2.18	1.25	165.6	A. G. C. 13	19
Siehe unten Bem.	1.69	1.58	15.3	Σ 1196	20
Ev. St. Syst. 1 105, 1896	4.76	2.70	104.6	Σ 1523	21
A. N. 163 373, 1903	1.99	1.16	178.9	A. C. 15	22
Publ. L. O. 5 108, 1901	1.55	1.05	75.2	$O\Sigma$ 235	23
Ev. St. Syst. 1 171, 1896	1.30	0.175	111.3	Σ 1967	24
A. N. 133 105, 1893	32.2	6.1	26.9	Richaud	25
Ev. St. Syst. 1 117, 1896	2.10	0.58	0.1	h 4539	26
Ev. St. Syst. 1 207, 1896	9.00	4.17	122.9	Σ 2272	27
A. N. 163 371, 1903	0.64	0.56	172.8	$O\Sigma$ 208	28
Ev. St. Syst. 1 67, 1896	2.526	1.984	45.7	Σ 3062	29
Ev. St. Syst. 1 97, 1896	1.576	0.738	141.1	Σ 1356	30
A. N. 147 343, 1898	1.80	0.70	90.9	Σ 228	31
Obs. Brus. 122, 1904	9.62	6.46	163.6	Σ 1888	32
Ev. St. Syst. 1 226, 1896	4.906	3.661	72.2	h 5084	33
A. N. 132 1, 1893	1.10	0.18	152.7	Σ 2	34
Proc. A. P. S. 42 170, 1903	9.54	4.28	151.1	Σ 518	35
Ev. St. Syst. 1 137, 1896	1.91	1.08	108.9	Σ 1768	36
Ev. St. Syst. 1 120, 1896	6.824	3.530	140.4	Σ 1670	37
Publ. L. O. 5 58, 1901	1.12	0.89	99.6	$O\Sigma$ 79	38
Ev. St. Syst. 1 202, 1896	2.46	1.09	80.0	Σ 2262	39
Obs. Brus. 118, 1904	2.02	0.85	82.8	Σ 1879	40
A. N. 144 129, 1897	2.90	1.69	3.0	Σ 1938	41
A. N. 156 353, 1901	18.70	14.63	37.8	Σ 60	42
A. N. 166 145, 1904	10.36	5.10	35.0	Σ 1110	43

Erklärung der Bezeichnungen

P = Umlaufszeit in mittleren Sonnenjahren.

T = Mittl. Epoche des Periastrons (Greenw. Zeit).

e = Exzentrizität der Bahn.

a = Wirkliche große Halbachse der Bahn in Bogensekunden.

Ω = Positionswinkel, der Linie, die durch den Schnitt der Bahnebene mit der zur Sehrichtung senkrechten Ebene gebildet wird.

ω = Winkeldistanz des Periastrons vom Knotenpunkte (Ω), gemessen längs der Bahn in der Richtung der Bewegung des Begleiters, von 0^0—360^0.

i = Neigung der Bahnebene, d. h. der Winkel zwischen der Bahnebene und der zur Sehrichtung senkrechten Ebene. Sie liegt zwischen 0^0 und $\pm 90^0$ und i ist positiv, wenn die Bahnbewegung zum Knotenpunkte hin vom Beobachter abgekehrt ist; aber sie ist negativ, wenn die Bahnbewegung zu dem Knotenpunkte hin dem Beobachter zugekehrt ist.

In der Spalte „Positionswinkel" bedeutet:

a = daß der Positionswinkel abnimmt,

z = daß der Positionswinkel zunimmt.

In der Spalte „Berechner" sind dieselben Abkürzungen gebraucht, wie im Katalog selbst, dazu kommen noch:

A. = Aitken.
Ber. Berberich.
Dob. Doberck.
Gl. Glasenapp.
Leu. = Leuschner.
Rob. = Roberts.
Seel. = Seeliger.
Van B. = Van Biesbroeck.

In der Spalte „Nachweis" dürften die Abkürzungen wohl schon ohne weiteres verständlich sein, außer:

Ev. St. Syst. = Researches on the evolution of stellar systems.

Obs. Brus. = An. de l'Observ. Roy. de Belgique. IX. 1.

Pop. Astron. = Popular Astronomy by Newcomb.

Proc. A. S. P. = Proceedings of the Amer. Phil. Socy.

Publ. A. S. P. = Publications of the Amer. Phil. Socy.

Publ. Y. O. = Publications of the Yerkes Observ.

Tabelle zur Vergleichung der Nummern der Fundamentalkataloge mit den Nummern des Berliner Jahrbuches.

Da mit dem Jahre 1908 beginnend im Berliner astronomischen Jahrbuch eine einheitlich numerische Zusammenstellung der sogenannten Fundamentalsterne gegeben wird, so hat es sich als wünschenswert erwiesen, im vorliegenden Sternverzeichnis eine tabellarische Übersicht zu geben, welche gestattet, die in demselben noch benutzten Bezeichnungen aus den einzelnen Auwerschen Fundamentalkatalogen herrührenden Nummern auf die neuen Angaben des Berliner Jahrbuches zu beziehen. Es soll dadurch den Benutzern unseres Sternverzeichnisses das Aufsuchen der genauen mittleren und scheinbaren Orte (soweit Ephemeriden gegeben sind) erleichtert werden. — Die nachstehende Tabelle gibt daher in ihren einzelnen Spalten einerseits die in unserem Verzeichnis benutzten Nummern der Fundamentalkataloge mit den Bezeichnungen: Fd. K., Fd. K. s. und S. Fd. K. und daneben die Nummer, unter welcher der betreffende Stern im Berliner Jahrbuch aufgeführt werden wird.

Fd. K.	B. J.	Fd. K.	B. J.	Fd. K.	B. J.	Fd. K.	B. J.	Fd. K.	B. J.	Fd. K.	B. J.	Fd. K.	B. J.	Fd. K.	B. J.	Fd. K.	B. J
1	1	61	139	121	294	181	509	241	656	301	[792]	361	122	422	[374]	483	664
2	2	62	[142]	122	295	182	513	242	[655]	302	793	362	[124]	423	378	484	670
3	7	63	144	123	312	183	516	243	[657]	303	797	363	[129]	424	387	485	675
4	9	64	147	124	316	184	521	244	663	304	800	364	138	425	[Nf]	486	[684]
5	[16]	65	148	125	317	185	523	245	665	305	[799]	365	145	426	390	487	[685]
6	17	66	150	126	326	186	525	246	667	306	803	366	154	427	394	488	694
7	18	67	151	127	328	187	526	247	[668]	307	808	367	[158]	428	[398]	489	[693]
8	[19]	68	Nc	128	[329]	188	527	248	671	308	809	368	[165]	429	[403]	490	[700]
9	20	69	152	129	334	189	[528]	249	672	309	815	369	173	430	[405]	491	[701]
10	21	70	[159]	130	335	190	531	250	673	310	[816]	370	174	431	407	492	711
11	27	71	162	131	337	191	[533]	251	[674]	311	827	371	175	432	409	493	[714]
12	—	72	164	132	339	192	534	252	676	312	[831]	372	184	433	[413]	494	[719]
13	32	73	168	133	341	193	535	253	677	313	[833]	373	191	434	418	495	725
14	33	74	169	134	347	194	—	254	680	314	834	374	192	435	[424]	496	724
15	36	75	[176]	135	[349]	195	543	255	681	315	835	375	203	436	429	497	[734]
16	42	76	178	136	352	196	545	256	Nh	316	836	376	[208]	437	[432]	498	738
17	[43]	77	[179]	137	Ne	197	547	257	688	317	842	377	216	438	437	499	[740]
18	45	78	180	138	354	198	550	258	690	318	[847]	378	[218]	439	440	500	[758]
19	Nb	79	181	139	355	199	555	259	695	319	848	379	225	440	[451]	501	760
20	48	80	182	140	358	200	564	260	699	320	850	380	[230]	441	[458]	502	759
21	47	81	183	141	[365]	201	563	261	—	321	855	381	[233]	442	[461]	503	[772]
22	50	82	—	142	367	202	568	262	—	322	857	382	232	443	466	504	770
23	52	83	185	143	368	203	569	263	703	323	859	383	234	444	[467]	505	[782]
24	57	84	188	144	[371]	204	571	264	705	324	[862]	384	[237]	445	470	506	784
25	60	85	[190]	145	379	205	572	265	707	325	863	385	242	446	473	507	786
26	63	86	193	146	380	206	573	266	709	326	864	386	244	447	478	508	Nk
27	64	87	194	147	383	207	—	267	[712]	327	869	387	248	448	486	509	—
28	—	88	[195]	148	384	208	[576]	268	713	328	870	388	247	449	490	510	795
29	65	89	[200]	149	386	209	578	269	717	329	871	389	250	450	[491]	511	[798]
30	66	90	202	150	395	210	—	270	716	330	[878]	390	[255]	451	[494]	512	804
31	70	91	201	151	[396]	211	[581]	271	723	331	[890]	391	[259]	452	499	513	[807]
32	73	92	205	152	[412]	212	582	272	726	332	891	392	258	453	500	514	811
33	74	93	206	153	416	213	583	273	729	333	892	393	[260]	454	502	515	[813]
34	75	94	—	154	417	214	585	274	730	334	893	394	265	455	[505]	516	[817]
35	—	95	—	155	420	215	584	275	732	335	—	395	274	456	[511]	517	821
36	—	96	209	156	422	216	588	276	733	336	902	396	[276]	457	517	518	823
37	85	97	210	157	423	217	590	277	741	337	[4]	397	280	458	522	519	[826]
38	87	98	211	158	—	218	[591]	278	742	338	[8]	398	286	459	524	520	830
39	91	99	[213]	159	425	219	593	279	743	339	13	399	292	460	[536]	521	837
40	93	100	220	160	427	220	598	280	745	340	24	400	296	461	[540]	522	840
41	[96]	101	[221]	161	[430]	221	[601]	281	[746]	341	25	401	300	462	549	523	[843]
42	98	102	224	162	433	222	603	282	747	342	[28]	402	[299]	463	551	524	844
43	[99]	103	227	163	441	223	605	283	749	343	[29]	403	[302]	464	[554]	525	[851]
44	100	104	228	164	444	224	608	284	Ni	344	Na	404	305	465	557	526	852
45	103	105	236	165	445	225	609	285	750	345	[41]	405	307	466	[562]	527	[853]
46	104	106	241	166	447	226	615	286	752	346	[46]	406	310	467	565	528	[858]
47	107	107	251	167	450	227	[617]	287	756	347	51	407	314	468	[570]	529	874
48	108	108	253	168	454	228	618	288	757	348	55	408	320	469	[580]	530	875
49	109	109	254	169	456	229	619	289	765	349	[56]	409	321	470	[587]	531	880
50	111	110	256	170	460	230	621	290	768	350	76	410	[322]	471	[595]	532	[881]
51	[112]	111	Nd	171	472	231	—	291	767	351	[77]	411	[323]	472	606	533	882
52	120	112	261	172	[477]	232	626	292	771	352	[79]	412	[333]	473	[613]	534	884
53	121	113	269	173	483	233	633	293	774	353	80	413	[338]	474	[612]	535	885
54	[123]	114	277	174	484	234	634	294	777	354	[81]	414	[340]	475	[614]	536	[887]
55	125	115	279	175	485	235	Ng	295	[778]	355	89	415	344	476	[623]	537	895
56	127	116	284	176	488	236	639	296	—	356	[92]	416	[346]	477	627	538	898
57	131	117	282	177	492	237	640	297	781	357	[94]	418	357	479	[635]	539	[899]
58	[132]	118	285	178	497	238	641	298	780	358	105	419	360	480	[636]	540	22
59	134	119	287	179	501	239	643	299	783	359	114	420	[363]	481	[650]	541	[40]
60	[136]	120	291	180	507	240	653	300	788	360	115	421	372	482	[659]	542	59

Fd. K.	B. J.	Fd. K. s.	B. J.	Fd. K. s.	B. J.	S. Fd. K.	B. J.	S. Fd. K.	B. J.	S. Fd. K.	B. J.	S. Fd. K.	B. J.	S. Fd. K.	B. J.	S. Fd. K.	B. J.
543	61	**Fd. K. s.**		151	—	3	[6]	93	[189]	179	—	266	[519]	351	—	437	841
544	62	1	—	153	—	4	10	94	—	180	[362]	267	520	352	[683]	438	—
545	71	2	—	154	—	5	11	95	[Sb]	181	—	268	—	353	[686]	439	—
546	78	4	—	159	—	6	12	96	196	182	—	269	—	354	[687]	441	[845]
547	97	5	—	160	—	8	[15]	97	[197]	183	366	270	[529]	355	689	442	[846]
548	102	7	[14]	163	[475]	9	—	98	[198]	184	—	271	[530]	356	691	443	—
549	117	10	[30]	164	—	10	—	99	[199]	185	—	272	—	357	—	445	—
550	[135]	11	—	165	—	11	—	100	—	186	[375]	273	—	358	[692]	446	[854]
551	140	13	[37]	167	—	12	—	101	—	187	[377]	274	[532]	359	[697]	447	Si
552	149	15	—	169	—	13	[23]	102	—	188	—	275	537	360	698	448	856
553	172	17	—	173	—	14	[26]	103	212	189	382	276	[541]	361	—	449	860
554	186	18	—	175	—	15	—	104	[214]	190	[385]	277	542	362	—	450	—
555	[204]	20	—	177	—	16	[31]	105	215	191	—	278	—	363	—	451	—
556	207	25	—	178	[515]	17	([34])	107	—	192	—	279	[544]	364	—	452	—
557	[217]	27	—	180	—	18	35	109	[223]	193	391	280	[546]	365	704	453	865
558	219	30	[83]	183	—	19	—	110	—	194	392	281	—	367	—	454	[868]
559	[222]	31	—	189	—	20	38	111	[226]	195	393	282	—	369	708	455	—
560	[226]	32	—	190	—	21	[39]	112	—	196	[397]	283	—	370	—	456	872
561	243	33	—	194	—	22	[44]	113	[231]	198	[400]	284	552	371	[715]	457	—
562	246	39	—	195	—	23	—	114	—	199	[401]	286	—	372	—	459	—
563	249	40	[116]	196	—	24	—	115	—	200	[402]	287	558	373	—	460	[876]
565	266	41	—	197	—	25	[49]	116	[235]	201	406	288	560	374	718	461	877
566	268	42	—	198	—	27	—	117	[238]	202	408	289	[561]	376	[721]	462	879
567	271	43	—	201	—	28	[53]	118	[239]	203	[411]	290	—	377	—	463	—
568	273	44	—	204	—	29	[58]	119	240	204	—	291	566	378	728	465	[883]
569	289	46	—	207	—	31	—	120	—	205	[414]	292	[567]	379	—	466	—
570	308	48	[137]	209	—	32	—	121	—	206	415	293	[574]	380	[731]	467	—
5 ·1	311	50	—	210	—	33	67	123	—	207	[419]	294	575	381	[735]	468	[886]
572	370	55	—	212	[624]	34	68	124	252	208	—	295	[579]	383	—	470	—
573	381	56	[161]	214	—	35	[69]	125	—	209	—	296	—	384	—	471	[889]
574	389	57	—	216	—	37	72	126	262	211	—	297	[586]	385	[739]	472	—
576	404	58	—	218	—	38	—	127	[263]	212	428	298	589	387	—	473	—
577	[410]	61	—	219	—	40	78	128	[264]	213	—	299	—	388	—	474	—
578	421	64	—	220	[647]	41	[82]	129	[267]	216	436	301	[596]	389	748	476	—
579	426	66	—	221	—	43	—	132	[272]	217	[438]	302	[599]	390	751	477	[901]
580	[431]	82	—	223	—	44	[84]	133	—	218	[439]	303	—	391	[753]	478	903
581	434	84	—	224	—	45	—	135	[275]	219	[442]	304	[600]	393	754	479	[904]
582	453	90	257	227	—	46	[86]	136	278	220	[443]	305	[602]	394	[755]	480	—
583	[457]	93	—	232	[696]	47	[88]	138	281	221	—	306	604	396	[763]		
584	465	94	—	233	—	48	90	139	[283]	222	[446]	307	[607]	397	764		
585	471	95	—	234	—	49	—	141	—	223	—	308	—	398	—	I.	54
586	495	97	—	235	[702]	50	—	142	[290]	224	[448]	309	[610]	399	—	II.	106
587	498	98	—	236	—	51	[95]	143	—	225	—	310	611	400	—	III.	160
588	510	100	—	237	—	52	101	144	—	226	[449]	311	—	401	769	IV.	245
590	548	101	[288]	242	—	54	—	145	297	227	452	312	—	402	—	V.	[270]
591	556	104	[293]	243	[722]	56	—	146	—	229	[455]	313	—	403	775	VI.	361
592	[559]	105	—	244	[727]	57	110	147	—	230	—	314	—	404	[776]	VII.	369
593	577	106	[298]	246	—	58	[113]	148	[301]	231	459	315	—	405	[779]	VIII.	—
594	594	107	—	248	[737]	60	[118]	149	—	232	—	316	[620]	406	—	IX.	462
595	597	108	[304]	249	—	62	[119]	150	—	234	—	317	625	407	—	X.	474
596	616	111	—	250	[744]	63	—	151	303	235	[463]	318	—	408	785	XI.	518
597	622	113	—	252	—	64	[126]	152	306	236	[464]	319	628	409	—	XII.	538
598	637	114	—	256	—	65	—	154	309	237	[468]	320	—	410	[787]	XIII.	[539]
599	644	115	[325]	260	—	66	[128]	155	[313]	238	[469]	321	630	411	—	XIV.	[553]
600	658	116	—	261	—	67	[130]	156	315	240	476	322	631	412	790	XV.	[592]
601	679	117	—	264	—	68	[133]	157	318	241	[479]	324	[632]	413	[791]	XVI.	—
602	682	118	—	265	[789]	70	[141]	158	[319]	242	[480]	325	—	414	—	XVII.	—
603	706	119	—	268	—	71	143	159	[324]	243	481	326	[638]	415	[796]	XVIII.	[649]
604	720	120	—	271	—	72	146	160	—	244	—	327	—	416	[801]	XIX.	[710]
605	736	121	—	274	—	73	—	161	—	245	482	328	[642]	417	[802]		
606	—	123	—	281	—	74	—	162	—	246	[487]	331	645	418	805		
607	761	125	—	283	—	75	—	163	327	247	[489]	332	—	419	—	**S. P. C.**	
608	[762]	127	[364]	284	—	76	[153]	164	330	248	—	333	[646]	421	—	„B."	Sa
609	[766]	129	[373]	285	[849]	77	155	165	—	249	—	334	648	422	—	„F."	—
610	773	131	—	287	—	78	156	166	[331]	250	[493]	335	651	423	810	„H."	—
611	794	133	—	291	—	79	[157]	167	[332]	251	—	337	652	424	—	„K."	Sc
612	806	134	[388]	294	—	81	—	168	336	252	—	338	—	425	[814]	„M."	—
613	[812]	136	—	296	—	82	[163]	169	[342]	254	496	339	654	426	[820]	„N."	Sd
614	[818]	137	[399]	297	[888]	83	[166]	170	343	255	—	340	[660]	427	822	„O."	—
615	819	138	—	300	[897]	84	[167]	171	345	256	—	341	661	428	[824]	„P."	Se
616	828	141	—	301	—	85	[170]	172	—	258	504	342	[662]	430	[825]	„Q."	—
617	[861]	142	—	302	[900]	86	171	173	348	259	[506]	343	[666]	431	—	„R."	Sf
618	866	143	—	303	[905]	87	—	174	[351]	260	—	344	—	432	829	„S."	Sg
619	867	145	—			88	—	175	—	261	[508]	345	[669]	433	[832]	„T."	Sh
620	873	148	—	**S. Fd. K.**		89	—	176	353	262	512	346	[678]	434	[838]	„U."	—
621	894	149	—	1	3	90	[177]	177	[356]	263	[514]	347	—	435	[839]	„X."	—
622	896	150	—	2	[5]	92	[187]	178	359	264	—	349	—	436	—	„Y."	Sk

Spamersche Buchdruckerei in Leipzig.-R.

PRÄZESSIONS-TABELLEN.

Additional information of this book

(Sternverzeichnis, enthaltend alle Sterne bis zur 6.5$^{\underline{ten}}$ Grösse Für das Jahr 1900. Bearbeitet auf Grund der genauen Kataloge und Zusammengestellt); 978-3-642-98885-1) is provided:

http://Extras.Springer.com

Handbuch der astronomischen Instrumentenkunde.

Eine Beschreibung der bei astronomischen Beobachtungen benutzten Instrumente, sowie Erläuterung der ihrem Bau, ihrer Anwendung und Aufstellung zugrunde liegenden Prinzipien.

Von

Dr. L. Ambronn,

Professor an der Universität und Observator an der königl. Sternwarte in Göttingen.

Zwei Bände.

Mit 1185 in den Text gedruckten Figuren.

In zwei Leinwandbände gebunden Preis M. 60,—.

Die Theorie der optischen Instrumente.

Bearbeitet von
wissenschaftlichen Mitarbeitern an der optischen Werkstätte von Carl Zeiß.

ERSTER BAND.

Die Bilderzeugung in optischen Instrumenten

vom Standpunkte der geometrischen Optik.

Bearbeitet von den
wissenschaftlichen Mitarbeitern an der optischen Werkstätte von Carl Zeiß:
P. Culmann, S. Czapski, A. König,
F. Löwe, M. von Rohr, H. Siedentopf, E. Wandersleb.

Herausgegeben von

M. von Rohr.

Mit 133 Abbildungen im Text. Preis M. 18,—.

Theorie und Geschichte des photographischen Objektivs.

Nach Quellen bearbeitet von

Dr. M. von Rohr,

wissenschaftlicher Mitarbeiter der optischen Werkstätte von Carl Zeiß in Jena.

Mit 148 Textfiguren und 4 lithographierten Tafeln. Preis M. 12,—.

Geschichte der Astronomie während des neunzehnten Jahrhunderts.

Gemeinfaßlich dargestellt von

A. M. Clerke.

Autorisierte deutsche Ausgabe von **H. Maser.**

Preis M. 10,—; eleg. in Leinen geb. M. 11,20.

Die Bahnen der beweglichen Gestirne im Jahre 1906.

Eine astronomische Tafel nebst Erklärung von
Professor **M. Koppe** in Berlin

Preis 40 Pf. Erscheint alljährlich.

Zu beziehen durch jede Buchhandlung.